핵심

전력 전자 기술

강원대학교 김상훈 저

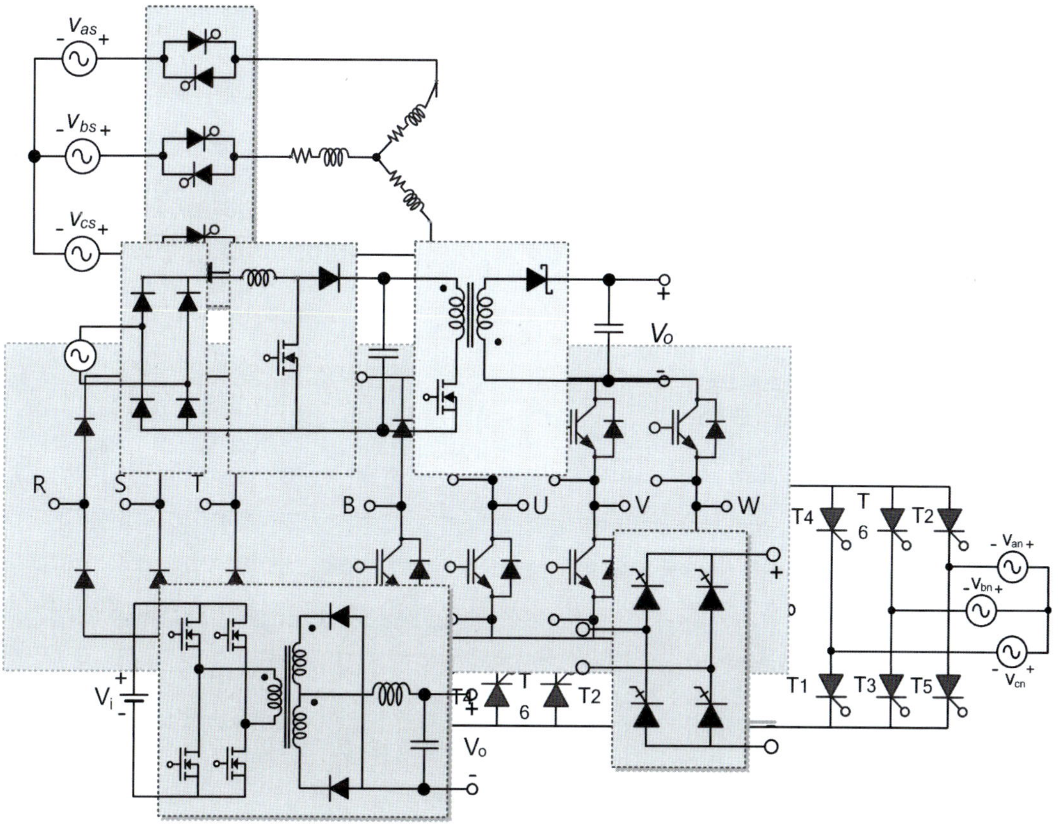

Power Electronics Technology

도서출판 홍릉

저자소개

김상훈 kshoon@kangwon.ac.kr

서울대학교 전기공학과 졸업 (학사)
서울대학교 전기공학과 대학원 졸업 (석사)
서울대학교 전기공학과 대학원 졸업 (박사)
대우중공업 선임연구원
현재 강원대학교 전기전자공학과 교수
모터 제어 저자

핵심
전력 전자 기술

인　쇄: 2025년 2월 3일 초판 1쇄
발　행: 2025년 2월 10일 초판 1쇄

저　자: 김상훈
발행인: 송 준
발행처: 도서출판 홍릉
주　소: 01093 서울시 강북구 인수봉로 50길 10
등　록: 1976년 10월 21일 제5-66호

전　화: 02-999-2274~5, 903-7037
팩　스: 02-905-6729
e-mail: hongpub@hongpub.co.kr
http://www.hongpub.co.kr
ISBN: 979-11-5600-260-4(93560)

정　가: 32,000원

INTRODUCTION

현대의 편리한 생활을 하기 위해, 우리는 환경친화적인 전기 에너지로 동작하는 다양한 장치들을 사용하고 있다. 예로서 휴대폰, 컴퓨터, 태블릿 등의 정보통신기기, 세탁기, 에어컨, 냉장고, TV 등의 가전기기, 전기 자동차, 전동차, 엘리베이터, 드론 등의 운송기기, 로봇, 팬, 펌프 등과 같은 산업기기 등 우리 주변의 대부분의 기계장치나 전자기기들은 전기 에너지를 사용하여 동작한다.

이러한 전기 에너지는 통상적으로 규격화된 크기와 주파수를 갖는 교류 전압으로 부하에 공급되는데, 우리나라의 상용 전원은 220V, 60Hz의 규격을 갖는다. 그렇지만 전기 에너지를 사용하는 부하 장치들은 이러한 상용 교류 전원과는 다른 여러 형태의 전력을 필요로 한다. 이렇게 부하가 원하는 형태로 전력을 바꾸어, 전기 에너지를 효과적으로 활용하게끔 도움을 주는 기술이 바로 전력 전자(Power Electronics) 기술이다.

이러한 전력 전자 기술을 알기 위해서는 스위칭 소자와 전력 변환 장치에 대한 지식 및 이들을 파악하기 위한 전기전자회로의 기초 지식 등 여러 지식이 필요하다. 이 책에서는 이러한 내용들을 한꺼번에 다루고 있어, 전력 전자 기술에 대한 이해가 쉽도록 하였다.

본 책의 구성은 다음과 같다. 먼저 1장에서는 먼저 전력 변환의 핵심이 되는 여러 스위칭 반도체 소자에 대해 설명하고 있다. 2와 3장에서는 AC-DC 전력 변환 장치인 정류기를 다루는데, 2장에서는 다이오드 정류기를, 3장에서는 사이리스터를 이용하는 위상제어 정류기에 대해 설명하고 있다. 4장에서는 DC-DC 전력 변환 장치를 다루는데, 여러 비절연과 절연형 컨버터에 대한 회로 동작과 특성을 다루고 있다. 5장에서는 DC-AC 전력 변환 장치인 인버터를 다루는데, 관련 회로와 PWM 기법에 대해 다루고 있다. 6장에서는 AC-AC 전력 변환 장치를 다루는데, AC-AC 위상제어 컨버터 등을 다루고 있다. 7장에서는 전력 변환 장치의 설계 방법에 대해 다루는데, 스위칭 소자의 선정 방법과 게이트 구동 장치, 과전압이나 과전류 방지 대책, 방열 설계 방법, 캐패시터의 선정 방법 등 실제 전력 변환 장치를 설계, 제작할 때 필요로 하는 실용적 내용을 설명하고 있다.

1-6장은 전력 전자 기술의 기초적인 내용을 학습하려는 전기전자분야 학부생의 교육과정으로 또는 타전공 분야의 엔지니어가 학습하는데 알맞으며, 7장은 이러한 기초 내용을 습득한 후 실용적인 부분을 보충하는데 좋을 것이다.

전기 에너지 변환에 근간이 되는 전력 전자 기술이 필요한 엔지니어들이 이 책을 통해 그 기술을 보다 쉽게 이해하는데 도움이 되었으면 한다.

2025년 1월

저자 김상훈

CONTENTS

CHAPTER 01 스위칭 반도체 소자

CHAPTER 02 다이오드 정류기

CHAPTER 03 위상제어 정류기

CHAPTER 04 DC-DC 컨버터

CHAPTER 05 인버터

CHAPTER 06 AC-AC 컨버터

CHAPTER

07 전력 변환 장치의 설계

01

스위칭 반도체 소자

1.1 전기 에너지

- 현대의 편리한 생활을 하기 위해, 우리는 전기 에너지로 동작하는 다양한 장치들을 사용하고 있다.
- 예로서 휴대폰, 컴퓨터, 태블릿 등의 정보통신기기, 세탁기, 에어컨, 냉장고, TV 등의 가전기기, 전기 자동차, 전동차, 엘리베이터, 드론 등의 운송기기, 로봇, 팬, 펌프 등과 같은 산업기기 등 대부분의 기계장치나 전자기기들은 **전기 에너지**를 사용하여 동작한다.

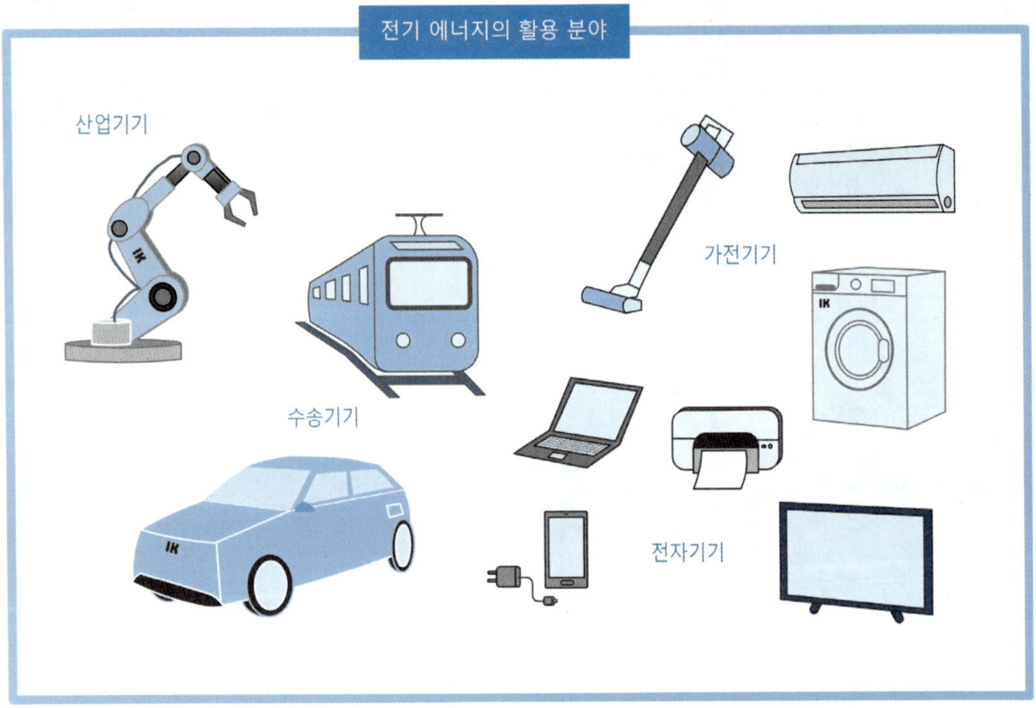

그림 1.1 전기 에너지의 활용 분야

전원의 종류

- 이러한 전기 에너지는 전원(Power Source)에서 일정한 전압의 형태로 공급해 준다.
- 전원 전압의 형태로는 **직류(DC)** 또는 **교류(AC)**가 있다. (그림 1.2)
  - **직류 전압**은 배터리처럼 그 크기와 방향이 일정한 전원이다.
  - **교류 전압**은 시간에 따라 그 크기와 방향이 주기적으로 변하는 전원으로, 통상 정현파 형태이다.
- 공급 전력은 직류에서는 전압과 전류의 크기로만 결정되지만, 교류에서는 전압과 전류의 크기뿐만 아니라 위상으로 결정된다.

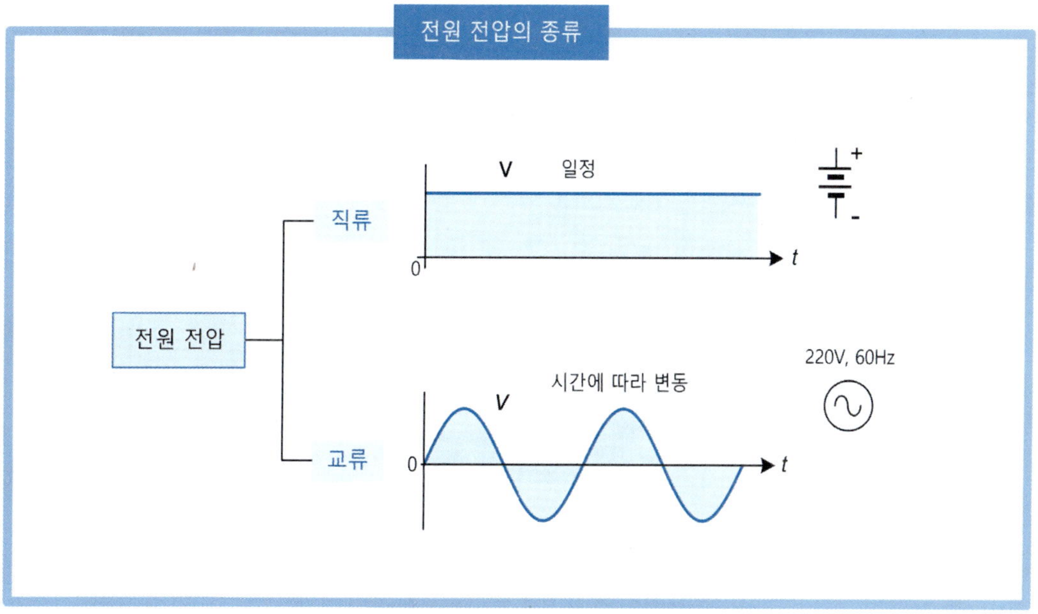

그림 1.2 직류(DC) 전원과 교류(AC) 전원

- 전기 에너지는 통상적으로 규격화된 크기와 주파수를 갖는 교류 전압으로 부하에 공급되는데, 우리나라의 상용 교류 전원은 220V, 60Hz의 규격을 갖는다.
- 그런데 전기 에너지를 사용하는 부하 장치들은 상용 교류 전원과는 다른 다양한 형태의 전력을 필요로 한다.
  - 휴대폰은 DC +5V의 직류 전압을, 노트북 컴퓨터는 DC +19V의 직류 전압을 사용하는데, 이를 위해 AC 220V의 상용 교류 전압을 직류 전압으로 변환해서 사용해야 한다.
  - 가전기기나 팬, 펌프, 전기 자동차, 로봇 등을 동작시키기 위해서는 통상 BLDC 전동기나 교류 전동기가 사용되는데, 이러한 전동기의 회전 속도를 변동시키기 위해서는 다양한 크기와 주파수의 교류 전압이 필요하며, 이를 위해 AC 220V의 상용 교류 전압 또는 배터리의 직류 전압을 원하는 형태의 교류 전압으로 변환해서 사용한다.
  - 태양광이나 연료전지 등의 신재생 에너지원으로부터 출력되는 전력은 직류 형태이며, 풍력 발전 장치로부터 출력되는 전력은 교류 형태이지만 상용 전압과는 주파수나 크기가 다르므로, 이들 전력을 일반 부하에서 사용하기 위해서는, 상용 교류 전압의 규격화된 형태로 변환할 필요가 있다.
- 이렇게 부하가 원하는 형태로 전력을 바꾸어, 전기 에너지를 효과적으로 활용하게끔 도움을 주는 기술이 바로 **전력 전자 기술**이다.

1.1.1 전력 전자 기술

• 전력 전자(Power Electronics) 기술은 전력용 반도체 소자와 마이크로 컨트롤러 등의 전자 기술을 이용하여 전압이나 전류 등 전력의 형태를 변환하거나 전력을 제어하는 기술이다.

• 전력의 형태를 바꾸는 것을 전력 변환이라고 하는데, 이를 위해 사용되는 장치가 **전력 변환 장치**이다.

• 전력 변환 장치는 핵심 소자인 전력용 반도체 스위치를 비롯하여 인덕터나 커패시터의 수동 소자, 변압기 등으로 구성된다. (그림 1.3)

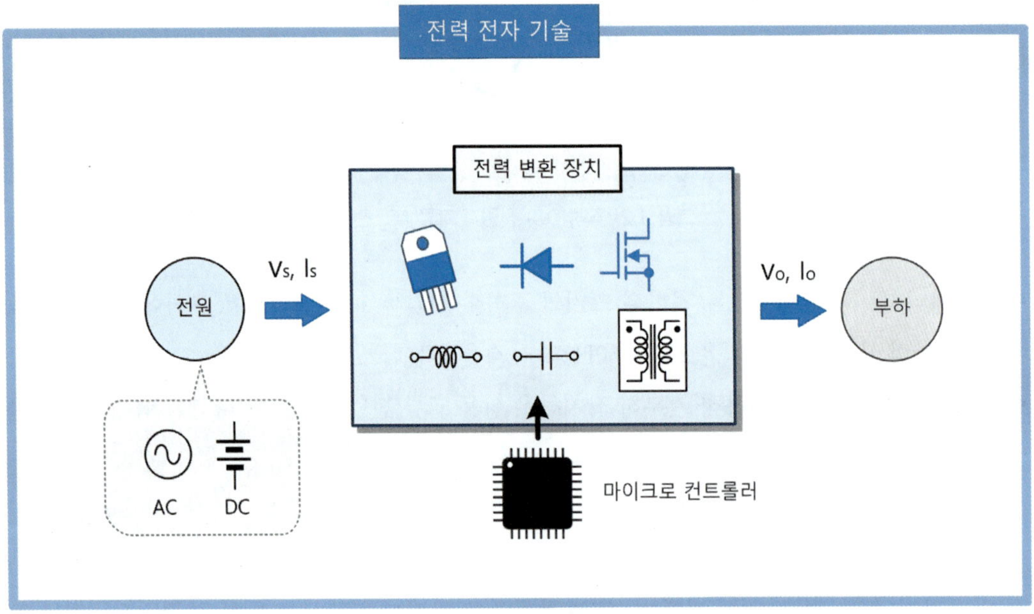

그림 1.3 전력 변환 장치의 구성

전력 변환 장치의 종류

• 전원의 종류는 직류(DC)와 교류(AC)가 있으므로, 전력의 형태를 변환하는 전력 변환 장치는 다음과 같이 네 가지가 있다. (그림 1.4)

① AC-DC 컨버터(Converter), 정류기	: AC → DC
② DC-DC 컨버터, 초퍼(Chopper)	: DC → DC
③ 인버터(Inverter)	: DC → AC
④ AC-AC 컨버터	: AC → AC

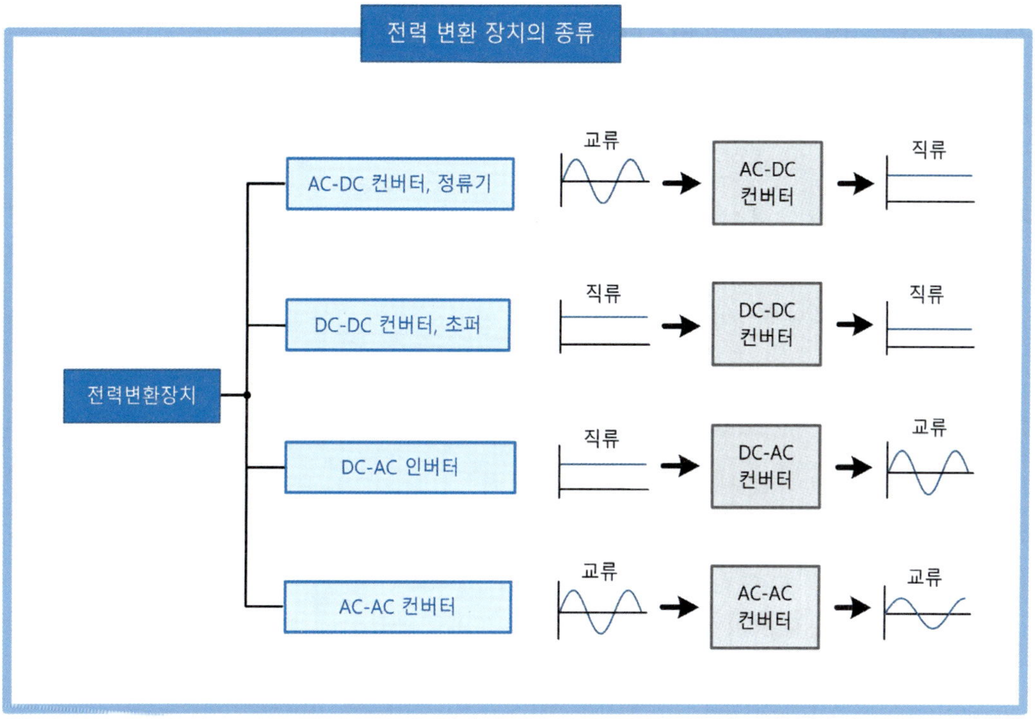

그림 1.4 전력 변환 장치의 종류

▌ 전력 전자 기술의 응용 분야

• 전력 전자 기술의 응용 분야는 다음과 같이 **전동기 구동용**과 **전원 장치용**으로 크게 두 분야로 분류된다.

① 전동기 구동 : 직류, 교류, BLDC 전동기

- 로봇, 엘리베이터, 공작기계, 기중기, 공장 자동화 장치 등의 구동
- 전동차, 전기자동차, 하이브리드 전기자동차, 지게차, 골프카 등의 견인 구동 장치
- 팬, 펌프, 블로어 등의 HVAC(Heating Ventilation and Air Conditining) 구동
- 가전기기, 사무용기기 등의 구동
- 미사일, 선박 추진 등의 구동

② 전원 장치 : 교류 또는 직류 전원 장치

- 스위칭 전원 장치 : 전자기기, 통신기기 등의 직류 전원 장치
- 무정전 전원 장치(UPS, Uninterruptible Power Supply)
- 직류고압송전(HVDC), 전력 품질 향상용 송전용 기기, 배전용 기기 등 전력 계통 장치
- 연료전지, 태양광, 풍력 발전 시스템 등의 신재생에너지 변환장치

1.2 전력용 반도체 스위치

- 전력 전자 기술에서 전력의 변환과 제어는 반도체 스위치를 적절히 온(On)/오프(Off)하여 부하에 공급하는 전력을 조절함으로써 이루어진다.
- 이러한 전력 변환 예로서 LED 램프, 10V 배터리와 스위치로 구성된 그림 1.5에 보이는 간단한 장치를 생각해보자.
  - 스위치가 계속 켜져 있다면, LED 램프의 인가전압은 전원 전압과 같은 10V이고 이 경우 램프의 밝기는 최대가 된다.
  - 그러나 스위치를 켜기도 하고 끄기도 한다면, 램프에 인가되는 전압은 10V보다 작아져서 램프의 밝기는 최대 밝기보다는 어두워진다.
  - 이렇게 스위치의 온/오프 시간의 조절을 통해 램프에 인가되는 평균 전압의 크기를 조절하여, 이를 통해 원하는 밝기로 램프를 조절할 수 있다.
  - 전력 변환 장치에서 이러한 스위칭 동작은 통상 반도체 소자에 의해 실현하는데, 빠르고 효율적인 동작이 가능하기 때문이다.

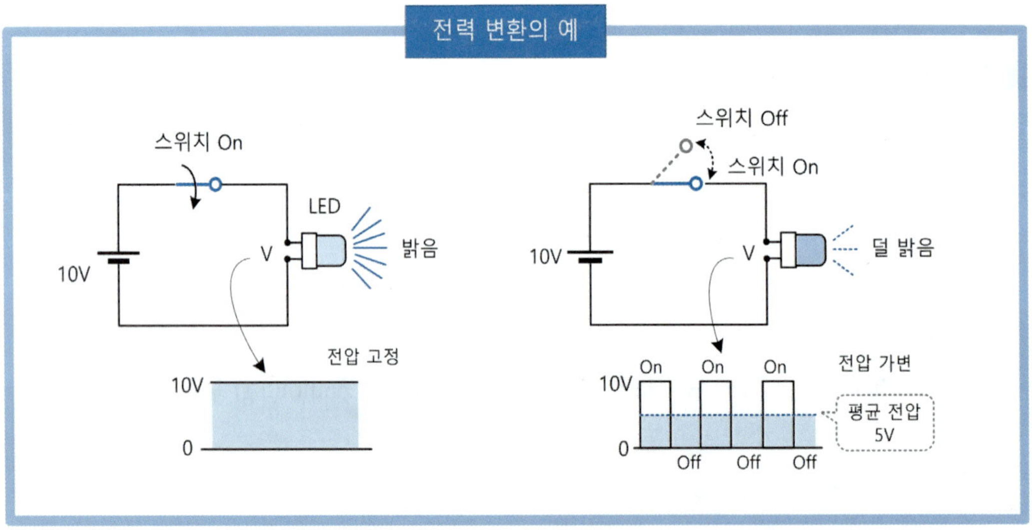

그림 1.5 전력 변환의 예

- 이처럼 전력의 변환 및 제어를 위한 전력 변환 장치의 핵심 부품은 **반도체 스위치**이다.
- 전력 변환에 활용되는 스위치에 대해 요구되는 중요한 특성으로는 오프, 온, 스위칭 전환, 구동 장치에 대해 다음과 같이 4가지가 있다.

1.2.1 전력 변환용 스위치로서 요구되는 특성

① 스위치 오프(Off) 시

- 스위치가 꺼졌을 경우 스위치가 견딜 수 있는 전압은 가능한 한 클수록 좋다.
- 그렇지만 이 전압에는 실제 제한이 있으며, 그 최댓값을 **차단 전압(Blocking Voltage)** 또는 **항복 전압(Breakdown Voltage)**이라 부르며, 스위치의 전압 정격을 의미한다.
- 또한, 스위치가 꺼졌을 경우 스위치를 통해 전류가 전혀 흐르지 말아야 하는데, 실제 스위치에서는 매우 작은 누설 전류가 흐른다.

② 스위치 온(On) 시

- 스위치가 켜졌을 경우, 스위치를 통해 흐를 수 있는 전류는 가능한 한 클수록 좋다.
- 그렇지만 도통 전류에는 실제 제한이 있으며, 이 값이 스위치의 전류 정격을 결정한다.
- 또한, 도통 시 소자에서의 전압 강하는 영인 것이 바람직하다.
- 그러나 실제 소자 내부의 저항 성분으로 인해 수 V 정도의 전압 강하 값을 갖는다.
- 이러한 전압 강하로 인해 스위치가 켜졌을 경우 도통 손실이 발생한다.

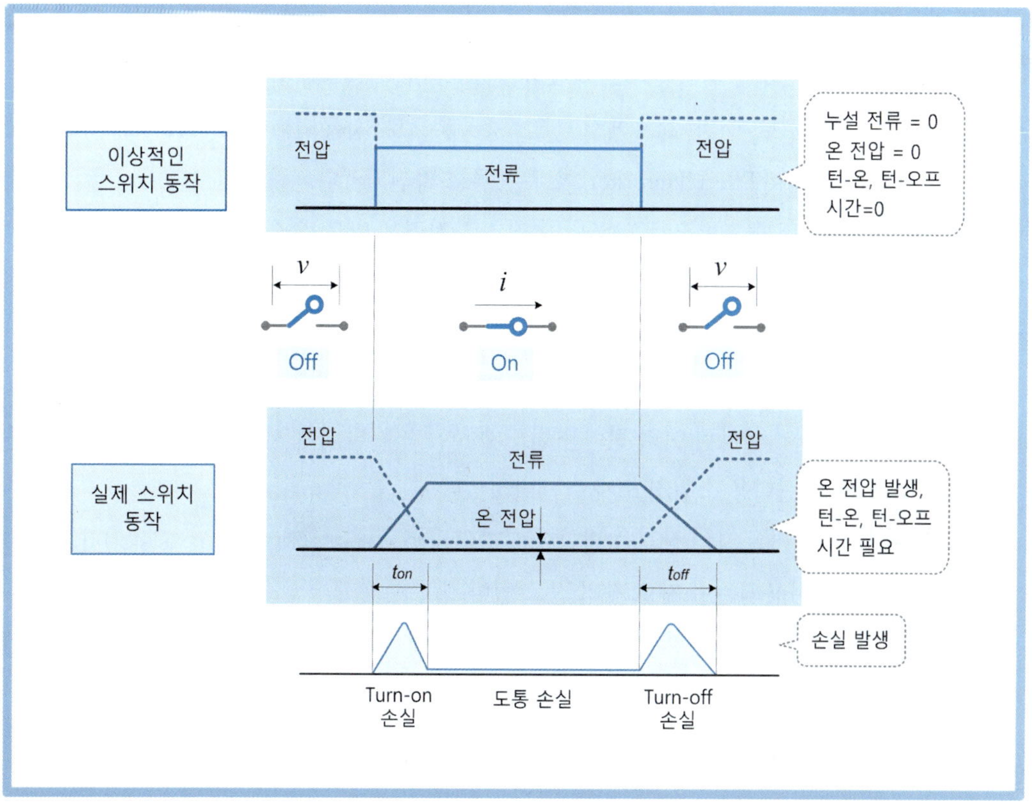

그림 1.6 스위치의 동작

③ 스위칭 시

- 스위치가 온에서 오프 또는 오프에서 온으로 그 상태를 바꿀 때, 그 전환 시간이 빠를수록 좋다.
- 전환 시간이 빠르면 스위칭 손실이 적어지며, 스위칭 주파수를 높일 수 있다.
- 스위칭 주파수가 높으면 전력 변환의 질이 향상되며, 전력 변환 장치를 소형화시킬 수 있다.

④ 스위치 구동 시

- 스위칭 소자를 온/오프하기 위해서는 구동에 필요한 전압과 전류를 공급해 주는 게이트 구동 장치(Gate Driver)를 사용해야 한다.
- 이러한 구동 장치가 간단하고, 구동에 필요한 소비 전력이 작은 것이 바람직하다.

- 이와 같이 스위치는 차단 전압과 도통 전류가 크며 스위칭이 빠르고 구동이 간단해야 하지만, 이들 특성을 모두 만족하는 이상적인 스위칭 소자는 없다.
- 이상적인 스위치 성능에 근접한 특성을 갖도록 지금까지 여러 전력용 반도체 소자들이 다음과 같이 개발되었다.

전력용 반도체 소자의 개발 역사

- 1948년에 미국의 벨(Bell) 연구소에서 실리콘 반도체(Silicon Semiconductor)로 트랜지스터(Transistor)를 발명한 것이 전력용 반도체 소자 개발의 시작점이다.
- 이 트랜지스터는 주로 전자 회로에서 신호 증폭용으로 사용되는데, BJT(Bipolar Junction Transistor)와 FET(Field Effect Transistor)의 두 종류로 발전되었다.
- 이 신호용 트랜지스터를 기반으로 1956년에 최초로 전력용 반도체 소자가 벨 연구소에서 개발되었는데, 바로 사이리스터(Thyristor)이다.
- 1958년에 제너럴 일렉트릭사에서 SCR(Silicon Controlled Rectifier)이란 이름으로 상업용 사이리스터가 개발되었다.
- 1970년대 이후 성능이 향상된 여러 전력용 반도체 소자가 개발되기 시작하였는데, 바로 신호용 BJT와 MOSFET를 전력용 스위칭 소자로 개발하였다.
- 그 후 이 두 트랜지스터 소자의 장점을 결합한 IGBT(Insulated Gate Bipolar Transistor)가 개발되어 현재 가장 널리 사용되는 소자로 자리 잡고 있다.
- 현재는 기존 소자의 성능을 향상시키거나 새로운 스위칭 소자를 개발하는 대신, 반도체 소자의 재료로 통상적으로 사용해온 실리콘(Si)을 실리콘 카바이드(SiC) 또는 질화 갈륨(GaN)으로 대치하여 여러 성능을 크게 향상시키고 있다.

1.2.2 전력용 반도체 스위치의 분류

- 지금까지 개발되어 현재 사용되고 있는 여러 전력용 반도체 스위치의 분류가 그림 1.7에 보인다.
- 먼저 도통 상태를 제어할 수 없는 스위치인 **다이오드**와 제어할 수 있는 스위치로 나눌 수 있으며, 또한 제어 가능한 스위치는 **사이리스터** 계열과 **트랜지스터** 계열로 나누어진다.

① 다이오드(Diode)

- 다이오드의 종류로는 PN 접합 다이오드와 반도체-금속 접합 다이오드가 있다.
- PN 접합 다이오드는 스위칭 속도에 따라 정류용과 고속 회복용으로 나뉜다.

② 사이리스터(Thyristor)

- 사이리스터 계열에는 SCR 사이리스터, 게이트 턴-오프(GTO) 사이리스터, MOS-제어 사이리스터(MCT)가 있으며, 특별히 양방향 전류 흐름이 가능하도록 한 TRIAC이 있다.

③ 트랜지스터(Transistor)

- 트랜지스터는 3가지 종류 즉, 바이폴러 접합 트랜지스터(BJT)와 금속 산화막 전계효과 트랜지스터(MOSFET) 및 이들 두 소자를 결합한 절연 게이트 트랜지스터(IGBT)가 있다.

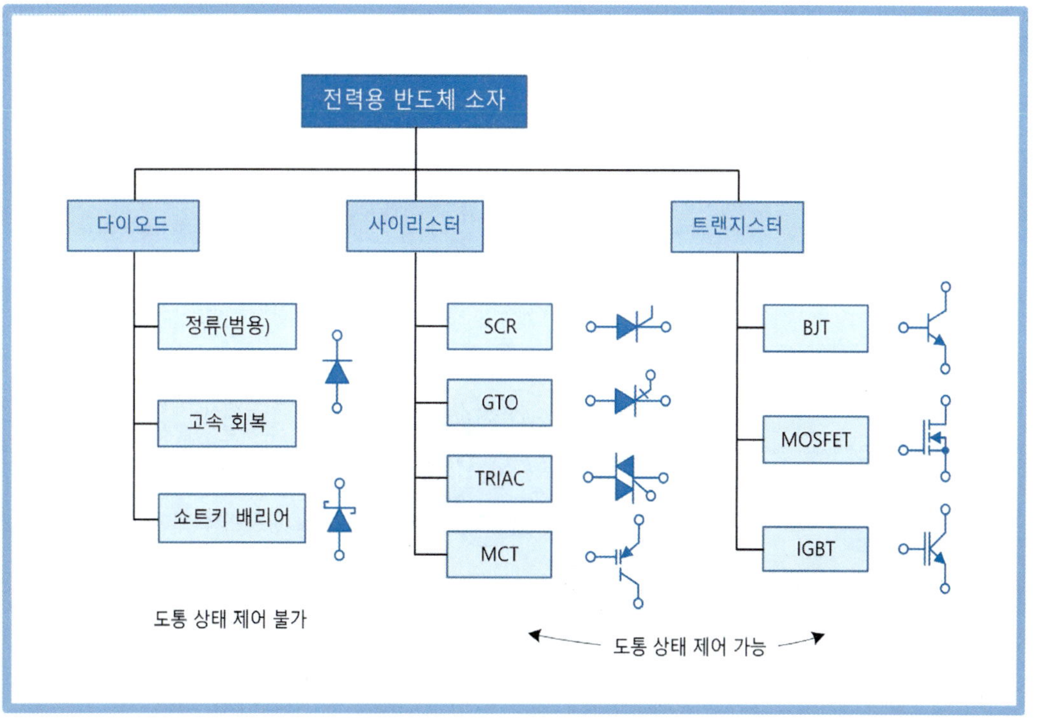

그림 1.7 전력용 스위칭 소자의 종류

1.3 반도체(Semiconductor)

이제 여러 전력용 스위치에 대해 알아보기 전에, 스위치에 대한 특성을 이해하는 데 필요한 반도체에 대해 간단히 알아보기로 하자.

반도체란?

- **반도체**란 전기가 잘 흐르는 도체와 흐르지 않는 부도체의 중간 성질을 가진 물질로서, 조건에 따라 전류가 흐르거나 흐르지 않거나 한다.
- 반도체의 재료로는 준금속 원소인 **규소(Silicon, 원소 기호 Si)**가 대부분 사용되고 있다.

이제 Si를 사용하여 반도체를 만드는 방법에 대해 간단히 알아보도록 하자.

- **진성(Intrinsic) 반도체**
  - Si 원자는 최외각 궤도에 있는 전자(Electron)를 말하는 가전자가 4개 있는데, 이 가전자가 8개이면 화학적 안정하게 된다.
  - 그래서 Si 원자는 인접한 4개 Si 원자와 각각 1개씩 가전자를 공유하여 화학적으로 안정하게 되는데, 이를 **공유 결합**이라 한다. (그림 1.8)
  - 공유 결합된 Si에서 전자는 원자핵에 안정되게 결합되어 있어 움직일 수 없으므로, 외부에 전압을 인가해도 전류가 흐르지 않는다. 이를 **진성 반도체**라고 한다.

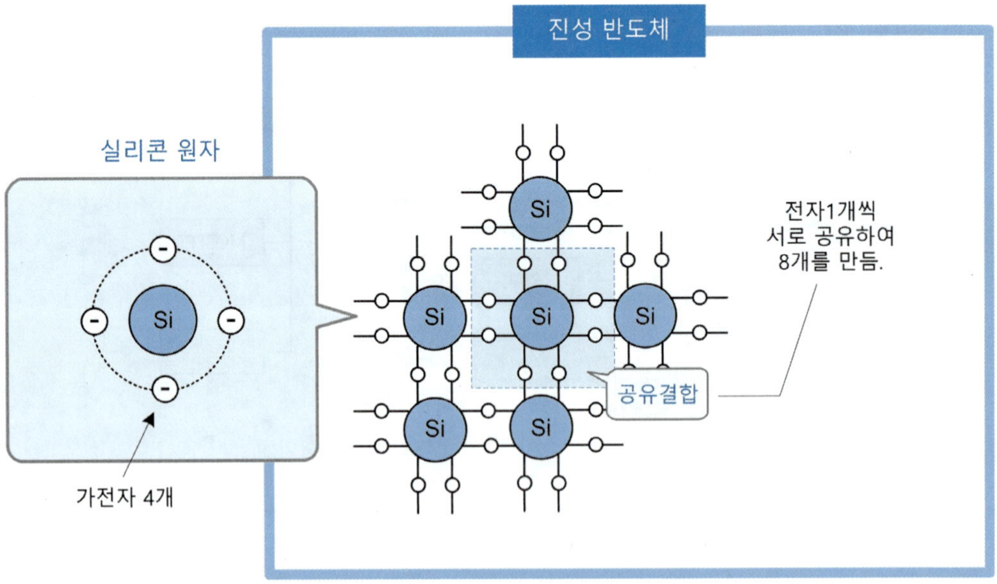

그림 1.8 공유 결합된 Si 원자

1.3.1 N형 반도체와 P형 반도체

• 스위칭 소자에 사용되는 반도체는 진성 반도체를 토대로 만들어지는데, N형 반도체와 P형 반도체의 두 종류가 있다.

① N형 반도체

- Si 물질에 5개의 가전자를 갖는 원소 즉, 5족 원소인 비소(As), 인(P), 안티몬(Sb) 등의 불순물을 첨가해서(Doping) Si 원자와 결합하게 만들면, 안정 상태에 필요한 가전자 8개보다 1개가 더 많게 된다. (그림 1.9의 왼쪽)
- 이렇게 남은 전자들은 원자핵에 구속받지 않고 자유롭게 움직일 수 있으므로, **자유 전자**라고 하며 전류의 흐름에 활용된다.
- 이러한 자유 전자가 많은 반도체가 **N형 반도체**이다.
- N형 반도체의 양 끝에 전압을 가하면, (-)의 전하를 가진 자유 전자가 양(+)의 극성 쪽으로 이동하여 전류가 흐른다. (전류 방향은 자유 전자의 이동 방향에 반대 방향임)

② P형 반도체

- Si 물질에 3개의 가전자를 갖는 원소 즉, 3족 원소인 붕소(B), 인듐(In) 등의 불순물을 첨가해서 Si 원자와 결합하게 만들면, 안정 상태에 필요한 가전자 개수인 8개보다 1개 부족하게 된다. (그림 1.9의 오른쪽)
- 이렇게 전자가 부족한 빈자리를 **정공(Hole)**이라 한다.
- 이러한 양(+)의 전하를 가진 정공이 많은 반도체가 **P형 반도체**이다.
- 주변의 자유 전자들은 안정한 상태를 위해 이 정공에 쉽게 자리 잡는다.

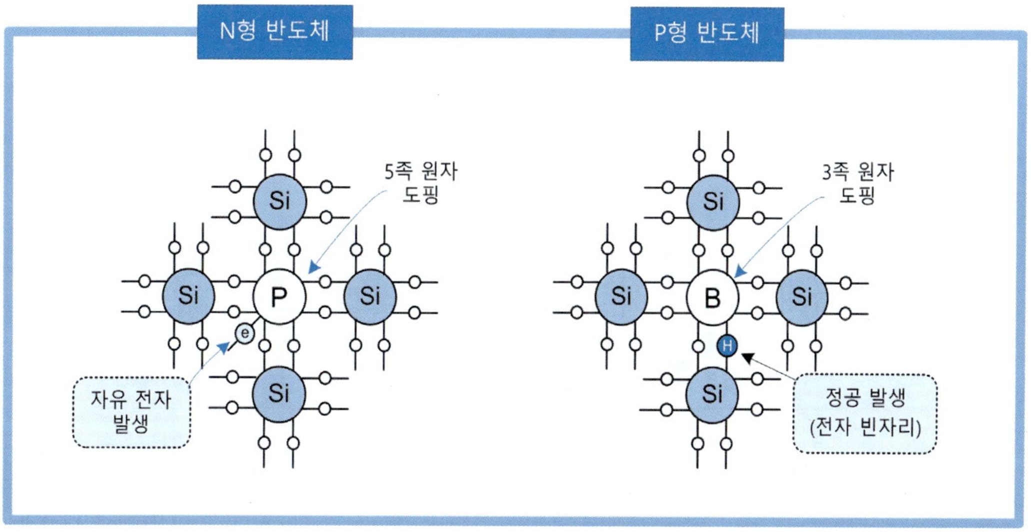

그림 1.9 N형 반도체와 P형 반도체

- N형과 P형 반도체에서 자유 전자나 정공들은 전류의 흐름에 사용되므로, 이를 **캐리어(Carrier)**라고 한다. (불순물을 많이 첨가하면 캐리어의 농도가 증가한다.)
- P형 반도체에는 정공이 많지만, 열적으로 발생한 자유 전자도 조금은 존재하며, N형 반도체에는 전자가 많지만, 정공도 조금은 존재한다.
- 각각의 반도체에서 개수(농도)가 많은 캐리어를 **다수 캐리어**라 하고, 개수가 적은 캐리어를 **소수 캐리어**라고 한다.
- N형 반도체에서 다수 캐리어는 자유 전자이고 소수 캐리어는 정공이며, P형 반도체에서 다수 캐리어는 정공이고 소수 캐리어는 자유 전자이다.

PN 접합(Junction)

- 정공이 많은 P형 반도체와 자유 전자가 많은 N형 반도체를 접합하면, 반도체 내 캐리어의 농도 차이로 인해 접합 부근에서는 캐리어들의 확산(Diffusion)이 일어난다.
- 즉, P형 반도체의 정공은 N형 반도체로 이동하고, N형 반도체의 전자는 P형 반도체로 이동한다. (그림 1.10)
- **공핍층(Depletion Regin)**
  상대측으로부터 넘어간 캐리어는 그 상대측 반도체의 다수 캐리어와 결합하여 캐리어가 없어진 영역이 생기는데, 이를 공핍층이라 부른다.
- **양(+) 이온과 음(−) 이온**
  공핍층 영역에서의 상황을 보면, P형 영역으로 자유 전자가 넘어가서 전자가 1개 없어진 N형 반도체 영역의 원자들은 양(+) 이온이 되고, N형 영역으로 넘어가서 정공이 1개 없어진(즉, 전자로 채워짐) P형 반도체 영역의 원자들은 음(-) 이온이 된다.

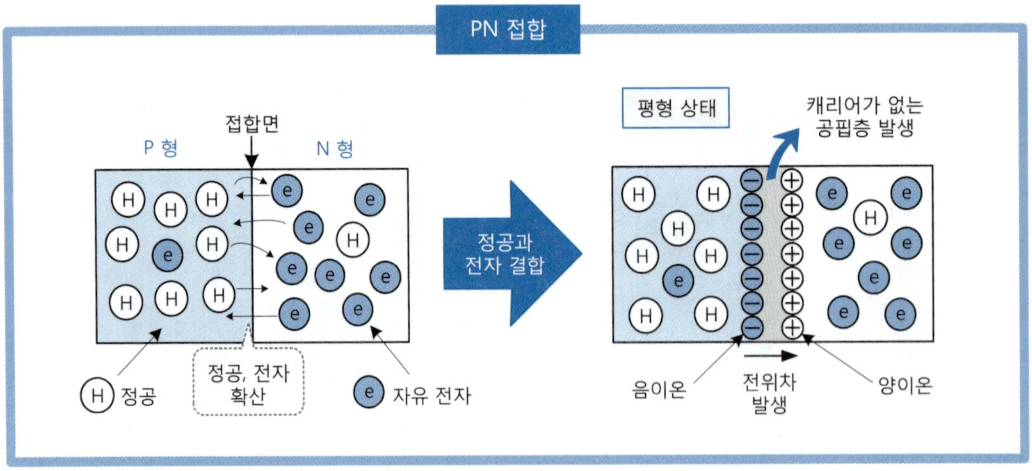

그림 1.10 PN 접합

• 이러한 음과 양의 이온에 의해 공핍층 양쪽에 전계가 발생하고, 이 전계 때문에 전자와 정공의 이동이 멈춰지고 평형상태가 유지된다.

바이어스(Bias)

• PN 접합의 반도체 양쪽에 전압을 인가하는 것을 **바이어스(Bias)**라고 한다. (그림 1.11)

• PN 접합에 전압을 인가하는 방향에 따라 PN 접합의 반도체에서 전류가 흐를 수도 있고 흐르지 못할 수도 있다.

• 즉, 인가전압의 방향에 따라 PN 접합 반도체는 도체 또는 부도체가 될 수 있다.

① 순방향 바이어스 : 도체

P형 반도체 측의 전압을 N형 반도체 측보다 높게 인가하면, 정공과 전자가 다른 쪽 반도체로 넘어가서 전류가 흐르게 되는데, 이렇게 전류가 흐르도록 전압을 인가하는 것을 순방향 바이어스라고 한다.

② 역방향 바이어스 : 부도체

이와 반대로 N형 반도체 측의 전압을 P형 반도체 측보다 높게 인가하는 것을 역방향 바이어스라고 하는데, 이 경우 오히려 공핍층의 폭이 넓어지고 전류가 흐르지 않는다.

• PN 접합 반도체를 통해 전류가 흐르는 경우 P형 반도체에서는 자유 전자가 증가하고, N형 반도체에서는 정공이 증가하므로 각각의 반도체에서 소수 캐리어가 증가한 상태가 된다.

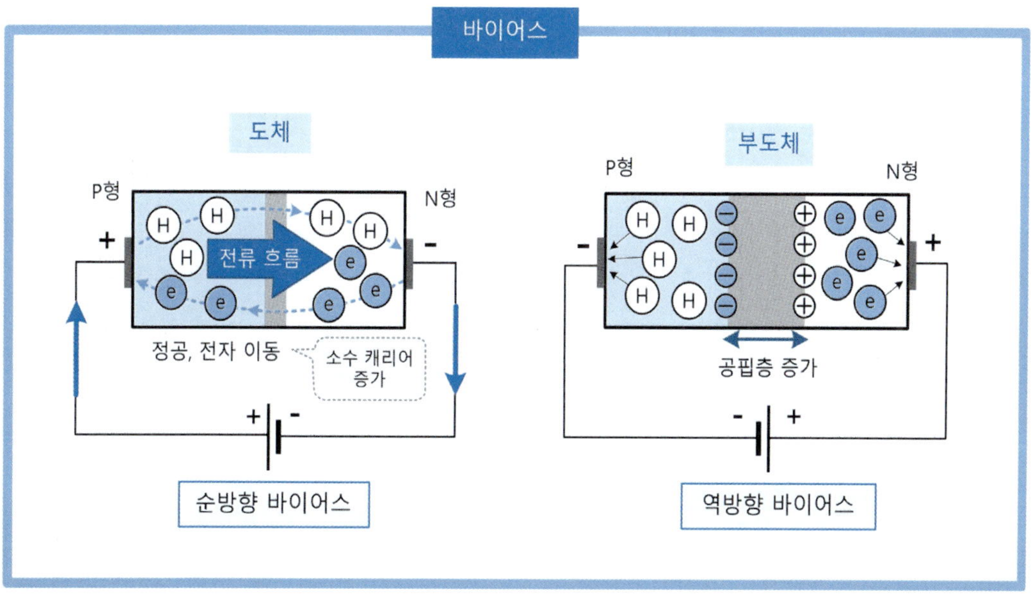

그림 1.11 바이어스

- **턴-오프 시간**
  - 전류가 흐르는 PN 접합 반도체가 오프 상태로 되돌아가기 위해서는, 각각의 반도체 영역에 있는 소수 캐리어가 소멸되어야 하는데 이를 위해 일정한 시간이 소요된다.
  - 즉, PN 접합 반도체 소자가 턴-오프하는 데에는 시간이 필요하다.
  - 이로 인해 PN 접합 반도체의 스위칭 속도에는 제한이 발생한다.
- 현재 사용되고 있는 여러 전력용 반도체 스위치들은 이러한 P형 반도체와 N형 반도체들의 접합을 통해 만들어진다.

이제 이러한 전력용 반도체 스위치들에 대해 그 특성과 동작에 대해 알아보도록 하자.

1.4 전력용 다이오드(Power Diode)

- 전력용 다이오드는 전자 회로에 사용되는 다이오드의 특성과 동일하게, 한 방향으로만 전류가 흐를 수 있고, 반대 방향으로는 차단되는 스위칭 소자이다.
- 전류의 방향에 따라 그 흐름이 제한되는 특성을 가지는 다이오드는 전력 변환 회로에서 **정류**(교류를 직류로 변환), **환류**(부하 전류가 흐르는 경로 제공), **클램프**(전압 크기의 제한) 등의 중요한 역할을 한다.

전력용 다이오드의 구조

- 전력용 다이오드는 그림 1.11에서 보았던 P형 반도체와 N형 반도체를 접합한 구조의 2 단자 소자이다.
- 전력용 다이오드의 기호가 그림 1.12에 보이며, 두 단자의 이름은 애노드(Anode)와 캐소드(Cathode)인데, 각각 A와 K로 표시한다.
- 다이오드의 전류는 애노드(A)에서 캐소드(K) 방향으로 흐른다.

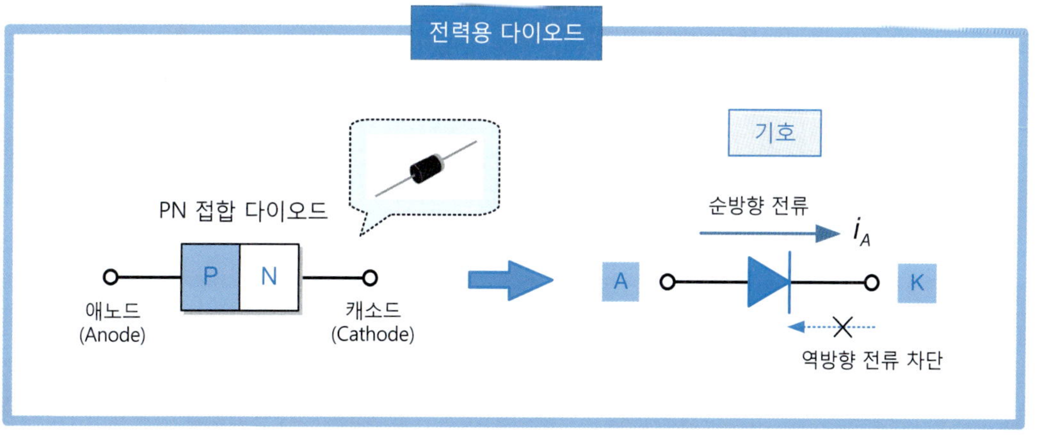

그림 1.12 전력용 다이오드의 구조와 기호

1.4.1 다이오드의 동작

다이오드의 이상적인 전압-전류 특성

- 한 방향으로만 전류가 흐르고 반대 방향의 전류는 차단되는 다이오드의 동작은 인가전압에 따라 다음과 같이 결정된다.

① 순방향 바이어스 : 턴-온

- 애노드(A) 전위가 캐소드(K) 전위보다 높을 때 즉, $V_{AK} > 0$으로 순방향 바이어스일 때, 다이오드는 도통하여 애노드에서 캐소드 단자 쪽으로 전류가 흐른다. (그림 1.13)
- 이 경우 다이오드의 저항은 영이고, 따라서 순방향 전압 강하, 즉 도통 전압은 영이다.

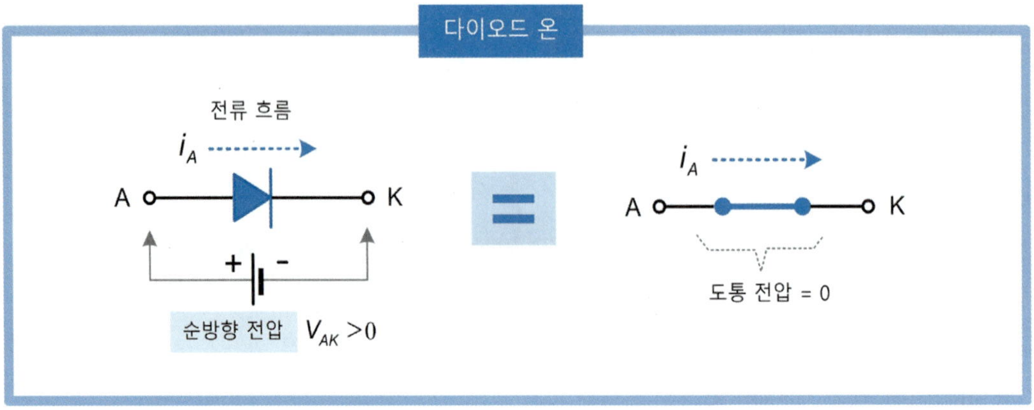

그림 1.13 순방향 바이어스

② 역방향 바이어스 : 오프

- 애노드 전위가 캐소드 전위보다 낮을 때, 즉 $V_{AK} \leqq 0$으로 역방향 바이어스일 때 다이오드는 오프되며 전류가 흐르지 않는다. (그림 1.14)
- 역방향으로도 누설 전류가 흐르지 않는다.
- 이 경우 인가전압은 모두 오프 상태인 다이오드에 걸린다.

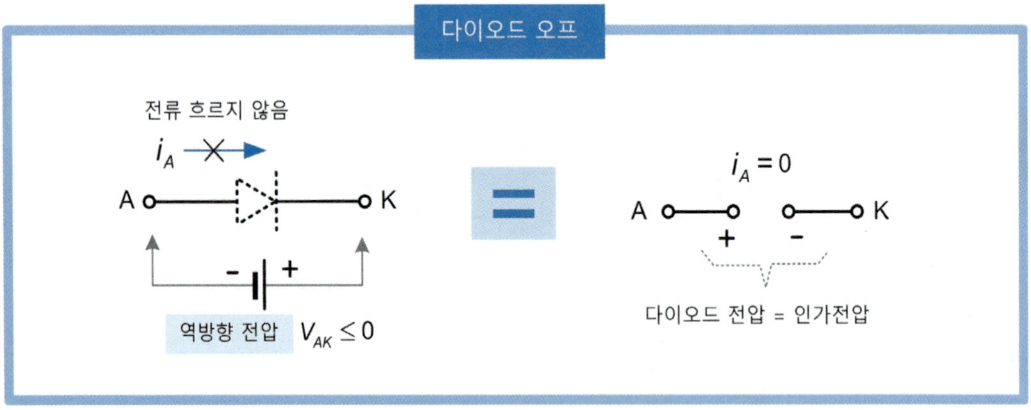

그림 1.14 역방향 바이어스

- 이상적인 다이오드의 인가전압 V_{AK}에 대한 전류 I_A의 특성이 그림 1.15에 보인다.
- 다이오드의 동작 영역은 **도통 영역**과 **차단 영역**의 두 부분으로 나누어진다.

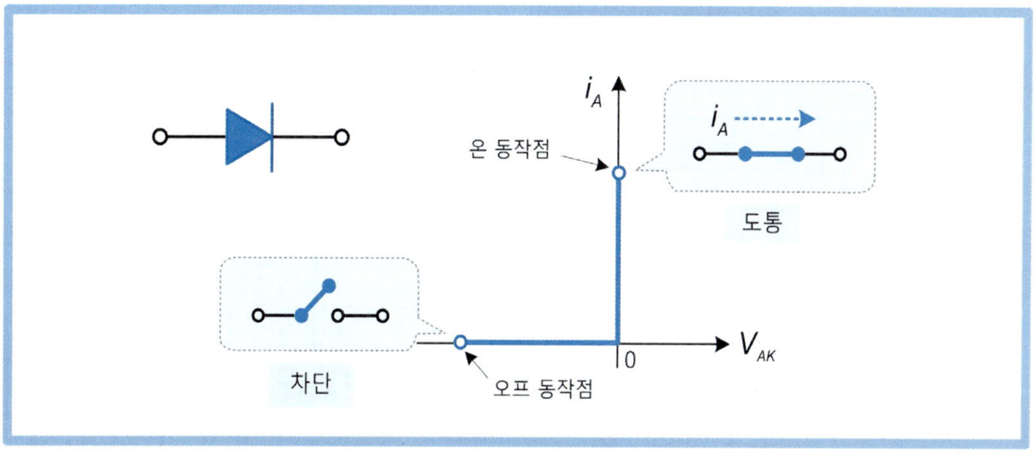

그림 1.15 다이오드의 이상적인 동작 특성

- **동작 예** : 교류 전압에서 동작하는 다이오드의 특성이 그림 1.16에 보인다.
  - 양(+)의 전원 전압에서는 다이오드가 도통하여 부하에 전원 전압이 인가되지만, 음(-)의 전원 전압에서는 다이오드는 차단되어 부하에 전압이 나타나지 않는다.
  - 따라서 전원 전압은 교류이지만 부하에는 직류 전압이 인가된다.

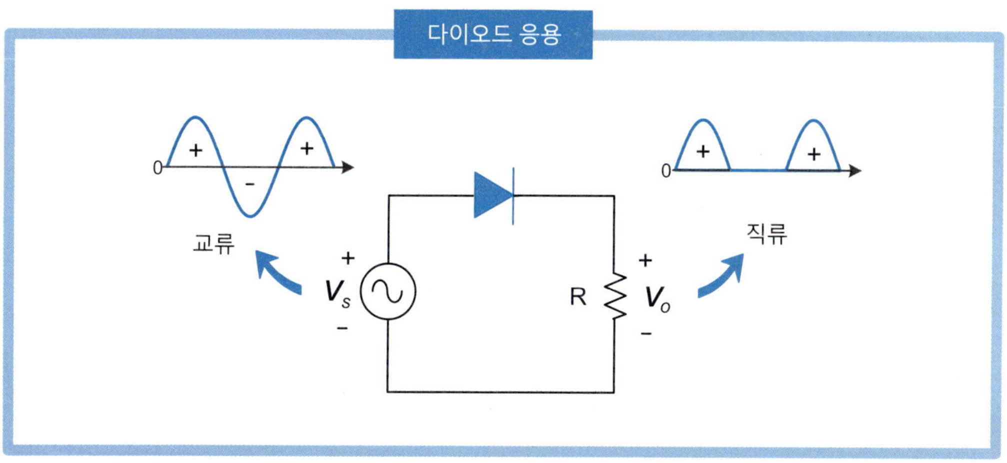

그림 1.16 교류 전원에서의 다이오드 동작

- 실제 다이오드는 앞에서 설명한 이상적인 특성과는 다르게 동작한다.

실제 다이오드 특성

- 실제 다이오드의 동작 특성은 그림 1.17에 보이듯이, **순방향 바이어스 영역, 역방향 바이어스 영역, 항복 영역**의 3부분으로 나누어진다.

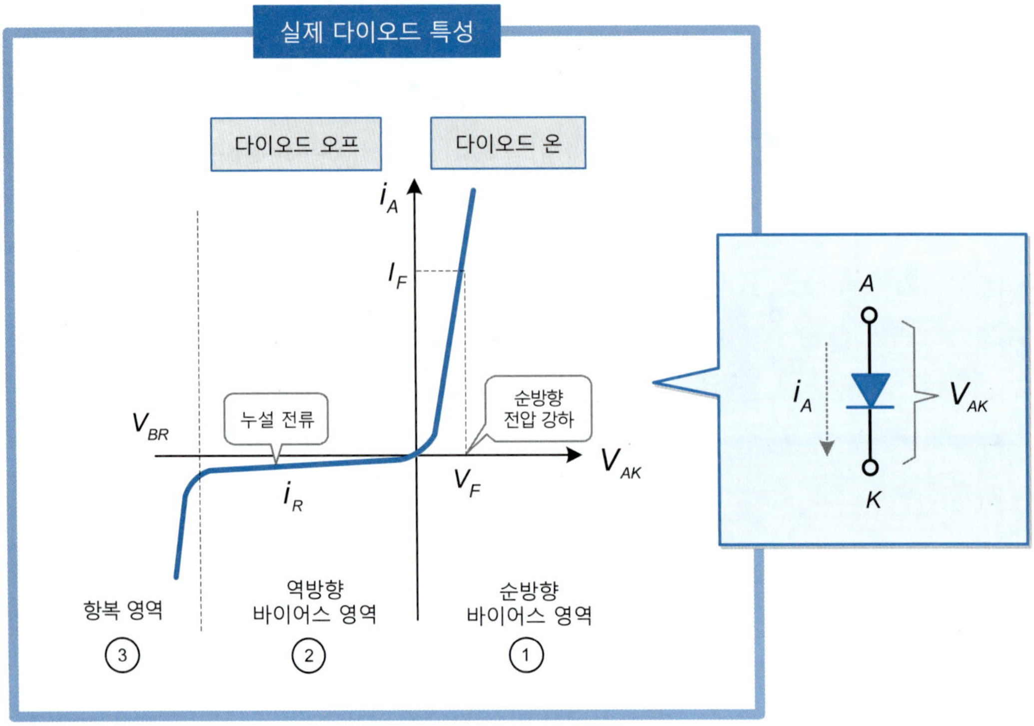

그림 1.17 다이오드의 실제 동작 특성

① 순방향 바이어스 영역(Forward Bias Region)

- 다이오드에 특정 임계 전압 V_{TH}이상의 순방향 전압을 인가하면($V_{AK} > V_{TH}$), 다이오드는 턴-온 되어 순방향 전류가 흐른다.
- 도통 상태인 다이오드에는 1~2V 내외의 순방향 전압 강하 V_F가 발생하는데, 그 크기는 순방향 전류 i_A에 비례해서 증가한다.
- 이 순방향 전압 강하와 순방향 전류의 곱이 다이오드가 도통할 때 소비되는 전력 손실(즉, 도통 손실)이므로 순방향 전압 강하는 작아야 좋다.

② 역방향 바이어스 영역(Reverse Bias Region)

- 다이오드에 역방향 전압이 인가되면($V_{AK} < 0$), 다이오드는 오프 상태가 된다.
- 오프 상태에서는 매우 작은 누설 전류가 흐르며, 그 크기는 역전압에 비례해서 증가한다.

③ 항복 영역(Breakdown Region)

- 역방향 인가전압이 점점 커져 어떤 값 이상이 되면 매우 큰 역전류가 흘러 다이오드가 열적으로 파괴된다. 이때의 역전압을 항복 전압(Breakdown Voltage)이라 한다.

• 다이오드의 정격 전류와 정격 전압

다이오드의 정격 전류로는 통상 평균 전류(Average Forward Current)[A]가 사용되며, 정격 전압으로는 인가 가능한 최대 반복 역전압(Maximum Repetitive Reverse Voltage, VRRM)[V]이 사용된다.

• 전력용 다이오드는 턴-오프 시 다음과 같은 중요한 역 회복 특성을 가진다.

다이오드의 턴-오프 특성 : 역 회복 특성

• 전류가 흐르고 있는 다이오드를 턴-오프 시키기 위해 역방향 전압을 인가하는 경우, 순방향 전류가 바로 영으로 감소되지는 않는다.
• 다이오드에 순방향 전류가 흐를 때, 각각의 반도체 영역에는 소수 캐리어가 증가한다.
• 이 상태에서 다이오드에 역방향 전압을 인가하면, 각각의 반도체 영역에 있던 소수 캐리어들은 원래의 영역으로 되돌아간다.
• 이것은 다이오드가 턴-오프 시에 역방향으로 전류가 흐른다는 것을 의미한다. (그림 1.18)
• 역 회복 특성(Reverse Recovery Characteristic)
  - 다이오드의 인가전압이 순방향에서 역방향으로 바뀐 후에, 순방향 전류가 영으로 되어 완전히 턴-오프되는 데까지의 특성을 역 회복 특성이라 한다.

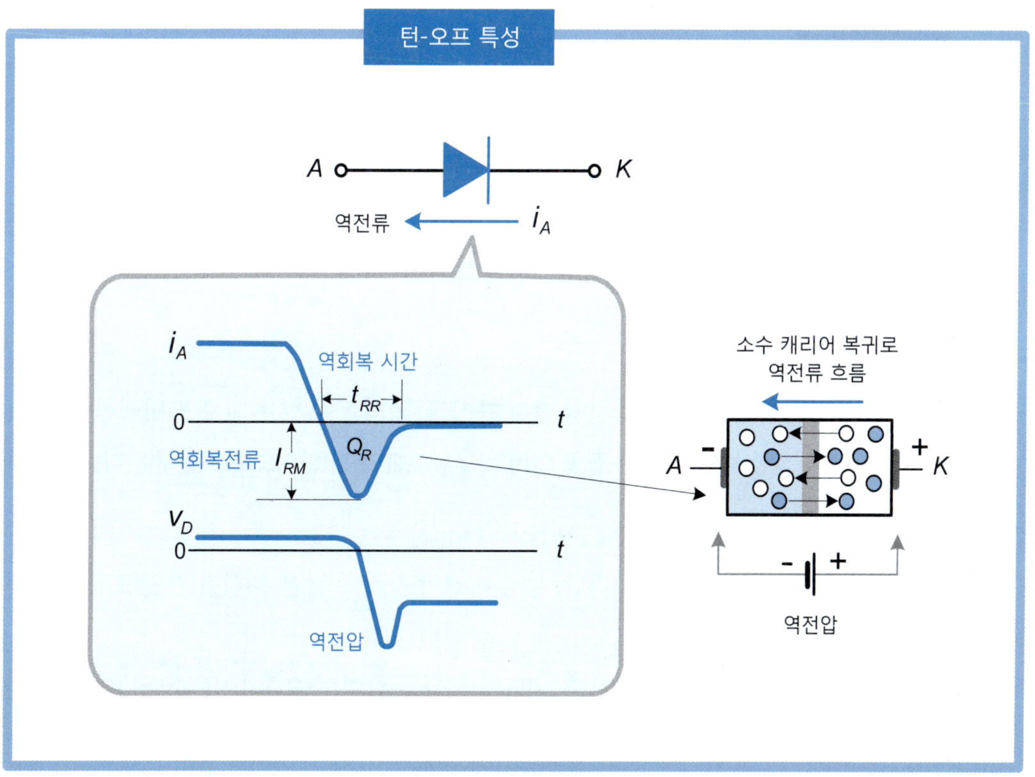

그림 1.18 역 회복 특성

- 턴-오프 시에 흐르는 역방향 전류를 **역 회복 전류(Reverse Recovery Current)** I_{RM}이라 하며, 역전류가 흐르는 시간을 **역 회복 시간(Reverse Recovery Time)** t_{RR}이라 한다.
- 순방향 전류가 클수록 복귀해야 할 전자와 정공의 양이 많으므로, 역 회복 전류와 역 회복 시간이 커진다.
- 다이오드의 스위칭 동작이 빨라지려면, 역 회복 시간이 짧아야 한다.

1.4.2 다이오드의 종류

- 다이오드는 P형 반도체와 N형 반도체를 접합한 구조가 일반적이지만, 금속과 반도체를 접합한 구조의 다이오드도 있다.
- 따라서, 다이오드는 **PN 접합 다이오드**와 **반도체-금속 접합 다이오드**로 분류된다.
- 그림 1.19에 다이오드의 분류가 보인다.

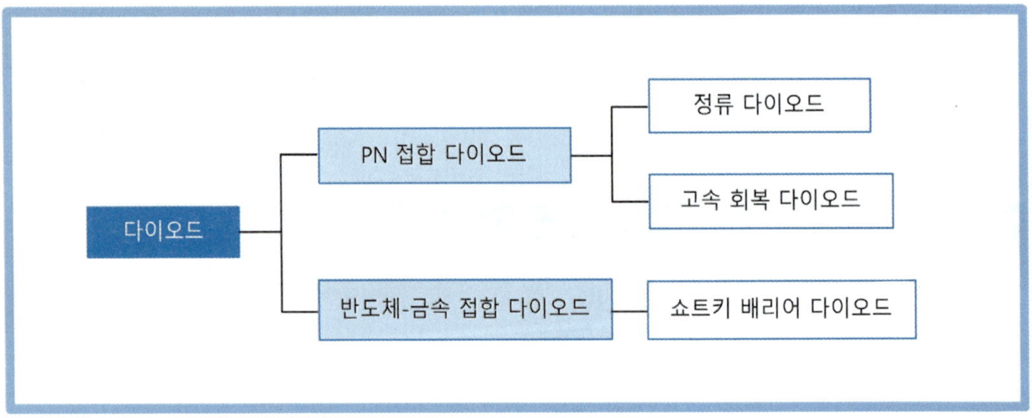

그림 1.19 다이오드의 종류

- **PN 접합 다이오드의 종류**

  PN 접합 다이오드의 특성 중 순방향 전압 강하 특성과 역 회복 특성은 서로 반비례한다. 이러한 특성에 따라 PN 접합 다이오드는 **정류 다이오드**와 **고속 회복 다이오드**로 분류된다.

① 정류 다이오드(범용 다이오드, General Purpose Diode)

- 정류 다이오드는 역 회복 시간이 길지만, 순방향 전압 강하가 작은 특성을 가져 도통 손실이 작다.
- 정류 다이오드는 빠른 스위칭 동작보다는 도통 손실 저감이 중요한 낮은 주파수의 전원 전압을 직류로 변환하는 정류기용으로 사용된다.

② 고속 회복 다이오드(Fast Recovery Diode; FRD)

- 고속 회복 다이오드는 순방향 전압 강하가 다소 크지만, 역 회복 시간이 수십 ns 이하로 짧아 고속 동작이 가능하고 스위칭 손실이 작다.
- 이 다이오드는 통상 고속 스위칭 동작이 필요한 DC-DC 컨버터나 인버터 등에 사용된다.
- 고속 회복 다이오드는 역 회복의 빠르기에 따라 Standard Recovery, Fast Recovery, Ultrafast Recovery 타입이 있다.

• 그림 1.20에 순방향 전압 강하 특성과 역 회복 특성에 따른 다이오드의 용도가 보인다.

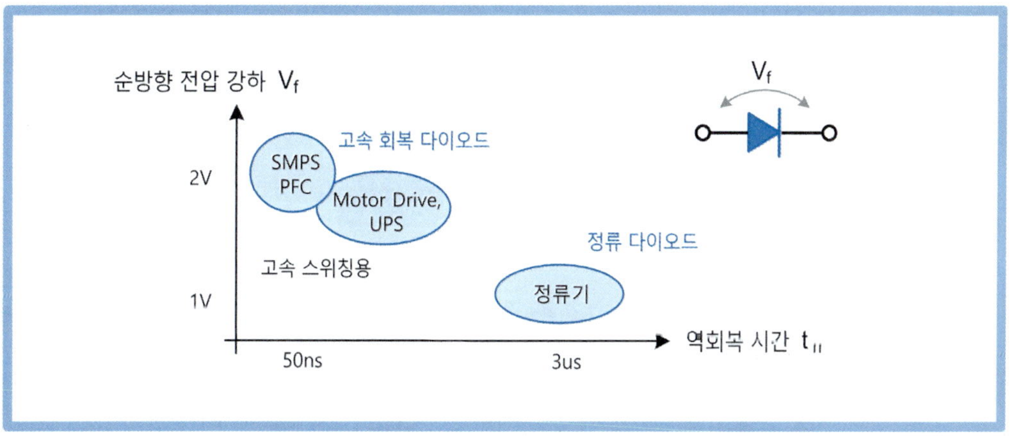

그림 1.20 다이오드의 순방향 전압 강하 특성과 역 회복 특성

• **반도체-금속 접합 다이오드**

- 두 반도체의 접합이 아닌 금속과 반도체의 접합 때문에 생기는 쇼트키 장벽을 이용한 다이오드가 **쇼트키 배리어 다이오드(Schottky Barrier Diode, SBD)**이다.

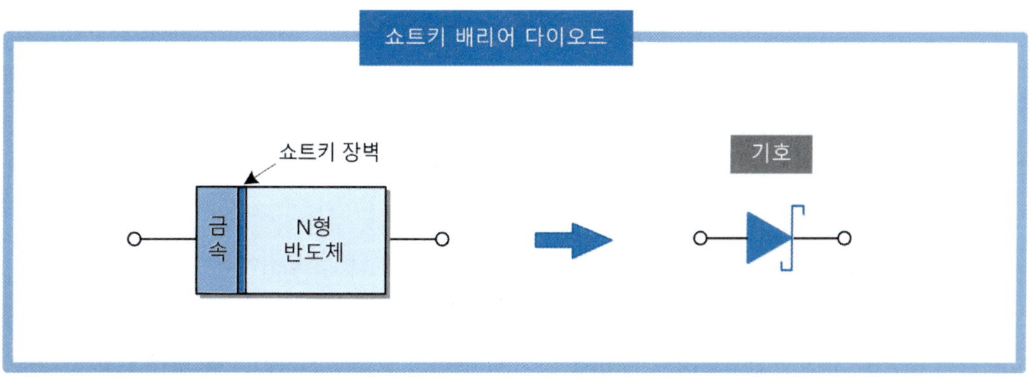

그림 1.21 쇼트키 배리어 다이오드의 구조와 기호

- 쇼트키 배리어 다이오드는 수 ns 정도로 매우 짧은 역 회복 시간을 가져 고속 동작이 가능하고 전압 강하가 작다.
- 그러나 누설 전류가 크며, 전압 정격이 150V 이하로 작다.
- 이러한 특성 때문에 고전압을 사용하는 응용 분야에는 사용하기 힘들며, 통상 저전압 대전류의 전원장치용으로 사용된다.

다이오드의 용도

- 다이오드는 교류를 직류로 변환하는 정류용으로 활용되는 것이 가장 대표적인 용도이고, DC-DC 컨버터와 인버터 등에서 고속 스위칭과 환류 경로를 제공하는 데에 사용된다.
- 그림 1.22에 휴대폰이나 태블릿 등에 사용하는 배터리를 충전하기 위한 직류 전원 장치에서 사용되는 여러 종류의 다이오드가 보인다. (6장 참조)

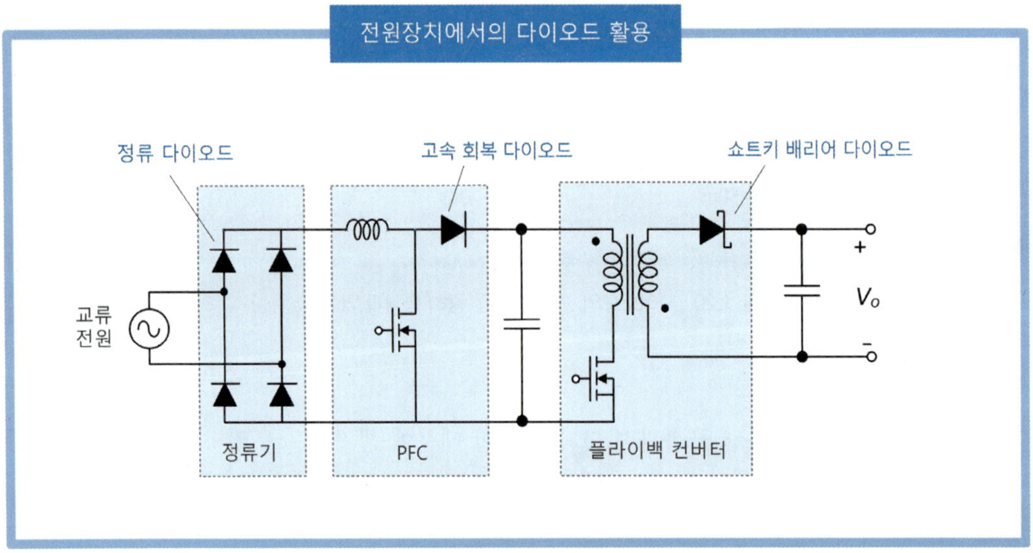

그림 1.22 직류 전원 장치에서의 다이오드 활용

다이오드의 형태

- 다이오드의 형태는 다른 스위칭 소자와 마찬가지로 디스크(Disk)형, 스터드(Stud)형, 모듈(Module)형, TO(Transistor Outline)형 등이 있다.
- TO는 트랜지스터에 주로 사용되는 패키지이지만, 다이오드나 다른 소자에도 사용된다.
- TO 패키지에는 여러 종류가 있는데, TO와 발열의 크기에 따른 숫자의 조합으로 표시된다.
- 예로서 발열이 적은 저전력용에는 TO-92, 비교적 발열이 큰 경우는 TO-220, 발열이 꽤 큰 경우는 TO-247이 있다.

1.5 사이리스터(Thyristor)

1.5.1 SCR 사이리스터

- 사이리스터는 1958년 제너럴 일렉트릭사에서 개발된 최초의 전력용 반도체 스위치이다.
- SCR : 이 사이리스터의 상품명이 SCR(Silicon-Controller Rectifier)이라는 이름이었기 때문에 사이리스터를 그냥 SCR이라고 부르기도 한다.
- 특징 : 사이리스터는 개발된 소자 중에서 가장 큰 전력(12kV, 1.5kA)을 처리할 수 있으며, 순방향 전압 강하가 작아 도통 손실이 작다는 중요 장점이 있다. 따라서 대용량 전력 처리에 적합하다.
- 단점 : 턴-온 시점은 게이트 전류로 제어할 수 있으나, 턴-오프 시점은 제어할 수 없고, 스위칭 속도가 느리다.
- 용도 : 사이리스터는 정류기, 직류 고압 송전, 대용량 직류 전동기 구동, 점화 장치 등에 사용된다.

사이리스터의 기본 구조

- 사이리스터는 턴-온 시점을 제어할 수 있는 다이오드라고 생각할 수 있다.
- 이러한 사이리스터는 3개 PN 접합인 P-N-P-N 구조의 4층 반도체 소자이다.
- 사이리스터는 애노드(Anode), 캐소드(Cathode), 게이트(Gate)의 3개 단자를 가지며, 각각 A, K, G로 표시한다. (그림 1.23)
- 애노드(A)와 캐소드(K) 단자는 전압을 인가하는 단자이며, 게이트(G) 단자는 사이리스터를 턴-온 시키기 위한 트리거(Trigger) 신호를 주는 단자이다. (그림 1.24)

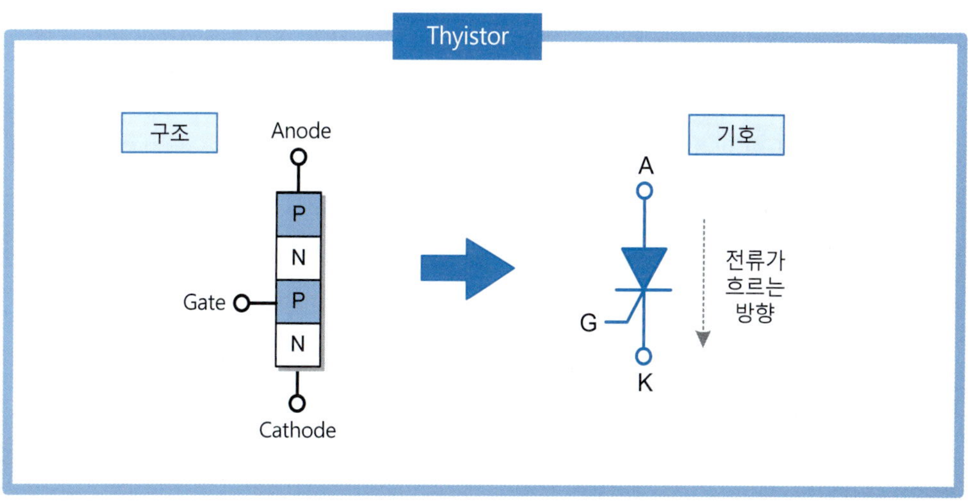

그림 1.23 사이리스터의 기본 구조와 기호

- 도통 시에 전류가 흐르는 방향은 애노드(A)에서 캐소드(K) 측이다.

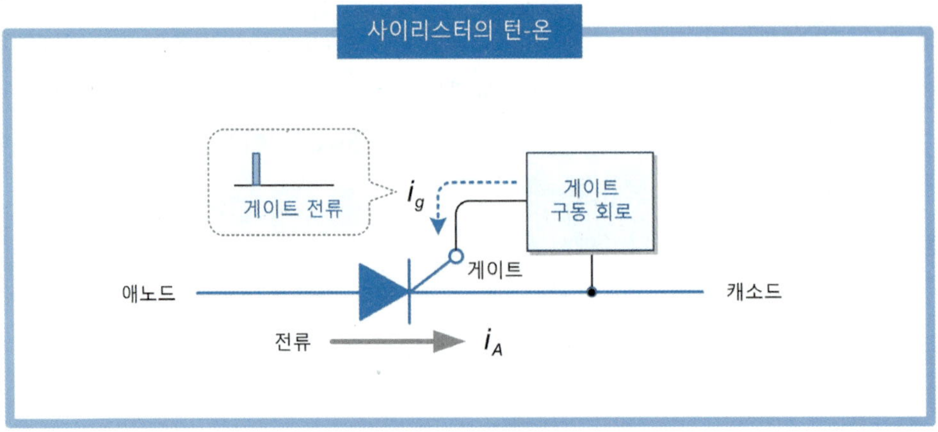

그림 1.24 사이리스터 턴-온

- 사이리스터는 게이트에 전류를 흘려 도통시키는 전류 제어 소자(Current-Controlled Device)이며, 소수 캐리어에 의해 전류가 흐르는 소자이다.

- 이러한 사이리스터는 두 개 트랜지스터의 등가 모델로부터 그 턴-온 동작을 설명할 수 있다.

사이리스터의 두 트랜지스터 모델(Two-Transistor Model)

- PNPN 4층 구조의 사이리스터는 PNP와 NPN형의 두 개 트랜지스터로 등가화할 수 있다. (그림 1.25)
- **사이리스터의 동작 해석**
  - 이 모델로부터 사이리스터가 도통하기 위해서는 두 트랜지스터가 모두 동작해야 한다는 것을 알 수 있다.
  - 회로 구성을 보면 위 PNP형 트랜지스터는 아래 NPN형 트랜지스터가 동작해야 도통할 수 있으며, 또한 NPN형 트랜지스터는 PNP형 트랜지스터가 동작해야 도통할 수 있다.
  - 이처럼 두 트랜지스터의 도통 동작이 서로에 의존하기 때문에, 단지 애노드와 캐소드 사이에 양(+)의 전압을 인가하는 것만으로는 두 트랜지스터가 도통하지 않는다.
  - 그런데 애노드와 캐소드 사이에 양(+)의 전압을 인가한 상태에서 게이트 전류 i_g를 흘려주면, NPN형 트랜지스터에 베이스 전류가 흘러 먼저 도통하게 된다.
  - 도통된 NPN형 트랜지스터의 컬렉터 전류에 의해 PNP형 트랜지스터에 베이스 전류가 흘러 턴-온 된다.

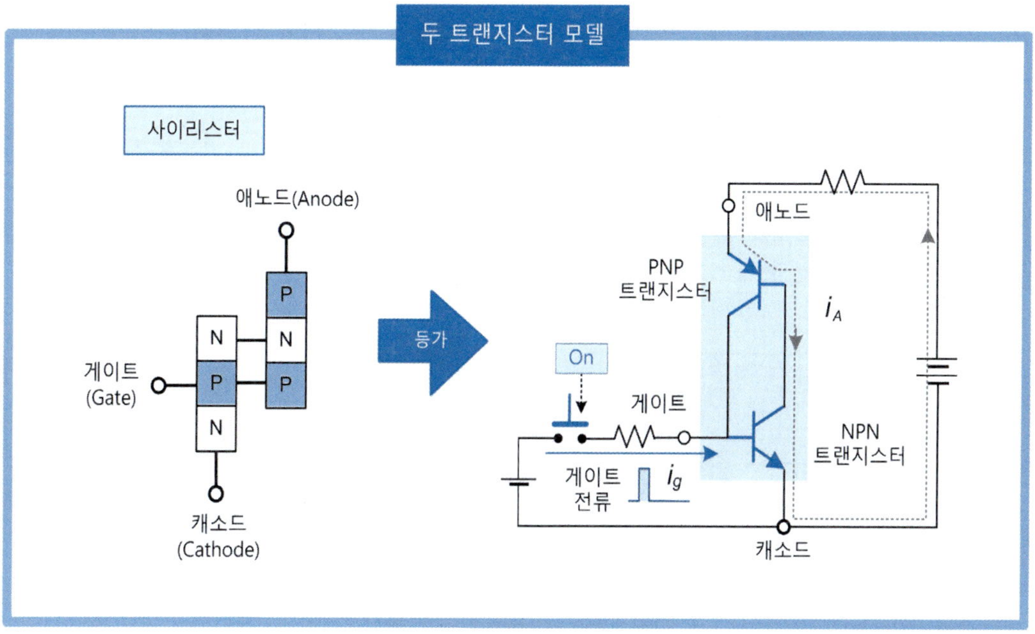

그림 1.25 두 개의 트랜지스터 모델

- 이렇게 두 트랜지스터가 턴-온 되면, 더는 게이트 전류가 흐르지 않아도 두 트랜지스터의 상호 동작으로 요구되는 부하 전류 값까지 흐를 수 있다.

▌사이리스터의 기본 동작

① 턴-온 동작

- 다이오드는 애노드 전위가 캐소드 전위보다 높으면(즉, 순방향 바이어스 $V_{AK} > 0$) 바로 도통하지만, 사이리스터는 순방향 바이어스 상태에서 게이트 단자에 적당한 크기의 양(+)의 전류 i_g를 흘려주어야만 턴-온 되어 애노드 전류 i_A가 흐른다. (그림 1.26)
- 일단 사이리스터가 턴-온 되면, 게이트 전류가 없어도 도통 상태가 유지된다.

② 턴-오프 동작

- 사이리스터는 게이트 전류를 사용하여 턴-온 시킬 수 있지만, 게이트 전류로 턴-오프 시킬 수는 없다.
- 사이리스터에 흐르는 전류가 영이 되어야만 턴-오프 된다.

- **사이리스터의 차단 전압**: 역방향 바이어스 및 순방향 바이어스에서도 게이트 전류가 없으면 사이리스터가 도통하지 않으므로, 사이리스터는 순방향 및 역방향 전압을 모두 저지할 수 있어야 한다.

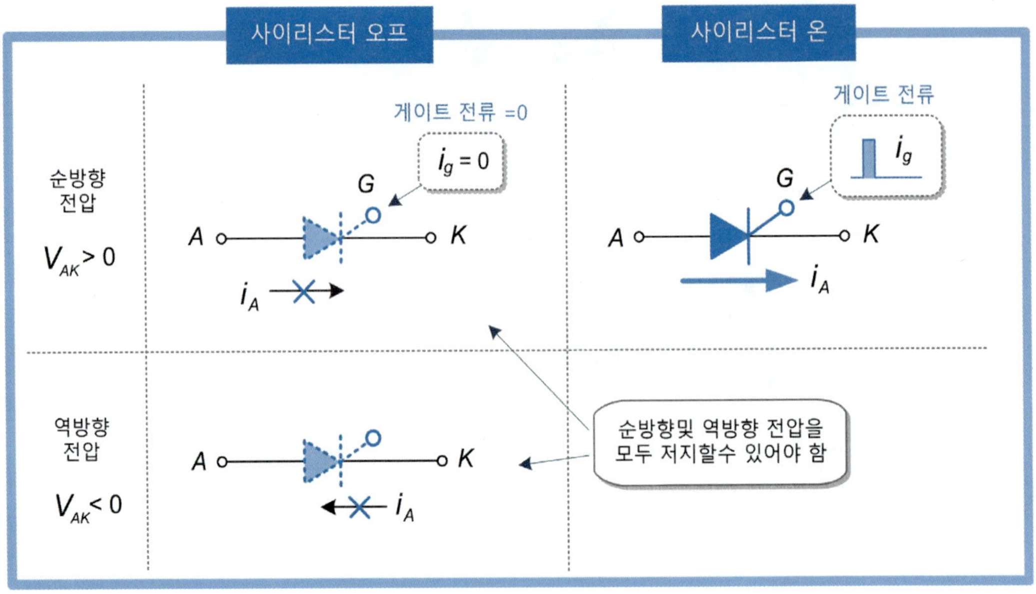

그림 1.26 사이리스터의 기본 동작

▌사이리스터의 실제 동작 : 전압-전류 특성($V_{AK} - I_A$ 특성)

• 실제 사이리스터의 동작 특성이 그림 1.27에 보인다.

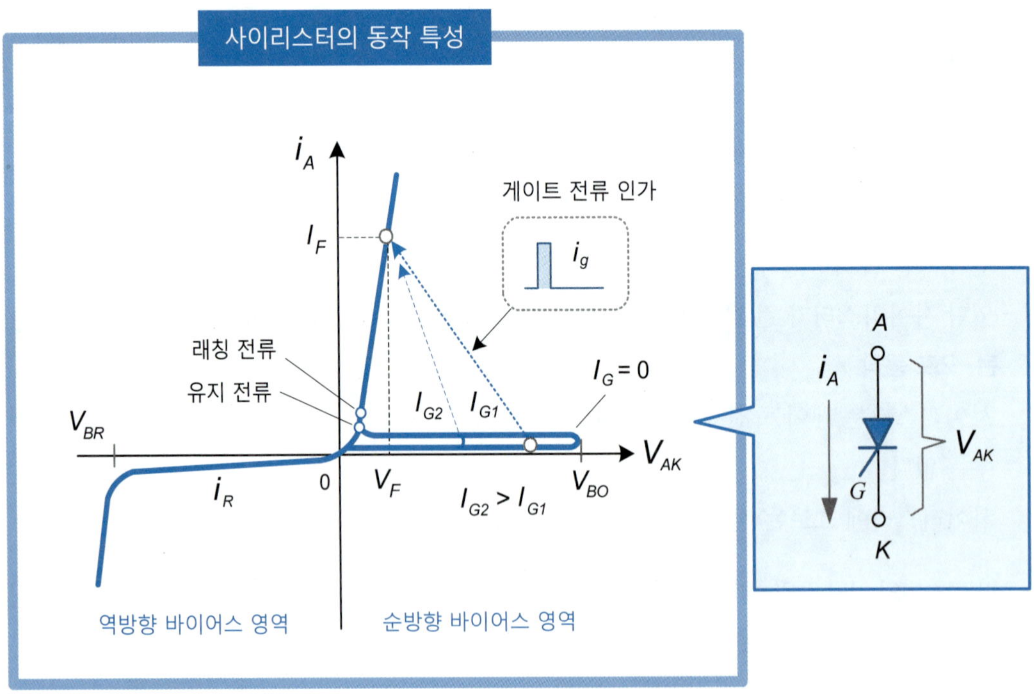

그림 1.27 사이리스터의 동작 특성

• **동작 영역**

사이리스터의 동작 영역은 인가전압 V_{AK}에 따라 **역방향 전압 저지 영역, 순방향 전압 저지 영역, 순방향 도통 영역**이 있다. (그림 1.27)

① 역방향 전압 저지 영역(Reverse Blocking Region)

- 역방향 바이어스($V_{AK} < 0$)의 경우, 사이리스터는 오프 상태가 되어 인가된 역방향 전압을 저지하고 있으며 매우 작은 누설 전류가 흐른다.
- 역방향 인가전압이 더욱 커져 역방향 브레이크다운 전압(Reverse Breakdown Voltage) V_{BR}을 초과하면, 사이리스터는 의도치 않게 턴-온하게 되는데 이 경우 매우 큰 전류가 흘러 소자가 열적으로 파괴된다.

② 순방향 전압 저지 영역(Forward Blocking Region)

- 순방향 바이어스($V_{AK} > 0$)의 경우, 게이트 단자에 적당한 전류를 흘려주지 않는다면 사이리스터는 오프 상태로 순방향 인가전압을 저지하며, 수백 uA ~ 수십 mA 정도로 작은 누설 전류가 흐른다.
- 순방향 바이어스 전압이 더욱 증가하여 순방향 브레이크오버 전압(Forward Breakover Voltage) V_{BO}를 초과하면 사이리스터는 의도치 않게 턴-온 된다.

③ 순방향 도통 영역(Forward Conduction Region)

- 순방향 바이어스($V_{AK} > 0$) 상태에서 게이트 단자에 수십 mA 정도의 전류 펄스 $i_g = I_G$를 인가하면, 사이리스터는 턴-온 되기 시작하여 애노드 전류 i_A가 흐른다.
- 이때 애노드 전류 i_A가 **래칭(Latching) 전류** 값 I_L 이상으로 흘려야 턴-온 된다.
- 이것이 정상적인 사이리스터의 턴-온 방법이다.
- 래칭 전류 : 사이리스터가 턴-온 되기 위한 최소 애노드 전류로서, 수십 ~ 수백 mA 정도이다.
- 사이리스터가 일단 턴-온 된 후, 그 도통 상태를 계속 유지하기 위한 최소 애노드 전류가 있는데, 이를 **유지(Holding) 전류** I_H라고 한다.
- 유지 전류는 수십 mA ~ 수백 mA 정도로서, 래칭 전류보다는 작다.
- 게이트 전류를 크게 흘려 줄수록 사이리스터가 턴-온 되는 순방향 전압의 크기가 작아진다.
- 애노드 전류가 흐를 때 사이리스터에는 약 1V 정도(정격 전류 기준)의 순방향 전압 강하 V_F가 발생하는데, 그 크기는 순방향 전류에 비례해서 증가한다.
- **참고** Vshay사의 1200V, 50A 사이리스터의 래칭 전류는 400mA, 유지 전류는 200mA이며, 순방향 전압 강하 V_F는 1.6V이다.

사이리스터의 턴-오프 방법

- 사이리스터는 게이트 전류에 의해서는 턴-오프가 불가능하고, 애노드 전류가 영(엄밀하게는 유지 전류 이하)이 되어야 턴-오프 된다.
- 따라서 사이리스터를 턴-오프 시키는 방법이 필요한데, 이를 **소호(Commutation, 轉流) 기법**이라 하며 다음과 같이 3가지 방법이 있다. (그림 1.28)

① **자연 소호(Natural or Line Commutation)**

전원 전압에 의해 사이리스터에 역전압이 인가되어 자연적으로 턴-오프 되는 것으로, 통상 정류기와 같이 교류 전원을 사용하는 회로에서 활용된다.

② **부하 소호(Load Commutation)**

부하 전압에 의해 사이리스터에 역전압이 인가되어 턴-오프 되는 방법으로, 이 기법의 활용은 동기기를 운전할 때 가능하다.

③ **강제 소호(Forced Commutation)**

사이리스터의 전류를 영으로 만들어 주는 부가적인 회로를 통해 강제적으로 턴-오프 시키는 방법으로, 통상 인버터와 같이 직류 전원을 사용하는 경우에 필요하다.

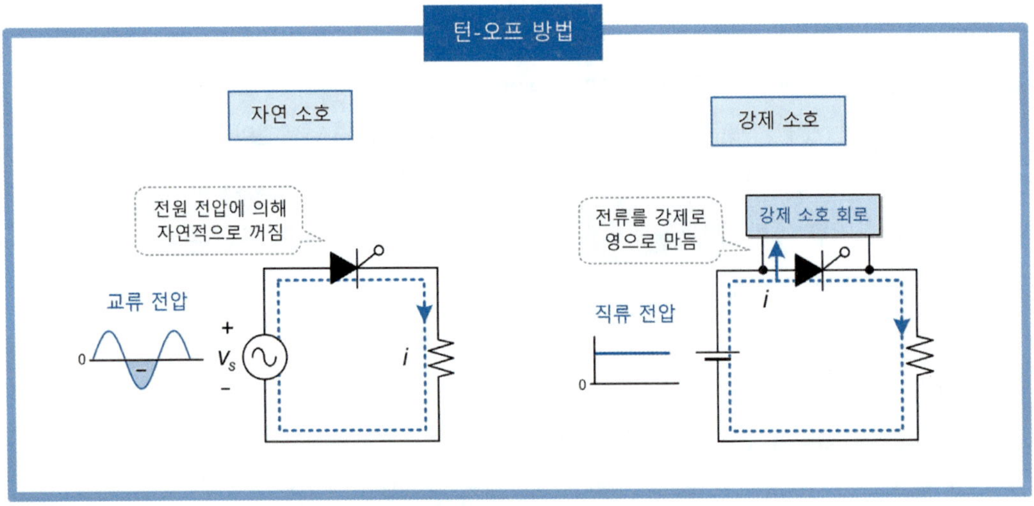

그림 1.28 사이리스터의 소호 방법

- **사이리스터의 턴-오프 시간**
  - 사이리스터의 애노드 전류가 영이 된 후에, 순방향 전압이 다시 인가되어도 재도통 되지 않는 경우가 사이리스터가 완전히 꺼진 상태이다.
  - 이 상태에 도달하기까지는 수십 ㎲ ~ 수백 ㎲ 정도의 시간이 필요하다.
  - 이 이유는 PN 접합 다이오드와 비슷하게 사이리스터 내의 소수 캐리어가 소멸할 시간이 필

요하기 때문이다.

- 이러한 턴-오프 시간은 스위칭 소자의 스위칭 주파수를 결정하는데, 사이리스터의 스위칭 주파수는 1kHz 이하로 소자 중에 가장 낮다.

사이리스터를 실제 턴-온 또는 턴-오프 할 때에는 다음과 같은 주의할 점이 있다.

사이리스터의 턴-온/오프 시 주의할 점

① 턴-오프 시 : 전압 변화율의 제한 필요

- 사이리스터의 차단 전압은 턴-오프 되면서 증가하게 되는데, 이 전압의 변화율 dv_{AK}/dt가 크면 다음과 같은 이유로 사이리스터가 의도치 않게 다시 도통할 수 있다.
- 역방향 바이어스 상태에 있는 사이리스터의 PNPN 구조 내의 공핍층은 커패시터 C 역할을 하는데, 턴-오프 시 전압 변화가 빠르면 이 공핍층에 큰 변위 전류 $i = Cdv_{AK}/dt$가 흐르게 된다. (그림 1.29)
- 이 변위 전류는 애노드 전류의 증가를 가져와 사이리스터가 다시 턴-온 될 수 있다.
- 데이터 시트에는 해당 사이리스터에서 허용되는 dv_{AK}/dt의 값이 명시되어 있는데, 통상 수백 V/μs ~ 수천 V/μs 정도이다.
- 따라서 사이리스터를 턴-오프 시킬 때 dv_{AK}/dt 값을 제한해 주어야 하는데, 이를 위해 커패시터를 이용한 **턴-오프 스너버(Snubber)** 회로를 사용한다. (7장 참조)

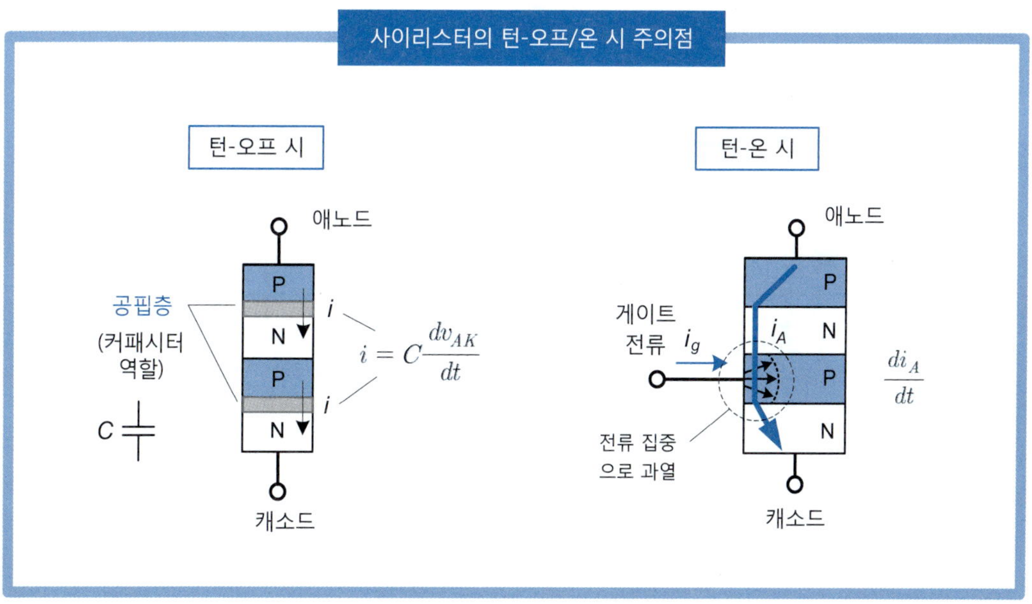

그림 1.29 턴-오프와 턴-온 시 특성

② **턴-온 시 : 전류 변화율의 제한 필요**

- 턴-온 시 사이리스터에 흐르는 애노드 전류의 증가율 di_A/dt가 게이트 전류가 확산하는 속도보다 빠르면, 애노드 전류의 흐름이 게이트 단자 입구 부분에 집중되어 그 영역이 열적으로 파괴될 수 있다.
- 반도체 전체 영역을 통해 균일하게 애노드 전류가 도통하기 위해서는, 주입된 게이트 전류가 P형 반도체의 전체 면적으로 확산되어야 한다.
- 이를 위해 데이터 시트에 해당 사이리스터에서 허용되는 di_A/dt의 값이 명시되어 있는데, 통상 수십 A/μs ~ 수백 A/μs 정도이다.
- 따라서 사이리스터를 턴-온 시킬 때 di_A/dt 값을 제한해 주어야 하는데, 큰 게이트 전류를 인가하여 도통 면적을 빠르게 증가시키거나, 인덕터를 이용한 **턴-온 스너버 회로**를 사용한다. (7장 참조)
- **참고** Vshay사의 1200V, 50A급 사이리스터의 dv_{AK}/dt는 500V/μs이고, di_A/dt = 100 A/μs이다.

• **동작 예**

- 교류 전원 전압에서 정류를 위한 사이리스터의 동작 예가 그림 1.30에 보인다.
- 전원 전압이 양(+)인 구간의 어떤 시점에 사이리스터의 게이트 단자에 전류를 주입해 주어 턴-온 시키면 그 시점부터 전원 전압이 부하에 인가된다.
- 음(-)의 전압에서는 게이트 전류의 인가 여부와 관계없이 사이리스터는 차단 상태가 되어 부하에 전압이 인가되지 않는다.

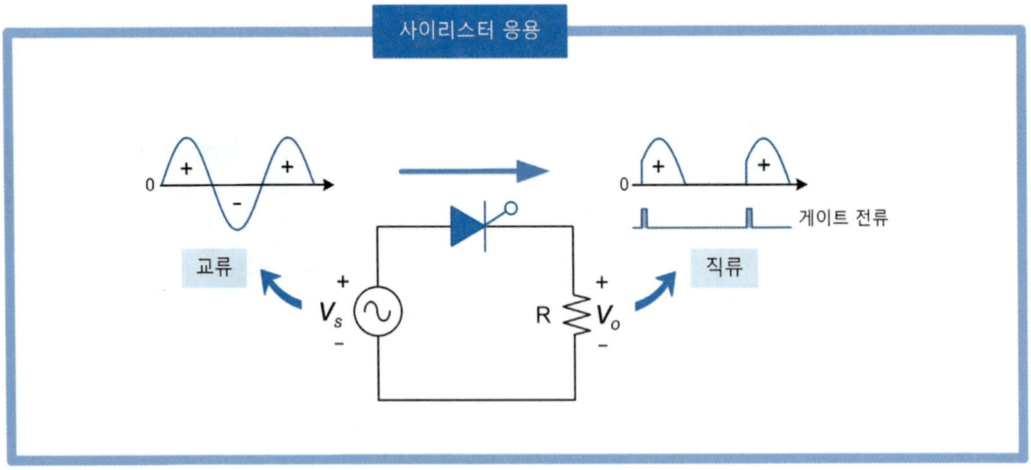

그림 1.30 교류 전원에서의 사이리스터 동작

- 그림 1.31에 사이리스터의 패키지 종류가 보인다.
- 처리 가능한 전력 용량에 따라 TO 형, 스터드 형, 모듈 형, 디스크 형 등이 있다.
- 사이리스터의 종류 중에 게이트 구동 신호로 전류 대신에 빛을 인가하여 턴-온 시키는 것도 있는데, 이를 광 트리거 사이리스터라고 한다.
- 광 트리거 사이리스터는 빛으로 제어하므로, 제어 회로와 애노드 전류가 흐르는 주 회로를 전기적으로 절연할 수 있고, 제어 회로는 전기적인 잡음의 영향을 받지 않는 특징이 있어 고전압 회로에 사용된다.

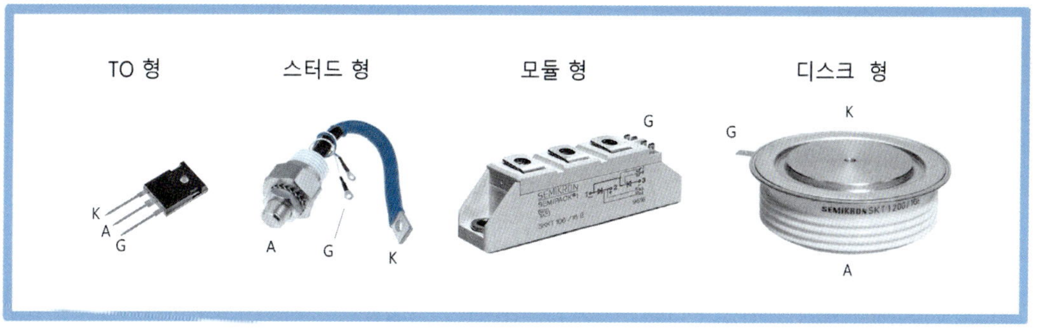

그림 1.31 사이리스터의 패키지 종류

1.5.2 GTO 사이리스터(Gate Turn-Off Thyristor)

- GTO 사이리스터는 Gate Turn-Off라는 이름에도 알 수 있듯이, 게이트 전류에 의해 턴-온 뿐만 아니라 턴-오프도 가능하도록 만들어진 사이리스터이다.
- GTO 사이리스터 역시 SCR처럼 고전압 대전력용 소자이다.
- **구조와 기호**

  GTO 사이리스터의 구조가 그림 1.32에 보이며, 그 기호는 게이트 단자에 사선이 있는 것을 제외하면 사이리스터의 기호와 같다.
- **차별된 구조 특성**

  GTO 사이리스터 역시 SCR과 같은 PNPN 구조의 4층 반도체 구조이지만, 턴-오프를 위해 사이리스터와는 다음과 같이 차별된 구조를 갖는다.
  - GTO 사이리스터에서는 캐소드 전극을 여러 개로 나누고, 그 주위를 게이트 전극으로 둘러싸는 구조로 하여, 턴-오프를 위해 음(-)의 게이트 전류를 흘렸을 때 캐리어를 게이트로 끌어내어 애노드 전류가 영이 되기 쉽게 하였다.
  - 즉, GTO 사이리스터는 작은 전류 용량의 여러 사이리스터가 병렬로 접속된 구조이다.

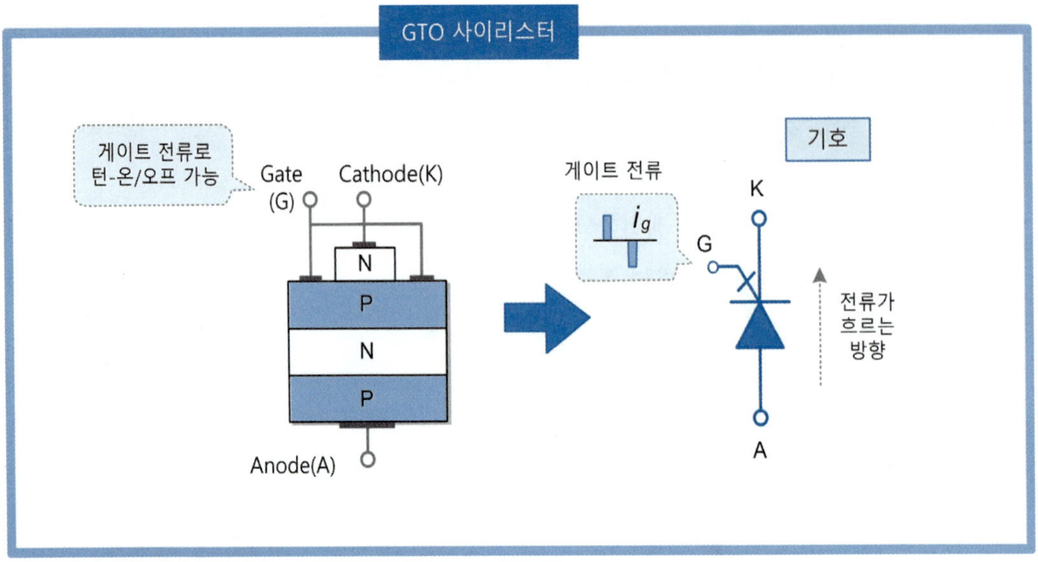

그림 1.32 GTO 사이리스터의 구조와 기호

- **단점**

  GTO 사이리스터의 단점은 SCR보다 요구되는 게이트 전류가 크며, 순방향 전압 강하가 2~3V 정도로 사이리스터보다 크다.

▌GTO 사이리스터의 동작

- 게이트 전류에 따른 GTO 사이리스터의 턴-온/오프 동작은 다음과 같다.

① 턴-온 동작

- SCR 사이리스터와 동일하게, 순방향 바이어스 즉, $V_{AK} > 0$일 때 게이트 단자에 양(+)의 전류 펄스 i_g를 인가하면 턴-온 된다.
- SCR 사이리스터와는 다르게, GTO 사이리스터에서 도통 상태를 유지하기 위해서는 작지만, 연속적인 게이트 전류가 필요하다.

② 턴-오프 동작

- 도통 상태에서 애노드 전류 i_A가 영이 되거나, 게이트 단자에 음(-)의 전류 펄스 i_g를 인가하면 GTO 사이리스터는 턴-오프 된다.
- 턴-오프에 필요한 게이트 전류는 도통 중인 애노드 전류의 1/3~1/6 정도로 크다.
- 따라서 턴-온/오프를 위한 구동 전력이 크다.
- 턴-오프에 필요한 시간이 수십 μs 정도로 길어, 동작 가능한 스위칭 주파수는 1kHz 이하로 낮다.

• 동작 예 : 직류 전원에서 GTO 사이리스터의 동작 특성이 그림 1.33에 보인다.

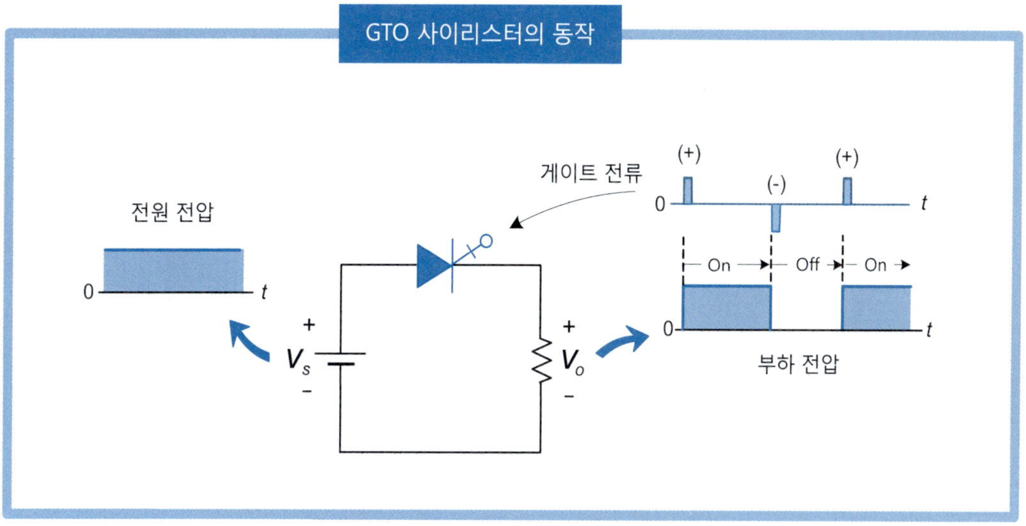

그림 1.33 직류 전원에서 GTO 사이리스터의 동작

• 역방향 바이어스 및 순방향 바이어스에서 게이트 전류가 없으면 GTO 사이리스터가 도통하지 않으므로, GTO 사이리스터는 양방향 전압에 대한 저지 능력을 갖추어야 한다.

• 또한, GTO 사이리스터는 SCR과 마찬가지로 턴-오프와 턴-온 시에 각각 dv_{AK}/dt 와 di_A/dt 의 제한이 있어, 스너버 회로를 사용할 필요가 있다.

IGCT(Integrated Gate-Commutated Thyristor)

• IGCT는 1997년에 등장한 GTO 사이리스터의 스위칭 성능을 개선한 대전력 소자이다.

• GTO 사이리스터와 비교하면 도통 손실이 적으며, 회로의 인덕턴스를 감소하게끔 내부 게이트 구조 및 구동 회로를 개선하여, 턴-오프 스너버가 필요 없으며 GTO 사이리스터보다 더 빠른 스위칭 동작이 가능하다.

1.5.3 MCT(Mos-Controlled Thyristor)

• 전류 처리 용량이 크고 순방향 전압 강하가 작은 사이리스터 구조에, 빠른 스위칭이 가능하며 높은 입력 임피던스를 가진 MOSFET의 게이트 구조를 사용하도록 1984년에 개발된 전압 제어 소자가 MCT이다.

• MCT의 기호가 그림 1.34에 보이며, 애노드(A), 캐소드(K), 게이트 단자(G)의 3개 단자를 가진다.

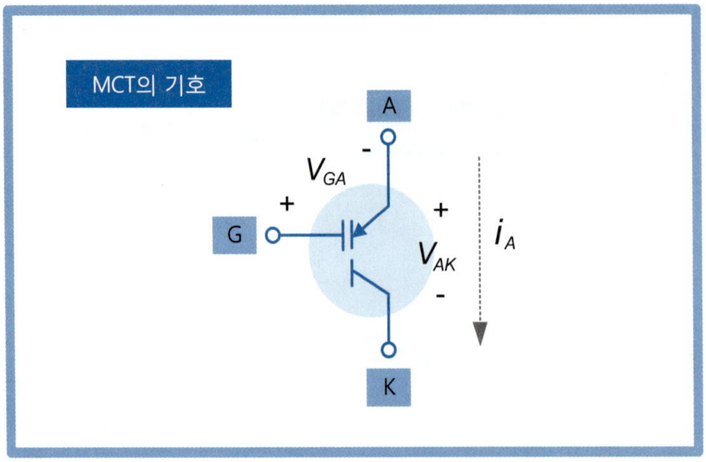

그림 1.34 MCT(P-채널) 기호

- **특징**
  - 사이리스터 구조이므로 대용량의 전력처리능력을 갖추고 있으며, 사이리스터와 같이 순방향 전압 강하가 작아 도통 손실이 작다.
  - GTO 사이리스터보다 턴-오프 전류 이득이 커서 게이팅 전류가 작아, 소자를 구동하는 전력이 작다.
  - 스위칭 주파수는 수십 kHz 정도로, GTO 사이리스터보다 높으며 스위칭 손실이 작다.
- 우수한 성능이 가능한 MCT는 제조 공정이 어려워 크게 실용화되지는 못하고 있다.

1.5.4 트라이악(Triac)

- **트라이악(Triode AC Switch, Triac)**은 1964년에 제너럴 일렉트릭사에서 개발된 양방향으로 전류가 흐를 수 있도록 만든 3단자 사이리스터이다.
- **구조** : 트라이악은 전류를 양방향으로 흘릴 수 있도록 2개의 사이리스터를 역방향으로 접속한 구조를 가진다.
- 트라이악의 기호 및 구조가 그림 1.35에 보인다.
- T_1과 T_2는 애노드 전류가 흐르는 단자이며, 게이트(G)는 도통 시점과 그 도통 전류의 방향을 제어하는 단자이다.

트라이악의 동작

- 게이트 단자에 전류가 입력된 경우, 트라이악은 인가전압의 방향에 따라 도통 방향이 결정된다.

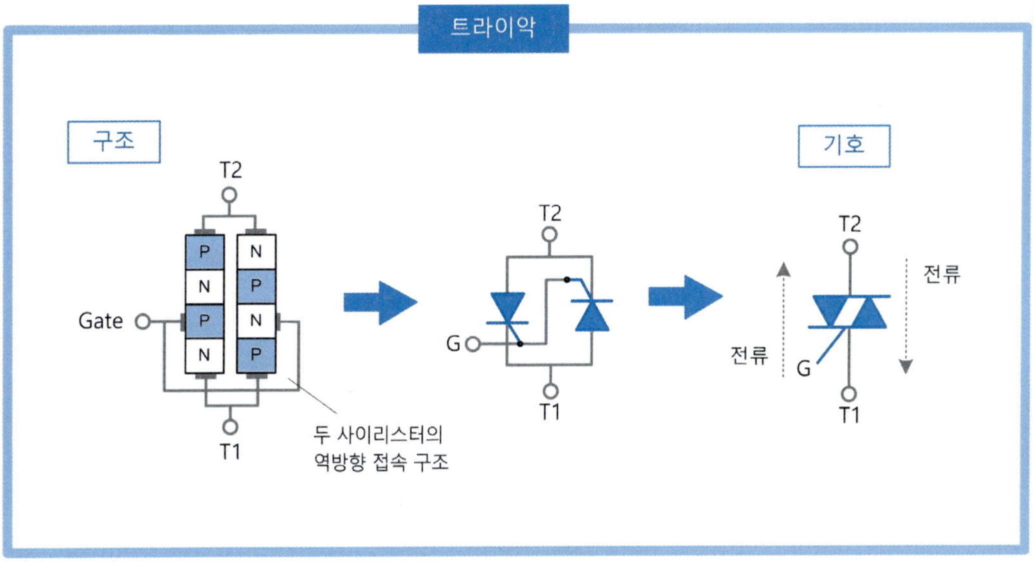

그림 1.35 트라이악의 구조 및 기호

① $V_{T2} > V_{T1}$ **:** $T_2 \rightarrow T_1$**로의 전류 흐름**

- T_2 단자의 전압이 T_1 단자의 전압보다 큰 순방향 바이어스 상태에서, 양(+)의 게이트 전류 펄스($i_g > 0$)를 인가하면 턴-온하여 T_2에서 T_1로 전류가 흐른다.
- 이렇게 트라이악에 전류가 흐르면 게이트 전류를 주지 않아도 계속 켜져 있게 되며, 트라이악에 흐르는 전류가 영이 되면 턴-오프 된다.

② $V_{T1} > V_{T2}$ **:** $T_1 \rightarrow T_2$**로의 전류 흐름**

- 앞 경우와 반대로 T_1 단자 전압이 T_2 단자 전압보다 큰 역방향 바이어스 상태에서, 양(+)의 게이트 전류 펄스를 인가하면 트라이악은 순방향 바이어스 경우와는 반대 방향인 T_1에서 T_2로 전류가 흐르기 시작한다.
- 이 경우에도 전류가 영이 되어야 트라이악이 턴-오프 된다.

- 이처럼 트라이악은 전류를 양과 음의 양방향으로 흘릴 수 있으며, 게이트 신호로 그 도통 시점을 제어할 수 있다.
- 게이트 신호는 양뿐만 아니라 음의 전류 펄스를 사용할 수 있다.
- **동작 예**

  게이트 신호로 그 도통 시점을 제어하여 부하에 인가되는 교류 전압의 실효 값을 제어하도록 동작하는 트라이악의 예가 그림 1.36에 보인다.

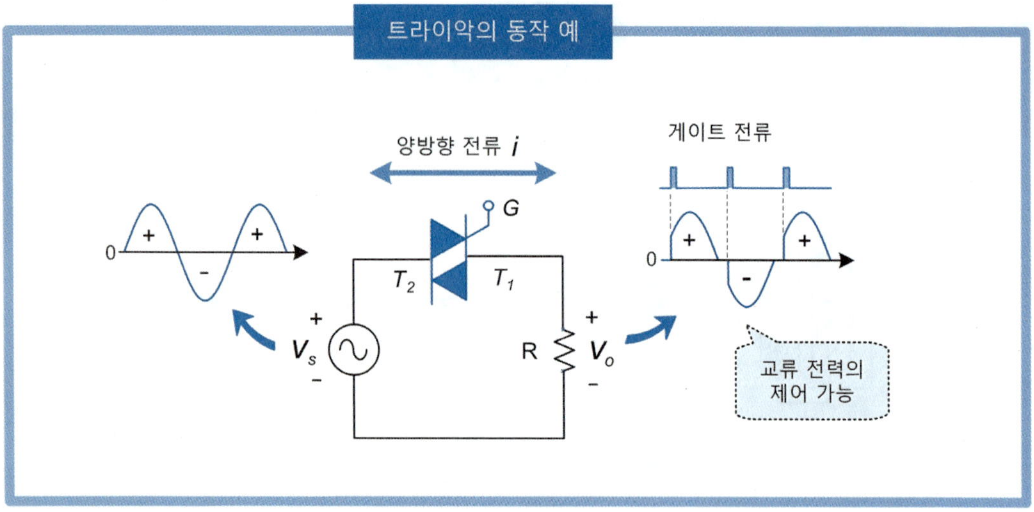

그림 1.36 트라이악의 동작

- **용량**

트라이악이 사용 가능한 전압과 전류 용량은 1200V, 수십 A 정도로 크지 않다.

- **용도**

트라이악은 교류 전압을 제어할 수 있으므로 백열 전등의 조광 제어나 온도 제어용의 AC- AC 컨버터, AC 스위치(Solid-State Relay, SSR), 점화 장치, 조리용 믹서 등에 사용되고 있다. (6장 참고)

1.6 전력용 트랜지스터(Power Transistors)

- 1980년대에 사이리스터 대신에 전자 회로에서 소신호 처리용으로 사용되는 트랜지스터를 기반으로 좀 더 구동이 간단하면서, 빠르게 동작시킬 수 있는 전력용 반도체 소자가 개발되었다.
- 트랜지스터 기반으로 개발된 전력용 반도체 소자는 다음과 같이 3가지 종류가 있다.

> ○ 바이폴러 접합 트랜지스터(BJT)
> ○ 전계효과 트랜지스터(MOSFET)
> ○ 절연 게이트 트랜지스터(IGBT)

1.6.1 전력용 바이폴러 접합 트랜지스터

- 전력용 바이폴러 접합 트랜지스터(Power Bipolar Junction Transistor, Power BJT)는 전자 회로에서 사용되고 있는 BJT를 전력 처리용으로 개발된 스위칭 소자이다.

종류 및 구조

- 전력용 BJT는 신호 처리용 트랜지스터와 동일하게, 2개의 PN 접합으로 구성된 3층 반도체 소자이다. (그림 1.37)
- **종류** : BJT는 3층 반도체를 N-P-N형의 순서로 접합한 NPN형과 P-N-P형의 순서에 접합한 PNP형의 두 종류가 있다.
- 정공보다 전자의 이동 속도가 더 빠르므로, 주로 NPN형 트랜지스터가 사용된다.

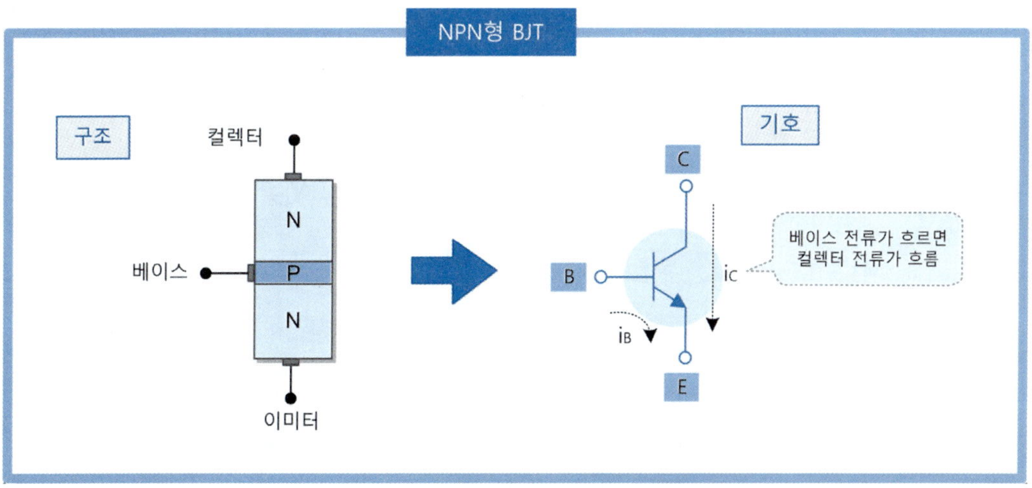

그림 1.37 NPN형 트랜지스터의 구조 및 기호

- 전력용 NPN형 BJT의 기호는 전자 회로에서의 BJT와 동일하며, 베이스(Base), 컬렉터(Collector), 이미터(Emitter)의 3개 단자를 가진다.
- 컬렉터와 이미터가 주 전류가 흐르는 단자이며, 베이스는 도통 상태를 제어하는 단자이다.
- **턴-온/오프 동작**

  컬렉터와 이미터 단자 사이에 양의 전압이 인가된(순방향 바이어스) 상태에서, 베이스 전류 i_B를 흘려주면 도통하여 컬렉터 전류 i_C가 흐르며, 베이스 전류가 영이면 오프된다.
- 전류 제어형 소자 : 전력용 BJT는 베이스 전류로 턴-온/오프를 제어하는 전류 제어형 소자이다.

- 이제 NPN형 전력용 트랜지스터의 턴-온/오프 특성을 좀 더 자세히 알아보도록 하자.

NPN형 전력용 트랜지스터의 동작

① 턴-온 동작 : 베이스 전류 i_B 인가

- 컬렉터와 이미터 영역은 N형 반도체이지만, 컬렉터와 이미터 사이에 있는 베이스 영역은 P형 반도체이므로, 컬렉터와 이미터 사이에 양(+)의 전압($V_{CE} > 0$)을 인가하더라도 컬렉터에서 이미터로 전류가 흐르지 않는다. (그림 1.38)
- 그러나 이미터에 대해 양(+)의 베이스 전압 $V_{BE} > 0$을 인가하면, 베이스와 이미터의 PN 접합에 순방향 전압이 가해지므로 베이스에서 이미터로 베이스 전류 i_B가 흐른다.
- 이것은 이미터 측 N형 반도체의 전자가 베이스 측 P형 반도체로 이동하는 것을 의미한다.

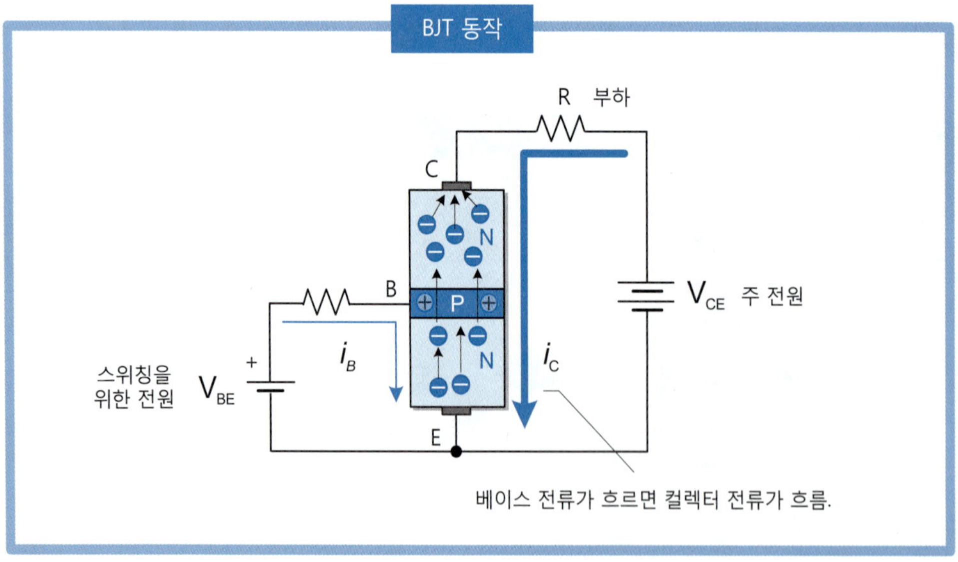

그림 1.38 바이폴러 트랜지스터의 동작

- P형 반도체는 구조적으로 얇게 만들어져 있으므로, P형 반도체에 유입된 전자의 대부분이 컬렉터 측의 N형 반도체로 이동한다.
- 이 전자들은 다시 컬렉터-이미터 간 전압 V_{CE}에 의해 유도되어 컬렉터 단자로 이동한다.
- 이처럼, 컬렉터에서 이미터로 컬렉터 전류 i_C가 흘러 BJT가 턴-온 된다.
- BJT를 턴-온 시키는 구동 전류인 베이스 전류 i_B는 컬렉터 전류 i_C보다는 상당히 작지만, 도통 상태를 유지시키기 위해 베이스 전류를 계속 흘려 주어야 하므로 구동 전력이 크다.
- BJT의 도통 상태 전압(즉, 순방향 전압 강하)인 컬렉터의 포화 전압 $V_{CE(sat)}$는 1~2V로 비교적 작아 도통 손실이 작다.

② 턴-오프 동작 : 베이스 전류 $i_B = 0$

- 베이스 전류를 영으로 차단하면, BJT는 턴-오프 되어 전류가 흐르지 않는다.
- BJT의 턴-오프 시간은 수백 nsec ~ 수 μsec 정도로서, 수십 kHz까지의 스위칭 주파수로 동작이 가능한 중급 빠르기의 소자이다.
- 오프 상태 시에 누설 전류가 크다는 것이 전력용 BJT의 단점이다.

• **특성 곡선** : 전력용 BJT의 동작 특성이 그림 1.39에 보인다.

- 전력 변환 장치용 스위치로서의 BJT는 온/오프의 동작 상태만 필요한데, 1) 턴-온 동작은 베이스 전류를 충분히 크게 흘려 포화(Saturation) 영역에서 동작시키며, 2) 턴-오프 동작은 베이스 전류를 영으로 하여 차단(Cut-Off) 영역에서 동작시킨다.
- 전자 회로에서 트랜지스터를 증폭용으로 사용할 때 동작하는 활성(Active) 영역은 전력 변환 장치용 트랜지스터에서는 사용하지 않는다.

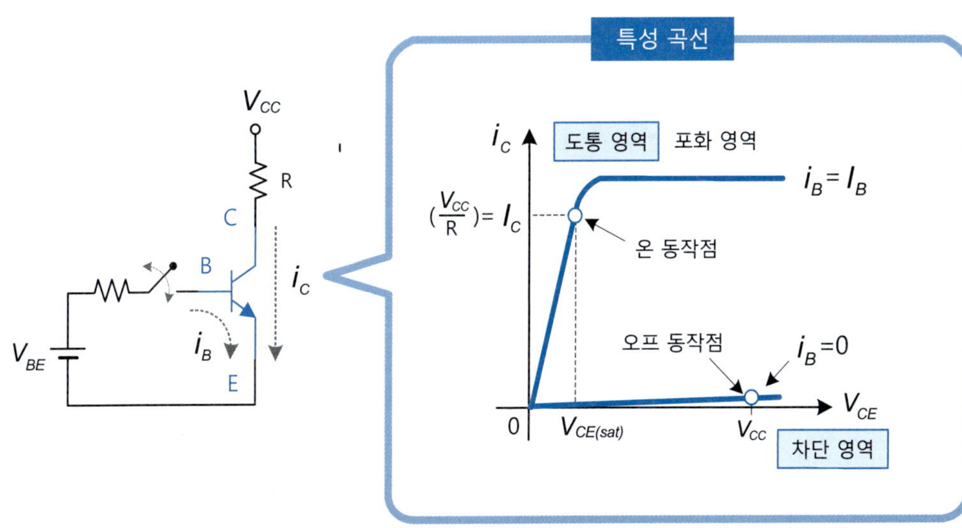

그림 1.39 바이폴라 트랜지스터의 특성 곡선

특징

- 전력용 BJT는 베이스 전류로 턴-온과 오프를 하는 전류 제어형 소자인데, 온 상태를 유지하기 위해서는 구동 전류를 계속 흘려 주어야 하므로 구동 전력이 크다는 단점이 있다.
- 전력용 BJT는 소수 캐리어 소자를 이용하여 전류가 흐르므로, 내압이 큰 경우에도 도통 저항이 낮다는 장점이 있지만, 스위칭 속도가 크게 높지는 않다.
- 전력용 BJT는 중용량급 전력을 처리할 수 있다.

1.6.2 전력용 MOSFET

- 전력용 MOSFET 소자는 전자 회로에서 사용되고 있는 금속 산화막 전계효과 트랜지스터(Metal Oxide Semiconductor Field Effect Transistor, MOSFET)를 1970년대 후반에 전력용으로 개발한 소자이다.

특징

- **전압 제어형 소자**
  - 베이스 전류로 제어하는 소자인 BJT와는 달리, MOSFET는 게이트 전압으로 턴-온과 오프를 할 수 있는 전압 제어형 소자이다.
- **저 구동 전력**
  - MOSFET는 게이트가 절연되어 있어 입력 임피던스가 높아, 게이트 전압을 인가해도 게이트 전류가 흐르지 않는다.
  - 따라서 소자를 도통하는 데 필요한 구동 전력이 작다.
- **고속 스위칭**
  - MOSFET는 현재 사용되는 전력용 반도체 소자 중 가장 스위칭 속도가 빠르다.
  - 이것은 다수 캐리어에 의해 전류가 흐르기 때문으로, 턴-오프 시간이 수십~수백 nsec 정도로 매우 작아 수백 kHz 이상의 스위칭 주파수로 동작할 수 있다.

종류 및 구조

- **종류** : 다수 캐리어에 의해 전류가 흐르는 전력용 MOSFET는 전자의 이동으로 전류가 흐르는 **N–채널 형**과 정공의 이동으로 전류가 흐르는 **P–채널 형**이 있다.
- 두 종류 중에 성능이 더 좋고 사용하기 쉬운 N-채널 형이 주로 활용되고 있다.
- N-채널형 전력용 MOSFET의 구조와 기호가 그림 1.40에 보이는데, 게이트(Gate), 드레인(Drain), 소스(Source)의 3개의 단자를 가진다.

• 드레인과 소스는 주 전류가 흐르는 단자이며, 게이트는 도통 상태를 제어하는 단자이다.

• **턴-온 방법** : 드레인과 소스 사이에 양의 전압이 인가(순방향 바이어스)된 상태에서 게이트에 적절한 전압을 인가하면 턴-온 되어 드레인에서 소스 방향으로 전류가 흐른다.

• 다음으로 N-채널 형 MOSFET의 동작 원리에 대해 좀 더 알아보도록 하자.

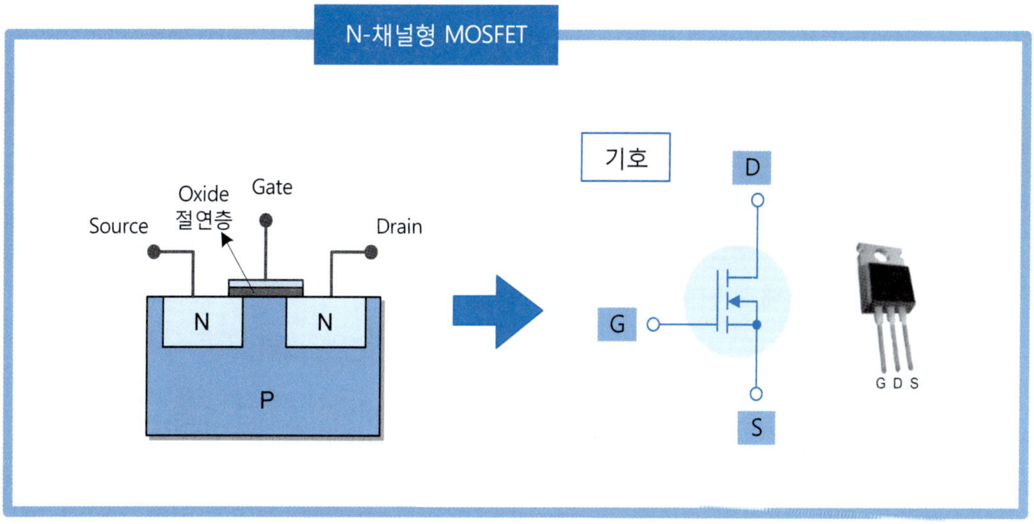

그림 1.40 MOSFET(N-채널)의 구조와 기호

동작(N-채널 type)

① 턴-온 동작

- N-채널 형 MOSFET에서 드레인과 소스 영역은 N형 반도체이지만 드레인과 소스 사이에 P형 반도체가 있어서, 단지 드레인과 소스 단자 사이에 양의 전압($V_{DS} > 0$)이 인가되더라도 전류가 흐를 수 없다. (그림 1.41)
- 그런데 소스 측을 기준으로 게이트 단자에 양(+)의 전압을 인가하는 경우($V_{GS} > 0$), 게이트의 절연층 바로 아래에는 P형 반도체 영역 내에 있는 소수 캐리어인 전자가 끌어 당겨져, 이들 전자에 의해 N-채널이 형성된다.
- 그 결과 드레인으로부터 소스까지 N형 반도체로 연결되므로, 드레인에 전압을 인가하면 전자가 이동하여 드레인에서 소스로 드레인 전류가 흐르게 된다.
- 이때 드레인 전류 I_D는 게이트 전압 V_{GS}과 다음과 같은 관계를 가진다.

$$I_D = k(V_{GS} - V_T)^2 \qquad (1\text{-}5)$$

여기서 V_T는 전류가 흐르기 시작하는 임계 전압(Threshold Voltage)이다.

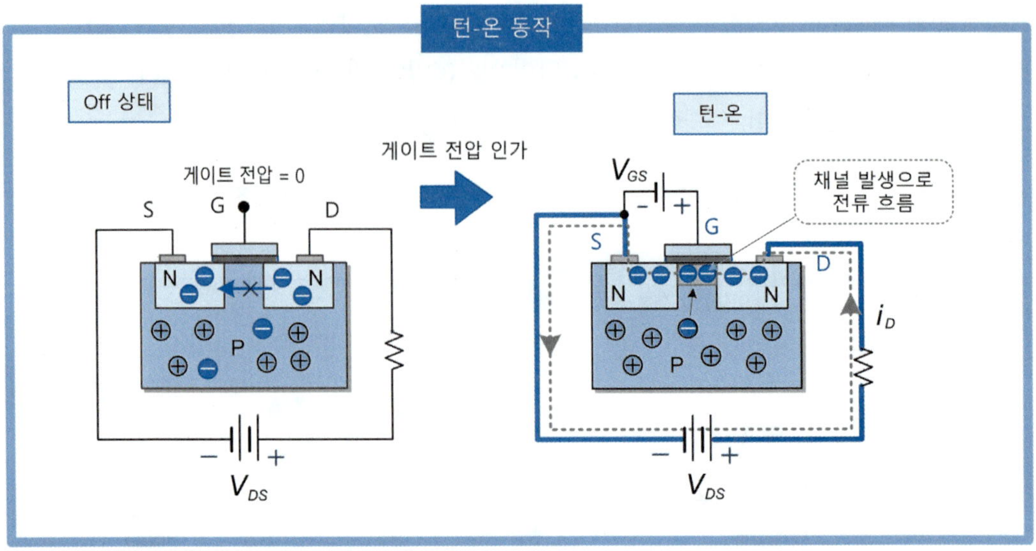

그림 1.41 MOSFET의 턴-온 동작

- 드레인 전류 I_D가 흐르면, $I_D \times r_{DS(ON)}$(온 저항) 만큼의 순방향 전압 강하가 발생한다.

- **MOSFET의 온 저항** $r_{DS(ON)}$
  - MOSFET는 내압 V_B가 높을수록, 다음과 같이 온 저항이 커지는 특성이 있다.

$$r_{DS(ON)} \propto \quad V_B^{\,2.5 \sim 2.7} \tag{1-6}$$

  - 차단 전압이 높은 MOSFET는 도통 저항이 커서 도통 손실이 커지므로 실용적으로 이용하기 어려운데, 따라서 200V 이하의 동작 전압에서 주로 사용된다.

2) 순방향 전압 강하

- MOSFET에는 온 저항이라는 중요한 파라미터가 있다.
- 온 저항은 고전력을 다룰 때 중요한 특성이지만, BJT에는 온 저항 파라미터가 없다.
- BJT의 온 저항에 해당하는 것은 컬렉터 포화 전압 $V_{ce(sat)}$이다.
- 컬렉터 포화 전압 $V_{ce(sat)}$는 컬렉터 전류 i_c가 흐를 때의 전압 강하이며, 컬렉터 전류 i_c와 전압 강하로부터 BJT의 온 저항을 구할 수 있다.

② 턴-오프 동작

- MOSFET의 게이트 전압을 차단하면 즉, $V_{GS} = 0$으로 하면 MOSFET는 턴-오프 된다.
- 턴-오프 시 채널(소수 캐리어)의 소멸 시간이 짧아, 턴-오프 속도가 빠르다.

- **특성 곡선**: 전력용 MOSFET의 동작이 그림 1.42에 보인다.
  - 전력 변환 장치용 MOSFET는 온/오프의 동작 상태만 필요한데, 1) 턴-온 동작은 게이트 전압을 충분히 크게 인가하여 포화 영역에서 동작시키고, 2) 턴-오프 동작은 게이트 전압을 영으로 하여 차단 영역에서 동작시킨다.
  - 전자 회로에서 신호 증폭에 이용하는 활성 영역은 전력 변환 장치용 MOSFET에서는 사용하지 않는다.

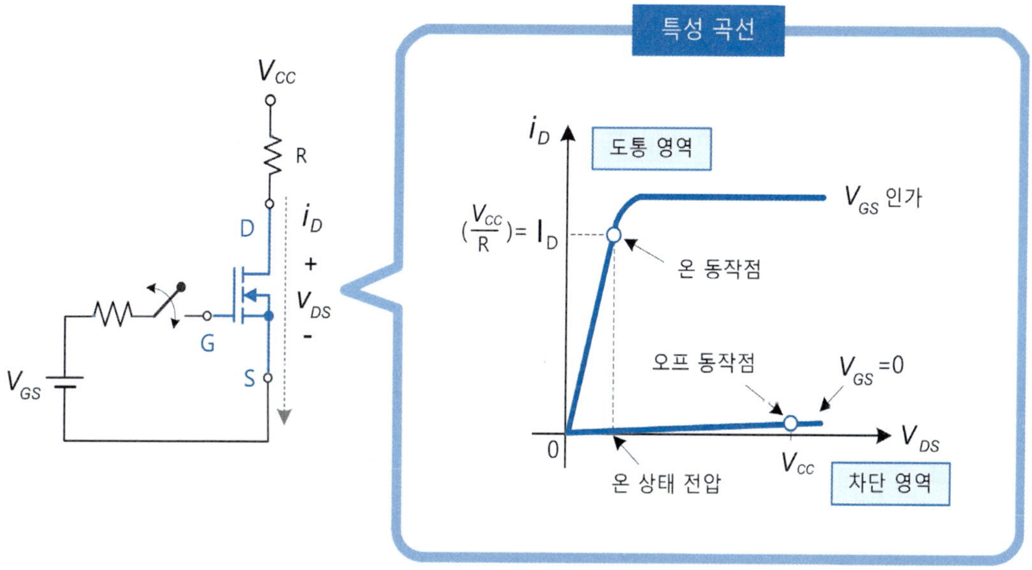

그림 1.42 MOSFET의 특성 곡선

- **MOSFET의 병렬 운전**
  - MOSFET는 큰 전류를 흘려주기 위해 필요한 병렬 운전에 적합한데, MOSFET의 온저항이 양의 온도 계수(Positive Temperature Coefficient)를 가지기 때문이다.
  - 여러 개의 MOSFET를 병렬 운전하는 경우, 모든 소자에 전류가 균일하게 흘러야 한다.
  - 만일 다른 소자보다 전류가 크게 흐르는 MOSFET가 있다면, 그 소자는 손실(주울 열)이 커져 내부 온도가 상승하게 되는데, MOSFET 온 저항의 양의 온도 계수 특성으로 인해 그 소자의 저항이 커지므로 전류가 다시 감소하게 된다.
  - 이렇듯이 온 저항의 양의 온도 계수 특성은 병렬 연결된 모든 소자에 흐르는 전류 크기를 자동으로 균일하게 맞추어 줄 수 있다.

수직 구조의 MOSFET

- 통상 전력 변환 장치에서 사용되는 전력용 MOSFET는 그림 1.41에 보였던 드레인에서 소스로 전류가 수평으로 흐르는 구조가 아닌 수직으로 흐르는 구조를 가진다. (그림 1.43)
- 이러한 수직 구조는 소자 전체에 전류를 흘릴 수 있으므로 전류 밀도가 높아져서 온저항이 작아지며, 고내압화에 적합하다.
- 또한, 수직 구조에서도 게이트 전극이 평면(Planar)인 구조에서 세로로 매립한 트렌치(Trench) 구조로 변화해 갔다.
- 트렌치 구조에서는 채널이 수직으로 형성되어 셀의 미세화가 가능해져서 온저항을 작게 할 수 있으므로, 더욱 많은 전류를 흘릴 수 있다.
- 수직 구조의 MOSFET는 그 구조상 소스에서 드레인 방향으로 다이오드가 존재하며, 이것을 **바디 다이오드(Body Diode)**라고 한다. 이로 인해 역방향으로 전류가 흐를 수 있다.
- 약 250V 이상의 내압을 가진 전력용 MOSFET에서는 수직의 평면 구조가 많고, 약 200V 이하의 저압에서는 트렌치 구조가 많다.

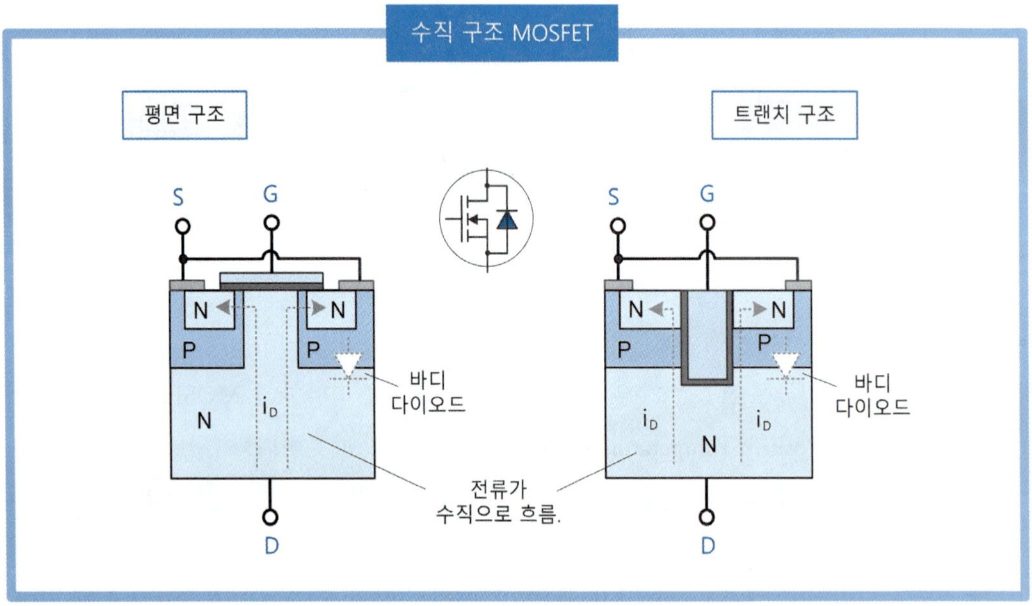

그림 1.43 수직 구조의 전력용 MOSFET

- **응용 분야**

  전력용 MOSFET는 낮은 전류 밀도와 높은 순방향 강하(높은 온저항)의 특징으로 인해 저전압 및 저전력 분야로 그 응용이 제한되며, 주 응용 분야로는 4장에서 살펴볼 스위칭 전원 장치와 같이 고속 스위칭이 요구되는 장치이다.

1.6.3 IGBT

- 절연 게이트 트랜지스터(Insulated Gate Bipolar Transistor, IGBT)는 앞서 설명한 MOSFET와 BJT의 장점을 활용하기 위해 두 소자를 결합하여 개발된 트랜지스터이다.
- IGBT는 현재 가장 널리 사용되고 있는 소자로서, 수 MW 용량까지의 전력을 처리할 수 있으며, 최대 6.5kV의 내압 또는 2kA의 전류 용량을 이용할 수 있다.

기본 특징

- MOSFET는 게이트가 절연되어 있어 입력 임피던스가 높은 전압 제어형 소자로서 구동 전력이 작고, 스위칭 속도가 빠르다는 장점이 있지만, 내압이 커지면 온저항이 커진다는 단점이 있다.
- 한편, BJT는 고내압에서도 온저항이 낮다는 장점이 있지만, 전류 제어형 소자로서 구동 전력이 크고 스위칭 속도가 느린 단점이 있다.
- IGBT는 이들 두 소자 각각의 장점을 활용하기 위해 구조적으로 결합한 소자로서, 게이트는 MOSFET 구조로 하여 입력 임피던스를 높여 구동 전력을 줄이고 스위칭 속도를 빠르게 하였고, 주 전류가 흐르는 부분은 BJT로 구성하여 온저항을 작게 하였다.
- IGBT는 고내압에서 MOSFET보다 온저항이 낮은 장점이 있지만, BJT 구조로 전류가 흐르므로 턴-오프 시간이 다소 길어 50kHz정도까지의 스위칭 동작이 가능하다.

종류 및 구조

- IGBT는 N-채널 형과 P-채널 형의 두 종류가 있다.
- 두 종류 중에 성능이 좋고 사용이 쉬운 N-채널 형이 주로 사용되고 있으므로, 여기서는 N-채널 형 IGBT에 대해 살펴본다.
- N-채널 형 IGBT의 구조와 등가회로 및 기호가 그림 1.44에 보이며, 게이트(Gate), 컬렉터(Collector), 이미터(Emitter)의 3개 단자를 가진다.
- 컬렉터와 이미터는 주 전류가 흐르는 단자이며, 게이트는 도통 상태를 제어하는 단자이다.
- IGBT의 등가회로 (N-채널 형)
  - IGBT의 게이트 부분은 MOSFET로, 컬렉터와 이미터 부분은 BJT로 구성되는데, IGBT의 등가회로는 PNP 트랜지스터와 N-채널 MOSFET를 접속한 것으로 표현할 수 있다.
  - 턴-온 동작 : 컬렉터과 이미터 사이에 양의 전압이 인가된 상태에서 이미터에 대해 게이트에 양의 전압을 인가하면, N-채널 MOSFET가 켜지고 이를 통해 PNP 트랜지스터에 베이스 전류 i_B가 흐르며, 그 결과 컬렉터로부터 이미터로 전류 i_C가 흐르게 된다.

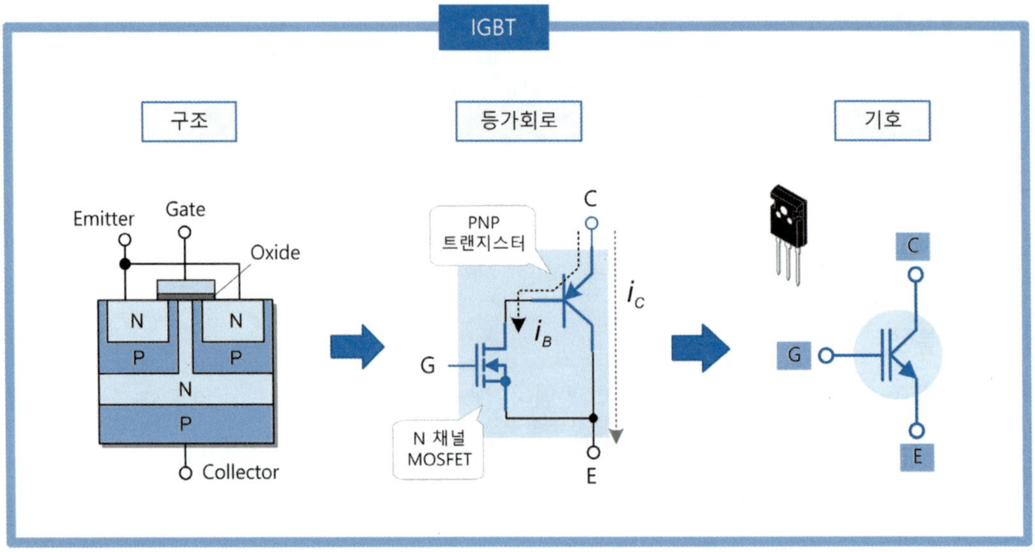

그림 1.44 IGBT의 구조 및 등가 회로와 기호

- 이제 수평 구조의 N-채널 형 IGBT에 대해 그 동작 과정을 좀 더 자세히 알아보도록 하자.

IGBT의 동작(N-채널 형)

① 턴-온 방법

- IGBT의 컬렉터에서 이미터 측은 PNPN형 반도체 구조로 되어 있으므로, 단지 컬렉터와 이미터 단자 사이에 양(+)의 전압($V_{CE} > 0$)을 인가하더라도 전류가 흐르지 않는다.

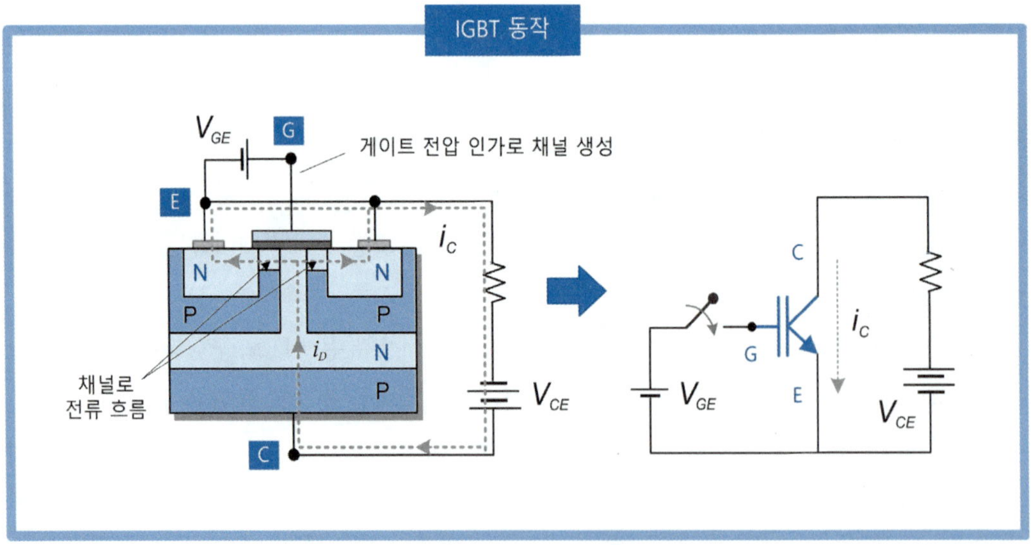

그림 1.45 IGBT의 동작

- 그런데, 게이트-이미터 사이에 양(+)의 전압($V_{GE} > 0$)를 인가하면, MOSFET와 같이 게이트의 절연층 바로 아래로 P형 반도체 내에서 끌어당겨진 전자에 의해 N-채널이 형성된다. (그림 1.45)
- 그 결과 컬렉터-이미터의 반도체 영역은 다이오드와 같은 PN 접합의 구조가 되므로, 컬렉터와 이미터 사이에 양(+)의 전압($V_{CE} > 0$)을 인가하면 컬렉터에서 이미터로 컬렉터 전류 i_C가 흐른다.

② 턴-오프 방법

- 게이트 전압을 차단하면 즉, $V_{GE} = 0$으로 하면 IGBT는 턴-오프 된다.
- IGBT는 소수 캐리어를 이용하여 전류가 흐르므로, 턴-오프 될 때 PN 영역 내에서의 소수 캐리어가 소멸하여야 할 시간이 필요하여 MOSFET보다 턴-오프 시간이 길다.

• 이처럼 IGBT의 턴-온 특성은 MOSFET와 유사하며, 턴-오프 특성은 BJT와 유사하다.

• **특성 곡선** : IGBT의 $I_C - V_{CE}$ 특성 곡선이 그림 1.46에 보인다.
- IGBT는 온/오프의 스위칭 동작만 필요한데, 1) 턴-온 동작은 게이트 전압을 충분히 크게 인가히어 온 상태 전압 강하 $V_{CE(sat)}$가 작도록 포화 영역에서 동작시키고, 2) 턴-오프 동작은 게이트 전압을 영으로 인가하여 차단 영역에서 동작시킨다.
- 게이트 전압 V_{GE}가 클수록, 컬렉터 전류 I_C가 흘렀을 때 $V_{CE(sat)}$가 작아져, 도통 손실 $(= I_C \times V_{CE(sat)})$이 작아지므로 가능한 한 V_{GE}를 크게 사용한다.

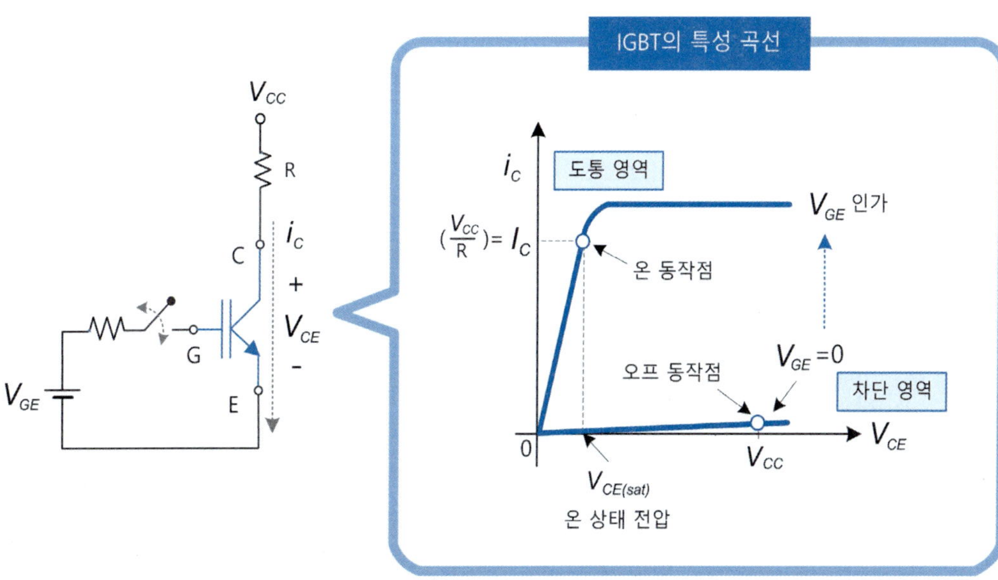

그림 1.46 IGBT의 특성 곡선

• 지금까지 살펴본 BJT, MOSFET, IGBT의 특성 비교가 표 1.1에 보인다.

표 1.1 세 종류 트랜지스터의 특성 비교

	BJT	MOSFET	IGBT
구동 방법	연속 전류로 구동	연속 전압으로 구동	연속 전압으로 구동
구동 전력	큼	작음	작음
스위칭 속도	중속	고속	중속
온 저항	보통	큼	작음
전류 용량	중전류	소전류	대전류
내압 용량	중전압	저전압	고전압

1.6.4 전력용 반도체 스위치의 특성 비교

• 전력용 반도체 소자는 통상 처리 가능한 전력 용량과 스위칭 속도로 분류한다.

• 처리 가능한 전력 용량이 커질수록 가능한 스위칭 속도는 낮아진다.

• 여러 전력용 반도체 소자에 대해 이 두 특성의 비교가 그림 1.47에 보인다.

• 그 외에 특성에 대한 스위치 소자의 비교가 표 1.2에 보인다.

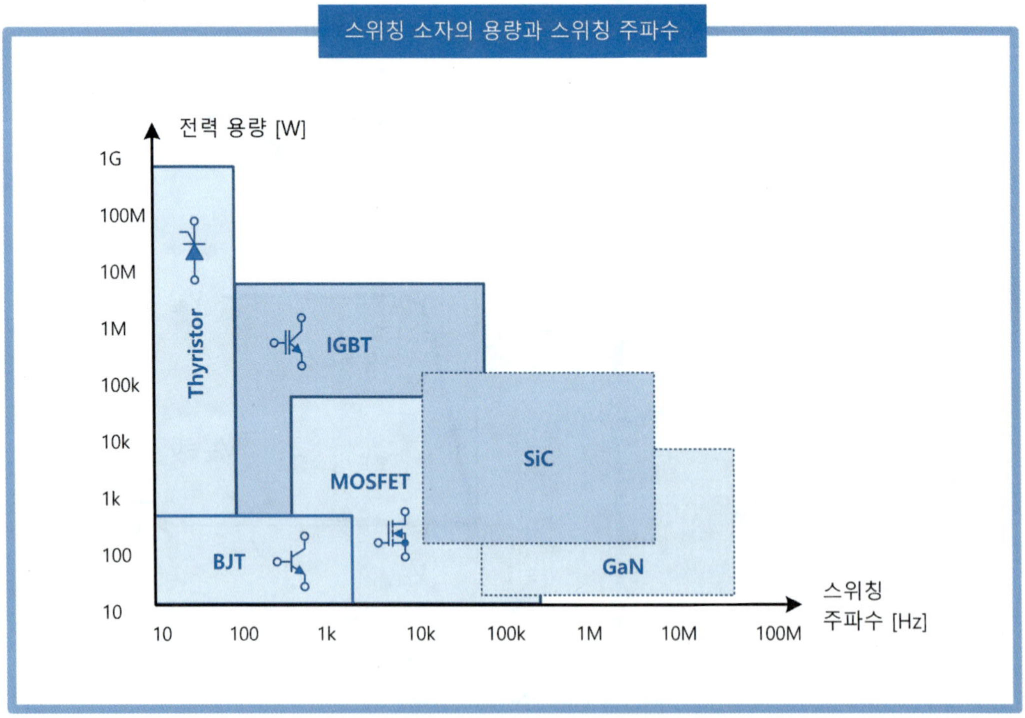

그림 1.47 전력용 스위칭 소자의 특성 비교

표 1.2 스위칭 소자의 여러 특성 비교

	용량	On 제어	Off 제어	스위칭 속도	전류
다이오드	대	불가	불가	-	단방향
Thyristor	대	가능	불가	저속	단방향
GTO Thyristor/IGCT	대	가능	가능	저속	단방향
Triac	소	가능	불가	저속	양방향
BJT	중	가능	가능	중속	단방향
MOSFET	소	가능	가능	고속	양방향
IGBT	대	가능	가능	중속	단방향

- 이처럼 각각의 스위칭 소자는 그 특성이 다르므로, 전력 변환 장치마다 주로 사용되는 스위치도 다음과 같이 달라진다.

스위칭 소자의 전력 변환 장치 적용 분야

- AC-DC 정류기 : 전압 강하가 낮은 Diode가 주로 사용되며, 또한 턴-오프 제어가 필요 없으므로 Thyristor가 사용된다. (2장 다이오드 정류기, 3장 위상제어 정류기 참조)
- DC-DC 컨버터 : 내압이 낮지만 매우 빠른 스위칭 특성을 가진 전력용 MOSFET가 장치의 소형화를 위해 주로 사용된다. (4장 참조)
- DC-AC 인버터 : 높은 내압과 중급 빠르기 스위칭 특성을 가진 IGBT가 주로 사용된다. (5장 참조)
- AC-AC 컨버터 : 양방향 도통을 위해 Triac(또는 역병렬 Thyristor)이 주로 사용된다. (6장 참조)

- 그림 1.47에서 볼 수 있듯이 새로운 반도체의 재료인 SiC와 GaN로 만든 전력용 소자는 Si 소자보다 우수한 특성을 가진다.
- 이제 SiC와 GaN의 재료를 사용한 전력용 반도체 소자의 특성에 대해 간단히 알아보도록 하자.

1.6.5 와이드 밴드 갭(Wide Band Gap) 반도체

- 앞에서 설명된 스위칭 소자의 반도체 재료로는 통상 실리콘(Si, 규소)이 사용되고 있다.
- 최근 반도체 재료로써 Si 대신 **탄화규소(Silicon Carbide, SiC)**와 **질화갈륨(Gallium Nitride, GaN)**이 주목받고 있다.
- 전력용 반도체의 재료로서 Si를 이용한 소자의 성능 개선에는 한계에 다다랐고, SiC와 GaN은 Si보다 여러 우수한 특성을 가지기 때문이다.
- SiC는 Si와 탄소(Carbon, C)의 화합물, GaN은 갈륨과 질소의 화합물이기 때문에, 이러한 재료를

사용한 반도체를 화합물 반도체라고 한다.

- 또한, SiC와 GaN은 Si보다 밴드 갭(Band Gap)이 넓으므로 **와이드(Wide) 밴드 갭 반도체**라고도 불린다.
- 와이드 밴드 갭이란 전자가 가전자대에서 전도대로 넘어가 자유 전자가 되는데 필요한 에너지가 크다는 것을 의미한다.
- SiC의 밴드 갭은 Si보다 약 3배 커서 높은 온도에서도 동작할 수 있으며(Si 소자의 최대 접합부 온도는 150℃, SiC 소자는 175℃), 열전도율이 높으므로 칩 자체의 열 저항이 작아 방열에 유리하다.
- SiC는 절연 파괴 전계 강도가 Si보다 약 10배 이상 커서 높은 전압을 잘 견딜 수 있다.
- 이러한 특징으로, 같은 내압을 가진 경우 Si 소자에 비해 반도체층을 얇게 만들 수 있어 온 저항이 상당히 낮은 소자를 구현할 수 있다.
- 예로서, 650 V, 35 A Si MOSFET의 온 저항은 110mΩ인데 비해, 650 V, 145 A SiC MOSFET의 온 저항은 18mΩ으로 상당히 작다.
- Si에서는 고내압화에 따른 온저항 증가를 개선하기 위해 IGBT 등의 소수 캐리어 소자인 바이폴러 소자가 주로 사용되어 왔으나, 스위칭 손실이 커서 고속 스위칭하는 데에는 한계가 있었다.
- 한편 SiC에서는 고속 스위칭이 가능한 쇼트키 배리어 다이오드나 MOSFET와 같은 다수 캐리어 소자를 고내압으로 실현할 수 있으므로 '고내압', '낮은 온저항', '고속 스위칭'의 특성을 동시에 실현할 수 있다.
- 스위칭 소자나 다이오드의 재료로 SiC를 사용하는 경우, 소자 자체가 소형화될 뿐만 아니라 고속 스위칭에 의한 성능 향상이 가능하고 손실과 노이즈가 감소한다.

요약

- 전력용 스위치로 요구되는 4가지 특성으로 스위치가 온 된 경우 허용 전류가 크고 도통 저항(온 전압)이 작아야 하며, 스위치가 오프 되었을 경우 견딜 수 있는 전압이 크고 누설 전류가 작아야 하며, 스위치를 구동하는 회로가 간단하고 구동 전력이 적어야 하며, 스위치가 온, 오프 상태를 바꿀 때 스위칭 시간이 짧아야 한다.
- 다이오드가 도통 상태에서 턴-오프 될 때는 역 회복 전류가 흐른 후에 도통 전류가 영이 된다.
- 다이오드는 순방향 전압 강하 특성과 역 회복 특성에 따라 분류한다.
- 사이리스터에 게이트 신호를 인가한 후 애노드 전류가 래칭 전류 이상이면 턴-온 되며, 일단 턴-온 된 후에 유지 전류 이상으로 전류가 흐르면 게이트 신호가 없어도 도통 상태가 유지된다.
- 사이리스터의 턴-오프 시에는 인가전압의 변화율 dv_{AK}/dt 를 제한해야 하며, 턴-온 시에는 전류 증가율 di_A/dt 를 제한해야 하는데, 이를 위해 스너버 회로를 사용한다.
- IGBT는 BJT의 기본 구조에서 MOSFET의 게이트 구조를 결합한 소자이다.
- SCR, GTO 사이리스터, BJT는 전류 제어 소자이지만, MOSFET, IGBT, MCT는 전압 제어 소자이다.
- 사이리스터, IGBT, MOSFET의 순서로 동작가능한 스위칭 주파수가 크지만, 전력 용량은 작아진다.
- 스위칭 소자의 반도체 재료로 대부분 Si(실리콘)이 사용돼 왔으나, 최근에는 낮은 온저항, 고내압, 저손실, 빠른 스위칭이 가능한 SiC와 GaN의 사용이 늘고 있다.

연습 문제

1.1 전력 변환 장치에서 이상적인 스위치로 요구되는 4가지 특성에 따라 각각의 전력용 반도체 소자들을 구분하여 설명하시오.

2.2 전류가 흐르는 데 이용하는 캐리어에 따라 전력용 스위칭 반도체 소자를 분류하시오.

02

다이오드 정류기

2.1 정류기(Rectifier)

- 우리가 사용하고 있는 대부분의 전자 기기나 기계 장치들은 주로 전기 에너지를 사용하여 동작한다.
- 이러한 전기 에너지를 공급해주는 전원(Power Source)은 직류(DC) 또는 교류(AC) 전압의 형태를 가진다.
- 직류 전압은 배터리처럼 전압의 크기와 방향이 일정한 전원이지만, 교류 전압은 시간에 따라 전압의 크기와 방향이 주기적으로 변하는 전원이다.
- 그런데 전자기기, 가전기기, 산업기기 등 대부분의 장치들은, 그 장치가 동작하는 데에 직류 전원을 이용한다. (그림 2.1)
- 따라서 이들 기기 내부에는 직류 전원을 공급하는 장치가 반드시 들어 있다.
- 직류 전원을 직접 공급하기 위해 배터리를 사용하기도 하지만, 배터리는 그 용량이 한정적이기 때문에, 통상적으로는 상용 교류 전원을 직류 전원으로 변환한 후 평활화하여 사용한다.
- 이때 교류를 직류로 변환하는 전력 변환 장치가 바로 **정류기(Rectifier)**이다.
- 따라서 대부분의 전자 기기들이 정류기를 하나씩 가지고 있다고 할 수 있다.
- 2장과 3장에서는 이러한 정류기에 대해 자세히 살펴볼 것이다.

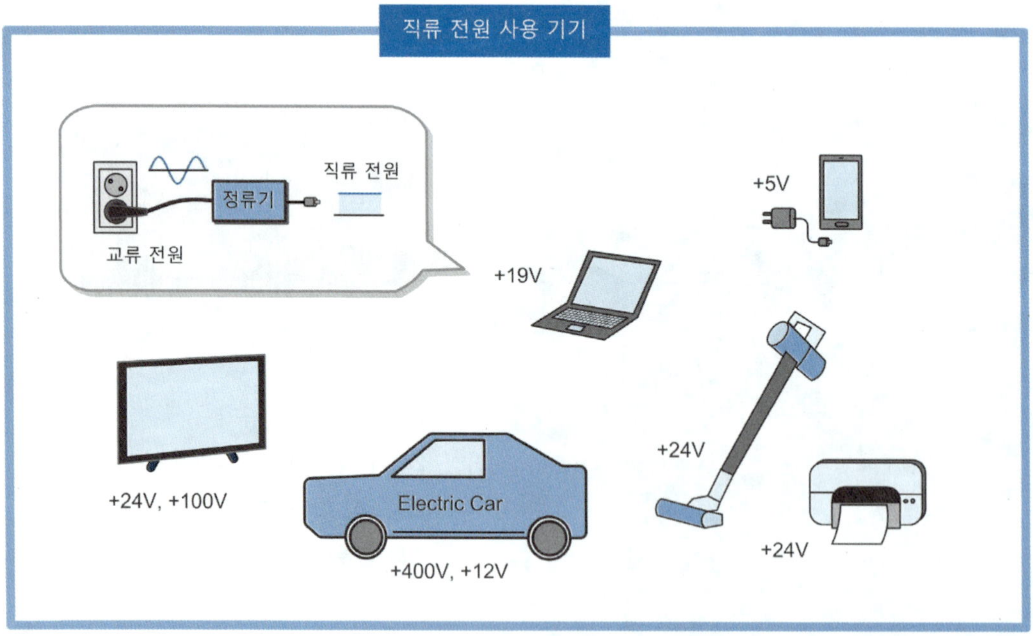

그림 2.1 직류 전원 사용 전자기기 및 장치

2.1.1 정류기의 종류

• 정류기는 정류될 입력 교류 전원, 정류 방식, 사용된 반도체 소자의 종류에 따라 다음과 같이 분류된다.

① 입력 교류 전원에 따른 분류

- 상용 교류 전원에는 단상과 3상이 있으므로, 정류기 역시 정류할 입력 교류 전원의 종류에 따라 **단상 정류기**와 **3상 정류기**가 있다. (그림 2.2)

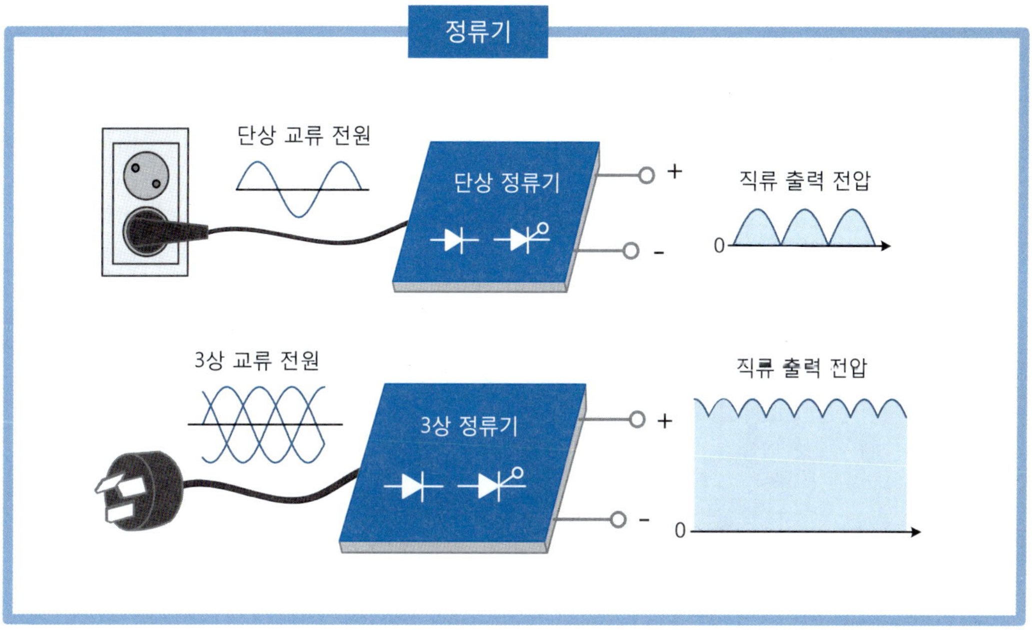

그림 2.2 교류–직류 변환을 위한 정류기

② 정류 방식에 따른 분류

- 입력 교류 전압이 직류로 변환되는 범위에 따라 **반파 정류기**와 **전파 정류기**가 있다.
- 반파 정류 방식은 입력 교류 전압의 반주기만 직류로 바꾸는 데 비해, 전파 정류 방식은 교류 전압의 전 주기를 직류로 바꾸는 방식이다.
- 전파 정류가 반파 정류보다 두 배 더 큰 직류 전압을 얻을 수 있다.
- 단상과 3상 정류기에 대해 각각 반파 정류기와 전파 정류기가 있다.

③ 반도체 소자에 따른 분류

- 정류 회로에 사용된 반도체 소자에 따라, 다이오드를 이용한 **다이오드 정류기**와 사이리스터를 이용한 **위상제어 정류기**가 있다.

- 다이오드 정류기에서는 직류 출력 전압의 크기가 일정하지만, 위상제어 정류기에서는 직류 출력 전압의 크기를 가변할 수 있으며, 직류 측 부하 에너지가 전원 측으로 반환되는 회생 동작도 가능하다.
- 대부분의 전자 기기에는 간단하고 저가격인 다이오드 정류기가 주로 사용된다.

이번 장에서는 기본적인 다이오드 정류기에 대해 그 동작과 여러 입출력 특성을 살펴보고, 3장에서는 사이리스터를 사용한 위상제어 정류기에 대해 살펴볼 것이다.

2.2 다이오드 정류기(Diode Rectifier)

• 다이오드 정류기의 분류와 출력 전압 특성이 그림 2.3에 보인다.

• 단상과 3상 다이오드 정류기 및 각각의 정류기에 대해 반파와 전파 정류 회로가 있다.

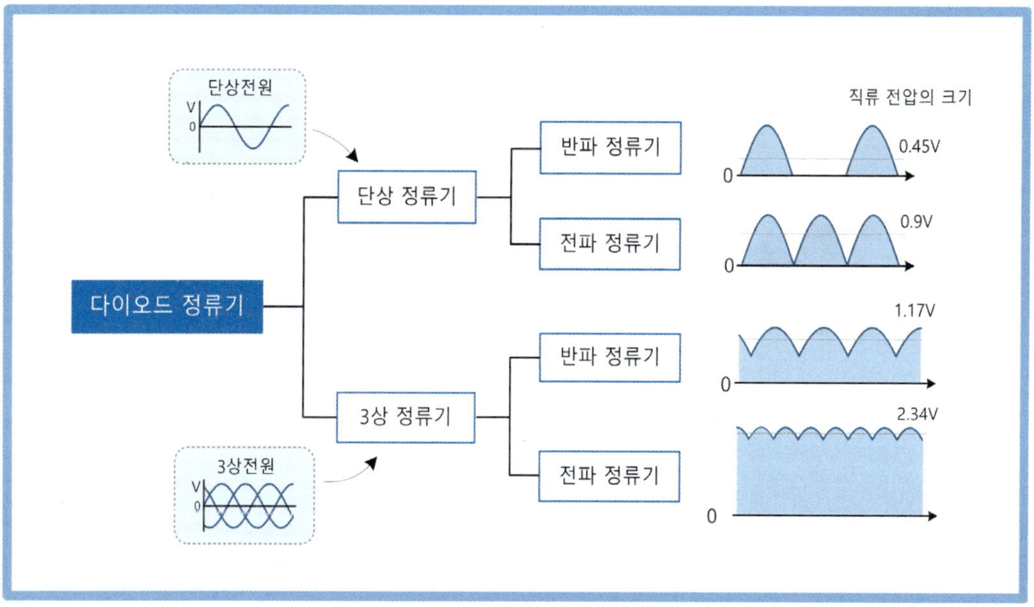

그림 2.3 다이오드 정류기의 분류

• 이들 다이오드 정류기에 대한 회로 구성이 그림 2.4에 보인다.

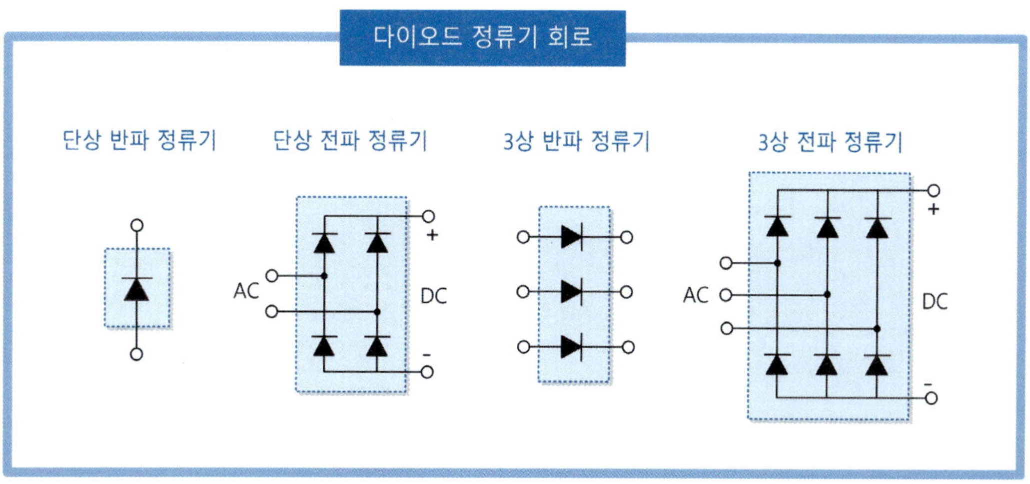

그림 2.4 다이오드 정류기 회로

정류기용 다이오드

- 다이오드 정류기 회로에 사용되는 전력용 다이오드의 패키지 형태가 그림 2.5에 보인다.
- 전력용 다이오드는 내압과 전류 용량에 따라 다양한 형태가 있다.
- 다이오드가 하나 또는 두 개가 한 패키지로 된 것도 있으며, 단상 또는 3상 다이오드 정류 회로를 하나의 패키지로 구성한 것도 있다.

다이오드의 패키지 형태

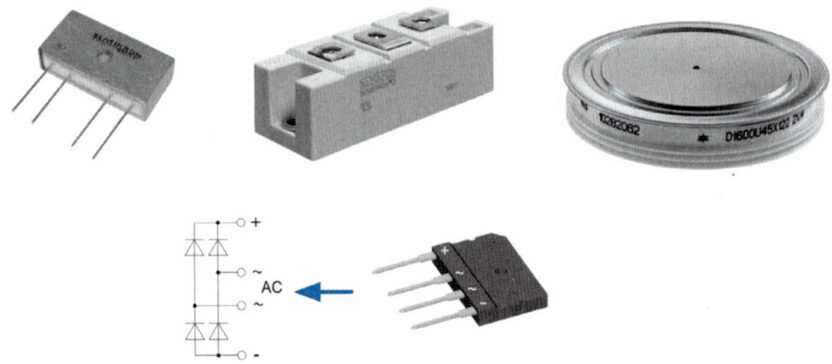

그림 2.5 다이오드의 패키지 형태 (출처: 세미크론)

- 1장에서 언급했듯이, 다이오드의 종류는 크게 순방향 전압이 낮은 것과 역 회복 특성이 좋은 것으로 나뉜다.
- 정류용으로 사용하는 다이오드는 60Hz의 낮은 주파수의 전원 전압에서 동작하므로, 고속 스위칭 동작이 필요가 없으므로 역 회복 특성이 좋은 것보다 순방향 전압이 낮은 것이 사용된다.

다이오드 정류기의 응용

- 직류 전원을 얻기 위해 교류 전력을 변환하는 다이오드 정류기의 응용 사례는 매우 많다. (그림 2.6)
- 대부분의 전자 기기는 직류 전원을 얻기 위해 다이오드 정류기가 사용된다고 보아도 되는데, 그 회로가 간단하고 저가이기 때문이다.

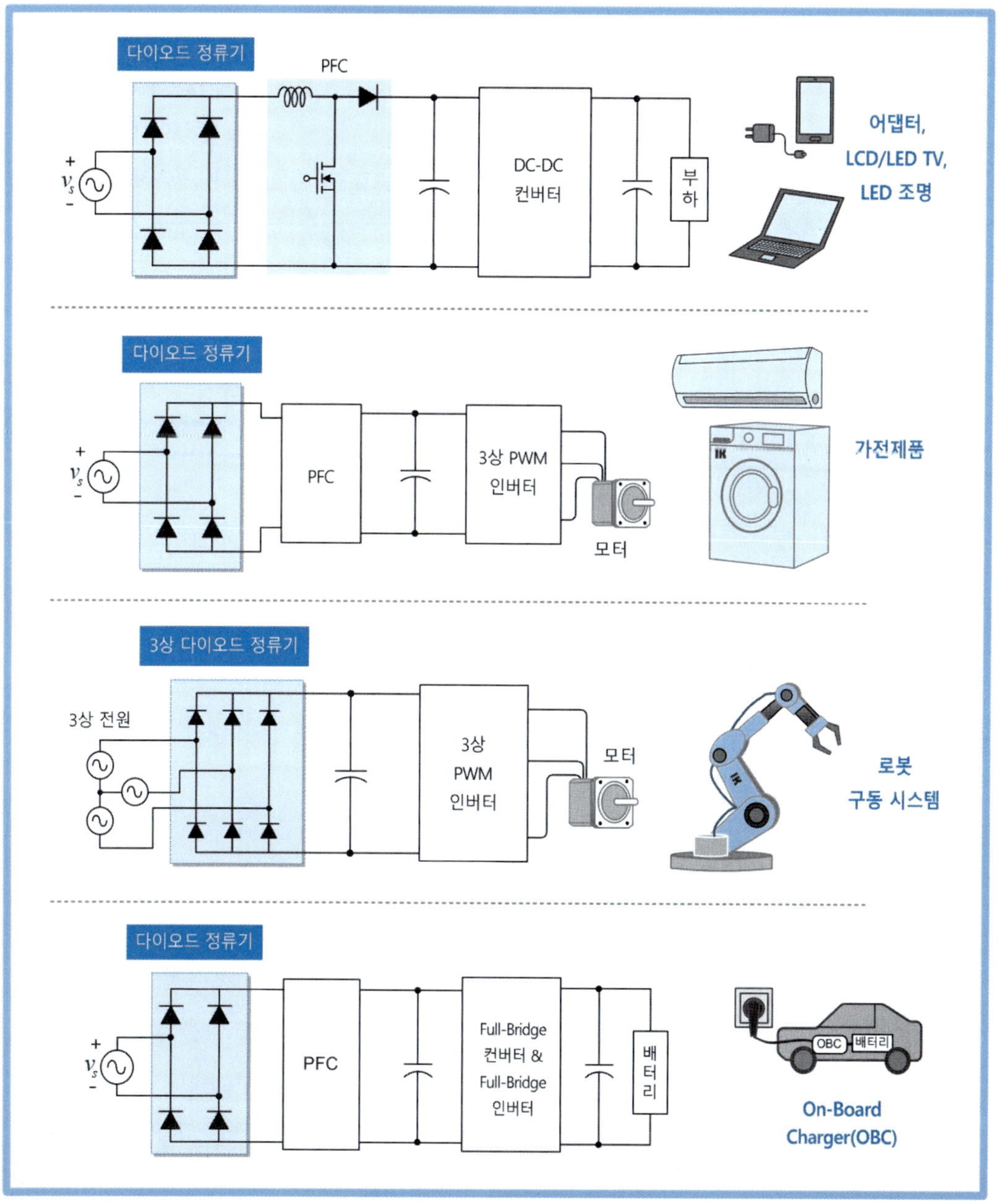

그림 2.6 다이오드 정류기의 응용 예

단상 교류 전원

- 단상 다이오드 정류기에 대해 알아보기 전에, 먼저 정류기 회로의 입력으로 사용되는 단상 교류 전원에 대해 간단히 살펴보도록 하자.
- 단상 교류 전압 v_s는 그림 2.7에 보이는 바와 같이 시간에 따라 크기와 방향이 정현파 형태로 바뀌는 전압이다.

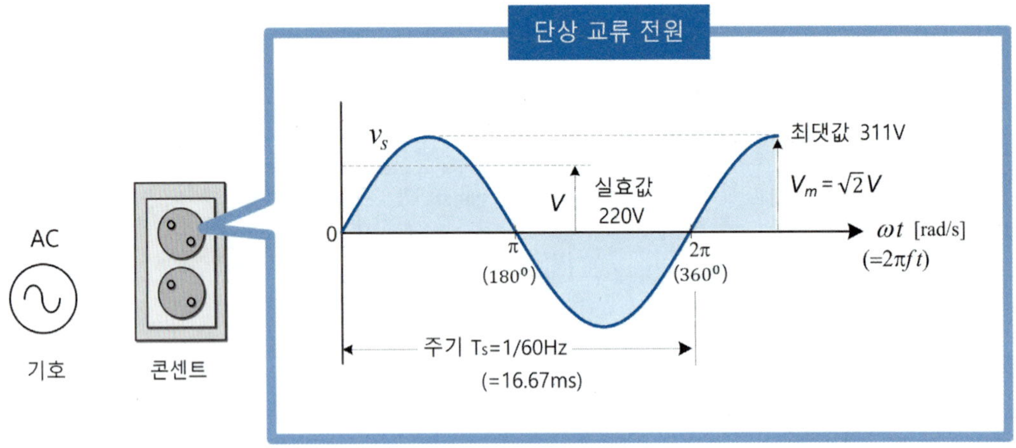

그림 2.7 단상 교류 전원

- 단상 교류 전압 v_s는 그 최대 크기가 V_m이고 주파수가 f_s인 경우, 다음과 같이 표현된다.

$$v_s = V_m \sin(2\pi f_s t) \tag{2-1}$$

- 교류 전압의 크기는 최댓값 V_m 또는 실효값 V로 표현할 수 있다.
- **실효값** : 통상적으로 교류 전원 전압의 크기는 실효값[1]으로 말하는데, 최댓값 V_m과 그 실효값 V와는 다음과 같은 관계가 있다.

$$V_m = \sqrt{2}\,V\,[\mathrm{V}] \tag{2-2}$$

- 우리나라에서 사용되는 교류 전원 전압의 실효값 $V = 220\mathrm{V}$이며, 그 최댓값 $V_m = 220\sqrt{2} = 311\mathrm{V}$이다.
- 식(2-1)의 단상 교류 전압 v_s을 실효값 V와 각속도 ω_s[rad/s]로 표현하면 다음과 같다.

$$v_s = \sqrt{2}\,V \sin \omega_s t \tag{2-3}$$

- 여기서 각속도 ω_s는 단위 시간 t[s]당 주기 파형이 변동한 각도 θ_s[rad]를 말하며, 한 주기가 2π rad(= 360°)이므로 동작 주파수 f_s와는 다음과 같은 관계가 있다.

$$\omega_s = \frac{2\pi}{T_s} = 2\pi f_s \text{ [rad/s]} \qquad (\theta_s = \omega_s t) \tag{2-4}$$

- 상용 교류 전압 v_s는 1초에 60번 주기가 바뀌므로, 그 동작 주파수 f_s = 60Hz이며, 각속도 $\omega_s = 2\pi f_s$ = 377rad/s이다.
- 또한, 60Hz 상용 교류 전압 v_s의 한 주기 $T_s = 1/f_s$ = 16.667ms이다.

1) 실효값이란?

- 교류는 정현적인 파형이므로 한 주기 평균값이 영이다.
- 평균값은 영이지만, 교류 전압을 부하에 인가하면 전력이 공급된다.
- 교류가 얼마만큼의 전력을 공급하는지를 직류로 나타낸 것이 실효값(Root Mean Square, RMS)이다.
- 일 예로서 최대 크기가 311V인 교류 전압은 220V의 직류 전압과 동일한 전력을 부하에 공급해 준다.

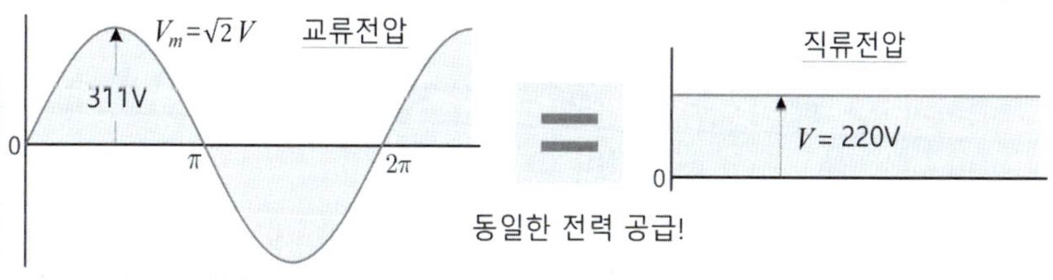

- 이처럼 부하에 동일한 전력을 공급하는 교류 전압의 등가적인 직류 전압의 크기를 실효값이라 한다.
- 실효값은 다음과 같이 교류 물리량을 제곱(Square)해서 평균(Mean)한 후 제곱근(Root)하여 구한다.

$$\text{실효값} : \sqrt{\frac{1}{T}\int_0^T f(t)^2\,dt}$$

- 예로서 $v_s = V_m \sin\omega_s t$로 표현된 단상 교류 전압에 대한 실효 전압 크기 V를 정의식을 사용하여 구해보도록 하자.

$$\begin{aligned} V &= \sqrt{\frac{1}{T}\int_0^T v_s^2\,dt} \\ &= \sqrt{\frac{1}{T}\int_0^T (V_m \sin\omega t)^2\,dt} \\ &= V_m\sqrt{\frac{1}{T}\int_0^T\left(\frac{1-\cos 2\omega t}{2}\right)dt} \end{aligned}$$

$$= V_m \sqrt{\frac{1}{2T}\left[t - \frac{\sin 2\omega t}{2\omega}\right]^{T_0}}$$

$$= V_m \sqrt{\frac{1}{2T}(T - \frac{\sin 2\omega T}{2\omega})}$$

$$= \frac{V_m}{\sqrt{2}} \text{ [V]} \qquad (\omega = 2\pi f = \frac{2\pi}{T})$$

- 교류 전압에서 실효 전압의 크기 V는 최대 크기 V_m의 약 70.7($=1/\sqrt{2}$)% 정도가 된다는 것을 알 수 있다.
- 교류 전압의 크기는 통상 실효값으로 표시한다.
- 우리가 사용하는 교류 전원의 최댓값 V_m은 약 311V이며, 실효값 V는 220V이다.
- 정류기와 같은 전기 회로 설계 시에 소자나 부품의 전력 용량이나 전선의 굵기 등을 산정할 때에는 이 실효값이 사용된다.

- 정류기에서 많이 나오는 교류 파형의 실효값 크기가 다음에 보인다.

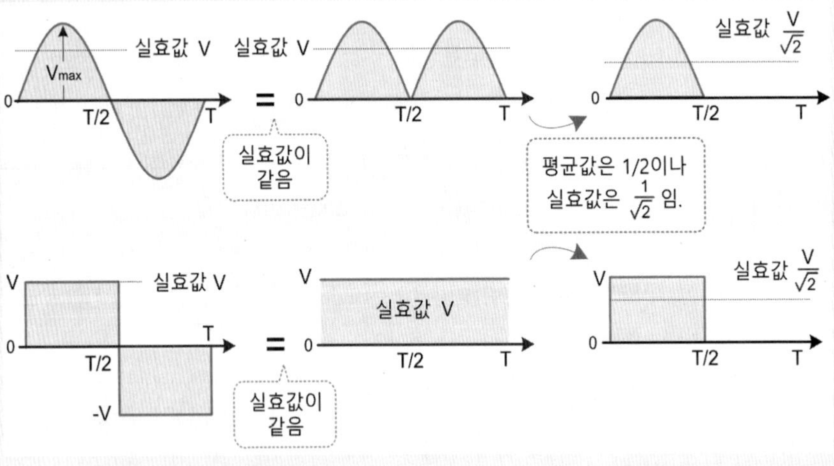

- 일정한 직류 물리량에서 실효값은 평균값과 같다.

다이오드의 기본 동작 특성

- 다이오드 정류기 회로의 동작을 알아보기 위해, 우선 정류 회로에 사용되는 다이오드는 순방향 전압강하 및 역 회복 특성, 누설 전류 등 실제적 특성이 없는 이상적인 소자라고 가정한다.
- 다이오드 정류기는 다이오드의 한 방향으로의 도통 특성을 이용한다.
- 1장에서 살펴보았지만, 다이오드의 동작 특성을 다시 한 번 간단히 살펴보도록 하자.

- **다이오드의 기본 동작**
  - **도통** : 다이오드는 순방향 전압이 인가될 때 즉, 애노드(A)측 전위가 캐소드(K)측 전위보다 높을 때 도통 되고, 애노드에서 캐소드 쪽으로 전류가 흐른다. (그림 2.8)
  - **차단** : 역방향 전압이 인가되면 즉, 애노드 전위가 캐소드 전위보다 낮으면 다이오드는 차단 상태가 되고, 전류가 흐르지 않는다.
  - 도통하고 있는 경우에 다이오드의 전압 즉, 전압강하는 영이지만, 차단 상태에서는 인가전압과 같다.

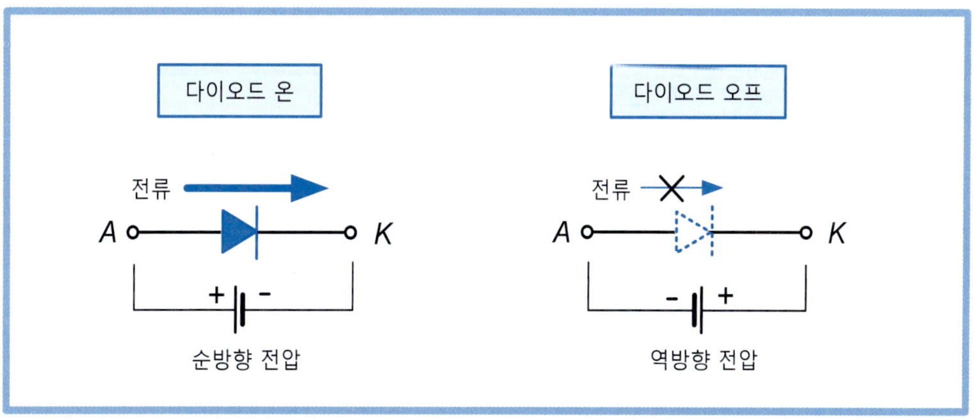

그림 2.8 다이오드의 온/오프 동작

- 이제 다이오드 정류 회로에 대해 살펴보도록 하자.
- 먼저 **단상 다이오드 정류기**에 대해 알아보고, 다음으로 큰 전력을 공급할 수 있는 **3상 다이오드 정류기**에 대해 알아볼 것이다.

2.3 단상 다이오드 정류기(Single-Phase Diode Rectifier)

- 단상 전원을 입력으로 사용하여 직류 전압을 생성하는 단상 다이오드 정류기는 반파 정류기와 전파 정류기로 나뉜다.

2.3.1 단상 반파 다이오드 정류기(Half-Wave Rectifier)

- 반파 정류기는 입력된 교류 전원 전압의 반주기만 직류로 변환하는, 가장 간단한 정류 회로이다.
- 반파 정류기는 그림 2.9에 보이듯이 다이오드 한 개로 구성된다.
- 이 경우 양(+)의 전원 전압 반주기만 직류로 출력되도록 회로가 구성되어 있다.

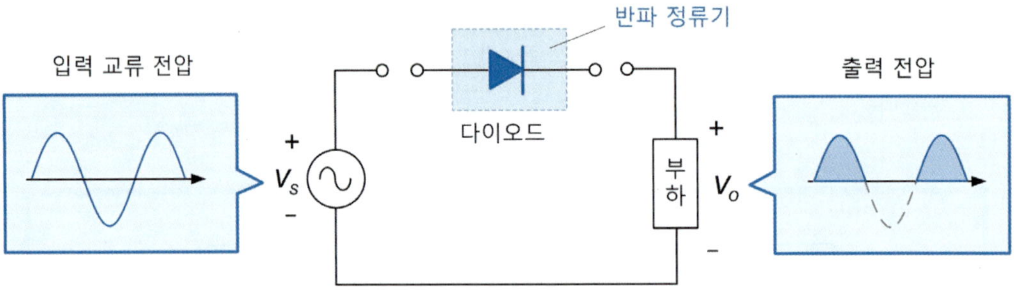

그림 2.9 단상 반파 다이오드 정류기

- 정류기에서는 출력에 연결된 부하[2)]의 종류에 따라 그 동작이 달라지므로, 부하에 따라 구분하여 그 회로 동작을 알아볼 필요가 있다.
- 여기서는 **순수 저항 부하**와 저항 및 인덕턴스 성분으로 구성된 **유도성 부하**가 정류기 출력에 연결된 두 경우에 대해 살펴볼 것이다.
- 실제 전력을 소비하는 대부분의 부하는 유도성 부하로 볼 수 있는데, 이 경우 회로 동작이 다소 복잡해진다.
- 저항 부하의 경우 동작이 간단하여 정류기의 동작을 이해하기가 쉬우므로, 먼저 저항 부하에 대한 정류기 동작을 알아보고, 이를 바탕으로 유도성 부하의 경우를 살펴보도록 할 것이다.

2) 부하란?

- 상용 전원, 정류기, 배터리 등의 전원에 연결되어 에너지를 공급받는 장치를 부하(Load)라고 한다.
- 구체적으로는 조명, 가전기기, 컴퓨터, 전기자동차 등 전력을 사용하여 동작하는 기기를 말한다.
- 전기적인 부하에는 저항 R, 인덕터 L, 커패시터 C의 세 종류가 있다.
- 이 중 저항은 실제 전력을 소비하지만(이를 유효 전력이라 함), 인덕터와 커패시터는 실제 전력을 소비하지는 않고 전원과 주고받기만 한다(이를 무효 전력이라 함).
- 대부분의 부하는 저항과 인덕터로 이루어진 유도성 부하이다.

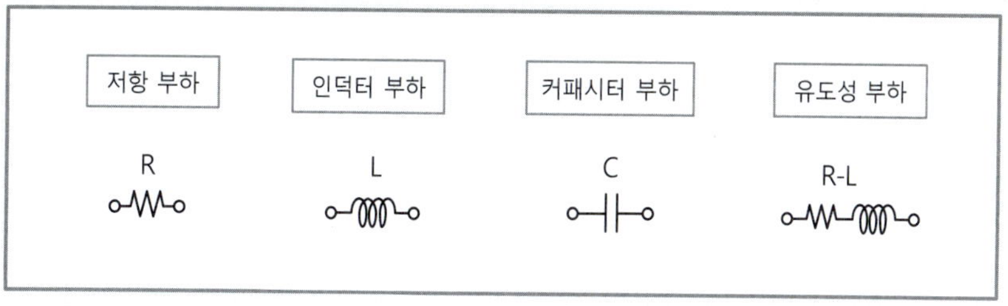

- 부하에 따라 전류의 흐름을 방해하는 성질인 임피던스[Ω]가 다르다.
- 따라서, 동일한 전압을 인가하더라도, 부하에 흐르는 전류의 크기와 모양은 달라진다.
- 저항 부하 : 저항에 흐르는 전류 i_R[A]의 크기는 인가전압 v[V]의 크기에 비례하고 저항값 $R[\Omega]$에 반비례하며, 그 형태는 인가전압과 같다.

$$v = R\,i_R \ \text{[V]}$$

- 인덕터 부하 : 인덕턴스 성분 L은 전류 변동(di/dt)을 억제하는 특성을 가지므로, 인덕터 부하에서 인가전압에 대해 전류 i_L은 v/L의 기울기로 늦게 변하며, 이에 따라 인가전압과 부하 전류의 모양은 다르게 된다.

$$v = L\frac{di_L}{dt} \ \text{[V]}$$

- 인덕터는 저항과는 달리 주파수가 높을수록 전류의 흐름을 방해하는 성질이 커지므로 이를 다음과 같이 동작 주파수를 고려한 리액턴스(유도성) X_L로 나타낸다.

$$X_L = 2\pi f L = \omega L \ [\Omega]$$

- 이러한 리액턴스와 인가전압에 대해 인덕터 전류의 위상이 90° 뒤지는 것을 고려해서 인덕턴스의 임피던스 Z_L은 다음과 같이 복소수로 표현한다.

$$Z_L = jX_L = j\omega L \ [\Omega]$$

- 저항과 인덕터로 이루어진 유도성 부하의 전류는 다음의 회로 방정식에서 구할 수 있다.

$$v = Ri + L\frac{di}{dt}$$

- 유도성 부하에서도 인덕턴스 성분 때문에, 인가전압에 대해 부하 전류는 느리게 변하는데, 그 변동의 빠르기는 시정수 $\tau(= L/R)$[s]에 비례한다.
- 직류와 교류의 인가전압에 대한 전류의 크기와 모양이 부하에 따라 어떻게 다른지 다음 그림에 보인다.

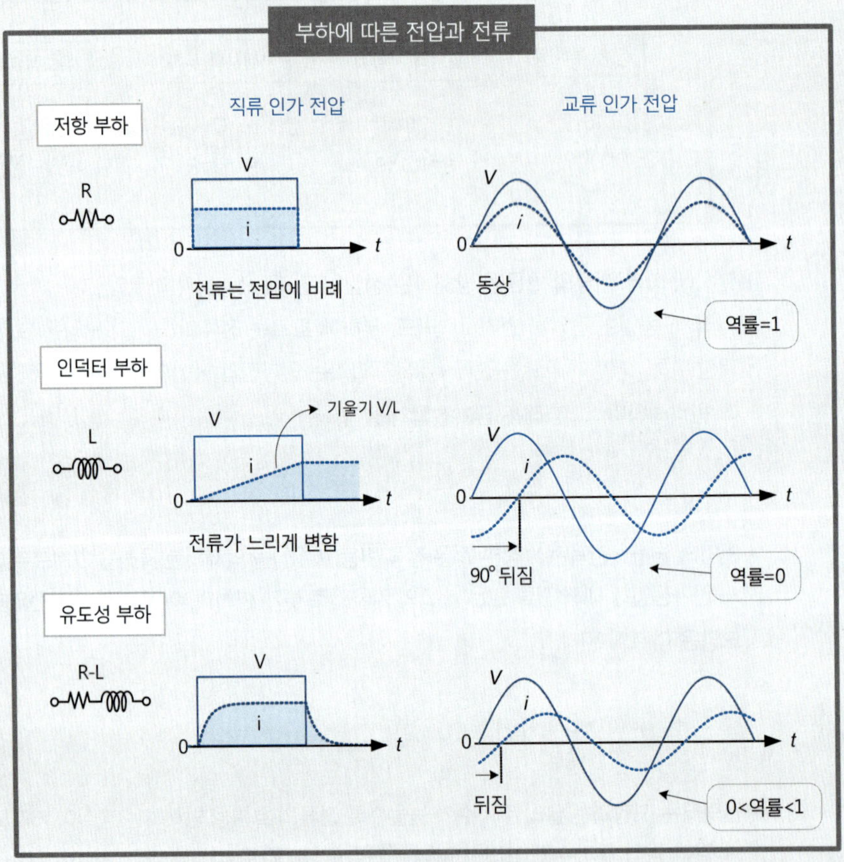

- 부하에서의 소비 전력은 인가전압, 부하 전류, 부하 저항으로부터 다음과 같이 세 가지로 표현된다. (평균 전력 P를 구할 경우 전압이나 전류는 실효값을 사용한다.)

$$P = VI = RI^2 = \frac{V^2}{R} \quad \text{[W]}$$

(1) 순수 저항 부하

회로 동작

- 저항 부하의 경우 단상 반파 정류기의 동작은 다음과 같이 단순히 입력 전원 전압의 극성에 따라 달라진다.

① 전원 전압 양(+)의 반주기 ($0 \leq \omega t < \pi$) → 다이오드 도통

- 전원 전압 v_s가 양(+)이면 다이오드에는 순방향 전압이 인가되어 즉, 순방향 바이어스이므로 턴-온 된다. (그림 2.10)
- 이에 따라 전원과 부하가 연결되므로, 출력 부하 전압 v_o는 전원 전압 v_s과 같아져 다음과 같이 된다.

$$v_s > 0 \quad \rightarrow \quad v_o = v_s = V_m \sin \omega t = \sqrt{2}\, V \sin \omega t \tag{2-5}$$

- 이러한 출력 전압과 부하 저항에 따라 다음과 같은 부하 전류가 흐른다.

$$i_o = \frac{v_o}{R} = \frac{\sqrt{2}\, V \sin \omega t}{R} \tag{2-6}$$

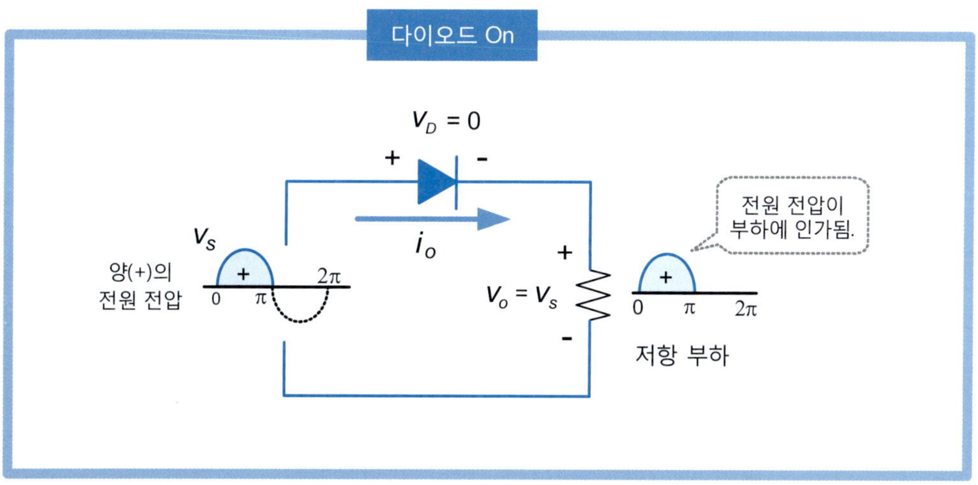

그림 2.10 전원 전압 양(+)의 반주기에서의 동작

② 전원 전압 음(−)의 반주기 ($\pi \leq \omega t < 2\pi$) → 다이오드 차단

- 전원 전압 v_s가 음(−)이 되면, 다이오드에는 역방향 전압이 인가되어 즉, 역방향 바이어스이므로 턴-오프 된다. (그림 2.11)

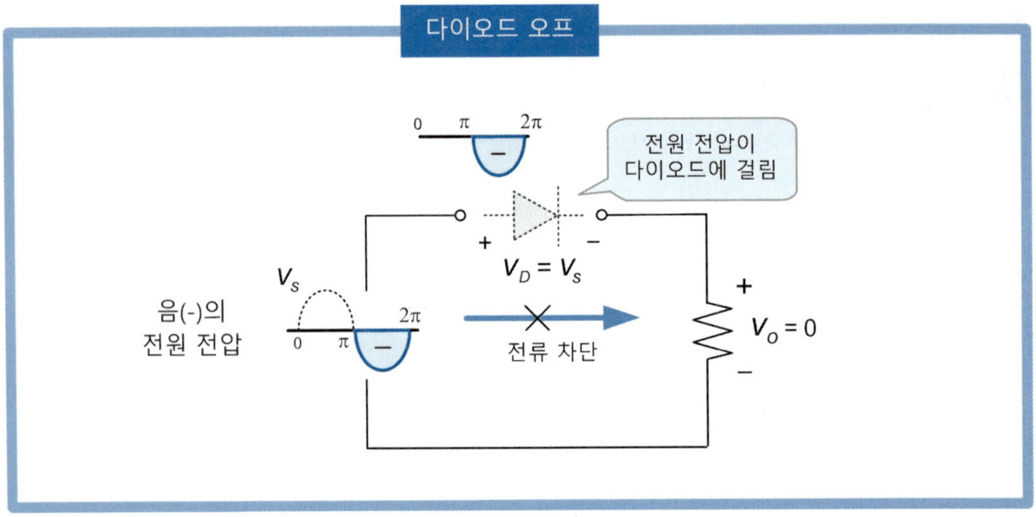

그림 2.11 전원 전압 음(−)의 반주기에서의 동작

- 따라서 부하는 전원과 분리되어 출력 부하 전압은 영이 되며, 전류도 흐르지 않는다.

$$v_s \leqq 0 \quad \rightarrow \quad v_o = 0 \tag{2-7}$$

- 이때 전원 전압 v_s는 모두 오프된 다이오드에 인가되어, 다이오드의 전압 $v_D = v_s$이다.
- 이 경우 다이오드가 전압을 저지하고(Blocking) 있다고 말하는데, 이 저지해야 할 전압의 크기가 다이오드의 정격 전압을 결정한다.

• 이러한 단상 반파 정류기의 동작에 따른 출력 전압이 그림 2.12에 보인다.

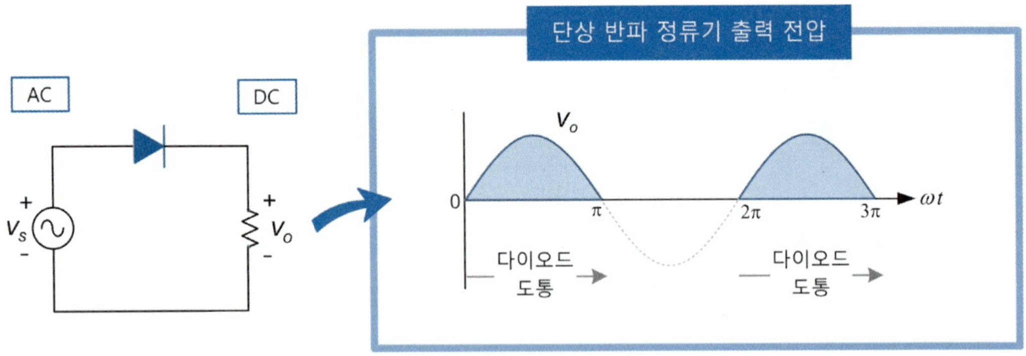

그림 2.12 단상 반파 정류기의 출력 전압

• 이제 이러한 단상 반파 정류기에서 얻을 수 있는 직류 전압의 크기는 평균적으로 얼마가 되는지 알아보도록 하자.

직류 평균 출력 전압(저항 부하)

- 반파 정류기의 순시적인 출력 전압 v_o는 일정한 직류가 아니고 순시적으로 변동하므로, 평균 전압의 크기 V_o를 구할 필요가 있다.
- 반파 정류기에서 전압이 출력되는 구간은 전원 전압 한 주기 중 $0 \sim \pi$까지의 반 주기 구간이므로, 이로부터 평균 전압 값은 다음과 같이 적분을 통해 구할 수 있다. (그림 2.13)
- **직류 평균 출력 전압 V_o**

$$\begin{aligned} V_o &= \frac{1}{2\pi}\int_0^{2\pi} v_o\, d(\omega t) \\ &= \frac{1}{2\pi}\left[\int_0^{\pi} V_m \sin\omega t\, d(\omega t) + \int_{\pi}^{2\pi} 0\, d(\omega t)\right] \\ &= \frac{V_m}{2\pi}\left[-\cos\omega t\right]_0^{\pi} \end{aligned}$$

참고 $\left(\int \sin x\, dx = -\cos x\right)$

$$\begin{aligned} &= \frac{V_m}{\pi} \\ &= \frac{\sqrt{2}\,V}{\pi} = 0.45\,V \qquad (2\text{-}8) \end{aligned}$$

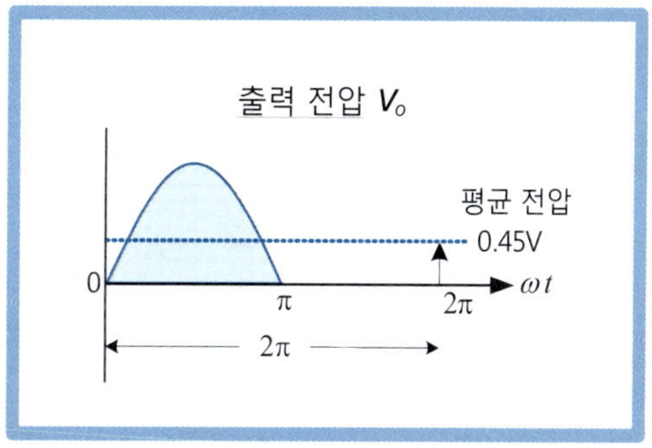

그림 2.13 평균 출력 전압

- 이 식으로부터 반파 정류기는 입력 교류 실효 전압 V의 45%에 해당하는 직류 전압을 평균적으로 얻을 수 있음을 알 수 있다.

> **문제**
>
> **실효값이 220V인 상용 교류 전원을 반파 정류기로 정류하여 얻을 수 있는 직류 평균 전압의 크기는 얼마인가?**
>
> **답**
>
> $V_o = 0.45\,V = 0.45 \times 220 = 99$V로 약 DC 100V의 직류 평균 출력 전압을 얻을 수 있다.

- **평균 출력 부하 전류 I_o**

이러한 평균 직류 출력 전압 V_o로부터, 부하 저항에 흐르는 평균 전류는 다음과 같다.

$$I_o = \frac{V_o}{R} = \frac{\sqrt{2}\,V}{\pi R} = \frac{0.45\,V}{R} \qquad (2\text{-}9)$$

이러한 단상 반파 정류기의 동작에서 입력과 출력 관계가 어떠한지 살펴보도록 하자.

입력과 출력 특성

• 앞에서 설명한 단상 반파 정류기의 입력과 출력 측 동작 파형이 그림 2.14에 보인다.

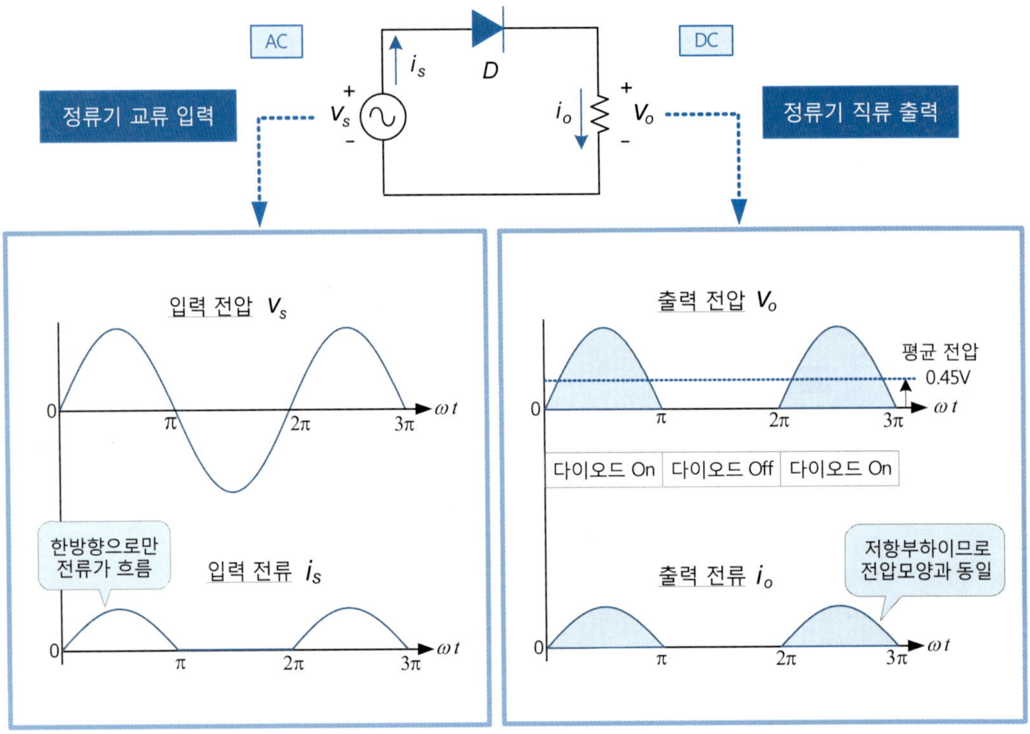

그림 2.14 단상 반파 정류기의 입출력 특성

• **출력 전압과 전류 특성**

- 반파 정류기에서는 전원 전압 양(+)의 반주기에만 교류 전압이 직류 전압으로 정류되어 출력된다.
- 이 정류기의 순시적인 출력 전압 v_o는 직류이긴 하지만, 일정한 값이 아닌 순시적으로 변동하는 값이다.
- 즉, 정류기의 출력 전압에는 60Hz로 맥동하는 교류 성분이 포함되어 있다.
- 이 변동하는 전압을 일정하게 하기 위해 정류기의 출력단에 필터용으로 커패시터를 사용한다.
- 부하가 저항이므로 출력 부하 전류의 형태는 인가전압과 동일하며, 그 크기는 부하 저항값에 반비례한다.

- **입력 전류 특성**
  - 정류기의 입력 측 전원에는 부하 측 직류 전류와 크기가 동일한 전류가 교류로 흐른다.
  - 반파 정류 동작으로 인해, 입력 측 전원 전류는 반주기 동안 한 방향으로만 흐른다.
  - 교류 전원에서는 양(+)과 음(-)의 양방향으로 교류 전류가 흘러야 하는데, 반파 정류기에서는 그렇지 못하고 직류 전류가 흐른다.
  - 반파 정류기에서의 이러한 전원 측의 직류 전류는 입력 측에 통상적으로 사용되는 변압기의 철심을 포화시키는 심각한 문제를 발생한다.
- 다음으로, 유도성 부하의 경우에 반파 정류기 동작을 살펴보도록 하자.

(2) 유도성 부하

- 저항과 인덕터 성분으로 구성된 유도성 부하에 전압을 공급하는 반파 정류기에서 출력 전압과 전류 파형은 저항 부하 시와는 다르다.

▌동작 특성

- **특징** : 유도성 부하가 가진 인덕턴스 특성으로 인해 부하 전류는 비정현파가 되고, π 이후에 전류가 영으로 된다. 이로 인해 음(-)의 전원 전압이 출력 부하에 나타난다.
- 저항 부하와 유도성 부하에 대한 출력 전압과 부하 전류의 비교가 그림 2.15에 보인다.

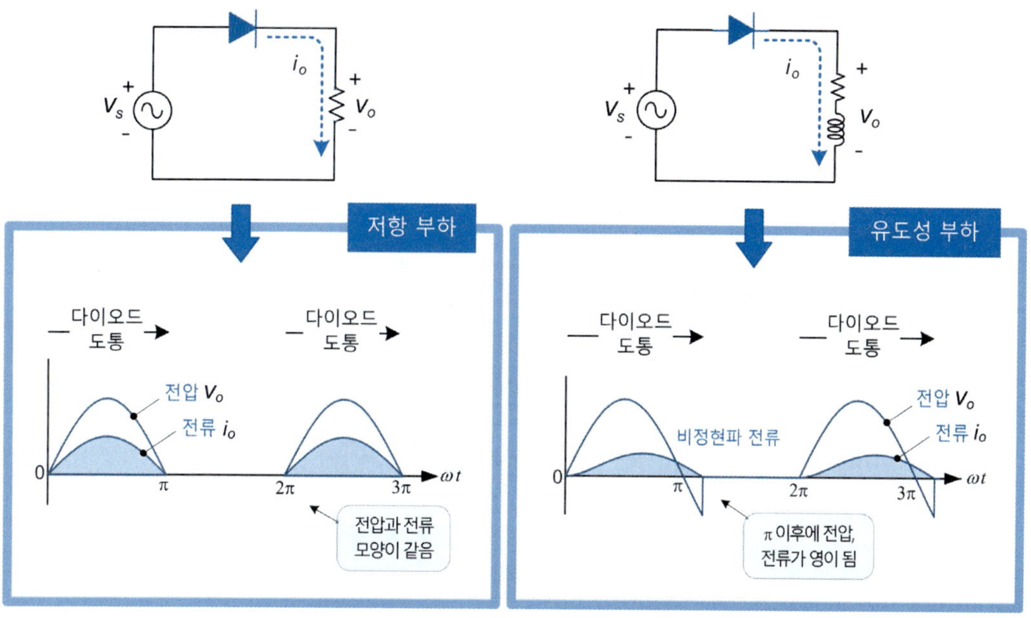

그림 2.15 부하에 따른 단상 반파 정류기의 동작 비교

• 이제 유도성 부하에 대한 회로 동작이 저항 부하 시와 어떻게 다른지 살펴보도록 하자.

회로 동작

① 전원 전압 v_s의 양(+)의 반주기 $(0 \leq \omega t < \pi)$

- 전원 전압 $v_s > 0$인 경우 다이오드에는 순방향 전압이 인가되므로 턴-온 되어, 정류기의 출력 전압 v_o는 전원 전압과 같아진다. (→ 저항 부하와 동일)

$$v_o = v_s = \sqrt{2}\,V\sin\omega t \tag{2-10}$$

- 이 전압에 의해 부하에 전류가 흐르는데, 부하의 인덕턴스 성분으로 인해 출력 전류 i_o 파형은 정현파 전압의 형태와는 다르게 그림 2.16에 보이듯이 비정현적[3]으로 증가된다.
- 부하 전류 i_o가 증가함에 따라 인덕터에 에너지가 축적된다.
- 인덕터 전압 $v_L(=v_o - i_o R)$이 음(-)이 되면 부하 전류 i_o는 감소된다.

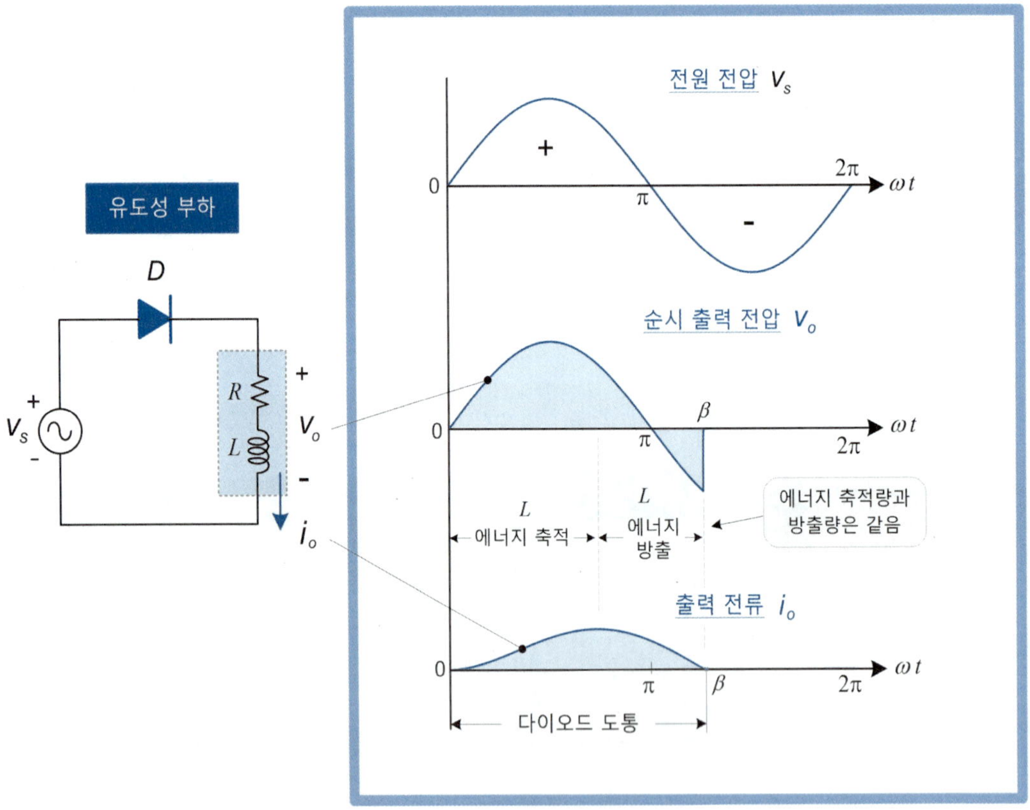

그림 2.16 반파 정류기의 동작 : 유도성 부하

② **전원 전압 v_s의 음(−)의 반주기 ($\pi \leq \omega t < 2\pi$)**

- 전원 전압이 영이 되더라도, 부하 전류 i_o는 바로 영이 되지 않고, 인덕터에 축적된 에너지가 모두 방출될 때까지 음(-)의 전원 전압에서도 계속해서 흐른다(인덕터는 에너지를 소비하지 않으므로 축적된 에너지는 모두 방출되어야 함).
- 부하 전류가 흐르는 동안 다이오드는 계속 도통 상태를 유지한다.
- 다이오드가 도통하면 출력 부하 전압과 전원 전압이 같아지므로, 부하에 음(-)의 전압이 나타난다.
- 인덕턴스에 저장된 에너지가 모두 방출되어 부하 전류가 영이 되면, 다이오드는 비로소 턴-오프되어 출력 전압이 영으로 된다.
- 부하 전류가 영이 되는 시점 β는 인덕턴스 성분이 클수록 커진다.

3) 유도성 부하에 흐르는 전류를 구해 보자.

- 유도성 부하의 전류 i_o는 다음과 같은 정류기 출력 회로의 방정식으로부터 구할 수 있다.

$$v_o = i_o R + L\frac{di_o}{dt}$$

$$\rightarrow \quad V_m \sin\omega t = i_o R + L\frac{di_o}{dt}$$

- 위 식을 풀면 정상상태 성분(강제 응답) $i_{ss}(t)$와 과도상태 성분(자연 응답) $i_n(t)$로 구성된 다음과 같은 부하 전류를 얻게 된다.

$$i_o(t) = i_{ss}(t) + i_{ts}(t)$$

❶ **정상상태 전류 $i_{ss}(t)$** : 정상상태 성분 전류는 전압이 인가되고 충분히 시간이 흐르고 난 후의 최종 전류를 말하는데, 이 전류의 크기 I_m과 전압과의 위상 θ는 인가전압의 크기 V_m과 부하 임피던스 $Z(=\sqrt{R^2+(\omega L)^2})$로부터 다음과 같이 얻어진다.

$$i_{ss}(t) = I_m \sin(\omega t-\theta) \qquad (\text{위상} : \theta = \tan^{-1}(\frac{\omega L}{R}))$$

$$= \frac{V_m}{Z}\sin(\omega t-\theta) \qquad (\text{크기} : I_m = \frac{V_m}{Z})$$

$$= \frac{V_m}{\sqrt{R^2+(\omega L)^2}}\sin(\omega t-\theta)$$

❷ **과도상태 전류** $i_{ts}(t)$: 과도상태 성분 전류는 전압이 인가되었을 때 정상상태 전류에 이르기 전에 과도적으로 잠시 동안 발생하는 전류 성분을 말하며, 이 전류는 위 식에서 인가전압 $v_o = 0$ 및 초기 전류 $i_o(0) = 0$으로 놓고 풀면 다음과 같이 얻을 수 있다.

$$i_n(t) = Ae^{-t/\tau} \qquad (\text{회로 시정수 : } \tau = \frac{L}{R})$$

$$= \frac{V_m}{\sqrt{R^2 + (\omega L)^2}} e^{-t/\tau} \sin\theta$$

- 이 과도 성분 전류는 지수적인 $e^{-t/\tau}$로 감쇠하는데, 회로 시정수 $\tau(=L/R)$[s]의 5배 이상으로 시간 t이 경과하면 거의 영이 된다.
- 과도 전류는 시정수 τ가 클수록 천천히 감쇠하는데, 따라서 부하의 인덕턴스 성분 L이 크면 천천히 사라진다.
- 최종 부하 전류는 $i_{ss}(t)$와 $i_{ts}(t)$의 합으로 다음과 같으며, 그림 2.16과 같이 변동한다.

$$i_o(t) = \frac{V_m}{\sqrt{R^2 + (\omega L)^2}} [\sin(\omega t - \theta) + e^{-\frac{t}{\tau}} \sin\theta]$$

- 다음으로 유도성 부하를 갖는 경우 단상 반파 정류기에서 출력되는 직류 전압의 크기는 평균적으로 얼마나 되는지 구해보도록 하자.

직류 평균 출력 전압(유도성 부하)

- 유도성 부하를 갖는 단상 반파 정류기에서 다이오드는 전원 전압이 음(-)인 π 이후까지 도통하게 되어, 순시 출력 전압 v_o의 파형에 음의 값이 나타나기 때문에 평균 출력 전압은 저항 부하 시보다 작아진다. (그림 2.17)
- 한 주기 중에 0 ~ β(오프 시점) 구간 동안 교류 전원 전압이 부하로 출력되므로, 직류 평균 출력 전압은 다음과 같이 β의 함수로 구해진다.

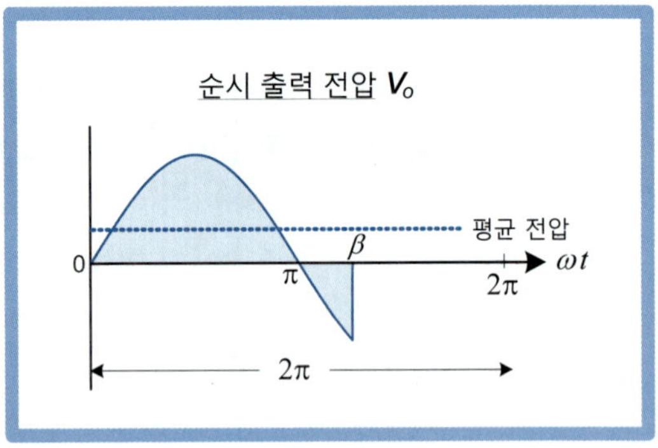

그림 2.17 평균 출력 전압

• **직류 평균 출력 전압** V_o

$$
\begin{aligned}
V_o &= \frac{1}{2\pi}\int_0^{2\pi} v_o \; d(\omega t) \\
&= \frac{1}{2\pi}\int_0^{\beta} \sqrt{2}\, V \sin\omega t \, d(\omega t) \\
&= \frac{\sqrt{2}\, V}{2\pi}[-\cos\omega t\,]_0^{\beta} \\
&= \frac{\sqrt{2}\, V}{2\pi}(1-\cos\beta) \\
&= 0.225\, V(1-\cos\beta) \qquad (2\text{-}11)
\end{aligned}
$$

• $\pi \sim \beta$ 구간에서는 음의 전압이 출력되므로, 직류 평균 출력 전압은 β가 클수록 작아진다.

• 부하의 인덕턴스 성분이 커지면 β가 커지므로, 직류 평균 출력 전압이 작아진다.

(3) 환류 다이오드가 있는 반파 정류 회로

• 전력 변환 장치에는 유도성 부하에 병렬로 환류 다이오드를 배치하여 전류가 흐르도록 회로를 구성하는 경우가 많다.

• **환류(Freewheeling)**라는 의미는 부하 전류가 전원을 통하지 않고 흐르는 경우를 말한다.

• 단상 반파 정류기에서 그림 2.18에 보이듯이 유도성 부하에 병렬로 환류 다이오드 D_F를 배치한 경우 회로 동작이 환류 다이오드가 없는 경우와 어떻게 다른지 살펴보기로 하자.

환류 다이오드를 갖는 반파 정류기

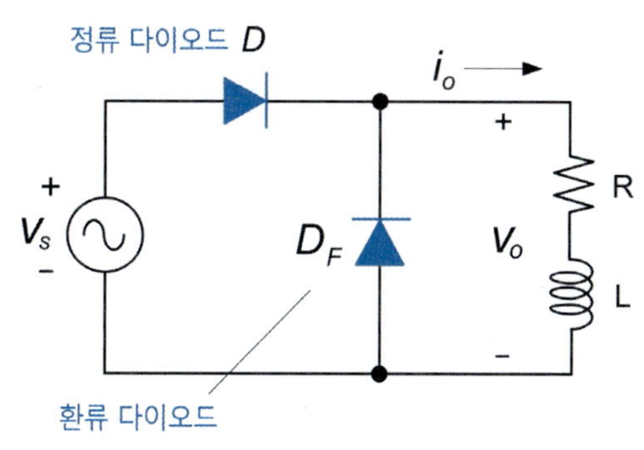

그림 2.18 환류 다이오드를 갖는 반파 정류기

회로 동작

① 전원 전압 양(+)의 반주기 ($0 \leq \omega t < \pi$) → 환류 다이오드 D_F 오프

- $\omega t > 0$에서 전원 전압 v_s가 양(+)이 되면 그림 2.19의 왼쪽에 보이듯이 정류 다이오드 D는 순방향 바이어스로 턴-온하여 도통한다.
- 이 경우 환류 다이오드 D_F는 역방향 바이어스로 오프 상태가 되므로, 환류 다이오드가 없는 경우와 동일한 동작을 한다.
- 이 경우 정류기의 출력 전압 v_o는 전원 전압 v_s와 같다.

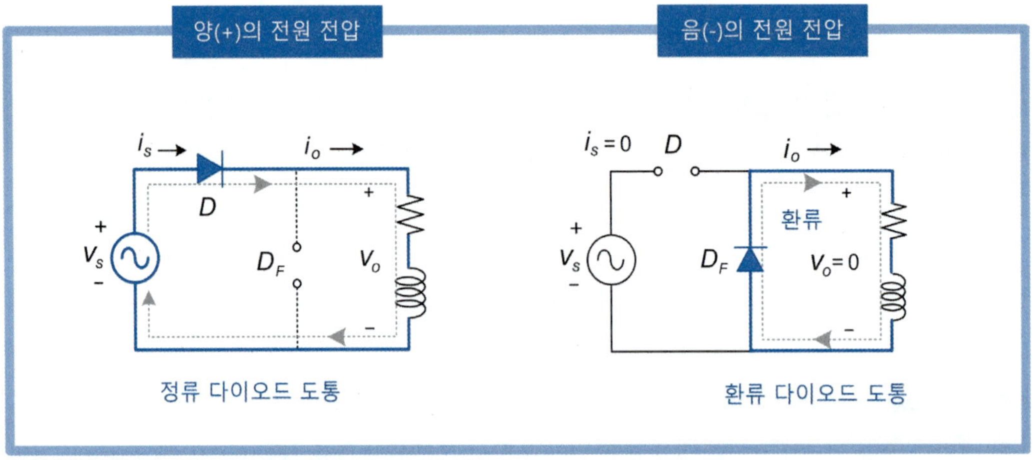

그림 2.19 환류 다이오드를 갖는 반파 정류기의 동작

② 전원 전압 음(−)의 반주기 ($\pi \leq \omega t < 2\pi$) → 환류 다이오드 D_F 온

- $\omega t > \pi$ 이후에 전원 전압이 음(-)이 되면, 그림 2.19의 오른쪽에 보이듯이 정류 다이오드 D는 역방향 바이어스로 턴-오프 된다.
- 이 경우 부하는 전원과 분리되며, 출력 전압 v_o는 영이 된다.
- 이때 부하 인덕터 성분에 축적되었던 에너지의 방출로 인해 부하 전류 i_o가 흘러야 하는데, 순방향 바이어스 상태인 환류 다이오드 D_F를 통하여 흐르게 된다.
- 이렇듯이 $\omega t > \pi$ 이후에도 부하 전류가 흐르지만, 부하가 전원과 분리되어 있으므로 음(-)의 전원 전압이 출력되지 않는다.
- 이 동작이 환류 다이오드 D_F가 없는 반파 정류 회로와 다른 점이다.
- 인덕터에 축적된 에너지는 모두 부하 저항에서 소비되므로, 부하 전류의 감소 시간은 부하 회로의 시정수 $\tau(= L/R)$에 의해 결정되는데, 환류 다이오드가 없는 경우보다는 천천히 감소된다. (그림 2.20)

• 환류 다이오드의 유무에 따른 단상 반파 정류기의 동작 비교가 그림 2.20에 보인다.

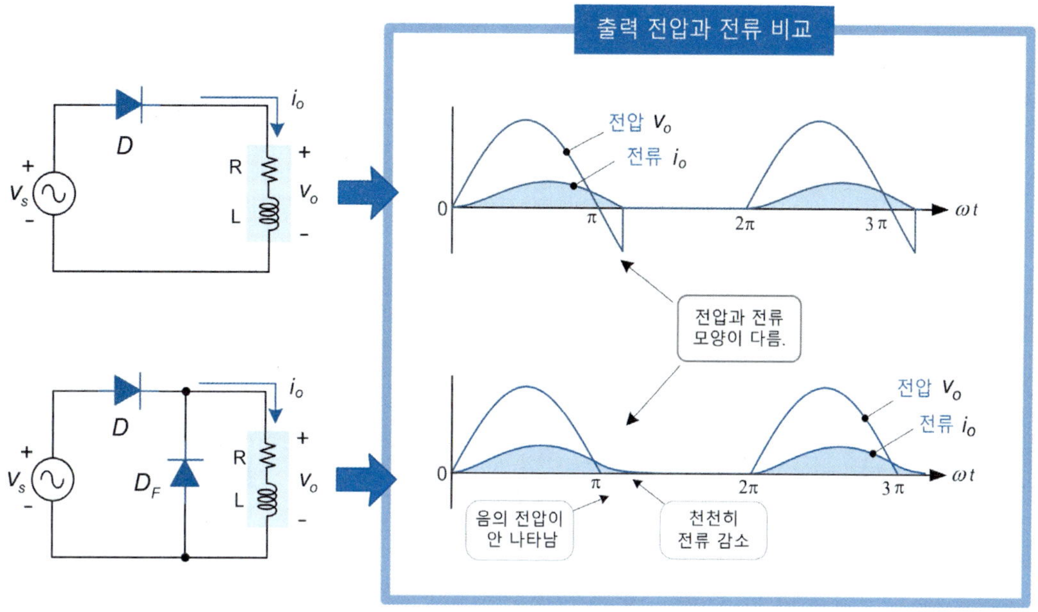

그림 2.20 환류 다이오드의 유무에 따른 단상 반파 정류기의 동작 비교

직류 평균 출력 전압(환류 다이오드를 갖는 단상 반파 정류기)

• 환류 다이오드를 갖는 반파 정류기에서 출력 부하 전압은 전원 전압의 양의 반주기에서만 나타나므로, 순수 저항 부하를 갖는 단상 반파 정류기의 경우와 동일하다.

• **직류 평균 출력 전압**

$$
\begin{aligned}
V_o &= \frac{1}{2\pi}\int_0^{\pi} \sqrt{2}\,V \sin\omega t \, d(\omega t) \\
&= \frac{\sqrt{2}\,V}{2\pi}[-\cos\omega t\,]_0^{\pi} \\
&= \frac{\sqrt{2}\,V}{\pi} = 0.45\,V
\end{aligned}
\tag{2-12}
$$

• 지금까지 살펴본 반파 정류기는 입력 교류 전압의 반 주기만을 직류로 변환하므로 입력 전압의 이용률이 나쁘며, 입력 전원 측의 직류 전류가 변압기의 철심을 포화시키는 문제를 가지고 있기 때문에 거의 사용되지 않는다.

• 따라서 입력 교류 전압의 전 주기를 직류로 변환하며, 변압기의 철심 포화 문제도 없는 다음의 전파 정류기가 통상적으로 사용된다.

2.3.2 단상 전파 다이오드 정류기(Full-Wave Rectifier)

- 단상 입력 교류 전압의 전 주기를 직류로 변환시키는 단상 전파 정류기의 회로 구성이 그림 2.21에 보인다.
- 단상 전파 정류기는 4개의 다이오드($D_1 \sim D_4$)로 구성되며, 이 전파 정류기를 **브리지 정류기(Bridge Rectifier)**라고도 부른다.

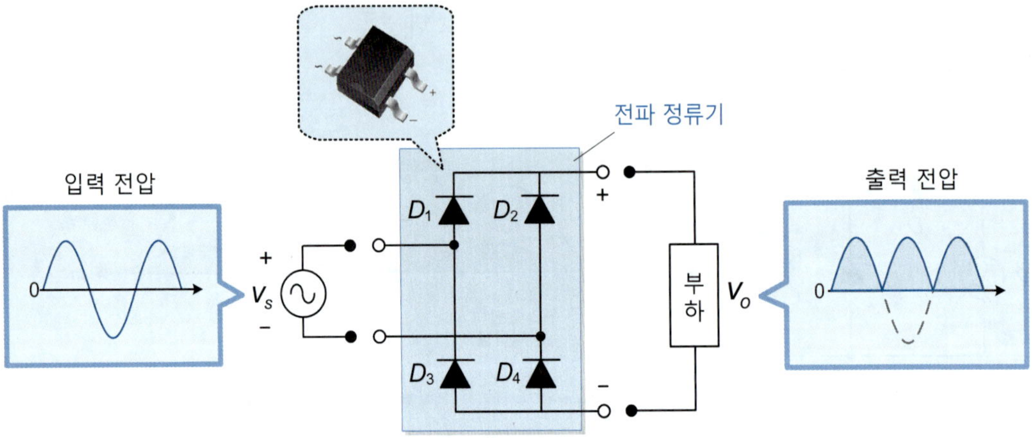

그림 2.21 단상 전파 정류기

- 단상 전파 정류기는 그림 2.22에 보이듯이 2개의 다이오드와 센터-탭 변압기를 사용해서도 구성할 수 있다.
- 이 회로는 정류할 때 다이오드 하나만 도통하므로 전압강하가 작으므로, 저저압 응용에서 브리지 회로 구성보다 유리하다.

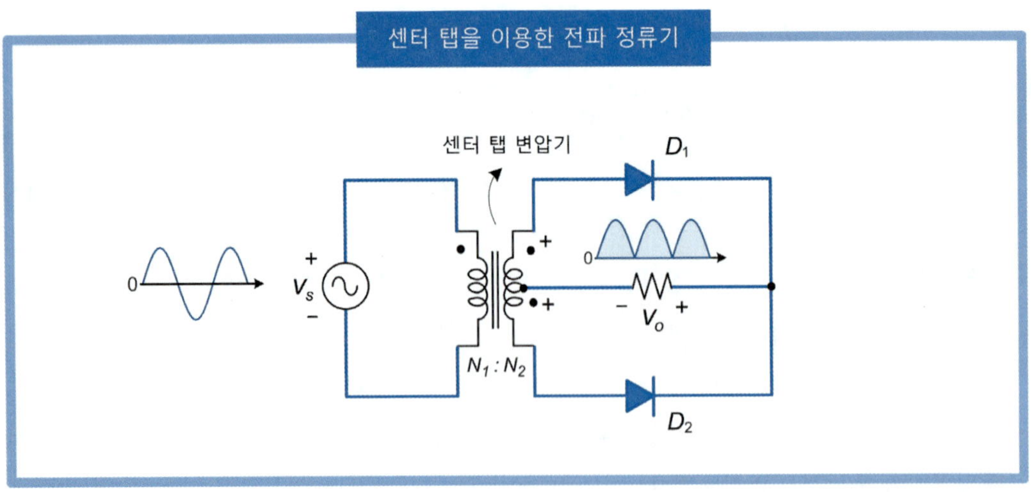

그림 2.22 센터-탭 변압기를 사용한 단상 전파 정류기

- 그러나 다이오드 내압이 작아도 되고 변압기가 필요 없는 브리지 회로 구성이 통상적으로 사용되므로, 여기서는 브리지 정류기 회로에 대해 살펴보기로 한다.
- 단상 전파 정류기의 동작도 부하의 종류에 따라 그 특성이 달라지므로, 저항 부하와 유도성 부하로 나누어 살펴보아야 한다.
- 그런데 단상 전파 정류기에서 출력 전압의 형태는 부하에 관계없이 항상 동일하며, 단지 전류 파형만 달라진다.

- 먼저 저항 부하에 대한 전파 정류기 동작을 알아보도록 하자.

(1) 순수 저항 부하

- 저항 부하의 경우 단상 전파 정류기의 동작은 다음과 같이 단순히 입력 전원 전압의 극성에 따라 달라진다.

회로 동작

① **전원 전압 양(+)의 반주기** $(0 \leq \omega t < \pi)$ → **다이오드 D_1과 D_4 도통**

- $\omega t > 0$에서 전원 전압이 양(+)인 경우, 대각선에 위치한 다이오드 D_1과 D_4는 순방향 바이어스가 되어 턴-온 되고, 또 다른 대각선에 위치한 다이오드 D_2와 D_3은 역방향 바이어스로 오프 된다. (그림 2.23의 왼쪽)
- 따라서 다이오드 D_1과 D_4를 통해 부하와 전원이 정방향으로 연결되어, 다음과 같은 양(+)의 전원 전압이 부하로 출력된다.

$$v_o = v_s = \sqrt{2}\,V\sin\omega t \tag{2-13}$$

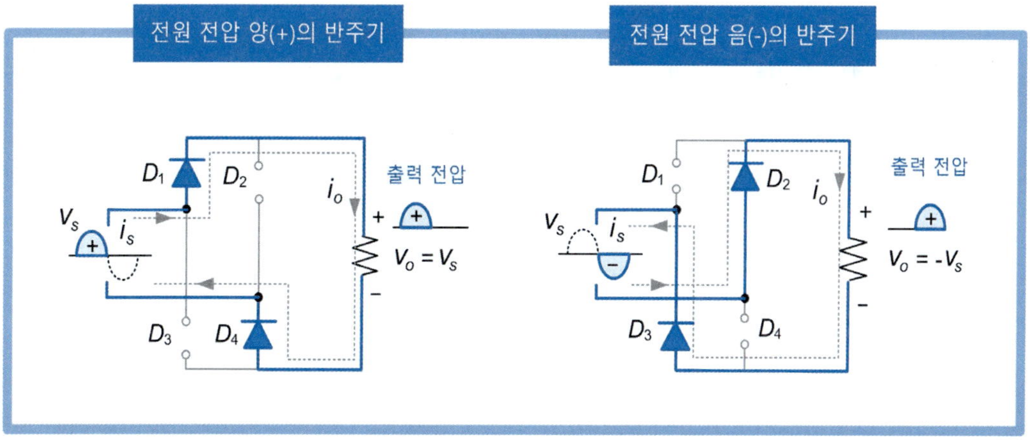

그림 2.23 전파 정류기의 동작

② 전원 전압 음(−)의 반주기 ($\pi \leq \omega t < 2\pi$) → 다이오드 D_2와 D_3 도통

- $\omega t > \pi$ 이후에 전원 전압이 음(−)이 되면 다이오드 D_1과 D_4는 역방향 바이어스로 턴-오프 되고, 이제는 다이오드 D_2와 D_3이 순방향 바이어스가 되어 턴-온 된다.
- 이 경우 전원 전압은 음(−)이지만, 부하와 전원이 역방향으로 연결되므로 출력 전압은 다음과 같이 양(+)의 전압이 된다. (그림 2.23의 오른쪽)

$$v_o = -v_s = -\sqrt{2}\,V\sin\omega t \tag{2-14}$$

• 이러한 단상 전파 정류기의 동작에 따른 출력 전압이 그림 2.24에 보인다.

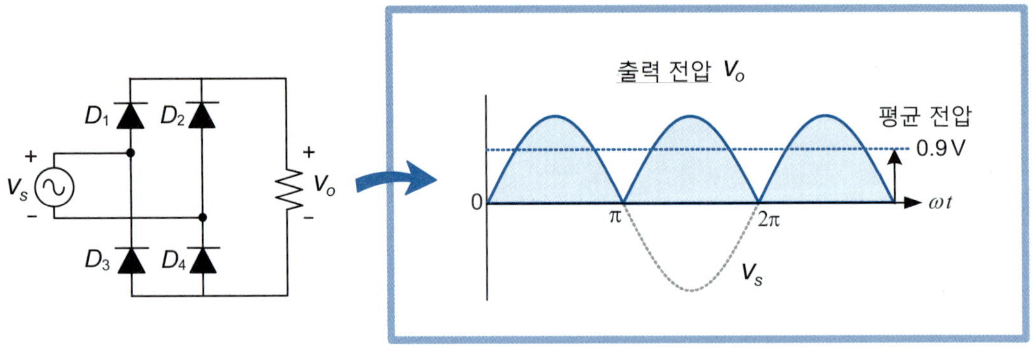

그림 2.24 전파 정류기의 동작

• 이러한 동작을 하는 단상 전파 정류기의 직류 평균 출력 전압은 다음과 같이 구할 수 있다.

▌직류 평균 출력 전압

• 전파 정류기의 순시 출력 전압 v_o는 입력 전원 전압의 반주기 $1/\pi$마다 동일한 파형이 반복되므로, $0 \sim \pi$의 반주기에 대해 직류 출력 전압 v_o의 평균값을 다음과 같이 적분으로 구하면 된다. (그림 2.25)

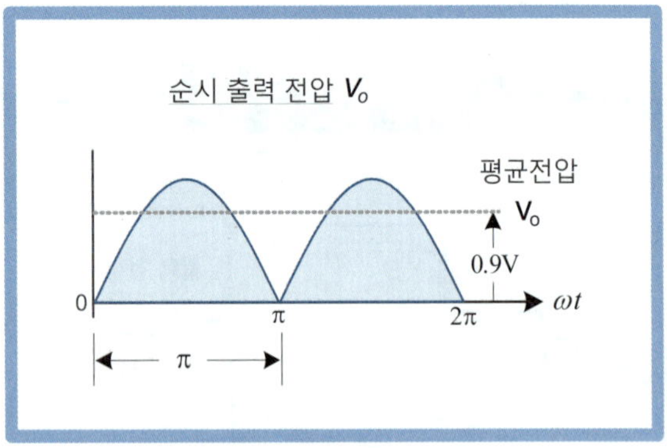

그림 2.25 평균 출력 전압

• **직류 평균 출력 전압 V_o**

$$V_o = \frac{1}{\pi}\int_0^{\pi} v_o\, d(\omega t)$$

$$= \frac{1}{\pi}\int_0^{\pi} \sqrt{2}\, V\sin\omega t\, d(\omega t)$$

$$= \frac{\sqrt{2}\, V}{\pi}[\,-\cos\omega t\,]_0^{\pi}$$

$$= \frac{2\sqrt{2}\, V}{\pi} = 0.9\, V \tag{2-15}$$

• 전파 정류기는 반파 정류기의 2배인 입력 교류 실효 전압값 V의 90%에 해당하는 직류 평균 출력 전압을 얻을 수 있다.

> **문제**
>
> **AC 220V 상용 전원에 연결된 다이오드 전파 정류기에서 얻을 수 있는 직류 평균 전압의 크기는 얼마인가?**
>
> 답
>
> $V_o = 0.9\,V = 0.9 \times 220 = 198$V로 약 200V의 직류 평균 출력 전압을 얻을 수 있다.

• **평균 출력 부하 전류 I_o**

- 평균 출력 전압 V_o로부터 부하 저항에 따른 평균 부하 전류는 다음과 같다.

$$I_o = \frac{V_o}{R}$$

$$= \left(\frac{2\sqrt{2}\, V}{\pi}\right)\frac{1}{R} = 0.9\frac{V}{R} \tag{2-16}$$

• 다음으로, 이렇게 동작하는 단상 전파 정류기의 입력과 출력 특성을 살펴보도록 하자.

입력과 출력 특성

• 앞에서 설명한 단상 전파 정류기의 동작 파형이 그림 2.26에 보인다.

• **출력 직류 전압과 전류 특성**

- 전파 정류기는 입력 교류 전압의 전주기를 직류 전압으로 정류하므로, 직류 출력 전압의 크기는 반파 정류기의 두 배가 된다.
- 그 순시적인 직류 출력 전압 v_o는 일정한 직류 값이 아닌 순시적으로 변동하는 값이다.
- 그 변동 주파수는 전원 전압 주파수의 2배로서, 60Hz의 상용 전원 전압의 경우 직류 전압은 순시적으로 120Hz의 주파수로 맥동한다.
- 이 맥동 전압을 제거하기 위해 저역 통과 필터가 사용된다.(2.3.4항 참고)

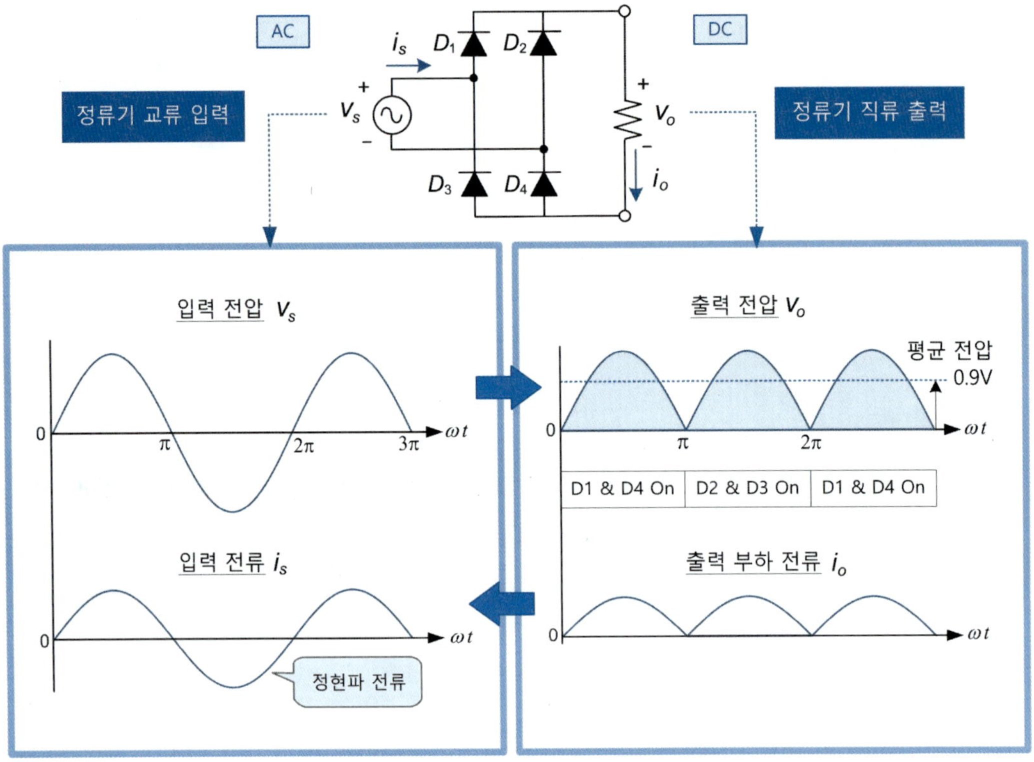

그림 2.26 전파 정류기의 동작 : 저항 부하

- 출력 전류의 형태는 저항 부하이므로 출력 전압과 동일하며, 그 크기는 부하 저항의 크기에 반비례한다.

• **입력 전류 특성**

- 입력 전원 측에는 부하 전류와 동일한 형태를 가진 전류가 도통 다이오드를 통해 교류로 흐른다.
- 저항 부하의 경우 부하 전류의 형태는 정현파 모양이므로, 입력 전원 측에는 정현파 교류가 흐른다.

(2) 유도성 부하

▌회로 동작

• 반파 정류기에서 유도성 부하 시의 출력 전압 파형은 저항 부하 시와 달랐다.
• 그 이유는 부하 전류가 흐르는 구간이 달라 다이오드의 도통 구간이 달랐기 때문이다.
• 이와는 달리 단상 전파 정류기에서 유도성 부하 시의 순시 출력 전압 파형은 저항 부하 시와 동일하다.

- 이는 유도성 부하 시 다이오드의 도통 동작은 저항 부하 시와 동일하게 단지 입력 전원 전압의 극성에 따라 달라지기 때문이다. (그림 2.27)
- 즉, 입력 전원 전압 v_s가 양인 반주기 동안에는 다이오드 D_1과 D_4가 도통하여 양의 전압이 출력되고, 음의 반주기 동안에는 D_2와 D_3이 동작하여 양의 전압이 출력된다.
- 이렇듯이 전원 전압에 따라 다이오드들이 번갈아 부하 전류의 흐름을 담당하기 때문에, 반파 정류기처럼 음의 전원 전압이 출력되지 않는다.
- 즉, 단상 전파 정류기에서는 저항 부하 시나 유도성 부하 시나 다이오드의 도통 동작이 똑같이 전원 전압의 극성에만 따르기 때문에 순시 직류 출력 전압의 파형은 동일하다.

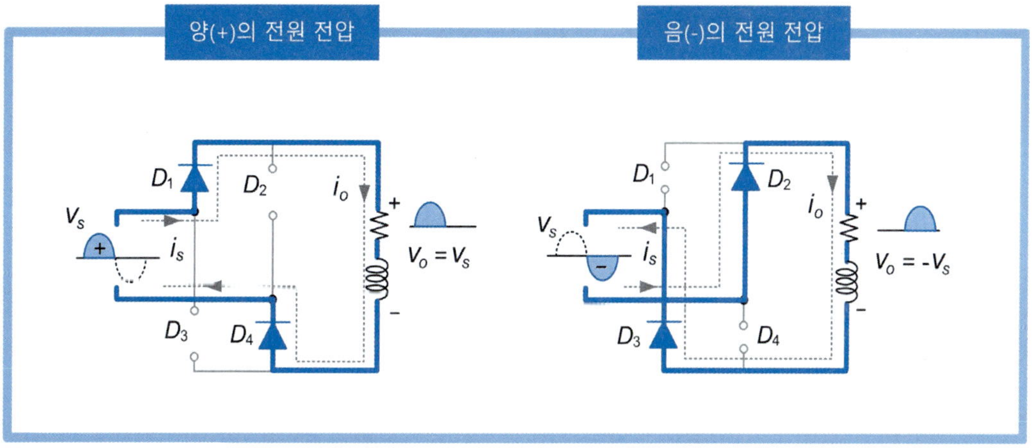

그림 2.27 전파 정류기의 유도성 부하 시 동작

- 이처럼 순시 직류 출력 전압의 파형은 부하에 관계없이 동일하지만, 부하 전류의 형태는 부하에 따라 다르다.
- 저항 부하와 유도성 부하 시 전파 정류기의 출력 전압 v_o와 부하 전류 i_o 파형이 그림 2.28에 보인다. (여기서 유도성 부하의 경우는 부하 전류가 최종값에 도달한 후인 정상 상태[4] 시의 결과를 보이고 있음)
- 출력 전압 v_o의 파형은 같지만, 부하 전류 i_o의 형태와 크기가 다름을 알 수 있다.
- 저항 부하 시에 전류는 출력 전압과 똑같은 반주기 정현파 모양이지만, 유도성 부하에서는 직류에 가까워진다.
- 이는 인덕턴스 성분이 전류 변동을 방해하는 특성이 있으므로, 인가전압보다 전류가 늦게 변동하기 때문이다.
- 인덕턴스 값이 클수록 전류 변동이 더욱 힘들어져, 부하 전류는 거의 맥동이 없는 직류가 된다.

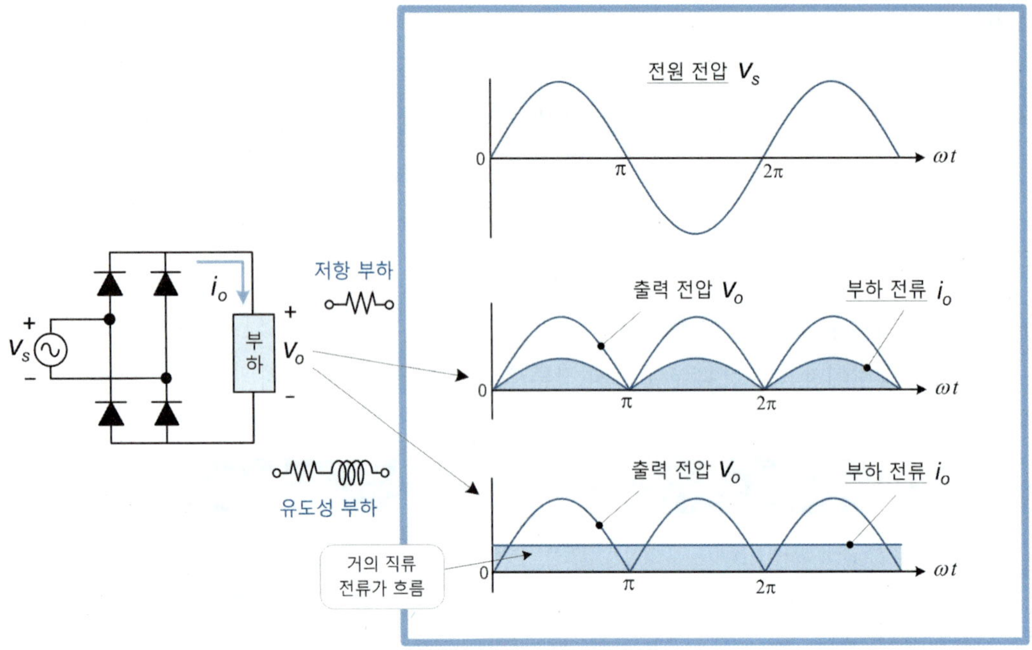

그림 2.28 단상 전파 정류기의 부하에 따른 파형 비교

- 예로서, 그림 2.29에 인덕턴스가 100mH인 경우가 10mH보다 부하 전류가 좀 더 직류에 가까워진다는 것을 볼 수 있다.
- 부하 전류가 좀 더 직류에 가까워지면, 이에 따른 전원 전류는 구형파에 가까워진다.

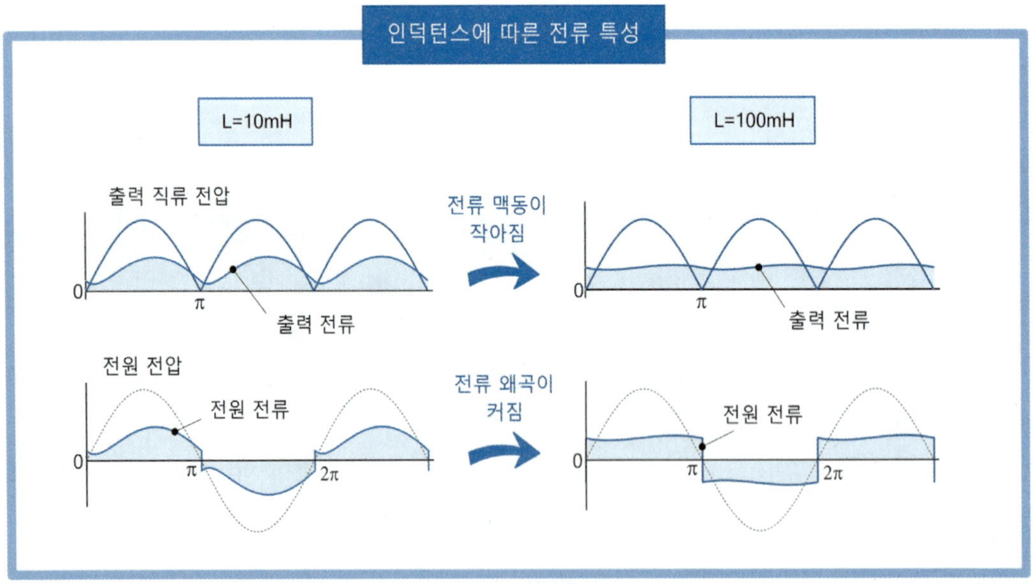

그림 2.29 인덕턴스 성분 크기에 따른 전류 특성

4) 정상 상태와 과도 상태란?

- 전파 정류기에 전원 전압이 투입되고 정류가 시작되어 직류 출력 전압 v_o가 부하에 인가되면 전류가 흐르기 시작한다.
- 유도성 부하인 경우 아래 그림에 보이듯이 바로 최종값에 도달하지 않고 최종 전류에 도달하기까지 어느 정도의 시간이 필요하다.

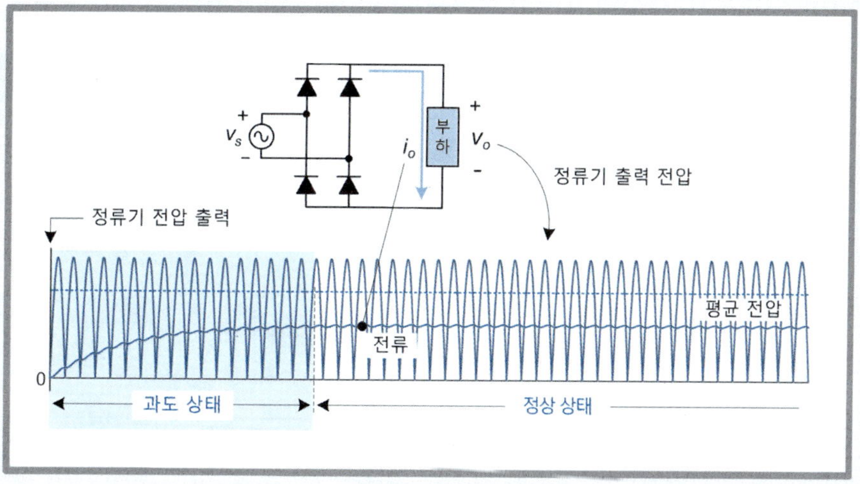

- 이렇듯 최종값에 도달하기 전까지의 과정을 **과도 상태**라고 하며, 최종값에 도달 이후의 상황은 **정상 상태**라고 한다.
- 인덕턴스 성분이 있는 유도성 부하는 전압이 인가되었을 때 전류가 변동하는 과도 상태가 존재하나, 저항 부하에서는 인가전압에 따라 즉각적으로 전류가 변하므로 과도 상태가 존재하지 않는다.
- 유도성 부하에서 과도 상태의 시간은 회로 시정수 $\tau(= L/R)$[s]에 비례하는데, 약 5τ이상의 시간이 지나야 정상 상태에 도달한다.
- 인덕턴스 L 성분이 크거나 저항 R 성분이 작을수록, 이러한 시정수가 커지므로 과도 상태가 길어진다.
- 유도성 부하의 인덕턴스 L=3mH, 저항 R=0.1Ω인 경우, 시정수 $\tau = L/R$ =1m/0.5 = 30ms 이므로 약 5τ =0.15초가 지나야 정상 상태에 도달된다.
- 이러한 특성으로 인해, 유도성 부하에서의 정류기 특성을 알아볼 때에는, 전류 크기가 더 이상 변동하지 않고 일정하게 되는 정상 상태 시의 특성을 살펴보아야 한다.

- **직류 평균 출력 전압 (유도성 부하)**

유도성 부하 시 단상 전파 정류기의 순시 출력 전압 파형은 저항 부하 시와 동일하므로 직류 평균 출력 전압도 식(2-15)와 동일하다.

• 다음으로, 유도성 부하 시 단상 전파 다이오드 정류기의 입력과 출력 특성을 살펴보도록 하자.

입력과 출력 특성

• 유도성 부하에서의 단상 전파 다이오드 정류기의 입력과 출력 특성이 그림 2.29에 보인다.

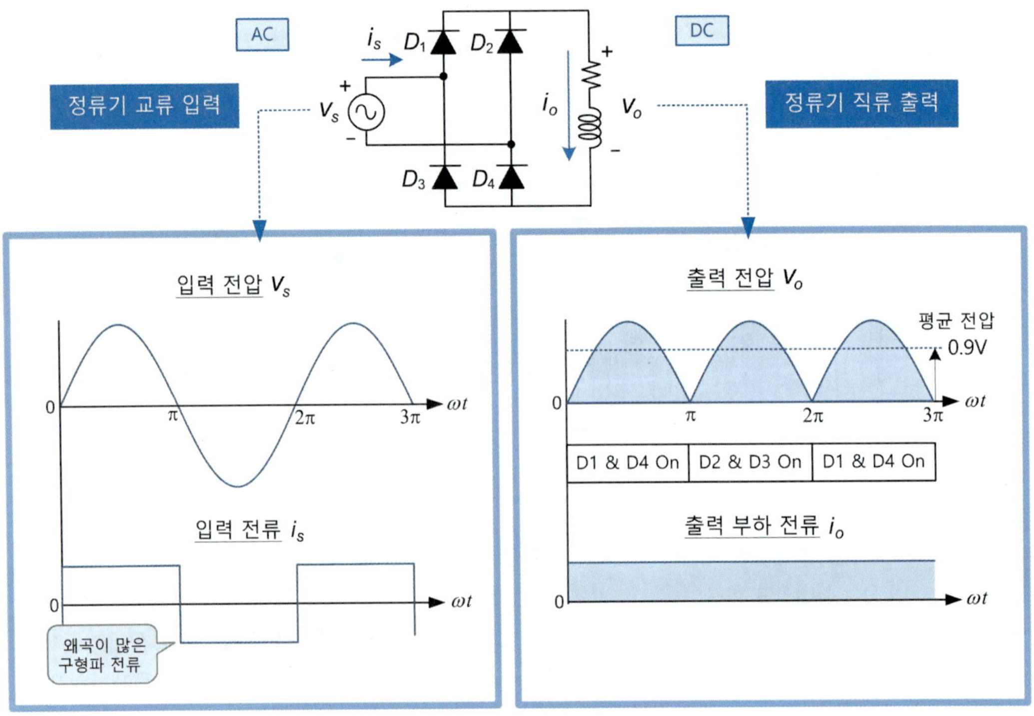

그림 2.30 전파 다이오드 정류기의 동작 : 유도성 부하

• **출력 직류 전압과 전류 특성**

- 정류된 순시 출력 전압의 파형은 앞에서 보인 저항 부하 시와 동일하다.
- 그러나 유도성 부하의 출력 전류는 부하의 인덕턴스 성분으로 인해 직류에 가깝게 된다.

• **입력 전류 특성**

- 부하 전류가 직류에 가까울수록, 입력 측 전원 전류의 파형은 정현파와는 달라지며 왜곡이 많은 구형파에 가까워진다.

2.3.3 단상 정류기용 다이오드의 정격 선정

• 이제 단상 정류기 회로를 구성할 때 사용할 다이오드의 전압과 전류 정격의 선정 방법에 대해 알아보도록 하자.

- 60Hz 상용 전원의 정류용으로 사용하는 다이오드는 고속 동작이 필요 없으므로 순방향 전압이 낮은 것이 주로 사용된다.
- 이러한 다이오드의 전압과 전류 정격값은 정류기의 입력 교류 전압의 크기와 부하의 크기에 따라 달라진다.
- 어떤 경우에도 다이오드의 절대 최대 정격(Absolute Maximum Ratings)을 초과해서 사용해서는 안 된다.

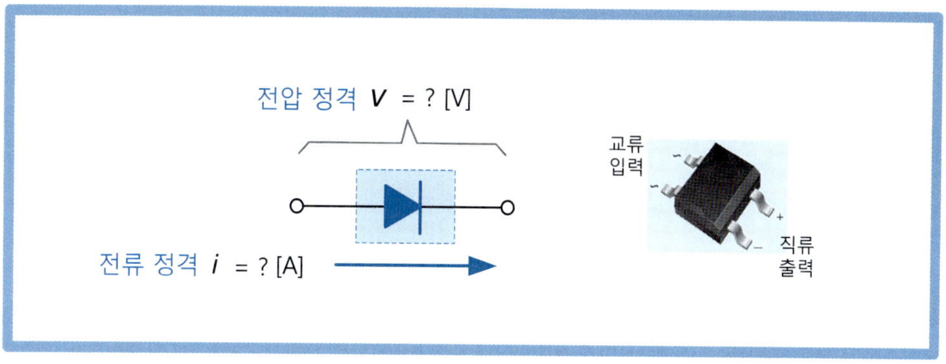

그림 2.31 다이오드의 전압과 전류

다이오드의 전압 정격

- 정류기에 사용될 다이오드의 전압 정격을 알기 위해서는, 다이오드가 차단해야 할 전압이 얼마인지 알아야 한다.
- 다이오드는 오프되어 있을 때 역방향 전압이 걸리며, 이 전압의 최댓값을 **최대 역전압(Peak Inverse Voltage, PIV)**이라 한다.
- 전파 정류기에서 다이오드의 전압을 알아보기 위해 그림 2.32에 보이는 회로를 살펴보자.
- 이 경우 전원 전압이 양(+)으로 다이오드 D_2와 D_3이 역방향 바이어스로 오프되어 있다.
- 이 회로를 정리하면 오른쪽 회로와 같이 되고, 이로부터 D_2와 D_3에는 전원 전압의 음의 최댓값까지 인가될 수 있음을 쉽게 알 수 있다.
- 따라서 실효값 V의 전원 전압에서 다이오드에 인가되는 최대 역전압 $v_{D-\max}$는 다음과 같다.

$$v_{D-\max} = -\sqrt{2}\,V \ \ [\mathrm{V}] \tag{2-17}$$

- 이와 유사하게 전원 전압이 음(−)인 경우, 다이오드 D_1과 D_4에 전원 전압이 역으로 인가되며 그 크기는 D_2와 D_3의 역전압과 동일하다.

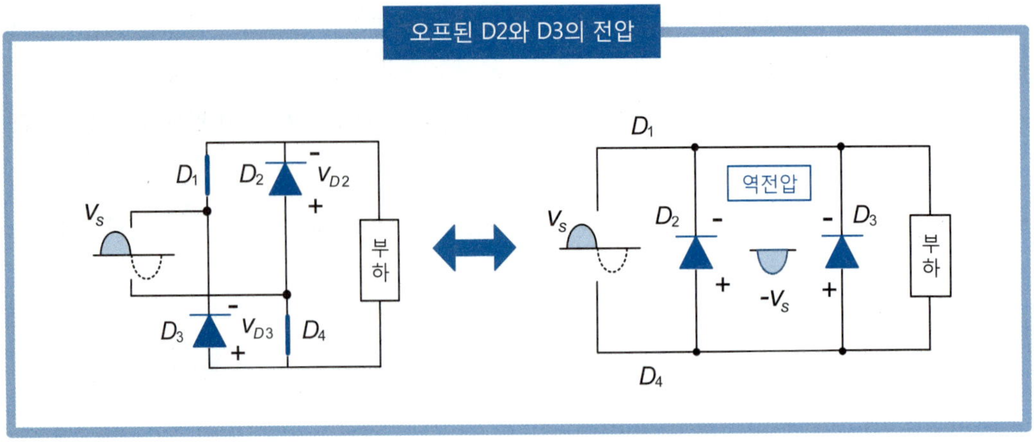

그림 2.32 오프된 다이오드의 인가 전압

- 단상 반파 정류기에서도 다이오드 최대 역전압은 전파 정류기와 동일하게 $\sqrt{2}\ V$이다.

> **문제**
>
> **220V의 상용 교류 전압을 사용하는 단상 반파 정류기와 전파 정류기에서 다이오드에 인가되는 최대전압은?**
>
> **답**
>
> 단상 전파 정류기나 전파 정류기 모두 동일하게 다이오드에 인가되는 최대전압은 인가전압의 최대값인 -311.13(= -220 $\sqrt{2}$)V가 된다.

- **상용 전압에서의 다이오드 정격 전압**
  - 상용 220V AC 전압을 사용하는 단상 정류기에서는 311V (= -220 $\sqrt{2}$) 이상의 전압 정격을 가진 다이오드를 사용할 필요가 있다.
  - 통상적으로 10% 정도의 전원 전압 변동과 서지 전압 등을 고려해서 311V의 2배 정도인 600V급의 정격 전압을 가진 다이오드를 선택한다.
  - 데이터 시트에는 허용 가능한 최대 반복 역전압(Maximum Repetitive Reverse Voltage, VRRM) 값[V]이 있는데, 이 전압이 정격 전압에 해당하므로 VRRM 전압이 600V 이상인 다이오드를 사용하면 된다.
  - 만일 380V AC 전압을 사용하는 경우에는 $\sqrt{2}\times 380 = 537$V의 두 배인 1200V급의 정격 전압을 가진 다이오드를 사용하면 된다.

다이오드의 전류 정격

- 다이오드의 전류 정격으로는 다이오드에 흐르는 평균 전류 I_D가 사용된다.
- 데이터 시트에는 허용 가능한 **평균 정류 전류(Average Rectified Output Current)** 값[A]이 나와 있는데, 바로 이 전류를 참조하면 된다.
- 전파 정류기에서 부하에 따른 다이오드의 평균 전류를 구해보도록 하자.
- 전파 정류기에서 부하에 흐르는 평균 전류 I_o는 직류 평균 출력 전압 V_o와 부하 저항값 R로부터 다음과 같이 얻어진다.

$$I_o = \frac{V_o}{R} = \left(\frac{2\sqrt{2}\,V}{\pi}\right)\frac{1}{R} = 0.9\frac{V}{R} \quad [\mathrm{A}] \tag{2-18}$$

- 전파 정류기에서 각각의 다이오드는 반 주기 동안만 부하 전류가 흐르므로, 다이오드의 평균 전류 I_D는 부하 평균 전류 I_o의 1/2이다.

$$I_D = \frac{I_o}{2} = 0.45\frac{V}{R} \quad [\mathrm{A}] \tag{2-19}$$

- 통상적으로 이러한 평균 전류 I_D의 1.5배 이상의 정격 전류를 가진 다이오드를 사용한다.

문제

220V AC **전압에 연결된 단상 전파 정류기가** 20Ω **의 유도성 부하에 직류 전압을 공급할 때 다이오드의 평균 전류는 얼마인가?**

답

부하 전류 $I_o = 0.9\,V/R = 0.9 \times 220/20 = 9.9$A이므로, 다이오드의 평균 전류 $I_D = 9.9/2 = 4.95$A가 된다.

전파 다이오드 정류기의 실효 전류

- 정류기 설계 시에 회로 결선에 사용할 배선의 굵기와 전력 용량 등을 산정하기 위해서는 실효 부하 전류의 계산이 필요하다.
- **실효 부하 전류** I_{o-rms} : 저항 부하와 유도성 부하의 전류는 서로 형태가 다르므로, 평균 전류의 크기가 같더라도 실효 전류의 크기는 다르게 된다.

① 유도성 부하의 실효 전류 : $I_{o-rms} = I_o$

- 유도성 부하의 전류는 거의 직류이므로, 부하 전류의 실효값은 평균값과 같다.

$$I_{o-rms} = I_o = \frac{V_o}{R} = 0.9\frac{V}{R} \tag{2-20}$$

- 이 경우 부하에서 소비되는 전력(부하에 공급하는 전력)은 다음과 같다.

$$P_o = I_o^2 R = (\frac{0.9V}{R})^2 R = 0.81\frac{V^2}{R} \tag{2-21}$$

② 저항 부하의 실효 전류 : $I_{o-rms} > I_o$

- 저항 부하의 전류는 순수한 직류가 아니므로, 부하 전류의 실효값은 평균값과는 다르다.
- 교류 맥동 성분을 가진 저항 부하 전류의 실효값은 평균값보다는 큰데, 맥동 성분의 실효값 만큼 평균값보다 크다.
- 부하 전류의 실효값 I_{o-rms}는 (순시 출력 전압 v_o의 실효값 V) ÷ (부하 저항값 R)이므로 다음과 같이 구해진다.

$$I_{o-rms} = \frac{V}{R} = 1.11 I_o \tag{2-22}$$

- 실효 전류가 평균 전류보다 1.11배 크다는 것을 알 수 있다.
- 이 경우 부하에서 소비되는 전력은 다음과 같다.

$$P_o = I_{o-rms}^2 \cdot R = (\frac{V}{R})^2 \times R = \frac{V^2}{R} \tag{2-23}$$

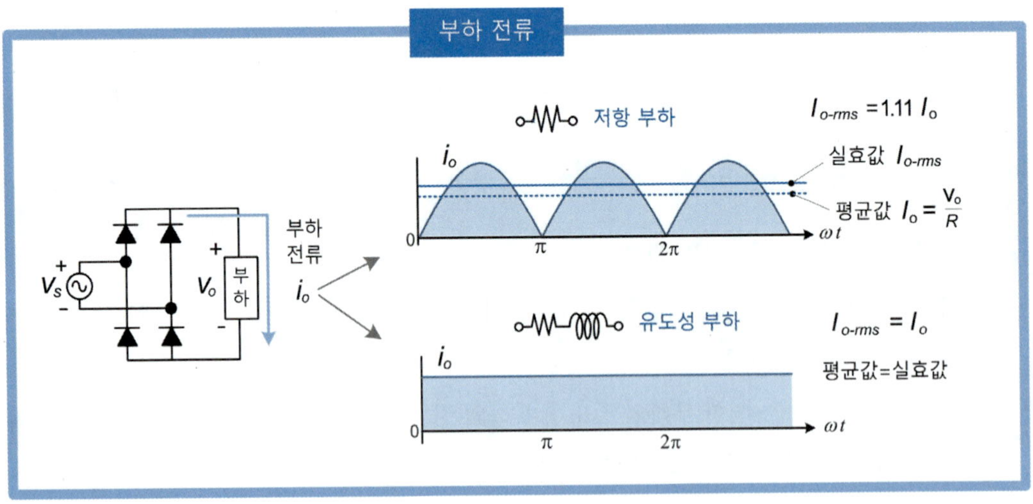

그림 2.33 단상 전파 다이오드 정류기의 부하 전류 비교

문제

220V AC 전압에 연결된 단상 전파 다이오드 정류기가 저항 부하와 유도성 부하에 직류 전압을 공급한다. 각각의 부하에 대해 평균 전류과 실효 전류는 각각 얼마인가? 또한 소비 전력은 얼마인가? (단, 각 부하의 저항 성분은 100Ω이다)

답

유도성 부하의 평균 전류는 실효 전류와 같으며 $I_o = I_{o-rms} = 0.9\,V/R = 0.9 \times 220/100 = 1.98$A이다. 이에 따른 소비 전력은 $P_o = I_o^2 R = 1.98^2 \times 100 = 392$W이다.

저항 부하의 평균 전류 $I_o = 0.9\,V/R = 1.98$A이며, 실효 전류 $I_{o-rms} = 1.11 I_o = 2.2$A이다. 따라서 소비 전력은 $P_o = I_o^2 R = 2.2^2 \times 100 = 536$W이다.

평균 전류가 같더라도 부하에 따라 소비 전력이 다름을 알 수 있다.

2.3.4 다이오드 정류기의 출력 필터

- 앞에서 보았듯이 단상 전파 다이오드 정류기의 순시 직류 출력 전압은 일정 크기의 이상적인 직류 전압이 아니라, 평균 직류 성분에 전원 주파수 60Hz의 2배인 120Hz의 교류 성분(맥동 성분)이 포함된 직류 전압이다. (그림 2.34)
- 이러한 큰 변동을 가진 직류 전원을 전압 변동에 민감한 전자 기기에 인가하면 문제를 일으킬 수 있으므로, 이런 맥동 성분을 저감시킬 필요가 있다.

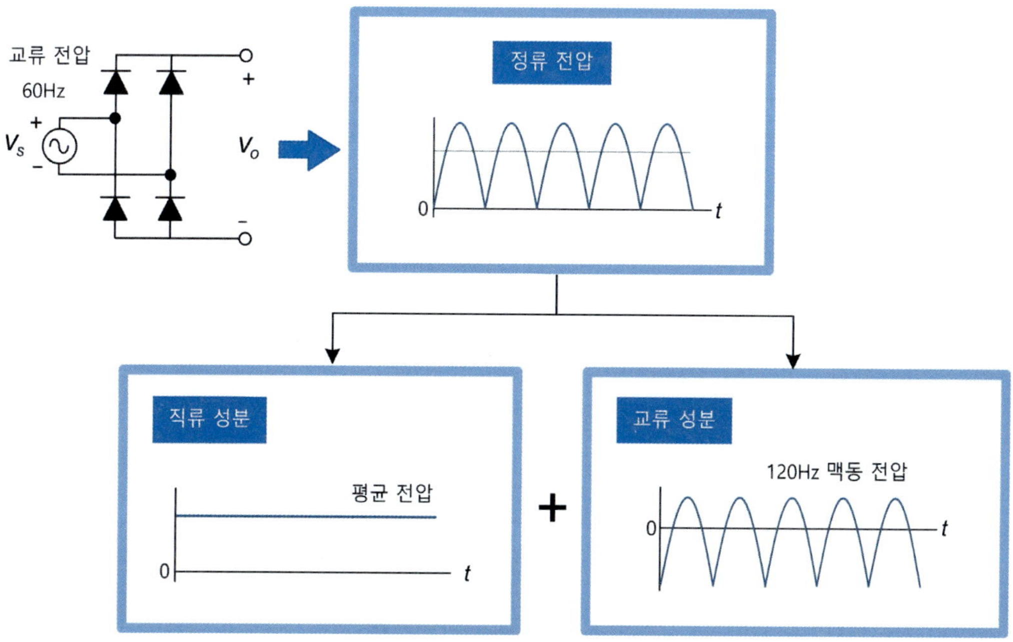

그림 2.34 정류된 출력 전압의 성분

• 정류기 출력 전압의 맥동을 감소시키고 평균 크기의 전압만 부하에 공급하기 위해, 통상적으로 정류기 출력단에 **저역 통과 필터(Low Pass Filter, LPF)**[5]를 사용하여 교류 성분을 제거한다.

• 저역 통과 필터로서 인덕터와 커패시터로 구성된 LC 필터를 사용하는 것이 효과적이지만, 비용과 크기를 줄이기 위해 커패시터만을 정류기 출력에 병렬로 연결하여 사용하기도 한다. (그림 2.35)

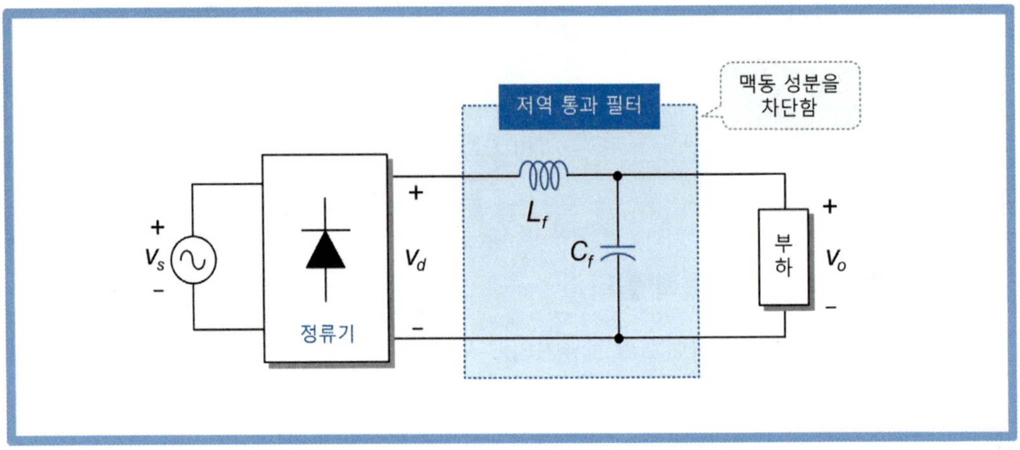

그림 2.35 출력단에 L–C 저역 필터를 가진 단상 전파 정류기

5) 저역 통과 필터란?

• 저역 통과 필터(Low Pass Filter, LPF)는 입력된 신호의 저주파수 성분은 통과시켜 출력으로 내보내고, 고주파수 성분은 차단하는 동작을 하는 매우 유용한 장치이다.

• 예로서 100Hz의 차단 주파수를 가진 LPF에 50Hz의 신호를 입력하면 잘 통과되어 출력에 나타나지만, 200Hz의 신호를 입력하면 차단되어 출력에 나타나지 않는다.

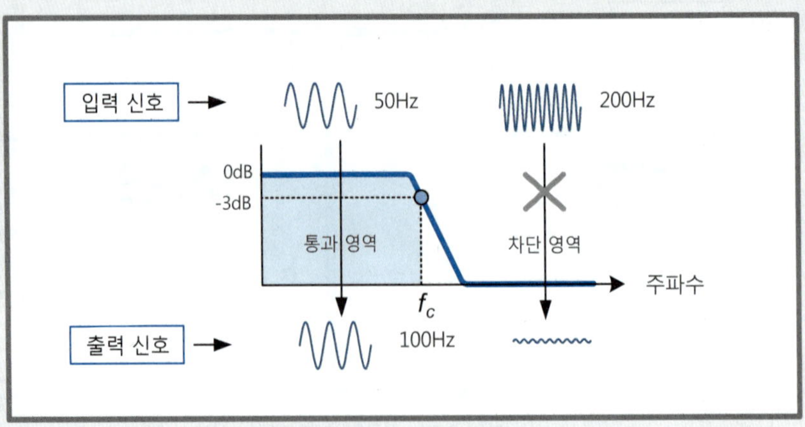

- 통과와 차단의 경계 주파수를 차단 주파수 f_c 라고 하는데, 엄밀히 차단 주파수는 출력 신호의 크기가 입력 신호 크기의 $0.707 = 1/\sqrt{2}$ (= −3dB)이 되는 주파수이다.

차단 주파수 f_c 에서 입출력 크기의 비율 → $\dfrac{V_o}{V_i} = \dfrac{1}{\sqrt{2}} = 0.707$

- LPF에 차단 주파수 이하의 주파수를 가진 신호를 입력하면 통과되어 출력에 나타나지만, 차단 주파수 이상의 신호를 입력하면 차단되어 출력에 나타나지 않는다.
- 인덕터 L과 커패시터 C로 구성한 저역 통과 필터가 다음 그림에 보인다.

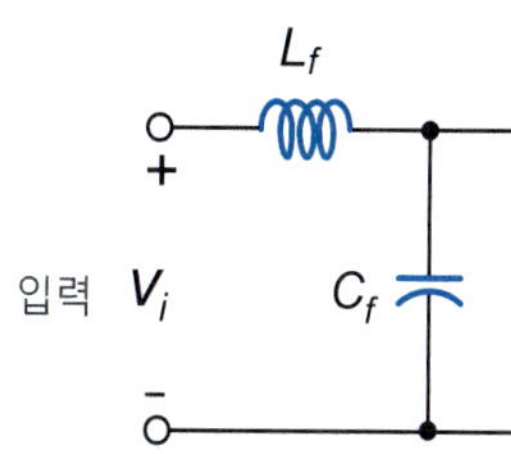

$$V_o = \left(\frac{\frac{1}{\omega C_f}}{\omega L_f + \frac{1}{\omega C_f}}\right) V_{in} \qquad f_c = \frac{1}{2\pi\sqrt{C_f L_f}}$$

- 이 LC 저역 통과 필터의 특성을 살펴보도록 하자.
- 이 필터 회로의 출력 전압 v_o는 입력 전압 v_i와 다음의 관계가 있다.

$$V_o = \left(\frac{X_c}{X_L + X_c}\right) V_i$$

$$= \left(\frac{\frac{1}{\omega C_f}}{\omega L_f + \frac{1}{\omega C_f}}\right) V_i \qquad \left(X_L = \omega L_f = 2\pi f L_f,\ X_c = \frac{1}{\omega C_f} \right)$$

$$= \left(\frac{\frac{1}{2\pi f C_f}}{2\pi f L_f + \frac{1}{2\pi f C_f}}\right) V_i$$

$$\frac{V_o}{V_i} = \left(\frac{\frac{1}{2\pi f C_f}}{2\pi f L_f + \frac{1}{2\pi f C_f}}\right)$$

- 출력과 입력 전압의 비 v_o/v_i는 동작 주파수 f에 따라 달라진다.
  ① 저주파수 특성 : 입력 전압 v_i의 동작 주파수 f가 낮은 경우
  인덕터의 임피던스 $X_L(=\omega L_f=2\pi f L_f)$는 작고, 커패시터의 임피던스 $X_c(=1/\omega C_f=1/2\pi f C_f)$는 크므로, $v_o/v_i \approx 1$로 출력 전압 v_o와 입력 전압 v_i는 동일하게 된다.
  즉, 입력 전압 v_i가 출력에 나타난다고 볼 수 있다.
  ② 고주파수 특성 : 입력 전압 v_i의 동작 주파수 f가 높은 경우
  인덕터의 임피던스 X_L은 크고, 커패시터의 임피던스 X_c는 작으므로, 회로의 출력 전압 v_o는 입력 전압 v_i에 비해 매우 작아진다.
  즉, 입력 전압 v_i는 차단되어 출력에 나타나지 않는다.
- 이렇듯이 동작 주파수가 높을수록 출력 전압은 작아지므로, 고주파 전압은 차단된다고 할 수 있다.
- LC 저역 통과 필터의 차단 주파수는 다음과 같이 주어진다.

$$f_c=\frac{1}{2\pi\sqrt{L_f C_f}}$$

- 예로서, 인덕턴스 1.15mH와 커패시턴스 2200uF인 LC 저역 통과 필터를 단상 전파 정류기 출력에 병렬로 연결하는 경우, 이 필터의 차단 주파수 f_c는 100Hz$(=1/(2\pi\ \sqrt{1.15mH\times 2200uF}))$이므로, 120Hz인 출력의 맥동 전압을 제거할 수 있다.

필터 커패시터

- 120Hz의 교류 성분이 포함된 단상 전파 정류기의 출력에 커패시터를 병렬로 연결하면 직류에 가까운 전압을 얻을 수 있다.
- 이는 다음과 같은 커패시터의 주파수 특성을 이용하는 것이다.
- 커패시터의 전류 흐름을 방해하는 성질을 나타내는 리액턴스 X_c는 동작 주파수 f에 따라 다음과 같이 표현된다.

$$X_c=\frac{1}{\omega C_f}=\frac{1}{2\pi f C_f}\ [\Omega] \tag{2-24}$$

- 커패시터의 리액턴스 X_c는 직류(즉, $f=0$)에 대해서는 무한대의 값을 가지며, 동작 주파수 f가 높아질수록 작아진다.
- 따라서 커패시터는 직류 성분은 차단하고, 주파수가 높은 교류 성분은 통과시킨다고 볼 수 있다.
- 이와 같은 특성 때문에 커패시터를 정류기 출력에 병렬로 연결하면, 출력 전압 성분 중에 주파수가 높은 맥동 성분은 커패시터로 흡수되고, 부하 측으로는 직류 성분만 출력된다.(단, 완벽하게

직류만은 아니고 낮은 주파수 성분도 일부 포함됨).

• 정류기 출력단에 필터 커패시터를 사용한 경우의 각부 전압 파형이 그림 2.36에 보인다.

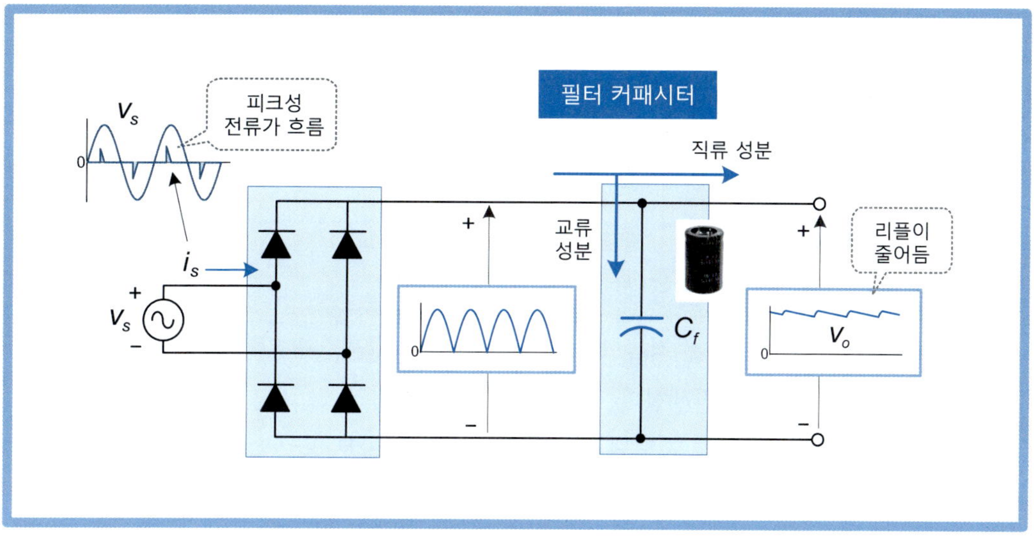

그림 2.36 필터 커패시터를 사용한 단상 전파 정류기

• 다음으로, 정류기에서 커패시터의 정전 용량[F]을 결정하는 방법에 대해 살펴보도록 하자.

• **필터 커패시터의 정전 용량(Capacitance) C_f**

- 정류기에서는 통상적으로 직류 전압의 리플 크기가 평균 전압의 5% 이내가 되도록 커패시터의 정전 용량[F]을 설계한다.
- 커패시터 정전 용량 C_f의 대략적인 계산의 예로서, 요구되는 리플 전압 크기 ΔV_o와 출력 전류 I_o, 방전 시간 Δt로부터 다음과 같이 필요한 정전 용량을 구할 수 있다.

$$I_o = C_f \frac{\Delta V_o}{\Delta t}$$

$$\rightarrow \quad C_f > I_o \left(\frac{\Delta t}{\Delta V_o} \right) \tag{2-25}$$

• 정류기의 경우 통상적으로 수천 ~ 수만 μF 정도로 큰 정전 용량이 필요한데, 이를 위해 주로 전해 커패시터가 사용된다.

• 필터 커패시터는 이와 같은 저역 통과 필터링의 목적 이외에도, 입력 교류 전원과 출력 부하 간의 순시 전력 차이 흡수, 부하에 무효전력 공급, 회로 부유 인덕턴스로 인해 스위칭 시 발생된 전압 스파이크의 흡수 등의 여러 다른 역할도 한다. (7장 참조)

문제

220V AC 전원에 연결된 단상 전파 다이오드 정류기에서 평균 출력 전류가 5A인 경우, 출력 직류 전압의 리플 크기가 평균 전압의 5% 이하가 되도록 하는데 필요한 필터 커패시턴스는 얼마인가?

답

요구되는 5%에 해당하는 출력 전압의 리플 크기 $\Delta V_o = 0.9V \times 0.5 = 9.9$V이다.

커패시터가 방전되는 시간 Δt는 대략 전원 전압의 반주기(8.333ms = 1/120Hz)이므로, 이로부터 정전 용량 $C_f > I_o(\Delta t/\Delta V_o) = 5 \times 8.333 \times 10^{-3}/9.9 =$약 4208uF 이상이 필요함을 알 수 있다.

- **필터 커패시터 사용 시의 문제점**
  - 필터 커패시터를 사용한 경우 직류에 가까운 출력 전압을 얻을 수 있지만, 입력 측 전원 전류가 크게 왜곡되는 문제가 발생한다.
  - 필터 커패시터가 있는 경우, 정류된 전압이 커패시터 전압보다 큰 경우에만 전원 측으로부터 전류가 흘러 충전되는데, 이때 피크성으로 전류가 흐르기 때문이다. (그림 2.37)
  - 이 전류는 정현적인 파형에서 벗어난 왜곡된 교류 전류로서, 역률을 저하시키며 고조파를 발생시킨다.

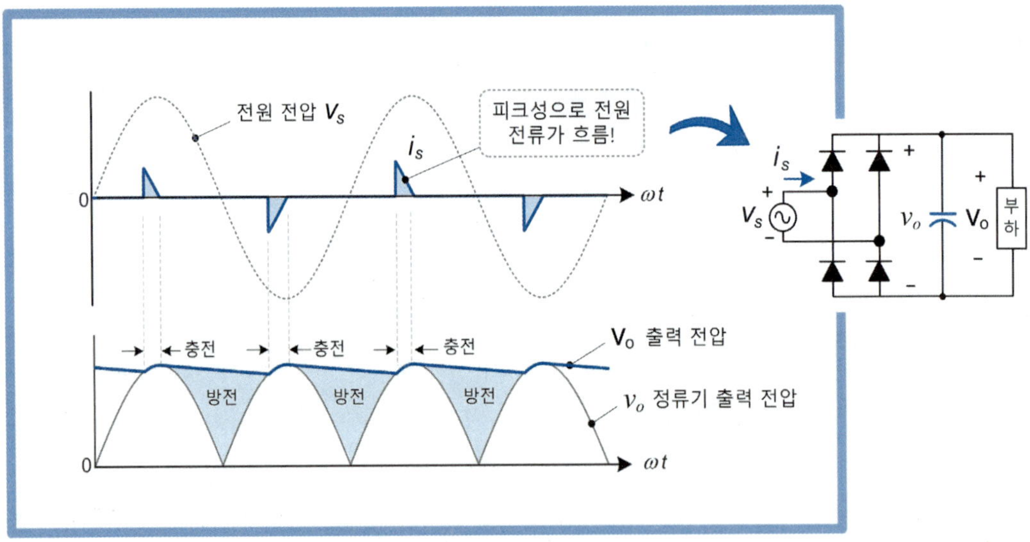

그림 2.37 출력 커패시터를 가진 정류기의 특성

PFC 회로

- 다이오드 정류기에서 사용된 필터 커패시터로 인한 입력 전류의 왜곡 문제를 해결하고자, 통상적으로 역률 개선 회로인 **PFC(Power Factor Correction) 회로**가 사용된다.
- PFC 회로는 정류기 출력 측에 배치되어, 스위칭에 의해 입력 전원 전류를 정현파로 만들어 주는데, 통상 4장에서 다룰 **부스트 컨버터** 회로를 이용한다.
- 300W 이상의 전력 용량을 가진 AC-DC 변환 장치는 고조파나 무효 전력의 수준을 지정하는 국제 표준(예: IEC61000-4-3)을 만족시키기 위해 PFC 회로의 사용이 필수적이다.
- 예로서, 휴대폰 충전을 위한 간단한 AC-DC 변환용 어댑터에서의 PFC 회로가 그림 2.38에 보인다.

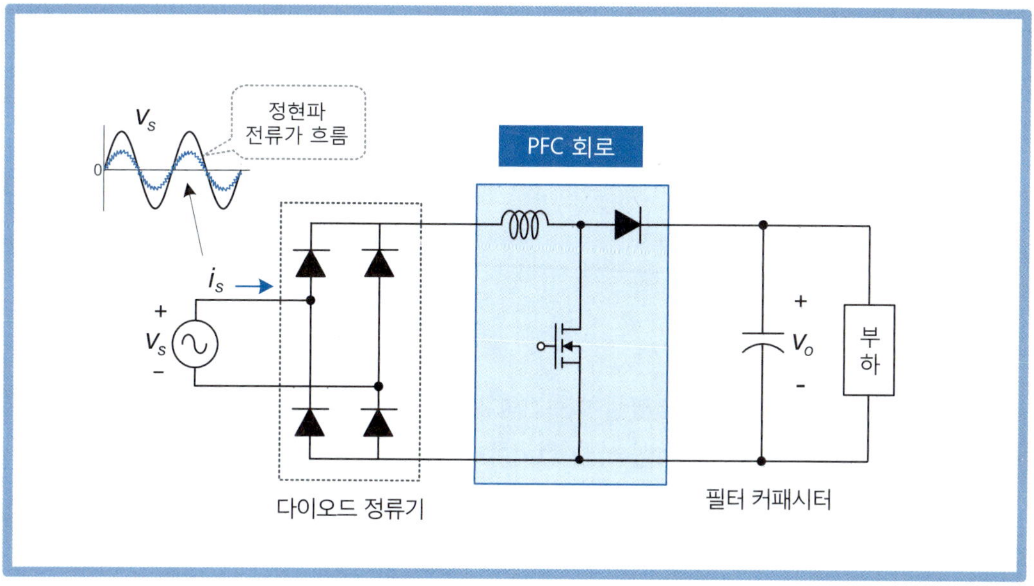

그림 2.38 PFC 회로를 가진 다이오드 정류기

2.4 3상 다이오드 정류기

- 앞서 살펴본 단상 정류기는 정류기의 입력으로 단상 교류 전원을 사용한다.
- 단상 교류 전원으로 큰 전력을 처리하는 것은 비효율적이기 때문에, 통상 수 kW 이상의 전력 용량을 가진 정류기에서는 입력 전원으로 3상 교류 전원을 사용한다.
- **단상과 3상 다이오드 정류기의 비교**
  - 입력 전원으로 3상 교류 전원을 사용하는 3상 정류기는, 단상 정류기와 비교하면 약 2.6배 더 큰 직류 전압을 출력할 수 있다.
  - 3상 정류기에서 직류 출력 전압의 맥동 성분은 단상 정류기보다 작으므로, 좀 더 평활한 직류 전압을 얻을 수 있다.
  - 3상 전파 정류기의 경우 직류 출력 전압의 맥동 주파수는 입력 전원 주파수의 6배인 360Hz로서, 전원 주파수의 2배(120Hz)인 단상 전파 정류기보다 맥동 성분 저감에 필요한 저역 통과 필터의 용량(즉, L과 C값)이 작아진다.

이러한 3상 다이오드 정류기를 살펴보기 전에, 먼저 3상 정류기의 교류 입력 전압으로 사용되는 3상 교류 전원에 대해 알아보도록 하자.

2.4.1 3상 교류 전압

- 3상 교류 전원은 대칭 3상 전압을 공급하는 전력 시스템이다.
- 대칭 3상 전압은 그림 2.39에 보이듯이 그 크기와 주파수가 같으며, 서로 간에 120°(=$2\pi/3$ rad)의 위상차가 있는 3개의 정현파 전압을 말하며, 이 세 전압을 **상전압**이라 한다.

3상 전원과 3상 전압

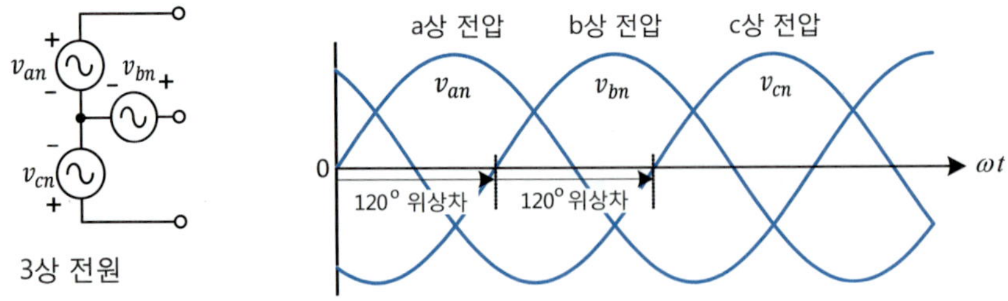

그림 2.39 3상 전원과 3상 전압

• 상전압의 실효값을 V[V]라 하면, 이들 대칭 3상 상전압은 다음과 같이 표현된다.

$$\begin{aligned} v_{an} &= \sqrt{2}\, V\sin\omega t \\ v_{bn} &= \sqrt{2}\, V\sin(\omega t - 2\pi/3) \\ v_{cn} &= \sqrt{2}\, V\sin(\omega t - 4\pi/3) \end{aligned} \tag{2-26}$$

• 3상 교류 전원 시스템에서는 Y-결선 또는 Δ-결선 방식으로 3개의 상전압을 부하에 공급한다.
• 통상적으로 Δ-결선보다는 그림 2.40에 보이는 Y-결선이 사용된다.
• 이러한 Y-결선에서 두 상전압 사이의 전압을 **선간전압**이라 한다.
• 3상 교류 전압의 크기는 통상적으로 상전압이 아니라 선간전압의 크기(실효값)로 말하는데, 상용 3상 전압의 크기와 주파수는 220V, 60Hz이다.
• Y-결선에서 선간전압은 두 상전압의 차이이므로, 선간전압과 상전압은 그 크기와 위상이 다르다.

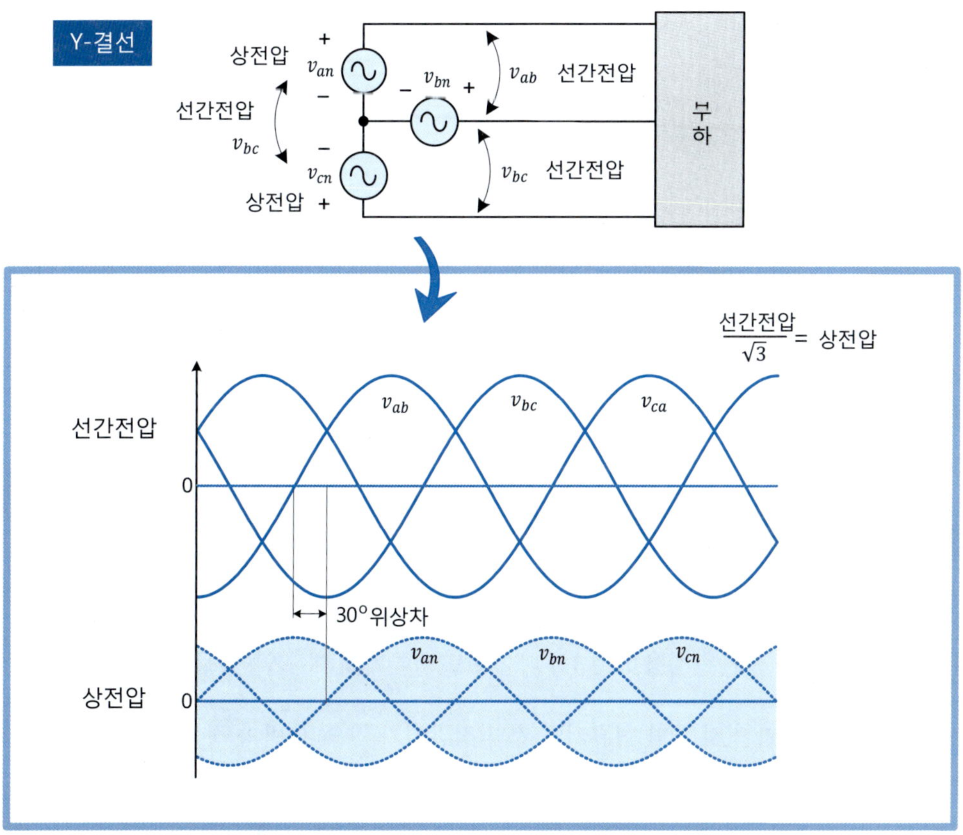

그림 2.40 Y 결선의 3상 전원 시스템에서 상전압과 선간전압

- **Y-결선의 3상 시스템에서 선간전압과 상전압의 관계**

- 선간전압과 상전압의 차이가 어떠한지 알아보기 위해, 식(2-26)의 상전압으로부터 선간전압을 구해보자.

$$v_{ab} = v_{an} - v_{bn}$$
$$= \sqrt{2}V\sin(\omega t) - \sqrt{2}V\sin(\omega t - 2\pi/3)$$
$$= 2\sqrt{2}V\cos(\omega t - \pi/3)\sin(\pi/3)$$

참고 $\left(\sin A - \sin B = 2\cos\frac{A+B}{2}\sin\frac{A-B}{2}\right)$

$$= \sqrt{3}\sqrt{2}V\sin(\omega t + \pi/6)$$
$$= \sqrt{6}V\sin(\omega t + \pi/6) \tag{2-27}$$

$$v_{bc} = v_{bn} - v_{cn}$$
$$= \sqrt{2}V\sin(\omega t - 2\pi/3) - \sqrt{2}V\sin(\omega t - 4\pi/3)$$
$$= \sqrt{3}\sqrt{2}V\sin(\omega t - \pi/2) \tag{2-28}$$

$$v_{ca} = v_{cn} - v_{an}$$
$$= \sqrt{2}V\sin(\omega t - 4\pi/3) - \sqrt{2}V\sin(\omega t)$$
$$= \sqrt{3}\sqrt{2}V\sin(\omega t - 7\pi/6) \tag{2-29}$$

- 이로부터 선간전압은 상전압에 비해, 그 크기가 $\sqrt{3}$ 배 크며 위상은 30°($=\pi/6$) 앞선다는 것을 알 수 있다.

문제

선간전압의 실효값 V_{ll}이 220V인 Y-결선의 3상 교류 전원에서 상전압의 크기는 얼마인가?

답

상전압의 크기(실효값) $V_{phase} = V_{ll}/\sqrt{3} = 220/\sqrt{3} = 127\text{V}$이다.

- 이제 이런 3상 교류 전원을 사용하는 3상 다이오드 정류기에 대해 알아보도록 하자.

- 3상 다이오드 정류기 역시 반파 정류기와 전파 정류기가 있으나, 반파 정류기에서는 전원 전류가 한 방향으로만 흐르게 되어 입력 변압기의 철심을 자기적으로 포화시켜 고장을 일으킬 수 있으므로 거의 사용되지 않으므로, 여기서는 3상 전파 정류기만을 살펴보도록 한다.

2.4.2 3상 전파 다이오드 정류기(3-Phase Full-Wave Rectifier)

• 3상 교류 입력 전원을 사용하는 3상 전파 다이오드 정류기는 정류기 중에 가장 큰 직류 전압을 생성할 수 있다.

회로 구성

• 3상 전파 정류기는 그림 2.41에 보이듯이, 상당 두 개씩 6개 다이오드로 구성된다.

• 6개 다이오드의 번호 순서를 보면, 상단부 3개 다이오드의 번호는 abc 상 순서대로 차례로 1-3-5로 매기고, 하단부 다이오드는 4-6-2로 매긴다.

• 이렇게 하면 다이오드의 도통 순서가 번호순으로 된다.

• 즉, 정류 동작에 따라 D_1-D_2, D_2-D_3, D_3-D_4 …의 순서로 두 개씩 동작한다.

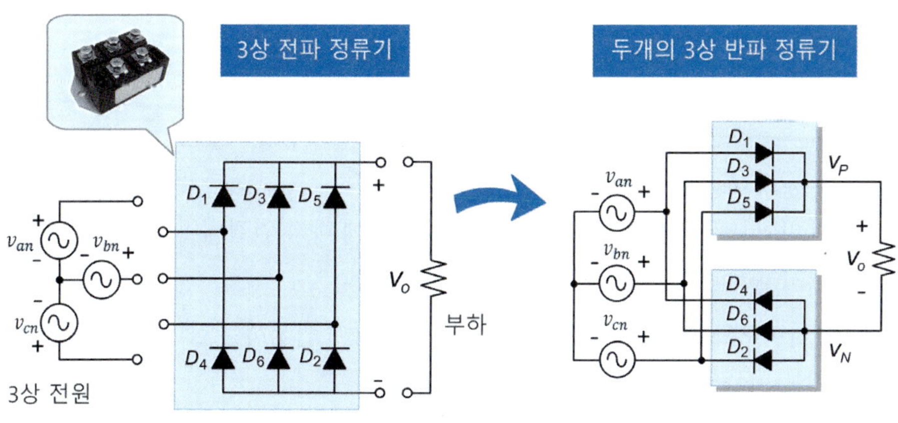

그림 2.41 3상 전파 정류 회로

회로 동작

• 3상 전파 다이오드 정류기는 그림 2.41의 오른쪽에 보이듯이, 두 세트의 독립적인 3상 반파 정류기의 결합으로 보고 해석하면 쉽다.

• 즉, 6개 다이오드 중 상단 3개 다이오드 D_1, D_3, D_5로 구성된 3상 반파 정류기와 하단 다이오드 D_4, D_6, D_2로 구성된 3상 반파 정류기가 결합된 것으로 보고, 이들 두 3상 반파 정류기의 출력 전압 차로부터 3상 전파 다이오드 정류기의 출력 전압을 구하면 된다.

- **상단 3개 다이오드 D_1, D_3, D_5의 동작** : 상단 3상 반파 정류기
  - 이들 세 개 다이오드의 애노드 단자는 각 상 전압에 각각 연결되어 있고, 캐소드 단자는 공통으로 묶여 있다.
  - 따라서 3개 다이오드 중에 3상 전원 중 가장 큰 전압이 발생하는 상에 연결된 다이오드가 도통되어 그 상전압이 출력된다.
  - 그 출력 전압 v_P가 그림 2.42에 보이며, abc 상전압 중 가장 큰 전압이 120°마다 차례로 출력된다.

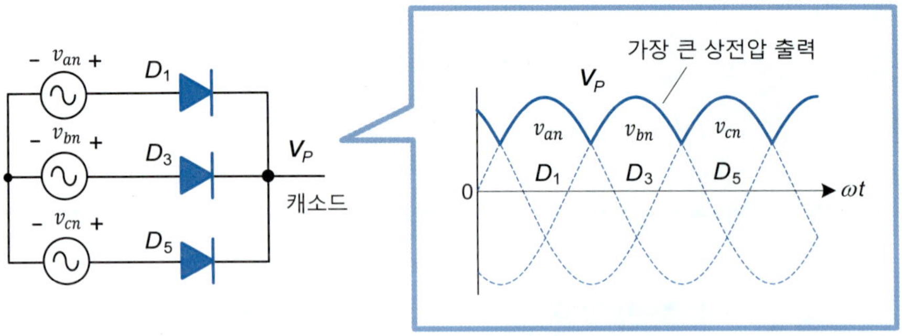

그림 2.42 상단 3개 다이오드와 출력 전압

- **하단 다이오드 D_4, D_6, D_2의 동작** : 하단 3상 반파 정류기
  - 이 경우 3개 다이오드의 캐소드 단자는 각 상의 전압에 각각 연결되어 있고, 애노드 단자가 공통으로 묶여 있다.
  - 따라서 3개 다이오드 중에 3상 전원 중 가장 작은 전압이 발생하는 상에 연결된 다이오드가 도통되어 그 상전압이 출력된다.
  - 그 출력 전압 v_N이 그림 2.43에 보이며, abc 상전압 중 가장 작은 전압이 120°마다 차례로 출력된다.

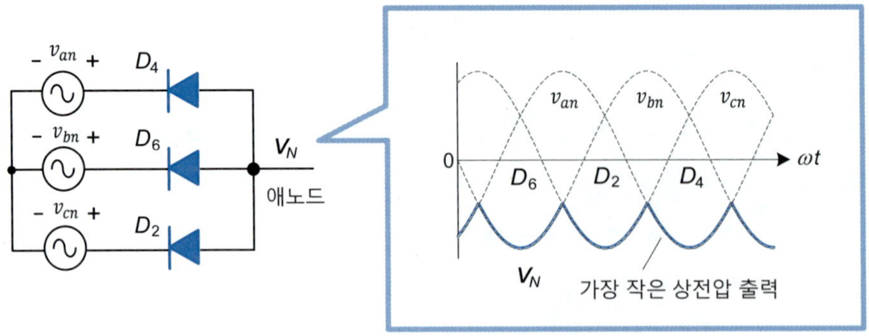

그림 2.43 하단 3개 다이오드와 출력 전압

• 이들 두 3상 반파 정류기에서 발생된 출력 전압의 차(즉, 선간전압)가 3상 전파 다이오드 정류기의 출력 전압 v_o가 된다.

$$v_o = v_P - v_N \qquad (2\text{-}30)$$

• 이러한 3상 전파 다이오드 정류기의 순시 출력 전압이 그림 2.44에 보인다.

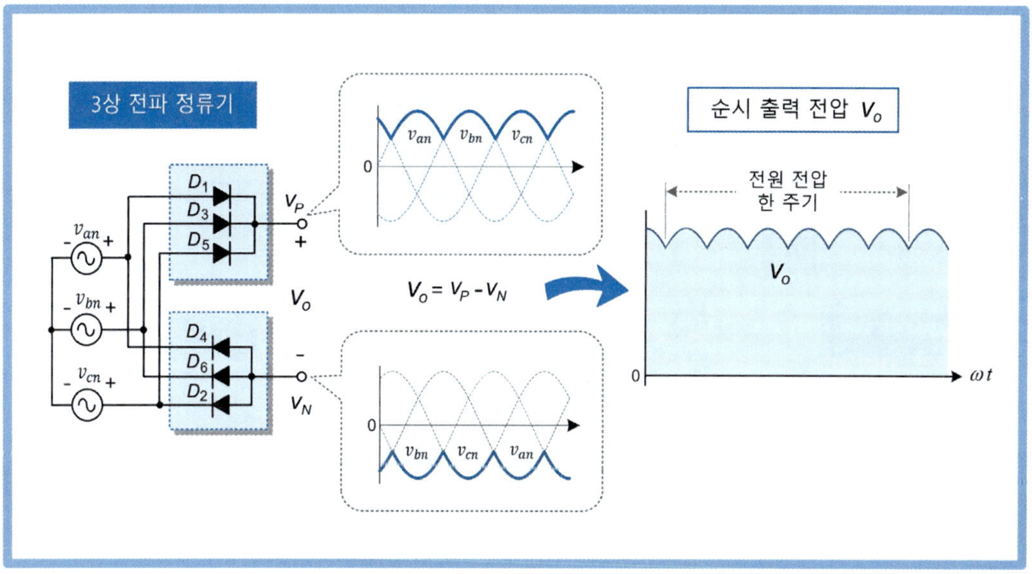

그림 2.44 3상 전파 정류기의 출력 전압

• 이처럼 3상 전파 정류기에서는 언제나 가장 큰 선간전압이 출력하도록 하는 조합의 두 다이오드가 도통한다고 볼 수 있다.
• 이 조합은 6가지로서, 전원 전압의 한 주기에 6가지 선간전압 v_{ab}, v_{ac}, v_{bc}, v_{ba}, v_{ca}, v_{cb}가 60°마다 차례대로 출력된다.
• 이에 따라 다이오드의 도통 순서는 …1-2, 2-3, 3-4, 4-5, 5-6, 6-1… 이 되며, 두 개씩 동작한다.
• 동일한 전압 파형이 한 주기에 6번 반복되므로, 이러한 3상 전파 정류기를 **6-펄스 정류기**라고도 부른다.
• 3상 전파 정류기의 직류 출력 전압은 전원 주파수의 6배로 맥동하므로, 60Hz의 전원 전압에 대해 출력 전압의 맥동 주파수는 360Hz이다.
• 이렇듯이 직류 출력 전압의 맥동 주파수가 단상 정류기보다 크므로, 맥동 성분의 저감에 필요한 저역 통과 필터의 용량이 단상 정류기의 경우보다 작아도 된다.

▌입력과 출력 특성

- 3상 전파 정류기의 입출력 동작 파형을 살펴보도록 하자.
- 먼저 저항 부하에 대한 입출력 동작 파형이 그림 2.45에 보인다.

① 저항 부하

- 각 상의 위와 아래 다이오드는 한 주기에 120°씩 도통하므로, 이에 따라 각 상 전류도 120°동안 교류로 흐른다.
- 저항 부하이지만 출력 부하 전류 i_o는 단상 정류기의 경우보다 직류에 가까워진다.
- 입력 전원 측 3상 전류의 모양은 이러한 출력 부하 전류의 모양에 의존하므로, 3상 입력 측 교류 전류는 비정현적으로 흐른다.

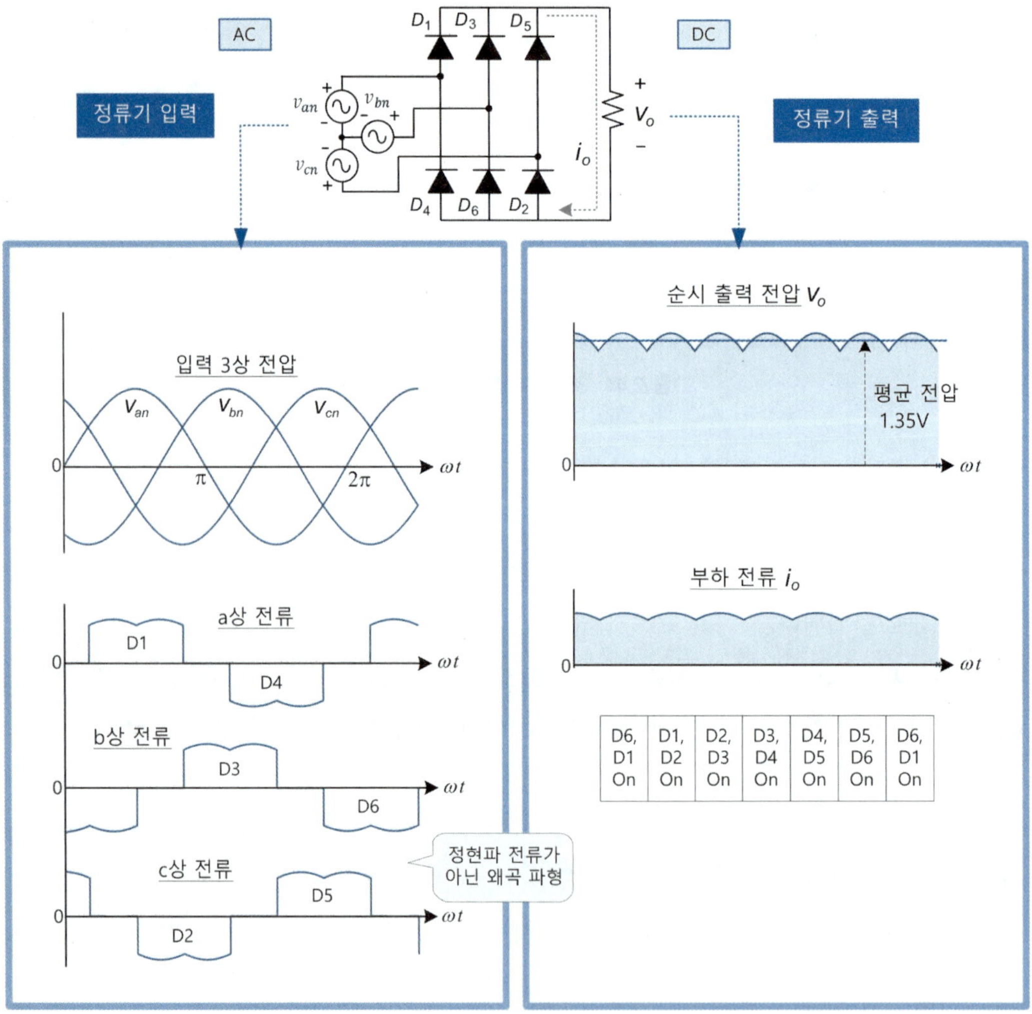

그림 2.45 3상 전파 다이오드 정류기의 입출력 동작 : 저항 부하

• 다음으로, 유도성 부하의 경우 저항 부하 시와는 어떤 특성 차이가 있는지 살펴보도록 하자.

② 유도성 부하

- 3상 전파 다이오드 정류기에서 부하에 따른 동작 파형의 비교가 그림 2.46에 보인다.
- 순시 직류 출력 전압 v_o는 저항 부하나 유도성 부하나 동일하지만, 순시 출력 전류 i_o의 파형은 부하에 따라 달라진다.
- 저항 부하에서의 전류 파형은 전압 파형과 동일하지만, 유도성 부하에서는 인덕턴스 성분으로 인하여 부하 전류의 리플이 줄어들어 직류에 더욱 가깝게 된다.
- 이로 인해 입력 전원 측 3상 전류는 구형파 형태로 120° 동안 흐른다.

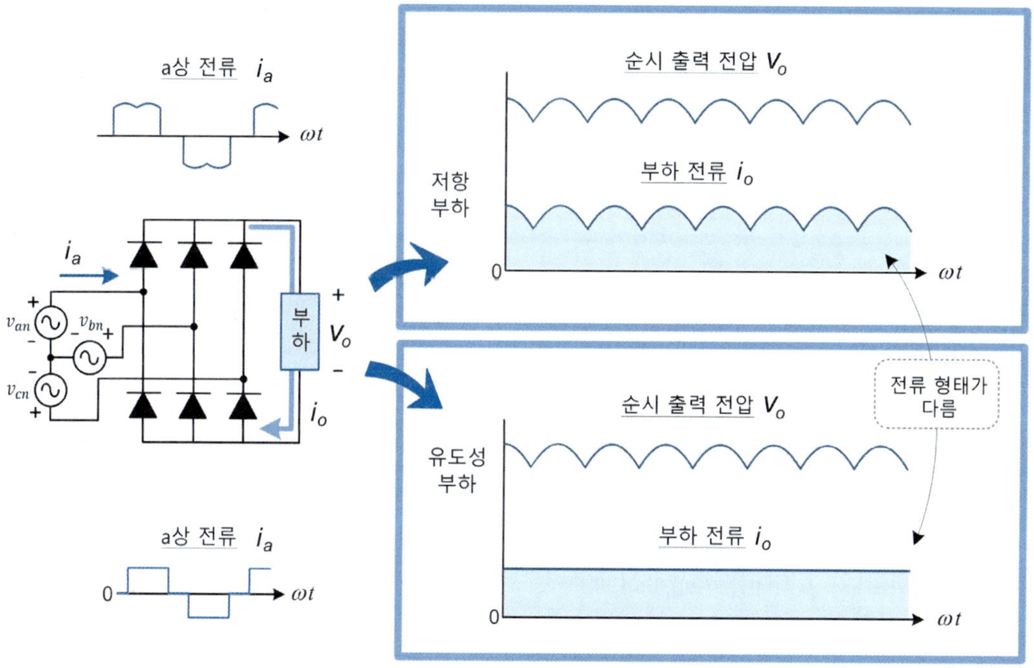

그림 2.46 3상 전파 정류기의 동작 비교

• 이제 3상 전파 다이오드 정류기의 직류 평균 전압을 구해보도록 하자.

• 직류 평균 전압의 크기는 저항 부하나 유도성 부하나 동일하다.

직류 평균 출력 전압 V_o

• 3상 전파 다이오드 정류기의 순시 출력 전압은 60° 마다 동일한 선간전압 파형이 반복되므로, 출력 파형 중에 60°($=\pi/3$) 구간만 고려하여 직류 평균 출력 전압 V_o를 구하면 된다.

- 여기서는 그림 2.47에 보이는 a상 전압과 b상 전압의 차가 출력되는 $\pi/6 \sim \pi/2$까지(a상 전압 기준)의 60°($=\pi/3$) 구간을 예로서 구해본다.

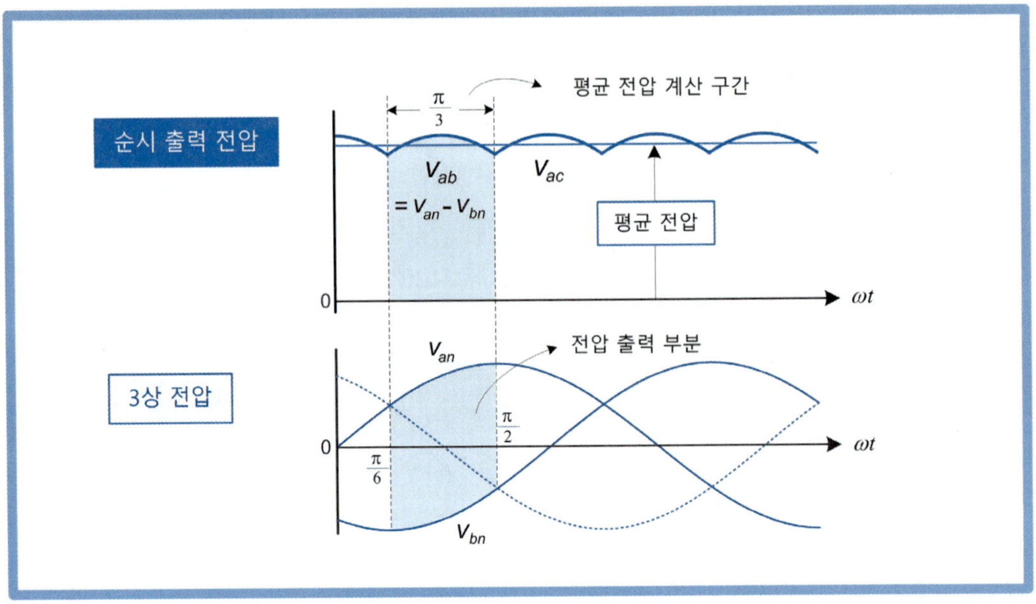

그림 2.47 3상 전파 정류기의 직류 출력 전압의 계산

- **직류 평균 출력 전압 V_o**

$$V_o = \frac{1}{\frac{\pi}{3}} \int_{\frac{\pi}{6}}^{\frac{\pi}{2}} v_{ab}\, d(\omega t) \quad (\leftarrow \frac{\pi}{6} \sim \frac{\pi}{2} \text{ 구간에서 선간전압 } v_{ab}(= v_{an} - v_{bn}) \text{ 출력})$$

$$= \frac{3}{\pi} \int_{\frac{\pi}{6}}^{\frac{\pi}{2}} [v_{an} - v_{bn}]\, d(\omega t)$$

$$= \frac{3}{\pi} \int_{\frac{\pi}{6}}^{\frac{\pi}{2}} [\sqrt{2}\, V \sin(\omega t) - \sqrt{2}\, V \sin(\omega t - 2\pi/3)]\, d(\omega t)$$

참고 $(\sin A - \sin B = 2\cos\frac{A+B}{2}\sin\frac{A-B}{2})$

$$= \frac{3}{\pi} \int_{\frac{\pi}{6}}^{\frac{\pi}{2}} \sqrt{6}\, V \sin(\omega t + \pi/6)\; d(\omega t)$$

$$= \frac{3\sqrt{6}\, V}{\pi} \left[-\cos(\omega t + \frac{\pi}{6}) \right]_{\frac{\pi}{6}}^{\frac{\pi}{2}}$$

$$= \frac{3\sqrt{6}\,V}{\pi} = 2.34\,V \qquad (\leftarrow \text{상전압 실효값 } V\text{로의 표현})$$

$$= \frac{3\sqrt{2}\,V_{ll}}{\pi} = 1.35\,V_{ll} \qquad (\leftarrow \text{선간전압 실효값 } V_{ll}\text{로의 표현}) \tag{2-31}$$

문제

선간전압의 실효값 V_{ll}이 220V인 3상 교류 전원에 연결된 3상 전파 다이오드 정류기의 직류 평균 출력 전압의 크기는 얼마인가?

답

직류 평균 출력 전압 $V_o = 1.35\,V_{ll} = 1.35 \times 220 = 297$V로 약 300V의 직류 전압을 부하에 공급할 수 있다.

- 지금까지 살펴본 단상 및 3상 다이오드 정류기의 직류 평균 출력 전압이 표 2.1에 비교되어 있다.

표 2.1 다이오드 정류기의 출력 전압 비교

정류 회로	조건	평균 직류 전압 V_o
단상 반파	저항 부하	$\frac{\sqrt{2}\,V}{\pi} = 0.45\,V$
	유도성 부하	$0.225\,V(1-\cos\beta)$
	환류 다이오드 사용	$\frac{\sqrt{2}\,V}{\pi} = 0.45\,V$
단상 전파	저항 부하, 유도성 부하	$\frac{2\sqrt{2}\,V}{\pi} = 0.9\,V$
3상 반파	저항 부하, 유도성 부하	$\frac{3\sqrt{6}\,V}{2\pi} = 1.17\,V$ ($= 0.675\,V_{ll}$: 선간전압으로 표현)
3상 전파	저항 부하, 유도성 부하	$\frac{3\sqrt{6}\,V}{\pi} = 2.34\,V$ ($= 1.35\,V_{ll}$: 선간전압으로 표현)

2.4.3 3상 정류기용 다이오드의 정격 선정

이제 3상 전파 다이오드 정류 회로를 실제 구성할 때 사용해야 할 다이오드의 전압 및 전류 정격을 결정해보도록 하자.

- 단상 정류기에서와 같이 다이오드의 전압 정격값은 입력 교류 전압의 크기에 의해 결정되며, 다이오드의 전류 정격은 출력 직류 전압과 부하의 크기에 의해 결정된다.

다이오드의 전압 정격

- 다이오드는 오프되어 있을 때의 인가전압을 견디어야 하므로, 오프 시에 다이오드에 어떤 전압이 인가되는지 알아야 한다.
- 예로서, 3상 전파 다이오드 정류기에서 다이오드 D_1과 D_6이 도통하는 경우를 살펴보도록 하자. (그림 2.48)
- 이때 D_1과 D_6을 단락 상태로 보면 D_3과 D_4에는 v_{an}과 v_{bn}의 차이인 선간전압 v_{ba}가 인가됨을 알 수 있으며, D_2에는 선간전압 v_{ac}가, D_5에는 선간전압 v_{cb}가 인가됨을 알 수 있다.
- 예로서 D_3의 인가전압 v_{ba}가 그림 2.48의 오른쪽에 보인다.

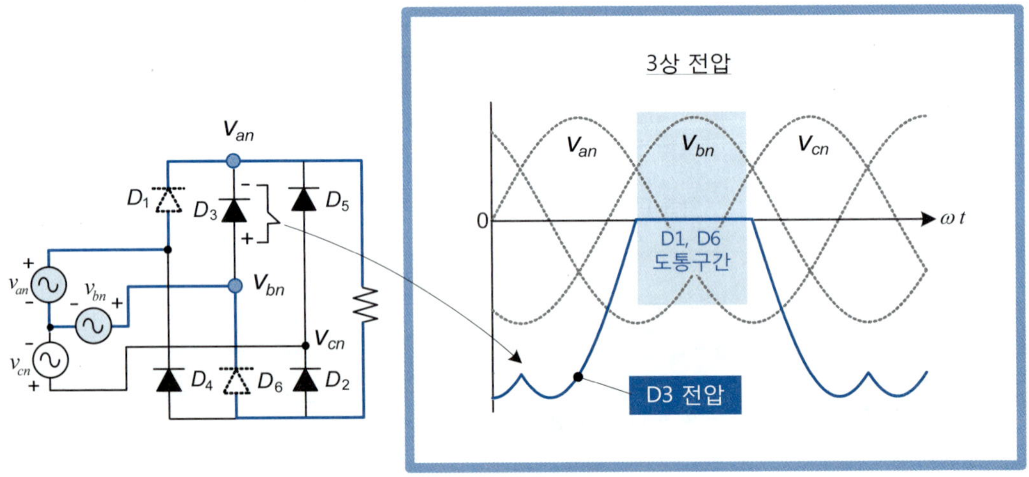

그림 2.48 3상 전파 정류기의 다이오드의 전압

- 이처럼 다이오드에 인가되는 역전압은 선간전압이므로, 선간전압의 최댓값 즉, $-\sqrt{3}\sqrt{2}V = -\sqrt{2}V_{ll}$까지 인가될 수 있다.
- 실효값 $V_{ll}=220$V의 선간전압을 사용하는 경우 최대전압은 -311.13V가 되는데, 통상적으로 이 전압의 두 배인 600V 이상의 내압을 가진 다이오드가 사용된다.

다이오드의 전류 정격

- 다이오드의 전류 정격으로는 다이오드에 흐르는 평균 전류 I_D가 사용된다.
- 그림 2.49에 3상 전파 정류기에서 6개 다이오드에 흐르는 전류를 보이고 있다.
- 각각의 다이오드에는 전원 전압의 1/3 주기인 120°씩 부하 전류 I_o가 흐른다.
- 따라서 다이오드의 평균 전류는 평균 부하 전류 I_o의 1/3이다.

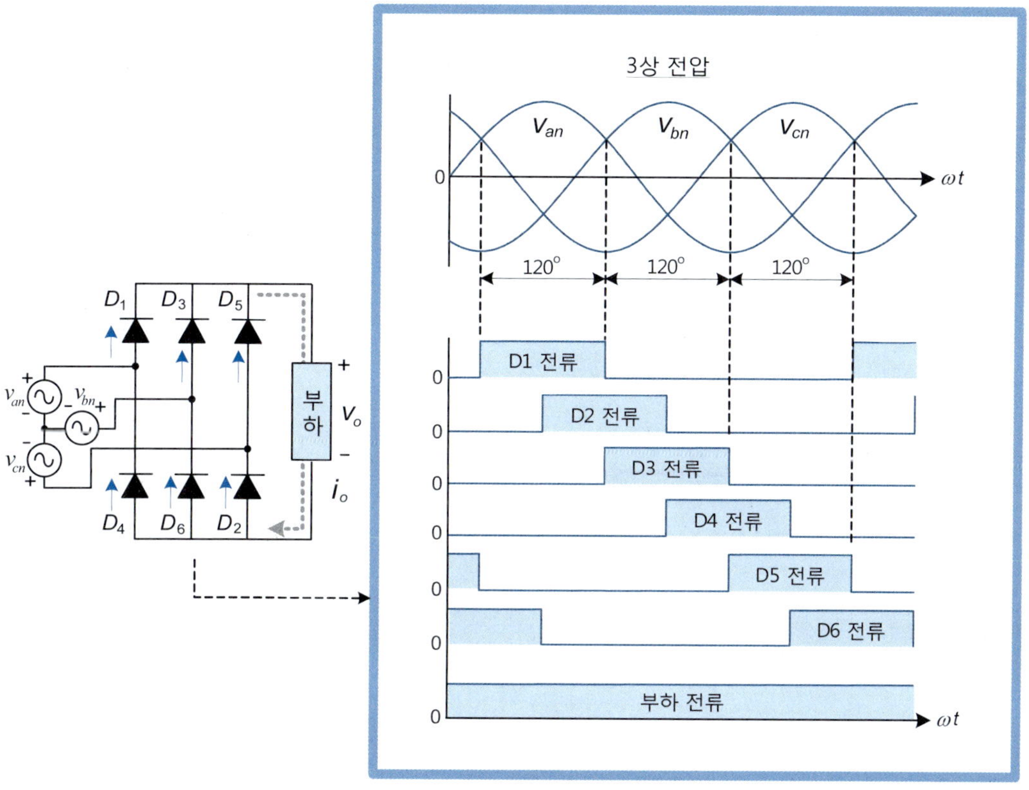

그림 2.49 3상 전파 정류기의 다이오드 전류

- 그럼, 3상 전파 다이오드 정류기에서 평균 부하 전류 I_o를 구해보도록 하자.

- 평균 부하 전류 I_o는 저항 부하나 유도성 부하와 관계없이 동일하게 3상 전파 정류기의 평균 출력 전압 식과 부하 저항값 R로부터 다음과 같이 얻어진다.

$$
\begin{aligned}
I_o &= \frac{V_o}{R} \\
&= \left(\frac{3\sqrt{6}\,V}{\pi}\right)\frac{1}{R} = 1.35\frac{V_{ll}}{R} \qquad (2\text{-}32)
\end{aligned}
$$

- 다이오드의 평균 전류 I_D는 이 평균 부하 전류 I_o의 1/3이다.

$$I_D = \frac{I_o}{3} = 0.45\frac{V_{ll}}{R} \tag{2-33}$$

- 이처럼 평균 부하 전류의 크기는 저항 부하나 유도성 부하나 동일하지만, 그림 2.46에서 보였듯이 두 부하의 순시 전류 모양은 다르므로, 실효 전류의 크기는 다르게 된다.
- 부하 전류가 거의 직류인 유도성 부하에서는 평균 부하 전류와 실효 전류의 크기가 동일하지만, 맥동 성분이 있는 저항 부하에서는 평균 부하 전류보다 실효 전류가 크다.

문제

선간전압의 실효값 V_{ll} =220V인 3상 교류 전원에 연결된 3상 전파 다이오드 정류기가 10Ω 의 부하에 직류 전압을 공급하고 있다. 이 정류기에 필요한 다이오드의 내압과 전류 크기는 얼마인가?

답

오프된 다이오드에는 선간전압의 최대값인 $-\sqrt{2}\,V_{ll}$ = -311.13V까지 인가되므로, 다이오드의 내압은 최소 311.13V 이상이 되어야 한다.
부하 전류 $I_o = 1.35\,V_{ll}/R$ = 297/10 = 29.7A이므로, 다이오드의 평균 전류 $I_D = I_o/3$ =9.9A이다. 따라서 9.9A 이상의 전류 정격을 가진 다이오드가 필요하다.

2.5 정류기의 특성 평가

• 정류기의 출력은 직류 전압을 발생하는 것이 목적이므로, 출력 전압은 직류에 가까울수록 좋지만, 정류기의 입력 측은 교류이므로, 입력 전류는 정현파에 가까울수록 좋다.
• 정류기의 종류와 부하에 따라 이러한 출력 전압과 입력 전류의 특성이 다르다.

• 이제 정류기의 입출력 특성을 평가하는 방법에 대해 알아보도록 하자.

2.5.1 정류기의 출력 특성 평가

• 교류 전압을 직류 전압으로 변환하는 정류기의 출력 전압은 일정한 직류가 아니고 교류 성분, 즉 맥동(Ripple) 성분이 포함되어 있다.
• 따라서 정류기가 얼마나 직류에 가까운 전압을 출력하는지를 평가할 필요가 있는데, 이를 나타내는 지수가 리플률이다.
• 리플률(Ripple Factor)
직류 평균 전압에 대한 직류 전압에 포함된 리플 성분의 크기를 나타내며, 그 정의식은 다음과 같다.

■ 리플률 : $$RF = \frac{V_{ac}}{V_{dc}} = \frac{\sqrt{V_{rms}^2 - V_{dc}^2}}{V_{dc}} \quad (2\text{-}34)$$

여기서 V_{dc}는 직류 평균 전압, V_{ac}는 출력 전압의 리플 성분의 실효값, V_{rms}는 출력 전압의 실효값이다.
• 리플률 RF의 값이 작을수록 출력 전압은 직류에 가깝다고 볼 수 있다.

문제

단상 전파 다이오드 정류기가 직류 전압을 공급하고 있다. 저항 부하와 유도성 부하의 경우 이 정류기의 리플률은 얼마인가?

답

저항 부하에서 직류 평균 전압 $V_{dc} = 0.9\,V$, 출력 전압의 실효값 $V_{rms} = V$ 이므로, 리플률 $RF = \sqrt{V_{rms}^2 - V_{dc}^2}\,/\,V_{dc} = \sqrt{V^2 - (0.9\,V)^2}\,/0.9\,V = 0.484$이다.
유도성 부하에서 직류 평균 전압과 출력 전압의 실효값은 같으므로, 리플률 $RF = 0$이다.

2.5.2 정류기의 입력 특성 평가

- 전력 변환 장치에서 전압이나 전류의 파형은 종종 비정현적 주기파로 주어진다.
- 예를 들어 그림 2.50에 유도성 부하를 구동하는 단상 다이오드 정류기의 입력 파형을 보이는데, 입력 전압은 정현파이지만 전류는 유도성 부하의 영향으로 비정현파가 된다.
- 교류 파형은 정현적이어야 이상적이지만, 종종 부하나 전력 변환 장치의 영향으로 비정현파가 된다.
- 이러한 다이오드 정류기뿐만 아니라 위상제어 정류기, 인버터 등 여러 전력 변환 장치에서의 입출력 전류 파형이나 출력 전압은 비정현파가 된다.

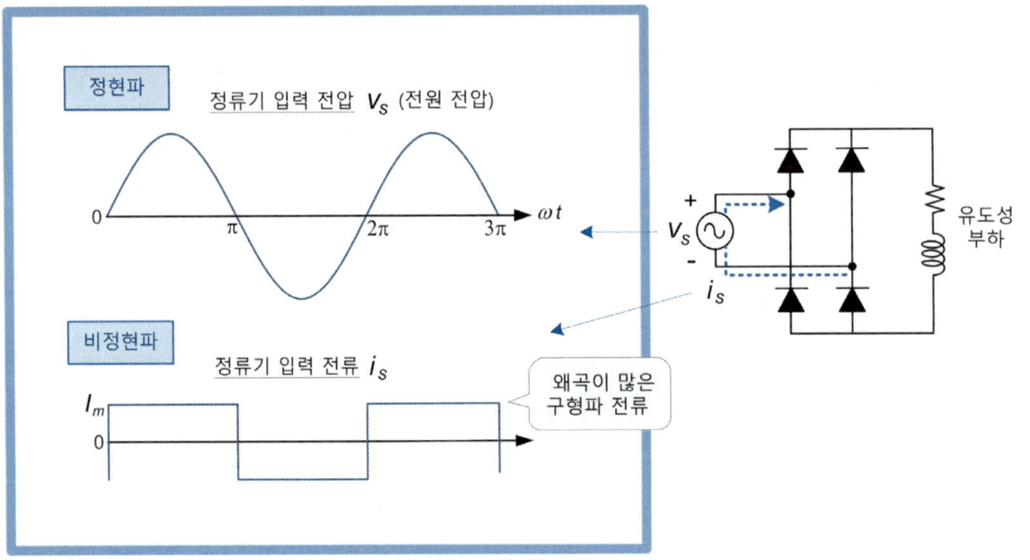

그림 2.50 다이오드 정류기에서 파형의 왜곡

- 이제 이러한 비정현적인 파형에 대한 해석과 평가를 어떻게 하는지 알아보도록 하자.

비정현적 주기파

- 비정현적 주기파는 여러 다른 주파수를 갖는 정현파들의 합으로 나타낼 수 있다.
- 예로서 그림 2.51을 보면, 60Hz 주파수의 정현파에 180Hz, 300Hz, 420Hz 주파수의 정현파 성분들을 계속 더해주면, 그 합성 파형은 점점 정현파에서 멀어져 구형파에 가까워진다는 것을 알 수 있다.
- 이것은 역으로 60Hz의 구형파는 각각 60Hz, 180Hz, 300Hz, 420Hz 주파수의 정현파 성분들의 합으로 구성된다는 것을 알려준다.

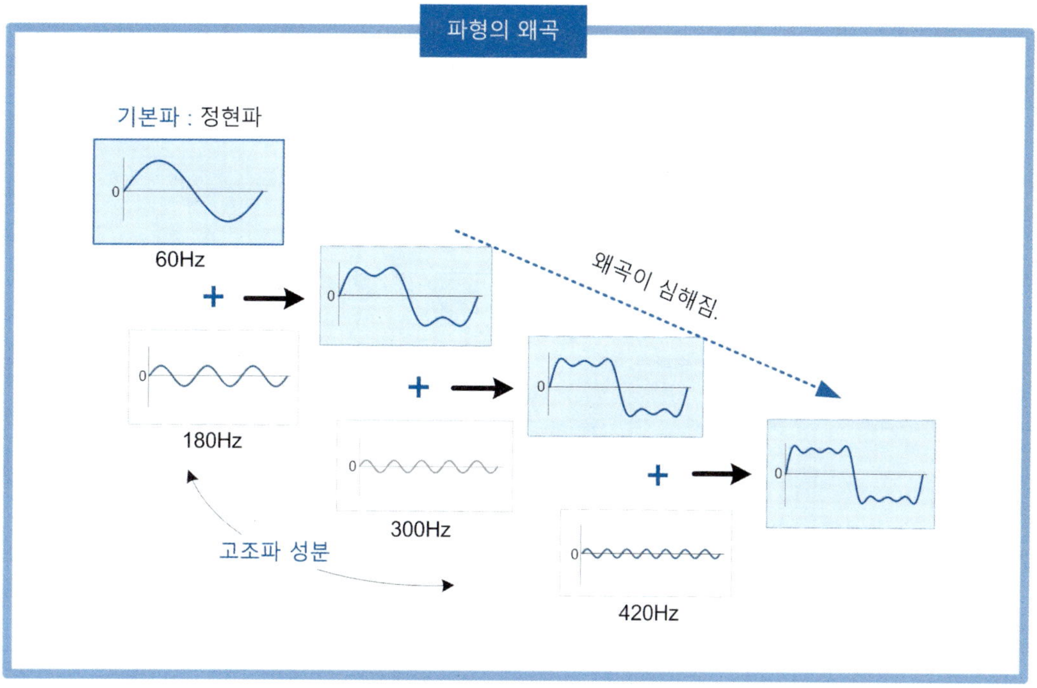

그림 2.51 비정현적인 파형의 합성

- **푸리에 전개** : 비정현파에 포함된 이러한 정현파 성분의 주파수와 크기는 푸리에 전개에 의해 구할 수 있다.
- 비정현파를 구성하는 가장 낮은 정현파 성분의 주파수는 비정현파의 주파수와 같으며, 이 성분을 **기본파**라고 하고, 나머지 정현파 성분의 주파수는 기본파 주파수의 배수가 되는데, 이를 **고조파**라고 한다.
- 예로서 그림 2.51에 보이는 비정현 구형파의 주파수가 60Hz라고 하면, 이 구형파는 기본파라고 불리는 60Hz 정현파와 이 기본파에 3배(180Hz), 5배(300Hz), 7배(420Hz) 큰 주파수를 가진 정현파들인 고조파의 합으로 구성된다는 것을 푸리에 전개로부터 알 수 있다.
- 이로부터 비정현적인 파형은 크게 기본파 성분과 고조파 성분으로 구성된다고 볼 수 있다. (그림 2.52)
- 따라서 비정현적 전압이나 전류 파형은 정현적인 기본파 성분에 고조파 성분이 더해져 발생된 왜곡 파형으로 볼 수 있다.
- 교류 시스템에서의 이상적인 전압이나 전류 파형은 정현파로서, 교류 부하는 정현파 성분만을 가지고 유용한 일을 한다.
- 고조파 성분들은 대개 손실로 변환되므로, 고조파 성분이 적은 것이 바람직하다.

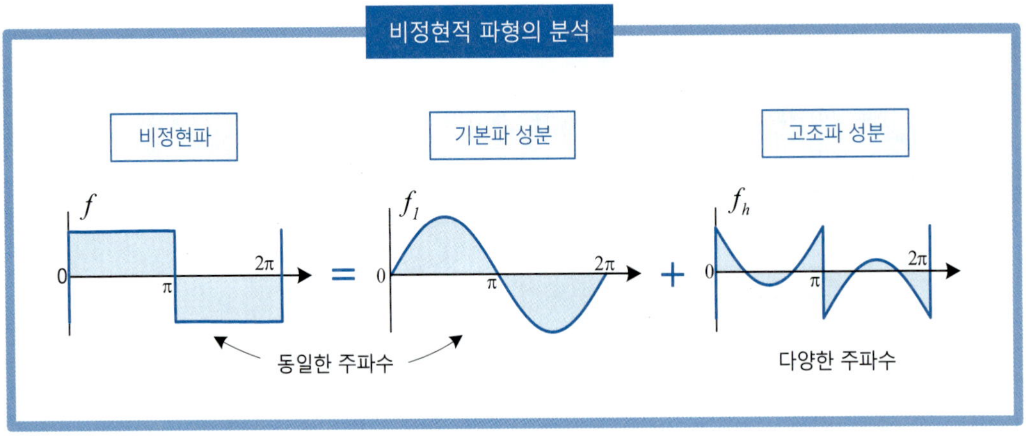

그림 2.52 비정현적인 파형의 성분 분석

• 이제 다이오드 정류기 등의 전력 변환 장치에서 볼 수 있는 비정현적인 전류나 전압 파형에 고조파 성분이 얼마나 포함되어 있는지 분석해 보도록 하자.

▌비정현적 주기파의 성분 분석

• 비정현 주기파는 그 비정현 주기파의 주파수와 동일한 주파수를 갖는 정현파 성분인 **기본파(Fundamental Wave)**와 기본파 주파수의 정수배 주파수를 갖는 정현파 성분들인 **고조파(Harmonics)**의 합으로 나타낼 수 있다.

• 이들 성분은 비정현파에 대한 푸리에 전개에 의해 다음과 같이 구할 수 있다.

• **푸리에 급수 전개(Fourier Expansion)**

- 비정현 주기파 $f(t)$를 다음 식과 같이 여러 주파수 성분의 정현파(sin)와 여현파(cos)의 성분으로 분해하는 것을 푸리에 급수 전개라고 한다.

$$\begin{aligned} f(t) &= a_0 + \sum_{n=1}^{\infty}(a_n \cos n\omega t + b_n \sin n\omega t) \\ &= f_0 + f_1 + f_h \end{aligned} \tag{2-35}$$

- 여기서 n은 주파수의 차수로서 기본파 성분 f_1은 n=1, 고조파 성분 f_h는 $n>1$의 성분이며, f_0는 직류 성분이다.

• 여기서, 직류 성분과 고조파 성분의 합을 **전고조파 성분**이라 부른다.

• 어떤 비정현 주기파 $f(t)$에 대한 푸리에 계수 a_0, a_n, b_n를 알 수 있으면, 그 비정현 주기파를 구성한 주파수 성분과 그 크기를 알 수 있다.

• 푸리에 계수는 다음 식으로 구할 수 있는데, 우함수인 경우 b_n=0이며 기함수인 경우 a_n=0이다.

$$a_o = \frac{1}{T}\int_0^T f(t)\,dt = \frac{1}{2\pi}\int_0^{2\pi} f(\omega t)\,d(\omega t) \tag{2-36}$$

$$a_n = \frac{2}{T}\int_0^T f(t)\cos n\omega t\,dt = \frac{1}{\pi}\int_0^{2\pi} f(\omega t)\cos n\omega t\,d(\omega t) \tag{2-37}$$

$$b_n = \frac{2}{T}\int_0^T f(t)\sin n\omega t\,dt = \frac{1}{\pi}\int_0^{2\pi} f(\omega t)\sin n\omega t\,d(\omega t) \tag{2-38}$$

- 예로서 그림 2.50에 보이는 다이오드 정류기의 구형파 입력 전류 i_s에 대한 푸리에 급수 전개식을 구해보도록 하자.
  - 이 구형파 교류 전류 i_s는 기함수이므로 푸리에 계수는 $a_o = 0$, $a_n = 0$이어서, b_n만 구하면 된다.
  - 계수 b_n에서도 반주기마다 같은 파형이 상하 대칭으로 나타나는 반파 대칭이므로, 다음과 같이 홀수 차수의 고조파만 존재한다.

$$\begin{aligned} b_n &= \frac{2}{T}\int_0^T f(t)\sin n\omega t\,dt \\ &= \frac{2}{\pi}\int_0^{\pi} I_m \sin n\theta\,d\theta \\ &= \frac{2I_m}{n\pi}\left[-\cos n\theta\right]_0^{\pi} \\ &= \frac{2I_m}{n\pi}(1-\cos n\pi) \quad (\leftarrow n\text{이 짝수인 경우 영}) \\ &= \frac{4I_m}{n\pi} \quad (\text{단, } n\text{은 홀수}) \end{aligned} \tag{2-39}$$

  - 이렇게 구한 푸리에 계수 b_n으로부터 구형파 전류 i_s는 다음과 같이 표현된다.

$$i_s = \frac{4I_m}{\pi}\left[\sin\omega t + \frac{1}{3}\sin 3\omega t + \frac{1}{5}\sin 5\omega t + \frac{1}{7}\sin 7\omega t \cdots\right] \tag{2-40}$$

■ 기본파 성분 : $i_1 = \dfrac{4I_m}{\pi}\sin\omega t$ (2-41)

■ 고조파 성분 : $i_h = \displaystyle\sum_{n=3,5,7\cdots}^{\infty} \frac{4I_m}{n\pi}\sin n\omega t$ (2-42)

  - 이 구형파 전류 i_s의 주파수가 60Hz인 경우, 기본파는 $4I_m/\pi$ 크기의 60Hz 정현파이며, 고조파는 이 기본파의 홀수배, 즉 3배(180Hz), 5배(300Hz), 7배(420Hz) ⋯의 주파수를 갖고 그 크기는 기본파의 1/3, 1/5, 1/7 ⋯인 정현파 성분들이다.

문제

그림 2.50에 보이는 구형파 전류의 크기 I_m=10A이며, 주파수는 60Hz이다. 이 구형파 전류에 포함된 기본파와 가장 큰 고조파의 주파수와 그 크기는 각각 얼마인가?

답

기본파 전류의 크기 $4I_m/\pi = 4\times 10/\pi = 12.73$A이며 그 주파수는 60Hz이다.

크기가 가장 큰 고조파는 3차 고조파로서 60×3=180Hz이고, 그 크기는 기본파 크기의 1/3이므로 12.73/3 = 4.24A이다.

전고조파 왜율

- 전류나 전압 파형에 고조파가 많이 포함될수록 왜곡이 심해져 비정현적 파형이 된다.
- 교류 전압이나 전류에 포함된 고조파 성분의 양에 대한 평가 지수로서 전고조파 왜율이 통상적으로 사용된다.
- **전고조파 왜율(Total Harmonic Distortion, THD)**

  THD는 비정현 주기파에서 기본파 성분에 대한 전고조파의 비를 나타내며, 그 정의식은 다음과 같다.

■ **전고조파 왜율** $THD = \dfrac{\text{전고조파의 실효값}}{\text{기본파의 실효값}}$

$$= \sqrt{\frac{\sum_{n>1}^{\infty} f_{h,rms}^2}{f_{1,rms}^2}} \times 100\% \tag{2-43}$$

여기서 $f_{1,rms}$와 $f_{h,rms}$는 각각 해당 물리량의 기본파와 고조파 성분의 실효값이다.

- 예로서 다이오드 정류기의 구형파 입력 전류 i_s의 THD_i는 그 실효 전류 $I_{s,rms}$와 기본파 전류 $I_{1,rms}$로부터 다음과 같이 구할 수 있다.

$$THD_i = \sqrt{\frac{I_{s,rms}^2 - I_{1,rms}^2}{I_{1,rms}^2}} \times 100\% \tag{2-44}$$

- 전고조파 왜율 THD는 작을수록 좋으며, 순수 정현파인 경우에는 영이다.

문제

그림 2.50에 보이는 구형파 전류의 크기 I_m=10A이다. 이 구형파 전류의 THD는 얼마인가?

답

이 구형파 전류의 실효값 $I_{s,rms} = I_m = 10A$이며, 기본파 전류의 실효값은 식(2-41)로부터 $I_{1,rms} = 4I_m/\sqrt{2}\pi = 2\sqrt{2} \times 10/\pi = 9A$이다.

따라서 $THD_i = \sqrt{(I_{s,rms}^2 - I_{1,rms}^2)/I_{1,rms}^2} \times 100\% = \sqrt{(10^2 - 9^2)/9^2} \times 100\% = 48.38\%$이다.

비정현파의 실효값과 전력

- 비정현 주기파의 실효값은 모든 주파수 성분들의 실효값을 제곱하여 더한 값의 제곱근이다.
- 예로서 식(2-45)로 표현된 비정현파 전류의 실효값은 식(2-46)과 같이 된다.

$$i(t) = \sqrt{2}[I_1(\sin\omega t + \alpha_1) + I_3(\sin 3\omega t + \alpha_3) + I_5(\sin 5\omega t + \alpha_5) + \ldots] \quad (2\text{-}45)$$

$$I = \sqrt{I_1^2 + I_3^2 + I_5^2 + \cdots} \quad (2\text{-}46)$$

- 비정현 주기파에 의하여 부하에 공급되는 전력 P_o는 다음과 같이 기본파 성분뿐만 아니라 각 고조파 성분이 공급하는 전력들의 합이다.

$$P_o = V_o I_o + \sum_{n=1}^{\infty} V_n I_n \cos\theta_n \quad (2\text{-}47)$$

비정현파의 역률

- 전력을 공급하는 시스템에서 역률(Power Factor, PF)은 매우 중요하다.
- 역률은 전력전달의 효율성을 나타내기 때문으로, 부하에 동일한 유효 전력[W]을 공급할 때 시스템에서 역률이 낮으면 더 많은 피상전력[VA]을 공급해야 한다.
- 따라서 역률은 피상전력에 대한 유효전력의 비로서 나타낸다.
- 순수 저항 부하와 같이 역률이 1이면 저항 부하에서 소비하는 전력만큼의 유효 전력만을 공급하면 되지만, 유도성 부하와 같이 역률이 1보다 작으면 저항 부하에서 소비하는 유효 전력보다 더 큰 전력을 공급해주어야 한다. (이는 인덕터 성분에 무효 전력을 공급해야 하기 때문임)
- 전압과 전류가 정현파인 선형 시스템에서 역률은 간단히 전압에 대한 전류의 위상 θ의 함수로 다음과 같이 주어진다. (그림 2.53의 왼쪽)

$$PF = \frac{\text{유효전력}[W]}{\text{피상전력}[VA]} = \frac{V_s I_s \cos\theta}{V_s I_s} = \cos\theta \tag{2-48}$$

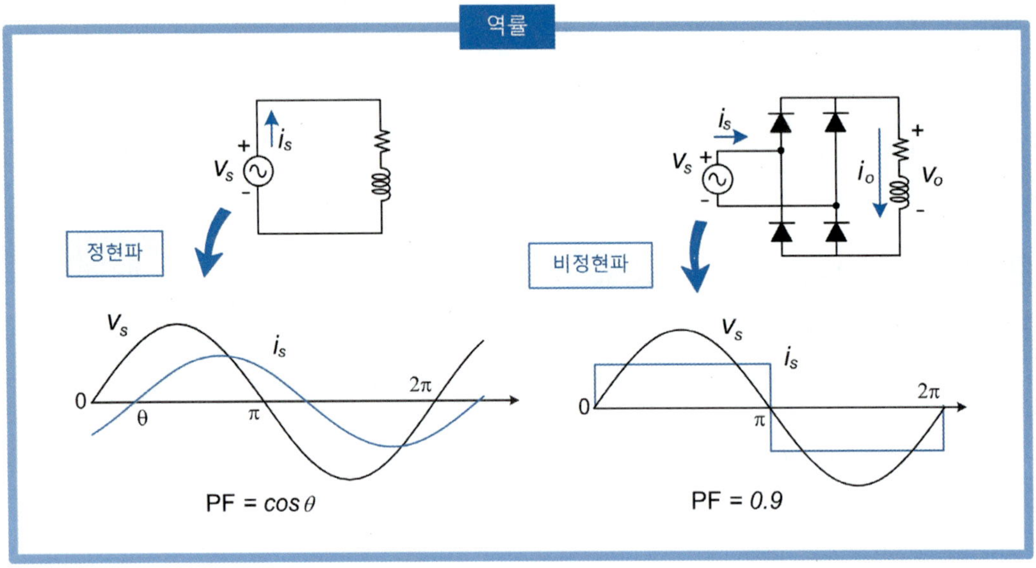

그림 2.53 비정현적인 파형의 역률

- 전압 또는 전류가 비정현파인 경우의 역률은 식(2-48)로 계산되지 않는다.
- 예로서, 입력 전원 전압은 정현파이지만 전류가 비정현파인 유도성 부하를 구동하는 단상 다이오드 정류기에서의 입력 역률을 구해보자. (그림 2.52의 오른쪽)
- 이 경우 입력 전압과 전류의 실효값이 각각 V_s, I_s, 평균 부하 전압과 평균 부하 전류가 각각 V_o, I_o이라면, 피상전력 $V_s \times I_s$이며, 유효 전력 $V_o \times I_o$이므로, 입력 역률은 다음과 같다.

$$\begin{aligned} PF &= \frac{V_o I_o}{V_s I_s} = \frac{V_o}{V_s} && (\leftarrow I_o = I_s) \\ &= \frac{2\sqrt{2}}{\pi} = 0.9 && \left(\leftarrow V_o = \frac{2\sqrt{2}}{\pi} V_s\right) \end{aligned} \tag{2-49}$$

- 더욱이, 그림 2.52의 오른쪽에서 구형파 전류 i_s가 전압 v_s보다 위상 θ 만큼 뒤진다면 입력 역률 $PF = 0.9\cos\theta$가 된다.
- 이처럼 전압 또는 전류가 비정현파인 경우의 역률은 전압과 전류가 모두 정현파인 경우와는 다른데, 이는 고조파에 의한 영향으로 볼 수 있다.

요약

- 정류기는 교류를 직류로 변환하는 전력 변환 장치이다.
- 정류기는 정류될 입력 교류 전원, 정류 방식, 사용된 반도체 소자의 종류에 따라 분류된다.
- 정류할 입력 교류 전원의 종류에 따라서는 단상 정류기와 3상 정류기가 있다.
- 정류 방식에 따라서는 반파 정류기와 전파 정류기로 나뉜다.
- 사용된 반도체 소자에 따라서는 다이오드 정류기와 사이리스터 정류기가 있다.
- 반파 정류기는 교류 전압의 반 주기만을 직류로 변환하므로 입력 전압의 이용률이 나쁘며, 전원 측 변압기의 철심을 포화시키는 문제가 있어 거의 사용되지 않는다.
- 단상 전파 다이오드 정류기는 입력 교류 실효 전압의 90%에 해당하는 직류 전압을 평균적으로 얻을 수 있다.
- 단상 전파 다이오드 정류기는 통상적으로 다이오드 4개를 브리지 형태로 구성하는데, 다이오드 2개와 센터 탭 변압기를 사용한 구성도 있다.
- 단상 다이오드 정류기에서 다이오드의 최대 역전압은 입력 교류 전압의 최댓값이다.
- 단상 전파 다이오드 정류기의 순시 직류 출력 전압에는 전원 주파수 60Hz의 2배인 120Hz의 맥동 성분이 포함되어 있다.
- 출력 직류 전압의 맥동을 감소시키기 위해, 통상적으로 정류기 출력단에 필터 커패시터가 사용된다.
- 필터 커패시터로 인한 입력 전류의 왜곡 문제를 해결하고자 역률 개선 회로(PFC)가 사용된다.
- 3상 전파 다이오드 정류기는 입력 선간전압의 1.35배에 해당하는 직류 전압을 출력할 수 있으며, 단상 정류기보다 좀 더 평활한 직류 전압을 얻을 수 있다.
- 3상 다이오드 정류기에서 다이오드의 최대 역전압은 선간전압의 최댓값이다.
- 단상과 3상 전파 다이오드 정류기에서 출력 전압의 파형은 부하에 상관없이 동일하나, 출력 전류 파형은 부하에 따라 달라진다.

연습 문제

2.1 반파 정류 회로의 문제점은 무엇인가?

2.2 브리지 구성의 단상 전파 다이오드 정류기와 중간 탭 변압기를 사용하여 구성한 단상 전파 다이오드 정류기의 장단점을 설명하시오.

2.3 단상 전파 다이오드 정류기가 AC 200V, 60Hz의 교류 전원에 연결되어 있다. 다음 3가지 부하에 대해 정상상태에서 평균 출력 전압 값과 소비 전력을 구하시오. 단, 부하 저항 R=10Ω이며, 인덕턴스는 충분히 커서 부하 전류는 일정하며, 커패시턴스도 충분히 커서 전압은 일정하다.

① 순수 저항 부하
② 유도성 부하
③ 순수 저항 부하에 필터 캐패시터가 있는 경우

2.4 저항 부하와 유도성 부하에 대해 전파 다이오드 정류기의 리플률을 구하시오. 단, 유도성 부하에서 출력 전류는 일정하다.

2.5 AC 220V 전원에 연결된 단상 전파 다이오드 정류기가 있다. 정상상태에서 다음을 구하시오. 단, 부하는 유도성으로 저항 성분 R=10Ω이고, 인덕턴스 성분은 매우 커서 부하 전류는 연속으로 가정한다.

① 평균 직류 출력 전압
② 부하 전류의 평균값과 실효값
③ 다이오드의 평균 전류
④ 다이오드의 내압
⑤ 입력 전류의 전고조파 왜율(THD)
⑥ 역률

2.6 AC 220V 전원에 연결된 3상 전파 다이오드 정류기가 있다. 정상상태에서 다음을 구하시오. 단, 부하는 유도성으로 저항 성분 R=10Ω이고, 인덕턴스 성분은 매우 커서 부하 전류는 연속으로 가정한다.

① 평균 직류 출력 전압
② 부하 전류의 평균값과 실효값
③ 다이오드의 평균 전류
④ 다이오드의 내압
⑤ 입력 전류의 전고조파 왜율(THD)
⑥ 역률

03

위상제어 정류기

3.1 위상제어 정류기

- **위상제어 정류기(Phase Controlled Rectifier)**는 사이리스터를 사용하여 교류를 직류로 변환하는 정류 장치로서, 직류 출력 전압을 가변할 수 있는 특징을 가진다.
- 사이리스터는 다이오드와 다르게 게이트 단자에 인가하는 점호 신호로 그 도통 여부를 조절할 수 있으므로, 그림 3.1에 보이듯이 교류 입력 전압의 위상에 대해 도통 시점을 가변하면 정류기의 직류 출력 전압의 크기를 제어할 수 있다.
- 또한, 위상제어 정류기는 다이오드 정류기와는 달리 부하 에너지를 전원 측으로 전달하는 **전력 회생** 동작이 가능하다는 장점이 있다.
- **응용 분야**

  위상제어 정류기의 적용 분야로는 직류 전동기 속도제어시스템, 고압 직류 송전시스템, 전기 도금장치, 점화장치, 누전차단기 등이 있다.

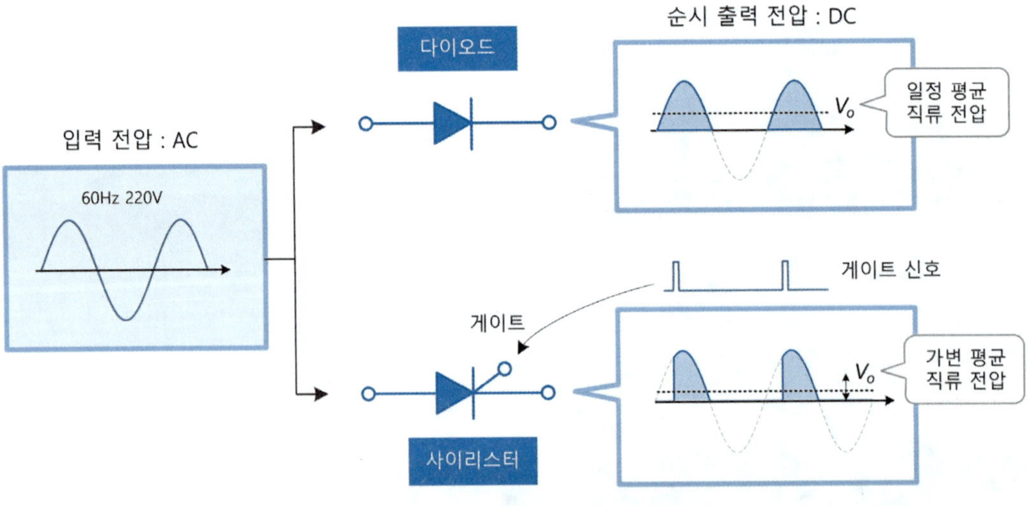

그림 3.1 사이리스터와 다이오드의 도통 특성

3.1.1 위상제어 정류기의 종류

- 위상제어 정류기는 다이오드 정류기와 마찬가지로 교류 입력 전압의 종류에 따라 단상과 3상 위상제어 정류기가 있으며, 각각에 대해 반파와 전파 정류기가 있다. (그림 3.2)
- 이외에도 위상제어 정류기로는 다이오드와 사이리스터를 동시에 사용하는 **세미 위상제어 정류기**와 **GTO 사이리스터를 사용한 위상제어 정류기**도 있는데, 이 두 정류기는 역률을 개선할 수 있다는 장점이 있다.

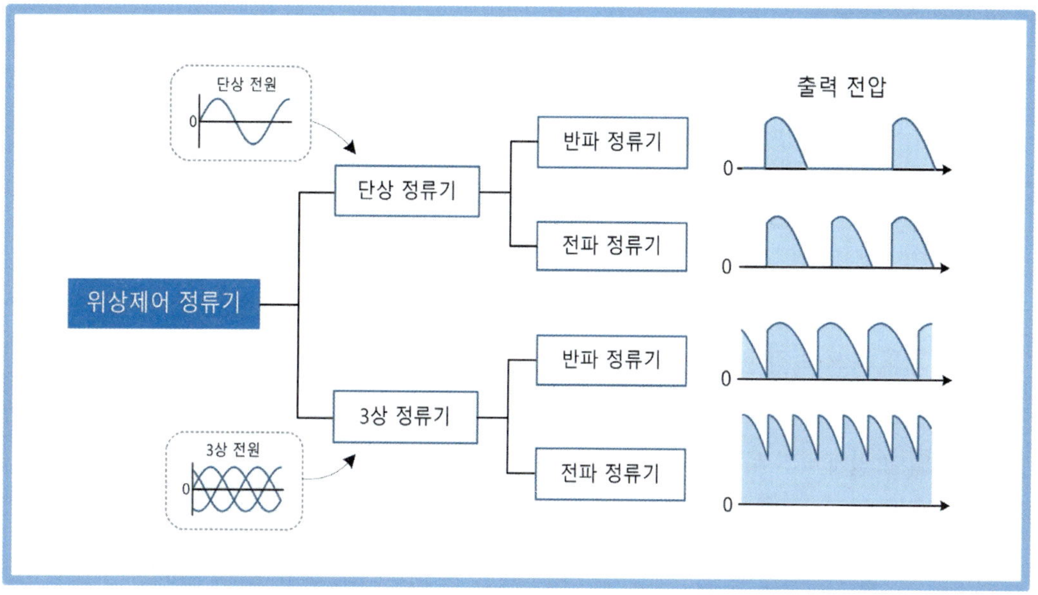

그림 3.2 위상제어 정류기의 종류

• 사이리스터로 구성한 여러 가지 위상제어 정류 회로가 그림 3.3에 보인다.

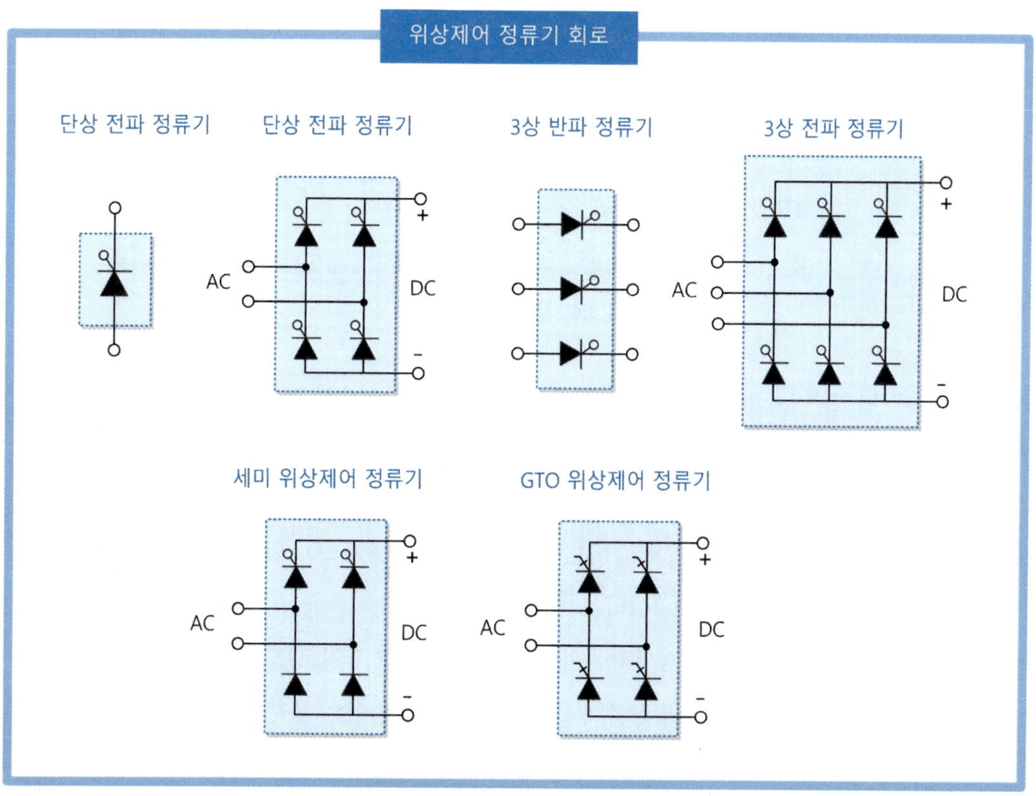

그림 3.3 위상제어 정류 회로

▌사이리스터의 동작 특성

- 위상제어 정류기의 동작 특성을 알아보기 위해, 우선 위상제어 정류 회로에 사용되는 사이리스터는 이상적인 스위치라고 가정한다.
- 사이리스터의 동작 특성을 다시 요약해보자. (그림 3.4)

  - **도통** : 순방향 전압이 인가된 상태에서 즉, 애노드(A) 전위가 캐소드(K)보다 높은 상태에서 게이트 단자(G)에 전류 펄스 i_g가 인가되면 사이리스터는 턴-온 되고, 애노드에서 캐소드 쪽으로 전류가 흐른다.
  - **차단** : 순방향 전압이 인가되었지만 게이트 단자에 전류 펄스를 인가하지 않거나, 역방향 전압이 인가되면 사이리스터는 오프 된다.

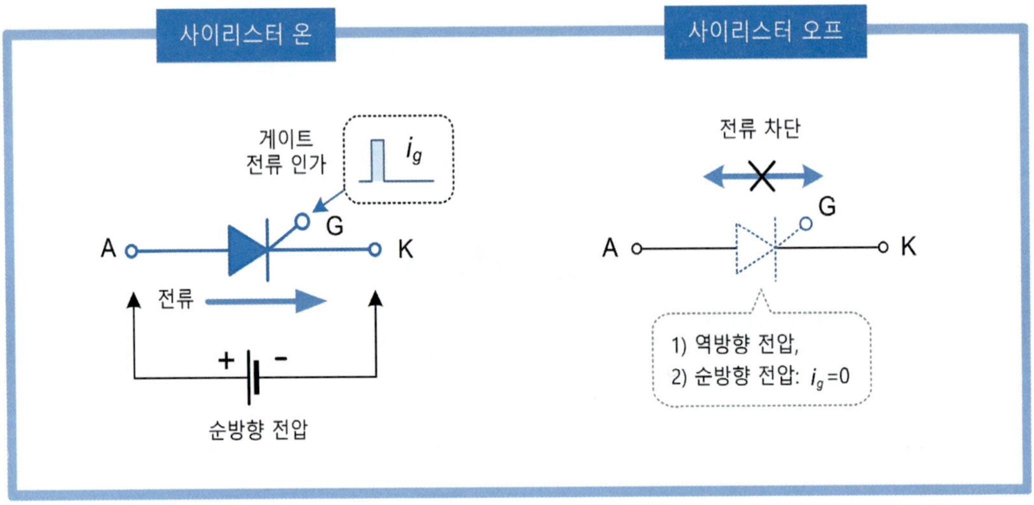

그림 3.4 사이리스터의 동작

▌사이리스터의 점호 각 α

- 위상제어 정류기에서는 출력 직류 전압의 평균값을 제어하기 위해, 사이리스터를 지연시켜 턴-온 시킴으로써 전원 전압의 정류 범위를 제어한다. (그림 3.5)
- 이렇게 사이리스터를 턴-온 시키는 게이트 전류 신호 i_g가 인가되는 위상 각 α를 **지연 각(Delay Angle)** 또는 **점호 각(Firing Angle)**이라고 부른다.
- 위상 각 $\alpha = 0°$의 기준 위치는 정류기에서 사이리스터 대신 다이오드가 사용될 때 도통하는 시점이라고 보면 되는데, 단상 전원 전압 $v_s (= \sqrt{2}\, V \sin \omega_s t)$을 사용하는 경우 $\omega t = 0°$이다.

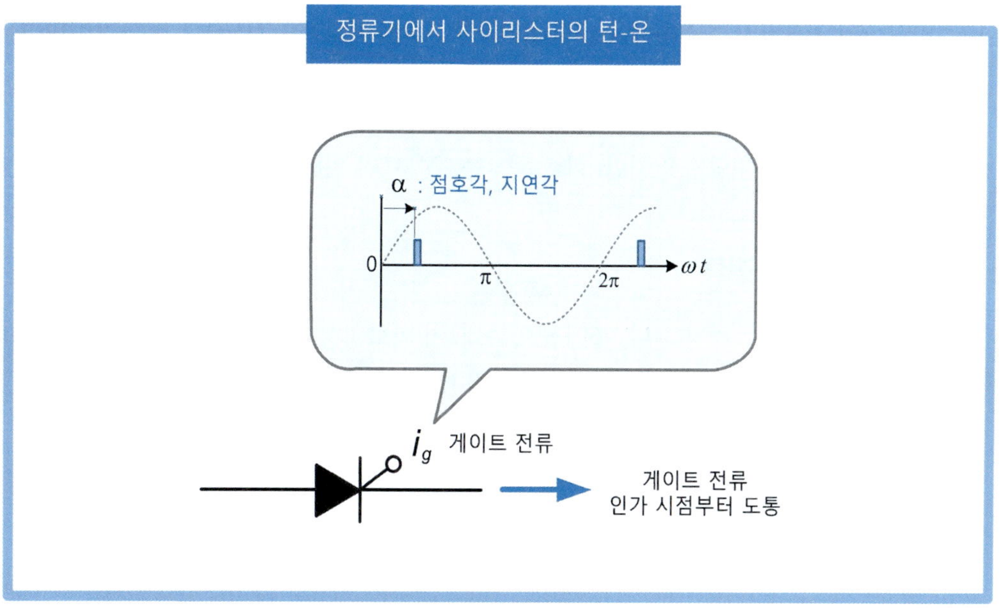

그림 3.5 지연 각 또는 점호각

- 이제 사이리스터를 사용한 위상제어 정류기의 동작에 대해서 살펴보도록 하자.
- 먼저 단상 위상제어 정류기에 대해 살펴보고, 다음으로 좀 더 대전력을 다룰 수 있는 3상 위상제어 정류기에 대해 살펴보기로 한다.

3.2 단상 위상제어 정류기(Single Phase-Controlled Rectifier)

- 단상 위상제어 정류기에는 반파 정류기와 전파 정류기가 있다.
- 반파 정류기는 거의 사용되지 않지만, 회로 동작을 알아보기 위해 먼저 살펴보도록 한다.

3.2.1 반파 위상제어 정류기

- 단상 반파 위상제어 정류기가 그림 3.6에 보이는데, 이 회로의 경우 전원 전압의 양(+)의 반주기만 직류로 정류되도록 사이리스터가 배치되어 있다.

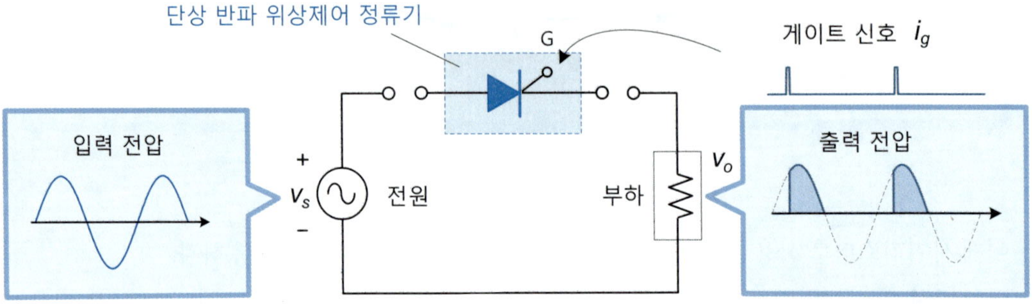

그림 3.6 반파 위상제어 정류기

- 위상제어 정류기도 다이오드 정류기처럼 출력에 연결된 부하의 종류에 따라 그 동작이 달라지므로, 부하에 따라 그 회로 동작을 따로 살펴볼 필요가 있다.
- 먼저 동작이 간단한 저항 부하에 대해 알아보고, 다음으로 유도성 부하에 대해 알아보도록 한다.

(1) 순수 저항 부하

▌회로 동작

- 저항 부하의 경우 회로 동작은 전원 전압의 극성과 게이트 신호에 따라 달라진다.
- 우선, 사이리스터를 턴-온 시키는 게이트 전류는 전원 전압 $\omega t = 0°$를 기준으로 어떤 위상각 α에서 인가한다고 가정한다.

① 양(+)의 전원 전압 ($0 \le \omega t < \alpha$ 구간) → 사이리스터 차단

- 이 구간에서 전원 전압 $v_s > 0$이므로 사이리스터는 순방향 바이어스이지만, 게이트 전류 펄스가 아직 인가되지 않았으므로 오프 상태이다. (그림 3.7)
- 따라서 부하는 전원과 분리되어 출력 부하 전압 $v_o = 0$이다.

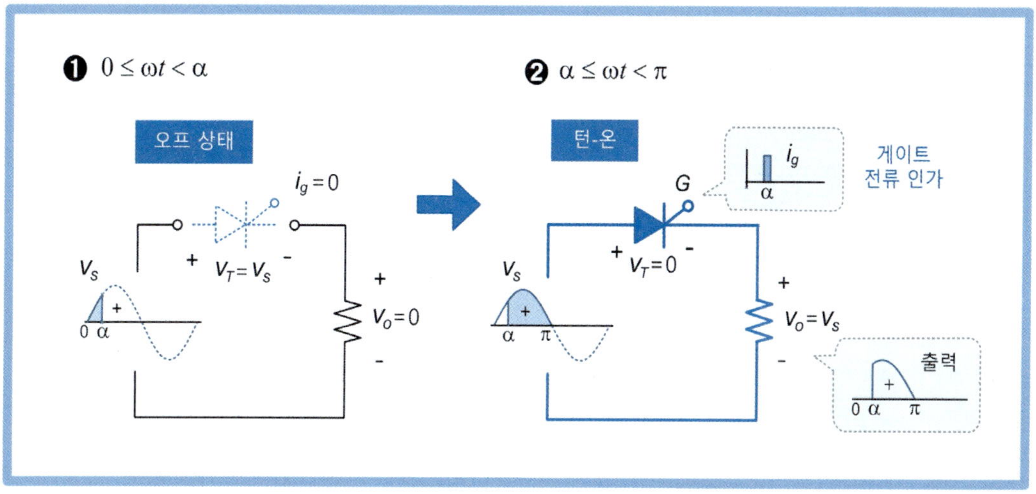

그림 3.7 반파 위상제어 정류기 동작 : 양(+)의 전원 전압

- 차단 상태인 사이리스터의 전압 v_T는 전원 전압 v_s와 같다.

② 양(+)의 전원 전압 ($\alpha \leqq \omega t < \pi$ 구간) → 사이리스터 도통

- 위상각 $\omega t = \alpha$에서 게이트 단자에 전류 펄스 i_g를 인가하면, 순방향 바이어스 상태인 사이리스터가 즉각 턴-온 된다.
- 부하와 전원이 사이리스터를 통해 연결되므로, 전원 전압이 부하로 출력된다. 따라서 출력 전압은 다음과 같다.

$$v_o = v_s = \sqrt{2}\,V\sin\omega t \tag{3-1}$$

- 이러한 출력 전압 v_o와 부하 저항에 따른 부하 전류 i_o가 사이리스터에 흐른다.

$$i_o = \frac{v_o}{R} = \frac{\sqrt{2}\,V\sin\omega t}{R} \tag{3-2}$$

- 사이리스터는 도통 상태이므로, 사이리스터 전압 $v_T = 0$이다.(실제 사이리스터에서는 전류 크기에 따른 약 1V 정도의 전압 강하가 있다.)
- 사이리스터의 도통 상태는 전원 전압이 음이 되어 사이리스터 전류가 영이 되는 $\omega t = \pi$까지 지속된다.

③ 음(−)의 전원 전압 ($\pi \leqq \omega t < 2\pi$ 구간) → 사이리스터 차단

- 이 구간에서 전원 전압 $v_s < 0$이므로 사이리스터는 역방향 바이어스로 전류가 영이 되어 오프된다. (그림 3.8)
- 따라서 출력 전압 $v_o = 0$이다.

- 차단 상태인 사이리스터의 전압 v_T는 전원 전압 v_s와 같다.
- 이처럼 교류 전원 전압에 의해 사이리스터가 자연적으로 턴-오프되는 것을 **자연 소호(Natural Commutation)**라고 한다.

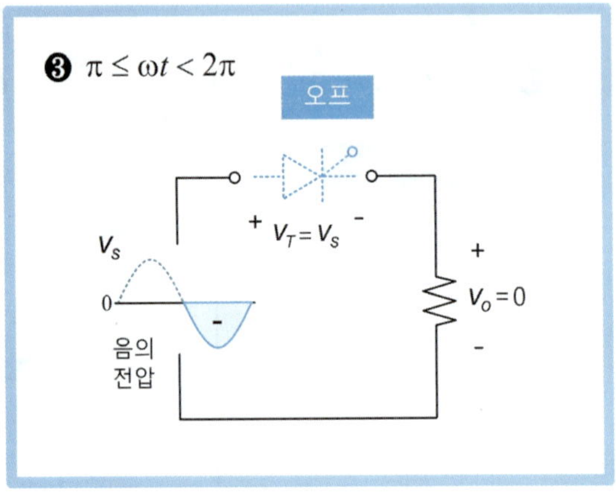

그림 3.8 음의 전원 전압

- 반파 위상제어 정류기에서는 반파 다이오드 정류기처럼 전원 전압의 양(+)의 반주기에만 교류 전압이 직류 전압으로 정류될 수 있는데, 게이팅 신호의 점호 각 α에 따라 그 정류 범위가 달라져 직류 평균 출력 전압의 크기가 달라진다.
- 점호 각 α의 가변 가능한 범위는 사이리스터가 순방향 바이어스 상태인 $0 \sim \pi$이다.
- 여러 점호 각 α에 따른 직류 출력 전압의 변동이 그림 3.9에 보인다.

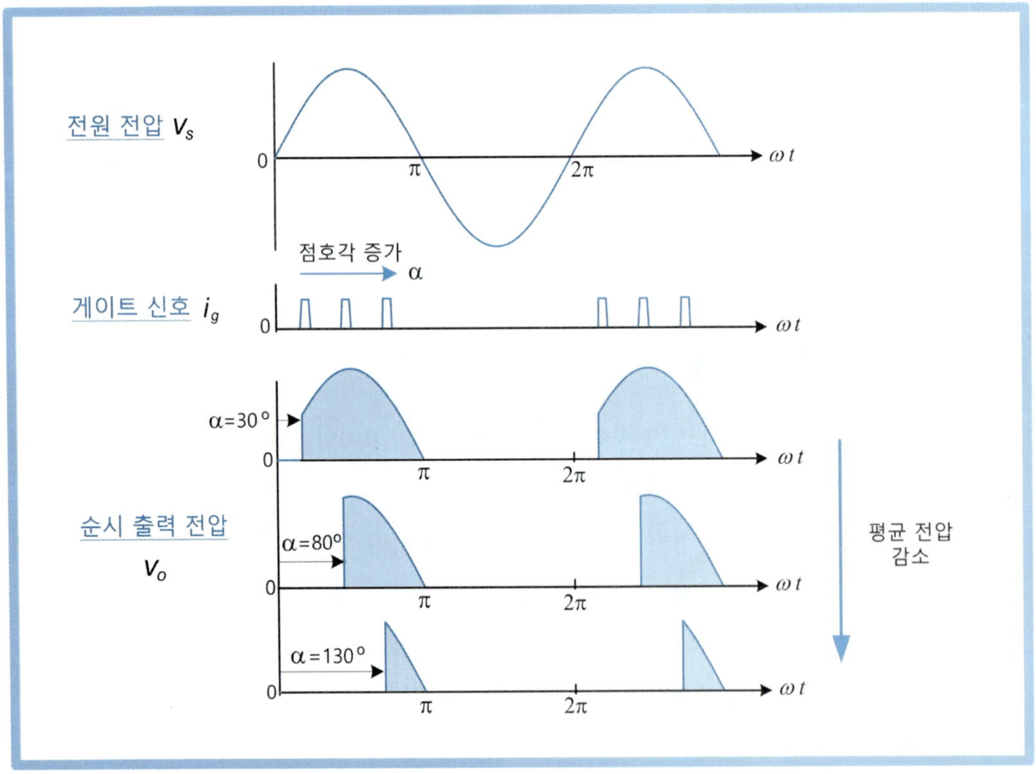

그림 3.9 점호 각에 따른 반파 위상제어 정류기의 동작

• 이제 단상 반파 위상제어 정류기의 직류 평균 출력 전압이 점호 각 α에 따라 어떻게 달라지는지 구해보도록 하자.

직류 평균 출력 전압(저항 부하)

• 반파 위상제어 정류기에서는 전원 전압의 $0 \sim 2\pi(=360°)$ 구간 중 $\alpha \sim \pi$의 구간만이 정류되므로, 평균 직류 출력 전압은 다음과 같이 구할 수 있다. (그림 3.10)

• **직류 평균 출력 전압 V_o**

$$V_o = \frac{1}{2\pi}\int_0^{2\pi} v_o d(\omega t)$$

$$= \frac{1}{2\pi}\int_\alpha^{\pi} \sqrt{2}\, V \sin\omega t\, d(\omega t)$$

참고 $\left(\int \sin x\, dx = -\cos x\right)$

$$= \frac{\sqrt{2}\, V}{2\pi}\left[-\cos\omega t\right]_\alpha^\pi$$

$$= \frac{\sqrt{2}\, V}{2\pi}(1+\cos\alpha)$$

$$= 0.225\, V(1+\cos\alpha)\ [\mathrm{V}] \qquad (3\text{-}3)$$

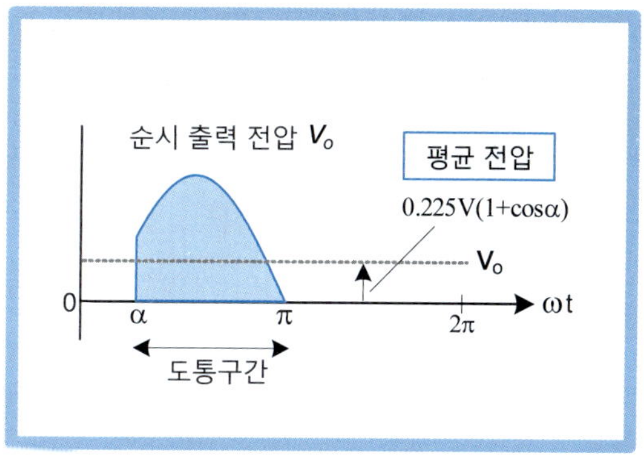

그림 3.10 평균 출력 전압

• **직류 평균 전압의 변동 범위**

- 점호 각 α는 $0 \sim \pi$범위 내에서 가변할 수 있으므로, 이에 따라 직류 평균 출력 전압 V_o는 $0.45\,V$[V]에서 0[V]까지 가변시킬 수 있다.
- 사이리스터를 턴-온/오프하는 데에는 일정 시간이 필요하므로, 실제 제어 가능한 최대 점호 각 α_{max}는 π보다는 작다.

문제

AC 220V **실효값의 교류 전압을 입력으로 사용하는 단상 반파 위상제어 정류기에서 점호 각** $\alpha = 30°$ **인 경우 직류 평균 전압의 크기는 얼마인가?**

답

직류 평균 전압 $V_o = 0.225\,V(1+\cos\alpha) = (0.225\times 220)(1+\cos 30°)$ =92.37V이다.

• 다음으로, 유도성 부하를 구동하는 경우 반파 위상제어 정류기의 동작을 살펴보도록 하자.

(2) 유도성 부하

동작 특성

- 저항 부하와 유도성 부하와의 동작 특성 비교가 그림 3.11에 보인다.
- 저항 부하 시에 사이리스터의 도통 구간은 점호 각 α부터 π까지이지만, 유도성 부하 시에 도통 구간은 α부터 π이상으로 증가한다.
- 구간은 전류가 영이 되어야 꺼지는데, 유도성 부하의 경우 인덕터 성분에 저장된 에너지가 방출되어야 하므로, π 이후에야 비로소 부하 전류가 영이 되기 때문이다.
- 이로 인해 사이리스터는 π 이후까지 도통하게 되며, 이에 따라 출력 전압 v_o의 파형에 음(-)의 전원 전압이 전류가 영이 될 때까지 나타난다.
- 부하의 인덕턴스 성분이 클수록 전류는 늦게 영으로 감소한다.
- 이러한 반파 위상제어 정류기는 점호 각 α부터 전류가 증가한다는 것을 제외하고는, 그 동작 특성이 반파 다이오드 정류기와 거의 유사하다.

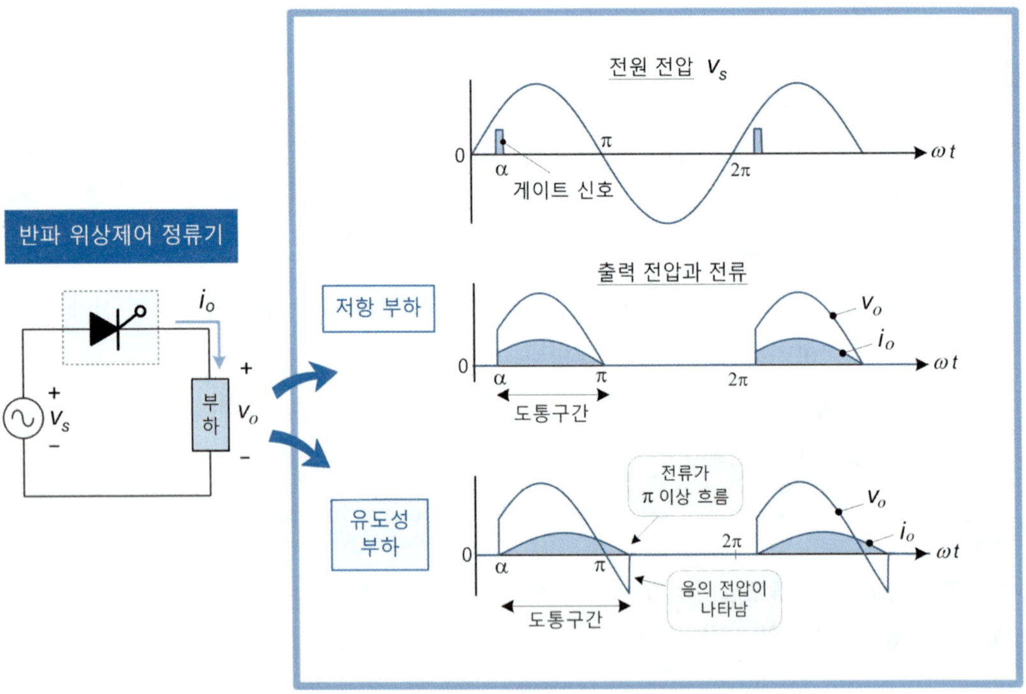

그림 3.11 반파 위상제어 정류기의 부하에 따른 동작

- 다음으로, 유도성 부하 시에 점호 각 α에 따라 직류 평균 출력 전압이 어떻게 변동하는지 구해보도록 하자.

▌직류 평균 출력 전압(유도성 부하)

- 유도성 부하의 경우 사이리스터가 전원 전압이 음(-)인 π 이후까지 도통하여, 출력 전압 v_o의 파형에 음의 값이 나타나기 때문에 평균 출력 전압은 저항 부하 시보다 작아진다.
- 전류가 영이 되는 지점을 β 라고 하면, 전원 전압 한 주기 중에 $\alpha \sim \beta$ 구간 동안 교류 전원 전압이 부하로 출력되므로, 직류 평균 출력 전압은 다음과 같이 β 의 함수로 구할 수 있다. (그림 3.12)

- **직류 평균 출력 전압 V_o**

$$
\begin{aligned}
V_o &= \frac{1}{2\pi}\int_0^{2\pi} v_o \, d(\omega t) \\
&= \frac{1}{2\pi}\int_\alpha^{\beta} V_m \sin\omega t \, d(\omega t) \\
&= \frac{V_m}{2\pi}\left[-\cos\omega t\right]_\alpha^\beta \\
&= \frac{V_m}{2\pi}(\cos\alpha - \cos\beta) \qquad (3\text{-}4)
\end{aligned}
$$

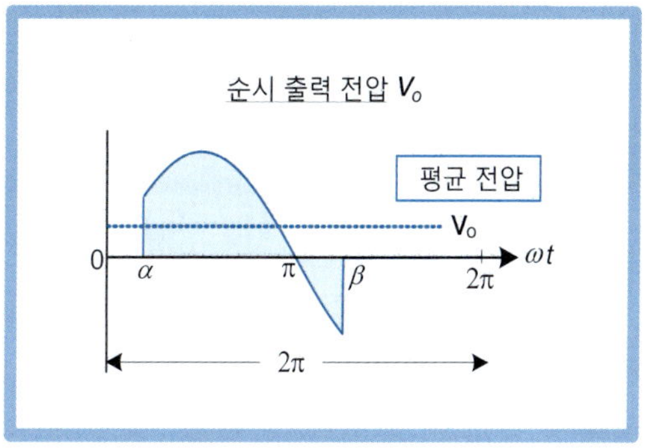

그림 3.12 평균 출력 전압

- 부하의 인덕턴스 성분이 크면 β 가 커지므로, 직류 평균 출력 전압이 작아진다.

- 다이오드 정류기에서 언급했듯이, 반파 정류기를 사용하면 전원 측 전류가 한 방향으로만 흐르므로 입력 전원 측에 있는 변압기의 철심을 한 방향으로 포화시키는 문제가 발생하므로 거의 사용되지 않는다.

- 다음으로, 단상 전파 위상제어 정류기에 대해 살펴보기로 하자.

3.2.2 전파 위상제어 정류기(Full-Wave Phase-Controlled Rectifier)

- 단상 전파 위상제어 정류기는 단상 전파 다이오드 정류기에서 단순히 다이오드가 사이리스터로 바뀐 회로라고 볼 수 있다. (그림 3.13)
- 따라서 단상 전파 위상제어 정류기는 4개의 사이리스터로 구성된다.
- 4개의 사이리스터 중에 대각선에 있는 사이리스터 두 개씩 즉, T_1과 T_4 및 T_2와 T_3이 쌍으로 동작한다.

- 단상 전파 위상제어 정류기에서도 먼저 동작이 간단한 저항 부하에 대해 회로 동작을 알아보고, 다음으로 유도성 부하에 대해 알아보도록 한다.

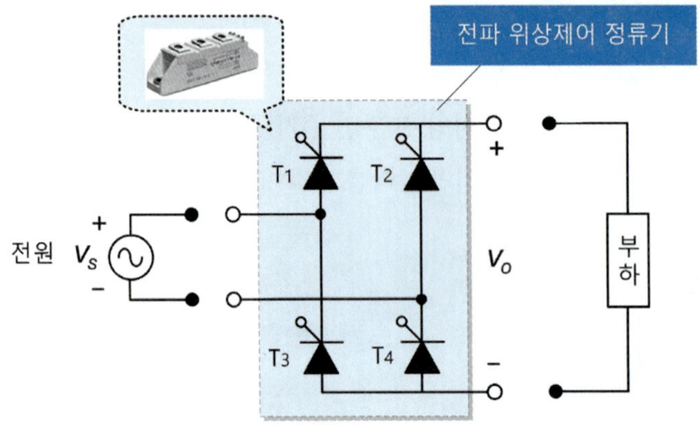

그림 3.13 단상 전파 위상제어 회로

(1) 순수 저항 부하

회로 동작

- 직류 평균 전압을 가변하기 위해 각각의 사이리스터를 전원 전압의 $\omega t = 0°$는 기준으로 필요한 위상각 α 만큼 지연시켜 턴-온 시킨다고 가정한다.
- 이를 위해 T_1과 T_4는 위상각 $\omega t = \alpha$에서, T_2와 T_3은 반 주기 후인 위상각 $\omega t = \pi + \alpha$에서 턴-온을 위해 게이팅 단자에 전류 펄스를 인가하여 준다.

① 양(+)의 전원 전압 ($0 \leq \omega t < \alpha$) → 차단 구간

- 이 구간에서 전원 전압 $v_s > 0$이므로 T_1과 T_4는 순방향 바이어스이지만, 게이트 전류 펄스가 인가되지 않았으므로 오프 상태이다. (그림 3.14의 왼쪽 회로)
- 이때 T_2와 T_3은 역방향 바이어스이므로 오프 상태이다.
- 이에 따라 부하는 전원과 분리되어, 출력 부하 전압은 $v_o = 0$이다.
- 4개 사이리스터는 모두 오프 상태이므로 전압을 저지하고 있는데, T_1과 T_4의 전압은 전원 전압 v_s와 같으며, T_2와 T_3의 전압은 전원 전압의 역인 $-v_s$이다.

② 양(+)의 전원 전압 ($\alpha \leq \omega t < \pi$) → 정류 구간

- 위상각 $\omega t = \alpha$에서 순방향 바이어스 상태인 T_1과 T_4에 게이트 전류 펄스를 인가해주면 즉각 턴-온 된다. (그림 3.14의 오른쪽 회로)
- 이에 따라 전원과 부하가 연결되므로, 출력 부하 전압 v_o는 전원 전압과 같아진다.

$$v_o = v_s = \sqrt{2}\,V\sin\omega t \tag{3-5}$$

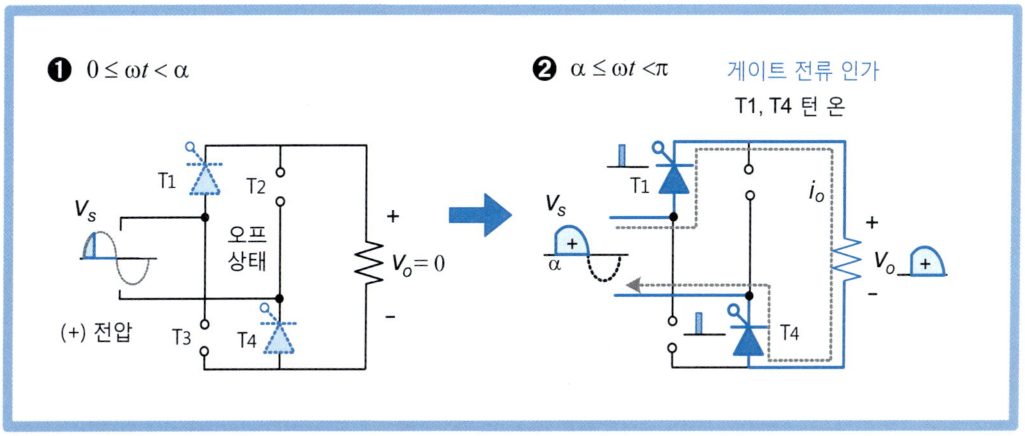

그림 3.14 단상 전파 위상제어기의 동작 1 : 저항 부하

③ 음(−)의 전원 전압 ($\pi \leqq \omega t < \pi + \alpha$) → 차단 구간

- 전원 전압이 음이 되면 T_1과 T_4에는 역전압이 인가되어 저절로 턴-오프된다. (그림 3.15의 왼쪽 회로)
- 이때 T_2와 T_3은 순방향 바이어스이지만, 아직 게이트 전류 펄스가 인가되지 않은 상태이므로 오프 상태이다.
- 이에 따라 부하는 전원과 분리되어 출력 전압 $v_o = 0$이다.

④ 음(−)의 전원 전압 ($\pi + \alpha \leqq \omega t < 2\pi$) → 정류 구간

- 위상각 $\omega t = \pi + \alpha$에서 순방향 바이어스 상태인 T_2와 T_3에 게이트 전류 펄스를 인가하면 즉각 턴-온 된다. (그림 3.15의 오른쪽 회로)

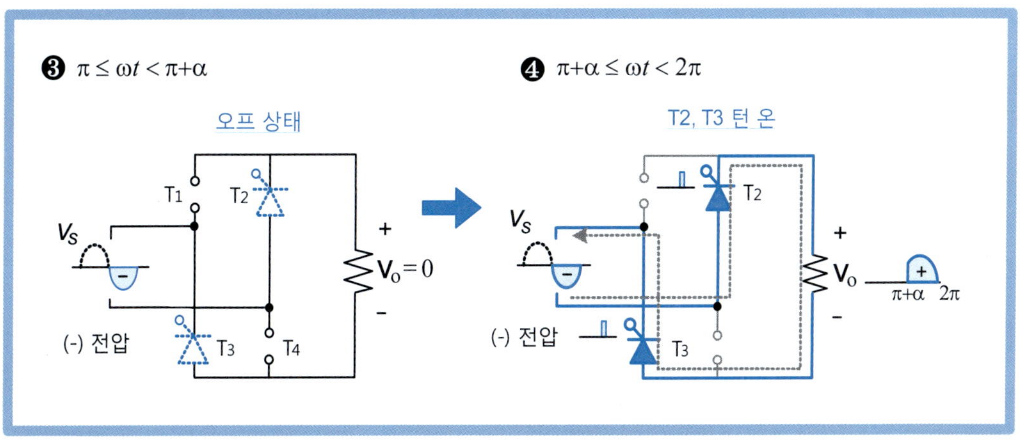

그림 3.15 단상 전파 위상제어기의 동작 2 : 저항 부하

- 이 경우 전원 전압은 음이지만 회로 구성으로 인해 부하에는 다음과 같이 양의 전압이 출력 된다.

$$v_o = -\sqrt{2}\,V\sin\omega t \qquad (\pi+\alpha \leqq \omega t < 2\pi) \tag{3-6}$$

- 위상각 $\omega t \geqq 2\pi$ 이후 전원 전압이 다시 양(+)이 되면 T_2와 T_3은 역방향 바이어스되어 자연적으로 턴-오프되며, 앞의 동작이 다시 반복된다.

• 단상 전파 위상제어 정류기에서 점호 각 α에 따른 출력 전압 파형이 그림 3.16에 보인다.

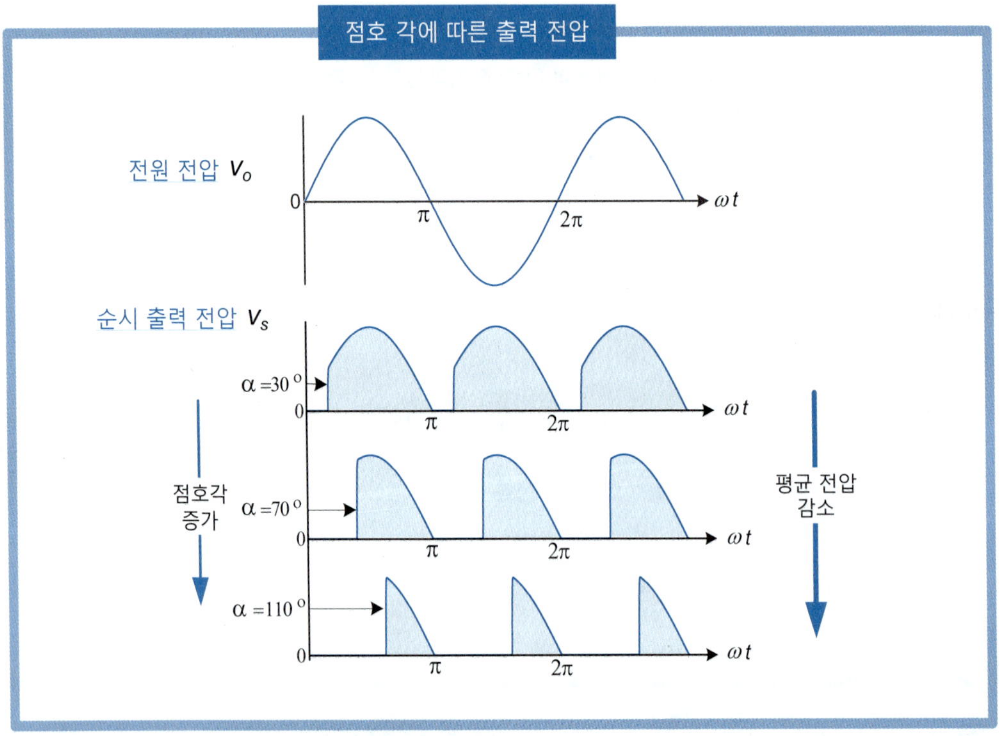

그림 3.16 점호 각에 따른 전파 위상제어 정류기의 출력 전압

• 이제 단상 전파 위상제어 정류기에서 저항 부하 시에 점호 각 α에 따른 직류 평균 출력 전압을 구해보도록 하자.

직류 평균 출력 전압(저항 부하)

• 이 정류기에서는 전원 전압 반주기 중 $\alpha \sim \pi$의 구간에서만 부하로 출력되므로, 직류 평균 출력 전압은 다음과 같이 구할 수 있다. (그림 3.17)

• **직류 평균 출력 전압 V_o**

$$\begin{aligned} V_o &= \frac{1}{\pi}\int_0^{\pi} v_o\, d(\omega t) \\ &= \frac{1}{\pi}\int_{\alpha}^{\pi} \sqrt{2}\, V \sin\omega t\, d(\omega t) \\ &= \frac{\sqrt{2}\,V}{\pi}[-\cos\omega t\,]_{\alpha}^{\pi} \\ &= \frac{\sqrt{2}\,V}{\pi}(1+\cos\alpha) \\ &= 0.45\,V(1+\cos\alpha) \end{aligned} \tag{3-7}$$

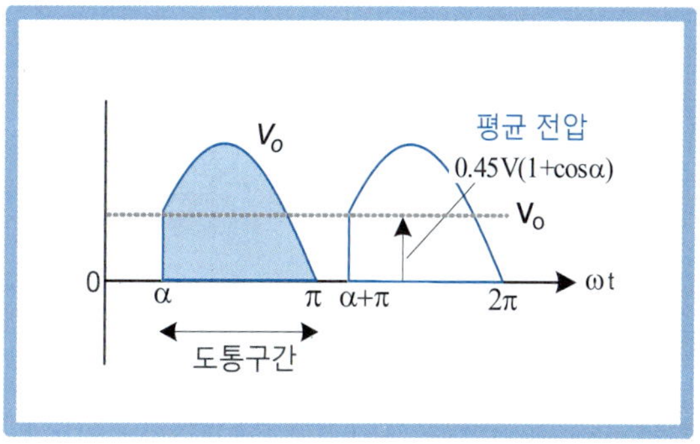

그림 3.17 평균 출력 전압

• **직류 평균 출력 전압의 가변 범위**

점호 각 α는 0 ~ 180° 범위 내에서 제어할 수 있으므로, 직류 평균 출력 전압을 0.9 V[V]에서 0[V]까지 가변할 수 있다.

문제

220V AC 전원에 연결된 단상 전파 위상제어 정류기에서 점호 각 $\alpha = 30°$ 인 경우 저항 부하에 공급할 수 있는 직류 평균 출력 전압은?

답

점호 각 $\alpha = 30°$ 의 경우 직류 평균 출력 전압 $V_o = 0.45\,V(1+\cos\alpha) = 0.45 \cdot 220(1+\cos 30°) = 184.7$ V이다.

• **평균 출력 부하 전류 I_o**

이러한 평균 출력 전압 V_o로부터 부하 저항에 흐르는 평균 부하 전류 I_o는 다음과 같다.

$$I_o = \frac{V_o}{R} = \frac{\sqrt{2}\,V}{\pi R}(1+\cos\alpha) \tag{3-8}$$

• 다음으로, 이러한 단상 전파 위상제어 정류기의 입력과 출력의 전압과 전류 특성을 살펴보도록 하자.

입력과 출력 특성

• 예로서 지연 각 α=30°의 경우 위상제어 정류기의 입출력 동작 파형이 그림 3.18에 보인다.

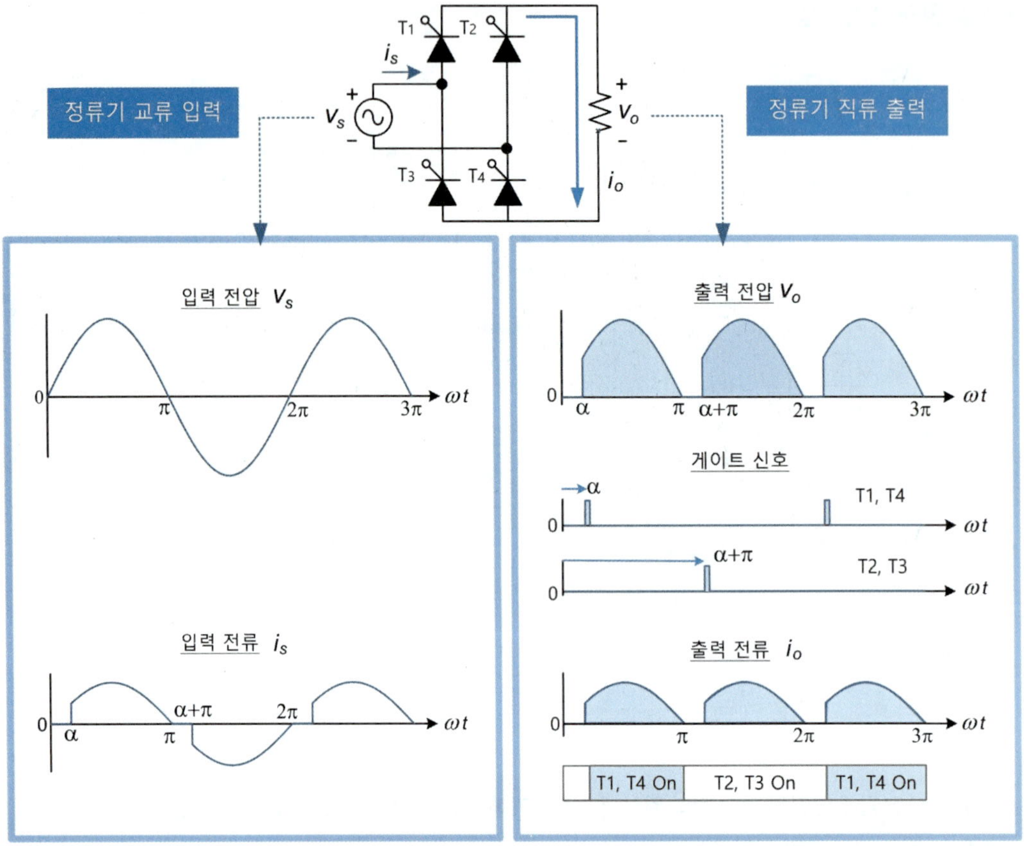

그림 3.18 전파 위상제어 정류기의 동작 파형

- **출력 직류 전압** : 점호 각 α 시점부터 π까지 전원 전압이 출력되며, 전원 전압 주파수의 2배인 120Hz 리플 성분을 가진 반 주기 정현파 형태의 직류 전압이다.
- **출력 직류 전류** : 저항 부하이므로 직류 부하 전류의 모양은 출력 전압과 동일한 반 주기 정현파 형태이며, 그 크기는 부하 저항값 R에 반비례한다.
- **입력 교류 전류** : 부하 전류와 동일한 형태의 전류가 입력 교류 전원 측에 흐르며, 점호 시점의 지연으로 인해 왜곡이 발생한다.

- 다음으로, 유도성 부하를 구동하는 경우의 회로 동작에 대해 살펴보도록 하자.

(2) 유도성 부하

- 유도성 부하의 경우 부하 인덕턴스 성분의 크기에 따라 부하 전류가 연속 또는 불연속이 될 수 있지만, 여기서는 부하 인덕턴스가 충분히 커서 부하 전류가 연속인 경우를 가정하고 정상상태 시의 회로 동작을 살펴보기로 한다.

회로 동작(부하 전류 연속)

① 양(+)의 전원 전압 ($\alpha \leq \omega t < \pi$ 구간) → T_1과 T_4 도통

- 전원 전압 $v_s > 0$으로 순방향 바이어스 상태인 T_1과 T_4에 위상각 $\omega t = \alpha$에서 게이트 전류 펄스를 인가하면 즉각 턴-온 된다. (그림 3.19의 왼쪽 회로)
- 이에 따라 전원과 부하가 연결되므로, 출력 부하 전압 v_o는 전원 전압과 같아진다.

② 음(−)의 전원 전압 ($\pi \leq \omega t < \pi + \alpha$ 구간) → T_1과 T_4 도통

- 위상각 $\omega t \geq \pi$에서 v_s가 음(−)이 되면, T_2와 T_3이 순방향 바이어스 상태가 되지만 아직 게이트 전류 펄스가 인가되지 않았으므로 오프 상태가 유지된다.
- 전류가 연속이라고 가정했으므로, 이 경우 부하 전류는 T_1과 T_4를 통해 계속 흐른다. (그림 3.19의 오른쪽 회로)
- 이에 따라 출력 부하에는 음(−)의 전원 전압이 나타난다.

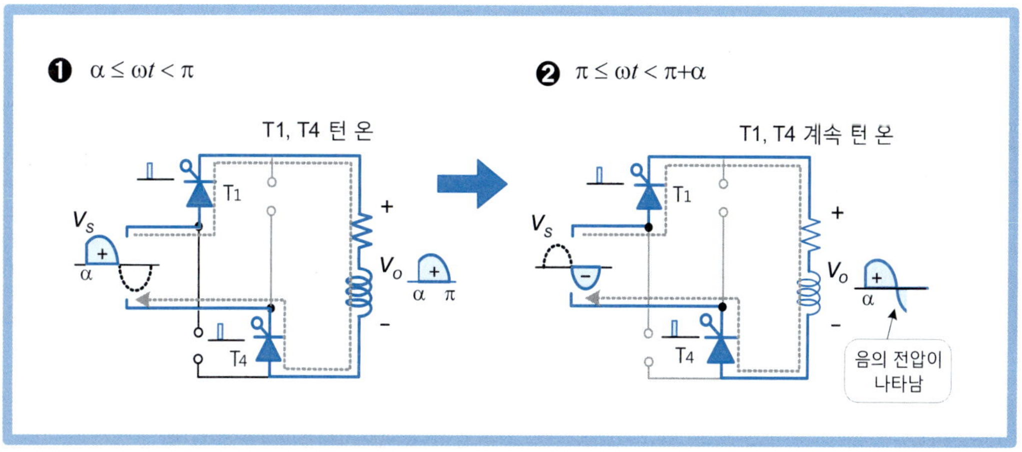

그림 3.19 단상 전파 위상제어 정류기의 동작 1 : 유도성 부하

③ 음(−)의 전원 전압 ($\pi + \alpha \leq \omega t < 2\pi$ 구간) → T_2와 T_3 도통

- 위상각 $\omega t = \pi + \alpha$에서 순방향 바이어스 상태인 T_2와 T_3에 게이트 전류 펄스를 인가하면 즉각 턴-온 된다.
- 이제 부하 전류는 T_2와 T_3을 통해 흐르므로, 역 바이어스 상태인 T_1과 T_4는 바로 턴-오프 된다. (그림 3.20의 왼쪽 회로)
- 이 경우 전원 전압은 음이지만, 부하와 전원이 T_2와 T_3을 통해 역으로 연결되므로 부하에는 양의 전압이 출력된다.

④ **음(−)의 전원 전압 ($2\pi \leq \omega t < 2\pi + \alpha$ 구간) → T_2와 T_3 도통**

- 위상각 $\omega t > 2\pi$에서 전원 전압이 다시 양(+)이 되면 T_1과 T_4는 순방향 바이어스 상태이지만 게이트 전류가 아직 인가되지 않았으므로 오프 상태이다. (그림 3.20의 오른쪽 회로)
- 부하 전류가 연속이라고 가정했으므로, 부하 전류는 T_2와 T_3을 통해 계속 흐른다.
- 이에 따라 출력 부하에는 음(−)의 전원 전압이 나타난다.
- 위상각 $\omega t = 2\pi + \alpha$에서 순방향 바이어스 상태인 T_1과 T_4에 게이트 전류 펄스를 인가하여 다시 턴-온 될 때까지 이러한 도통 상태가 지속된다.

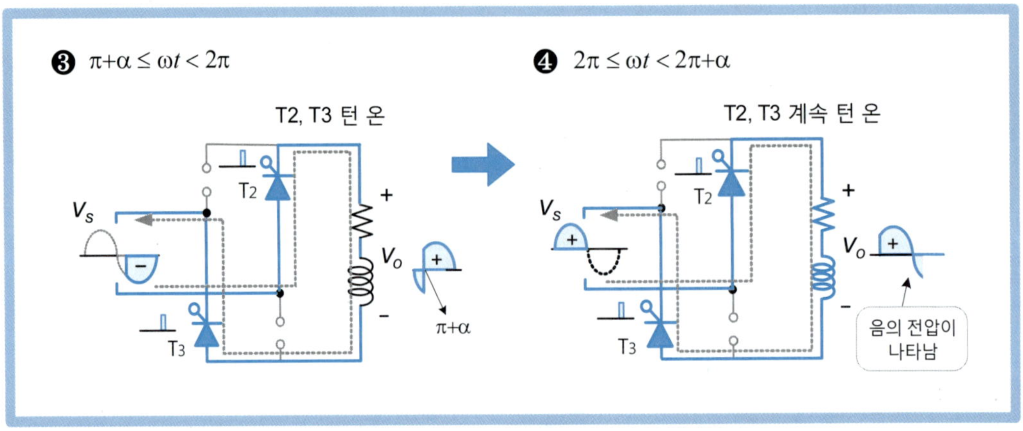

그림 3.20 단상 전파 위상제어 정류기의 동작2 : 유도성 부하

- 유도성 부하를 구동하는 전파 위상제어 정류기에서 점호 각 α에 따른 정상상태 시 출력 전압의 변동이 그림 3.21에 보인다.
  - 점호 각 α이 커질수록 출력에 음(−)의 전원 전압이 크게 나타나므로 평균 출력 전압이 작아진다.
  - 점호 각 α가 90°에 가까워질수록 직류 평균 출력 전압은 영에 가까워진다.
- 부하에 따른 전파 위상제어 정류기의 출력 전압과 출력 부하 전류의 비교가 그림 3.22에 보인다.
  - 저항 부하에서는 출력 전압과 출력 부하 전류 모두 불연속이지만, 유도성 부하에서는 모두 연속이다.

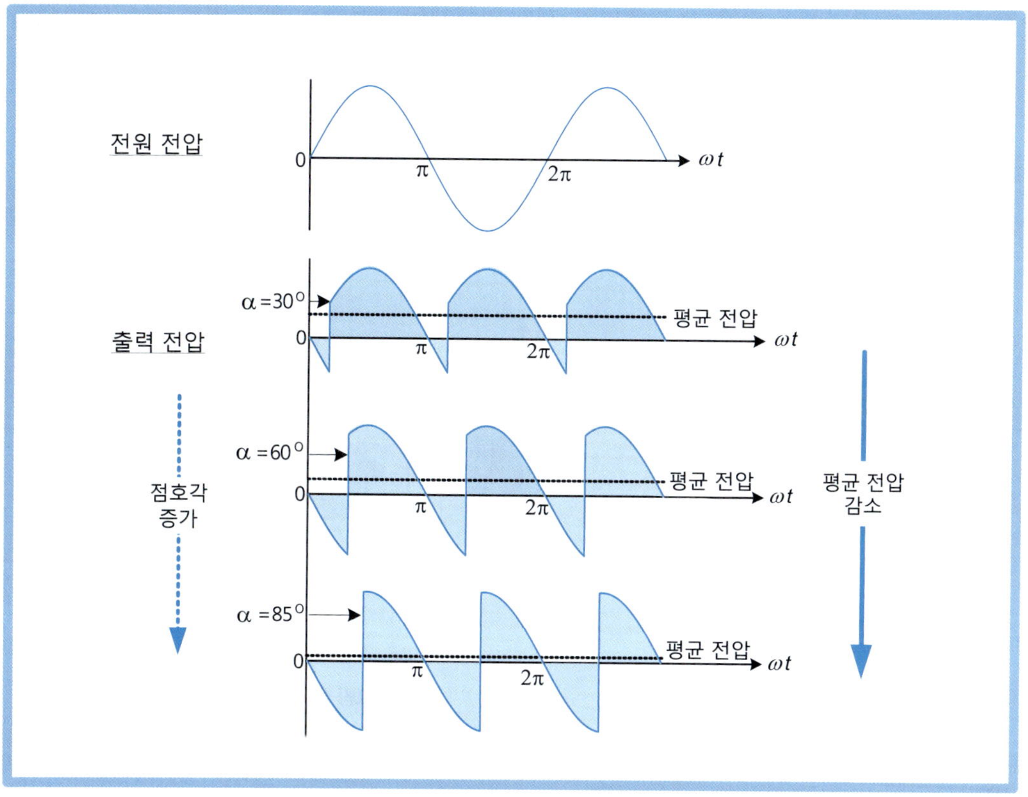

그림 3.21 점호 각에 따른 전파 위상제어 정류기의 동작 : 유도성 부하

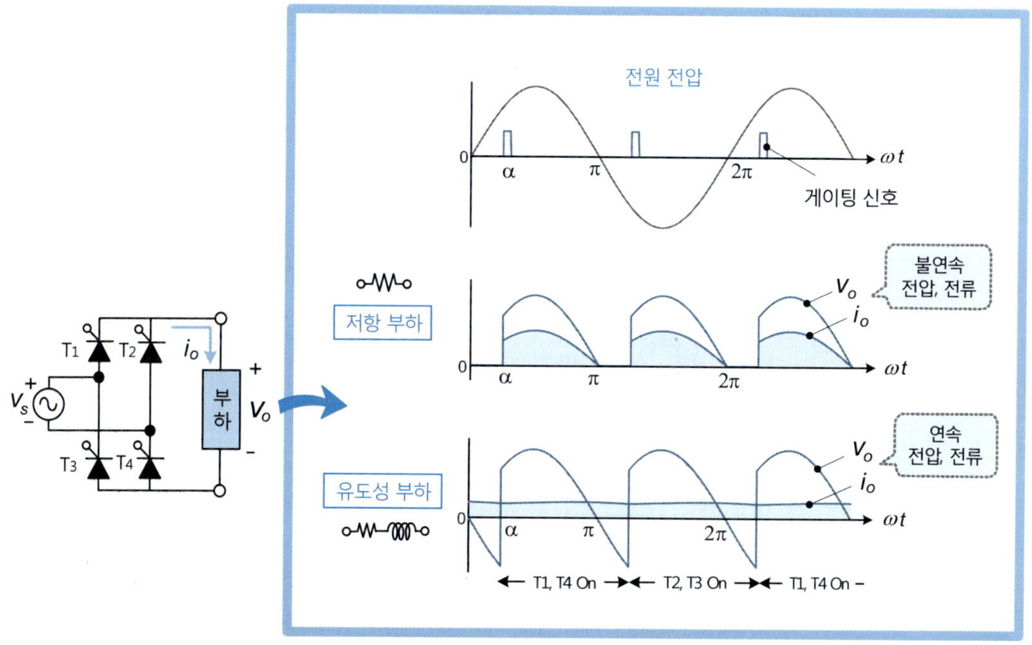

그림 3.22 부하에 따른 단상 전파 위상제어 회로 특성 비교

• 이제 유도성 부하에서 점호 각 α에 따른 전파 위상제어 정류기의 평균 직류 출력 전압을 구해보자.

▌직류 평균 출력 전압(유도성 부하)

• 이 정류기에서는 $\alpha \leqq \omega t < \pi + \alpha$의 반주기마다 동일한 전압 파형이 반복되므로, 이 반주기에서의 평균 직류 출력 전압을 구하면 된다. (그림 3.23)

• **직류 평균 출력 전압 V_o**

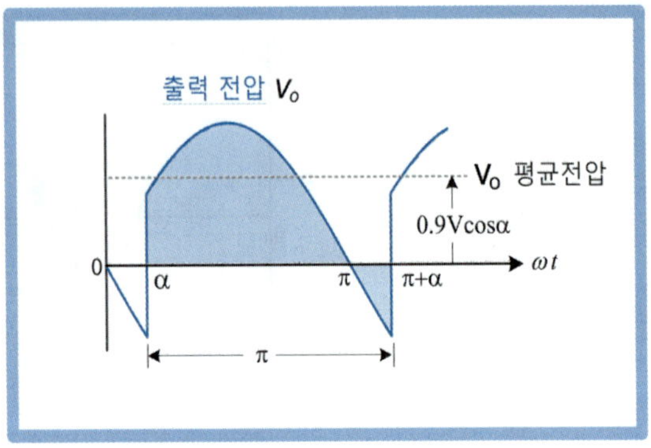

그림 3.23 평균 출력 전압

$$\begin{aligned} V_o &= \frac{1}{\pi}\int_{\alpha}^{\pi+\alpha} v_o \, d(\omega t) \\ &= \frac{1}{\pi}\int_{\alpha}^{\pi+\alpha} \sqrt{2}\, V \sin\omega t \, d(\omega t) \\ &= \frac{\sqrt{2}\,V}{\pi}\left[-\cos\omega t\,\right]_{\alpha}^{\pi+\alpha} \\ &= \frac{2\sqrt{2}\,V}{\pi} cos\,\alpha \\ &= 0.9\,V\cos\alpha \end{aligned} \tag{3-9}$$

문제

AC 220V 전원에 연결된 전파 위상제어 정류기에서 점호 각 $\alpha = 30°$인 경우 유도성 부하에 공급할 수 있는 직류 평균 출력 전압의 크기는 얼마인가?

답

점호 각 $\alpha = 30°$인 경우 $V_o = 0.9\,V\cos\alpha = 0.9 \times 220\cos 30^\circ = 171.5$V의 직류 평균 출력 전압을 유도성 부하에 공급할 수 있다.

• **직류 평균 출력 전압 V_o의 가변 범위**

- 점호 각 α는 $0 \sim 180°$ 범위 내에서 제어할 수 있으므로, 이를 통해 직류 평균 출력 전압의 크기를 $0.9\,V \sim -0.9\,V$까지 가변할 수 있다.
- 점호 각 $\alpha < 90°$의 경우 직류 평균 출력 전압은 양(+)이지만, 점호 각 $\alpha > 90°$의 경우에는 음(-)이 된다.

• 점호 각 $\alpha > 90°$의 동작으로 음(-)의 직류 평균 출력 전압을 얻기 위해서는, 다음과 같은 부하 조건이 필요하다.

위상제어 정류기의 회생 동작($\alpha > 90°$)

- 정류기의 출력 부하 전류는 항상 양(+)의 방향으로 흐른다. 즉, 평균 전류 $I_o > 0$이다.
- 따라서 정류기에서는 평균 출력 전압의 극성에 따라 전력의 흐름이 다음과 같이 달라진다.

㉮ **정류 동작**

- 점호 각 $\alpha < 90°$의 경우, 직류 평균 출력 전압 $V_o(= 0.9V\cos\alpha) > 0$이므로 평균 전력 $P_o(= V_o I_o) > 0$이 된다.
- 이 경우 전원 측에서 부하 측으로 전력이 공급되며, 전형적인 정류 동작이 된다.

㉯ **회생 동작**

- 점호 각 $\alpha > 90°$의 경우, 평균 출력 전압 $V_o < 0$이므로 평균 전력 $P_o < 0$이다.
- 이 경우 직류 부하 측에서 교류 전원 측으로 전력이 전달되는 회생 동작을 한다.

- **회생 동작을 위한 조건**
  - 그런데 평균 전력 $P_o < 0$이 되기 위해서는, $V_o < 0$인 경우에도 부하 전류가 계속 양(+)의 방향으로 흘러야 한다.
  - **수동 부하**에서는 $V_o < 0$의 경우 전류가 계속 흐를 수 없으므로 음(-)의 평균 출력 전압을 얻을 수 없다. (그림 3.24 상단)

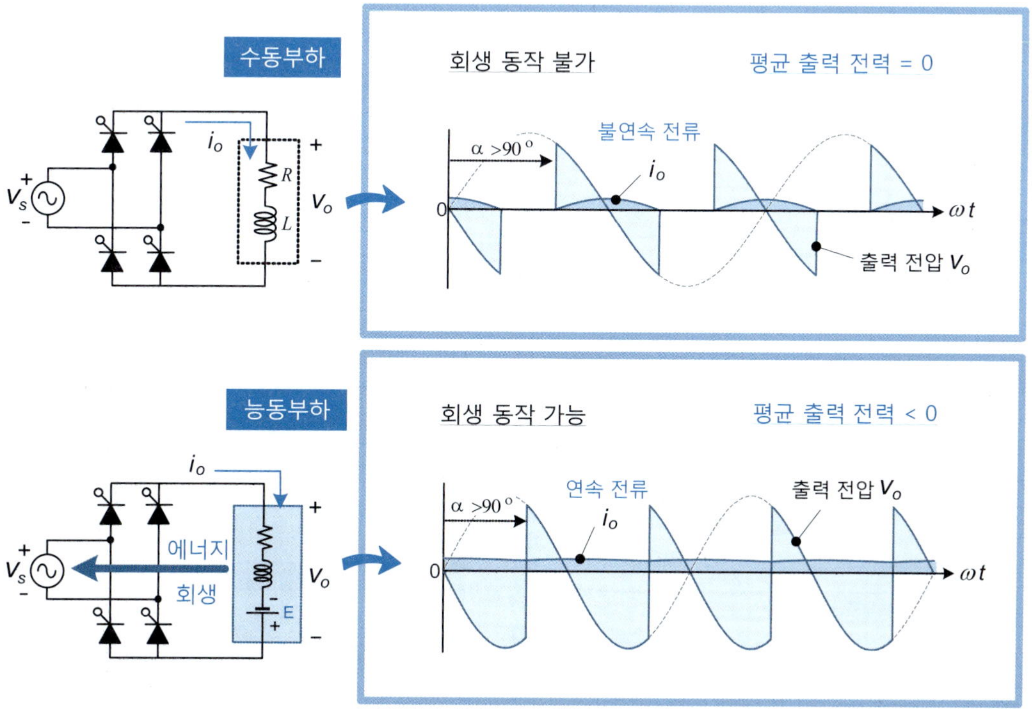

그림 3.24 직류 평균 출력 전압이 음(-)인 경우의 동작

- 따라서 $V_o < 0$인데도 전류가 계속 흐르기 위해서는, 부하에서 에너지를 공급해 주어야 한다. (그림 3.24 하단)
- 이러한 조건을 만족하는 부하는 역기전력을 발생하는 전동기와 같은 **능동 부하**이다.

입력과 출력 특성

• 유도성 부하를 가진 전파 위상제어 정류기에서 지연 각 $\alpha = 30°$ 경우의 입출력 파형이 그림 3.25에 보인다.

• **출력 특성**

- **출력 전압** : 지연 각 α 시점부터 사이리스터가 도통하여 전원 전압이 부하에 인가되는데, 유도성 부하로 인해 출력 부하 전압에 음(-)의 값이 나타난다.
- **부하 전류** : 유도성 부하이므로 부하 전류의 모양은 인가전압과 다르며, 인덕턴스 성분이 커질수록 일정한 직류에 가까워진다.

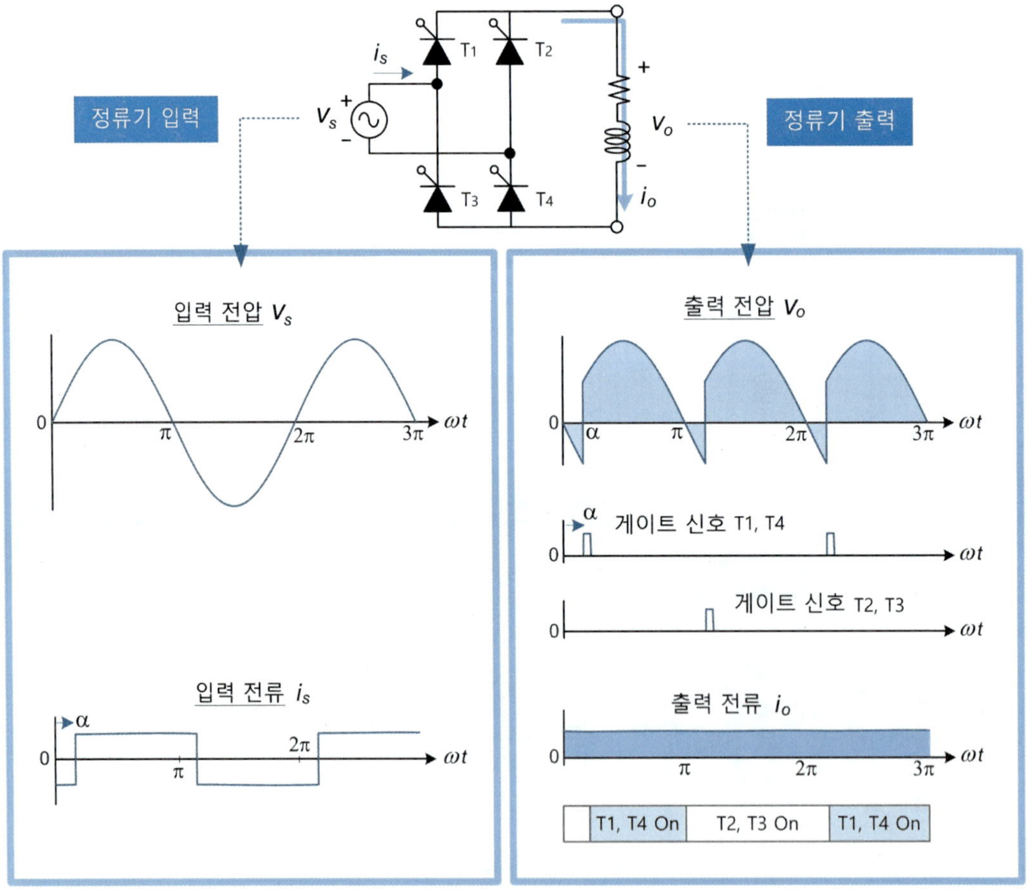

그림 3.25 단상 전파 위상제어기 동작(정상상태) : 유도성 부하

• **입력 전류 특성**
  - 정류기의 입력 전원 측에는 부하 전류와 동일한 크기의 전류가 교류로 흐르는데, 유도성 부하로 인해 정현파와는 다르게 왜곡된 교류 전류가 흐른다.
  - 부하 전류가 직류에 가까워질수록, 교류 전류의 모양은 구형파에 가까워진다.

• 다음으로, 전파 위상제어 정류 회로를 구성하는 데 필요한 사이리스터의 전압과 전류 정격의 선정 방법에 대해서 알아보도록 하자.

3.2.3 위상제어 정류기용 사이리스터의 정격 선정

• 사이리스터의 정격값은 정류기의 입력 교류 전압의 크기와 부하의 크기에 따라 달라진다.

① 사이리스터의 전압 정격
  - 사이리스터의 전압 정격을 선정하기 위해서는, 오프되어 있을 때 필요한 사이리스터의 차단 전압을 알아야 한다.
  - 예로서 T_1과 T_4가 도통하는 경우 오프 상태인 T_2와 T_3의 전압이 그림 3.26에 보인다.
  - 다이오드에서는 항상 음의 전압이 걸리는 데 비해, 사이리스터에는 양(+)과 음(-)의 전압이 모두 걸린다.
  - 사이리스터의 전압은 최대로 전원 전압의 최댓값까지 인가될 수 있다.
  - AC 220V 실효값의 상용 전압을 정류하는 경우, 사이리스터에는 최대 $\pm 220\sqrt{2} = \pm 311.13$V의 전압이 인가될 수 있는데, 통상적으로 이 값의 2배 이상의 내압을 가진 사이리스터를 선정하여 사용한다.
  - 데이터 시트에 나와 있는 반복적으로 인가 가능한 최대 전압인 VDRM, VRRM(Repetitive Peak Off-state Voltage)[V]가 사이리스터의 전압 정격에 해당한다.

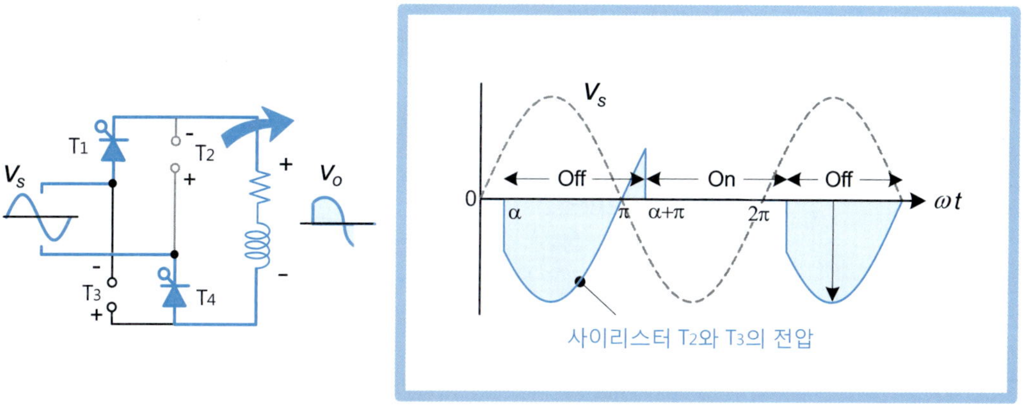

그림 3.26 단상 전파 위상제어 정류기에서 사이리스터의 내압

② 사이리스터의 전류 정격

- 사이리스터의 전류 정격은 통상 사이리스터에 흐르는 평균 전류 $I_{T(AV)}$를 적용한다.
- 전파 위상제어 정류기에서 사이리스터는 전원 전압의 반주기 동안에만 도통하므로, 평균 부하 전류 I_o의 1/2이 사이리스터의 평균 전류 $I_{T(AV)}$가 된다.
- $I_{T(AV)}$는 평균 출력 전압 V_o와 부하 저항 R 값으로부터 다음과 같이 구할 수 있다.

$$\begin{aligned} I_{T(AV)} &= \frac{I_o}{2} \\ &= \frac{V_o}{2R} = \frac{0.45\,V}{R}\cos\alpha \end{aligned} \tag{3-10}$$

위상 제어정류기의 설계 시 회로에 사용할 배선의 굵기와 전력 용량 등을 산정하기 위해서는 다음과 같은 실효값의 계산이 필요하다.

• **실효 부하 전류 I_{o-rms}**

- 저항 부하와 유도성 부하에 흐르는 전류는 형태가 다르므로, 평균 전류의 크기가 같더라도 실효 전류의 크기는 다르게 된다.
- 유도성 부하의 전류는 거의 직류이므로 부하 전류의 실효값 I_{o-rms}는 평균값 I_o와 같다.
- 하지만, 저항 부하의 전류는 교류 성분이 포함된 직류이므로 그 실효값은 평균값과는 다르다. (실효 전류가 평균 전류보다 큼)
- 저항 부하 전류의 실효값 I_{o-rms}는 순시 출력 전압 v_o의 실효값 V_{o-rms}와 부하 저항값 R로부터 다음과 같이 구해진다.

$$\begin{aligned} I_{o-rms} &= \frac{V_{o\_rms}}{R} \qquad \left(\leftarrow V_{o\_rms} = \sqrt{\frac{1}{\pi}\int_\alpha^\pi (\sqrt{2}\,V\sin\omega t)^2\, d(\omega t)}\right) \\ &= \frac{1}{R}\sqrt{\frac{1}{\pi}\int_\alpha^\pi (\sqrt{2}\,V\sin\omega t)^2\, d(\omega t)} \\ &= \frac{V}{R}\sqrt{\frac{2}{\pi}\int_\alpha^\pi \left(\frac{1-\cos 2\omega t}{2}\right) d(\omega t)} \qquad \text{참고} \left(\sin^2\omega t = \frac{1-\cos 2\omega t}{2}\right) \\ &= \frac{V}{R}\sqrt{\frac{1}{\pi}\left[\omega t - \frac{\sin 2\omega t}{2}\right]_\alpha^\pi} \qquad \text{참고} \left(\int \cos 2x\, dx = \frac{1}{2}\sin 2x\right) \\ &= \frac{V}{R}\sqrt{1-\frac{\alpha}{\pi}+\frac{\sin 2\alpha}{2\pi}} \end{aligned} \tag{3-11}$$

문제

AC 220V 전원에 연결된 단상 전파 위상제어 정류기에서 점호 각 $\alpha = 30°$로 저항 부하와 유도성 부하에 직류 전압을 공급한다. 각각의 부하에 대해 평균 전류와 실효 전류는 얼마인가? 또한 소비 전력은 얼마인가? (단, 각 부하의 저항 성분은 100Ω이다.)

답

유도성 부하의 전류는 거의 직류이므로, 평균 전류는 실효 전류와 같다. 즉, $I_o = I_{o-rms} = (0.9\,V\cos\alpha)/R = 0.9 \times 220\cos 30°/100 = 1.7147\text{A}$이다. 이에 따른 소비 전력은 $P_o = I_o^2 R = 1.7147^2 \times 100 = 294\text{W}$이다.

저항 부하의 평균 전류는 유도성 부하의 평균 전류와 동일하게 $I_o = 1.7147\text{A}$이다. 그런데, 실효 전류 $I_{o-rms} = V\sqrt{1-(\alpha/\pi)+(\sin 2\alpha/2\pi)}\;/R = 2.3168\text{A}$로, 평균 전류보다 실효 전류가 크다는 것을 알 수 있다. 이에 따른 소비 전력은 $P_o = I_{o-rms}^2\,R = 2.3168^2 \times 100 = 536.8\text{W}$로 유도성 부하 시보다 커진다.

- 위상제어 정류기에서의 역률을 개선시키기 위해, 다음과 같이 다이오드와 사이리스터를 병용한 회로도 사용 된다.

3.2.4 단상 전파 세미 위상제어 정류기

- 단상 전파 위상제어 정류기에서 하단부의 사이리스터를 다이오드로 대치한 회로가 그림 3.27에 보이는 **단상 전파 세미 위상제어 정류기(Semi-Rectifier)** 이다.

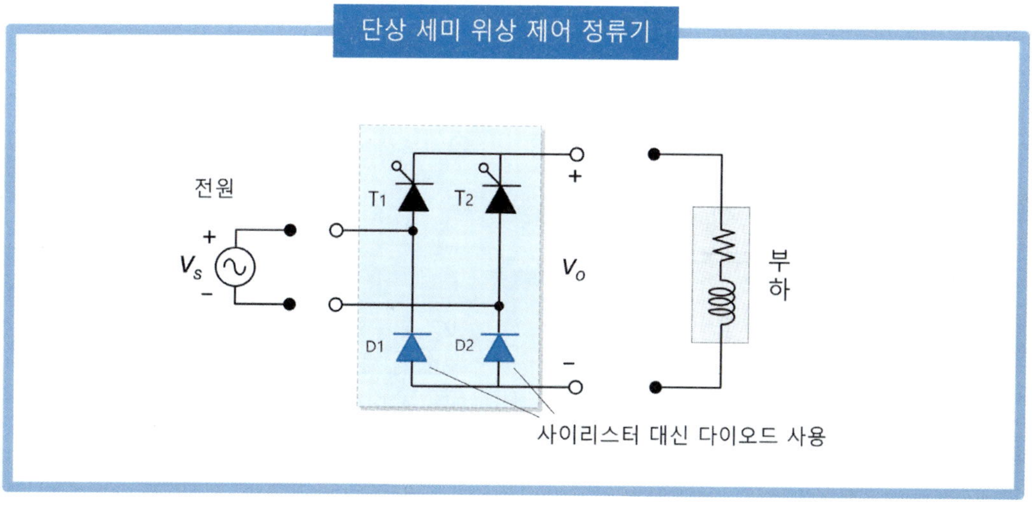

그림 3.27 단상 세미 위상제어 정류기

- **특징** : 단상 세미 위상제어 정류기의 순시 출력 전압 파형은 부하와 관계없이 동일하게 항상 양(+)이 되며, 입력 역률이 향상된다는 장점이 있다.
- 전파 세미 위상제어 정류기의 순시 출력 전압 파형은 부하와 관계없이 동일하며, 단지 전류 파형만 달라진다.
- 부하 전류가 연속으로 흐르는 유도성 부하에 대해 이 회로의 동작을 살펴보도록 하자.

회로 동작

- 전파 세미 위상제어 정류기에서 상단부의 사이리스터 T_1과 T_2는 게이팅 전류를 인가해 주어야 도통하지만, 하단부의 다이오드 D_1과 D_2는 전원 전압의 극성에 따라 반주기마다 자동적으로 번갈아 동작한다.
- 다른 정류기와는 다르게 세미 위상제어 정류기는 **정류 동작** 이외에 전원과 분리되어 부하 전류가 흐르는 **환류 동작**을 한다. (단, 저항 부하 시에는 환류 동작은 없음.)

① 양(+)의 전원 전압 ($\alpha \leqq \omega t < \pi$) → 정류 구간

- 전원 전압 $v_s > 0$이므로 T_1과 D_2는 순방향 바이어스 상태가 되며, 원하는 $\omega t = \alpha$에서 게이트 전류로 T_1을 턴-온시키면 T_1과 D_2를 통해 부하 전류가 흐른다.
- 전원과 부하가 연결되므로, 출력 전압은 전원 전압과 같다. (그림 3.28의 왼쪽)

$$v_o = \sqrt{2}\,V\sin\omega t \tag{3-12}$$

- 이 구간의 동작은 사이리스터 위상제어 정류기와 동일하다.

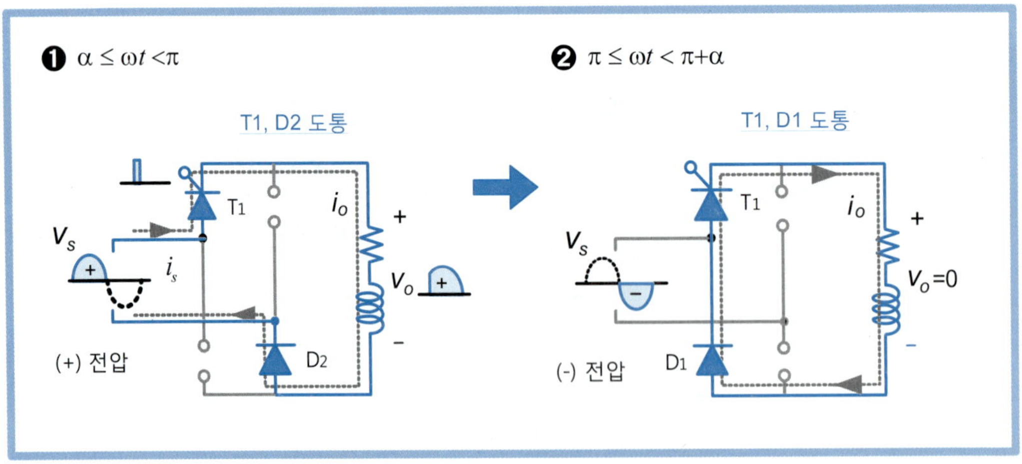

그림 3.28 단상 전파 세미 위상제어 정류기 동작 1

② **음(−)의 전원 전압 ($\pi \leqq \omega t < \pi + \alpha$) → 환류 구간**

- 전원 전압이 음(−)이 되면, D_2는 역방향 바이어스로 바로 턴-오프 되고, 대신에 D_1이 순방향 바이어스로 턴-온 된다.
- 순방향 바이어스된 T_2에 아직 게이트 전류를 주지 않았으므로, T_1이 계속 도통 상태를 유지한다. (그림 3.28의 오른쪽)
- 따라서 부하 전류는 T_1과 D_1을 통해 환류하며, 이 경우 출력 전압 $v_o = 0$이다.
- 저항 부하의 경우는 이때 T_1도 턴-오프 되므로 이 구간이 발생하지 않는다.

③ **음(−)의 전원 전압 ($\pi + \alpha \leqq \omega t < 2\pi$) → 정류 구간**

- $\omega t = \pi + \alpha$에서 순방향 바이어스된 T_2에 게이트 전류를 인가하여 턴-온시키면 T_1은 바로 턴-오프 되고, 이제 부하 전류는 T_2와 D_1을 통해 흐른다. (그림 3.29의 왼쪽)
- 이 경우 출력 전압은 다음과 같이 전원 전압이 반전된 전압이 된다.

$$v_o = -v_s = -\sqrt{2}\,V\sin\omega t \tag{3-13}$$

④ **양(+)의 전원 전압 ($2\pi \leqq \omega t < 2\pi + \alpha$) → 환류 구간**

- 전원 전압이 다시 양(+)으로 되면, D_1은 역방향 바이어스로 바로 턴-오프되고, D_2가 순방향 바이어스되어 턴-온 된다.
- 순방향 바이어스된 T_1에 아직 게이트 전류를 주지 않았으므로, T_2는 계속 도통 상태가 유지된다. (그림 3.29의 오른쪽)
- 따라서 부하 전류는 T_2와 D_2를 통해 환류하며, 출력 전압 $v_o = 0$이 된다.
- 저항 부하의 경우는 이때 T_2도 턴-오프 되므로, 이 구간이 발생하지 않는다.

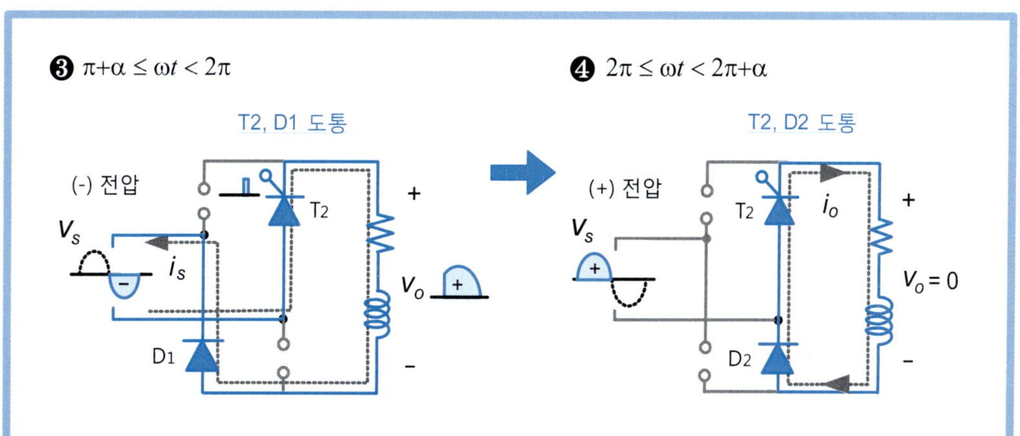

그림 3.29 단상 전파 세미 위상제어 정류기 동작 2

• 이러한 단상 전파 세미 위상제어 정류기의 동작에 따른 출력 전압과 전류 파형이 그림 3.30에 보인다.

• 환류 동작으로 순시 출력 전압 파형 v_o에는 음의 전압이 나타나지 않으므로 전압 파형은 부하와 관계없이 동일하며, 단지 부하에 따라 전류 파형만 달라진다.

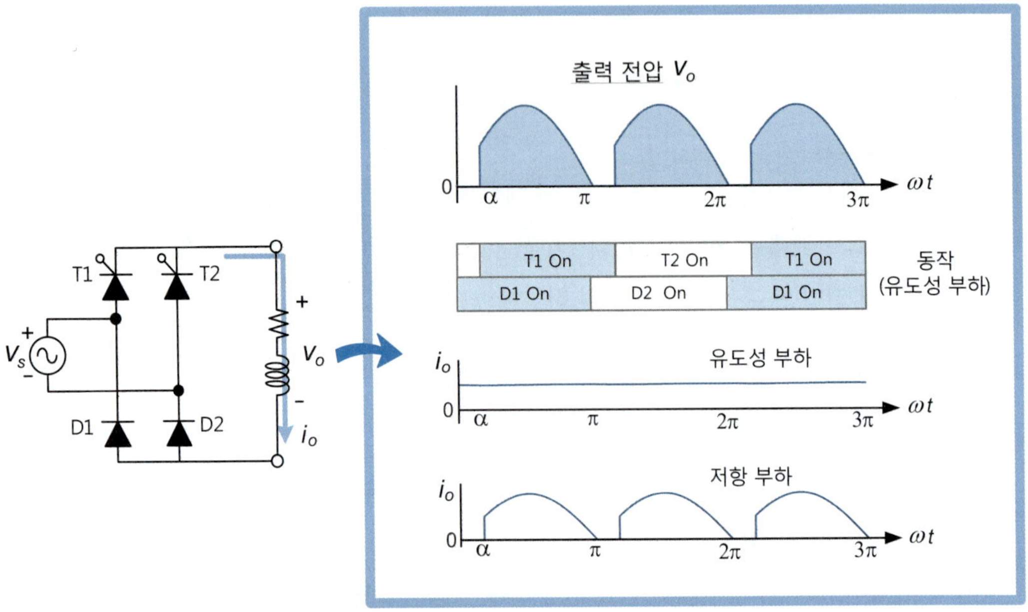

그림 3.30 단상 세미 위상제어 정류기 동작

• 이제 단상 전파 세미 위상제어 정류기에서 지연 각 α에 따른 평균 직류 출력 전압을 구해보자.

직류 평균 출력 전압 V_o

• 단상 전파 세미 위상제어 정류기의 평균 직류 출력 전압은 음(-)이 되지 않으며, 부하 저항에서 동작하는 단상 전파 위상제어 정류기와 같다.

• 이 경우 $\alpha \sim \pi$의 구간에서 전원 전압이 출력되므로, 평균 직류 출력 전압은 다음과 같이 구할 수 있다.

• **직류 평균 출력 전압 V_o**

$$V_o = \frac{1}{\pi}\int_{\alpha}^{\pi} v_o \, d(\omega t)$$

$$= \frac{\sqrt{2}\,V}{\pi}(1+\cos\alpha) = 0.45\,V(1+\cos\alpha) \tag{3-14}$$

입력과 출력 특성

- 유도성 부하에서 단상 전파 세미 위상제어 정류기의 입출력 동작 파형이 그림 3.31에 보인다.
- **출력 전압과 전류 특성**
  - 단상 전파 세미 위상제어 정류기의 출력 전압 파형은 다이오드의 동작 특성으로 인해 유도성 부하의 경우에도 음(-)의 전압이 나타나지 않는다.
  - 따라서 에너지의 회생 동작이 불가능하다.
- **입력 전류 특성**
  - 환류 동작을 하는 경우 부하에는 전류가 흐르지만, 정류기의 입력 측 전원 전류는 흐르지 않는다.
  - 이로 인해 사이리스터 위상제어 정류기보다 입력 측 역률이 좋아진다.

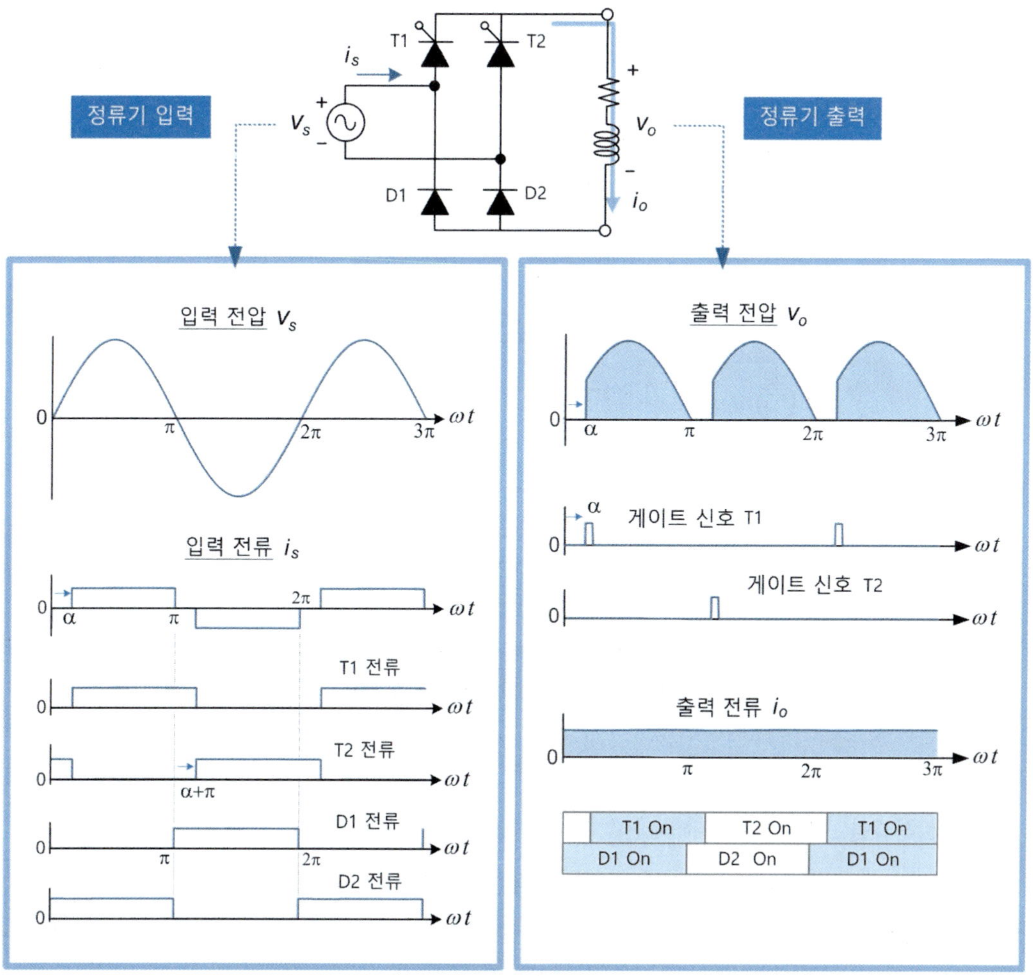

그림 3.31 단상 전파 세미 위상제어기의 입출력 특성

3.3 3상 위상제어 정류기

- 입력 전원으로 3상 교류 전원을 사용하는 3상 위상제어 정류기는 단상 위상제어 정류기와 비교하면 더 큰 직류 전압을 출력할 수 있으며, 그 크기를 제어할 수 있다.
- 3상 위상제어 정류기도 반파와 전파 정류기가 있으나, 반파 정류기는 거의 사용되지 않으므로 여기서는 3상 전파 위상제어 정류기에 대해서만 살펴보도록 한다.

3.3.1 3상 전파 위상제어 정류기

- 3상 전파 위상제어 정류기는 각 상에 두 개씩 6개의 사이리스터로 구성되며, **6-펄스 위상제어 정류기**라고도 부른다. (그림 3.32)
- 6개 사이리스터의 일련번호는 3상 다이오드 정류기에서와 같이, 상단 3개 사이리스터의 번호는 abc 상의 순서로 1, 3, 5이며 하단 사이리스터는 4, 6, 2이다,
- 이렇게 하면 사이리스터의 도통 순서(2개씩 도통)는 번호 순서가 된다.

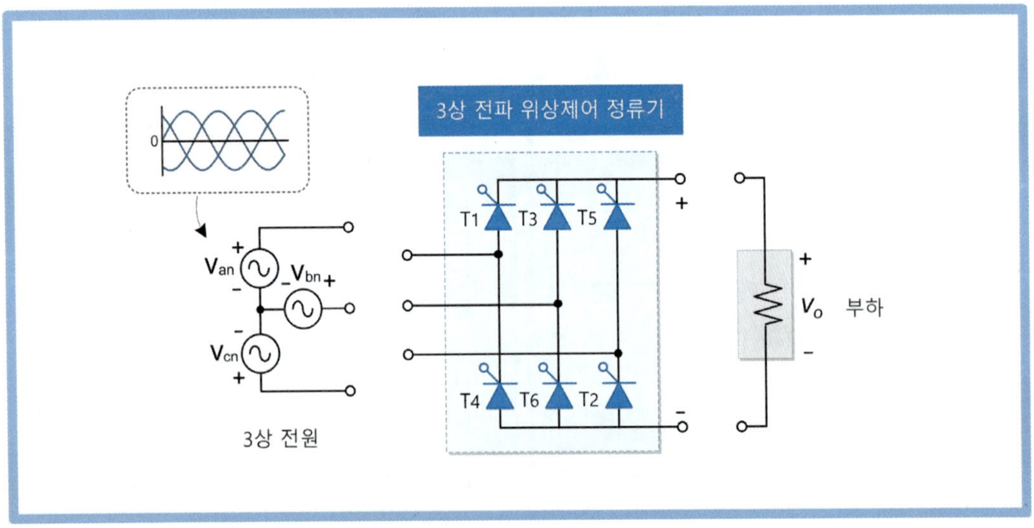

그림 3.32 3상 전파 위상제어 정류기

- 3상 전파 정류기는 두 개 상전압의 차인 선간전압을 출력하는데, 단상 전파 정류기보다 2.6배 더 큰 직류 전압을 출력할 수 있다.
- 3상 전파 다이오드 정류기에서는 6개 선간전압 중 가장 큰 전압이 자동으로 출력된다.
- 이에 비해 3상 전파 위상제어 정류기에서는 가장 큰 선간전압이 출력되는 시점을 게이트 전류로 제어하므로, 출력 평균 전압이 가변 될 수 있다. (그림 3.33)

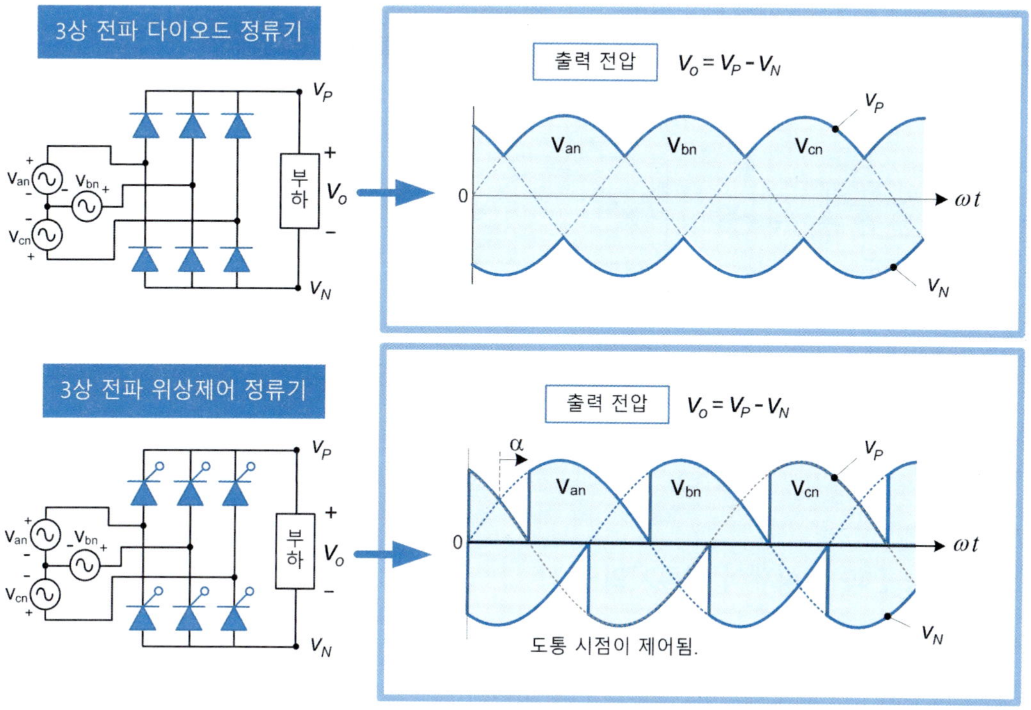

그림 3.33 3상 다이오드 정류기와 위상제어 정류기의 출력 전압 비교

- 이제 3상 위상제어 정류기에서 사이리스터 도통의 기준 시점과 점호 각의 동작 범위가 어떠한지 알아보도록 하자.

사이리스터의 도통 기준 시점

- 3상 위상제어 정류기에서 각 사이리스터의 점호 각 $\alpha = 0°$의 기준은 다이오드일 때 도통되는 시점이 된다.
- 예를 들어 a상 사이리스터 T_1에 대한 점호 각 $\alpha = 0°$는 $\omega t = \pi/6$가 된다. (그림 3.34)
- **점호 각의 기준**

  6개의 사이리스터에 대한 점호 각 $\alpha = 0°$의 기준 시점은 다음과 같다. (a상 전압 기준)

$$\begin{aligned}
&\text{a상} \rightarrow T_1 : \omega t = 30°(=\pi/6), \quad T_4 : \omega t = 210°(=7\pi/6) \\
&\text{b상} \rightarrow T_3 : \omega t = 150°(=5\pi/6), \quad T_6 : \omega t = 330°(=11\pi/6) \\
&\text{c상} \rightarrow T_5 : \omega t = 270°(=9\pi/6), \quad T_2 : \omega t = 90°(=\pi/2)
\end{aligned}$$

- 60°마다 가장 큰 선간전압이 바뀌는데, 이에 따라 6개 사이리스터는 번호 순서대로 턴-온이 가능한데, 그 도통 시점이 점호 각으로 제어된다.

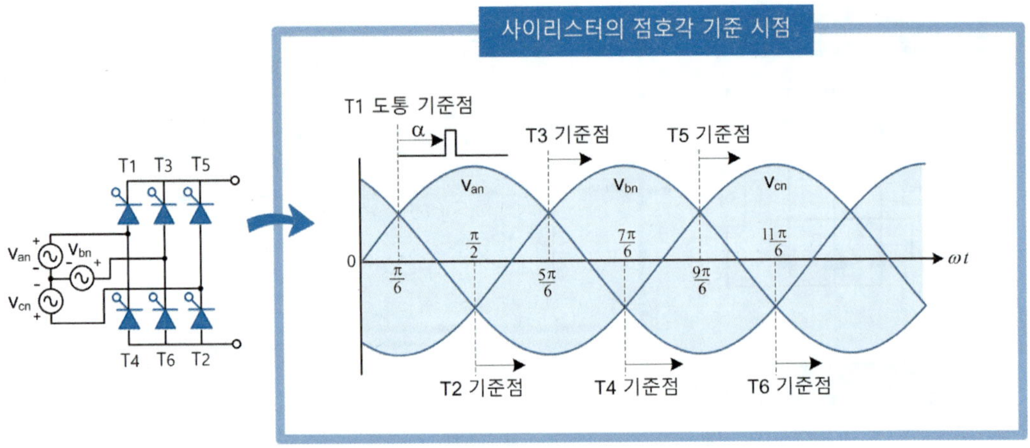

그림 3.34 3상 전파 위상제어 정류기의 기준 도통 시점

3.3.2 3상 전파 위상제어 정류기의 동작

- 3상 전파 위상제어 정류기의 회로 동작은 3상 다이오드 정류기에서와 같이 2세트의 3상 반파 정류기의 결합으로 보고 해석하면 쉽다. (그림 3.35)

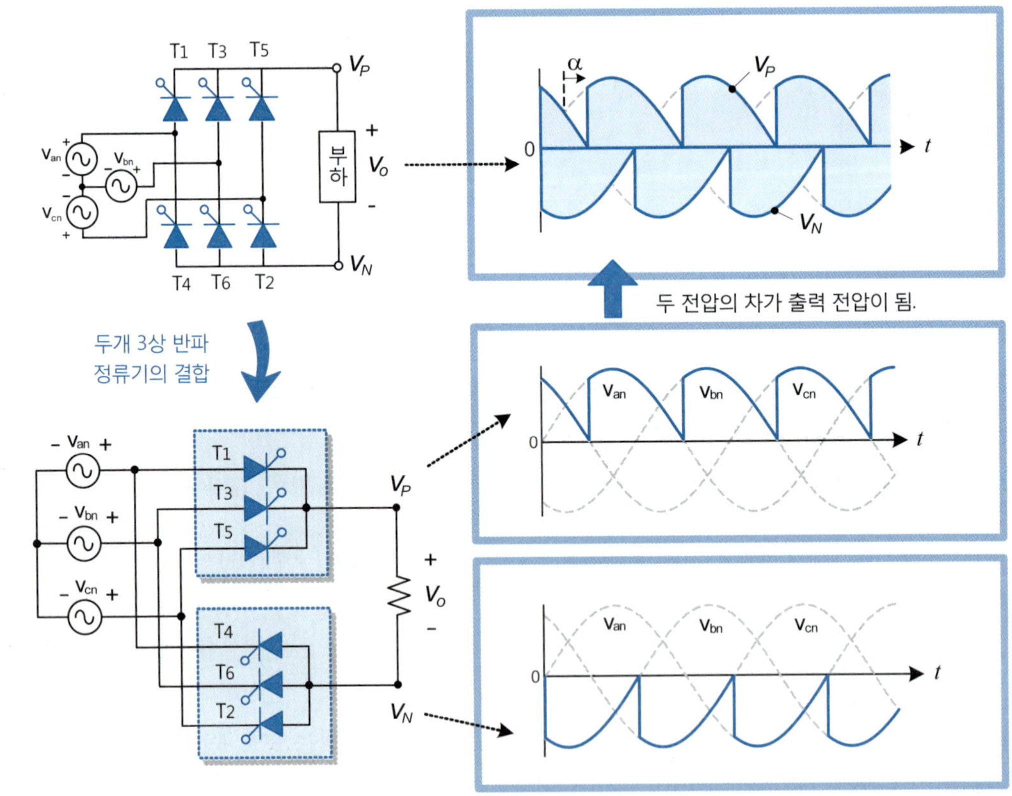

그림 3.35 3상 전파 정류 회로의 해석

• 즉, 6개 사이리스터 중 상단 3개 사이리스터 T_1, T_3, T_5로 구성된 양(+)의 전압을 출력하는 3상 반파 정류기와 하단 사이리스터 T_4, T_6, T_2로 구성된 음(-)의 전압을 출력하는 3상 반파 정류기가 결합된 것으로 보면, 이들 두 3상 반파 정류기의 출력 전압 차이 즉, $v_o = v_p - v_n$이 3상 전파 위상제어 정류기의 출력 전압이 된다.

• 이제 3상 전파 위상제어 정류기의 부하에 따른 회로 동작을 살펴보도록 하자.

(1) 저항 부하

• 먼저 상단 3개 사이리스터 T_1, T_3, T_5로 구성된 3상 반파 정류 회로를 살펴보도록 하자.

• 이 회로의 출력 전압 v_P로는 3상 전압 중에 가장 큰 양(+)의 상전압이 출력되며, 각 사이리스터의 점호 각 α에 의해 그 출력 시점이 제어된다. (그림 3.36)

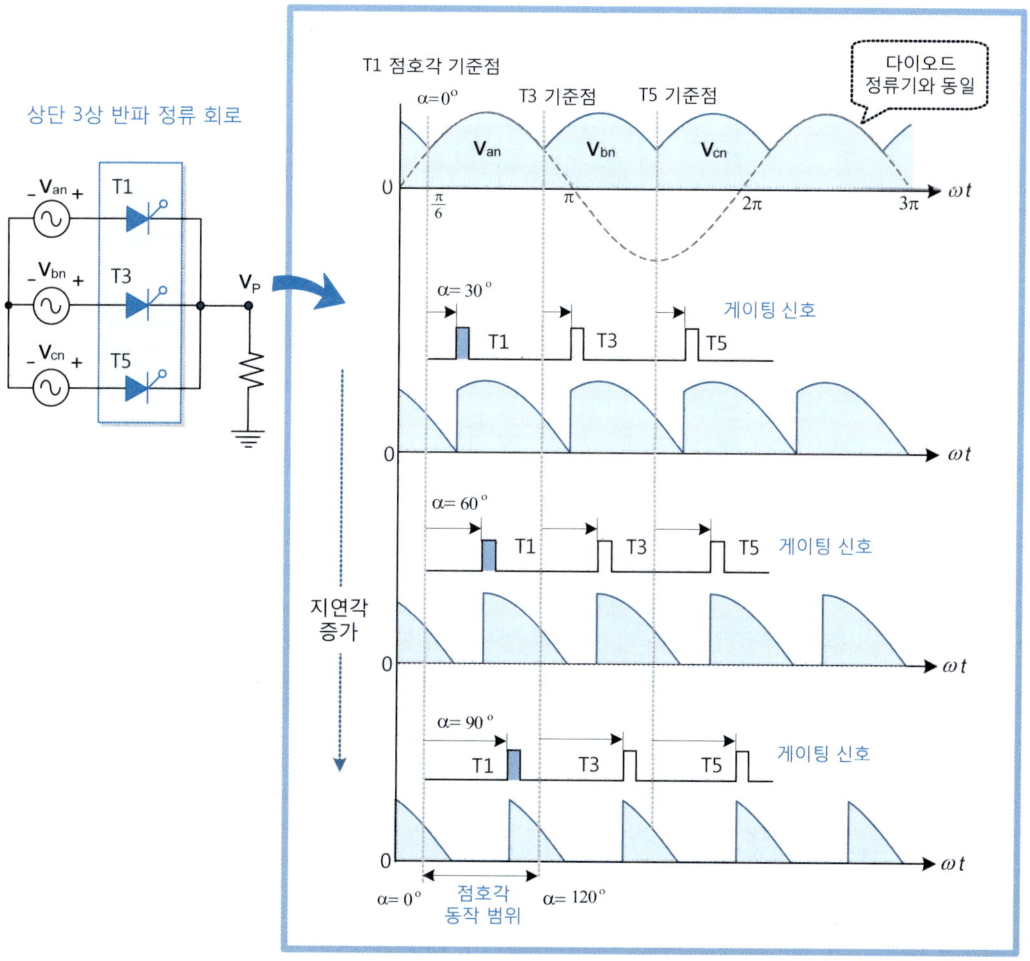

그림 3.36 3상 반파 정류 회로 : 상단부

• 다음으로, 하단 사이리스터 T_4, T_6, T_2로 구성된 3상 반파 정류 회로의 동작을 보자.

• 이 회로의 출력 전압 v_N으로는 3상 전압 중에 가장 작은 음(-)의 상전압이 출력되며, 각 사이리스터의 점호 각 α에 의해 그 출력 시점이 제어된다. (그림 3.37)

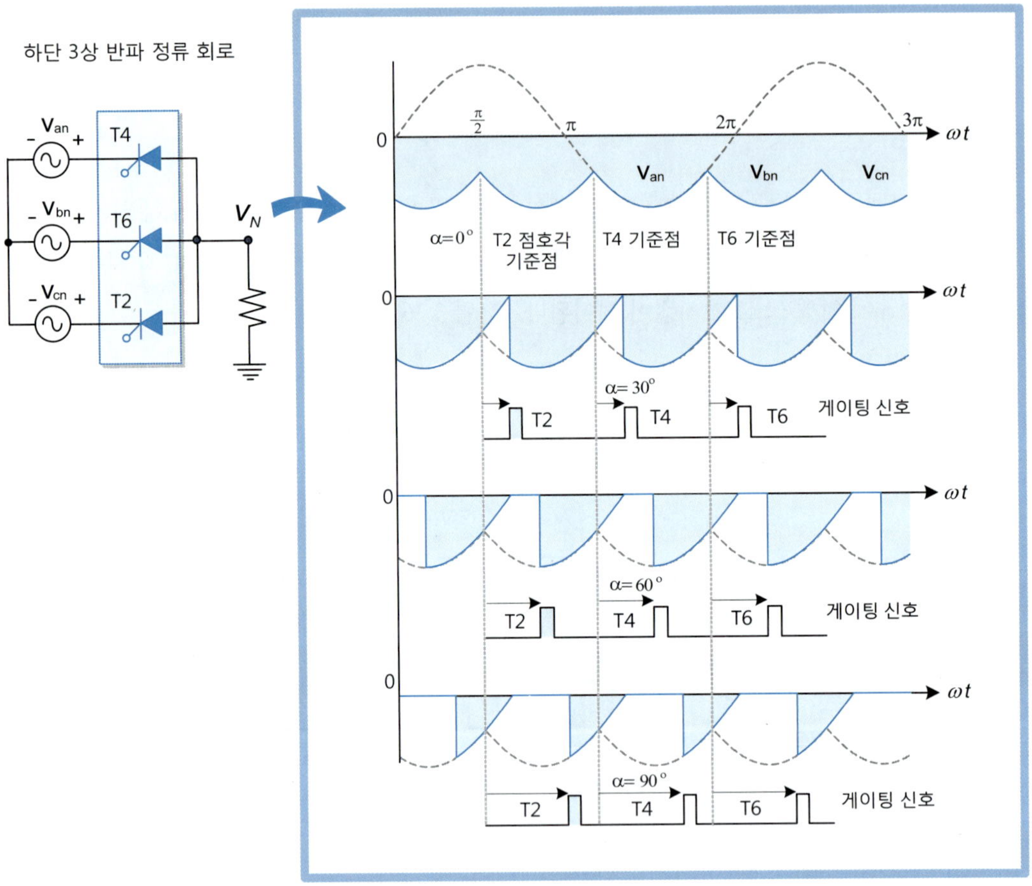

그림 3.37 3상 반파 정류 회로 : 하단부

• 3상 전파 정류기의 출력 전압 v_o는 이 두 반파 정류기의 출력 전압 차 $v_o = v_p - v_n$이다.

• 예로서 점호각 $\alpha = 30°$의 경우 3상 전파 정류기의 출력 전압이 그림 3.38에 보인다.

• **동작 가능한 점호각의 범위**

- 순수 저항 부하에서 동작 가능한 점호각의 범위는 $0° \leq \alpha \leq 120°$이다.
- $\alpha > 120°$의 경우 해당 사이리스터의 전압이 음이므로, 사이리스터는 턴-온 될 수 없다.

• **출력 전압의 연속과 불연속**

점호각 $0° \leq \alpha < 60°$의 경우 출력 전압은 연속이 되고, $60° \leq \alpha < 120°$의 경우는 전압이 영인 구간이 존재하므로 출력 전압은 불연속이 된다. (그림 3.39)

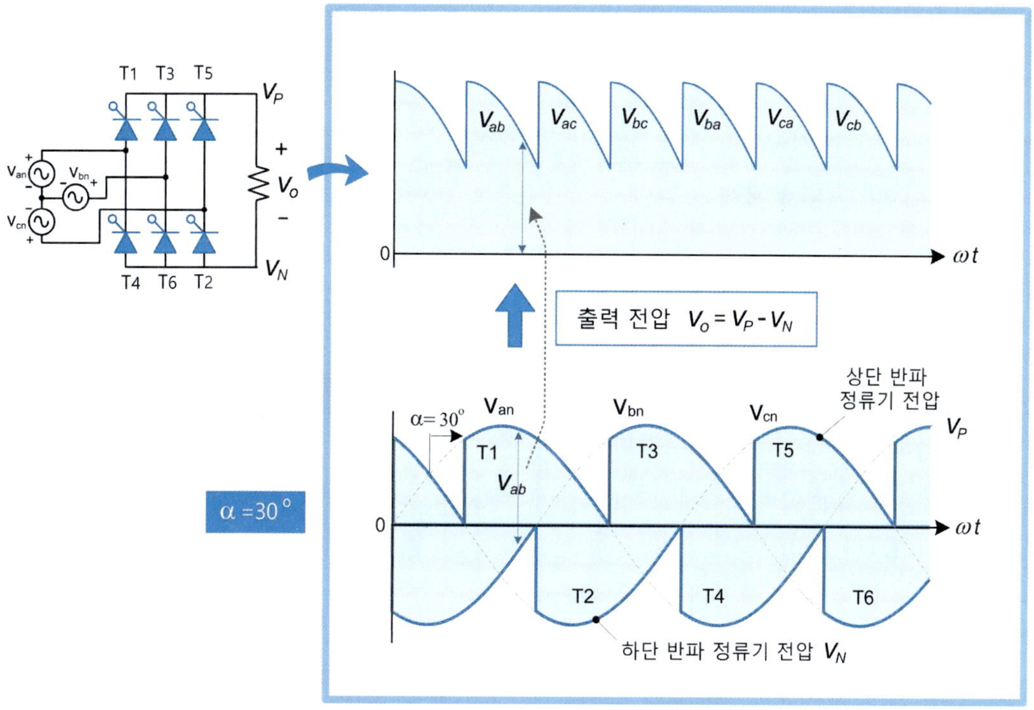

그림 3.38 3상 전파 위상제어 정류기의 동작 : 점호 각 $\alpha = 30°$

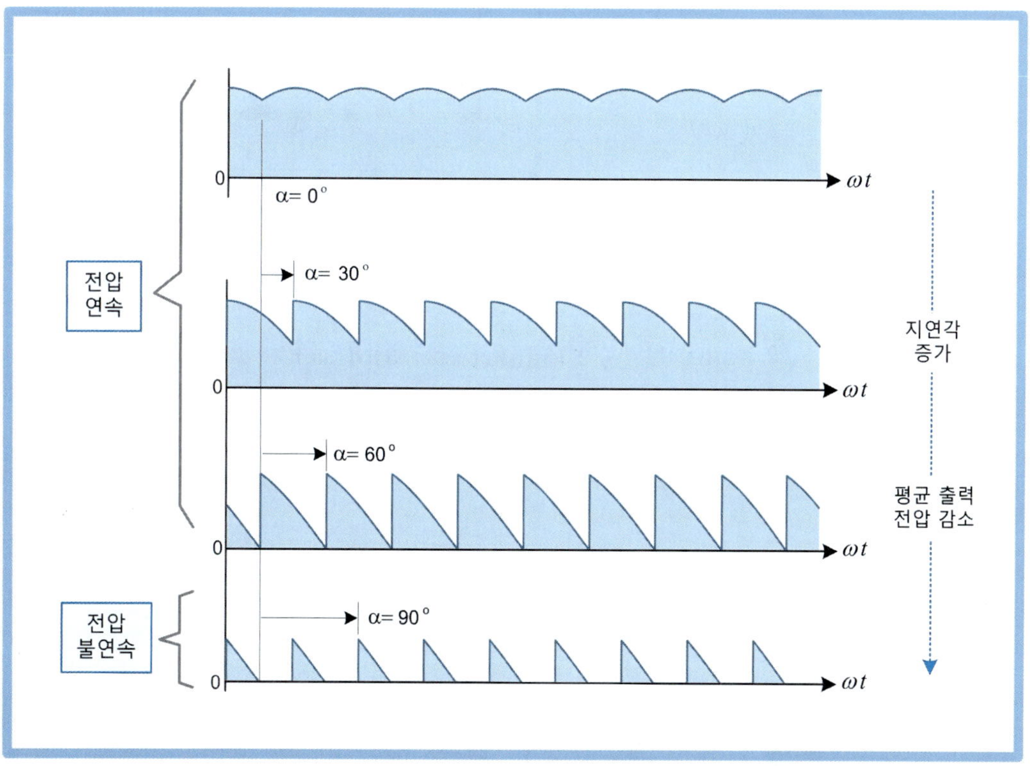

그림 3.39 3상 전파 위상제어 정류기의 동작 : 저항 부하

• 이제 저항 부하를 가진 3상 전파 위상제어 정류기의 직류 평균 출력 전압이 점호각 α에 따라 어떻게 변동하는지 알아보도록 하자.

• 점호각 $\alpha = 60°$를 기준으로 출력 전압이 연속과 불연속이 되므로, 각각의 경우에 대해 직류 평균 출력 전압을 따로 구해야 한다.

직류 평균 출력 전압(저항 부하)

ⓐ 연속 출력 전압 : $0° \leq \alpha < 60°$

- 순시 출력 전압은 60°마다 동일한 파형이 반복되므로, $60°(=\pi/3)$ 구간만 고려하여 직류 평균 출력 전압 V_o를 구할 수 있다. (그림 3.40)
- 여기서는 T_1과 T_6이 동작하여 선간전압 $v_{ab}(=v_{an}-v_{bn})$가 출력되는 구간인 $\pi/6+\alpha \sim \pi/2+\alpha$까지의 $\pi/3$ 구간에 대해 다음과 같이 구해 본다.

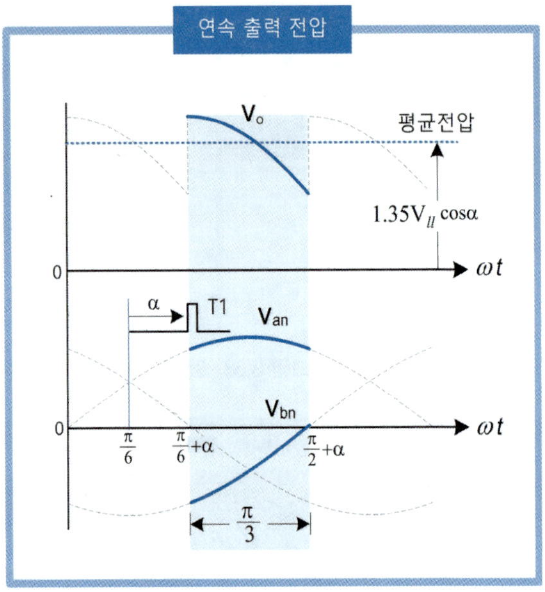

그림 3.40 평균 출력 전압 계산 (연속 전압)

• 직류 평균 출력 전압 V_o

$$V_o = \frac{1}{\frac{\pi}{3}}\int_{\alpha+\frac{\pi}{6}}^{\alpha+\frac{\pi}{2}} v_{ab}\, d(\omega t)$$

$$= \frac{3}{\pi}\int_{\alpha+\frac{\pi}{6}}^{\alpha+\frac{\pi}{2}} (v_{an} - v_{bn})\, d(\omega t)$$

$$= \frac{3}{\pi}\int_{\alpha+\frac{\pi}{6}}^{\alpha+\frac{\pi}{2}} [\sqrt{2}\, V\sin(\omega t) - \sqrt{2}\, V\sin(\omega t - 2\pi/3)]\, d(\omega t)$$

$$= \frac{3}{\pi}\int_{\alpha+\frac{\pi}{6}}^{\alpha+\frac{\pi}{2}} \sqrt{6}\, V\sin(\omega t + \frac{\pi}{6}) d(\omega t)$$

$$= \frac{3\sqrt{6}\, V}{\pi}\left[-\cos(\omega t + \frac{\pi}{6})\right]_{\alpha+\frac{\pi}{6}}^{\alpha+\frac{\pi}{2}}$$

$$= \frac{3\sqrt{6}\, V}{\pi}\left[-\cos(\alpha + \frac{2\pi}{3}) + \cos(\alpha + \frac{\pi}{3})\right]$$

참고 $(\cos(\alpha + \frac{2\pi}{3}) = \cos\alpha\cos\frac{2\pi}{3} - \sin\alpha\sin\frac{2\pi}{3} = -\frac{\cos\alpha}{2} - \frac{\sqrt{3}}{2}\sin\alpha$

$$\cos(\alpha+\frac{\pi}{3}) = \cos\alpha\cos\frac{\pi}{3} - \sin\alpha\sin\frac{\pi}{3} = \frac{\cos\alpha}{2} - \frac{\sqrt{3}}{2}\sin\alpha)$$

$$= \frac{3\sqrt{6}\,V}{\pi}\cos\alpha = 2.34\,V\cos\alpha \quad (\leftarrow \text{상전압 실효값 } V\text{로 표현})$$

$$= \frac{3\sqrt{2}\,V}{\pi}\cos\alpha = 1.35\,V_{ll}\cos\alpha \quad (\leftarrow \text{선간전압 실효값 } V_{ll}\text{로 표현}) \qquad (3\text{-}15)$$

ⓑ **불연속 출력 전압** : $60° \leq \alpha < 120°$

- 출력 전압이 불연속이더라도 60°(= $\pi/3$)마다 동일한 파형이 반복되므로, 60° 구간만 고려하여 직류 평균 출력 전압을 구할 수 있다. (그림 3.41)
- 여기서는 T_1과 T_6이 동작하여 선간전압 v_{ab}가 출력되는 구간인 $\pi/6+\alpha$ ~ $5\pi/6$까지에 대해 다음과 같이 구해 본다.

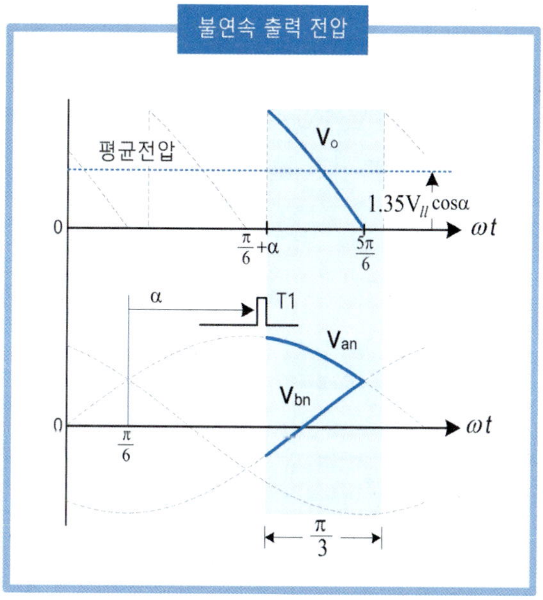

그림 3.41 평균 출력 전압 계산 (불연속 전압)

• **직류 평균 출력 전압** V_o

$$V_o = \frac{3}{\pi}\int_{\alpha+\frac{\pi}{6}}^{\frac{5}{6}\pi} v_{ab}\,d(\omega t)$$

$$= \frac{3}{\pi}\int_{\alpha+\frac{\pi}{6}}^{\frac{5}{6}\pi} (v_{an}-v_{bn})\,d(\omega t)$$

$$= \frac{3}{\pi}\int_{\alpha+\frac{\pi}{6}}^{\frac{5}{6}\pi} \sqrt{6}\,V\sin(\omega t+\frac{\pi}{6})\,d(\omega t)$$

$$= \frac{3\sqrt{6}\,V}{\pi}\left[-\cos(\omega t+\frac{\pi}{6})\right]_{\alpha+\frac{\pi}{6}}^{\frac{5\pi}{6}}$$

$$= \frac{3\sqrt{6}\,V}{\pi}[1+\cos(\alpha+60°)]$$

$$= 2.34\,V[1+\cos(\alpha+60°)] \quad (\leftarrow \text{상전압 실효값 } V\text{로 표현})$$

$$= 1.35\,V_{ll}[1+\cos(\alpha+60°)] \quad (\leftarrow \text{선간전압 실효값 } V_{ll}\text{로 표현}) \qquad (3\text{-}16)$$

입력과 출력 특성

- 저항 부하에서 3상 전파 위상제어 정류기의 입출력 특성을 살펴보도록 하자.
- 지연각 $\alpha = 30°$인 경우의 입출력 동작 파형이 그림 3.42에 보인다.
- 직류 출력 전압은 전원 주파수의 6배, 즉 360Hz로 맥동한다.
- 저항 부하이므로 출력 부하 전류의 형태는 순시 출력 전압의 모양과 같다.
- **입력 전류 특성**
  - 입력 전원 측에는 출력 부하 전류와 동일한 형태의 전류가 교류로 흐르는데, 비정현파 전류이다.
  - 출력 전압이 연속인 경우, 각 상전압은 반주기에서 120° 구간 동안만 출력되므로, 각 상전류도 각각 120° 구간 동안 흐른다.

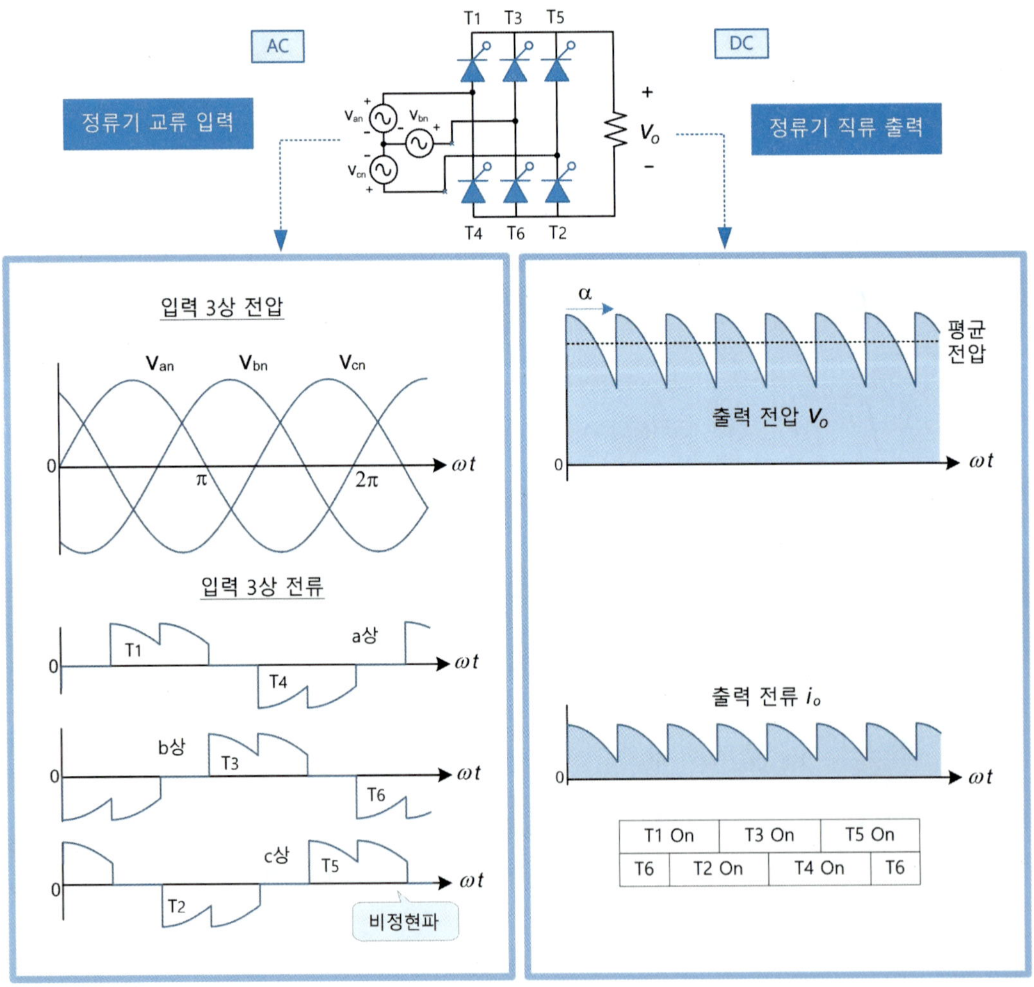

그림 3.42 3상 전파 위상제어 정류기의 동작 : 저항 부하 ($\alpha = 30°$)

(2) 유도성 부하에서의 동작

- 여기서는 부하의 인덕턴스 성분이 매우 커서 출력 전류가 연속인 경우를 가정하는데, 이 경우 출력 전압은 항상 연속이 된다.
- **동작 가능한 점호 각의 범위** : $0° \leqq \alpha \leqq 180°$
  순수 저항 부하에서 동작 가능한 점호 각의 범위는 $0° \leqq \alpha \leqq 120°$이지만, 유도성 부하에서는 출력 전류가 연속인 경우 $120° \leqq \alpha < 180°$ 범위에서도 동작할 수 있으므로, 동작 가능한 점호 각의 범위는 $0° \leqq \alpha \leqq 180°$이다.
- 여러 점호 각에 대한 출력 전압 파형이 그림 3.43에 보인다.
- $0° \leqq \alpha < 60°$의 경우 순시 출력 전압은 양(+)의 전압만 나타나지만, $\alpha > 60°$의 범위에서는 음(-)의 전압도 나타난다. (비교: 저항 부하에서는 음(-)의 전압이 나타나는 부분의 전압은 영이 된다.)

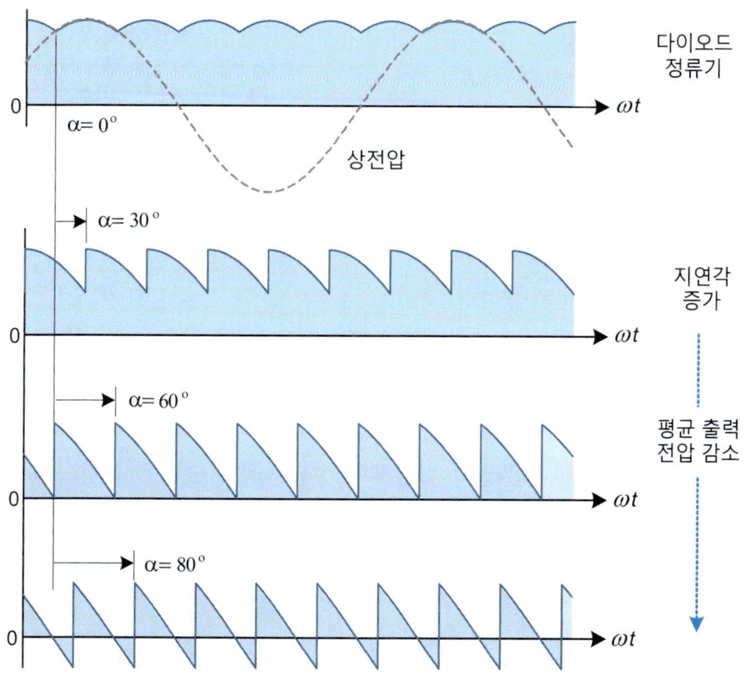

그림 3.43 3상 전파 위상제어 정류기의 점호 각에 따른 출력 전압 : 유도성 부하

- 다음으로, 유도성 부하를 구동하는 경우 직류 평균 출력 전압이 점호 각 α에 따라 어떻게 변동하는지 알아보도록 하자.

직류 평균 출력 전압(유도성 부하)

- 출력 전류가 연속이면 순시 출력 전압은 점호 각의 범위와 상관없이 항상 연속이므로, 평균 출력 전압 식은 저항 부하에서 출력 전압이 연속인 경우의 평균 출력 전압 식(3-15)와 동일하다.
- 직류 평균 출력 전압 V_o

$$V_o = \frac{3\sqrt{6}\,V}{\pi}\cos\alpha = 2.34\,V\cos\alpha \quad (\leftarrow \text{상전압 실효값 } V\text{로 표현})$$

$$= \frac{3\sqrt{2}\,V}{\pi}\cos\alpha = 1.35\,V_{ll}\cos\alpha \quad (\leftarrow \text{선간전압 실효값 } V_{ll}\text{로 표현}) \tag{3-17}$$

문제

AC 220V 3상 전원에 연결된 3상 전파 위상제어 정류기에서 점호 각 $\alpha = 30°$인 경우, 직류 평균 출력 전압은? 단, 전류가 연속인 유도성 부하(저항 성분 20Ω)를 가정한다.

답

점호 각 $\alpha = 30°$인 경우, 직류 평균 출력 전압 $V_o = 1.35\,V_{ll}\cos\alpha = 1.35 \times 220 \times \cos 30° = 257V$이다.

- 점호 각 $\alpha > 90°$의 범위에서 직류 평균 출력 전압은 음(-)이 된다.
- 단상 위상제어 정류기에서도 설명했듯이, 평균 출력 전압이 음(-)인 동작이 가능하기 위해서는 부하 전류가 연속으로 흘러야 하는 조건을 만족해야 하는데, 이러한 회생 동작은 부하 측에서 에너지를 공급해 주는 경우에만 가능하다.
- 따라서 부하는 역기전력이 발생하는 전기기기와 같은 능동 부하이어야만 하며, 단순 수동 부하에서는 이러한 회생 동작은 가능하지 않다.
- 다음으로, 유도성 부하에 대한 3상 전파 위상제어 정류기의 입출력 전압과 전류의 동작 파형을 살펴보도록 하자.

입력과 출력 특성

- 예로서, 점호 각 $\alpha = 30°$인 경우 입출력 동작 파형이 그림 3.44에 보인다.
- 출력 전압과 전류 특성
  - 순시 출력 전압의 모양은 저항 부하와 동일하지만, 인덕턴스 성분이 충분히 큰 유도성 부하의 경우 출력 전류는 거의 직류에 가까워진다.

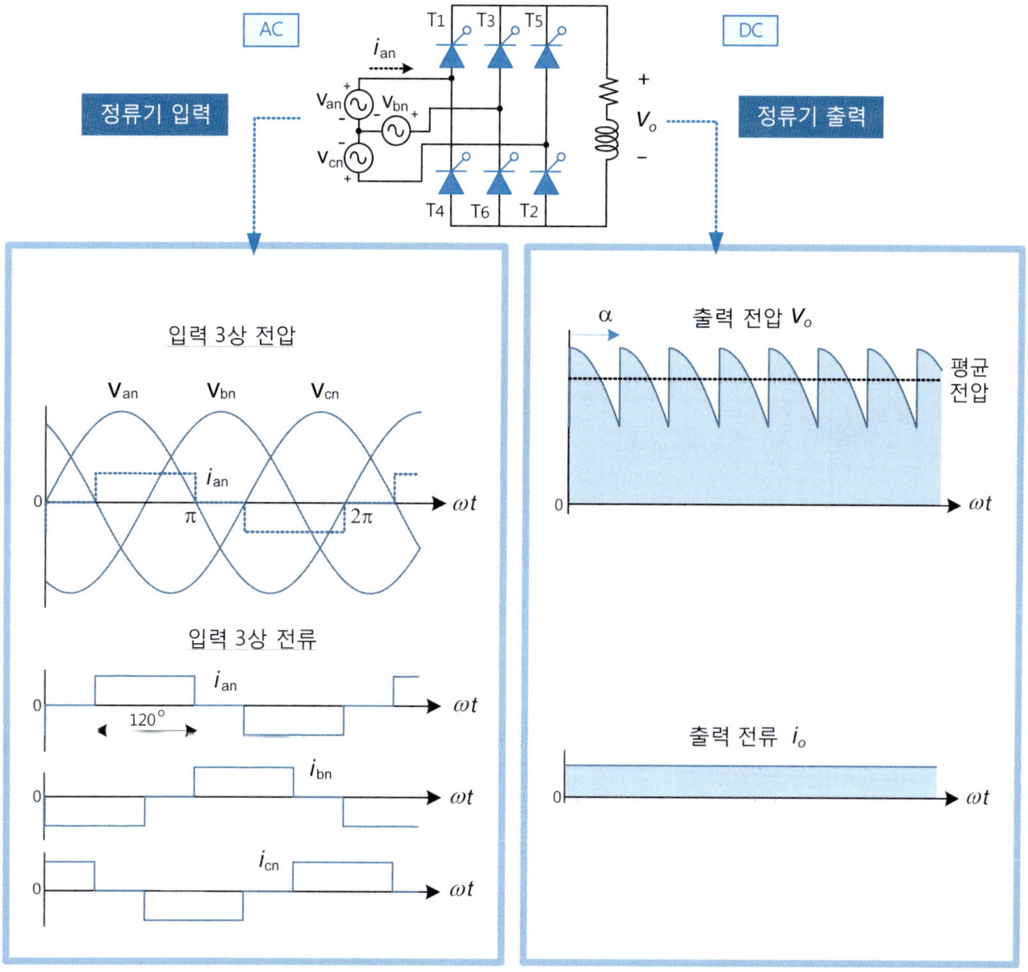

그림 3.44 3상 전파 위상제어 정류기의 동작 : 유도성 부하 ($\alpha = 30°$)

- **입력 전류 특성**
  - 거의 직류 형태의 부하 전류가 흐르므로, 전원 측에는 준 구형파 전류가 흐른다.
  - 각 상전압은 반주기에서 120° 구간 동안만 출력되므로, 각 상전류도 각각 120° 구간 동안 흐른다.

- 여러 위상제어 정류기의 평균 출력 전압에 대한 비교가 표 3.2에 보인다.

표 3.2 위상제어 정류기의 출력 전압 비교

회로	조건	평균 직류 전압 V_o
단상 반파	저항 부하	$\frac{\sqrt{2}\,V}{2\pi}(1+\cos\alpha) = 0.225\,V(1+\cos\alpha)$
	유도성 부하	$0.225\,V(1-\cos\beta)$
단상 전파	저항 부하	$\frac{\sqrt{2}\,V}{\pi}(1+\cos\alpha) = 0.45\,V(1+\cos\alpha)$
	유도성 부하	$\frac{2\sqrt{2}\,V}{\pi}cos\,\alpha = 0.9\,V\cos\alpha$
단상 전파 세미	저항 부하, 유도성 부하	$\frac{\sqrt{2}\,V}{\pi}(1+\cos\alpha) = 0.45\,V(1+\cos\alpha)$
3상 반파	저항 부하, 유도성 부하	$\frac{3\sqrt{6}\,V}{2\pi}\cos\alpha = 1.17\,V\cos\alpha = 0.675\,V_{ll}\cos\alpha$
3상 전파	저항 부하, 유도성 부하	$\frac{3\sqrt{6}\,V}{\pi}\cos\alpha = 2.34\,V\cos\alpha = 1.35\,V_{ll}\cos\alpha$

3.4 기타 위상제어 정류기

3.4.1 12-펄스 위상제어 정류기

- 정류기의 용량이 커지면 여러 대의 6-펄스 위상제어 정류기를 직병렬로 접속하여 사용하는 것이 유리하다.
- 이러한 접속 방법을 **다중화 방식**이라고 한다.
- 다중화 방식에서는 단일 정류기보다 입출력 특성이 개선되는데, 직류 출력 전압의 리플이 줄어들고 교류 입력 측 전류의 고조파 성분이 줄어들며 역률이 향상된다.

12-펄스 위상제어 정류기

- 다중화 방식의 예로서 12-펄스 위상제어 정류기가 그림 3.45에 보인다.

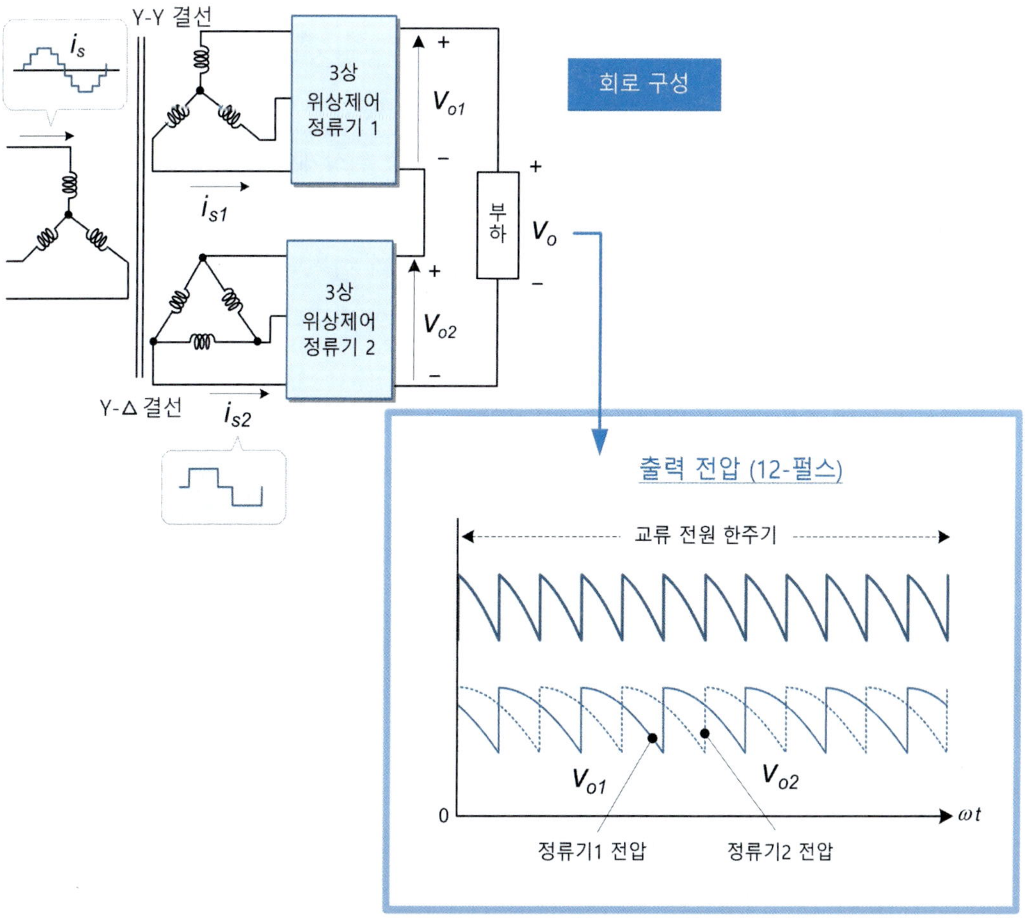

그림 3.45 12-펄스 위상제어 정류기 ($\alpha = 30^\circ$)

- 12-펄스 위상제어 정류기는 6-펄스 위상제어 정류기 2대를 직렬 접속하여 6-펄스 위상제어 정류기보다 2배 큰 출력 전압을 사용할 수 있도록 구성한 회로이다.
- **출력 전압 특성**
  - 12-펄스 위상제어 정류기의 출력 전압 v_o는 두 6-펄스 위상제어 정류기의 출력 전압인 v_{o1}과 v_{o2}의 합이다.

$$v_o = v_{o1} + v_{o2} \tag{3-18}$$

  - 여기서 두 정류기에 3상 입력 전압을 공급할 때 $Y-Y$ 결선 변압기와 $Y-\Delta$ 결선 변압기를 사용하여, 두 정류기에 입력되는 3상 전압의 위상이 30°차이가 나도록 공급한다는 것이 중요하다.
  - 이러한 입력 전원의 위상 차이로 인하여, 두 6-펄스 위상제어 정류기의 출력 전압 역시 서로 30°의 위상차가 발생한다.
  - 이로 인해 최종 출력 전압은 12-펄스 형태가 되기 때문에, 이 정류기를 **12-펄스 위상제어 정류기**라고 한다.
  - 12-펄스 위상제어 정류기의 출력 전압의 리플 주파수는 6-펄스 위상제어 정류기에 두 배이며 그 크기도 작아지므로, 이를 평활화하는데 필요한 저역 통과 필터도 작아진다.
  - 예로서, 60Hz의 상용 전원을 입력으로 사용하는 12-펄스 위상제어 정류기에서 출력 전압의 리플 주파수는 12×60Hz=720Hz이다.
  - 또한, 이때 두 정류기에 입력되는 3상 전압의 크기를 같게 하려면 $Y-Y$ 결선 변압기의 권선비는 1:1이며, $Y-\Delta$ 결선 변압기의 권선비는 1: $\sqrt{3}$ 이 되도록 해야 한다.
- **입력 전류 특성**
  - 유도성 부하의 경우 6-펄스 위상제어 정류기의 입력 전류는 구형파 형태로서 그 고조파 차수는 6n±1이지만, 12-펄스 위상제어 정류기의 입력 전류의 고조파 차수는 12n±1로 정현파에 가까워지며 역률 또한 개선된다.

3.4.2 듀얼 컨버터(Dual Converter)

- 전력 변환 장치에서 동작 가능한 출력 전압과 전류 특성은 통상 그림 3.46에 보이는 직교 좌표계를 사용하여 나타낸다.
- 전압은 세로축에, 전류는 가로축에 표시하여, 동작 가능한 전압과 전류의 영역을 보인다.
- 앞서 살펴본 위상제어 정류기에서 평균 출력 전압은 유도성 부하 시 양이나 음의 두 극성이 모두 가능하지만, 출력 전류의 방향은 한 방향이므로, 동작 가능한 영역은 1 상한과 2 상한의 두 개 상한이다.

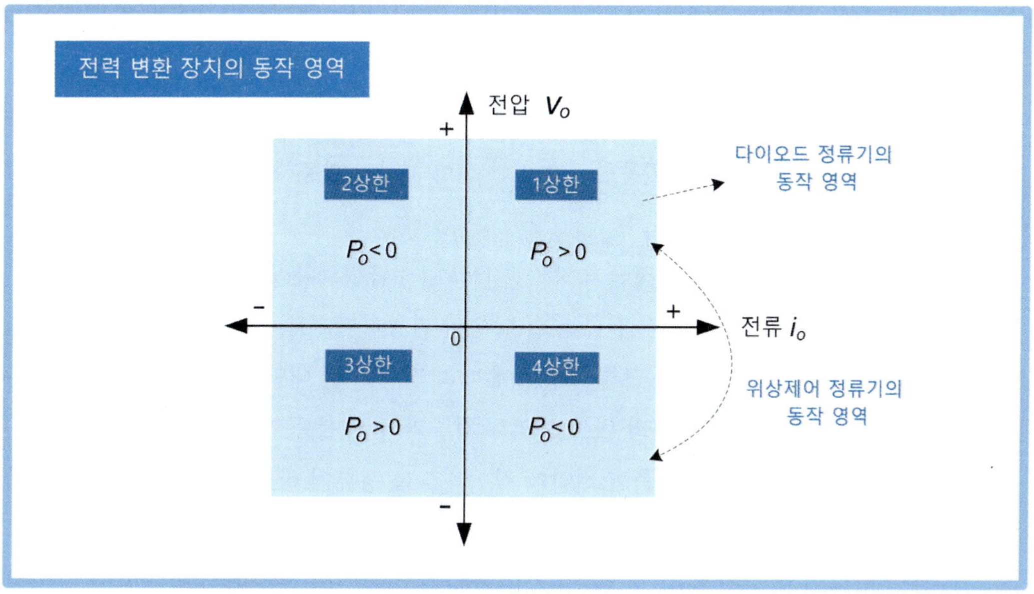

그림 3.46 전력 변환 장치의 동작 영역

- 이에 비해 다이오드 정류기의 동작 가능한 영역은 단지 1 상한만이다.

▌듀얼 컨버터(Dual Converter)

- 양극성의 전압 출력 및 양방향의 전류 흐름이 가능하여 4 사분면에서의 전력 변환이 가능하도록 3상 위상제어 정류기 2대를 역 병렬로 접속한 정류기가 그림 3.47에 보이는 듀얼 컨버터이다.

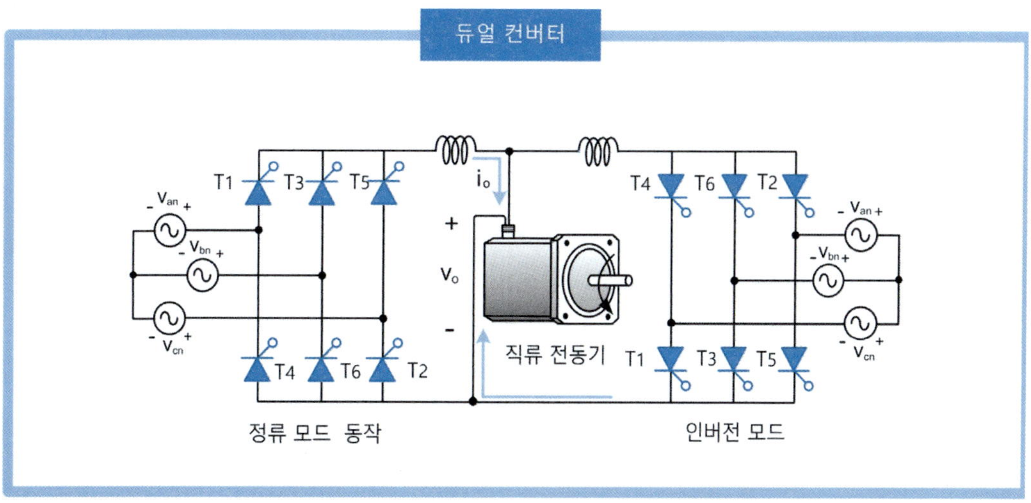

그림 3.47 듀얼 컨버터

- 이 듀얼 컨버터의 대표적인 적용 분야로는, 정역 회전 운전이 빈번한 필요한 대용량 직류 전동기 구동이다.
- 이 경우 직류 전동기의 속도와 토크 방향을 바꾸어 줄 수 있도록, 양방향으로의 전동기 전압 및 전류가 필요한데, 듀얼 컨버터를 활용하면 이러한 전력 공급이 가능하다.
- **동작 방법**
  - 듀얼 컨버터에서 3상 위상제어 정류기 각각은 (+)와 (-) 극성의 전압 출력이 가능하다.
  - 그러나 3상 위상제어 정류기에서 전류는 한 방향만 가능하다.
  - 듀얼 컨버터에서는 필요한 부하 전류의 방향에 따라 정류기 한 대만 동작시킬 수 있지만, 통상적으로는 부드러운 동작 영역의 변경을 위해 정류기 두 대를 동시에 운전한다.
  - 이 경우 두 정류기의 직류 평균 출력 전압이 같아지도록 정류기 하나는 정류 모드로 동작시키고, 다른 정류기는 인버전(Inversion) 모드로 동작시킨다.
  - 즉, 정류기 하나의 점호 각을 α_1로 동작시킨다면 다른 정류기의 점호 각은 $\pi - \alpha_1$로 제어한다.

3.5 PWM 컨버터

• PWM 컨버터는 고속 스위칭이 가능한 소자를 이용한 고성능 AC/DC 변환 장치이다.

정류기의 문제

• AC/DC 변환 장치로는 통상적으로 다이오드 정류기 또는 사이리스터를 이용한 위상제어 정류기가 사용됐다.
• 다이오드 정류기의 경우는 출력 직류 전압을 가변시킬 수 없으며, 직류 부하 측에서 전달되는 회생 에너지를 활용할 수 없다.
• 따라서 엘리베이터 구동 시스템과 같이 부하로부터 에너지 회생이 많은 경우, 시스템의 에너지 효율이 낮아지며 회생 에너지를 소비시킬 제동 저항이 추가로 필요하게 된다.
• 위상제어 정류기를 사용하면 에너지 회생 동작이 가능하지만, 제어성이 느리다.
• 더욱이, 위상제어 정류기와 다이오드 정류기의 교류 입력 측 전류는 비정현파 형태로 많은 고조파가 포함되어 계통 전압의 왜곡을 유발하고 입력 역률도 저하시킨다.
• 이러한 입력 전류의 고조파 문제를 해결하려면 입력 필터 또는 PFC 장치가 필요하다.

PWM 컨버터

• AC/DC 변환 시에 발생되는 여러 문제들을 해결하기 위해, 다이오드 또는 사이리스터를 이용한 정류기 대신에 고속 스위칭이 가능한 IGBT를 이용한 PWM 컨버터를 사용하기도 한다.
• IGBT를 사용한 단상 및 3상 승압형 PWM 컨버터 회로가 그림 3.48에 보인다.

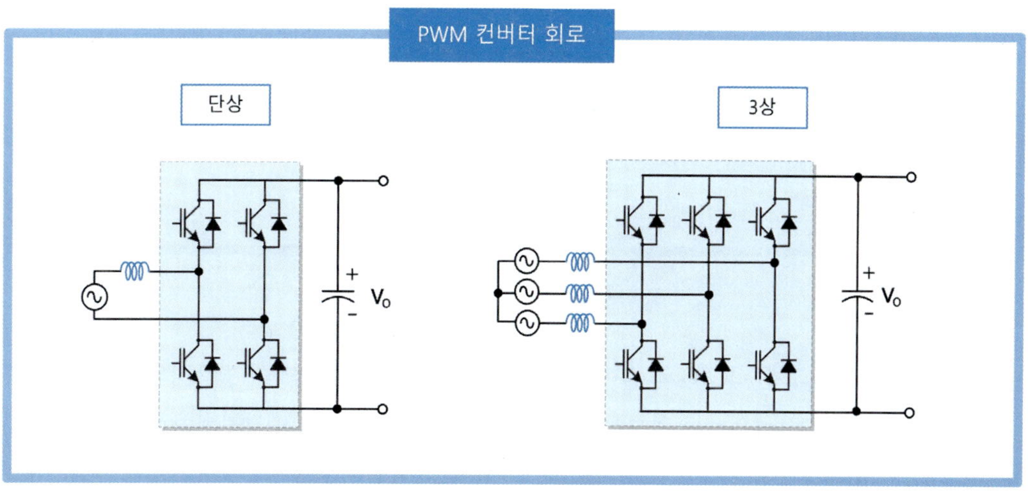

그림 3.48 PWM 컨버터 회로

• PWM 컨버터는 승압 작용을 위해 배치한 입력 측의 인덕터를 제외하면 5장에서 다룰 PWM 인버터 회로와 동일하다.

• PWM 컨버터의 기능

- 출력 직류 전압의 제어가 가능하다.
- 양방향의 전력전달이 가능하다.
- 입력 전류를 정현적으로 제어할 수 있을 뿐만 아니라, 입력 역률도 제어할 수 있다.
- 유효 전력뿐만 아니라 무효 전력을 제어할 수 있다.

• PWM 컨버터의 동작 원리

- PWM 스위칭을 통해 컨버터의 극전압 크기를 조절함으로써, 입력 전류의 크기와 위상을 조절하여 이를 통해 순시적인 전력의 흐름을 조절하며, 또한 직류 출력 전압의 크기를 제어하게 된다.
- 이러한 동작을 위해 전원 전압과 PWM 컨버터의 입력 단자 사이에 승압(Boost) 작용을 위한 인덕터가 필요하다.

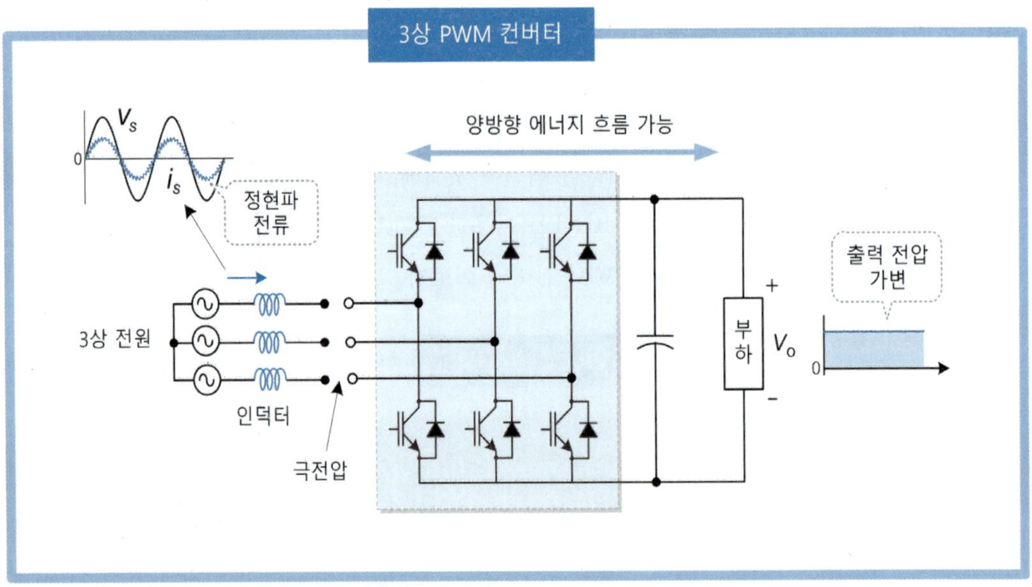

그림 3.49 PWM 컨버터

• 이러한 PWM 컨버터에는 IGBT와 같이 온/오프 스위칭이 가능한 소자가 필요하며, 제어를 위해 마이크로 컨트롤러를 사용해야 하므로, 장치 가격이 비싸지며 제어가 복잡하다.

요약

- 위상제어 정류기는 사이리스터를 사용하여 직류 출력 전압을 가변할 수 있도록 한 정류 장치이다.
- 위상제어 정류기에서는 사이리스터의 게이트 신호를 인가하는 시점 즉, 지연 각 또는 점호 각 α를 가변하여 직류 출력 전압의 크기를 제어한다.
- 위상제어 정류기는 다이오드 정류기와는 달리 부하 에너지를 전원 측으로 전달하는 전력 회생 동작이 가능하다.
- 단상 전파 위상제어 정류기에서 저항 부하의 경우 평균 출력 전압 $V_o = 0.45V(1+\cos\alpha)$이며, 유도성 부하의 경우 $V_o = 0.9V\cos\alpha$이다.
- 유도성 부하의 단상 전파 위상제어 정류기에서 $\alpha < 90°$의 경우 직류 평균 출력 전압은 양으로 정류 동작을 하지만, $\alpha > 90°$의 경우에는 음으로 회생 동작을 한다.
- $\alpha > 90°$의 회생 동작은 에너지를 공급해 줄 수 있는 능동 부하에서만 가능하다.
- 단상 전파 세미 위상제어 정류기의 출력은 다이오드의 동작 특성으로 인해 유도성 부하의 경우에도 음의 전압이 나타나지 않는다.
- 3상 전파 위상제어 정류기에서 저항 부하의 경우 직류 평균 출력 전압 $V_o = 1.35V_{ll}\,[1+\cos(\alpha+60°)]$이며, 유도성 부하의 경우 $V_o = 1.35V_{ll}\cos\alpha$이다.
- 정류기의 용량이 커지면 여러 대의 6-펄스 위상제어 정류기를 다중화하여 사용한다.
- 다중화 방식에서는 단일 정류기보다 직류 출력 전압의 리플이 줄어들고 교류 입력 전류의 고조파 성분이 줄어들며 역률이 개선된다.
- 듀얼 컨버터는 4 사분면에서의 전력 변환이 가능하도록 3상 위상제어 정류기 2대를 역 병렬로 접속한 정류기이다.
- PWM 컨버터는 고속 스위칭이 가능한 소자를 이용한 고성능 AC/DC 변환 장치로서, 입력 전류를 정현적으로 제어할 수 있으며, 입력 역률과 출력 직류 전압의 제어가 가능하고, 양방향의 전력전달이 가능하다.

연습 문제

3.1 단상 전파 위상제어 정류기에서 저항 부하 시와 유도성 부하 시에 입력 역률을 구하시오.

3.2 AC 220V 교류 전원에 연결된 단상 전파 위상제어기가 있다. 점호 각 $\alpha=45°$일 때 정상상태에서 다음을 구하시오. 단, 부하는 유도성으로 저항 성분 $R=10\Omega$이고 인덕턴스 성분은 매우 커서 부하 전류는 연속으로 가정한다.

① 직류 평균 출력 전압

② 부하 전류

3.3 그림 3.27에 보인 단상 전파 세미 위상제어 정류기에서 정상상태 시에 역률을 구하시오. 단, 부하는 유도성으로 인덕턴스 성분은 매우 커서 부하 전류는 연속으로 가정한다.

3.4 다음 그림은 환류 다이오드를 가진 단상 전파 위상제어 정류기이다. 점호 각 $\alpha=30°$일 때 정상상태에서 다음을 구하시오. 단, 부하는 유도성으로 인덕턴스 성분은 매우 커서 부하 전류는 연속으로 가정한다.

① 회로 동작을 설명하고 순시 출력 전압을 그리시오.

② 직류 평균 출력 전압

③ 역률

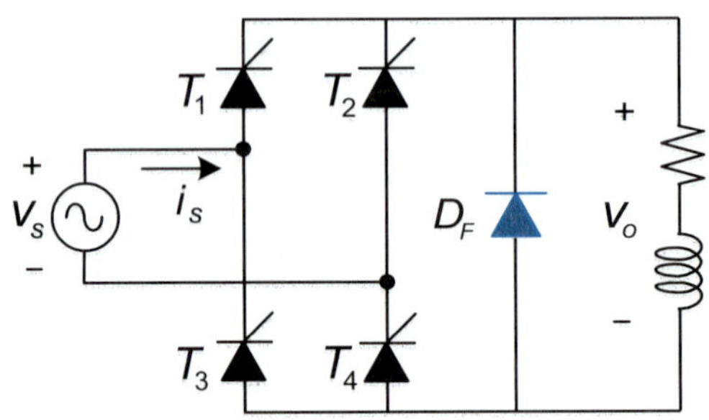

3.5 단상 전파 위상제어 정류기에서 사이리스터를 GTO 사이리스터로 교체하여 출력 전압을 대칭으로 제어하고 있다. 정상상태에서 다음을 구하시오. 단, 부하는 유도성으로 인덕턴스 성분은 매우 커서 부하 전류는 연속으로 가정한다.

① 회로 동작을 설명하고 순시 출력 전압을 그리시오.

② 직류 평균 출력 전압

③ 역률

3.6 단상 전파 위상제어 정류기에서 다음 그림과 같이 교류 입력 전원 측의 변압기와 배선 상의 인덕턴스를 고려한 경우에 평균 직류 출력 전압의 감소량을 구하시오.

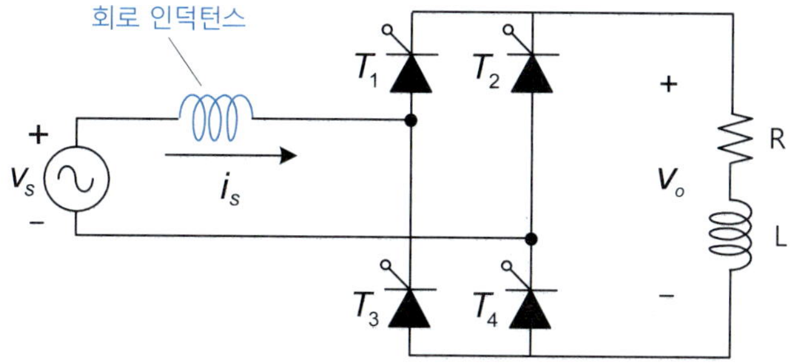

3.7 3상 전파 위상제어 정류기에서 다음 그림과 같이 교류 입력 전원 측의 변압기와 배선 상의 인덕턴스를 고려한 경우에 평균 직류 출력 전압의 감소량을 구하시오.

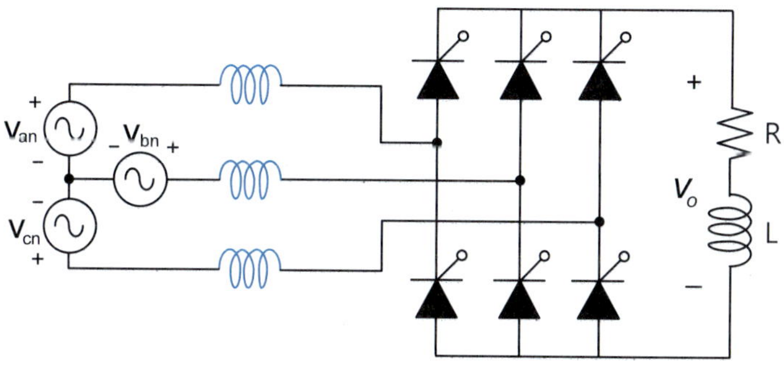

04

DC-DC 컨버터

4.1 직류(DC) 전력

- 일상 생활과 다양한 산업시설에서 전기 에너지를 사용할 수 있도록 교류(AC) 전원이 공급되지만, 전기전자 제품에 내장된 대부분의 전자 회로는 직류(DC) 전원으로 동작하기 때문에, 교류 전원을 직류 전원으로 변환하는 전력 변환 장치가 필수적 요구된다.

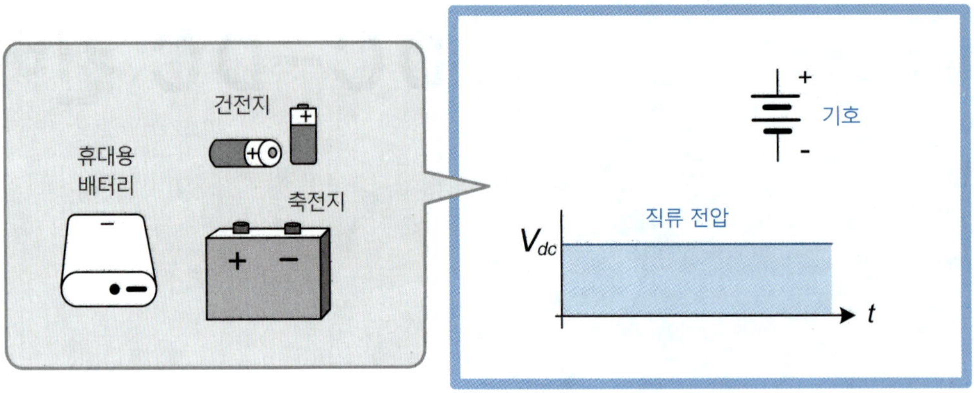

그림 4.1 직류(DC) 전원

- 직류 전원으로는 배터리를 사용하기도 하지만, 통상적으로는 그림 4.2에서 보이듯이 상용 교류 전원을 다이오드 정류기를 통해 직류로 변환한 후 평활화해서 사용한다.

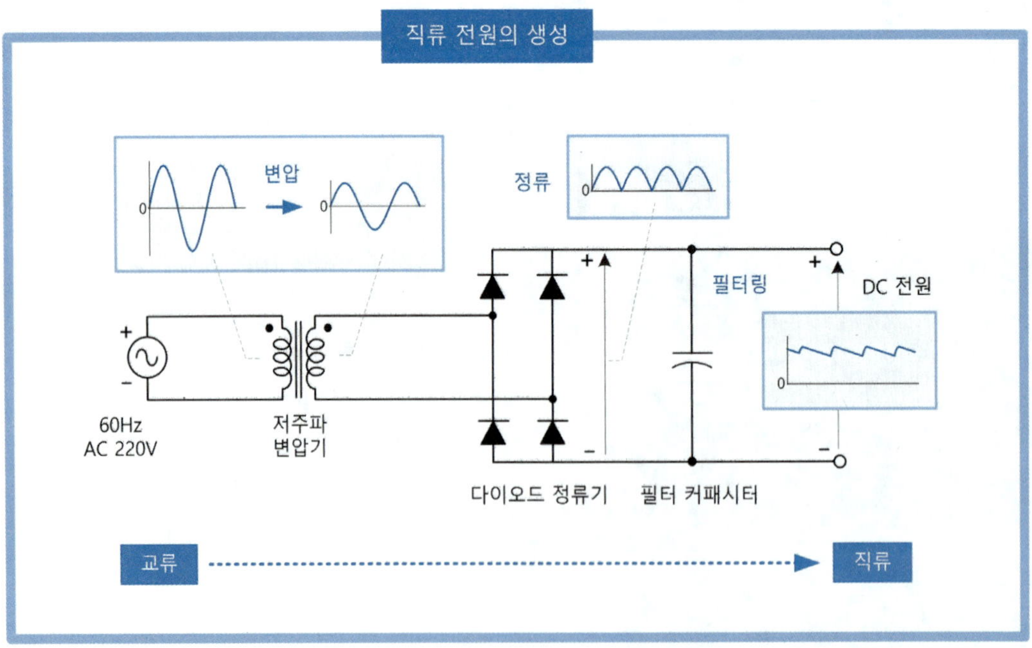

그림 4.2 정류기를 사용한 직류 전원

• 이렇게 정류된 직류 전원은 변동이 큰 직류이므로, 전압변동에 민감한 전자기기에 사용하면 대부분의 경우 오동작을 일으킬 수 있으므로, 좀 더 안정되고 정밀도가 높은 직류 전원으로 이 전압을 변환시켜 사용할 필요가 있다.

안정된 직류 전압을 얻는 방법

• 안정되고 정밀한 직류 전압을 얻는 방법으로는 다음과 같이 **선형 레귤레이터 방식**과 **스위칭 레귤레이터 방식**의 두 가지가 있다.

① 선형 레귤레이터(Linear Regulator) 방식

- 이 방식에서는 일종의 가변저항을 사용하여 필요한 일정 직류 전압을 얻는다.
- 이 경우 가변저항 기능은 통상 트랜지스터를 통해 얻는다.
- 베이스 전류를 조절하면 활성 영역에서 동작하는 트랜지스터의 V_{CE} 전압을 가변할 수 있는데, 이 전압을 제어하여 원하는 전압이 출력되도록 할 수 있다. (그림 4.3)
- 이 방식은 회로가 간단하여 저가이고 스위칭을 하지 않으므로 노이즈 발생이 적어, 노이즈에 민감한 AV(Audio/Video)기기, 통신기기, 의료기기 등에 사용된다.
- 그러나, 입력보다 출력 전압이 낮게 되는 강압 동작만 가능하고, 전력손실이 커서 효율이 30~60% 정도로 낮으므로 20W 미만의 저전력 기기에 주로 사용한다.
- 이 방식을 이용한 대표적인 소자가 양(+)의 전압을 출력하는 78xx, 음(-)의 전압을 출력하는 79xx 등의 **3단자 레귤레이터 IC**이다. (여기서 xx는 출력 전압의 크기를 말하는데, 예로서 7805는 +5V를 출력하며, 7912는 -12V를 출력한다.)

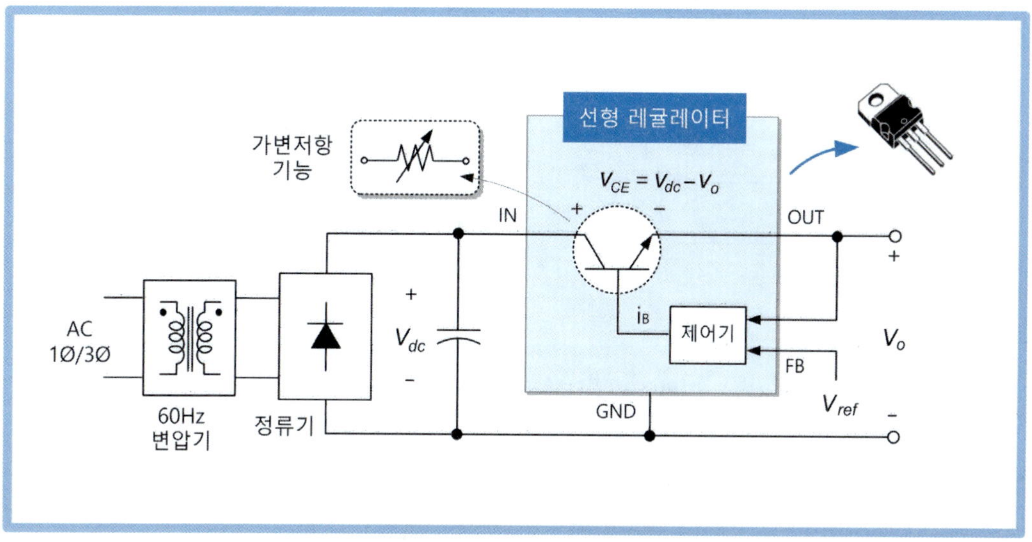

그림 4.3 선형 레귤레이터 방식의 직류 전원 장치

- 이 방식을 이용한 또 다른 소자로서 입출력 전위차를 1V 이하로 낮추어 효율을 향상시킨 LDO(Low Dropout) 레귤레이터(또는 저손실 타입 선형 레귤레이터)가 있다.

② 스위칭 레귤레이터(Switching Regulator) 방식

- 이 방식은 스위칭 소자를 온/오프함으로써, 임의의 직류 전원을 원하는 크기의 안정된 직류 전원으로 변환시키는 방식이다.
- 그림 4.4에 보인 회로의 예를 보면, 스위치를 일정 시간 동안 켜거나 끄면, 스위치를 계속 켜 놓은 경우보다 평균 인가 전압이 낮아져 램프의 밝기가 감소됨을 알 수 있다.
- 이러한 스위칭 동작을 MOSFET와 같은 반도체 소자로 실현한 것이, 바로 스위칭 레귤레이터 방식의 직류 전원 장치(Switching Mode Power Supply, SMPS)이다.
- 이 방식은 효율이 80~90% 정도로 높고, 고주파로 동작하므로 회로에 필요한 변압기나 필터의 크기가 작아진다는 장점이 있다.
- 그러나 반도체 소자의 고속 스위칭에 따른 스위칭 손실과 전자기 간섭(Electro-Magnetic Interference, EMI)이 발생한다는 단점이 있다.

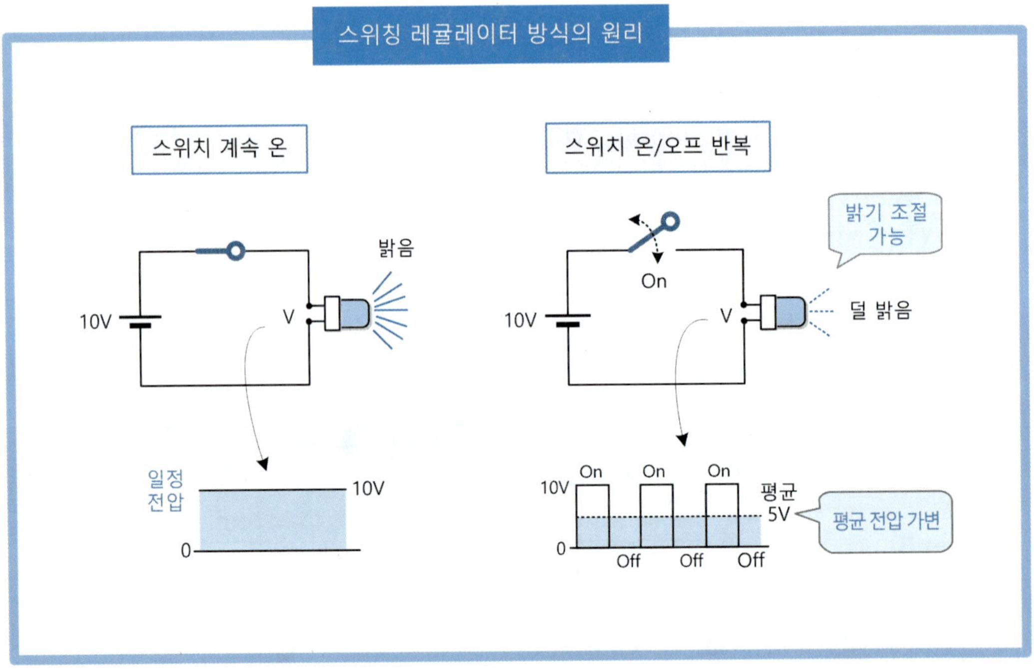

그림 4.4 스위칭 레귤레이터 방식의 원리

- 이러한 스위칭 레귤레이터 방식의 전원 장치를 통상 DC-DC 컨버터 또는 DC 초퍼(Chopper)라고 부른다.

• 스위칭 레귤레이터 방식의 전원 장치는 전기전자 제품에서 다양한 크기의 직류 전압을 공급하는 데 널리 사용되고 있다. (그림 4.5)

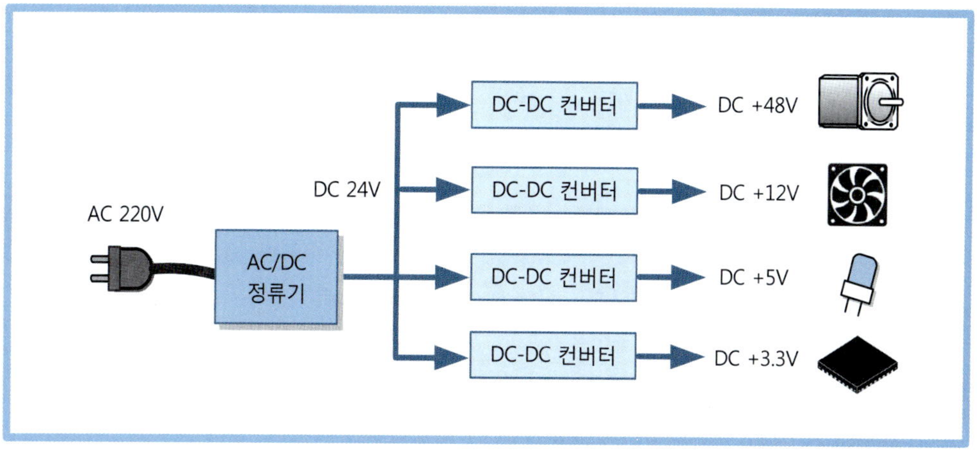

그림 4.5 직류 정전압 전원 장치

4.1.1 DC-DC 컨버터의 종류

• DC-DC 컨버터는 여러 종류가 있는데, 통상 입출력 전압 관계에 따라 분류되며, 또한 절연형과 비절연형으로 구분된다.

• 기본적인 DC-DC 컨버터는 입력과 출력이 전기적으로 연결된 비절연형이며, 입출력 전압 관계에 따라 다음과 같이 세 가지 종류가 있다.

① 강압형(Step-down)	: 벅(Buck) 컨버터
② 승압형(Step-up)	: 부스트(Boost) 컨버터
③ 강압-승압형(Step-down/up)	: 벅-부스트(Buck-Boost) 컨버터

• 강압형인 **벅 컨버터**는 출력 전압이 입력 전압보다 항상 낮으며, 승압형인 **부스트 컨버터**는 출력 전압이 입력 전압보다 항상 높고, 강압-승압형인 **벅-부스트 컨버터**는 출력 전압이 입력 전압보다 낮거나 높을 수 있다.

• 이러한 세 가지 비절연형 기본 DC-DC 컨버터의 회로가 그림 4.6에 보인다.

• 이들 컨버터의 기본 부품은 반도체 스위치, 다이오드, 인덕터의 세 가지인데, 이들 부품의 접속 방법에 따라 이러한 세 가지 DC-DC 기본 컨버터가 만들어진다.

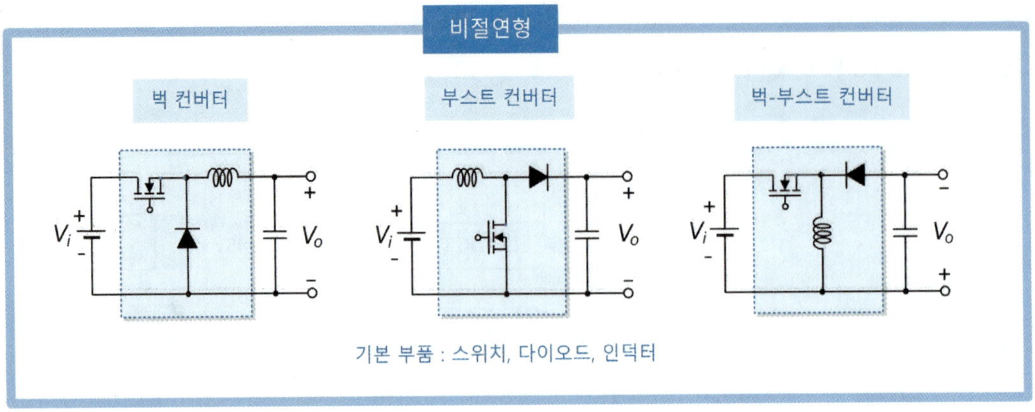

그림 4.6 기본적인 DC-DC 컨버터 회로

• 이들 비절연형 DC-DC 컨버터 회로를 변압기를 사용하여 절연한 DC-DC 컨버터가 있는데, 다음과 같은 종류가 널리 사용된다. (그림 4.7)

① 벅-부스트 컨버터를 절연형으로 구성한 것이 플라이백(Flyback) 컨버터이다.

② 벅 컨버터를 절연형으로 구성한 것으로는 포워드(Forward) 컨버터, 푸시-풀(Push-Pull)컨버터, 하프-브리지(Half-Bridge) 컨버터, 풀-브리지(Full-Bridge) 컨버터가 있다.

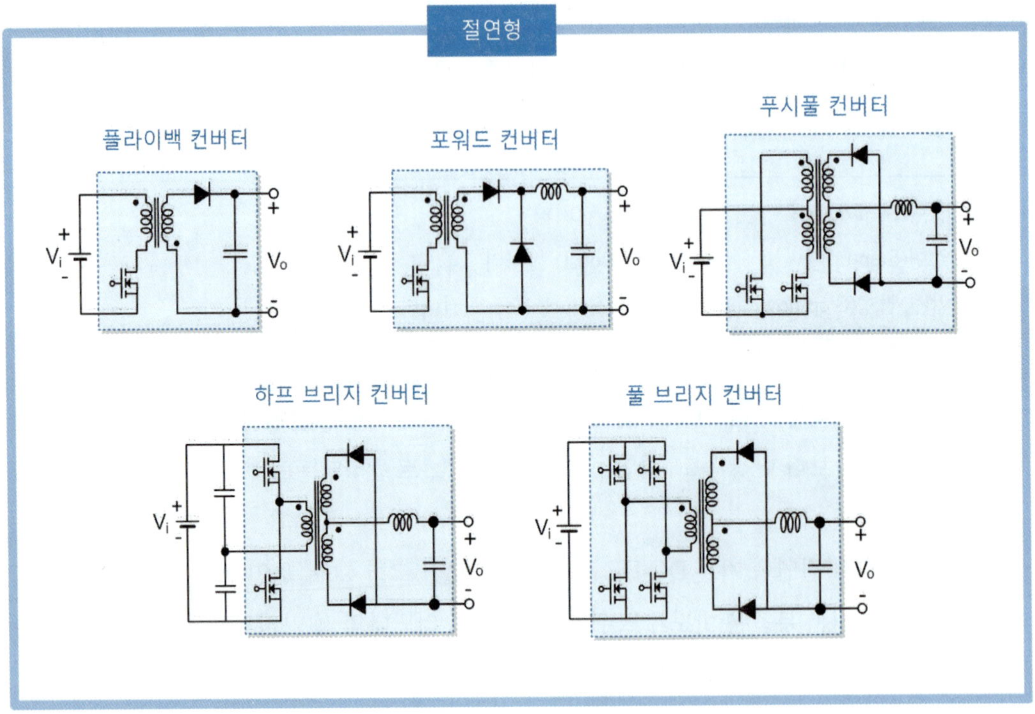

그림 4.7 절연형 DC-DC 컨버터

DC-DC 컨버터의 구성 부품

• DC-DC 컨버터는 전력용 반도체 스위치와 다이오드 및 인덕터의 기본 부품 이외에 커패시터, 변압기 등으로 구성된다. (그림 4.8)

① 스위치와 다이오드

- 이들 소자는 스위칭을 통해 부하로 전달되는 전압의 크기를 제어하는 기능을 수행한다.
- 스위칭 반도체 소자로는 통상적으로 수백 kHz 이상의 높은 주파수로 스위칭이 가능한 MOSFET가 사용되지만, 전력 용량이 커지면 IGBT도 사용된다.
- 다이오드는 스위치 오프 시에 전류가 흐르는 경로를 제공하기 위해 사용되는데, 통상 역 회복 특성이 빨라 고속 스위칭이 가능한 고속 회복 다이오드(Fast Recovery Diode, FRD) 또는 쇼트키 배리어 다이오드가 사용된다.

② 인덕터와 커패시터

- 이들 수동 소자는 에너지 전달의 매개체 역할과 저역 통과 필터의 역할을 한다.
- 커패시터나 인덕터는 부하가 전원에서 분리된 경우 부하에 에너지를 공급한다.
- 저역 통과 필터에서 커패시터는 전압 맥동을 감소시켜 출력 전압을 평활하게 하며, 인덕터는 전류 리플을 감소시킨다.

③ 변압기

- 입출력 전압의 이득 조절(변압)과 입출력 사이의 절연, 다중 출력 제공 등의 여러 역할을 한다.

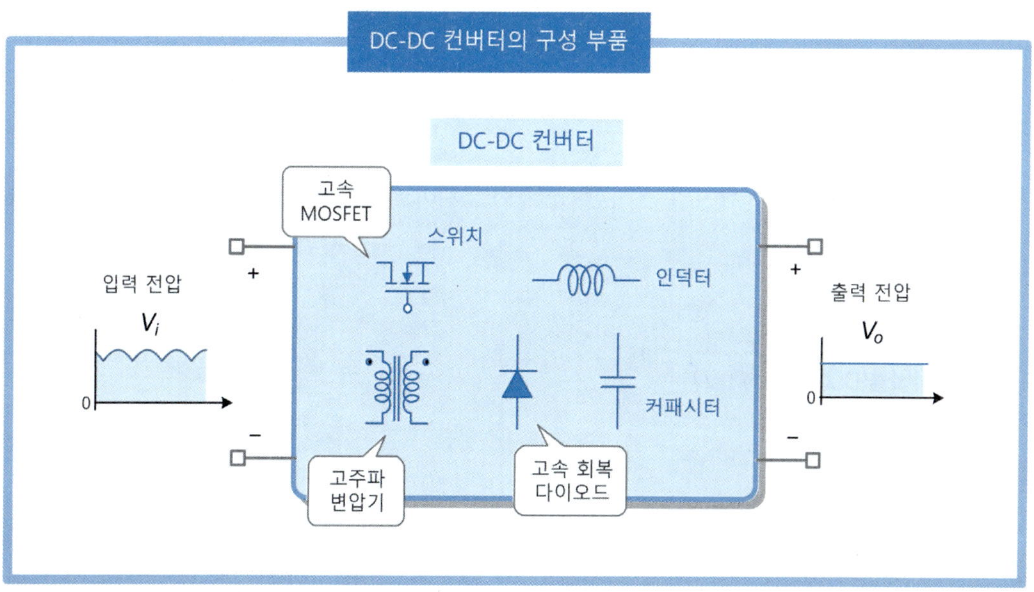

그림 4.8 DC-DC 컨버터의 구성 부품

DC-DC 컨버터의 출력 전압 제어 방식 : PWM 스위칭

- DC-DC 컨버터에서는 스위치의 온/오프를 통해 전원 전압을 출력하거나 차단하여, 부하의 평균 출력 전압을 제어한다.
- 통상적으로 스위칭 주기 T_s를 일정하게 두고(즉, 일정 스위칭 주파수 f_s), 이 주기 중에 스위치를 온하는 시간 t_{on}을 조절하여 평균 출력 전압 V_o를 제어한다. (그림 4.9)
- 이러한 스위칭 기법을 **펄스 폭 변조(Pulse Width Modulation, PWM) 방식**이라 부른다. (여기서 스위치가 온 되는 시간 t_{on}을 펄스 폭이라고 본 것임.)

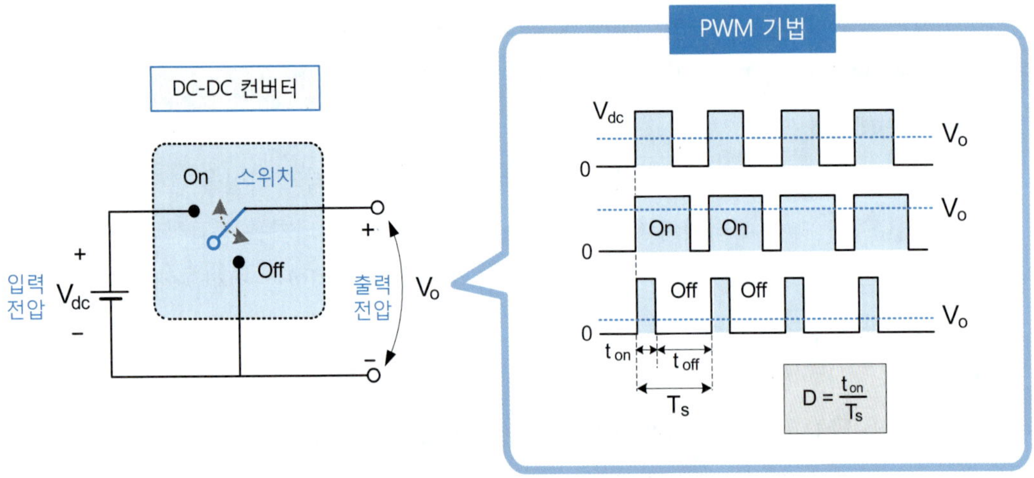

그림 4.9 출력 전압 제어 : PWM 방식

- 스위치를 온 하는 시간 t_{on}이 길수록 평균 출력 전압 V_o가 커지는데, 이러한 관계를 표현하고자 다음과 같은 파라미터를 정의한다.
- 스위칭 주기 T_s에 대한 스위치의 온 시간 t_{on}의 비를 **시비율(Duty Ratio)** 또는 **통류율**이라 하여 다음과 같이 정의한다.

■ 시비율(Duty Ratio) : $D = \dfrac{t_{on}}{T_s}$ (4-1)

- DC-DC 컨버터에서는 통상 시비율 D를 이용하여 스위칭에 따른 평균 출력 전압을 표현한다.
- 이러한 시비율 D에 따라 스위치의 온 시간 $t_{on} = DT_s$로, 오프 시간 $t_{off} = (1-D)T_s$로 표현한다.

인덕터 Volt-Second 평형 원리

- DC-DC 컨버터에서 스위칭(또는 시비율)에 따른 평균 출력 전압을 구하기 위해서 **인덕터 Volt-Second 평형 원리**를 적용한다.

인덕터 Volt-Second 평형 원리
정상상태에서 인덕터에 인가되는 전압과 그 인가 시간의 곱의 한 주기 총합은 영이다.

- 정상상태에서 인덕터에 저장된 에너지 E_L은 일정한데, 인덕터의 에너지가 일정하려면 인덕터에 흐르는 평균 전류 I_L이 일정해야 한다.

$$E_L = \frac{1}{2} L I_L^2 \tag{4-2}$$

- 한 주기 T_s 내에 인덕터에 전압이 인가되면 전류가 시간에 따라 증가하거나 감소하는데, 인덕터의 평균 전류 I_L이 일정하려면 그 증가량과 감소량이 같아야 한다. (그림 4.10)

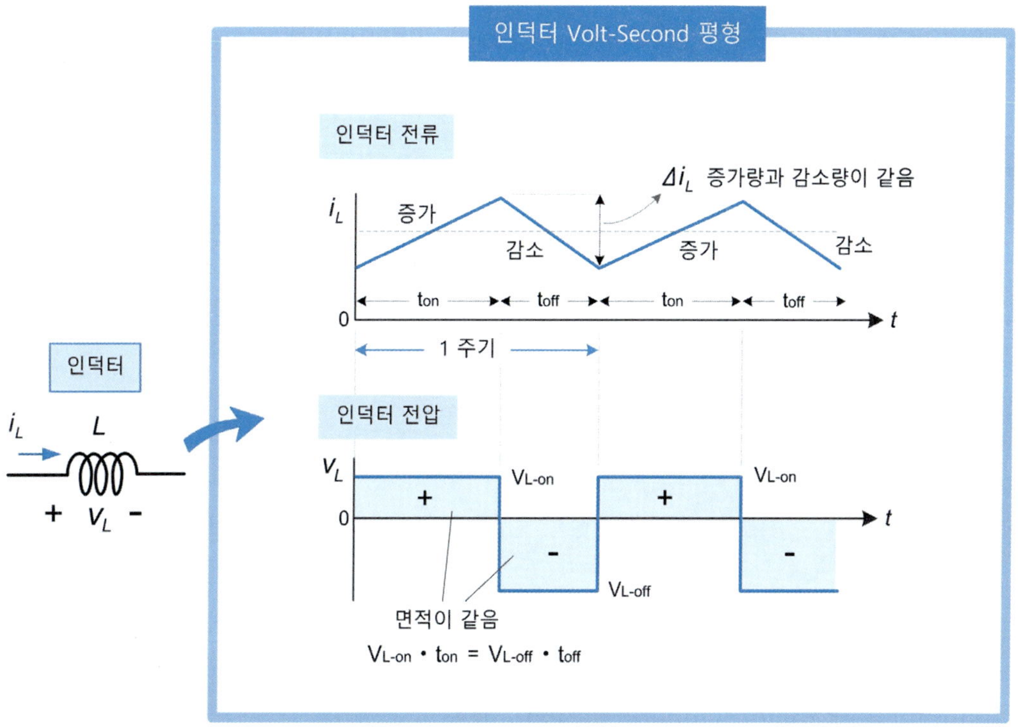

그림 4.10 인덕터 Volt-Second 평형 원리

- 이를 위해서는 한 주기 동안 인덕터의 인가 전압과 그 전압이 인가되는 시간의 곱(Volt-Second)의 총합은 영이어야 한다.
- 즉, 한 주기 T_s 동안의 전류 변동량이 영($\Delta i_L(t) = 0$)이려면, 다음과 같이 인덕터에 인가되는 전압 v_L에 대한 한 주기 동안의 시간 적분값이 영이어야 한다.

■ 인덕터 전압과 전류 관계 : $v_L(t) = L\dfrac{di_L(t)}{dt}$

$$\rightarrow \Delta i_L(t) = \frac{1}{L}\int_0^{T_s} v_L(t)\,dt = 0 \tag{4-3}$$

- 이에 따라, 정상상태에서 DC-DC 컨버터에서는 한 주기 T_s 스위칭에 따른 인덕터의 인가 전압과 그 인가 시간의 곱(Volt-Second)의 총합은 다음과 같이 영인 관계가 성립된다.

■ 인덕터의 평균 전압 : $V_L = \displaystyle\int_0^{T_s} v_L\,dt = 0$

$$= V_{L-on} \cdot t_{on} + V_{L-off} \cdot t_{off} = 0 \tag{4-4}$$

- 여기서 V_{L-on}과 V_{L-off}는 각각 스위치가 온과 오프 상태 시의 인덕터 전압이다.

- 식(4-4)로부터 이제 살펴볼 여러 DC-DC 컨버터에서 스위칭 동작에 따른 평균 출력 전압을 알아낼 수 있다.

- 이제 널리 활용되는 DC-DC 컨버터에 대해 알아보도록 하자.
- 먼저 기본이 되는 벅 컨버터, 부스트 컨버터, 벅-부스트 컨버터에 대해 그 회로 구성과 동작 원리 및 특성 등에 대해 살펴보도록 한다.
- DC-DC 컨버터 회로의 동작 특성을 알아볼 때, 우선 회로에 사용된 부품은 이상적이라고 가정한다.

4.2 벅 컨버터(Buck Converter)

• DC-DC 컨버터에서 가장 기본이 되는 벅 컨버터는 평균 직류 출력 전압이 입력 전압보다 작은 강압형(Step-down) 컨버터이다.

4.2.1 벅 컨버터의 회로 구성

• 벅 컨버터의 회로 구성이 그림 4.11에 보인다.

• 스위치 SW의 온/오프 동작에 따른 벅 컨버터 회로의 동작 상태는 다음과 같다.

① **스위치 온 :** 직류 입력 전원이 스위치를 통해 부하와 연결되므로, 전원 전압이 부하로 인가된다.(이때 다이오드는 역전압이 인가되므로 오프 상태임.)

② **스위치 오프 :** 직류 입력 전원은 부하에서 분리되며, 인덕터에 저장된 에너지가 다이오드를 통해 부하로 공급된다.(환류 동작)

• 벅 컨버터는 스위치를 온하고 있는 동안 전원의 에너지를 부하 측으로 전달시킨다.

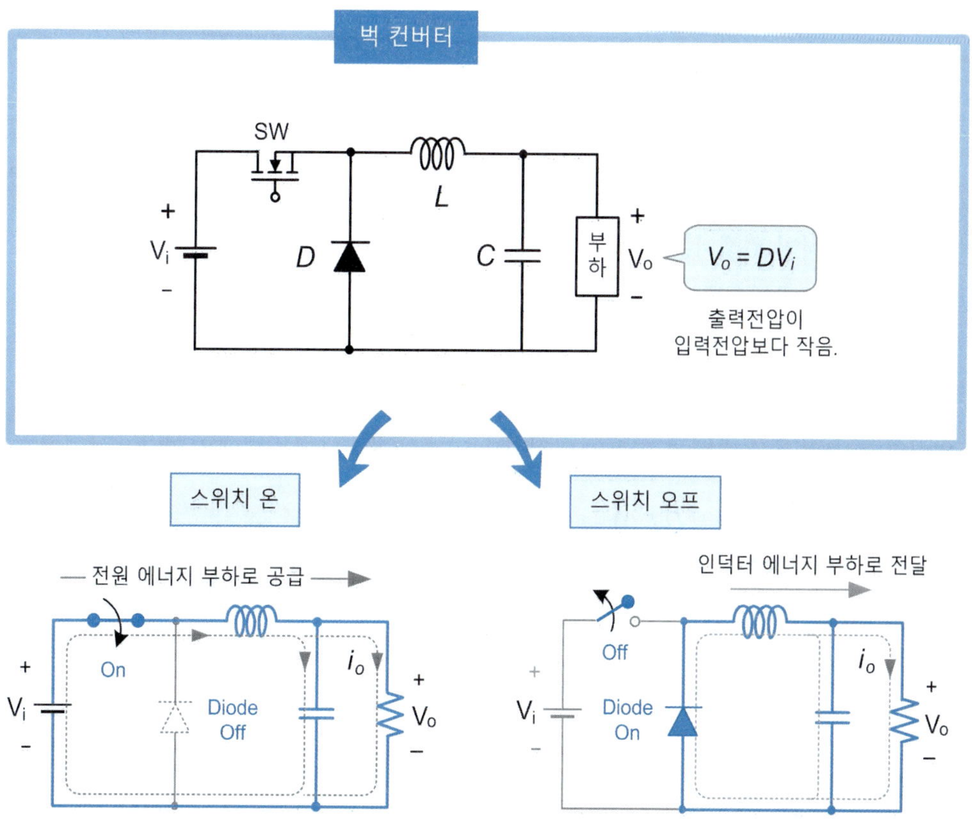

그림 4.11 벅 컨버터 회로

이제 스위치를 온/오프하는 시간 비율 즉, 시비율 $D = t_{on}/T_s$에 따라 벅 컨버터의 평균 출력 전압이 어떻게 변동되는지 알아보도록 하자.

4.2.2 벅 컨버터의 동작 분석

- 동작 분석에 앞서, 먼저 인덕터에 흐르는 전류는 연속이라고 가정한다. (인덕터 전류 연속 모드)
  - 이것은 인덕터 전류가 연속인 경우에만 부하의 크기와 관계없이 동일한 시비율에 대해 항상 일정한 입출력 전압 관계가 얻어지기 때문이다.
  - 인덕터 전류가 불연속이면 시비율이 일정해도 부하에 따라 평균 출력 전압이 달라진다.
  - 인덕터 전류의 불연속 동작은 출력 전력이 작을 때, 인덕터 용량을 작게 할 수 있어, 종종 사용되기도 한다.
- 벅 컨버터에서 스위치의 온/오프 동작에 따른 벅 컨버터의 입출력 전압 관계를 구하기 위해서는 다음과 같은 인덕터 Volt-Second 평형 원리(즉, 정상상태에서 인덕터 전압의 한 주기 시간 적분값은 영이라는 조건)를 이용한다.

$$V_L = \int_0^{T_s} v_L\,dt = 0 \qquad (T_s : \text{스위칭 주기})$$

$$= V_{L-on} \cdot t_{on} + V_{L-off} \cdot t_{off} = 0$$

$$= V_{L-on} \cdot DT_s + V_{L-off} \cdot (1-D)T_s = 0 \tag{4-5}$$

- 이 원리를 적용하기 위해서는 온/오프 시의 인덕터 전압 V_{L-on}, V_{L-off}를 알아야 하므로, 이 인덕터 전압을 구해보도록 하자.

회로 동작과 인덕터 전압

- 스위치의 온/오프 동작에 따른 회로와 인덕터의 인가전압이 그림 4.12에 보인다.

① 스위치 온 ($0 \leq t < t_{on}(= DT_s)$) → 에너지 공급 구간

- 스위치를 켜면 다이오드는 역전압으로 오프되며, 인덕터 L에 인가되는 전압 V_{L-on}은 다음과 같이 된다. (그림 4.12 왼쪽)

$$V_{L-on} = V_i - V_o \tag{4-6}$$

- 벅 컨버터에서는 항상 $V_i \geq V_o$이므로, 이 경우 인덕터의 인가전압은 양(+)이 된다.

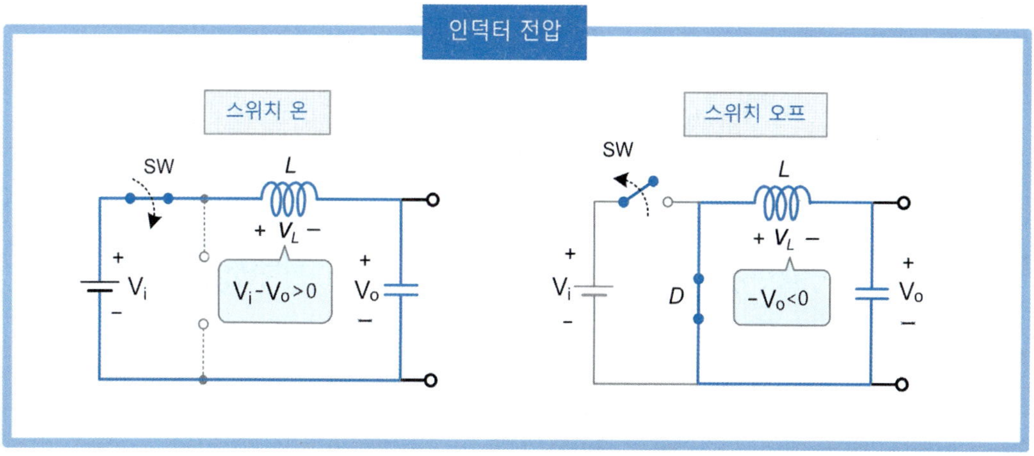

그림 4.12 벅 컨버터의 온/오프 시 인덕터 전압

- 그러므로 인덕터 전류 i_L은 증가하며, 이에 따라 인덕터의 에너지 E_L도 증가한다.

$$V_{L-on} = L\frac{di_L}{dt} > 0 \ \rightarrow \ \text{인덕터 전류 } i_L \text{ 증가}$$

$$\rightarrow \ \text{인덕터 에너지 } E_L = \frac{1}{2}L\,i_L^2 \text{ 증가} \tag{4-7}$$

② 스위치 오프 ($DT_s \leq t < T_s$) → 환류 구간

- 스위치를 오프하면, 연속인 인덕터 전류 i_L은 다이오드를 통해 부하로 흐른다.
- 이 경우 인덕터에 인가되는 전압 V_{L-off}는 부하 전압이 역으로 인가된다.

$$V_{L-off} = -V_o \tag{4-8}$$

- 인덕터에 인가되는 전압이 음(-)이므로, 인덕터 전류 i_L은 감소하며 이에 따라 인덕터 에너지 E_L도 감소하는데, 이 감소된 에너지는 부하와 커패시터로 방출된다.

$$V_{L-off} = L\frac{di_L}{dt} < 0 \ \rightarrow \ \text{인덕터 전류 } i_L \text{ 감소}$$

$$\rightarrow \ \text{인덕터 에너지 } E_L = \frac{1}{2}L\,i_L^2 \text{ 감소} \tag{4-9}$$

입출력 전압 관계식

- 앞에서 스위치의 온 상태인 $t_{on}(=DT_s)$ 동안에 인덕터 전압 $V_{L-on} = V_i - V_o$이며, 오프 상태인 $t_{off}(=(1-D)T_s)$ 동안에는 $V_{L-off} = -V_o$임을 알았다.

• 정상상태에서 인덕터 전압의 한 주기 시간 적분값은 영이므로, 이러한 인덕터 전압으로부터 다음과 같은 조건을 얻는다.

$$V_L = V_{L-on} \cdot t_{on} + V_{L-off} \cdot t_{off} = 0$$
$$\rightarrow V_L = (V_i - V_o) \cdot DT_s - V_o \cdot (1-D)T_s = 0 \quad (4\text{-}10)$$

• 이를 정리하면 다음과 같은 스위칭에 따른 벅 컨버터의 입출력 전압 관계식을 얻는다.

• **벅-컨버터의 입출력 전압 관계 :** $$V_o = DV_i \quad (4\text{-}11)$$

• 벅 컨버터에서는 스위치의 온 시간을 조절함에 따라, 즉 시비율 D를 0에서 1까지 조절함에 따라 평균 출력 전압 V_o를 영[V]에서 V_i [V]까지 선형적으로 조절할 수 있다.

문제

벅 컨버터를 사용하여 12V 배터리로부터 5V의 평균 출력 전압을 얻기 위한 시비율 D는?

답

식(4-11)에 따라 시비율 $D = V_o / V_i$ = 5V/12V = 0.417로 스위칭하면 된다. 즉, 스위칭 한 주기 중 41.7% 동안 스위치를 온하면 된다.

• 다음으로 이러한 벅 컨버터 회로를 설계해보자.

4.2.3 벅 컨버터 회로 설계

• 벅 컨버터 회로를 설계하기 위해서는, 사용할 스위치와 다이오드의 내압과 전류 용량, 인덕터의 전류 용량과 인덕턴스, 커패시터의 전압과 리플 전류 용량 및 커패시턴스, 스위칭 주파수 등을 결정해야 한다. (그림 4.13)

• **스위칭 주파수** : 벅 컨버터를 포함한 모든 DC-DC 컨버터는 스위칭 주파수가 높을수록 인덕터와 커패시터 등의 부품 크기가 작아지지만, 스위칭 횟수가 많아지면 스위칭 손실이 커지므로 이를 고려하여 스위칭 주파수를 선택해야 한다.

• 통상적으로 수십~수백 kHz의 스위칭 주파수가 사용되며, 이를 위한 스위칭 소자로는 MOSFET가 주로 사용되는데, 용량이 커지면 IGBT도 활용된다.

• 다이오드로는 역 회복 특성이 좋아 빠른 스위칭이 가능한 고속 회복 다이오드를 사용한다.

• 최근에는 스위치나 다이오드로 성능이 우수한 SiC 소자의 적용이 늘어나고 있다.

DC-DC 컨버터 설계

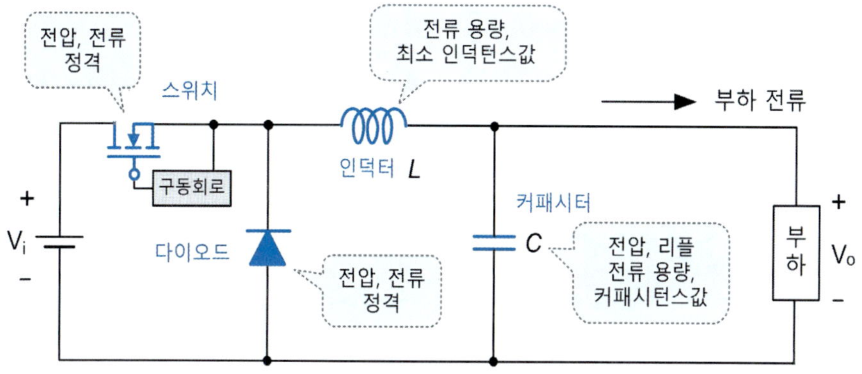

그림 4.13 벅 컨버터의 설계 내용

이들 벅 컨버터 회로 부품의 용량은 다음과 같은 기준으로 결정한다.

① 스위치와 다이오드

- 진압 정격[V]

  스위치와 다이오드는 오프 상태 시에 전압을 차단해야 하므로, 이들 소자의 전압 정격을 결정하기 위해 오프 상태 시 소자에 인가되는 전압을 알아야 한다.

  컨버터 회로에서는 실제 인덕터 부품 이외에 회로 배선으로 인한 부유(Stray) 또는 기생(Parasitic) 인덕턴스 L_p가 존재한다. (7장 참조)

  스위칭 시 전류가 갑자기 변동되면, 이러한 부유 인덕턴스에 $v_{Lp} = L_p(\Delta i / \Delta t)$에 의한 스파이크성 전압이 발생하므로, 소자의 내압은 이 전압에 대하여 여유를 가져야 한다.

- 전류 정격[A]

  스위치와 다이오드에는 인덕터 전류가 흐르므로, 이들 소자의 전류 정격을 결정하기 위해서는 인덕터 전류의 평균값과 최댓값을 알아야 한다.

  컨버터 회로에는 실제 커패시터 부품 이외에 스위치나 변압기 등에 부유 또는 기생 용량 C_p가 존재한다. (7장 참조)

  스위칭 시 회로 전압이 급변하면 이들 기생 용량 C_p에 충방전 전류 $i_{Cp} = C_p(\Delta V / \Delta t)$가 흐르고, 또한 다이오드에도 오프시 역 회복 전류가 흐르므로, 스위치의 전류 정격은 이들 전류를 고려해 주어야 한다.

② 인덕터

인덕터는 전원에서 부하로 에너지를 전달하는 매개체 역할과 고주파 리플 전류 성분을 제거하는 저역 통과 필터의 역할을 한다.

- 전류 용량[A]

  인덕터의 전류 용량을 결정하기 위해서는, 인덕터에 흐르는 전류의 최댓값과 실횻값을 알아야 한다.

- 인덕턴스[H]

  일정한 입출력 전압 관계를 얻기 위해서는, 인덕터 전류는 연속이어야 한다.

  인덕턴스가 클수록 전류는 연속이 되므로, 전류 연속에 필요한 인덕턴스의 최솟값을 구할 필요가 있다.

③ 출력 필터 커패시터

커패시터는 컨버터 출력 전압의 맥동 성분을 제거하여, 부하에 인가되는 전압을 평활하게 만드는 역할을 한다.

- 전압 정격[V]

  커패시터의 전압 정격을 결정하기 위해서는, 회로 동작 시 커패시터에 인가되는 최대 전압을 구해야 한다.

- 커패시턴스[F]

  출력 부하 전압은 순수한 직류가 아니라, 스위칭에 의한 맥동 전압 성분이 존재한다.

  이러한 출력 전압의 변동값은 출력 커패시터의 정전 용량의 크기[F]에 의존한다.

  정전 용량이 클수록 전압변동이 작아지므로, 요구되는 출력 전압의 변동량 Δv_c이 주어지면, 이를 위해 필요한 최소 정전 용량 $C_{\min}$은 다음과 같이 구한다.

$$i_C = C_{\min}\frac{dv_c}{dt} \quad \rightarrow \quad C_{\min} = I_C\frac{\Delta t}{\Delta v_c} \tag{4-12}$$

  커패시터 내부에는 등가 직렬 저항(Equivalent Series Resistance, ESR)[Ω]이라고 하는 저항 성분이 있다. (7.5절 참조)

  ESR이 큰 경우에는 출력 전압의 변동량 Δv_c = (ESR×리플 전류)로 결정된다.

- 리플 전류[A]

  커패시터에는 허용 가능한 리플 전류(즉, 충방전 전류)의 크기가 있는데, 이를 초과하면 내부 발열이 증가하여 수명이 줄어든다.

이제 벅 컨버터에서 이러한 값들을 결정해 보도록 하자.

인덕터 선정

- 벅 컨버터에서 스위칭에 따른 스위치, 다이오드, 인덕터, 커패시터와 부하에 흐르는 전류가 그림 4.14에 보인다.

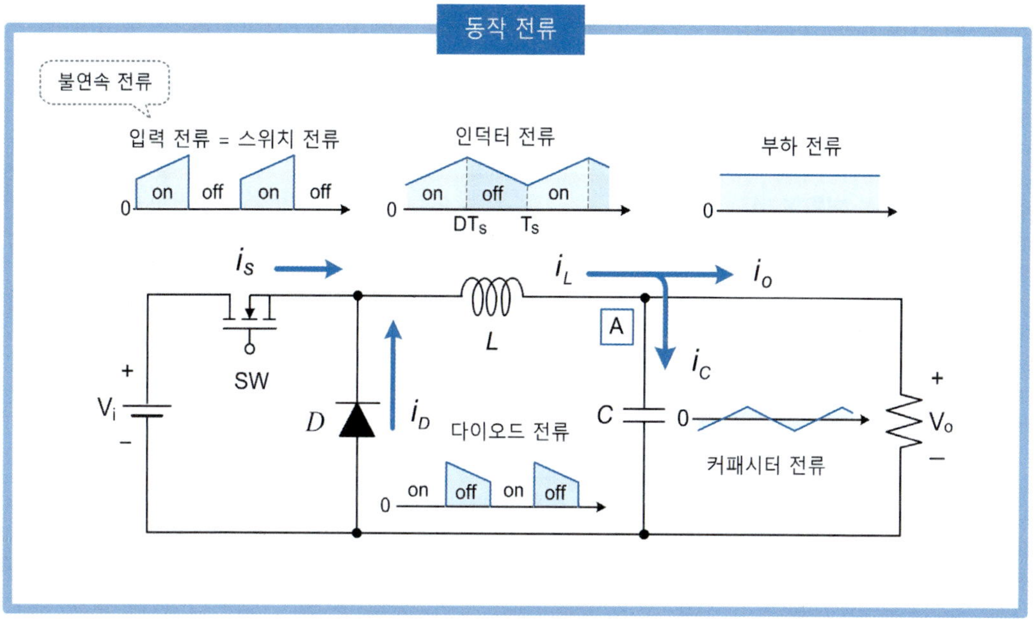

그림 4.14 벅 컨버터에서의 동작 전류

- 인덕터 전류는 스위치를 온하면 증가하고, 오프하면 감소한다.
- 이러한 인덕터 전류의 평균값과 변동량은 다음과 같이 구한다.

① 인덕터의 평균 전류 I_L

- 그림 4.14에 보인 출력 회로의 A점에서 보면 순시적인 인덕터 전류 i_L은 커패시터 전류 i_C와 부하 전류 i_o의 합임을 알 수 있다.

$$i_L = i_C + i_o \tag{4-13}$$

- 이 식을 평균값으로 표현하면 다음과 같이 된다.

$$I_L = I_C + I_o \qquad (\leftarrow I_C = 0) \tag{4-14}$$

- 정상상태에서 커패시터의 평균 전압은 일정하므로, 캐패시터 전류의 평균값 $I_C = 0$이다. (즉, 커패시터의 충방전 전류가 같아야 평균 전압이 일정해진다.)
- 따라서 벅 컨버터에서 인덕터 전류의 평균값 I_L은 부하 전류 I_o와 같음을 알 수 있다.

■ 인덕터 평균 전류 : $I_L = I_o = \dfrac{V_o}{R}$ ← 부하 전류 (4-15)

• 인덕터 전류의 평균값 I_L을 구했으니, 변동값 Δi_L을 알면, 인덕터 전류의 최솟값과 최댓값을 알 수 있다.

• 인덕터 전류 i_L은 스위치의 온/오프 동작에 따라 평균값 I_L에서 $\Delta i_L/2$만큼 증가, 감소한다.

$$i_L = I_L \pm \frac{\Delta i_L}{2} \tag{4-16}$$

② 인덕터의 전류 변동량 Δi_L

- 스위치 오프 상태에서 인덕터 전류의 변동량 Δi_L을 구해보자.
- 스위치 오프 상태에서 인덕터에 인가되는 전압 $V_{L-off} = -V_o$이므로, 이에 따른 인덕터 전류의 감소량 Δi_L은 다음과 같다. (이 감소량은 스위치 온 시의 증가량과 같음)

$$\begin{aligned}\Delta i_L &= -\frac{V_o}{L}\cdot t_{off} \qquad \left(\leftarrow V_{L-off} = L\frac{di_L}{dt}\right)\\ &= -\frac{V_o}{L}\cdot(1-D)T_s\end{aligned} \tag{4-17}$$

③ 최소, 최대 인덕터 전류 $I_{L-\min}$, $I_{L-\max}$

- 인덕터 전류의 평균값 I_L과 전류 변동량 Δi_L로부터 최소/최대 인덕터 전류는 다음과 같이 얻어진다.

■ 최소 인덕터 전류 :

$$\begin{aligned}I_{L-\min} &= I_L - \frac{\Delta i_L}{2}\\ &= I_o - \frac{V_o(1-D)T_s}{2L} \qquad (\leftarrow I_L = I_o)\end{aligned} \tag{4-18}$$

■ 최대 인덕터 전류 :

$$\begin{aligned}I_{L-\max} &= I_L + \frac{\Delta i_L}{2}\\ &= I_o + \frac{V_o(1-D)T_s}{2L} \qquad (\leftarrow I_L = I_o)\end{aligned} \tag{4-19}$$

④ 인덕터 전류 연속을 위한 최소 인덕턴스

- 인덕터 전류가 연속이려면, 최소 인덕터 전류 $I_{L-\min} \geq 0$이어야 한다.
- 이로부터 특정 부하 $R_o(= V_o/I_o)$ 조건에서 연속 전류에 필요한 최소 인덕턴스 값은 다음과 같이 얻어진다.

$$I_{L-\min} = I_o - V_o \cdot \frac{(1-D)T_s}{2L} \geq 0$$

→ **최소 인덕턴스 :**

$$L_{\min} = \frac{V_o}{I_o} \cdot \frac{(1-D)T_s}{2} \text{ [H]} \tag{4-20}$$

문제

100kHz의 스위칭 주파수로 12V 배터리로부터 5V의 전압을 출력하는 벅 컨버터에서 인덕터 전류가 연속으로 흐르는데 필요한 최소 인덕턴스 값은 얼마인가? 단 부하 저항은 5Ω이다.

답

식(4-20)으로 부터 최소 인덕턴스 $L_{\min} = (V_o/I_o) \cdot (1-D)T_s/2 = 5\Omega \cdot (1-0.417)(1/100 \cdot 10^3)/2 = 14.575\mu H$이다.

스위치와 다이오드의 전압 정격 선정

- 스위치와 다이오드의 전압 정격을 결정하는 데에 필요한 오프 상태 시에 이들 소자의 인가전압이 그림 4.15에 보인다.
- 스위치를 온 한 경우 다이오드는 오프되며, 이 경우 다이오드의 전압 V_D는 입력 직류 전압 V_i와 같다.
- 스위치가 오프 상태인 경우, 스위치의 인가전압 V_{sw}는 입력 직류 전압 V_i가 된다.

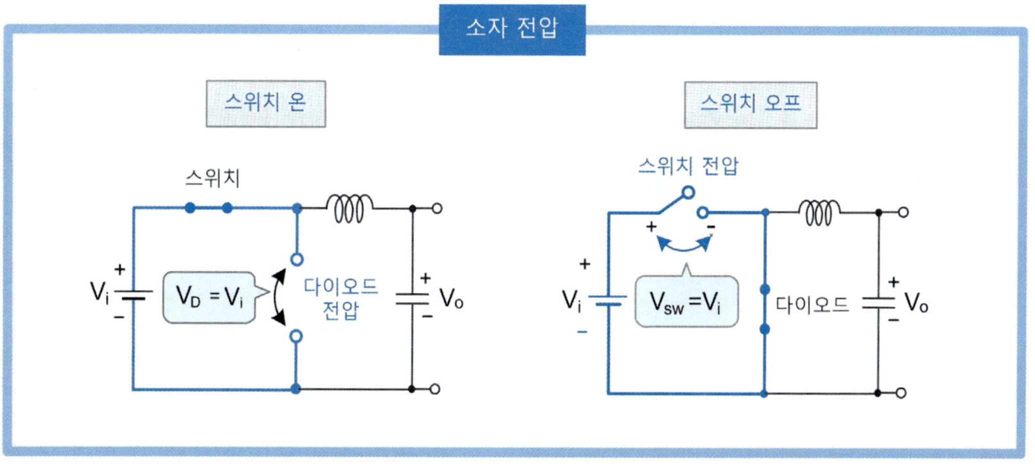

그림 4.15 벅 컨버터의 스위칭 온/오프 시 소자 전압

• 이처럼 스위치와 다이오드의 인가전압은 입력 전압 V_i로 동일하며, 따라서 이들 소자의 내압은 최소한 입력 전압보다는 커야 한다.

문제

12V 배터리에 연결된 벅 컨버터 회로에 요구되는 스위치와 다이오드의 전압 정격값은?

답

스위치와 다이오드의 인가전압은 입력 전압과 같으므로 최소 12V 이상의 전압 정격이 필요하다.

스위치와 다이오드의 전류 정격 선정

• 먼저 스위치와 다이오드에 어떤 전류가 흐르는지 알아보자.

• 스위치가 도통하고 있는 $t_{on}(= DT_s)$ 동안 스위치 전류 i_{sw}는 인덕터 전류 i_L과 같으며, 오프 상태인 $t_{off}(= (1-D)T_s)$ 동안 다이오드 전류 i_D는 인덕터 전류와 같다. (그림 4.14)

• 그러므로, 스위치와 다이오드의 평균 전류는 다음과 같이 평균 인덕터 전류와 도통 기간 즉, 시비율에 따라 결정된다.

$$I_{sw} = DI_L = DI_o \qquad (\leftarrow I_L = I_o) \tag{4-21}$$

$$I_D = (1-D)I_L = (1-D)I_o \tag{4-22}$$

• 스위치와 다이오드의 평균 전류는 시비율에 따라 최대로 인덕터의 평균 전류 I_o까지 흐를 수 있으며, 순시적으로는 인덕터의 최대 전류 $I_{L-\max}$까지 흐른다.

문제

100kHz의 스위칭 주파수로 12V 배터리로부터 5V의 전압을 출력하여 1A의 전류를 부하에 공급하는 벅 컨버터에서 필요한 스위치와 다이오드의 평균 전류와 최대 전류는 얼마인가? (단, 최소 인덕턴스 14.575μH이다.)

답

스위치와 다이오드의 최대 평균 전류는 인덕터의 평균 전류 $I_L = I_o = 1A$이다.

인덕터의 최대 전류 $I_{L-\max} = I_o + V_o(1-D)T_s/2L = 1 + 5(1-0.417)(1/100 \cdot 10^3)/(2 \cdot 14.575\mu)$ = 1+1 = 2A이므로, 스위치와 다이오드에는 최대 2A의 전류가 순시적으로 흐른다.

필터 커패시터 선정

- 벅 컨버터에서 스위칭에 따른 커패시터에 흐르는 순시 전류와 전압이 그림 4.16에 보인다.

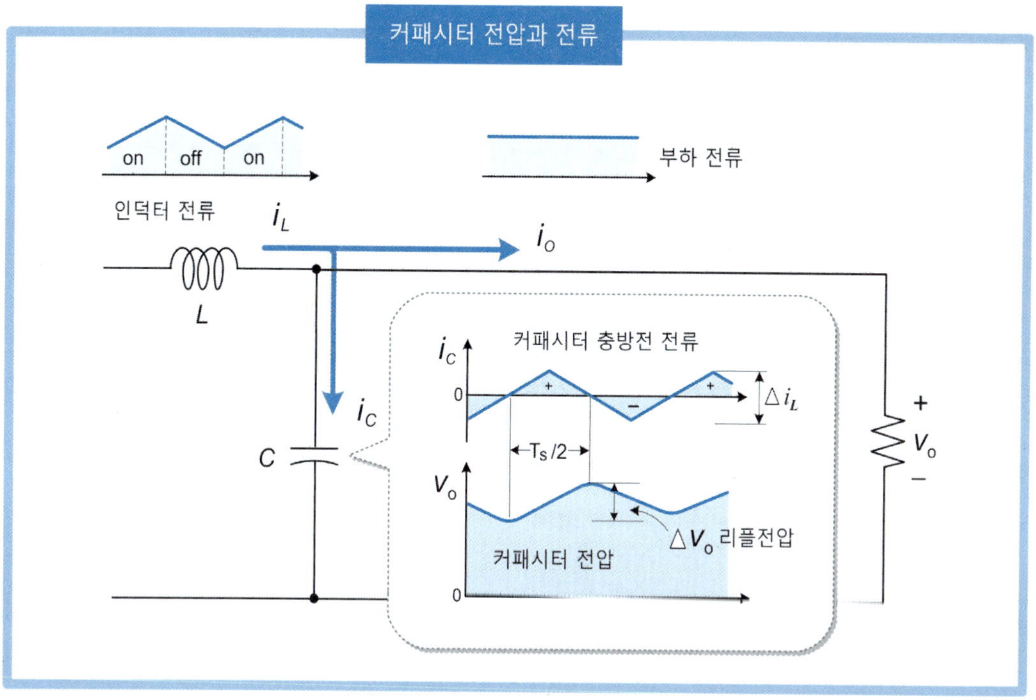

그림 4.16 커패시터의 충방전 전류

- 커패시터의 전압 정격을 결정하기 위해서는 커패시터의 최대 동작 전압을 알아야 한다.
- 커패시터의 전압 v_C는 순시적으로 변동하는데, 그 평균 전압 V_C는 평균 출력 전압 V_o이므로, 그 크기는 시비율에 따라 달라지지만, 그 최댓값은 입력 전압 V_i와 같다.
- 따라서 커패시터의 최대 동작 전압 $V_{C-\max}$는 그 변동량 Δv_o로부터 다음과 같이 된다.

$$V_{C-\max} = V_i + \frac{\Delta v_o}{2} \tag{4-23}$$

- 여기서 전압 변동량 Δv_o를 구하기 위해서는, 커패시터의 충방전 전류를 알아야 한다.
- 인덕터 전류의 평균값은 부하 전류 I_o이므로, 인덕터 전류 i_L의 맥동 성분 Δi_L이 커패시터로 흐른다. (이것은 그림 4.16에 보인 벅 컨버터의 출력 회로로부터 알 수 있다.)
- 따라서 커패시터의 충방전 전류 i_C는 다음과 같다.

$$i_C = i_L - I_o = \Delta i_L \tag{4-24}$$

- 이러한 커패시터의 충방전 전류에 의해 출력 전압은 다음과 같이 변동한다.

$$i_C = \Delta i_L = C\frac{dv_o}{dt} \tag{4-25}$$

- **출력 전압의 변동량 Δv_o**

  출력 전압의 변동량 Δv_o는 그림 4.16에 보인 반주기 $T_s/2$의 충전 기간에 대한 커패시터의 전류 i_C로부터 다음과 같이 구할 수 있다.

$$\begin{aligned}\Delta v_o &= \frac{1}{C}\int_0^{\frac{T_s}{2}} i_C \ dt \\ &= \frac{1}{C}\cdot\left(\frac{1}{2}\cdot\frac{\Delta i_L}{2}\right)\cdot\frac{T_s}{2} \\ &= \frac{1}{C}\cdot\left(\frac{V_o\cdot(1-D)T_s}{4L}\right)\cdot\frac{T_s}{2} \qquad \left(\leftarrow \Delta i_L = \frac{V_o}{L}\cdot(1-D)T_s\right) \\ &= \frac{1}{LC}\cdot\frac{V_o(1-D)}{8f_s^2} \qquad \left(f_s = \frac{1}{T_s}\right)\end{aligned} \tag{4-26}$$

- 이로부터 벅 컨버터에서 출력 전압의 변동량 Δv_o는 부하와 상관없다는 것을 알 수 있다.
- 출력 전압의 변동량은 인덕턴스 L과 필터 커패시턴스 C가 클수록 작아지며, 특히 스위칭 주파수 f_s의 제곱에 비례해 작아진다는 것을 알 수 있다.
- 따라서 스위칭 주파수 f_s를 높게 하면 스위칭 손실이 증가하기는 하지만, 인덕턴스와 필터 커패시턴스의 크기가 작아도 되므로 컨버터를 소형화 및 저가격화할 수 있다.
- 식(4-26)은 출력 전압의 변동량 Δv_o를 요구되는 값으로 제한하는 데 필요한 출력 커패시터 C의 최소 정전 용량[F]을 구하는 데 사용된다.

문제

100kHz의 스위칭 주파수로 입력 12V 배터리로부터 5V의 전압을 출력하는 벅 컨버터에서 인덕턴스 14.575μH를 사용하는 경우, 전압 변동량을 25mV 이하로 유지하는데 필요한 필터 커패시턴스[F]는 얼마인가?

답

식(4-26)으로부터 요구되는 필터 커패시턴스 $C = V_o(1-D)/(8L\Delta v_o f_s^2) = 5(1-0.417)/(8\cdot 14.575\cdot 0.025\cdot((100\times 10^3)^2) = 100\mu F$이다.

벅 컨버터의 장단점

- **장점** : 벅 컨버터의 출력 전압 변동은 부하에 영향을 받지 않는다.
- **단점**
  - 스위치가 온 상태일 때만 입력 전류가 흐르는데, 이러한 불연속 전류는 노이즈를 발생시킨다.
  - 따라서 입력 전류를 연속적으로 만들기 위해, 입력 측에 추가적인 커패시터가 필요하다.
  - 회로상 MOSFET의 소스 단자가 회로의 접지가 아니므로, MOSFET를 구동할 때 기준 접지를 사용할 수 없어 게이트 구동을 위해 절연된 구동 전원이 필요하다. (7장 참고)

4.2.4 동기 정류 방식의 벅 컨버터

- 벅 컨버터 회로의 효율을 높이기 위해서, 다이오드는 역 회복 특성이 좋은 고속 회복 다이오드 또는 순방향 전압 강하가 낮은 쇼트키 다이오드를 사용한다.
- 벅 컨버터의 효율을 더욱 높이기 위해 다이오드 대신 온저항이 작은 MOSFET를 사용한 회로가 널리 사용되고 있다. (그림 4.17)
- 온저항이 작은 MOSFET는 순방향 전압 강하가 작아 도통 손실이 작으며 역회복 특성도 없기 때문이다.
- 예로서 3A급 쇼트키 배리어 다이오드의 경우 순방향 전압 강하는 0.53V 정도이지만, 30V, 3A급 MOSFET의 온저항은 50mΩ 정도로 이 소자의 순방향 전압 강하는 0.15V이므로 다이오드보다 훨씬 작다.
- 이러한 회로를 **동기 정류 방식의 벅 컨버터(Synchronous Buck converter)**라고 한다. (이에 비해 다이오드를 사용하는 경우를 비동기 정류 방식이라고 한다.)

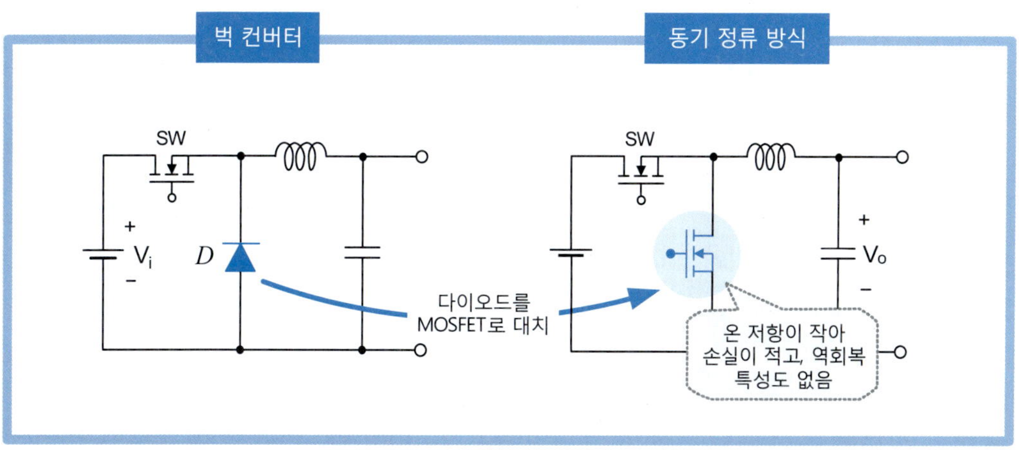

그림 4.17 동기 정류 방식의 벅 컨버터

- **동기 정류 방식의 컨버터에서 스위칭 시 주의점**
  - 동기 정류 방식의 컨버터에서 두 MOSFET는 교대로 온/오프하여 전류가 흐른다.
  - 그런데 스위칭 상태를 바꾸는 과정에서 두 MOSFET의 턴-온/턴-오프 시간 차이로 인해 잠시라도 동시에 도통하게 되면, 직류 전원과의 단락이 발생하여 매우 큰 전류가 흐를 수 있다.
  - 이로 인해 소자의 손실이 커질 뿐만 아니라, 소자를 파괴시킬 수도 있다.
  - 이러한 단락을 방지하기 위해 두 MOSFET가 동시에 도통하지 않도록 턴-온 신호를 일정 시간 늦게 주는 **데드 타임**을 확보해 주어야 한다. (6장 참고)
  - MOSFET의 경우 데드 타임으로는 수백 nsec 정도가 사용된다.
- **장점**

  동기 정류 방식의 벅 컨버터는 기본 회로 방식보다 전력손실이 작기 때문에 효율이 높으며, 고주파 동작이 가능해 회로 부품의 소형, 경량화가 가능하여, 랩톱(Laptop) PC, 태블릿 PC, 서버(Server), LCD TV 등에 널리 사용된다.
- **단점** : 회로가 복잡해진다.

4.3 부스트 컨버터(Boost Converter)

- 부스트(Boost) 컨버터는 부하의 평균 출력 전압이 입력 전압보다 항상 큰 **승압형(Step-up) 컨버터**이다.

4.3.1 부스트 컨버터의 회로 구성

- 부스트 컨버터의 회로 구성이 그림 4.18에 보인다.
- 부스트 컨버터는 벅 컨버터와 동일한 회로 부품을 사용하나, 부품의 배치가 다르다.
- **초기 상태** : 스위칭이 시작되기 전의 초기 상태에서 출력 전압은 입력 전압과 같아진다. 따라서 회로의 초기 출력 전압 $V_o(0) = V_i$이다.
- 이러한 초기 상태에서 스위칭이 시작되므로, 부스트 컨버터에서 출력 전압은 입력 전압보다 항상 크게 된다.

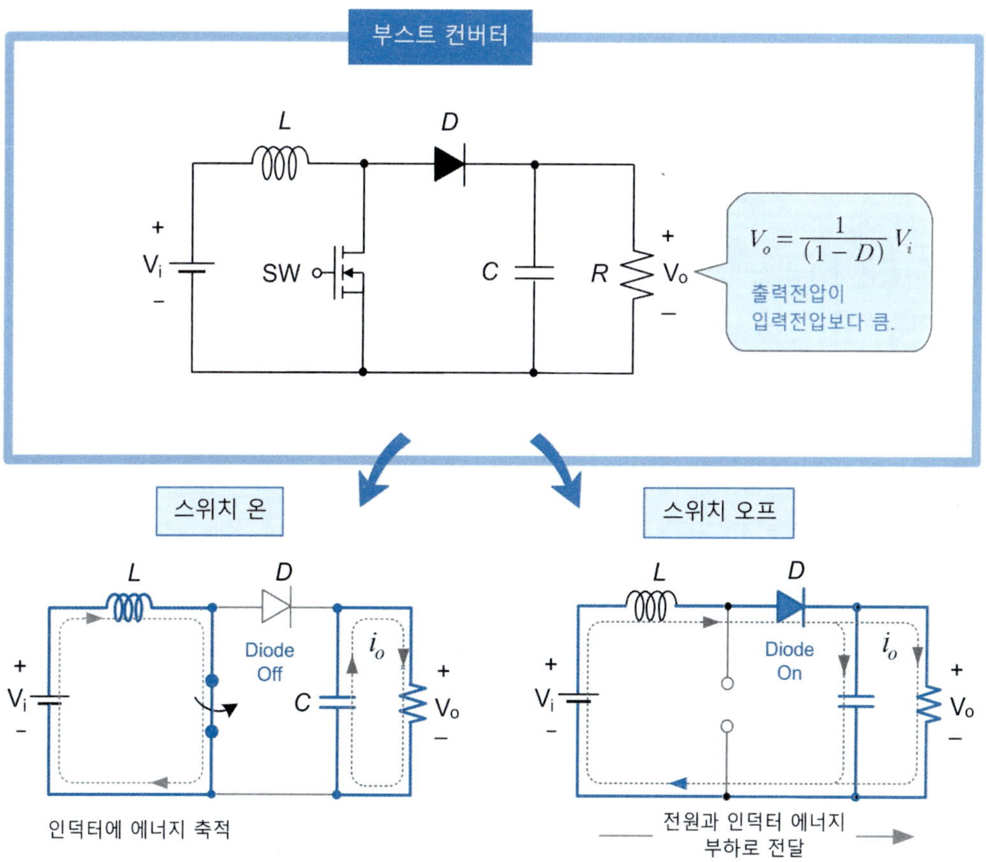

그림 4.18 부스트 컨버터의 구조와 스위치 상태에 따른 회로

• 부스트 컨버터에서 온/오프의 스위칭 동작에 따른 회로 상태는 다음과 같다. (그림 4.18)

① **스위치 온 :** 출력 전압이 입력 전압보다 크므로 스위치가 켜지면 다이오드가 오프되어, 전원 전압은 부하에서 분리되고 인덕터에 전원 전압이 인가된다.
이때 부하에 필요한 에너지는 출력 커패시터가 공급된다.

② **스위치 오프 :** 스위치가 꺼지면 인덕터 전류는 다이오드를 통해 부하로 흐르며, 이때 전원 에너지와 인덕터 에너지가 부하로 전달된다.
이때 출력 커패시터도 함께 충전된다.

• 부스트 컨버터는 벅 컨버터와 다르게 스위치를 오프하고 있는 동안 부하 측으로 에너지를 전달한다.

• 이제 스위치의 온/오프 동작에 따라 부스트 컨버터의 평균 출력 전압이 어떻게 달라지는지 알아보도록 하자.

4.3.2 부스트 컨버터의 동작 분석

• 벅 컨버터와 동일하게 인덕터에 흐르는 전류는 연속이라고 가정한다.
• 이러한 **인덕터 전류 연속 모드**에서만 스위칭에 따른 입출력 전압 관계가 부하와 관계없이 일정해지기 때문이다.
• 벅 컨버터에서처럼 스위치의 온/오프 동작에 따른 부스트 컨버터의 입출력 전압 관계를 구하기 위해서는 인덕터 Volt-Second 평형 원리를 이용한다.
• 이 원리를 적용하기 위해서는 스위치의 온/오프 동작에 따른 인덕터의 전압을 알아야 한다.

회로 동작과 인덕터 전압

• 스위치의 온/오프 동작에 따른 회로와 인덕터 전압이 그림 4.19에 보인다.

① 스위치 온 ($0 \leq t < t_{on}(= DT_s)$) → 에너지 축적 구간

- 부스트 컨버터에서는 항상 $V_o \geq V_i$ 이므로, 스위치를 켜면 다이오드는 오프되고 인덕터 L에 인가되는 전압은 입력 전압과 같다. (그림 4.19의 왼쪽)

$$V_{L-on} = V_i \tag{4-27}$$

- 인덕터의 인가전압이 양(+)이므로 인덕터 전류 i_L은 증가하며, 이에 따라 인덕터에 에너지가 축적된다.

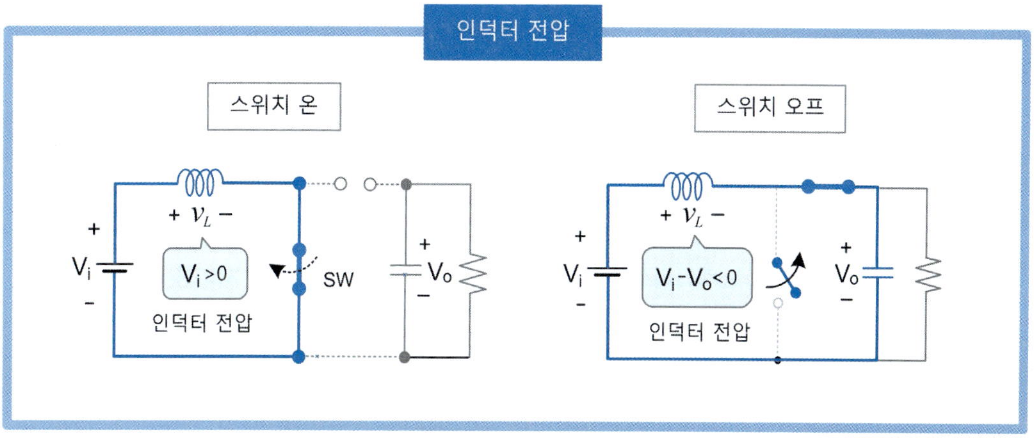

그림 4.19 부스트 컨버터의 동작

② 스위치 오프 ($DT_s \leq t < T_s$) → 에너지 공급 구간

- 스위치를 오프하면 전원 전압이 인덕터와 다이오드를 통해 부하와 연결된다.
- 이 경우 인덕터 L에 인가되는 전압은 다음과 같다. (그림 4.19의 오른쪽)

$$V_{L-off} = V_i - V_o < 0 \tag{4-28}$$

- 출력 전압이 입력 전압보다 항상 크므로, 이 경우 인덕터의 인가전압은 음(-)이다.
- 따라서 인덕터 전류 i_L은 감소하며, 이때 인덕터의 방출 에너지는 부하로 전달된다.

입출력 전압 관계식

- 앞에서 스위치의 온 상태인 DT_s 동안 인덕터 전압 $V_{L-on} = V_i$이며, 오프 상태인 $(1-D)T_s$ 동안 $V_{L-off} = V_i - V_o$임을 알았다.
- 정상상태에서 인덕터 전압의 한 주기 시간 적분값은 영이므로, 이러한 인덕터 전압으로부터 다음과 같은 조건을 얻는다.

$$\begin{aligned} &V_L = V_{L-on} \cdot t_{on} + V_{L-off} \cdot t_{off} = 0 \\ \rightarrow\ &V_L = V_i \cdot DT_s + (V_i - V_o) \cdot (1-D)T_s = 0 \end{aligned} \tag{4-29}$$

- 이로부터 스위칭에 따른 부스트 컨버터의 입출력 전압 관계식은 다음과 같다.

- **부스트-컨버터의 입출력 전압 관계** :

$$V_o = \frac{1}{1-D} V_i \tag{4-30}$$

- 부스트 컨버터에서는 시비율 D를 0에서 1까지 조절함에 따라, 평균 출력 전압 V_o를 최소 입력

전압 V_i [V]에서 ∞ [V]까지 높일 수 있다.

- 그러나 인덕터, 커패시터, 스위치, 다이오드 등에서의 전력손실로 인해, 실제 얻을 수 있는 출력 전압은 입력 전압의 3∼4배 정도까지로 제한된다.

문제

부스트 컨버터를 사용하여 5V 배터리로부터 10V의 평균 출력 전압을 얻기 위한 시비율 D는?

답

입력 5V 전압으로 10V의 평균 출력 전압을 얻기 위해서는, 시비율 $D = 1 - V_i / V_o$ =1 - 5V/10V = 0.5로 스위칭하면 된다.

- 다음으로, 이러한 부스트 컨버터 회로를 설계해보자.

4.3.3 부스트 컨버터 회로 설계

- 부스트 컨버터 회로의 설계 시에는 벅 컨버터처럼 스위치와 다이오드의 전압 및 전류 정격과 인덕터의 전류 용량 및 전류가 연속이 되는데 필요한 최소 인덕턴스 값, 커패시터의 전압 정격 및 출력 전압의 변동량 제한에 필요한 최소 커패시턴스 값 등을 결정해야 한다.

부스트 컨버터에서 이러한 값들은 다음과 같이 결정한다.

인덕터 선정

- 부스트 컨버터에서 스위칭에 따른 스위치, 다이오드, 인덕터, 커패시터, 부하에 흐르는 전류가 그림 4.20에 보인다.
- 인덕터의 순시 전류는 스위치 온 상태에서는 증가하고, 오프 상태에서는 감소하므로, 이에 따른 인덕터 전류의 평균값과 변동량을 구해야 한다.

① 인덕터의 평균 전류 I_L

- 부스트 컨버터에서 인덕터 전류는 입력 전원 전류와 같다.
- 부스트 컨버터 회로 내의 손실을 무시하면 "평균 입력 전력 = 평균 출력 전력"이므로, 다음과 같은 관계가 성립한다.

$$P = V_i I_i = V_o I_o \text{ [W]} \tag{4-31}$$

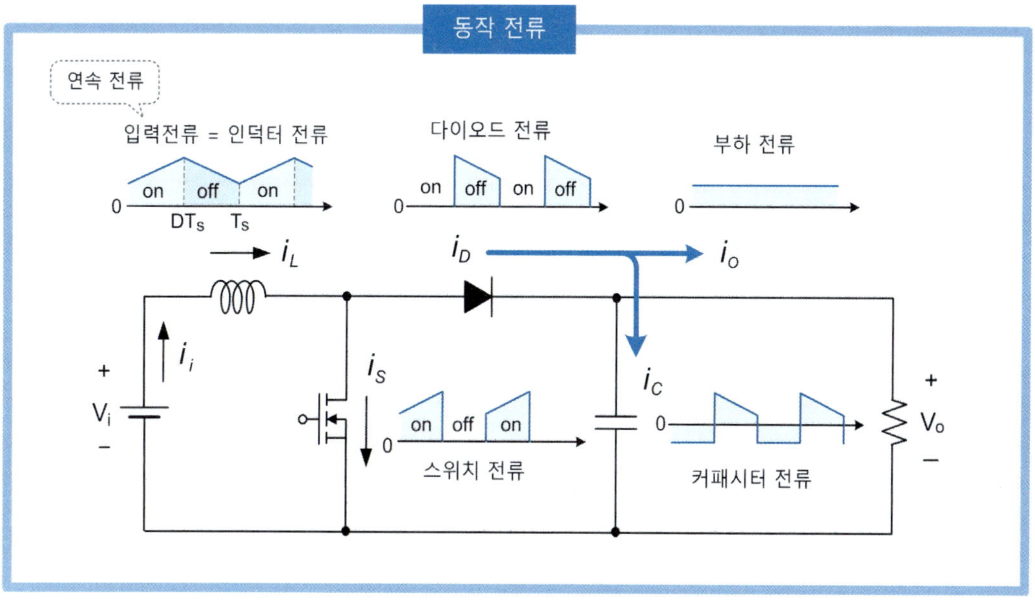

그림 4.20 부스트 컨버터의 동작 전류

- 평균 인덕터 전류 I_L은 평균 입력 전류 I_i와 같으므로, 식(4-31)은 다음과 같이 된다.

$$P = V_i I_L = V_o I_o \ [\mathrm{W}] \tag{4-32}$$

- 이 식과 $V_o = V_i/(1-D)$의 관계를 이용하면, 인덕터의 평균 전류 I_L은 부하 전류 I_o와 다음과 같은 관계가 있음을 알 수 있다.

■ 인덕터 평균 전류 : $I_L = I_i = \dfrac{I_o}{1-D}$ (4-33)

- 부스트 컨버터에서 인덕터의 평균 전류(또한 입력 전류)는 부하 전류보다 크다는 것을 알 수 있다.

문제

부스트 컨버터를 사용하여 5V 배터리로부터 10V의 평균 출력 전압을 얻고 있다. 부하 전류가 1A인 경우, 평균 입력 전류는 부하 전류의 몇 배인가?

답

시비율 $D=0.5$ 이므로 평균 입력 전류 $I_i = I_o/(1-D) = 1/(1-0.5) = 2A$로 부하 전류의 2배가 흐른다.

• 인덕터 전류의 평균값 I_L을 알았으니, 그 변동량을 알면 인덕터 전류의 최솟값과 최댓값을 알 수 있다.

• 인덕터 전류는 스위치의 온/오프 동작에 따라 증가/감소하는데, 정상상태에서 그 변동량은 일정하다.

② 인덕터의 전류 변동량 Δi_L

- 스위치 온 상태에서의 전류 변동량 Δi_L을 구해보자.
- 스위치의 온 상태에서 인덕터의 인가전압 $V_{L-on} = V_i$이므로, 인덕터 전류의 증가량 Δi_L은 다음과 같이 된다. (이 증가량은 감소량과 같음)

$$\Delta i_L = \frac{V_i}{L} \cdot t_{on} \qquad (\leftarrow V_{L-on} = L\frac{di_L}{dt})$$

$$= \frac{V_i}{L} \cdot DT_s \tag{4-34}$$

③ 최소 및 최대 인덕터 전류 $I_{L-\min}$, $I_{L-\max}$

- 인덕터 전류의 변동값 Δi_L과 평균값 I_L로부터 최소/최대 인덕터 전류는 다음과 같이 된다.

■ 최소 인덕터 전류 : $I_{L-\min} = I_L - \frac{\Delta I_L}{2}$

$$= \frac{I_o}{(1-D)} - \frac{V_i}{2L} \cdot DT_s \tag{4-35}$$

■ 최대 인덕터 전류 : $I_{L-\max} = I_L + \frac{\Delta I_L}{2}$

$$= \frac{I_o}{(1-D)} + \frac{V_i}{2L} \cdot DT_s \tag{4-36}$$

④ 인덕터 전류 연속을 위한 최소 인덕턴스 값

- 인덕터 전류가 연속이려면 최소 인덕터 전류 $I_{L-\min} \geq 0$이어야 한다.
- 이로부터 특정 부하 조건에서 전류 연속에 필요한 최소 인덕턴스 값은 다음과 같다.

$$I_{L-\min} = \frac{I_o}{(1-D)} - \frac{V_i}{2L} \cdot DT_s \geq 0$$

→ **최소 인덕턴스 :**

$$L_{\min} = \frac{V_i}{2I_o} \cdot (1-D)DT_s \quad [\mathrm{H}] \tag{4-37}$$

• 부하 전류 I_o가 작을수록 연속 전류 조건에 필요한 인덕턴스 값이 커진다.

문제

100kHz의 스위칭 주파수로 5V 배터리로부터 10V의 전압을 출력하여 1A의 부하 전류를 공급하는 부스트 컨버터에서 인덕터 전류 연속에 필요한 최소 인덕턴스 값은 얼마인가?

답

식(4-37)로부터 최소 인덕턴스 $L_{\min} = V_i \cdot (1-D)DT_s/2I_o = 5(1-0.5)0.5(1/100 \cdot 10^3)/(2 \cdot 1) = 6.25\mu H$이다.

스위치와 다이오드의 전압 정격 선정

- 소자의 전압 정격을 결정하기 위해서는 오프 상태 시의 소자 전압을 알아야 한다.
- 스위치를 온 한 경우 다이오드는 오프되며, 이 경우 다이오드의 전압 V_D는 출력 전압 V_o와 같다. (그림 4.21 왼쪽)
- 오프 상태인 스위치의 인가전압 V_{sw}는 출력 전압 V_o가 된다. (그림 4.21 오른쪽)
- 이처럼 스위치와 다이오드의 인가전압은 출력 전압 V_o로 동일하며, 따라서 이들 소자의 전압 정격은 출력 전압보다 커야 한다.

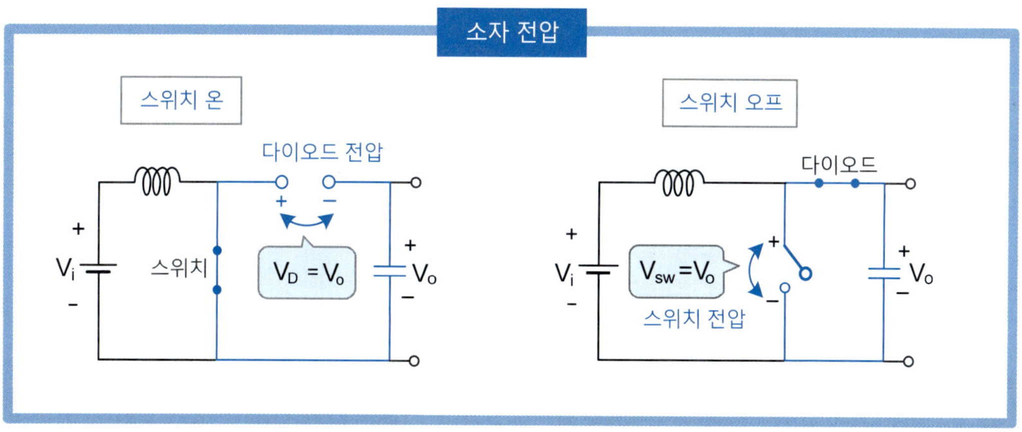

그림 4.21 부스트 컨버터의 스위칭 온/오프 시 소자 전압

문제

12V 배터리를 이용하여 최대 24V를 출력하는 부스트 컨버터 회로에서 요구되는 스위치와 다이오드의 전압 정격값은?

답

스위치와 다이오드의 인가전압은 출력 전압과 같으므로 24V 이상의 전압 정격이 필요하다.

스위치와 다이오드의 전류 정격 선정

- 스위치와 다이오드의 전류 정격을 결정하기 위해서는, 이들 소자에 어떠한 전류가 흐르는지 알아야 한다.
- 인덕터 전류는 스위치가 도통하는 DT_s 동안에는 스위치로 흐르며, 오프 상태인 $(1-D)T_s$ 동안에는 다이오드로 흐른다.
- 따라서, 스위치와 다이오드의 평균 전류는 다음과 같이 평균 인덕터 전류와 도통 기간 즉, 시비율에 따라 결정된다.

$$I_{sw} = DI_L = \frac{D}{1-D}I_o \qquad (\leftarrow I_L = \frac{I_o}{1-D}) \tag{4-38}$$

$$I_D = (1-D)I_L = I_o \tag{4-39}$$

- 그런데, 스위치와 다이오드의 전류는 순시적으로 인덕터의 최대 전류 $I_{L-\max}$까지 흐른다.

> **문제**
>
> **100kHz의 스위칭 주파수로 5V 배터리로부터 10V의 전압을 출력하여 1A의 부하 전류를 공급하는 부스트 컨버터에서 스위치와 다이오드의 평균 전류와 최대 전류는 얼마인가? (단, 최소 인덕턴스 6.25μH이다.)**
>
> **답**
>
> 이 경우 시비율 $D=0.5$이므로 스위치와 다이오드의 평균 전류는 부하의 평균 전류 I_o=1A이다. 인덕터의 최대 전류 $I_{L-\max}=I_o/(1-D)+V_i\cdot DT_s/2L=1/(1-0.5)+5\cdot 0.5/(2\cdot 6.25\mu\cdot 100\times 10^3)=2+2=4$A이므로, 스위치와 다이오드에는 최대 4A의 전류가 순시적으로 흐른다.

필터 커패시터의 선정

- 커패시터의 전압 정격을 결정하기 위해서는 커패시터의 최대 동작 전압을 알아야 한다.
- 커패시터의 평균 전압 V_C는 부하의 평균 전압 V_o이므로, 그 크기는 시비율에 따라 달라지는데, 그 최댓값은 출력 전압 V_o와 같다.
- 따라서 커패시터의 최대 동작 전압은 출력 전압 V_o과 맥동 전압 $\Delta v_o/2$의 합이 된다.
- 이제 부스트 컨버터 회로에서 출력 전압의 맥동 성분 Δv_o을 구해보도록 하자.
- 부스트 컨버터에서 스위칭에 따른 커패시터에 흐르는 충방전 전류와 전압이 그림 4.22에 보인다.

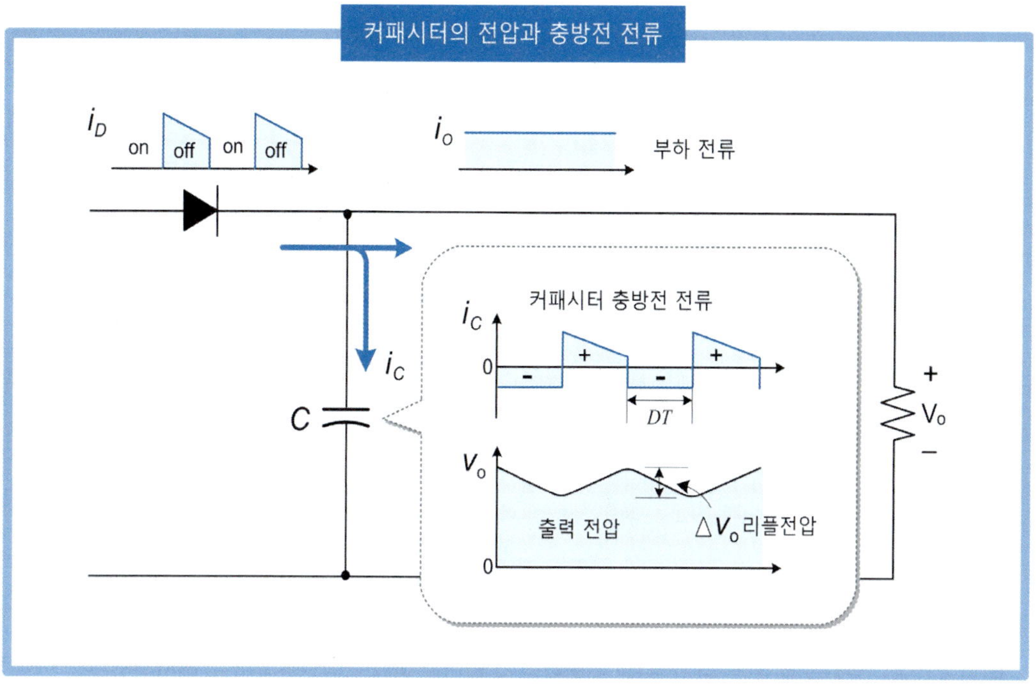

그림 4.22 출력 커패시터 전류와 출력 전압

- 맥동 전압 Δv_o를 구하기 위해서는 커패시터의 충방전 전류 i_C를 알아야 한다.
- 스위치가 온 된 경우 전원과 부하가 분리되므로, 커패시터가 부하 전류 전부를 공급하게 되어 커패시터는 방전되며, 그 결과 출력 전압은 작아진다. (그림 4.22)

커패시터 방전 전류 : $i_c = -I_o$ (4-40)

- 스위치의 오프 상태에서는 다이오드(즉, 인덕터) 전류에서 부하 전류를 뺀 나머지 전류가 커패시터를 충전하게 되어 출력 전압이 증가한다.

커패시터 충전 전류 : $i_c = i_D - I_o$ (4-41)

- 이러한 커패시터의 충방전 전류 i_C로 인해 출력 전압이 변동한다.
- **출력 전압 변동량** Δv_o

스위치 온 동안(DT_s) 커패시터의 방전 전류 $i_c = -I_o$이므로, 이로부터 출력 전압의 맥동 성분 Δv_o는 다음과 같이 구할 수 있다.

$$\Delta v_o = \frac{1}{C}\int_0^{DT_s} I_o \, dt$$

$$= \frac{1}{C} \cdot D\,T_s \cdot I_o$$

$$= \frac{1}{C} \cdot D \cdot \frac{1}{f_s} \cdot \frac{V_o}{R} \tag{4-42}$$

- 부스트 컨버터에서 출력 전압의 변동은 부하 R에 영향을 받는다는 것을 알 수 있는데, 부하 전류 I_o가 커질수록 전압 변동이 커진다.
- 출력 전압의 변동을 작게 하려면, 출력 커패시터의 정전 용량 C를 크게 하거나, 스위칭 주파수 f_s를 높게 하면 된다.
- 식(4-42)는 출력 전압의 변동량을 요구되는 값으로 제한하는 데 필요한 출력 커패시터 C의 최소 정전 용량[F]을 구하는 데 사용된다.

문제

100kHz의 스위칭 주파수로 5V 배터리로부터 10V의 전압을 출력하여 1A의 부하 전류를 공급하는 부스트 컨버터에서 전압 리플을 50mV 이하로 유지하는 데 필요한 필터 커패시턴스[F]는 얼마인가?

답

식(4-42)로부터 요구되는 필터 커패시턴스 $C = DT_s \cdot I_o/\Delta v_o = 0.5 \cdot 1/(0.05 \cdot 100 \times 10^3) = 100\mu F$ 이다.

부스트 컨버터의 특징

- **장점**
  - 변압기 없이 출력 전압을 높일 수 있다.
  - 입력 전류가 연속이고 리플이 작다.
- **단점**
  - 출력 전압의 변동량 Δv_o가 부하에 따라 달라진다.
  - 입력 전류(인덕터 전류)가 부하 전류보다 크다.
  - 스위치와 다이오드의 전압이 입력 전압보다 크다.
  - 출력 전압이 입력 전압보다 크므로, 커패시터의 전압 정격이 커야 한다.

4.4 벅-부스트 컨버터(Buck-Boost Converter)

• 벅-부스트(Buck-Boost) 컨버터는 평균 출력 전압을 입력 전압보다 크거나 작게 할 수 있는 **승압-강압형(Step-down/up) 컨버터**이다.

4.4.1 벅-부스트 컨버터의 회로 구성

• 벅-부스트 컨버터의 회로 구성이 그림 4.23에 보인다.
• 출력 전압의 극성은 음(-)으로 입력 전원과 반대이다.
• 벅-부스트 컨버터에서 온/오프 스위칭 동작에 따른 회로 상태는 다음과 같다.

① **스위치 온 :** 다이오드에는 역전압이 인가되어 오프되어 직류 전원은 부하에서 분리되고, 인덕터에 전원 전압이 인가된다. (그림 4.23의 왼쪽)
이때 부하에 필요한 에너지는 커패시터가 공급한다.

② **스위치 오프 :** 인덕터 전류는 다이오드를 통해 부하로 흐르며, 이때 인덕터의 에너지가 부하로 전달되고, 커패시터도 충전된다. (그림 4.23의 오른쪽)

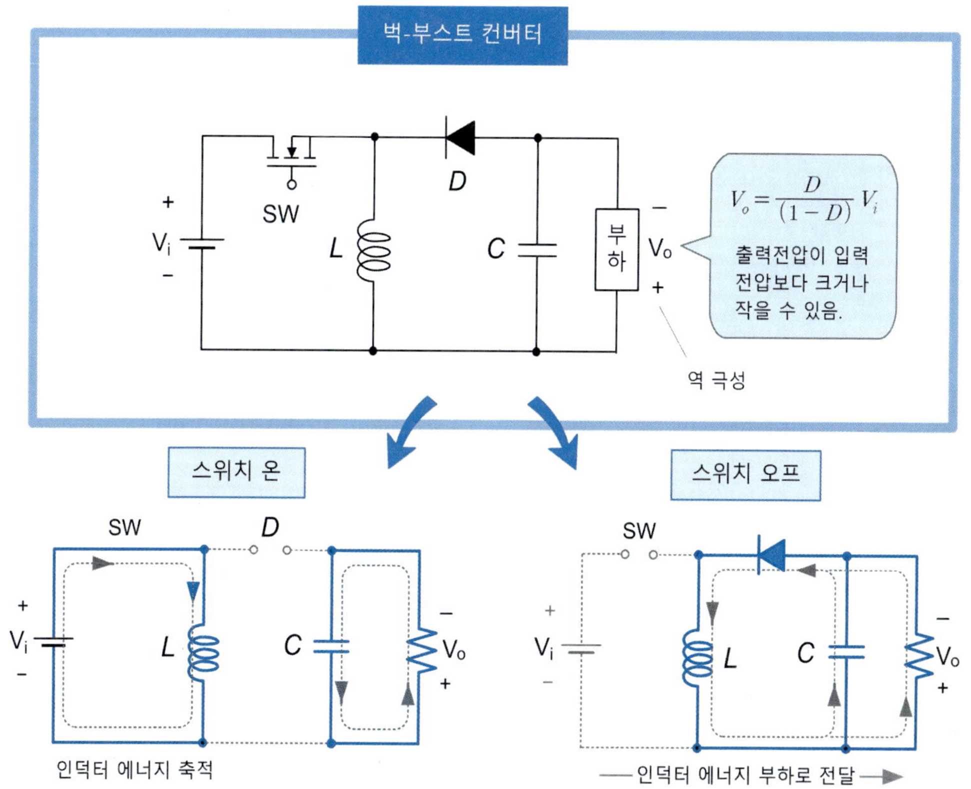

그림 4.23 벅-부스트 컨버터와 스위치 상태에 따른 회로

• 벅-부스트 컨버터는 스위치를 오프하고 있는 동안 부하 측으로 에너지를 공급한다.

• 이제 스위치의 온/오프 동작에 따라 벅-부스트 컨버터의 평균 출력 전압이 어떻게 되는지 알아보도록 하자.

4.4.2 벅-부스트 컨버터 동작 분석

• 앞의 컨버터들과 동일하게 인덕터에 흐르는 전류는 연속이라고 가정한다.
• 벅-부스트 컨버터의 입출력 전압 관계를 구하기 위해 인덕터 Volt-Second 평형 원리를 이용하는데, 이를 위해 온/오프 시의 인덕터 전압을 알아야 한다.

회로 동작과 인덕터 전압

• 스위치의 온/오프 동작에 따른 회로와 인덕터 전압 V_L이 그림 4.24에 보인다.

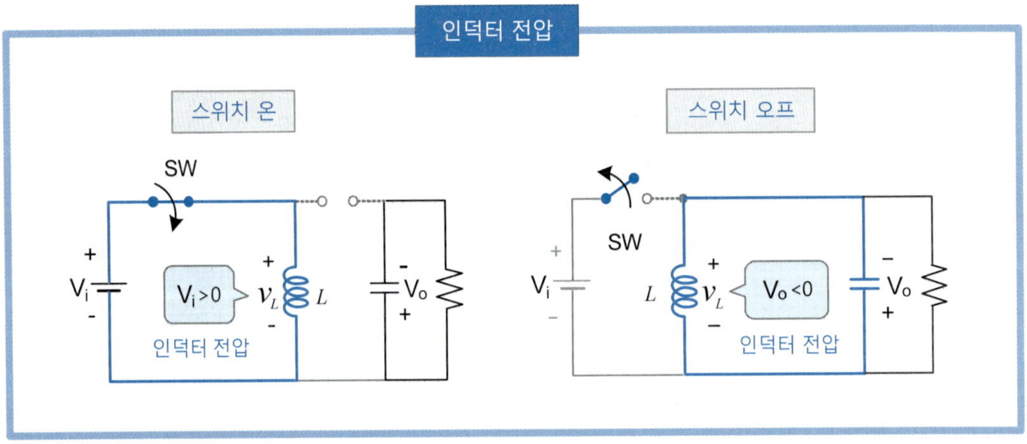

그림 4.24 벅-부스트 컨버터의 동작

① 스위치 온 $(0 \leq t < t_{on}(= DT_s))$ → 에너지 축적 구간

- 스위치를 온 한 경우 다이오드는 역전압으로 오프되고, 인덕터 L에는 전원 전압이 인가된다. (그림 4.24의 왼쪽)

$$V_{L-on} = V_i \tag{4-43}$$

- 인덕터에 양(+)의 전압이 인가되므로 인덕터 전류 i_L은 증가하며, 이에 따라 인덕터의 에너지는 증가한다.

② 스위치 오프 ($DT_s \leq t < T_s$) → 에너지 공급 구간

- 스위치가 오프되면, 다이오드를 통해 인덕터 전류가 부하로 흐른다.
- 이때 인덕터 L에 인가되는 전압은 다음과 같다. (그림 4.24의 오른쪽)

$$V_{L-off} = -V_o \tag{4-44}$$

- 인덕터의 인가전압이 음(-)이므로 인덕터의 전류 i_L은 감소하여 인덕터의 에너지가 감소하는데, 이 에너지는 부하로 전달된다.

입출력 전압 관계식

- 앞에서 스위치 온 상태 DT_s 동안 인덕터 전압 $V_{L-on} = V_i$이며, 오프 상태 $(1-D)T_s$ 동안 $V_{L-off} = -V_o$임을 알았다.
- 정상상태에서 인덕터 전압의 한 주기 시간 적분값은 영이므로, 이러한 인덕터 전압으로부터 다음과 같은 조건을 얻는다.

$$V_L = V_i \cdot DT_s - V_o \cdot (1-D)T_s = 0 \tag{4-45}$$

- 이로부터 다음과 같은 스위칭에 따른 벅-부스트 컨버터의 입출력 전압 관계를 얻을 수 있다.

- **벅-부스트-컨버터의 입출력 전압 관계** :

$$V_o = \frac{D}{1-D} V_i \tag{4-46}$$

- 벅-부스트 컨버터에서는 시비율 D를 0에서 1까지 조절함에 따라, 평균 출력 전압 V_o를 0[V]에서 ∞ [V]까지 조절 가능한데, 시비율 $D < 0.5$의 경우는 강압 동작을 하며, $D > 0.5$의 경우에는 승압 동작을 한다.
- 회로 부품 내의 손실로 인해, 실제 얻을 수 있는 출력 전압은 입력 전압의 3~4배 정도까지로 제한된다.

문제

12V 배터리로부터 벅-부스트 컨버터를 사용하여 시비율 $D = 0.4$로 스위칭하는 경우 직류 평균 출력 전압은 얼마인가?

답

식(4-46)으로부터 시비율 D=0.4로 스위칭하면 $V_o = DV_i/(1-D) = 0.4 \cdot 12/(1-0.4)$ =8V의 직류 평균 출력 전압을 얻을 수 있음을 알 수 있다.

• 다음으로, 이러한 벅-부스트 컨버터의 회로를 설계해보자.

4.4.3 벅-부스트 컨버터 회로 설계

• 다른 컨버터와 동일하게 벅-부스트 컨버터의 회로 설계 시에는 스위치와 다이오드의 전압 및 전류 정격과 인덕터의 전류 용량 및 전류 연속에 필요한 최소 인덕턴스 값, 커패시터의 전압 정격 및 출력 전압의 변동량 제한에 필요한 최소 커패시턴스 값 등을 결정해야 한다.

• 벅-부스트 컨버터에서 이러한 값들은 다음과 같이 결정한다.

인덕터 선정

• 벅-부스트 컨버터에서 스위칭에 따른 스위치, 다이오드, 인덕터, 커패시터, 부하에 흐르는 전류가 그림 4.25에 보인다.

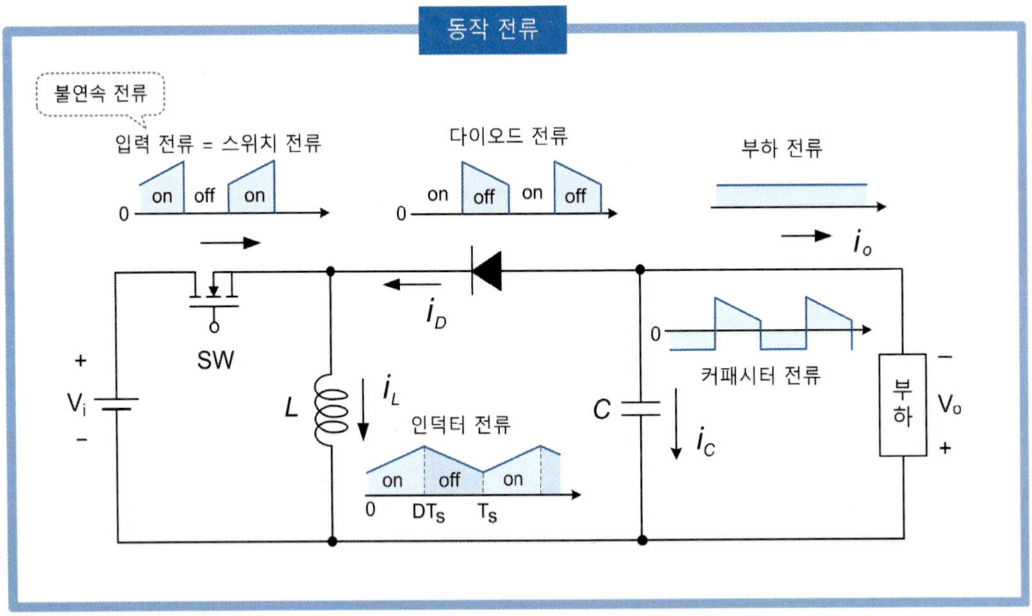

그림 4.25 벅-부스트 컨버터의 동작 전류

• 인덕터 전류는 스위치 온 상태에서는 증가하고, 오프 상태에서는 감소하므로, 인덕터 전류의 평균값과 변동량을 구해야 한다.

① 인덕터의 평균 전류 I_L

- 벅-부스트 컨버터에서 인덕터의 평균 전류 I_L은 입력 전류 I_i나 출력 전류 I_o와는 다르다.

- 벅-부스트 컨버터에서의 손실을 무시하면 "평균 입력 전력 = 평균 출력 전력"이므로, 다음과 같은 관계가 성립한다.

$$P = V_i I_i = V_o I_o \text{ [W]} \tag{4-47}$$

- 여기서 입력 전류는 스위치 도통 시의 인덕터 전류이므로 즉, $I_i = DI_L$ 이므로, 위 식은 다음과 같이 표현된다.

$$P = V_i(DI_L) = V_o I_o \tag{4-48}$$

- 이 식과 $V_o = V_i D/(1-D)$의 관계를 이용하면, 인덕터의 평균 전류 I_L은 부하 전류 I_o와 다음과 같은 관계가 있음을 알 수 있다.

■ 인덕터 평균 전류 : $I_L = \dfrac{I_o}{1-D}$ (4-49)

- 벅-부스트 컨버터에서 인덕터 전류는 부하 전류보다 크다는 것을 알 수 있다.

문제

벅-부스트 컨버터를 사용하여 10V 배터리로부터 6V의 평균 출력 전압을 얻고 있다. 부하 전류가 1A인 경우 인덕터의 평균 전류는 얼마인가?

답

$V_o = V_i D/(1-D) = 10D/(1-D) = 6\text{V}$에서 시비율 $D=0.375$이므로, 인덕터 평균 전류 $I_L = I_o/(1-D) = 1/(1-0.375) = 1.6A$이다.

- 인덕터 전류의 평균값 I_L을 알았으니, 그 변동량을 알면 인덕터 전류의 최솟값과 최댓값을 알 수 있다.
- 정상상태에서 인덕터 전류의 변동량은 일정하다.

② 인덕터의 전류 변동량 Δi_L

- 스위치 온 상태에서의 변동량 Δi_L을 구해보자.
- 스위치의 온 상태에서 인덕터의 인가전압 $V_{L-on} = V_i$ 이므로, 인덕터 전류의 증가량 Δi_L은 다음과 같이 된다. (이 증가량은 감소량과 같음)

$$\Delta i_L = \frac{V_i}{L} \cdot t_{on} \qquad \left(\leftarrow V_{L-on} = L\frac{di_L}{dt}\right)$$

$$= \frac{V_i}{L} \cdot DT_s \tag{4-50}$$

③ 최소, 최대 인덕터 전류 $I_{L-\min}$, $I_{L-\max}$

- 인덕터 전류의 평균값 I_L과 변동값 Δi_L로부터 최소/최대 인덕터 전류는 다음과 같이 얻어진다.

■ 최소 인덕터 전류 :
$$I_{L-\min} = I_L - \frac{\Delta I_L}{2} = \frac{I_o}{(1-D)} - \frac{V_i}{2L} \cdot DT_s \tag{4-51}$$

■ 최대 인덕터 전류 :
$$I_{L-\max} = I_L + \frac{\Delta I_L}{2} = \frac{I_o}{(1-D)} + \frac{V_i}{2L} \cdot DT_s \tag{4-52}$$

④ 인덕터 전류 연속을 위한 최소 인덕턴스 값

- 인덕터 전류가 연속이려면 식(4-51)의 최소 인덕터 전류 $I_{L-\min} \geqq 0$이어야 한다.
- 이로부터 특정 부하 조건에서 연속 전류에 필요한 최소 인덕턴스 값은 다음과 같다.

$$I_{L-\min} = \frac{I_o}{(1-D)} - \frac{V_i}{2L} \cdot DT_s \geqq 0$$

→ **최소 인덕턴스 :**
$$L_{\min} = \frac{V_i}{2I_o} \cdot (1-D)DT_s \quad [\mathrm{H}] \tag{4-53}$$

- 부하 전류 I_o가 작을수록 연속 전류 조건에 필요한 인덕턴스 값이 커짐을 알 수 있다.

문제

100kHz의 스위칭 주파수로 12V 배터리로부터 8V의 전압을 출력하여 1A의 부하 전류를 공급하는 벅-부스트 컨버터에서 인덕터 전류 연속에 필요한 최소 인덕턴스 값은 얼마인가?

답

식(4-53)으로부터 최소 인덕턴스 값 $L_{\min} = V_i(1-D)DT_s/2I_o = 12(1-0.4)0.4(1/100 \cdot 10^3)/(2 \cdot 1) = 14.4\mu H$이다.

스위치와 다이오드의 전압 정격 선정

- 소자의 전압 정격을 결정하기 위해서는 오프 상태 시의 소자 전압을 알아야 한다.
- 스위치를 온하면 다이오드는 오프되며, 이 경우 다이오드가 저지해야 할 전압은 입력 전압과 최대 출력 전압의 합, 즉 $V_D = V_i + V_{o-\max}$가 되는데, 다른 컨버터보다 크다.
- 스위치가 오프된 경우 스위치가 저지해야 할 전압은 입력 전압과 최대 출력 전압의 합, 즉 $V_{sw} = V_i + V_{o-\max}$로서, 다른 컨버터보다 크다. (그림 4.26)

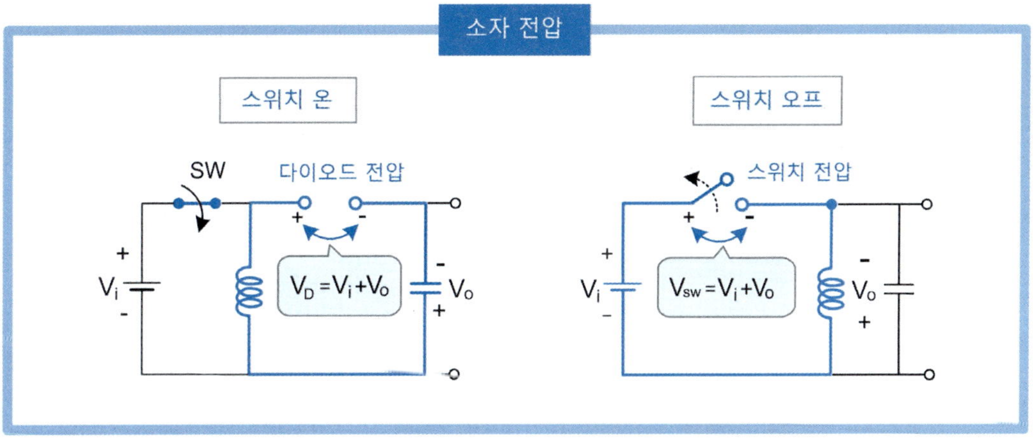

그림 4.26 벅-부스트 컨버터의 스위칭 온/오프 시 소자 전압

> **문제**
>
> **12V 배터리를 이용하여 최대 20V를 출력하는 벅-부스트 컨버터 회로에서 요구되는 스위치와 다이오드가 저지해야 할 전압은?**
>
> **답**
>
> 스위치와 다이오드가 저지해야 할 전압은 입력 전압과 출력 전압의 합과 같으므로 12V + 20V = 36V이다.

스위치와 다이오드의 전류 정격 선정

- 소자의 전류 정격을 결정하기 위해서는 스위치와 다이오드에 흐르는 전류를 알아야 한다.
- 인덕터 전류는 스위치가 도통하는 DT_s 동안 스위치로 흐르며, 오프 상태인 $(1-D)T_s$ 동안에는 다이오드로 흐른다.
- 이에 따라 스위치와 다이오드의 평균 전류 I_{sw}와 I_D는 다음과 같이 평균 인덕터 전류와 도통 기간 즉, 시비율에 따라 결정된다.

$$I_D = (1-D)I_L = I_o \tag{4-54}$$

$$I_{sw} = DI_L = \frac{D}{1-D} I_o \quad (\leftarrow I_L = \frac{I_o}{1-D}) \tag{4-55}$$

- 그런데, 스위치와 다이오드에는 순시적으로는 인덕터의 최대 전류 $I_{L-\max}$까지 흐른다.

> **예**
>
> **100kHz의 스위칭 주파수로 12V 배터리로부터 8V의 전압을 출력하여 1A의 부하 전류를 공급하는 벅-부스트 컨버터에 필요한 스위치와 다이오드의 평균 전류와 최대 전류는 얼마인가? (단, 인덕턴스 14.4μH이다.)**
>
> **해**
>
> 이 경우 다이오드의 평균 전류는 $I_D = I_o = 1A$이며, 시비율 $D=0.4$이므로 스위치의 평균 전류는 $I_{sw} = I_o D/(1-D) = 0.667A$이다. 인덕터의 최대 전류 $I_{L-\max} = I_o/(1-D) + V_i \cdot DT_s/2L = 1/(1-0.4) + 12 \cdot 0.4/(2 \cdot 14.4\mu \cdot 100 \times 10^3) = 1.677 + 1.677 = 3.33A$이므로, 스위치와 다이오드는 최대 3.33A의 전류가 순시적으로 흐른다.

필터 커패시터의 선정

- 벅-부스트 컨버터에서 스위칭에 따른 커패시터에 흐르는 충방전 전류와 출력 전압이 그림 4.27에 보인다.

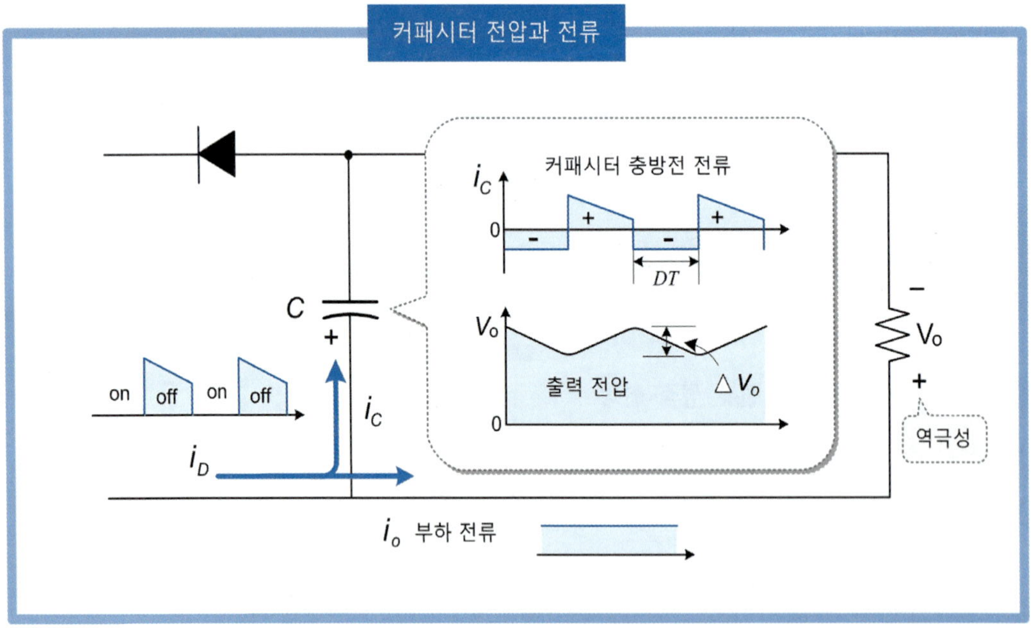

그림 4.27 커패시터 전류와 출력 전압

- 커패시터의 전압 정격을 결정하기 위해서는 커패시터의 최대 동작 전압을 알아야 한다.
- 커패시터의 최대 동작 전압은 평균 전압 V_C와 맥동 전압 $\Delta v_o/2$의 합이다.
- 커패시터의 평균 전압 V_C는 부하의 평균 전압 V_o로, 그 크기는 시비율에 따라 달라진다.

이제 벅-부스트 컨버터 회로에서 출력 전압의 맥동 성분 Δv_o에 대해 살펴보도록 하자.
이를 위해 커패시터의 충방전 전류 i_C를 알아야 한다.

- 벅-부스트 컨버터에서 커패시터 충방전 회로 동작은 부스트 컨버터에서와 동일하다. (그림 4.27)
- 스위치 온 시에는 전원과 부하가 분리되므로, 커패시터가 부하 전류를 전부 공급하게 되어 방전되므로 출력 전압이 감소된다.

$$\text{커패시터 방전 전류 : } i_c = -I_o \tag{4-56}$$

- 스위치 오프 시에는 다이오드(즉, 인덕터) 전류에서 부하 전류를 뺀 나머지 전류가 커패시터를 충전하게 되어 출력 전압이 증가한다.

$$\text{커패시터 충전 전류 : } i_c = i_D - I_o \tag{4-57}$$

- 이러한 커패시터의 충방전 전류 i_C로 인해 다음과 같이 출력 전압이 변동한다.
- **출력 전압 변동량** Δv_o

  스위치 온 동안 DT_s의 커패시터 전류 $i_c = -I_o$이므로, 이로부터 출력 전압의 맥동 성분 Δv_o는 다음과 같이 간단히 구할 수 있다.

$$\begin{aligned}\Delta v_o &= \frac{1}{C}\int_0^{DT_s} I_o\, dt \\ &= \frac{1}{C}\cdot D\,T_s \cdot I_o \\ &= \frac{1}{C}\cdot D\cdot \frac{1}{f_s}\cdot \frac{V_o}{R}\end{aligned} \tag{4-58}$$

- 벅-부스트 컨버터에서 출력 전압의 변동은 부하 R에 영향을 받으며, 부하 전류 I_o가 커질수록 전압 변동량이 커진다.
- 벅-부스트 컨버터에서 출력 전압의 변동을 작게 하려면 출력 커패시터의 커패시턴스 C를 크게 하거나, 스위칭 주파수 f_s를 높게 하면 된다.
- 식(4-58)은 출력 전압의 변동량을 요구되는 값으로 제한하는 데 필요한 출력 커패시터 C의 최소 정전 용량[F]을 구하는 데 사용된다.

문제

100kHz의 스위칭 주파수로 12V 배터리로부터 8V의 전압을 출력하여 1A의 부하 전류를 공급하는 벅-부스트 컨버터에서 전압 리플을 40mV 이하로 유지하는 데 필요한 필터 커패시턴스[F]는 얼마인가?

답

식(4-58)로부터 요구되는 필터 커패시턴스 $C = DT_s \cdot I_o / \Delta v_o = 0.4 \cdot 1/(0.04 \cdot 100 \times 10^3) = 100\mu F$이다.

벅-부스트 컨버터의 특징

- **장점**
  - 변압기 없이 출력 전압을 입력 전압보다 높이거나 낮게 할 수 있다.
- **단점**
  - 입력 전류는 불연속으로 흐르고(벅 컨버터 특성), 출력 전압은 부하에 따라 변동(부스트 컨버터 특성)한다.
  - 인덕터 전류가 부하 전류보다 크다.
  - 스위치와 다이오드의 전압 정격이 크다.

- 지금까지 살펴본 3가지 기본 컨버터의 출력 전압 특성 비교가 표 4.2에 보인다.

표 4.2 DC-DC 컨버터의 출력 전압 비교

회로	평균 직류 전압 V_o	출력 전압 맥동 Δv_o
벅	DV_i	$\frac{1}{LC}\ \frac{V_o(1-D)}{8f^2}$
부스트	$\frac{1}{1-D}V_i$	$\frac{1}{C} \cdot DT_s \cdot I_o$
벅-부스트	$\frac{D}{1-D}V_i$	$\frac{1}{C} \cdot DT_s \cdot I_o$

4.5 기타 비절연형 컨버터

- 앞서 설명한 3가지 기본 컨버터 이외에도 비절연 컨버터에는 **Cuk 컨버터, Sepic 컨버터, Zeta 컨버터**가 있다. (그림 4.28)
- 이들 컨버터는 벅, 부스트, 벅-부스트 컨버터의 기본 컨버터 2개를 커패시터로 연결해 만든 2단 회로 구성을 갖는다.
- 이들 컨버터는 모두 승압 동작과 강압 동작이 가능하다.

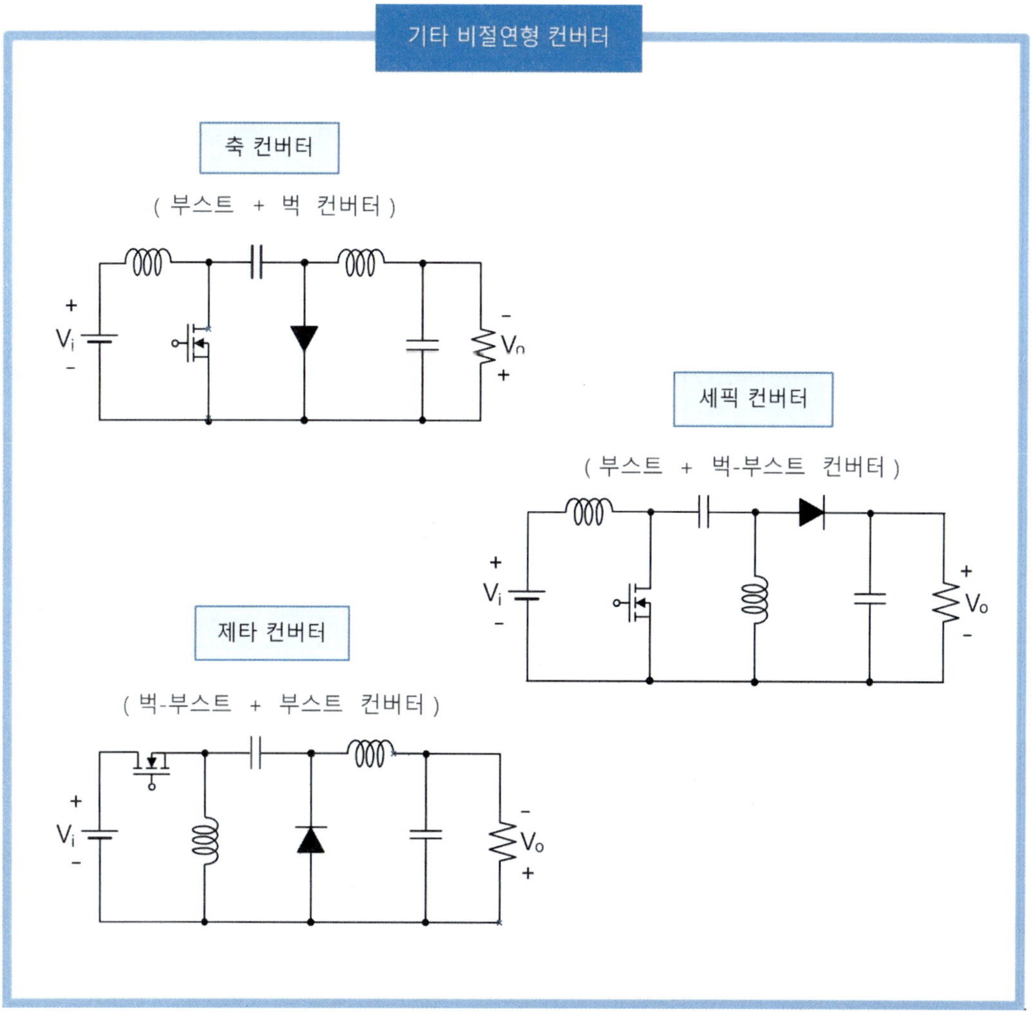

그림 4.28 기타 비절연형 DC-DC 컨버터 회로

- 이제 이들 비절연 컨버터의 회로 구조 및 동작 특성에 대해 간단히 살펴보도록 하자.

4.5.1 축 컨버터(Cuk Converter)

회로 구성

- 축 컨버터는 입출력 특성이 좋지 않은 벅-부스트 컨버터의 성능을 개선한, 승압과 강압 동작이 가능한 컨버터이다.
- 축 컨버터는 그림 4.29에 보이듯이 입력 전원 측에는 부스트 컨버터 회로를, 출력 부하 측에는 벅 컨버터 회로를 배치하고, 이들 두 컨버터를 커패시터 C_1로 연결해 만든 회로이다.
- 벅-부스트 컨버터와 비교하면, 축 컨버터는 인덕터와 커패시터가 하나씩 더 필요하지만, 입력과 출력의 두 인덕터에 의해 입력과 출력의 전류 리플을 벅-부스트 컨버터보다 줄일 수 있어 전자기 간섭(EMI)이 적어진다.
- MOSFET의 소스(S) 단자가 접지에 연결되어 있어, 스위치를 구동하는 전원이 기준 접지를 사용할 수 있으므로, 구동 전원의 사용이 쉬워진다.
- 벅-부스트 컨버터처럼 출력 전압이 입력 전원과 반대 극성을 가진다.

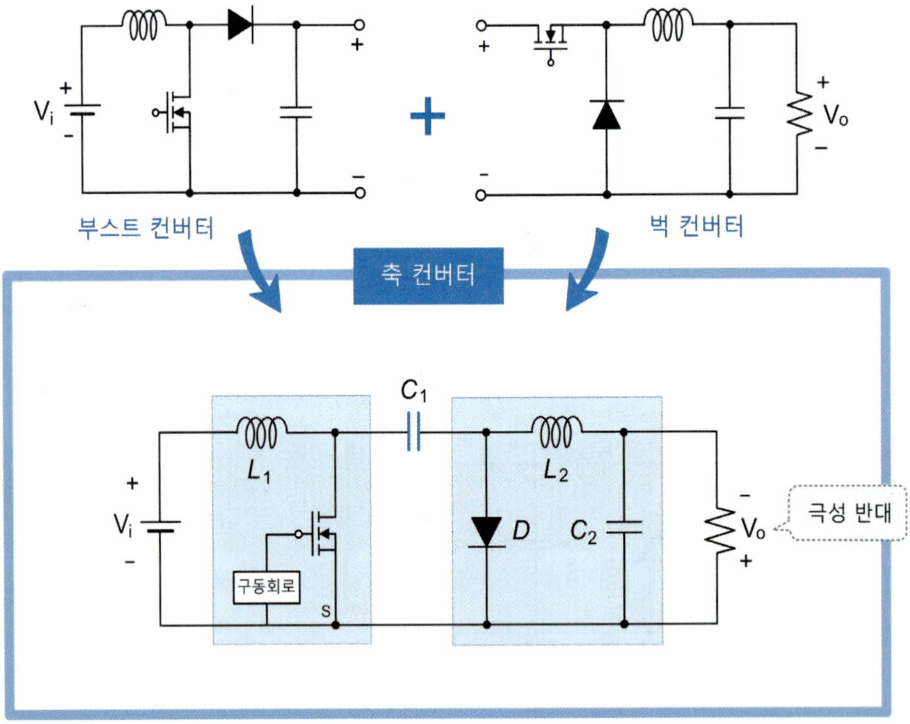

그림 4.29 축 컨버터

- 이제 스위치의 온/오프 동작에 따른 축 컨버터의 회로 동작에 대해 알아보자.

회로 동작

- 온/오프 스위칭 동작에 따른 축 컨버터의 회로 상태가 그림 4.30에 보인다.
- 회로 동작 시 커패시터 C_1의 전압 V_{C1}은 입력 전압 V_i나 출력 전압 V_o보다 크며, 인덕터 L_1과 L_2의 전류는 연속이라고 가정한다.

① **스위치 온 :** 다이오드에는 역전압이 인가되어 오프되며, 스위치를 통해 인덕터 L_1과 L_2의 전류가 흘러 에너지가 축적된다.
이때 부하에 필요한 에너지는 커패시터 C_1이 공급된다.

② **스위치 오프 :** 인덕터 L_1과 L_2의 전류는 다이오드를 통해 흐르면서 에너지가 방출되며, 커패시터 C_1은 충전된다.
이때 부하에 필요한 에너지는 인덕터 L_2가 공급된다.

- 스위치의 온/오프 동작에 따라 에너지는 전원 측 → L_1 → C_1 → L_2 → 부하로 전달된다.

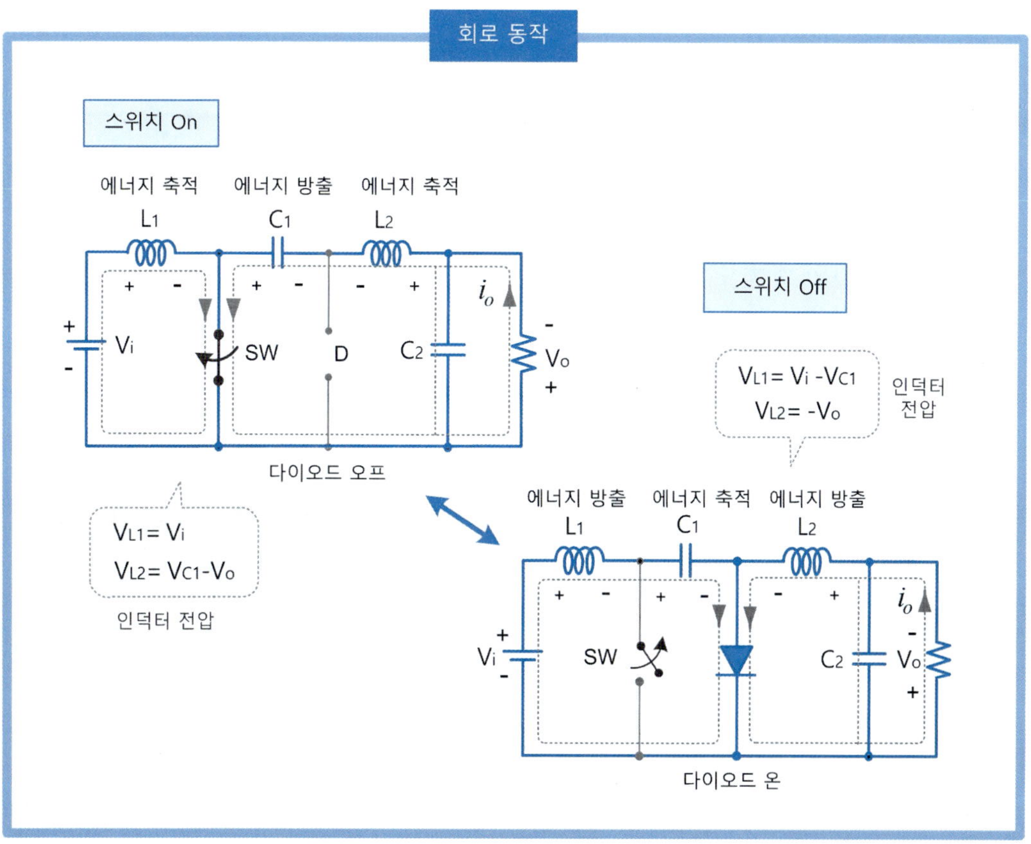

그림 4.30 축 컨버터의 온과 오프 시 회로 상태

• 스위치의 온/오프 동작(즉, 시비율 D)에 따라 축 컨버터의 출력 전압은 입력 전압보다 높거나 낮을 수 있는데, 이러한 입출력 전압 관계를 구해보도록 하자.

입출력 전압 관계식

• 축 컨버터의 입출력 전압 관계식은 두 인덕터 L_1과 L_2 각각에 Volt-Second 평형 원리를 적용하여 다음과 같이 두 단계로 구한다.

① 인덕터 L_1

- 이를 통해 입력 전압 V_i와 커패시터 C_1의 전압 V_{C1}과의 관계를 얻을 수 있다.
- 스위치 온 상태 시 인덕터 L_1의 전압 $V_{L1} = V_i$이며, 오프 시에는 $V_{L1} = V_i - V_{C1}$이다.
- 이러한 한 주기 동안의 인덕터 L_1의 전압으로부터, 입력 전압 V_i와 커패시터 C_1의 전압 V_{C1}과의 관계는 다음과 같이 부스트 컨버터와 같음을 알 수 있다.

$$V_{L1} = V_i \cdot DT_s - (V_i - V_{C1}) \cdot (1-D)T_s = 0$$

$$\rightarrow V_{C1} = \frac{1}{(1-D)} V_i \qquad (4\text{-}59)$$

② 인덕터 L_2

- 이를 통해 커패시터 C_1의 전압 V_{C1}과 출력 전압 V_o와의 관계를 얻을 수 있다.
- 스위치 온 시의 인덕터 L_2의 전압 $V_{L2} = V_{C1} - V_o$이며, 오프 시에는 $V_{L2} = -V_o$이다.
- 이러한 한 주기 동안의 인덕터 L_2의 전압으로부터, 커패시터 C_1 전압 V_{C1}과 출력 전압 V_o과의 관계는 다음과 같이 벅 컨버터와 같음을 알 수 있다.

$$V_{L2} = (V_{C1} - V_o) \cdot DT_s + (-V_o) \cdot (1-D)T_s = 0$$

$$\rightarrow V_o = DV_{C1} \qquad (4\text{-}60)$$

• 이 두 관계식으로부터 스위칭에 따른 축 컨버터의 입출력 전압 관계는 다음과 같이 된다.

• **축 컨버터의 입출력 전압 관계 :**

$$V_o = \frac{D}{1-D} V_i \qquad (4\text{-}61)$$

특징

• **장점** : 입력 전류가 연속으로 흘러(부스트 컨버터 특성) 전자기 간섭(EMI)이 적으며, 출력 전압의 변동이 부하에 영향을 받지 않는다(벅 컨버터 특성).

• **단점** : 부품 증가로 비용이 증가하고, 입력에서 출력으로 흐르는 모든 전류가 커패시터 C_1을 통

과하므로 C_1의 리플 전류가 크고 용량이 커야 하며 내압이 높아야 한다.

- **적용 분야** : 축 컨버터는 높은 효율, 작은 출력 리플, 적은 전자기 간섭 특성으로 세밀한 특성이 필요한 전자기기의 전원 공급용으로 사용된다.

4.5.2 세픽 컨버터(Sepic Converter)

회로 구성

- 벅-부스트와 축 컨버터의 단점 중 하나는 출력 전압의 극성이 입력과는 반전되는 것이다.
- **세픽(Single Ended Primary Inductor Converter, Sepic) 컨버터**는 그림 4.31에 보이듯이 축 컨버터의 인덕터 L_2와 다이오드 D의 위치를 바꾸어, 입력과 출력 전압의 극성을 같게 만든 컨버터이다.
- 또한, 세픽 컨버터는 부스트 컨버터와 벅-부스트 컨버터를 커패시터 C_1로 연결한 회로라고 볼 수 있으며, 승압과 강압 동작이 가능하다.

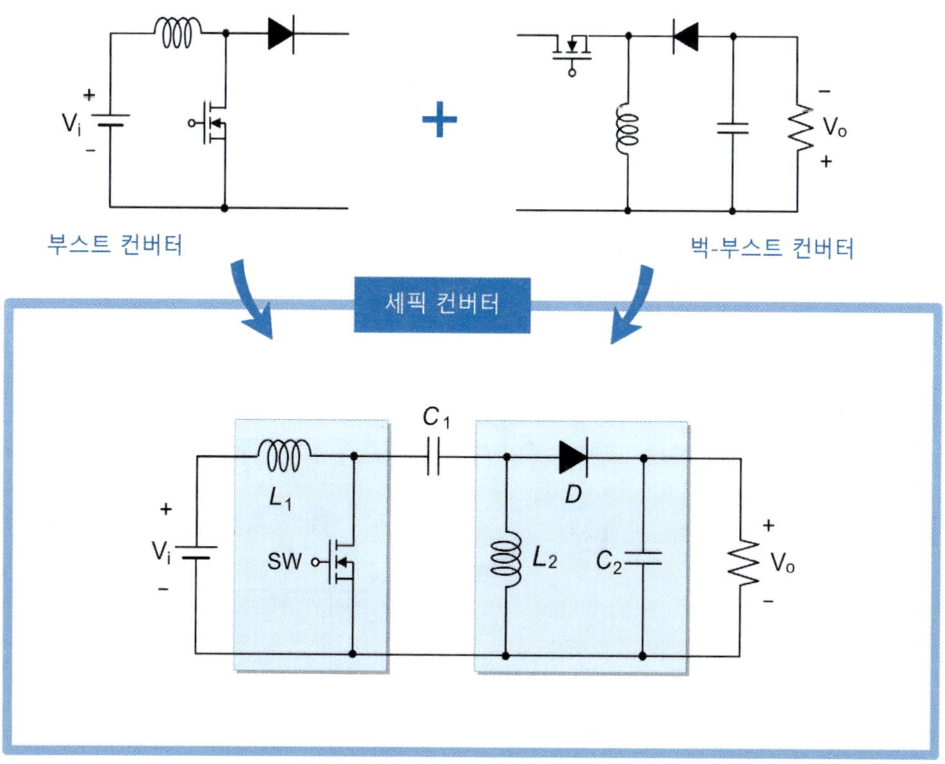

그림 4.31 세픽 컨버터

- 이제 온/오프 스위칭 동작에 따른 세픽 컨버터의 회로 동작에 대해 살펴보도록 하자.

회로 동작

- 스위치의 온/오프 동작에 따른 세픽 컨버터의 회로 상태가 그림 4.32에 보인다.
- 회로 동작 시 인덕터 L_1과 L_2의 전류는 연속이라고 가정한다.

① 스위치 온

- 다이오드는 역전압이 인가되어 오프되며, 두 인덕터 L_1과 L_2와 커패시터 C_1의 전류가 스위치를 통해 흐른다.
- 이때 전원 에너지가 인덕터 L_1로, 커패시터 C_1의 에너지가 L_2로 전달된다.
- 부하에 필요한 에너지는 커패시터 C_2가 공급한다.
- 이에 따라 커패시터 C_2의 전압인 출력 전압은 부하에 영향을 받는다.

② 스위치 오프

- 인덕터 L_1과 L_2의 전류는 다이오드를 통해 흐르며, 이에 따라 에너지가 방출된다.
- 이때 커패시터 C_1과 C_2는 충전된다.
- 부하에 필요한 에너지는 전원과 두 인덕터가 공급한다.

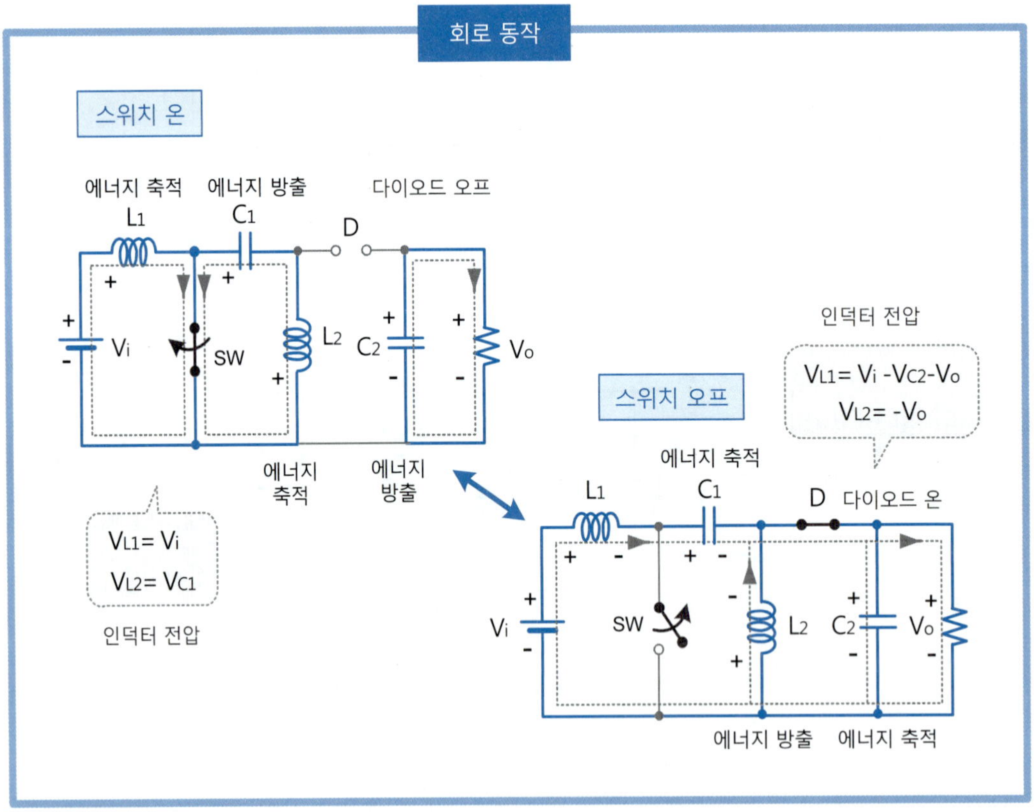

그림 4.32 세픽 컨버터의 온과 오프 시 회로 상태

• 이러한 스위치의 온/오프에 따라 출력 전압은 입력 전압보다 높거나 낮을 수 있다.

• 다음으로, 스위치의 온/오프 동작에 따른 세픽 컨버터의 입출력 전압 관계를 구해보자.

입출력 전압 관계식

• 세픽 컨버터의 입출력 전압 관계는 두 인덕터 L_1과 L_2 각각에 Volt-Second 평형 원리를 적용하여 다음과 같이 구한다.

① 인덕터 L_1

- 스위치의 온 상태 동안 인덕터 L_1의 전압 $V_{L1} = V_i$이며, 오프 상태인 동안에는 $V_{L1} = V_i - V_{C1} - V_o$임을 알 수 있다. (그림 4.32)
- 이러한 한 주기 동안의 인덕터 L_1에 인가되는 전압을 가지고, 정상상태에서 인덕터 L_1 전압의 한 주기 시간 적분값은 영이라는 조건으로부터 다음과 같은 식을 얻는다.

$$V_{L1} = V_i \cdot DT_s + (V_i - V_{C1} - V_o) \cdot (1 - D)T_s = 0 \tag{4-62}$$

② 인덕터 L_2

- 스위치 온 동안 인덕터 L_2의 전압 $V_{L2} = V_{C1}$이며, 오프 동안에는 $V_{L2} = -V_o$이다.
- 이러한 한 주기 동안의 인덕터 L_2에 인가되는 전압을 가지고, 정상상태에서 인덕터 L_2 전압의 한 주기 시간 적분값은 영이라는 조건으로부터 다음과 같은 식을 얻는다.

$$V_{L2} = V_{C1} \cdot DT_s - V_o \cdot (1 - D)T_s = 0 \tag{4-63}$$

• 이 두 식으로부터 스위칭에 따른 세픽 컨버터의 입출력 전압 관계는 다음과 같다.

• **세픽 컨버터의 입출력 전압 관계식 :**

$$V_o = \frac{D}{1 - D} V_i \tag{4-64}$$

특징

• **장점 :** 입력 전류가 연속이며, 입력 인덕터 L_1로 인해 입력 전류의 리플이 작다(부스트 컨버터 특성).

• **단점 :** 출력 측에 인덕터가 없으므로 출력 필터 커패시터 C_2에 흐르는 전류 리플이 크며, 출력 전압의 변동이 부하에 영향을 받기 때문에(벅-부스트 컨버터 특성), 대전류 용도에는 적합하지 않다.

• **적용 분야**

- 세픽 컨버터는 출력 전압의 극성이 입력 전압과 같고, 입력 전압이 변동하더라도 출력 전압을 일정하게 공급할 수 있다.
- 이러한 특성은 재충전 가능한 배터리를 사용하는 배터리 구동 분야나 리플 전류 크기가 작아야 하는 신재생 에너지 시스템에 적합하며, LED 조명 장치에서 광범위한 입력 전압에 대해 안정적인 휘도를 확보하는 데 유리하다.

4.5.3 제타 컨버터(Zeta Converter)

회로 구성

• 제타(Zeta) 컨버터는 반전 세픽(Inverse SEPIC)이라고도 하며, 그림 4.33에 보이듯이 벅-부스트 컨버터와 벅 컨버터를 커패시터로 연결해 구성한 회로로, 승압과 강압 동작이 가능하다.

• 제타 컨버터에서는 입력 전압과 출력 전압의 극성이 같다.

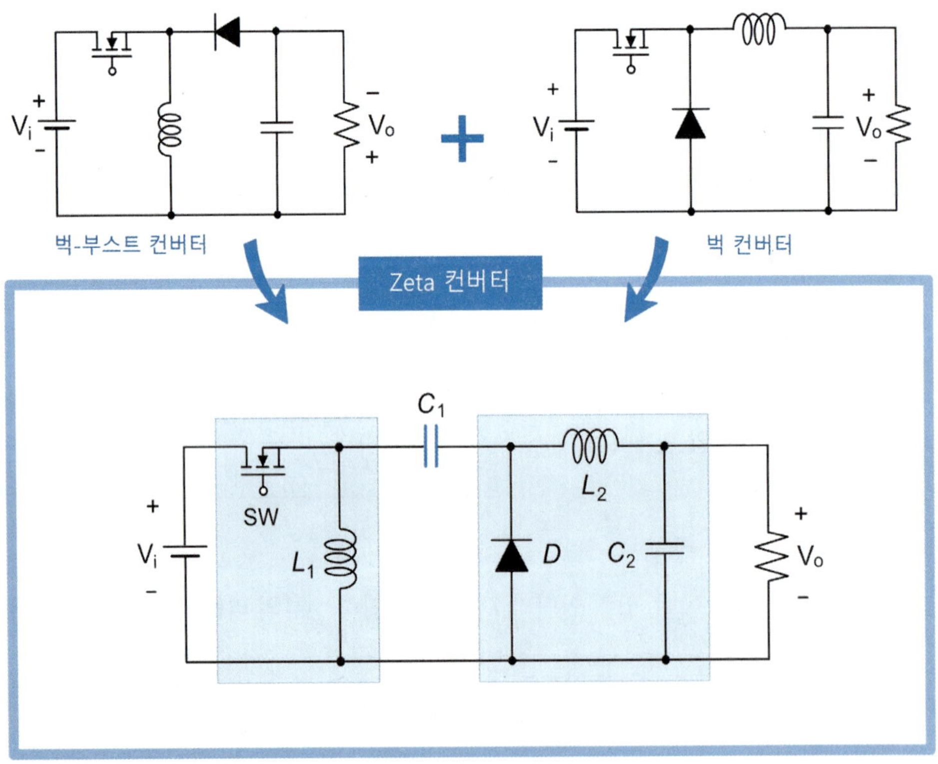

그림 4.33 제타 컨버터

• 이제 온/오프 스위칭에 따른 제타 컨버터의 회로 동작을 알아보자.

회로 동작

- 스위치의 온/오프 동작에 따른 제타 컨버터의 회로 상태가 그림 4.34에 보인다.
- 회로 동작 시 두 인덕터 L_1과 L_2의 전류는 연속이라고 가정한다.

① 스위치 온

다이오드에는 역전압이 인가되어 오프되고, 전원과 커패시터 C_1에 의해 인덕터 L_1과 L_2에 전류가 흘러 에너지가 축적되며 부하에 에너지가 공급된다.

② 스위치 오프

인덕터 L_1의 전류가 다이오드를 통해 흘러 커패시터 C_1을 충전시키며, 부하에 필요한 에너지는 다이오드를 통해 인덕터 L_2가 공급한다.

- 온/오프의 동작 시간(즉, 시비율 D)에 따라 출력 전압은 입력 전압보다 높거나 낮을 수 있다.
- 이제 세픽 컨버터의 입출력 전압 관계식을 구해보자.

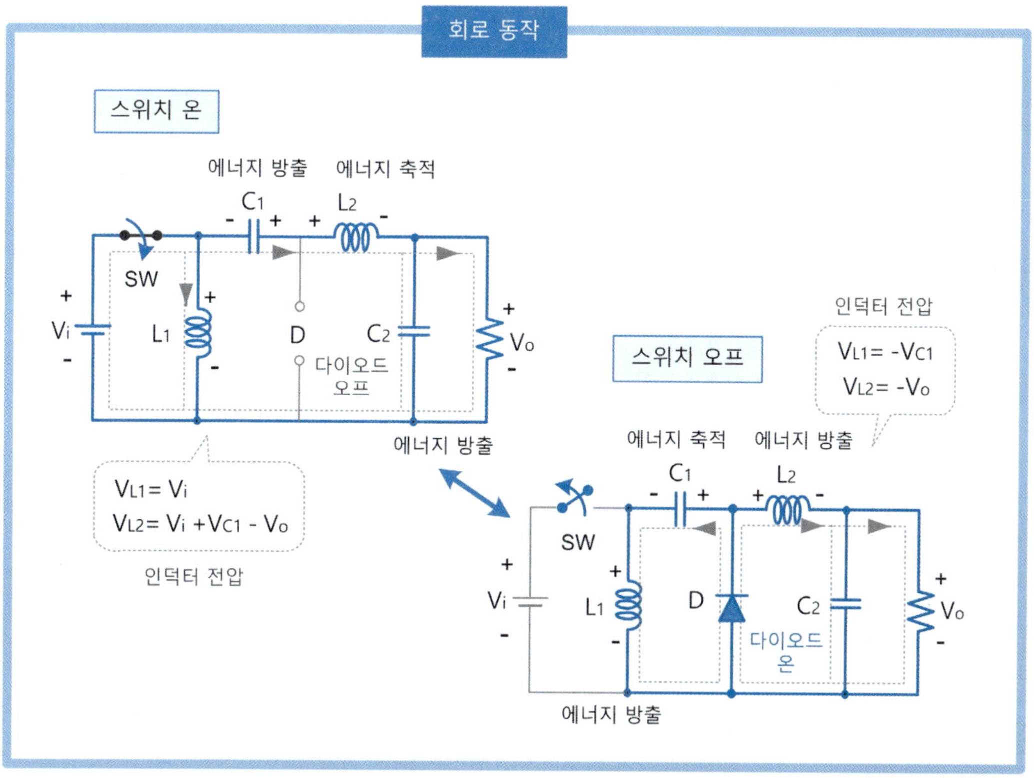

그림 4.34 제타 컨버터의 온과 오프 시 회로 상태

입출력 전압 관계식

• 제타 컨버터의 입출력 전압 관계식은 두 인덕터 L_1과 L_2 각각에 대해 Volt-Sec 평형 원리를 적용하여 구할 수 있다.

① 인덕터 L_1

- 스위치의 온 상태인 DT_s 동안 인덕터 L_1의 전압 $V_{L1} = V_i$이며, 스위치 오프 상태인 $(1-D)T_s$ 동안에는 $V_{L1} = -V_{C1}$이다.
- 이러한 한 주기 동안의 인덕터 L_1에 인가되는 전압을 가지고, 정상상태에서 인덕터 L_1 전압의 한 주기 시간 적분값은 영이라는 조건으로부터 다음과 같은 식을 얻게 된다.

$$V_{L1} = V_i \cdot DT_s - V_{C1} \cdot (1-D)T_s = 0 \tag{4-65}$$

② 인덕터 L_2

- 스위치의 온 상태 동안 인덕터 L_2의 전압 $V_{L2} = V_i + V_{C1} - V_o$이며, 오프 상태 동안에는 $V_{L2} = -V_o$이다.
- 이러한 한 주기 동안의 인덕터 L_2에 인가되는 전압을 가지고, 정상상태에서 인덕터 L_2 전압의 한 주기 시간 적분값은 영이라는 조건으로부터 다음과 같은 식을 얻게 된다.

$$V_{L2} = (V_i + V_{C1} - V_o) \cdot DT_s + (-V_o) \cdot (1-D)T_s = 0 \tag{4-66}$$

• 위 두 식으로부터 스위칭에 따른 제타 컨버터의 입출력 전압 관계는 다음과 같다.

• **제타 컨버터의 입출력 전압 관계 :**

$$V_o = \frac{D}{1-D} V_i \tag{4-67}$$

특징

• 세픽 컨버터와는 반대로 입력 전류의 리플이 크지만, 출력 측에 있는 인덕터의 영향으로 출력 전류의 리플은 작으며, 출력 전압 변동이 부하에 영향을 받지 않는다(벅 컨버터 특성).

4.6 절연형 DC-DC 컨버터

- DC-DC 컨버터에는 변압기(Transformer)를 사용한 절연형이 있다.
- **변압기의 사용 목적**으로는 입력과 출력 회로 사이의 전기적 절연(Isolation), 출력 전압 크기의 다양성, 다중 출력, 임피던스 변환 등을 제공하기 위함이다.
- DC-DC 컨버터에서 사용되는 변압기는 수십 kHz 이상의 높은 주파수에서 동작하는 **고주파 변압기**로서, 60Hz의 상용 주파수에서 동작하는 저주파 변압기보다 소형화가 가능하다.

절연형 컨버터의 종류

- 앞 절에서 알아본 비절연형 컨버터에 대한 **절연형 타입**으로는
  - 벅-부스트 컨버터의 절연형인 **플라이백 컨버터**와
  - 벅-부스트 컨버터의 절연형인 **포워드 컨버터**가 대표적이며, (그림 4.35)
  - 그 외에 푸시 풀 컨버터, 하프 브리지 컨버터와 풀 브리지 컨버터가 있다.

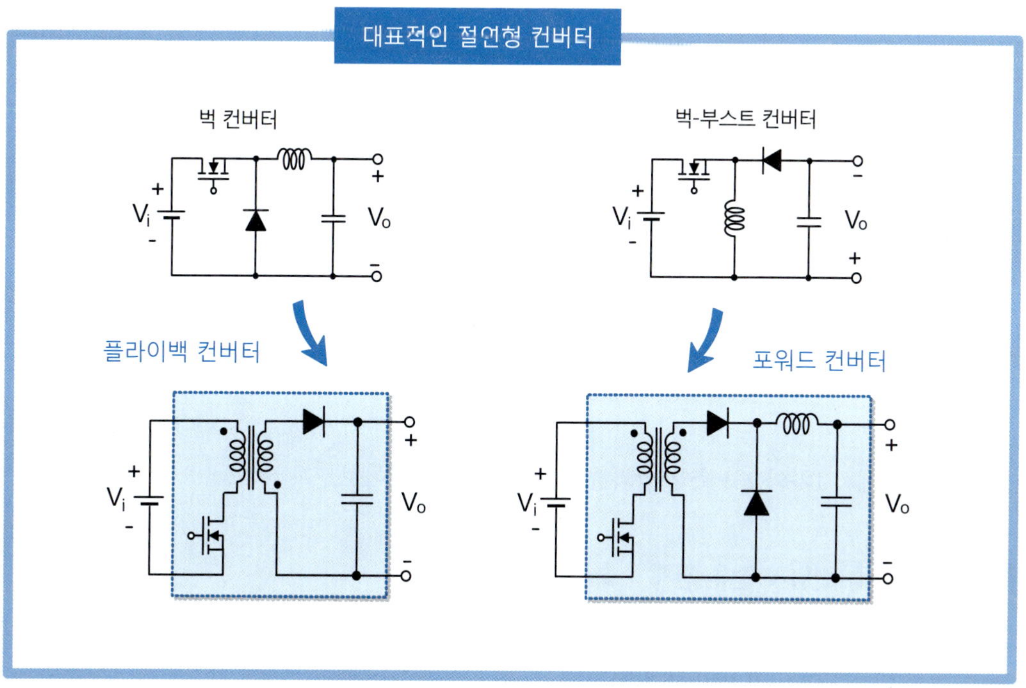

그림 4.35 기본적인 DC-DC 컨버터 회로

- 이들 **푸시풀, 하프 브리지, 풀 브리지 컨버터**는 스위칭을 통해 우선 직류 전압을 교류 전압으로 변환해서(인버터 동작) 변압기로 변압한 후, 다이오드 정류기를 통해 다시 직류 전압으로 변환하

는(정류 동작) 두 단계의 전력 변환 방식을 사용한다.

이러한 절연형 컨버터를 해석하기 전에 먼저 변압기의 기본 특성에 대해 알아보도록 하자.

4.6.1 변압기

- 변압기는 하나의 철심에 여러 횟수의 권선을 감은 에너지 변환 기기로, 전원 측을 1차, 부하 측을 2차라고 한다. (그림 4.36)
- 변압기에서는 두 권선 사이에 아무런 직접적인 전기적인 연결 없이 자기 에너지를 매개체로 전력이 전달되므로, 1차 측과 2차 측의 전기적인 절연이 가능하다.
- 변압기에서 전력이 전달될 때 1차와 2차 측의 전압과 전류 관계는 1차와 2차 측에 감긴 권선의 횟수 즉, 권선비 $n(=N_2/N_1)$에 따라 달라진다.

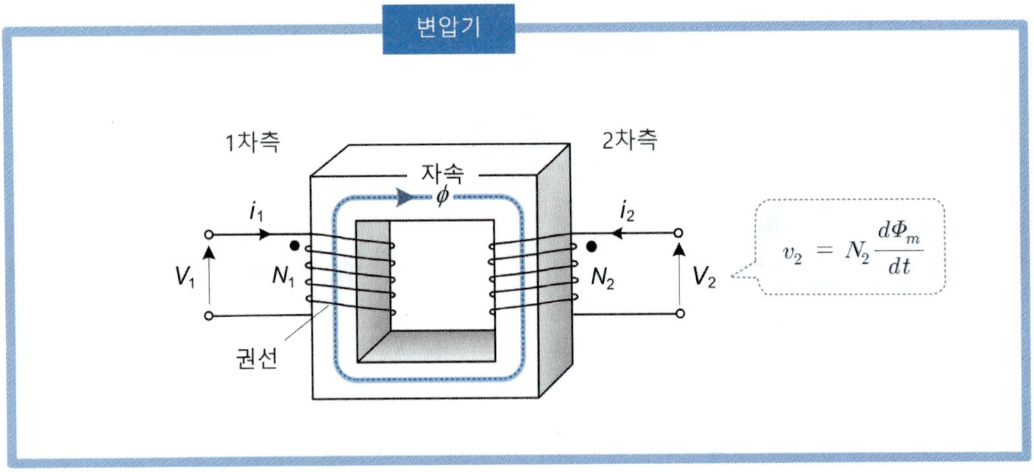

그림 4.36 변압기

- 이제 변압기에서 1차와 2차 측 전압과 전류 관계에 대해 알아보도록 하자.

1차와 2차 측 전압과 전류 관계

- 권선수가 N_1인 1차 측 권선에 교류 전압 v_1[V]을 인가하면, 권선에 전류 i_1[A]가 흘러 다음과 같은 크기의 자속 ϕ[Wb]가 발생한다.

$$v_1 = N_1 \frac{d\phi}{dt}$$

$$\rightarrow \quad \phi = \frac{1}{N_1}\int v_1\, dt \tag{4-68}$$

• 이러한 1차 측의 교류 자속 ϕ이 2차 측 권선을 통과하면, **패러데이의 전자기 유도 현상**에 의해 권선수가 N_2인 2차 권선에는 다음과 같은 크기의 전압 v_2[V]가 유도된다.

$$\begin{aligned} v_2 &= N_2 \frac{d\phi}{dt} \\ &= N_2 \frac{d}{dt}\left(\frac{1}{N_1}\int v_1\, dt\right) \\ &= \frac{N_2}{N_1} v_1 \end{aligned} \tag{4-69}$$

• 식(4-68)과 (4-69)로부터 1차 입력 전압에 대해 2차 출력 전압의 크기는 두 권선의 권선비 $n(= N_2/N_1)$에 비례한다는 것을 알 수 있다.

$$\frac{v_2}{v_1} = \frac{N_2}{N_1} = n \tag{4-70}$$

• 변압기에서 손실을 무시하면 1차 측 입력 전력과 2차 측 출력 전력은 같으므로, 즉 $P = v_1 i_1 = v_2 i_2$이므로, 이 조건과 식(4-70)으로부터 1차와 2차 측 전류 크기는 권선비 n에 반비례함을 알 수 있다.

$$\frac{i_2}{i_1} = \frac{N_1}{N_2} = \frac{1}{n} \tag{4-71}$$

문제

권선비 2:1인 변압기의 1차 측에 220V의 교류 전압을 인가했을 때, 2차 측 전압과 1차 측 전류는 얼마인가? 단, 2차 측 부하 저항은 10Ω이다.

답

2차 측 전압 $v_2 = (N_2/N_1) \cdot v_1 = (1/2) \times 220 = 110$V이다.

2차 측 전류 110V/10Ω = 11A이므로, 1차 측 전류 $i_1 = (N_2/N_1) \cdot i_2 = (1/2) \times 11 = 5.5$A이다.

변압기의 이상적인 등가회로

• 변압기의 이상적인 등가회로가 그림 4.37에 보인다.

• 이상적인 등가회로에서는 단지 권선비 $n(= N_2/N_1)$에 따른 1차와 2차 측의 전압과 전류 관계만을 나타낸다.

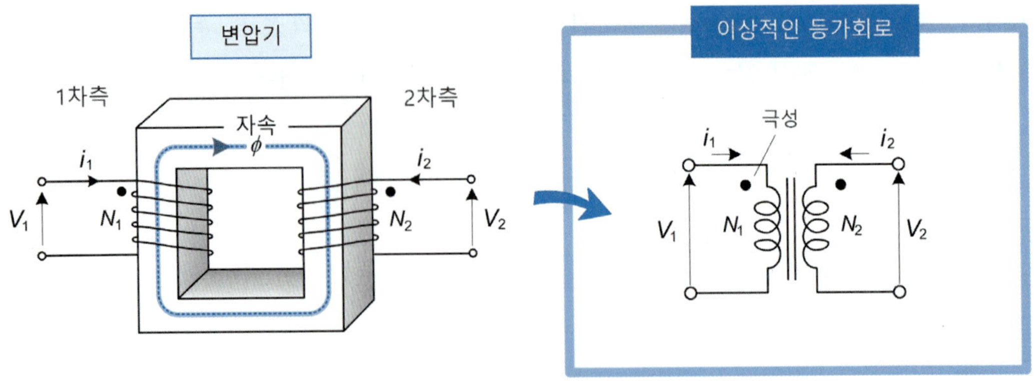

그림 4.37 변압기와 이상적인 등가회로

- 등가회로에서 '•'표시는 입력과 출력 단자에서 동일한 극성의 전압이 나타나는 위치를 나타낸다. (즉, 1차 측 '•'단자에 (+) 극성의 전압을 인가하면, 2차 측 '•'단자에서 (+) 극성의 전압이 출력됨.)
- 그러나, '•'표시의 입력과 출력 단자에서 전류 방향은 반대이다. (즉, 1차 측 '•'단자로 전류가 흘러 들어가면, 2차 측 '•'단자에서 전류는 흘러나옴.)

- 변압기의 1차 측에는 2차 측에 흐르는 부하 전류가 권선비 n에 반비례한 크기로 흐른다.
- 그러나 실제 변압기의 1차 측에는 이러한 2차 측 부하 전류 성분 이외에도, 자속을 발생시키기 위한 자화 전류가 추가적으로 흐른다.

- 이제 실제 변압기에 흐르는 전류에 대해 좀 더 알아보도록 하자.

변압기의 전류

- 변압기의 2차 측 권선에 부하를 연결하면, 2차 측 전류 i_2(즉, 부하 전류)가 흐르는데, 이러한 전류 i_2의 크기와 권선비에 따른 전류 $i_1(= i_2 \cdot N_2/N_1)$가 1차 측 권선에 흐른다.
- 변압기에서 에너지는 자속을 매개체로 전달되므로, 변압기 동작을 하기 위해서는 자속을 발생시켜야 하며, 이를 위한 전류가 **자화 전류** i_m이다.
- 이러한 자화 전류 i_m은 부하와 상관없이 흐른다.
- 이에 따라 변압기 1차 측 전류 i_1은 2차 측 부하 전류와 자화 전류 i_m과의 합이 된다.

$$i_1 = i_m + i_2\left(\frac{N_2}{N_1}\right) \tag{4-72}$$

- 이러한 전류를 고려한 실제 변압기의 등가회로에 대해 알아보도록 하자.

변압기의 실제 등가회로

- 변압기 동작을 위해 1차 측에서 발생시킨 자속이 2차 권선에 모두 쇄교하는 것은 아니다.
- 1차 측에서 발생한 자속 중에 2차 권선과 쇄교하는 자속 성분을 주 자속 ϕ이라 하며, **자화 인덕턴스(Magnetizing Inductance)** L_m와 자화 전류 i_m의 곱으로 나타낸다.
- 1차 측에서 발생한 자속 중에 2차 권선과 쇄교하지 않는 자속 성분은 에너지 전달에 기여하지 않으므로 이를 누설 자속이라고 하며, **누설 인덕턴스(Leakage Inductance)** L_{l1}로 그 양을 나타낸다.
- 2차측에서도 전류가 흘러 발생한 자속이 2차 권선에만 쇄교하고 1차 권선과는 쇄교하지 않는 2차 누설 자속이 있는데, 그 양을 누설 인덕턴스 L_{l2}로 나타낸다.
- 실제 각각의 권선에는 저항 성분이 존재한다.
- 이러한 자화 인덕턴스와 누설 인덕턴스 및 권선의 저항을 고려하여 변압기의 실제 등가회로는 그림 4.38과 같이 나타낸다.

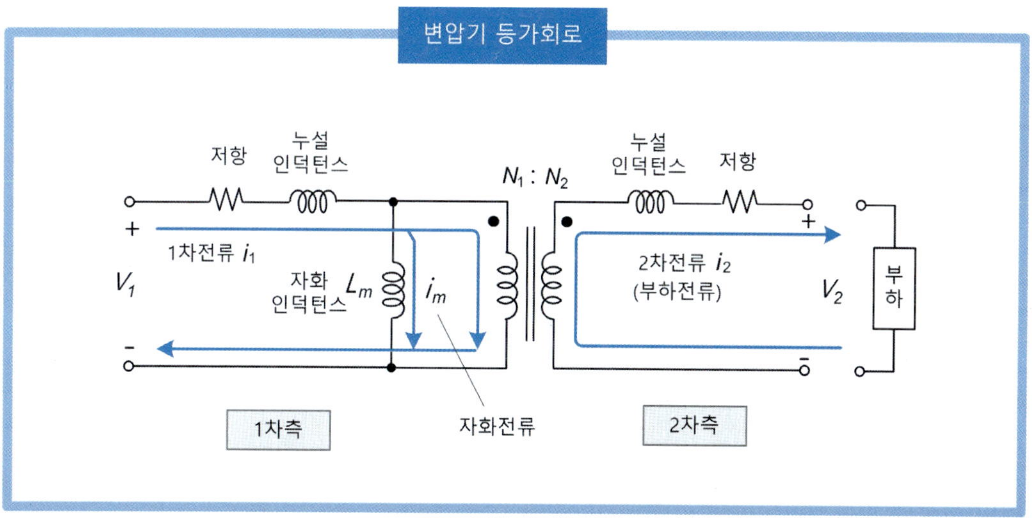

그림 4.38 변압기의 등가회로

- **DC-DC 컨버터에서 변압기 사용 시의 주의점**
  - 변압기는 시변 자속을 발생시킬 수 있는 교류 전압에서만 전력이 전달되는 동작을 한다.
  - 변압기에 1차 측에 직류 전압을 인가하면 2차 전압은 발생하지 않으며, 한 방향으로만 자속이 증가하여 철심이 포화될 수 있다.
  - 따라서 변압기를 사용하는 절연형 DC-DC 컨버터의 동작 시에는 변압기 철심이 포화되지 않도록 주의해야 한다.

고주파 변압기가 저주파 변압기보다 소형화되는 이유

- DC–DC 컨버터에서 사용되는 변압기는 수백 kHz 이상의 높은 주파수에서 동작하는 고주파 변압기이다.
- 이러한 고주파 변압기는 60Hz의 상용 주파수에서 동작하는 저주파 변압기보다 소형화된다.

이렇게 고주파에서 동작하는 변압기가 소형화되는 이유는 다음과 같다.

- 다음 그림에 보이는 철심의 단면적 A, 1차 권선수가 N_1인 변압기에 교류 전압 $v_1(=V_m\sin\omega t)$이 인가되었다고 생각해 보자.
- 이 변압기의 자속 밀도 B_m은 식(4–68)로부터 다음과 같다.

$$B_m = \frac{\Phi}{A} = \frac{1}{AN_1}\int v_1\,dt = \frac{1}{AN_1}\int V_m\sin\omega t\,dt = \frac{V_m}{AN_1\omega}\left[-\cos\omega t\right]_0^{\pi} = \frac{1}{AN_1}\frac{V_m}{\pi f} \qquad (\omega = 2\pi f)$$

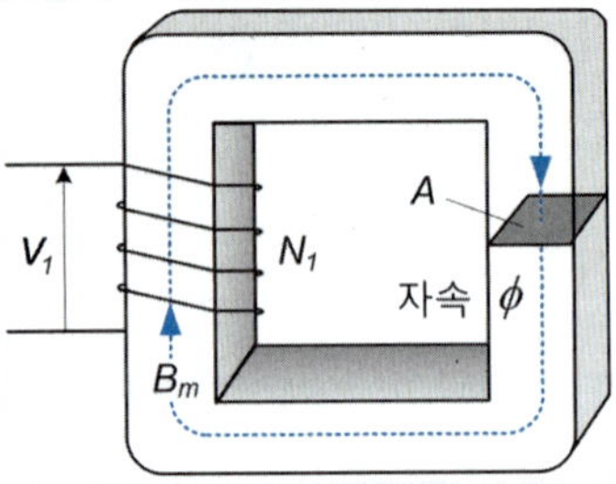

- 이로부터 동일한 교류 전압 V_m으로 동일한 자속 밀도 B_m을 발생시킬 때, 동작 주파수 f가 높으면 단면적×권선수(=AN_1)의 값을 작게 해도 됨을 알 수 있다.

$$AN_1 = \left(\frac{V_m}{B_m}\right)\frac{1}{\pi f}$$

- 이렇듯 동작 주파수 f가 높으면 변압기의 크기를 작게 만들 수 있으므로, 수백 kHz로 동작하는 DC–DC 컨버터에서 사용되는 변압기는 60Hz의 주파수에서 동작하는 동일 용량의 저주파 변압기보다 소형이 된다.

이제 변압기를 갖는 여러 가지 절연형 컨버터에 대해 그 회로와 특성에 대해 알아보도록 하자.

4.7 플라이백 컨버터(Flyback Converter)

• 플라이백 컨버터는 벅-부스트 컨버터의 입력과 출력을 변압기를 사용하여 절연한 버전이라고 할 수 있다.

• 플라이백 컨버터는 스위칭 소자의 온 기간에 인덕터에 에너지를 저장하고, 이 에너지를 오프 기간에 부하로 출력하는 회로 방식이다.

4.7.1 플라이백 컨버터의 회로 구성

• 벅-부스트 컨버터를 플라이백 컨버터로 변환하는 과정이 그림 4.39에 보인다.

- 인덕터를 전기적 절연을 위한 변압기로 바꾸고, 변압기의 자화 인덕턴스를 벅-부스트 컨버터 동작에 필요한 인덕터로 사용한다.
- 게이트 구동을 위해 절연된 전원이 필요한 현재 스위치의 위치를 기준 접지를 사용할 수 있도록 아래에 배치한다.
- 역방향인 출력 전압의 극성을 정방향으로 바꾸기 위해 변압기 출력 극성과 다이오드 방향을 바꾼다.

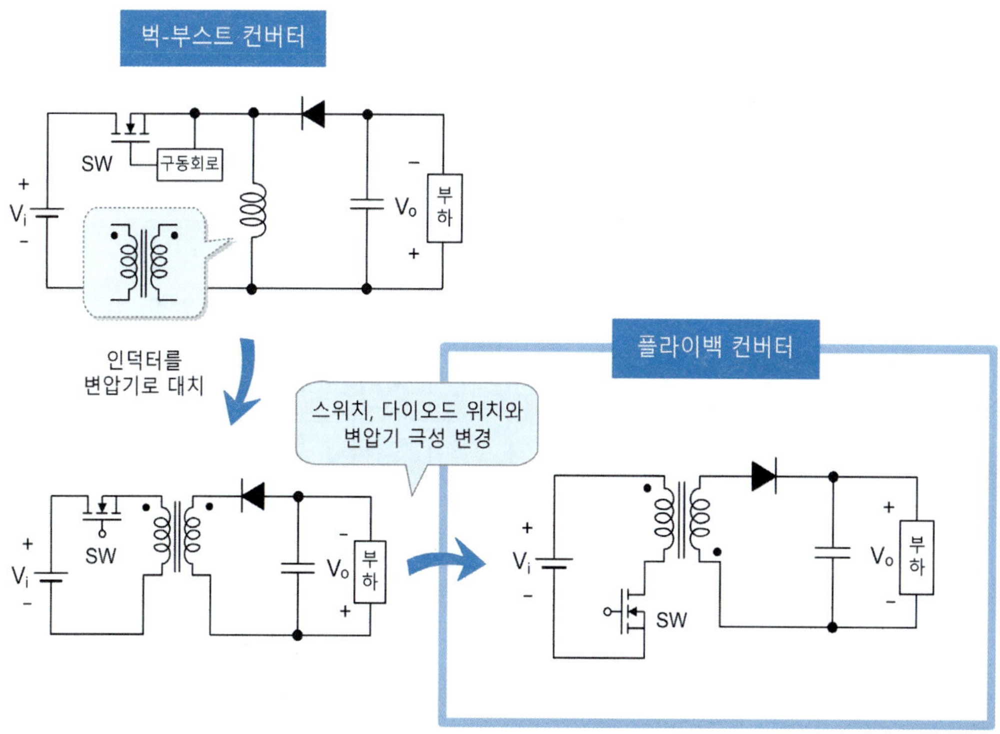

그림 4.39 벅-부스트 컨버터에서 플라이백 컨버터로의 변환

- 플라이백 컨버터에서 스위칭에 따른 회로 동작을 알아볼 때, 변압기는 그림 4.40에 보이듯이 자화 인덕턴스와 권선비로만 이루어진 간략화된 등가회로를 사용하여 해석해도 된다.
- 변압기의 등가회로를 추가한 플라이백 컨버터에서 스위칭 동작에 따른 회로 상태는 다음과 같다.

① **스위치 온 :** 변압기 1차 측 '•'단자에 (+)의 전원 전압이 인가되므로, 2차 측의 다이오드에는 역전압이 인가되어 오프되어 전원과 부하는 분리된다.
전원 전압이 자화 인덕터 L_m에 인가되므로, 자화 전류가 증가하여 에너지가 증가한다.
이때 부하에 필요한 에너지는 출력 커패시터 C가 공급한다.

② **스위치 오프 :** 변압기는 전원과 분리되며, 자화 인덕터에 저장된 에너지가 두 권선을 통해 부하로 전달되고, 이때 커패시터도 충전된다.

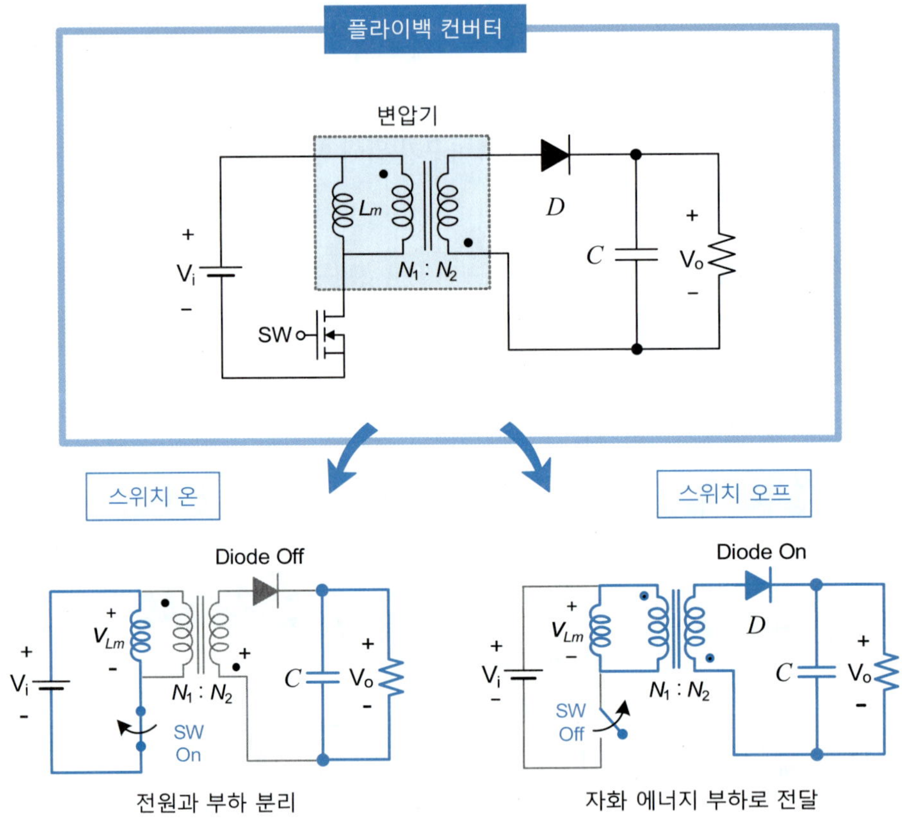

그림 4.40 플라이백 컨버터 회로

- 이제 이러한 스위칭 동작에 따라 플라이백 컨버터의 평균 출력 전압이 어떻게 되는지 알아보도록 하자.

4.7.2 플라이백 컨버터의 동작 분석

• 앞의 다른 컨버터처럼 자화 인덕터에 흐르는 전류가 연속이라고 가정한다.

• 플라이백 컨버터의 입출력 전압 관계식을 구하기 위해, 스위치의 온/오프 동작에 따른 인덕터 전압을 알아야 한다.

회로 동작

• 온/오프 스위칭 동작에 따른 회로 상태가 그림 4.41에 보인다.

① 스위치 온 ($0 \leq t < t_{on}(= DT_s)$) → 에너지 축적 구간

- 스위치를 켠 경우 다이오드는 역전압으로 오프되어 변압기 1차 측과 2차 측 회로는 분리되고, 자화 인덕터 L_m에 인가되는 전압은 다음과 같이 된다.

$$V_{Lm-on} = V_i \tag{4-73}$$

- 자화 인덕터에는 양(+)의 전원 전압 V_i가 인가되므로, 자화 인덕터 전류 i_{Lm}은 증가한다.
- 이에 따라 자속과 자화 인덕터의 에너지가 증가한다.

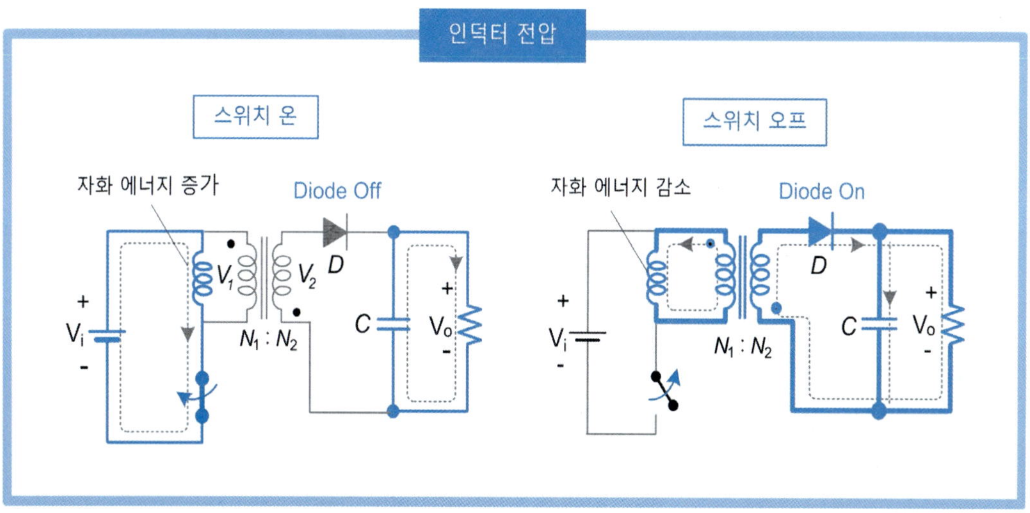

그림 4.41 플라이백 컨버터의 온과 오프 시 회로 상태

② 스위치 오프 ($DT_s \leq t < T_s$) → 플라이백 구간

- 스위치를 오프하면 전원과 변압기는 분리되며, 자화 인덕터 L_m에는 다음과 같이 권선비 $n(= N_2/N_1)$를 거친 부하 전압 V_o가 역으로 인가된다.

$$V_{Lm-off} = V_i = -\frac{1}{n} V_o \tag{4-74}$$

- 자화 인덕터에 음(-)의 전압이 인가되므로 전류는 감소하며, 따라서 자속과 자화 인덕터의 에너지는 감소하는데, 이 에너지는 부하로 전달된다.

이러한 동작에 따른 플라이백 컨버터의 입출력 전압 관계는 다음과 같이 얻을 수 있다.

입출력 전압 관계식

- 앞에서 스위치의 온 상태인 DT_s 동안의 인덕터 전압 $V_{Lm-on} = V_i$이며, 오프 상태인 $(1-D)T_s$ 동안의 $V_{Lm-off} = -V_o/n$임을 알았다.
- 정상상태에서 인덕터 전압의 한 주기 시간 적분값은 영이므로, 이러한 인덕터 전압으로부터 다음과 같은 조건을 얻는다.

$$V_{Lm} = V_i D T_s - (V_o/n)(1-D)T_s = 0 \tag{4-75}$$

- 이로부터 스위칭에 따른 플라이백 컨버터의 입출력 전압 관계식을 다음과 같이 구할 수 있다.

- **플라이백 컨버터의 입출력 전압 관계**

$$V_o = \frac{nD}{(1-D)} V_i \tag{4-76}$$

- 플라이백 컨버터의 입출력 전압 관계는 권선비 $n = N_2/N_1$를 제외하면 벅-부스트 컨버터의 관계와 동일함을 알 수 있다.
- 시비율 D를 변경시킴에 따라 이론적으로 평균 출력 전압 V_o를 0[V]에서 ∞[V]까지 제어할 수 있다.

문제

12V 배터리로부터 권선비 n =0.5인 플라이백 컨버터를 사용하여 시비율 D=0.4로 스위칭하면 직류 평균 전압은 얼마인가?

답

시비율 D=0.4로 스위칭하면 $V_o = nV_iD/(1-D) = 0.5 \cdot 12 \cdot 0.4/(1-0.4)$ =4V의 직류 평균 전압을 얻을 수 있다.

- 다음으로, 이러한 플라이백 컨버터 회로를 설계해보자.

4.7.3 플라이백 컨버터 설계

- 플라이백 컨버터의 회로 설계에 필요한 스위치와 다이오드의 전압 및 전류 정격, 인덕터의 전류 용량 및 전류가 연속에 필요한 인덕턴스 값, 커패시터의 전압 정격 및 전압변동 제한에 필요한 최소 커패시턴스 값 등은 다음과 같이 결정한다.

자화 인덕터

- 벅-부스트 컨버터에서 스위칭에 따른 스위치, 다이오드, 자화 인덕터, 커패시터, 부하에 흐르는 전류가 그림 4.42에 보인다.
- 자화 인덕터 전류는 스위칭 온 동안에는 스위치로, 오프 동안에는 다이오드로 흐른다.

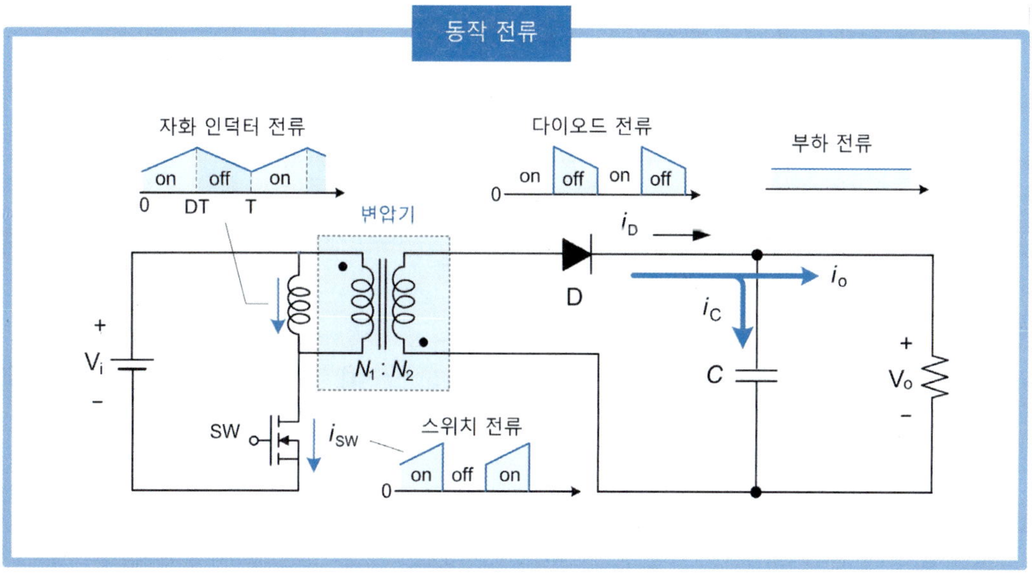

그림 4.42 플라이백 컨버터

- 자화 인덕터의 전류는 스위치 온 동안에는 증가하고, 오프 동안에는 감소하는데, 이 자화 인덕터 전류의 평균값과 변동량을 구해보도록 하자.

① 자화 인덕터의 평균 전류 I_{Lm}

- 컨버터에서 손실을 무시하면 "평균 입력 전력 = 평균 출력 전력"이므로, 다음과 같은 관계가 성립한다.

$$P = V_i \cdot I_i = V_o \cdot I_o \text{ [W]} \tag{4-77}$$

- 여기서 입력 전류 $I_i = DI_{Lm}$과 $V_o = \dfrac{nD}{(1-D)}V_i$의 관계를 이용하면, 자화 인덕터의 평균 전류 I_{Lm}은 부하 전류 I_o와 다음과 같은 관계가 있음을 알 수 있다.

$$I_{Lm} = \frac{nI_o}{(1-D)} \tag{4-78}$$

- 권선비를 고려하지 않는다면, 자화 인덕터의 평균 전류는 부하 전류보다 크다는 것을 알 수 있다.
- 자화 인덕터 전류의 평균값을 알았으니, 그 변동값을 알면 자화 인덕터 전류의 최솟값과 최댓값을 알 수 있다.

② 자화 인덕터의 전류 변동량 Δi_{Lm}

- 스위치 온 상태 시의 전류 변동량 Δi_{Lm}을 구해보자.
- 이 경우 자화 인덕터에 인가되는 전압 $V_{L-on} = V_i$이므로, 자화 인덕터 전류의 증가량 Δi_{Lm}은 다음과 같이 된다. (이 증가량은 감소량과 같음)

$$\Delta i_{Lm} = \frac{V_i}{L_m}DT_s \tag{4-79}$$

③ 최소, 최대 인덕터 전류 $I_{Lm-\min}$, $I_{Lm-\max}$

- 자화 인덕터 전류의 평균값 I_{Lm}과 변동량으로부터 최소/최대 자화 인덕터 전류는 다음과 같이 된다.

■ 최소 인덕터 전류 :
$$I_{Lm-\min} = I_{Lm} - \frac{\Delta i_{Lm}}{2} = \frac{nI_o}{(1-D)} - \frac{V_i}{2L_m}DT_s \tag{4-80}$$

■ 최대 인덕터 전류 :
$$I_{Lm-\max} = I_{Lm} + \frac{\Delta i_{Lm}}{2} = \frac{nI_o}{(1-D)} + \frac{V_i}{2L_m}DT_s \tag{4-81}$$

④ 자화 인덕터 전류 연속을 위한 최소 인덕턴스 값

- 자화 인덕터 전류가 연속이려면 최소 자화 인덕터 전류 $I_{Lm-\min} \geq 0$이어야 한다.
- 이로부터 특정 부하 조건에서 전류 연속에 필요한 최소 자화 인덕턴스 값은 다음과 같다.

$$I_{Lm-\min} = I_{Lm} - \frac{V_i}{2L_m} D T_s \geq 0 \tag{4-82}$$

→ **최소 자화 인덕턴스 :**

$$\boxed{L_{m-\min} = \frac{V_i}{2I_{Lm}} D T_s \quad [\mathrm{H}]} \tag{4-83}$$

- 부하 전류 I_o가 작을수록 연속 전류에 요구되는 인덕턴스의 값이 커짐을 알 수 있다.

문제

12V 배터리로부터 권선비 $n=0.5$인 플라이백 컨버터를 사용하여 시비율 $D=0.5$로 스위칭하는 경우 최소 자화 인덕턴스 값은? 단, 스위칭 주파수는 100kHz이며, 부하 저항은 10Ω이다.

답

시비율 $D=0.5$로 스위칭하면 $V_o = nV_iD/(1-D) = 6$V의 직류 평균 전압을 얻을 수 있다. 평균 자화 전류 $I_M = nI_o/(1-D) = (0.5 \cdot 0.6)/(1-0.5) = 0.6$A이므로, 최소 자화 인덕턴스 $L_{m-\min} = (V_i\ V_iDT_s)/(2I_{Lm}) = (12 \cdot 0.5)/(2 \cdot 0.6 \cdot 100 \times 10^3) = 50\mu H$이다.

스위치와 다이오드의 전압 정격

- 스위치가 도통하는 경우 다이오드는 오프되며, 이 경우 다이오드의 전압은 다음과 같이 2차 측 전압과 부하 전압의 합이 된다. (그림 4.43 왼쪽)

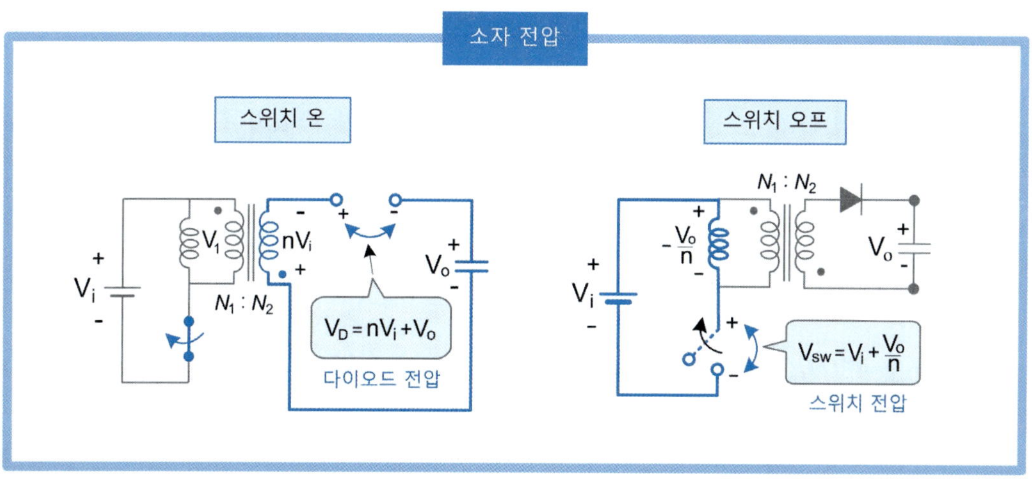

그림 4.43 플라이백 컨버터의 스위칭 동작에 따른 인덕터 전압

$$
\begin{aligned}
V_D &= v_2 + V_o \\
&= n v_1 + V_o \\
&= n V_i + V_o
\end{aligned} \tag{4-84}
$$

• 오프된 스위치에 인가되는 전압은 다음과 같다. (그림 4.43 오른쪽)

$$
\begin{aligned}
V_{sw} &= V_i - V_1 \\
&= V_i + \frac{V_2}{n} \\
&= V_i + \frac{V_o}{n}
\end{aligned} \tag{4-85}
$$

> **문제**
>
> **12V 배터리로부터 권선비 $n = 0.5$인 플라이백 컨버터를 사용하여 시비율 $D = 0.4$로 스위칭하는 경우 회로에 필요한 스위치와 다이오드에 인가되는 전압은?**
>
> **답**
>
> 시비율 $D = 0.4$로 스위칭하면 $V_o = DV_i n/(1-D) = 4\text{V}$의 직류 평균 전압을 얻을 수 있다. 따라서 스위치의 전압 $V_{sw} = V_i + V_o/n = 12 + 4/0.4 = 22\text{V}$이며, 또한 다이오드의 전압 $V_D = nV_i + V_o = (0.4 \times 12) + 4 = 8.8\text{V}$이다.

스위치와 다이오드의 전류 정격

• 스위치와 다이오드의 전류 정격을 결정하기 위해서는, 먼저 이들 소자에 어떤 전류가 흐르는지 알아보아야 한다.

• 스위치의 온 상태 DT_s 동안에 자화 인덕터 I_{Lm}의 전류가 스위치로 흐르며, 오프 상태 $(1-D)T_s$ 동안에는 자화 인덕터 전류 I_{Lm}/n이 다이오드로 흐른다.

• 이에 따라 스위치와 다이오드의 평균 전류 I_{sw}와 I_D는 다음과 같이 평균 인덕터 전류와 도통 기간 즉, 시비율에 따라 결정된다.

$$
I_{sw} = DI_{Lm} = \frac{nD}{(1-D)} I_o \qquad \left(\leftarrow I_{Lm} = \frac{nI_o}{(1-D)} \right) \tag{4-86}
$$

$$
I_D = (1-D)\frac{I_{Lm}}{n} = I_o \tag{4-87}
$$

- 그런데, 스위치에는 순시적으로 최대 인덕터 전류 $I_{Lm-\max}$ 까지 흐르며, 다이오드에는 순시적으로 최대 인덕터 전류 $I_{Lm-\max}/n$까지 흐른다.

출력 커패시터

- 플라이백 컨버터 회로에서 출력 커패시터의 전압은 시비율과 권선비 $n = N_2/N_1$에 따라 달라지며, 최대 전압은 출력 전압과 같다.
- 플라이백 컨버터의 출력 회로는 벅-부스트 컨버터의 출력과 동일하므로, 따라서 출력 전압의 리플 성분 Δv_o도 다음과 같이 동일하다.

$$\begin{aligned}\Delta v_o &= \frac{1}{C}\int_0^{DT_s} I_o\, dt \\ &= \frac{1}{C}\cdot DT_s \cdot I_o = \frac{1}{C}\cdot DT_s \cdot \left(\frac{V_o}{R}\right)\end{aligned} \tag{4-88}$$

- 출력 전압의 변동 Δv_o는 부하에 영향을 받으며, 부하 전류가 커질수록 전압 변동이 커진다.

플라이백 컨버터의 특징

- 장점
  - 변압기의 자속은 스위치를 온하는 경우 증가하고 오프되면 감소하기 때문에, 철심의 자속 포화 방지를 위한 부가 회로가 필요 없다.
  - 따라서 다른 절연형 컨버터와 비교하면 부품 수가 적어 저가로 간단하게 구성할 수 있다.
  - 다중 출력 구성에 유리하다. (그림 4.44)
- 단점
  - 커패시터의 리플 전류가 크기 때문에, 대전류 용도에는 적합하지 않다.
  - 부하가 크면 출력 전압을 유지해야 하기 위한 출력 커패시터의 용량이 커야 한다.
  - 자화 인덕터, 스위치, 다이오드에 흐르는 전류의 최댓값이 크다.
- 용도
  - 휴대폰 충전기, 노트북 어댑터, LCD/LED TV 등 주로 150W 미만의 소용량 전원 회로에 사용된다.

플라이백 컨버터의 다중 구성

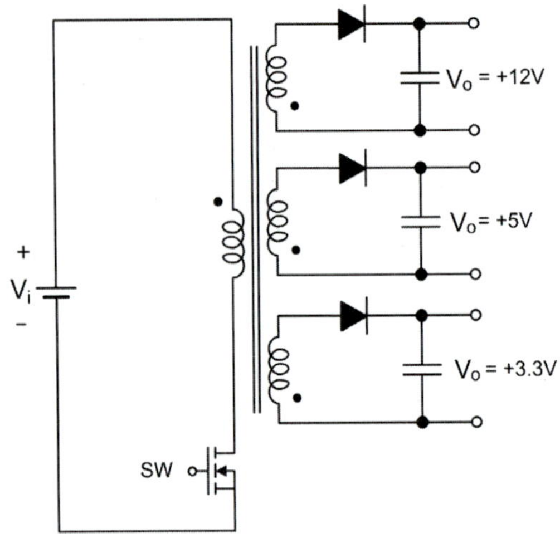

그림 4.44 플라이백 컨버터의 다중 출력 구성

4.8 포워드 컨버터(Forward Converter)

- 포워드 컨버터는 벅 컨버터의 절연된 버전이다.
- 포워드 컨버터는 플라이백 컨버터와는 달리, 스위치의 온 기간에 1차 측의 전원 에너지를 2차 측 부하로 전달시킨다.
- 플라이백 컨버터보다 더 큰 전력을 출력할 수 있지만, 부품 수가 많아진다.

4.8.1 포워드 컨버터의 회로 구성

- 벅 컨버터를 포워드 컨버터로 변환하는 과정이 그림 4.45에 보인다.
  - 전원과 부하 측 사이에 전기적 절연을 위해 변압기를 별도로 추가한다.
  - 게이트 구동을 위해 접지가 절연된 전원이 필요한 현재 스위치의 위치를 변경하여, 기준 접지를 사용할 수 있도록 아래에 배치한다.
  - 역방향으로의 인덕터 전류 흐름을 방지하기 위해 다이오드 D_1을 추가로 배치한다.

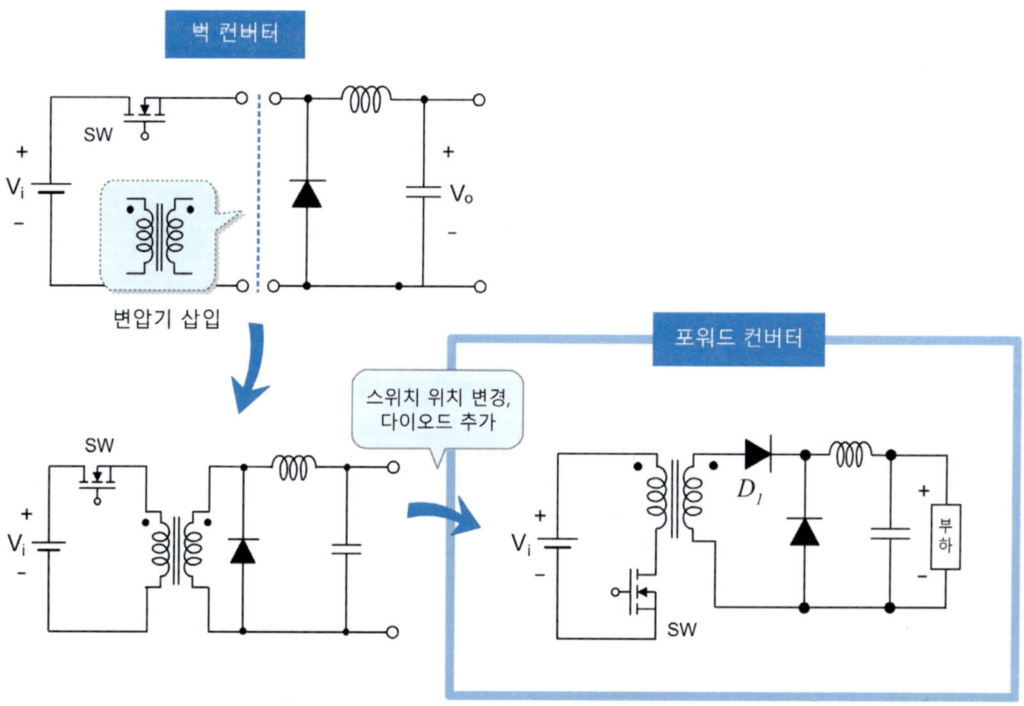

그림 4.45 벅 컨버터에서 포워드 컨버터

- 실제 포워드 컨버터에서는 그림 4.43에 보이는 회로 구성 이외에도 **자속 포화 방지 회로**가 추가되어야 한다.

• 하지만 포워드 컨버터의 기본 동작과 입출력 전압 관계를 쉽게 알아보기 위해, 그림 4.46에 보이듯이 우선 변압기가 이상적이라고 가정하고 분석해보기로 한다.

4.8.2 포워드 컨버터의 동작 분석

• 포워드 컨버터에서 스위칭 동작에 따른 회로 상태와 동작이 그림 4.46에 보인다.

① **스위치 온 :** 스위치 SW가 켜지면 전원 전압 V_i가 스위치와 다이오드 D_1을 통해 부하에 인가되어 인덕터와 부하로 전원 에너지가 공급된다.
이때 다이오드 D에는 역전압이 인가되어 꺼진다.

② **스위치 오프 :** 스위치가 꺼지면 전원은 변압기에서 분리되고, 다이오드 D_1도 오프된다.
이때 인덕터 전류는 다이오드 D를 통해 환류하며, 인덕터 L에 저장된 에너지가 부하로 전달된다.

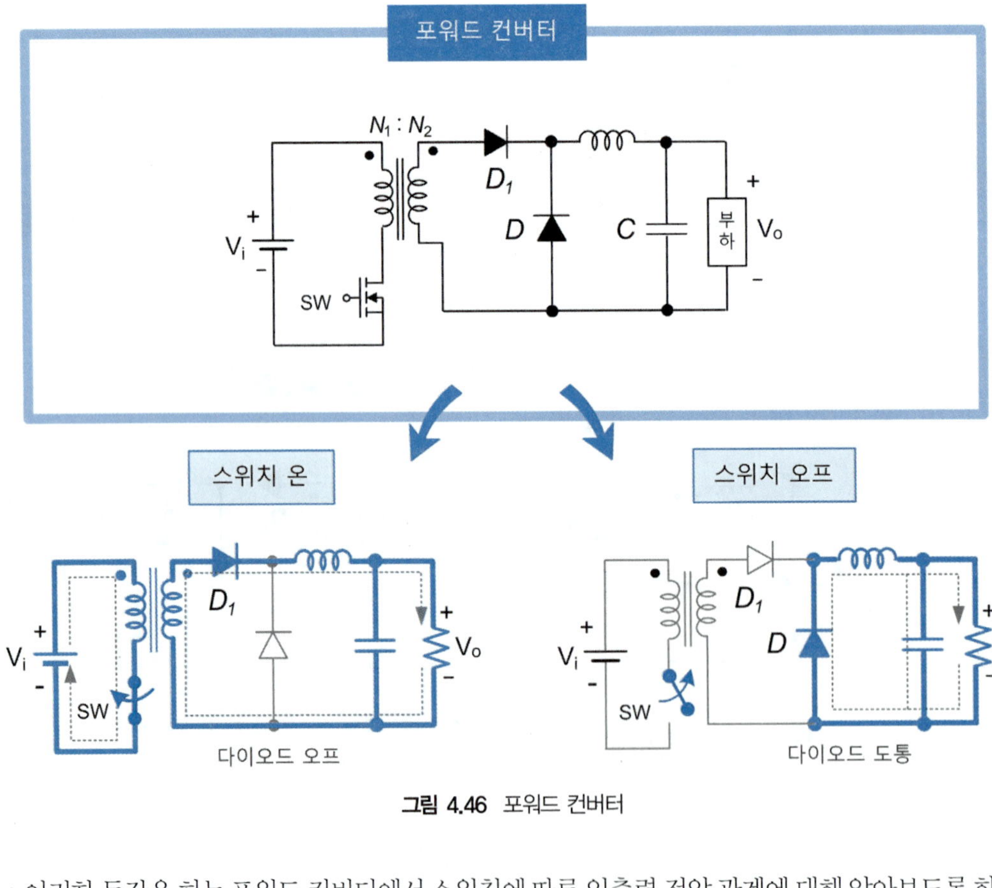

그림 4.46 포워드 컨버터

• 이러한 동작을 하는 포워드 컨버터에서 스위칭에 따른 입출력 전압 관계에 대해 알아보도록 하자.

회로 동작

- 먼저, 입출력 전압 관계가 부하에 관계없이 시비율에만 관련되도록, 인덕터에 흐르는 전류가 연속이라고 가정한다.
- 포워드 컨버터의 입출력 전압 관계식을 구하기 위해 필요한 온/오프 스위칭 동작에 따른 인덕터 전압을 알아보도록 하자.
- 스위치의 온/오프 동작에 따른 회로가 그림 4.47에 보인다.

① 스위치 온 ($0 \leq t < t_{on}(= DT_s)$) → 전원 에너지 공급 구간

- 스위치가 온 한 경우 다이오드는 오프되며, 인덕터 L에 인가되는 전압은 다음과 같다.

$$\begin{aligned} V_{L-on} &= v_2 - V_o \\ &= nv_1 - V_o \\ &= nV_i - V_o \end{aligned} \tag{4-89}$$

- 인덕터에는 양(+)의 전압이 인가되므로, 인덕터 전류 i_L은 증가한다.
- 이에 따라 인덕터의 에너지가 증가한다.

② 스위치 오프 ($DT_s \leq t < T_s$) → 환류 구간

- 스위치가 오프 된 경우 포워드 컨버터 회로는 전원과 부하는 분리되며, 인덕터 L에 인가되는 전압은 다음과 같이 출력 전압이 역으로 인가된다.

$$V_{L-off} = -V_o \tag{4-90}$$

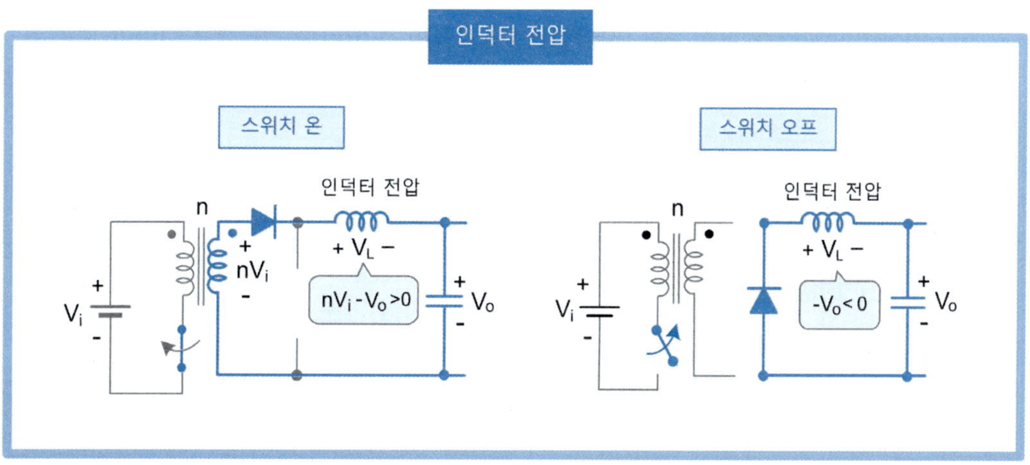

그림 4.47 포워드 컨버터의 스위칭 동작에 따른 인덕터 전압

- 인덕터의 인가전압이 음(-)이므로, 인덕터 전류는 감소한다.
- 이에 따라 인덕터의 에너지도 감소하며, 감소된 에너지는 부하로 공급된다.

입출력 전압 관계식

- 앞에서 스위치를 온하고 있는 DT_s 동안에 인덕터 전압 $V_{L-on} = nV_i - V_o$이며, 오프하고 있는 $(1-D)T_s$ 동안에는 $V_{L-off} = -V_o$임을 알았다.
- 정상상태에서 인덕터 전압의 한 주기 시간 적분값은 영이므로, 이러한 인덕터 전압으로부터 다음과 같은 조건을 얻는다.

$$V_L = (nV_i - V_o)DT_s - V_o(1-D)T_s = 0 \quad (4\text{-}91)$$

- 이로부터 다음과 같은 스위칭에 따른 포워드 컨버터의 입출력 전압 관계식을 얻을 수 있다.

- **포워드 컨버터의 입출력 전압 관계** :

$$V_o = nDV_i \quad (4\text{-}92)$$

- 이러한 포워드 컨버터의 입출력 전압 관계식은 권선비 $n = N_2/N_1$를 제외하면 벅 컨버터와 동일함을 알 수 있다.

4.8.3 포화 방지 회로

- 앞에서 포워드 컨버터의 기본 동작과 입출력 전압 관계는 변압기가 이상적이라고 생각하고 분석한 것이다.
- 그러나 이상적이지 않은 변압기를 사용하는 실제 포워드 컨버터 회로에서는 자속이 감소하는 동작 구간이 없어 변압기의 자속이 포화되는 문제가 발생할 수 있다.

실제 변압기를 가진 포워드 컨버터

- 변압기의 자화 인덕턴스를 고려하여 포워드 컨버터가 동작하는 경우 자속의 변동 상황을 살펴보도록 하자. (그림 4.48)
- 스위치가 켜지면 전원 전압이 변압기에 인가되어 자화 인덕터의 자속이 증가한다.
- 스위치가 꺼지면 전원이 변압기에서 분리되고, 다이오드 D_1도 차단되므로, 자화 인덕터의 전류가 흐를 경로가 존재하지 않게 되어, 자속이 감소하지 못한다.
- 이로 인해 변압기의 철심이 포화 되는 문제가 발생하여, 실제 이 회로를 사용할 수 없다.

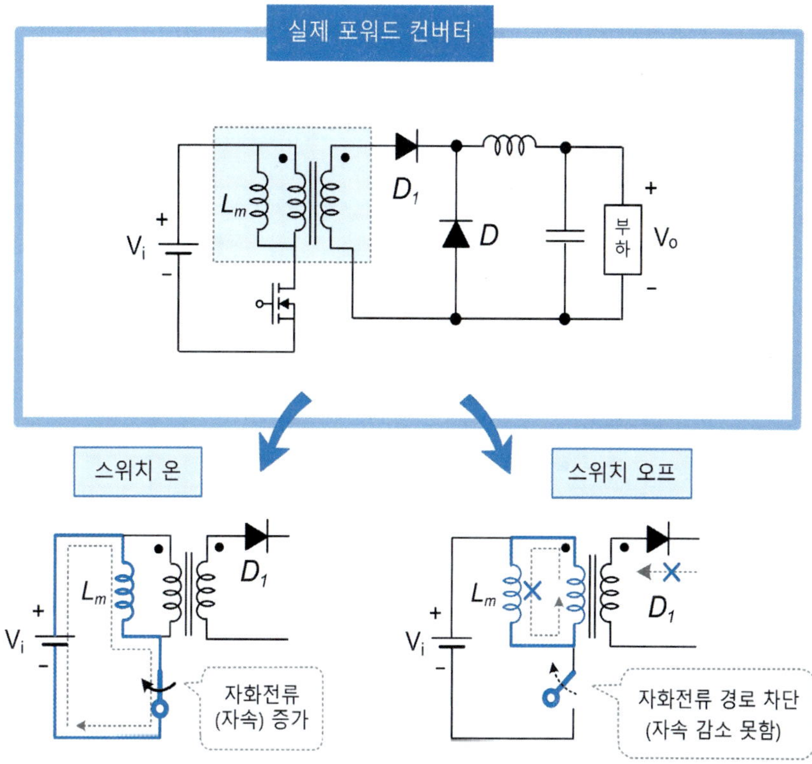

그림 4.48 변압기의 자화 인덕턴스가 고려된 포워드 컨버터의 동작

- 이제 이러한 변압기의 자속 포화 문제를 해결하는 방법에 대해 살펴보도록 하자.

포화 방지 회로의 종류

- 변압기의 자기 포화를 방지하기 위해서는 스위치가 오프 되었을 때, 스위치 온 시에 증가한 자속(또는 자화 에너지)를 방출해 주는 **리셋(Reset) 회로**가 필요하다.
- 리셋 회로로는 그림 4.49에 보이는 **RCD 회로** 또는 **리셋 권선**을 사용하는 두 가지 방식이 통상 사용된다.

  ① **RCD 회로 :** 자화 인덕터의 에너지를 저항에서 소비시켜, 자화 전류를 영으로 만드는 방식으로, 자화 에너지가 저항 손실로 낭비되므로 효율이 높지 않다.

  ② **리셋 권선 :** 변압기에 1차와 2차 권선 이외에 새로운 리셋 권선을 추가하여, 이 리셋 권선을 통해 자화 에너지를 전원으로 회생시켜 자화 전류를 영으로 만드는 방식이다. (역 전류를 방지하기 위해 다이오드 D_R이 추가로 필요하다.)

  이 방식은 회로가 복잡하지만, 자화 에너지가 회생되므로 효율이 높다.

- 이제 이들 두 방식 중에 리셋 권선을 사용하는 경우에 대해 살펴보도록 하자.

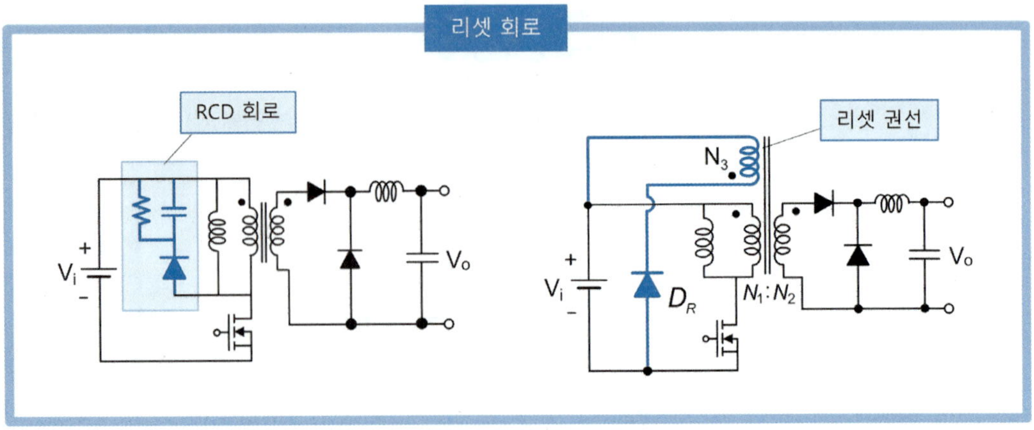

그림 4.49 포워드 컨버터에서 리셋 회로

리셋 회로 동작

- 변압기의 자속 포화를 방지하기 위해서는 스위치가 온되었을 때 증가하였던 자화 인덕터 전류 i_M을 새로운 스위칭 주기가 시작되기 전에 다시 감소시켜야만 한다.
- 통상 자화 인덕터 전류를 영으로 감소시키므로, 자화 인덕터 전류는 불연속으로 동작한다.
- 리셋 권선과 다이오드 D_R은 각 스위칭 주기의 시작 전에 자화 전류를 감소하는데 필요한 통로 역할을 한다.
- 리셋 권선을 가진 경우 스위칭 동작에 따른 회로와 자화 전류 상태가 그림 4.50에 보인다.

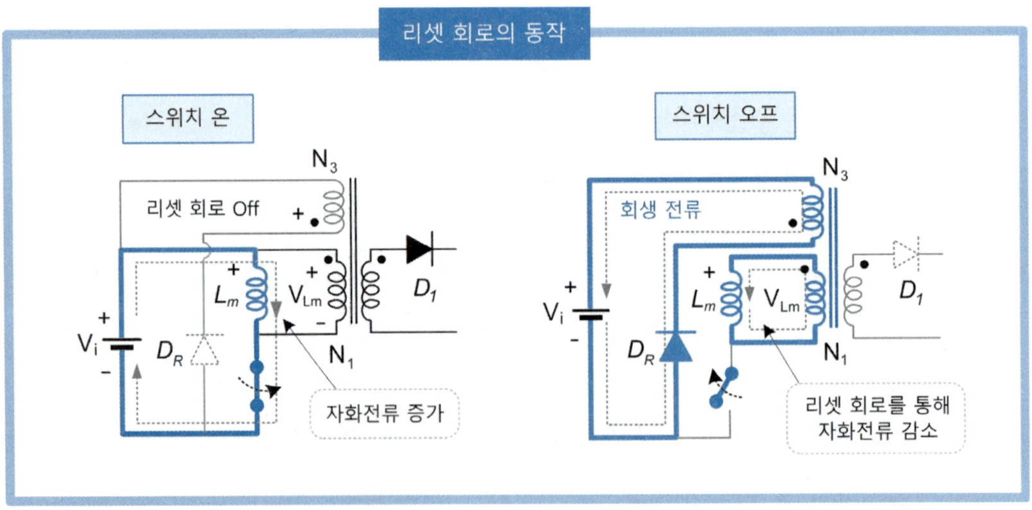

그림 4.50 포워드 컨버터의 자화 전류

① **스위치 온 :** 스위치를 켜서 1차 권선에 (+)전압을 인가하면, 다이오드 D_R에는 역전압이 인가되어 오프되므로 리셋 권선은 동작하지 않는다.

② **스위치 오프 :** 스위치가 오프되면 자화 인덕터 전류 방향에 따라 다이오드 D_1은 오프되며, 1차 권선과 리셋 권선(다이오드 D_R)이 동작한다. 이때 자화 인덕터 전류는 감소한다.

- 이러한 동작으로 자화 인덕터 전류를 새로운 스위칭 주기가 시작되기 전에 영으로 만들기 위해서는, 동작 가능한 시비율의 범위가 제한되는데 그 이유에 대해 살펴보도록 하자.

자속 포화 방지를 위한 시비율 조건

① **스위치 온 :** $0 \leq t < t_{on}(= DT_s)$ **→ 자화 에너지 증가**

- 스위치가 온 된 경우 자화 인덕터 L_m에는 다음과 같이 양의 전원 전압이 인가된다.

$$v_{Lm} = V_i = L_m \frac{di_M}{dt} > 0 \tag{4-93}$$

- 이에 따라 자화 전류 i_M은 증가하며, 자화 인덕터의 자속과 에너지도 자화 전류 i_M의 증가에 따라 증가한다.
- 자화 전류의 초기값을 영으로 가정하면, 스위치의 온 시간 DT_s 동안 자화 전류는 다음과 같은 최댓값까지 증가한다.

$$I_{M\max} = \frac{V_i}{L_m} t_{on} = \frac{V_i}{L_m} DT_s \tag{4-94}$$

② **스위치 오프 :** $DT \leq t < T$ **→ 자화 에너지 감소**

- 스위치가 오프 된 경우 전원과 부하는 분리되며, 자화 인덕터 L_m에는 리셋 권선을 거쳐 전원 전압이 다음과 같이 역으로 인가된다.

$$\begin{aligned} v_{Lm} &= v_1 = \frac{v_3}{N_3} \qquad\qquad (n_{13} = \frac{N_3}{N_1}) \\ &= -\frac{V_i}{N_3} = L_m \frac{di_M}{dt} < 0 \end{aligned} \tag{4-95}$$

- 자화 인덕터의 인가전압이 음이므로, 자화 전류 i_M는 $I_{M\max}$로부터 다음과 같이 감소한다.

$$i_M(t) = \frac{1}{L_m} \int_{DT}^{t} \left(-\frac{V_i}{n_{13}}\right) dt + I_{Mmax}$$

$$= -\frac{V_i}{n_{13}L_m}(t - DT_s) + \frac{V_i}{L_m}DT_s \tag{4-96}$$

- 이때 감소된 자화 인덕터의 에너지는 다이오드 D_R을 통해 전원으로 반환된다.
- 자속의 포화를 방지하기 위해서 자화 인덕터 전류 i_M은 다음 스위칭 주기가 시작되기 전에 영이 되어야만 한다. 즉, $t < T_s$에서 $i_M(t) = 0$이어야 한다.

• **동작 가능한 시비율의 제한**

- 이러한 자속의 포화 방지 조건을 만족하려면 시비율이 제한된다.
- 식(4-96)에서 $i_M = 0$인 시점을 t_M이라 놓고 풀면 다음과 같이 구할 수 있다.

$$i_M(t_M) = -\frac{V_i}{n_{13}L_m}(t_M - DT_s) + \frac{V_i}{L_m}DT_s = 0 \tag{4-97}$$

$$\rightarrow \quad t_M = (1 + n_{13})DT_s \tag{4-98}$$

- 자화 전류가 영인 시점 t_M은 다음 스위칭 주기 시작 전이어야 하므로, 즉 $t_M \leq T_s$에서, 다음과 같이 자속 포화 방지를 위한 최대 시비율의 조건이 얻어진다.

$$t_M = (1 + n_{13})DT_s \leq T_s$$

■ **최대 시비율** $\rightarrow \quad D_{\max} = \dfrac{1}{1+n_3}$ (4-99)

• 권선비 n_3에 따라 최대 시비율 $D_{\max}$이 달라진다는 것을 알 수 있다.

• 권선비 n_3을 줄이면 회생 시 역전압이 커져서 자화 전류가 빨리 영으로 되므로, 최대 시비율은 증가하나 스위치 전압이 커지게 된다.

문제

포워드 컨버터에서 권선비 $n_3(=N_3/N_1)$을 1에서 0.5로 감소시킨 경우, 최대 시비율 $D_{\max}$과 스위치 전압 V_{sw}는 어떻게 변동하는가?

답

권선비 n_3= 1인 경우 최대 시비율 $D_{\max} = 1/(1+n_3) = 1/(1+1) = 0.5$이며, 스위치 전압 $V_{sw} = V_i + V_i/n_3 = V_i + V_i/1 = 2V_i$로 입력 전압의 2배가 된다.

권선비 n_3= 0.5인 경우에는 최대 시비율 $D_{\max} = 1/(1+0.5) = 0.667$로 증가하지만, 스위치 전압 $V_{sw} = V_i + V_i/n_3 = V_i + V_i/0.5 = 3V_i$로 입력 전압의 3배가 된다.

4.8.4 포워드 컨버터 설계

- 포워드 컨버터 설계를 위한 스위치와 다이오드의 전압 및 전류 정격을 결정해 보자.
- 나머지 회로 부품에 대한 설계는 벅 컨버터 설계를 참조하면 된다.

스위치의 전압 정격

- 스위치의 온/오프 시에 스위치와 다이오드의 인가전압이 그림 4.51에 보인다.
- 스위치가 오프 되었을 때, 스위치의 인가전압은 자화 전류의 흐름에 따라 달라진다.
  - 자화 전류가 흐르는 구간($DT_s \leq t < t_M$)에서 스위치의 인가전압은 입력 전압과 1차 권선 전압의 합이 된다.

$$\begin{aligned} V_{sw} &= V_i - v_1 \\ &= V_i + \frac{V_i}{n_3} \qquad (n_3 = \frac{N_3}{N_1}) \end{aligned} \tag{4-100}$$

  - 그러나, 자화 전류가 영인 구간($t_M \leq t < T_s$)에서 스위치의 인가전압은 입력 전압이 된다.

$$V_{sw} = V_i \tag{4-101}$$

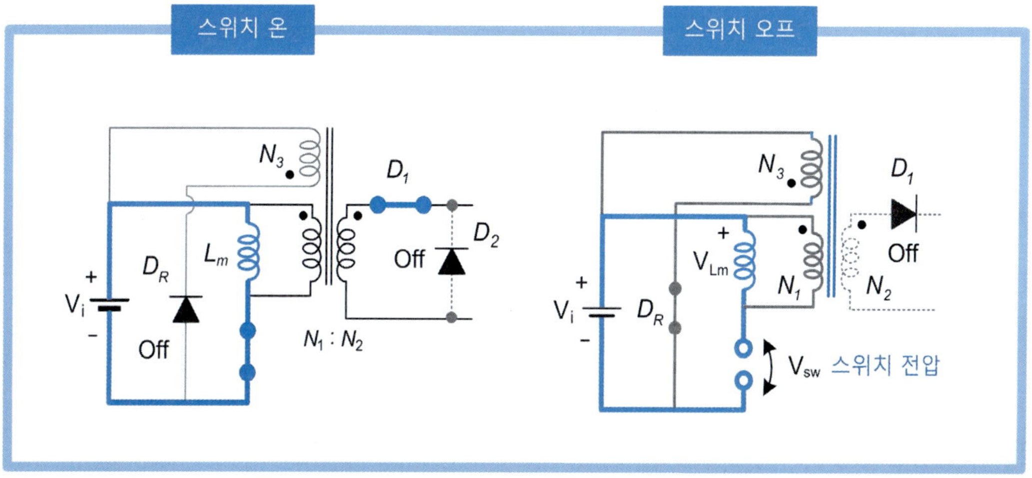

그림 4.51 포워드 컨버터의 스위치 및 다이오드 전압

- 스위치의 인가전압은 입력 전압 V_i 보다는 커지는데, 예로서 $n_3 = 1$의 경우 입력 전압의 두 배가 된다.
- 다이오드 D_1, D_2, D_R의 인가전압은 다음과 같다.

$$V_{D1} = V_i \left(\frac{N_2}{N_3}\right) \tag{4-102}$$

$$V_{D2} = V_i \left(\frac{N_2}{N_1}\right) \tag{4-103}$$

$$V_{DR} = V_i \left(1 + \frac{N_3}{N_1}\right) \tag{4-104}$$

스위치의 전류 정격

- 스위치 전류는 자화 전류 i_M과 1차 권선 전류 i_1의 합으로, 그 최댓값은 다음과 같다.

$$\begin{aligned} I_{sw-\max} &= I_{Mmax} + I_1 \\ &= I_{Mmax} + n_1 I_2 \\ &= \frac{V_i}{L_M} DT_s + n_1 I_o \end{aligned} \tag{4-105}$$

- 인덕터 전류는 스위치가 도통하는 DT_s 동안에는 다이오드 D_1로 흐르고, 오프 상태인 $(1-D)T_s$ 동안에는 다이오드 D_2로 흐른다.
- 따라서 다이오드 D_1과 D_2의 평균 전류는 다음과 같이 평균 인덕터 전류와 도통 기간 즉, 시비율에 따라 결정된다.

$$I_{D1} = DI_L = DI_o \qquad (\leftarrow I_L = I_o) \tag{4-106}$$

$$I_{D2} = (1-D)I_L = (1-D)I_o \tag{4-107}$$

- 스위치가 오프 된 경우 자화 인덕터 전류가 리셋 권선을 통해 다이오드 D_R로 흐르므로, 다이오드 D_R의 평균 전류는 다음과 같이 평균 자화 전류 I_M으로부터 다음과 같이 된다.

$$I_{DR} = \frac{I_M}{n_3} \qquad \left(n_3 = \frac{N_3}{N_1}\right) \tag{4-108}$$

출력 전압 변동량 Δv_o

- 포워드 컨버터의 출력 회로는 벅 컨버터의 출력 회로와 동일하다.
- 따라서 출력 전압의 변동 성분 Δv_o는 다음과 같이 벅 컨버터의 출력 전압의 변동 성분 식에서 권선비만 추가하면 된다.

$$\Delta v_o = n_1 \frac{V_i (1-D) DT_s^2}{8LC} \tag{4-109}$$

포워드 컨버터의 특징

- 자화 전류는 불연속으로 흐르므로, 변압기의 철심은 작아도 된다.
- 자속 포화 방지를 위한 부가적인 리셋 회로가 필요하다.
- 스위치와 다이오드의 내압이 입력 전압보다 크다.
- 포워드 컨버터는 통상적으로 중전력(150～500W) 응용에 사용된다.

4.9 기타 절연형 컨버터

- 앞서 설명한 2개의 기본 컨버터 이외에도 널리 사용되는 절연형 컨버터로 **푸시풀 컨버터, 하프 브리지 컨버터, 풀 브리지 컨버터**가 있다. (그림 4.52)
- 푸시풀 컨버터, 하프 브리지 컨버터, 풀 브리지 컨버터의 순서로 큰 전력을 공급할 수 있다.
- **두 단계 변환 방식**

  이들 절연형 컨버터들은 스위칭 소자를 통해 직류 전압을 교류 전압으로 변환하여 변압기에 인가한 후, 변압기를 통해 변압하고, 변압 된 출력 교류 전압을 다이오드 정류기를 통해 다시 직류 전압으로 변환하는 두 단계 방식을 사용한다.
- 이 경우 출력측 다이오드 정류기는 그림 4.52에 보이는 하프-브리지 타입 대신에 풀-브리지 타입으로 사용해도 된다.

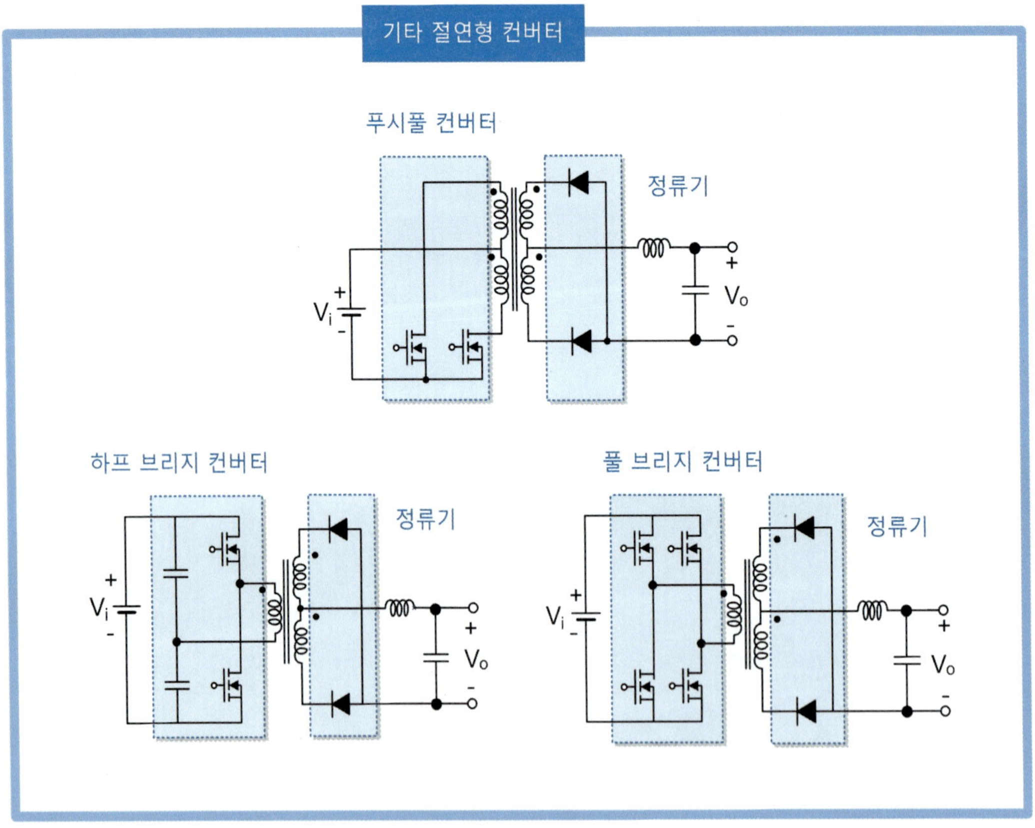

그림 4.52 기타 절연형 컨버터 회로

- 이제 이들 컨버터의 회로 동작과 특성에 대해 살펴보도록 하자.

4.9.1 푸시풀 컨버터(Push-Pull Converter)

• 푸시풀 컨버터의 회로 구성이 그림 4.53에 보인다.

• 푸시풀 컨버터는 2개 포워드 컨버터를 분할된 권선 변압기를 사용하여 연결한 강압 컨버터로서, 2개 포워드 컨버터가 번갈아 반대 극성의 전압을 변압기에 인가함으로써 자속이 포화되는 것을 방지할 수 있다.

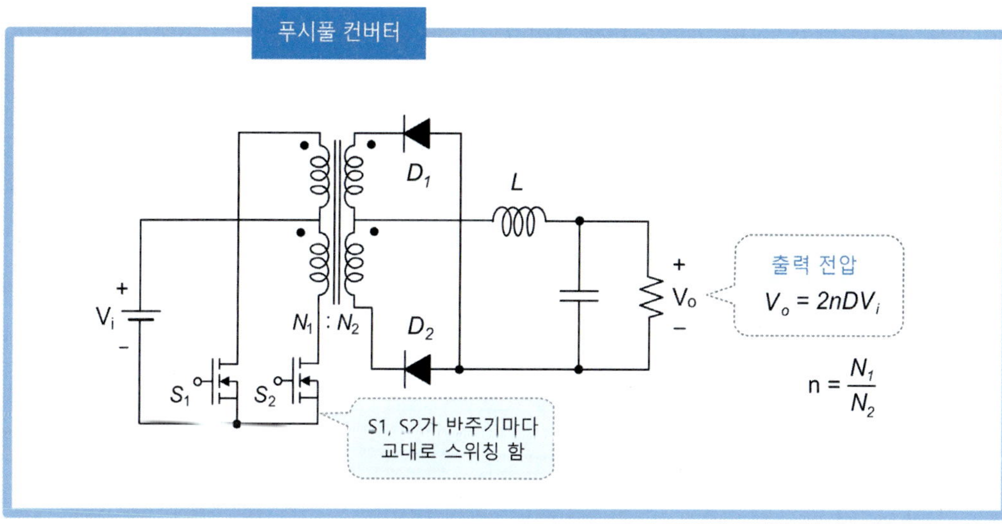

그림 4.53 푸시풀 컨버터

• 기본 회로 동작
 - 2개 스위치 S_1과 S_2를 스위칭 반주기마다 번갈아 온/오프하여 전압을 양방향 교류로 변압기의 1차 권선에 인가한다.
 - 이로 인해 변압기의 2차 측에 유도된 교류 전압은 다이오드 정류 회로를 통해 다시 직류 전압으로 변환된다.
 - 전원은 직류이지만 변압기에는 교류 전압이 인가되므로, 철심의 자기 포화가 방지된다.
 - 이 경우 두 스위치 S_1과 S_2의 시비율이 같도록 동작해야, 변압기의 자속이 한 방향으로 더 커지는 편자(偏磁) 현상이 발생하지 않는다.
 - 두 스위치가 동시에 도통되어 전원 단락으로 큰 전류가 흐르지 않도록 주의해야 한다.

• 이 회로에 사용할 스위치 내압은 입력 전압의 2배 이상이어야 한다.

• 변압기의 2차 측 동작 주파수가 스위칭 주파수의 2배가 되므로, 출력 LC 저역 통과 필터를 소형화할 수 있다.

• 수 kW까지의 전력을 공급할 수 있는 중전력용 컨버터이다.

▌스위칭 동작

• 먼저, 인덕터 L에 흐르는 전류는 연속이라고 가정한다.

• **스위칭 방법**

스위칭 주기 $T_s(=1/f_s)$를 반주기로 나누어, 처음 반 주기 동안은 스위치 S_1을 시비율에 따라 도통시켜 변압기의 1차 권선을 양(+)으로 여자하며(①과 ② 동작 모드), 나머지 반 주기 동안은 스위치 S_2를 시비율에 따라 도통시켜 음(-)으로 여자한다(③과 ④ 동작 모드).

• 이러한 전체 스위칭 동작이 그림 4.54에 보인다.

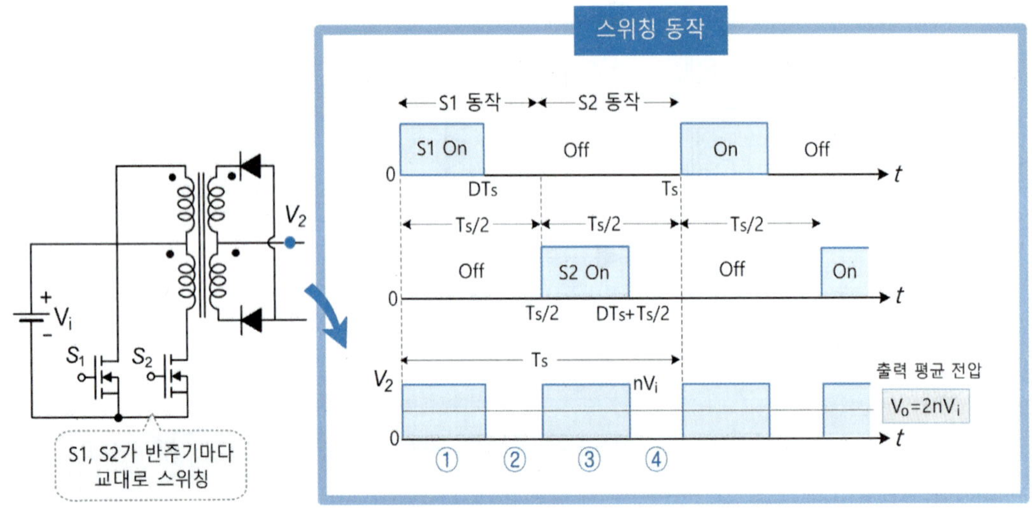

그림 4.54 푸시풀 컨버터의 스위칭 동작

• 첫 반 주기 동안에 스위치 S_1의 동작이 그림 4.55에 보인다.

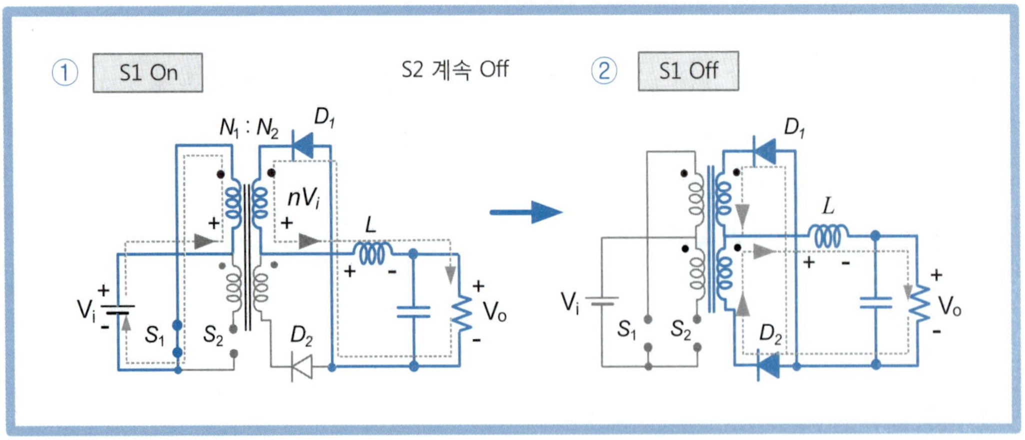

그림 4.55 첫 반 주기 : S1 스위칭 동작

① **스위치** S_1 **온** $(0 \leq t < DT_s)$ **→ 전력 전달 구간**

- 스위치 S_1을 턴-온시키면 변압기 1차 권선에 입력전압이 인가된다.
- 변압기 2차 측에는 다이오드 D_1이 동작되어, 부하에 양(+)의 전압이 인가된다.
- 이 경우 인덕터 L에 인가되는 전압은 다음과 같다.

$$V_{L-on} = nV_i - V_o \qquad (n = N_2/N_1) \tag{4-110}$$

② **스위치** S_1 **오프** $(DT_s \leq t < T_s/2)$ **→ 환류 구간**

- 앞 단계에서 스위치 S_1을 오프하면, 인덕터 전류는 다이오드 D_1과 D_2를 통해 부하로 흐른다.
- 이 경우 인덕터 L에 인가되는 전압은 다음과 같다.

$$V_{L-off} = -V_o \tag{4-111}$$

• 나머지 반 주기 동안에 스위치 S_2의 동작이 그림 4.56에 보인다.

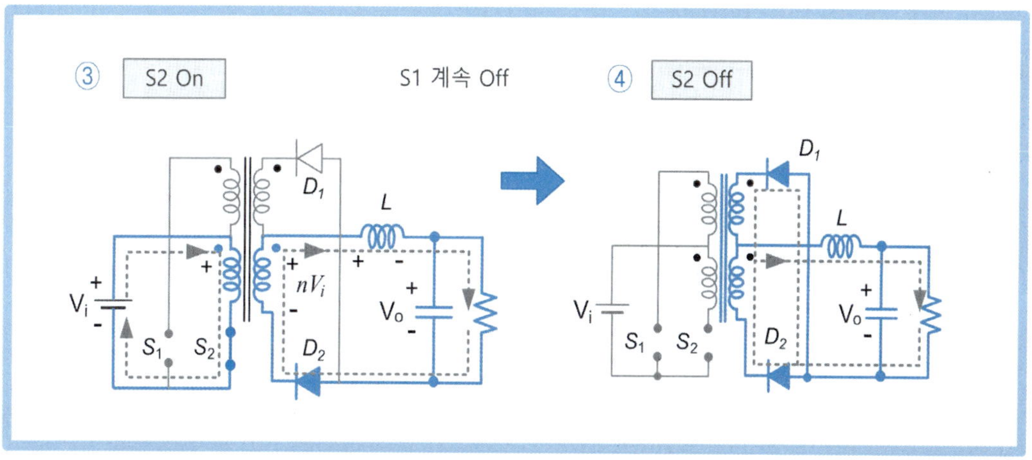

그림 4.56 나머지 반 주기 : S2의 스위칭 동작

③ **스위치** S_2 **온** $(T_s/2 \leq t < T_s/2 + DT_s)$ **→ 전력 전달 구간**

- 스위치 S_2를 턴-온시키면, 앞 반주기에서와는 반대 극성으로 변압기 1차 권선이 여자된다.
- 그러나 변압기 2차 측에는 다이오드 D_2가 동작하여, 부하에는 양(+)의 전압이 인가된다.
- 이 경우 인덕터 L에 인가되는 전압은 다음과 같다.

$$V_{L-on} = nV_i - V_o \tag{4-112}$$

④ **스위치 S_2 오프 ($T_s/2+DT_s \leq t < T_s$) → 환류 구간**

- 앞 단계에서 스위치 S_2를 오프하면, 인덕터 전류는 다이오드 D_1과 D_2를 통해 부하로 흐른다.
- 이 경우 인덕터 L에 인가되는 전압은 다음과 같다.

$$V_{L-off} = -V_o \tag{4-113}$$

• 이제 이러한 스위칭 동작에 따른 푸시풀 컨버터의 입출력 전압 관계를 구해보도록 하자.

입출력 전압 관계식

• 스위치를 온하고 있는 DT_s 동안 인덕터 전압 $V_{L-on} = nV_i - V_o$이며, 스위치를 오프하고 있는 $(1/2-D)T_s$ 동안 $V_{L-off} = -V_o$이다.

• 정상상태에서 인덕터 전압의 한 주기 시간 적분값은 영이므로, 이러한 인덕터 전압으로부터 다음과 같은 조건을 얻는다.

$$V_L = (nV_i - V_o)DT_s - V_o\left(\frac{1}{2}-D\right)T_s = 0 \tag{4-114}$$

• 이 식을 정리하면 다음과 같은 시비율 D에 따른 푸시풀 컨버터의 입출력 전압 관계를 얻을 수 있다.

• **푸시풀 컨버터의 입출력 전압 관계 :**

$$\boxed{V_o = 2nDV_i} \tag{4-115}$$

• 푸시풀 컨버터의 전압 이득은 포워드 컨버터보다 2배 크다는 것을 알 수 있다.

• 푸시풀 컨버터에서 인덕터 전류의 리플 주파수는 포워드 컨버터의 2배가 되므로 인덕터 크기를 줄일 수 있다.

4.9.2 하프 브리지 컨버터(Half-Bridge Converter)

• 하프 브리지 컨버터는 푸시풀 방식과 동일하게 2개 스위치로 제어하는 방식으로, 회로 동작은 푸시풀 컨버터와 동일하다.

• 하프 브리지 컨버터의 회로 구성이 그림 4.57에 보인다.

• 직류 입력을 커패시터 두 개로 분압하여 이 분압된 전압을 2개 스위치를 이용하여 부하로 출력하므로 내압이 낮은 스위칭 소자를 사용할 수 있다.

하프 브리지 컨버터

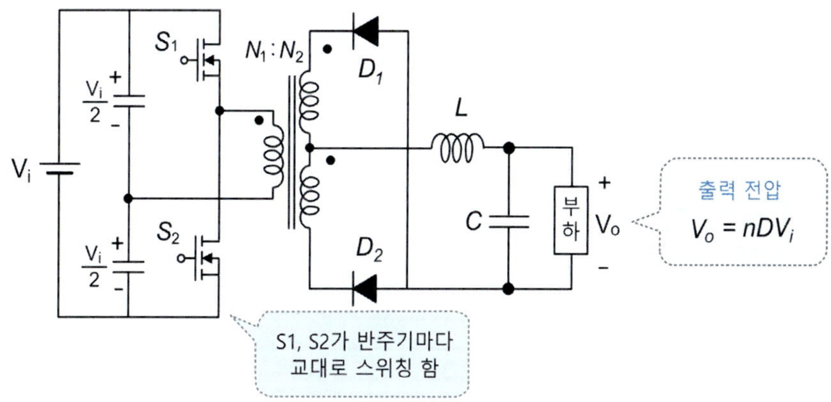

그림 4.57 하프 브리지 컨버터

기본 특성

- 하프 브리지 컨버터는 2개의 스위칭 소자로 직류 전압을 우선 교류 전압으로 변환한 후 변압기로 변압하고, 이 교류 전압을 정류기를 통해 다시 직류 전압으로 변환한다.
- 2개 스위치를 교대로 상보 스위칭하여, 변압기의 1차 권선에 교류 전압을 인가한다.
- 상보 스위칭하는 2개 스위치가 동시에 도통되어 전원 단락으로 큰 전류가 흐르지 않도록 주의해야 한다.
- 하프 브리지 컨버터는 회로가 다소 복잡하지만, 효율이 높으므로 플라이백 컨버터나 포워드 컨버터보다 높은 전력을 출력하는 데 유리하다.
- 통상 1kW 정도까지의 전력 용량에 사용되고 있다.
- 푸시풀 방식과 비교하면 변압기의 철심 이용률이 높아 변압기의 효율이 높고, 직류 입력을 분압하여 사용하므로 입력 전압이 높은 경우에 유리하다.

스위칭 동작

- 먼저, 인덕터 L에 흐르는 전류가 연속이라고 가정한다.
- 하프 브리지 컨버터의 스위칭 동작은 푸시풀 방식과 동일하다.
- 즉, 스위칭 주기 T_s를 반주기로 나누어, 처음 반 주기 동안은 스위치 S_1을 시비율에 따라 도통시켜 변압기의 1차 권선을 양(+)으로 여자하며(①과 ② 동작 모드), 나머지 반 주기 동안은 스위치 S_2를 시비율에 따라 도통시켜 음(-)으로 여자한다(③과 ④ 동작 모드).
- 전체 스위칭 동작이 그림 4.58에 보인다.

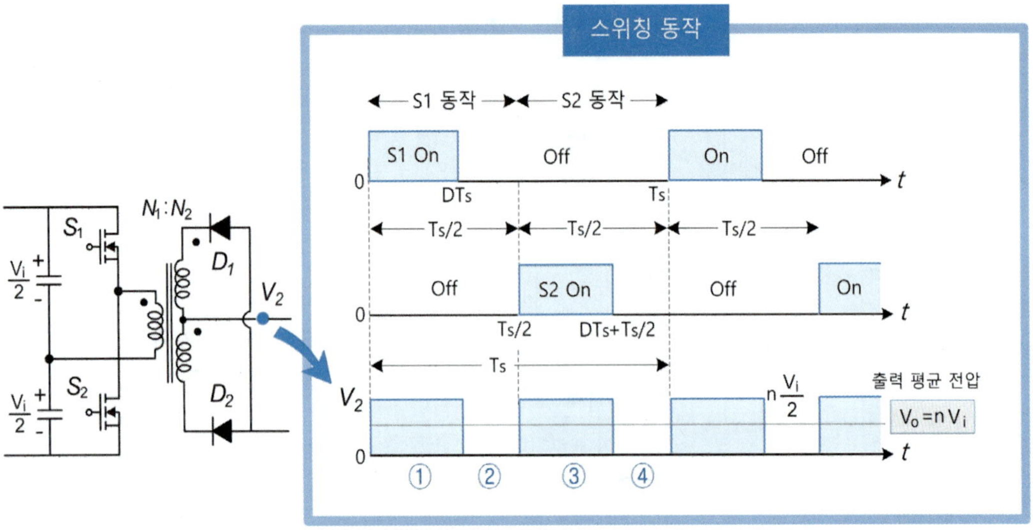

그림 4.58 하프 브리지 컨버터의 스위칭 동작

- 이 경우 두 스위치 S_1과 S_2의 시비율이 같도록 동작해야, 변압기의 자속이 한 방향으로 더 커지는 편차 현상이 발생하지 않는다.
- 처음 반 주기 동안의 스위치 S_1의 동작이 그림 4.59에 보인다.

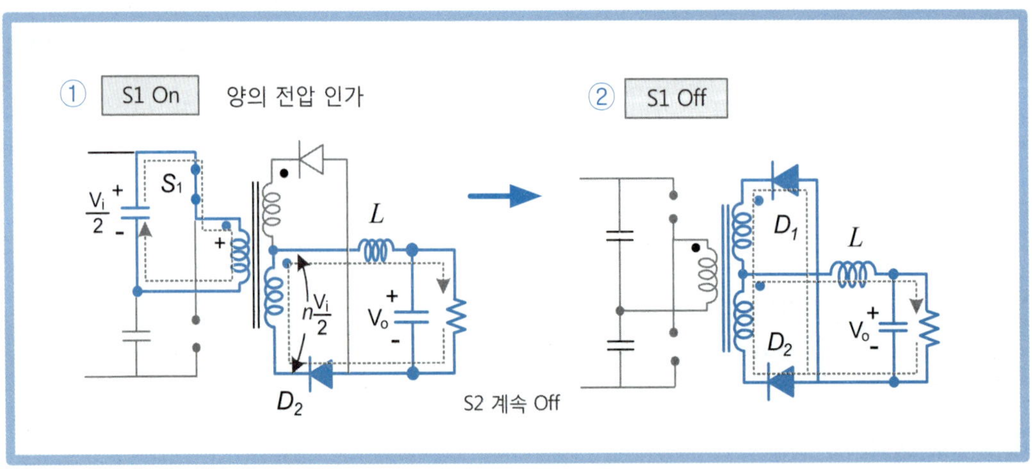

그림 4.59 첫 반 주기에서 S1의 스위칭 동작

① 스위치 S_1 온 $(0 \leq t < DT_s)$ → 전력 전달 구간

- 스위치 S_1을 턴-온시키면, 변압기 1차 권선은 양(+)으로 여자된다.
- 변압기 2차 측에는 다이오드 D_2가 동작되어, 부하에 양(+)의 전압이 인가된다.
- 이 경우 인덕터 L에 인가되는 전압은 다음과 같다.

$$V_{L-on} = \frac{nV_i}{2} - V_o \qquad (n = \frac{N_2}{N_1}) \tag{4-116}$$

② 스위치 S_1 오프 $(DT_s \leq t < T_s/2)$ 구간 → 환류 구간

- 앞 단계에서 스위치 S_1을 오프하면, 변압기 2차 측에는 다이오드 D_1과 D_2를 통해 인덕터 전류가 부하로 흐른다.
- 이 경우 인덕터 L에 인가되는 전압은 다음과 같다.

$$V_{L-off} = -V_o \tag{4-117}$$

• 나머지 반 주기 동안의 스위치 S_2의 동작이 그림 4.60에 보인다.

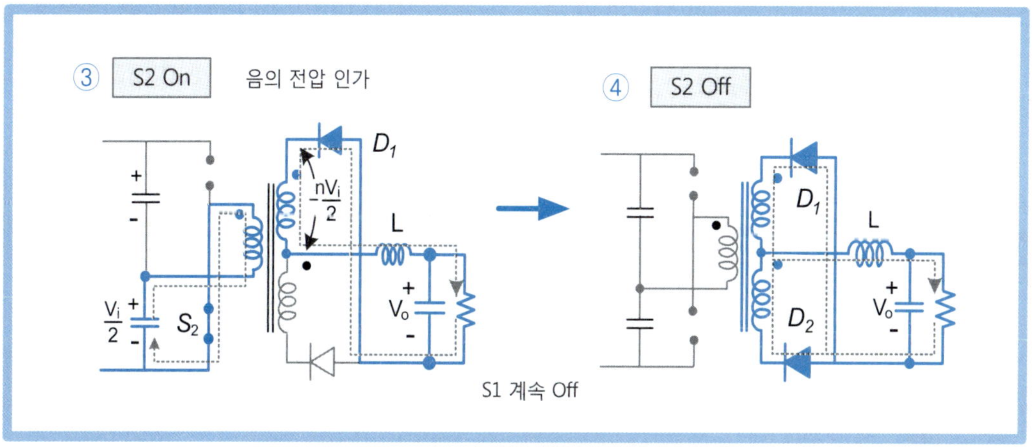

그림 4.60 나머지 반 주기에서 S2의 스위칭 동작

③ 스위치 S_2 온 $(T_s/2 \leq t < T_s/2 + DT_s)$ 구간 → 전력 전달 구간

- 스위치 S_2를 턴-온시키면 앞 주기와는 반대로 변압기 1차 권선은 음(-)으로 여자된다.
- 그러면, 변압기 2차측에는 다이오드 D_1이 동작하여 부하에는 양(+)의 전압이 인가된다.
- 이 경우 인덕터 L에 인가되는 전압은 다음과 같다.

$$V_{L-on} = \frac{nV_i}{2} - V_o \tag{4-118}$$

④ 스위치 S_2 오프 $(T_s/2 + DT_s \leq t < T_s)$ 구간 → 환류 구간

- 앞 단계 동작 중 스위치 S_2를 오프하면, 인덕터 전류는 다이오드 D_1과 D_2를 통해 부하로 흐른다.
- 이 경우 인덕터 L에 인가되는 전압은 다음과 같다.

$$V_{L-off} = -V_o \tag{4-119}$$

- **스위칭 소자의 내압**
  - 그림 4.59와 4.60으로부터 스위칭 소자가 오프되었을 때 직류 입력 전압이 소자에 인가되므로, 스위칭 소자의 내압은 직류 입력 전압보다 커야 한다.
- 이러한 하프 브리지 컨버터의 입출력 전압 관계식을 구해보자.

입출력 전압 관계식

- 스위치를 온하고 있는 시간 DT_s 동안 인덕터 전압 $V_{L-on} = nV_i/2 - V_o$이며, 스위치를 오프하고 있는 시간 $(1/2 - D)T_s$ 동안 $V_{L-off} = -V_o$이다.
- 이로부터 정상상태에서 인덕터 전압의 한 주기 시간 적분값은 영이므로, 다음과 같은 식을 얻게 된다.

$$V_L = \left(\frac{nV_i}{2} - V_o\right) \cdot DT_s - V_o \cdot \left(\frac{1}{2} - D\right)T_s = 0 \tag{4-120}$$

- 이 식으로부터 스위칭에 따른 하프 브리지 컨버터의 입출력 전압 관계식은 다음과 같다.

- **하프 브리지 컨버터의 입출력 전압 관계 :** $$V_o = nDV_i \tag{4-121}$$

4.9.3 풀 브리지 컨버터(Full-bridge Converter)

- 풀 브리지 컨버터는 가장 대용량 DC-DC 컨버터 회로이다.

회로 구성 및 특성

- 풀 브리지 컨버터의 회로 구성이 그림 4.61에 보인다.
- 스위칭 소자 2개를 사용하는 하프 브리지 컨버터와는 달리, 풀 브리지 컨버터는 스위칭 소자 4개를 사용한다.
- 대각선에 있는 2개 스위치 S_1과 S_4 및 S_2와 S_3을 쌍으로 하여, 교대로 상보 스위칭하여, 변압기의 1차 권선에 교류 전압을 인가한다.

풀 브리지 컨버터

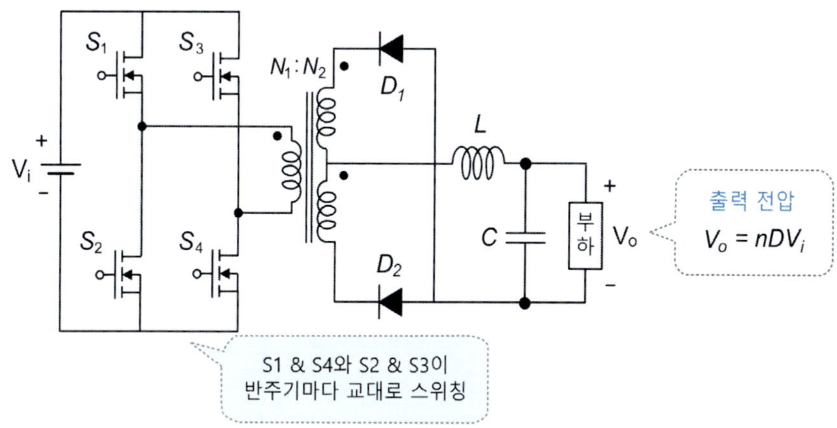

그림 4.61 풀 브리지 컨버터

- 스위치 S_1과 S_4를 턴-온하면 변압기의 1차 권선에는 양의 전압이 인가되며, 스위치 S_2와 S_3을 턴-온하면 음의 전압이 인가된다.
- 이 경우 두 스위치 S_1(& S_4)과 S_2(& S_3)의 시비율이 같도록 동작해야, 변압기의 편자 현상이 발생하지 않는다.
- 하프 브리지 컨버터에서는 입력 전압 V_i의 1/2 크기를 변압기에 인가하지만, 풀 브리지 컨버터에서는 입력 전압의 전 크기를 변압기에 인가한다.
- 따라서, 같은 출력이라면 풀 브리지의 입력 전류는 하프 브리지의 입력 전류의 1/2이 된다.

회로 동작

- 먼저, 인덕터 L에 흐르는 전류가 연속이라고 가정한다.
- 스위칭 동작은 한 주기 T_s를 반주기 $T_s/2$로 나누어, 처음 반주기에서는 스위치 S_1과 S_4를 턴-온시켜 변압기의 1차 권선을 양의 전압으로 여자하며(① 모드), 시비율에 따라 영전압을 인가하기 위해 S_1과 S_3을 턴-온시킨다(② 모드).
- 나머지 반주기 동안은 S_2와 S_3을 턴-온시켜 변압기의 1차 권선을 음의 전압으로 여자하며(③ 모드), 시비율에 따라 영전압을 인가하기 위해 S_2와 S_4를 턴-온시킨다(④ 모드).
- 이렇게 평균 전압을 제어하는 방식을 **위상 천이(Phase Shift)** 방식이라 한다.
- 전체 스위칭 동작이 그림 4.62에 보인다.

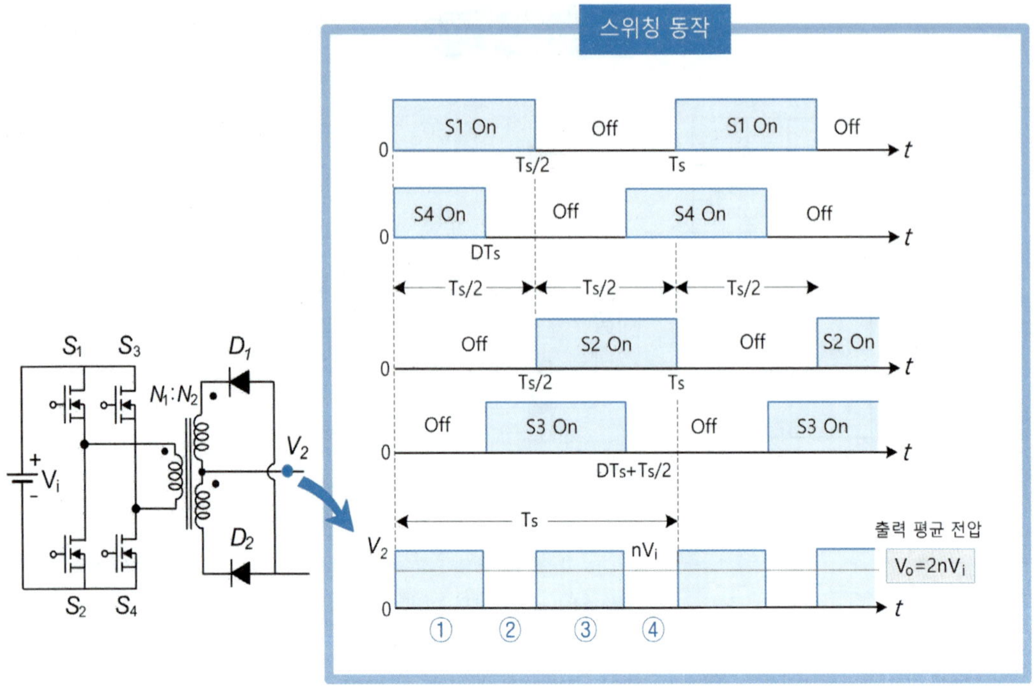

그림 4.62 풀 브리지 컨버터의 스위칭 동작

• 첫 반 주기 동안의 스위치 동작이 그림 4.63에 보인다.

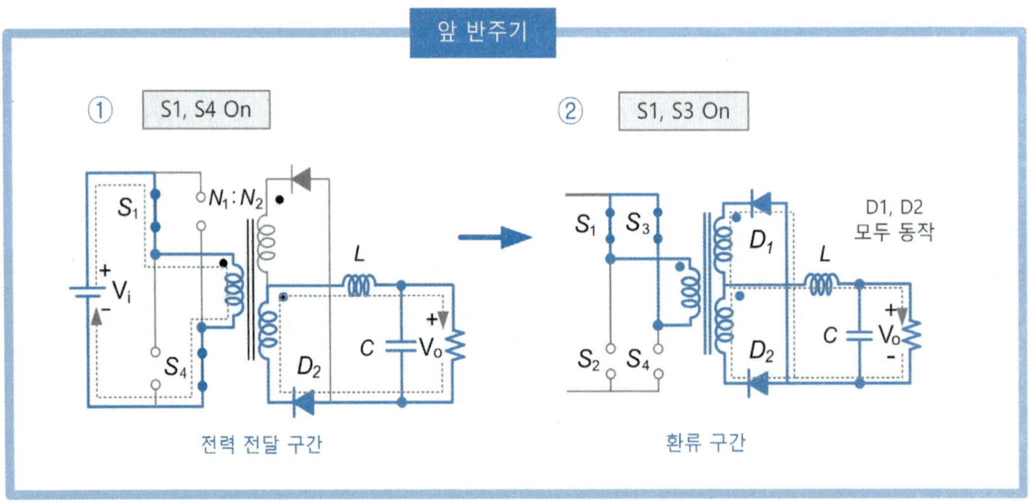

그림 4.63 첫 반 주기에서 스위칭 동작

① 스위치 S_1과 S_4 온 $(0 \le t < D_s T)$ **→ 전력 전달 구간**

- 스위치 S_1과 S_4를 턴-온시키면, 변압기의 1차 권선에는 양의 전압이 인가된다.

- 변압기 2차 측에는 다이오드 D_2가 동작되어 부하에 양의 전압이 인가된다.
- 이 경우 인덕터 L에 인가되는 전압은 다음과 같다.

$$V_{L-on} = nV_i - V_o \qquad (n = \frac{N_2}{N_1}) \tag{4-122}$$

② 스위치 S_1과 S_3 온 ($DT_s \leq t < T_s/2$) → 환류 구간

- 앞 단계에서 스위치 S_4를 끄고 대신에 S_3을 턴-온하면 변압기의 1차 측 인가전압은 영이 된다. (이 동작은 스위치 S_1을 끄고 대신에 S_2를 턴-온해도 된다.)
- 변압기 1차 측의 자화 전류는 스위치 S_1과 S_3을 통해 환류된다.
- 변압기 2차 측에는 다이오드 D_1과 D_2를 통해 인덕터 전류가 부하로 흐른다.
- 이 경우 인덕터 L에 인가되는 전압은 다음과 같이 된다.

$$V_{L-off} = -V_o \tag{4-123}$$

• 나머지 반 주기 동안의 스위치 동작이 그림 4.64에 보인다.

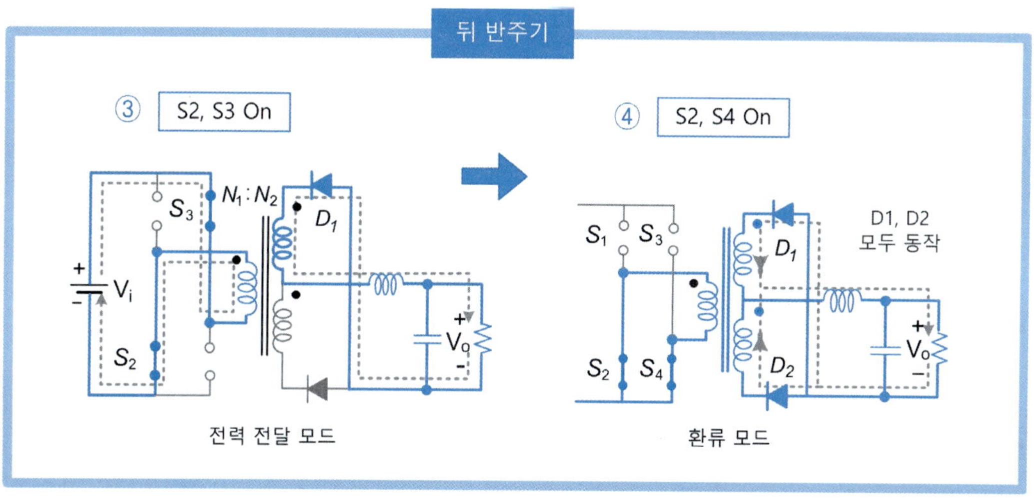

그림 4.64 나머지 반 주기에서 스위칭 동작

③ 스위치 S_2와 S_3 온 ($T_s/2 \leq t < T_s/2 + DT_s$) → 전력 전달 구간

- 스위치 S_2와 S_3을 턴-온시키면, 변압기의 1차 권선에는 음의 전압이 인가된다.
- 그러면 변압기 2차 측에는 다이오드 D_1이 동작되어 부하에는 양의 전압이 인가된다.
- 이 경우 인덕터 L에 인가되는 전압은 다음과 같다.

$$V_{L-on} = nV_i - V_o \tag{4-124}$$

④ **스위치 S_2와 S_4 온** $(T_s/2 + DT_s \leq t < T_s)$ **→ 환류 구간**

- 앞 단계에서 스위치 S_3을 끄고 대신에 S_4를 턴-온하면 변압기의 1차 측 인가전압은 영이 된다. (이 동작은 스위치 S_2를 끄고 대신에 S_1을 턴-온해도 된다.)
- 변압기 1차 측의 자화 전류는 스위치 S_2와 S_4를 통해 환류된다.
- 변압기 2차 측에서는 다이오드 D_1과 D_2를 통해 인덕터 전류가 부하로 흐른다.
- 이 경우 인덕터 L에 인가되는 전압은 다음과 같다.

$$V_{L-off} = -V_o \tag{4-125}$$

- **스위칭 소자의 내압**: 그림 4.63과 4.64로부터 스위칭 소자가 오프되었을 때 인가되는 전압은 직류 입력 전압 V_i임을 알 수 있다. (하프 브리지와 동일함)
- 이제 이러한 스위치의 온/오프 동작에 따른 풀 브리지 컨버터의 입출력 전압 관계식을 구해보자.

입출력 전압 관계식

- 스위치가 온 상태인 DT_s 동안에 인덕터 전압 $V_{L-on} = nV_i - V_o$이며, 오프 상태인 $(1/2 - D)T_s$ 동안에 $V_{L-off} = -V_o$이다.
- 정정상상태에서 인덕터 전압의 한 주기 시간 적분값은 영이므로, 다음과 같은 식을 얻게 된다.

$$V_L = (n_1 V_i - V_o)DT_s - V_o\left(\frac{1}{2} - D\right)T_s = 0 \tag{4-126}$$

- 이로부터 스위칭에 따른 풀 브리지 컨버터의 입출력 전압 관계식을 다음과 같이 구할 수 있다.

- **풀 브리지 컨버터의 입출력 전압 관계 :**

$$\boxed{V_o = 2nDV_i} \tag{4-127}$$

4.10 LLC 컨버터

- DC/DC 컨버터는 소형, 고효율, 고출력, 저 전자기 간섭(EMI) 등의 특성이 요구된다.
- 이를 위해서는 고주파 스위칭과 고효율을 동시에 만족하는 회로 구성이 필요하다.
- 지금까지 설명한 DC-DC 컨버터들은 변압기와 수동 부품의 소형화를 위해 수백 kHz 이상의 높은 주파수에서 동작할 필요가 있었다.
- 그러나 스위칭 주파수가 높아지면 스위칭 손실이 증가하며, 빠른 전압과 전류 변동에 의한(즉, 큰 di/dt와 dv/dt) 고주파 노이즈 발생이 문제가 된다.
- LLC 컨버터는 추가적인 회로 부품 없이 공진을 이용한 **소프트 스위칭**을 통해 스위칭 손실을 줄이는 방식의 컨버터로서, 고효율과 저노이즈 특성을 가지고 있어 LCD TV 전원, 차량용 충전기 등 다양한 분야에 널리 사용되고 있다.
- 이러한 LLC 컨버터를 알아보기 전에 먼저 소프트 스위칭이 무엇인지 알아보도록 하자.

하드 스위칭과 소프트 스위칭

- 스위치가 켜지거나 꺼지는 순간에 전압과 전류가 동시에 존재하는 통상적인 스위칭 방식을 **하드 스위칭(Hard Switching)** 방식이라고 하는 데 비해, 스위칭 시 전압 또는 전류 중 하나가 영이 되는 스위칭 방식을 **소프트 스위칭(Soft Switching)** 방식이라 한다. (그림 4.65)
- 스위칭 손실은 스위칭 시 스위치의 전압과 전류의 곱으로 발생하는데, 하드 스위칭 시에는 큰 스위칭 손실뿐만 아니라 서지 전압이나 전류가 발생하여 고주파 노이즈가 유발된다.(이에 대해서는 7장에서 설명함.)

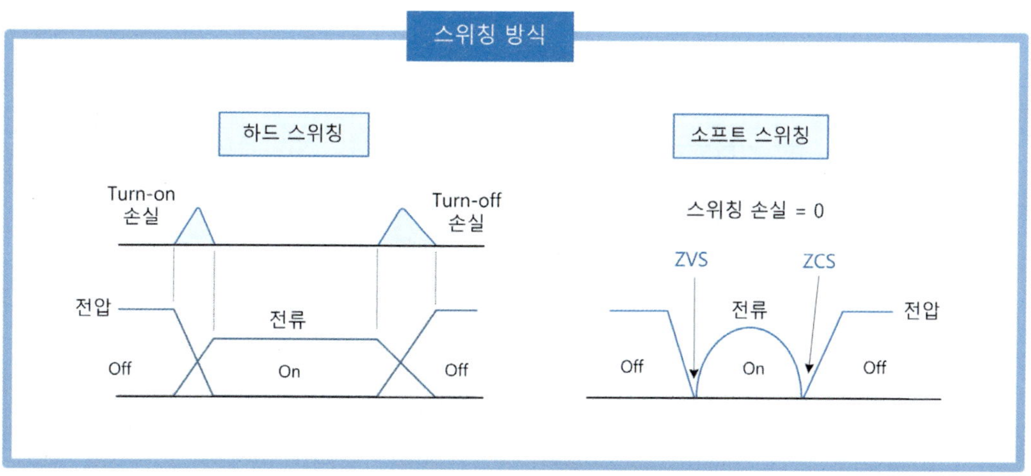

그림 4.65 스위칭 방식의 비교

- 소프트 스위칭
  - 스위칭 시 전압 또는 전류 중 하나가 영이 되는 소프트 스위칭 방식에는 두 종류가 있다.
  - 스위치의 전압이 영인 상태에서 턴-온하는 **영전압 스위칭(Zero Voltage Switching, ZVS)**과, 전류가 영인 상태에서 턴-오프하는 **영전류 스위칭(Zero Current Switching, ZCS)**이다.
  - 이러한 ZVS 또는 ZCS의 소프트 스위칭을 구현한다면 스위칭 손실을 크게 줄일 수 있다.
  - 소프트 스위칭은 스위칭 손실을 줄일 수 있을 뿐만 아니라, 스위칭 시 di/dt와 dv/dt가 억제되기 때문에 고주파 노이즈가 줄어든다.
- 이러한 소프트 스위칭 방식을 DC-DC 컨버터에 적용하면 공진을 위해 회로 부품이 증가하고 제어가 복잡해질 수 있지만, LLC 컨버터는 자체 회로 부품의 공진을 통해 소프트 스위칭을 효과적으로 구현할 수 있는 효율적인 방식이다.

4.10.1 LLC 컨버터의 회로 구성

- LLC 컨버터를 구성하기 위한 회로 구성 방법이 그림 4.66에 보인다.

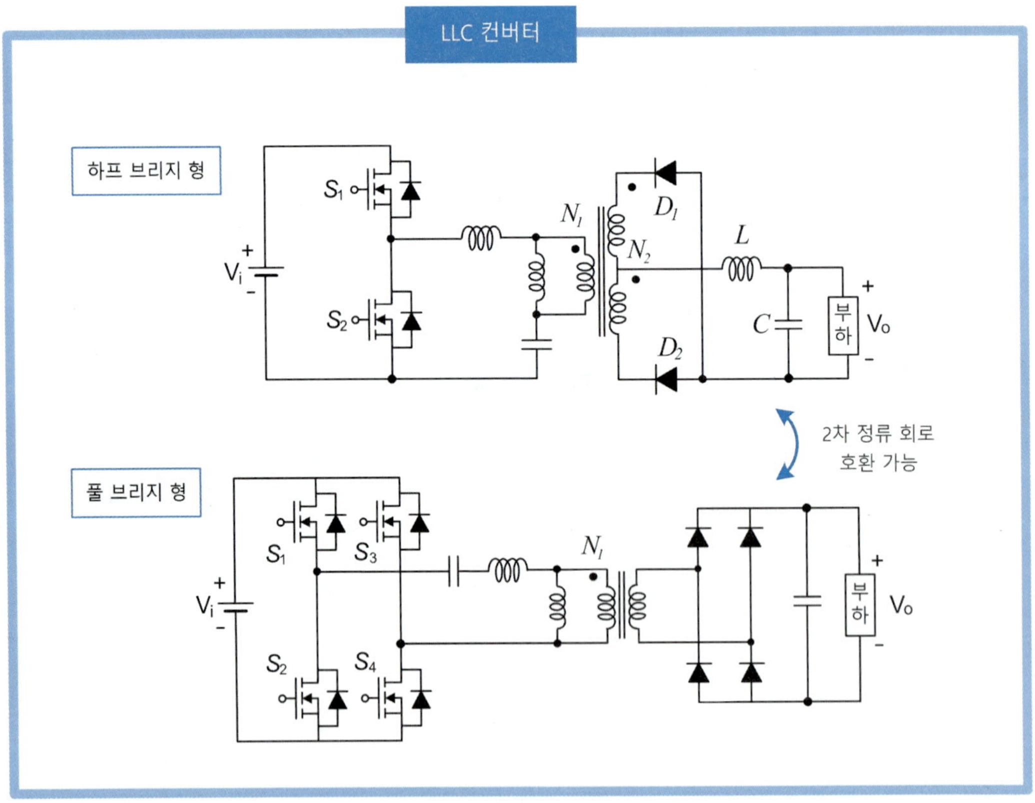

그림 4.66 LLC 컨버터

- LLC 컨버터는 앞서 살펴본 두 단계의 전력 변환 방식의 **하프 브리지 컨버터** 또는 **풀 브리지 컨버터**에서 **LC 직렬 공진**을 이용해 소프트 스위칭을 실현한 회로라고 볼 수 있다.

- 이러한 LLC 컨버터는 크게 다음의 세 부분으로 구성된다.

  ① 교류 전압 발생 부분

  - 먼저 변압기의 1차 측 회로를 풀 브리지 또는 하프 브리지로 구성하여 직류 입력 전압을 구형파 형태의 교류 전압으로 변환한다.

  ② 공진 네트워크 부분

  - 공진 네트워크 부분은 소프트 스위칭에 필요한 직렬 공진을 위해 커패시터와 2개 인덕터로 구성된다.
  - LLC란 이름은 이러한 회로 구성에서 유래했다.
  - 공진 부품으로 변압기의 자화 인덕턴스 L_m 및 직렬 인덕터 L_r과 직렬 커패시터 C_r을 사용한다.
  - 여기서 변압기의 누설 인덕턴스를 직렬 인덕터 L_r로 활용하여 회로의 부품 수와 비용 증가를 줄인 것이 LLC 컨버터의 중요한 특징이다.

  ③ 정류기와 필터 부분

  - 변압기의 2차 측 회로는 두 개 다이오드 또는 풀 브리지 다이오드 정류 회로로 교류 전압을 다시 직류 전압으로 변환하는 부분이다.
  - 최종적으로 정류된 전압을 평활화하기 위한 인덕터와 커패시터로 이루어진 출력 필터를 가진다.

- 이제 하프 브리지 타입의 LLC 컨버터에 대해 기본 동작 방법을 살펴보도록 하자.

4.10.2 LLC 컨버터의 동작

LLC 컨버터의 기본 동작

- 우선 두 스위치 S_1과 S_2를 50%의 시비율로 스위칭하여 구형파 전압을 발생시키면, 변압기 1차 측 전류는 LLC 직렬 공진으로 정현파에 가까운 파형이 된다(이것이 전류 공진임).
- 풀 브리지에서는 S_1과 S_4 및 S_2와 S_3의 두 개 스위치가 쌍으로 동작하여 구형파 전압의 크기가 두 배가 되는 것을 제외하고는 하프 브리지와 동일하다.
- 이러한 변압기 1차측 정현파 전류는 2차 측의 정류 회로에서 직류 전류로 변환된다.
- 회로 동작에 따른 각 부분의 전압과 전류가 그림 4.67에 보인다.

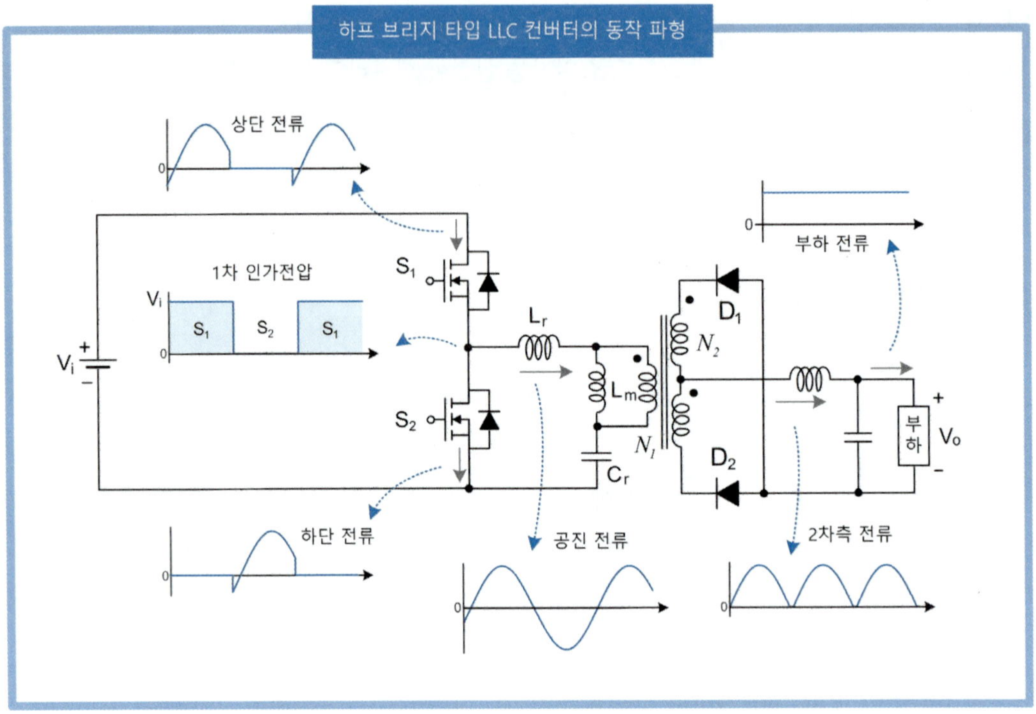

그림 4.67 하프 브리지 타입의 LLC 컨버터의 동작 파형

• 이와 같은 동작에서 소프트 스위칭이 어떻게 구현되는지 알아보도록 하자.

LLC 컨버터에서 소프트 스위칭 동작

• 두 스위치 S_1과 S_2로 구형파 전압을 발생시키는 기본 동작은 4가지 모드로 구성된다. (실제 MOSFET 내부 커패시터의 충방전 동작이 있으나, 기본 동작을 이해하는 데에는 관련이 없으므로 생략한다.)

• 그림 4.68에 4가지 동작 모드에 따른 회로와 전류 흐름이 보이는데, 여기서는 변압기 1차 측의 전류 경로만을 살펴본다.

• **모드별 동작**

① 처음 스위칭 반주기에서 스위치 S_1을 켜서 양의 전압을 생성하면, S_1에서 $L_r - L_m - C_r$과 $L_r - C_r$을 통해 양(+)의 공진 전류가 흐른다. (이때 부하에 전압이 인가됨.)

② $L_r - C_r$에 의한 공진 주파수 f_r이 $L_r - L_m - C_r$에 의한 공진 주파수 f_m보다 크므로, $L_r - C_r$의 공진 전류가 먼저 영이 되고 나면, $L_r - L_m - C_r$로만 공진 전류가 흐른다.

이 상태에서 S_1을 오프하면, 전류가 전압보다 뒤지므로 공진 전류는 아직 양(+)이어서 역 병렬 다이오드 D_2를 통해 전류가 흐르게 된다. (이때 부하 전압은 영이 됨.)

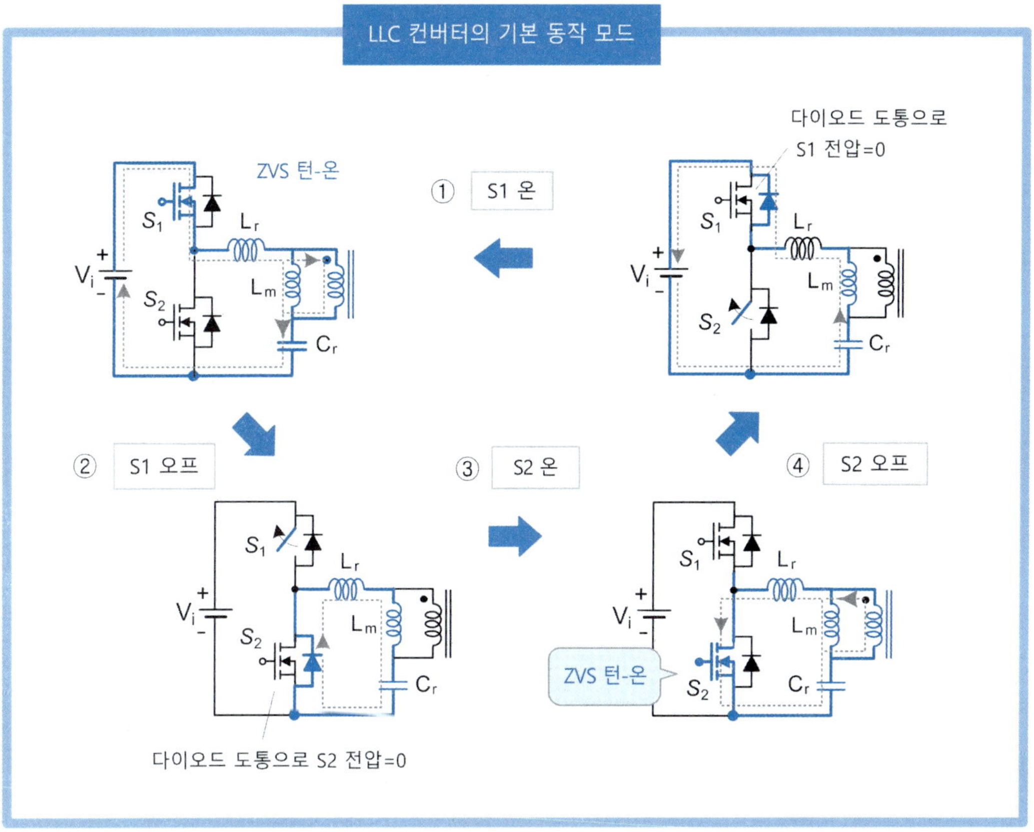

그림 4.68 LLC 컨버터

이렇게 다이오드 D_2가 도통하는 동안 스위치 S_2의 전압은 영이므로, 이 기간에 S_2를 켜면 영 전압에서 스위치가 켜지는 ZVS 스위칭이 실현된다.

③ 다음으로 S_2를 켜서 음의 전압을 생성하면, S_2에서 $L_r - L_m - C_r$과 $L_r - C_r$을 통한 공진 전류가 음의 방향으로 흐른다. (이때 부하에 전압이 인가됨.)

④ $L_r - C_r$의 공진 전류가 먼저 영이 되고 나면, $L_r - L_m - C_r$로만 공진 전류가 흐른다.
이 상태에서 S_2를 오프하면, 전류가 전압보다 뒤지므로 공진 전류가 아직 음(-)이어서, 역 병렬 다이오드 D_1을 통해 전류가 흐르게 된다. (이때 부하 전압은 영이 됨.)
이렇게 다이오드 D_1이 도통하는 동안 스위치 S_1의 전압은 영이므로, 이 기간에 S_1을 켜면 영 전압에서 스위치가 켜지는 ZVS 스위칭이 실현된다.

- 이처럼 두 스위치 S_1과 S_2는 ZVS 스위칭을 하게 된다.
- 1차 측 스위칭 소자들의 영전압 스위칭(ZVS)에 더불어 2차 측 정류 다이오드의 영전류 스위칭(Zero Current Switching)이 가능하다.

4.10.3 LLC 컨버터의 제어

- LLC 컨버터의 출력 전압 크기는 구형파 생성 회로의 스위칭 주파수를 변경하여 제어할 수 있다. (단, 두 스위치의 온/오프 시간 비율은 1/2씩 유지한다.)
- 이러한 출력 전압의 제어 방법을 **주파수 변조 제어**라고 한다.

- 스위칭 주파수를 변경함으로써 어떻게 출력 전압이 제어되는지 알아보도록 하자.

- LLC 컨버터에서 공진 회로는 L_r과 C_r의 직렬연결에 의한 고정된 공진 주파수 f_r과 L_r, L_m과 C_r의 직렬연결에 의한 부하에 따라 변동하는 공진 주파수 f_m의 두 개 공진 주파수를 갖는다.

$$L_r\text{-}C_r\text{에 의한 공진 주파수 } f_r = \frac{1}{2\pi\sqrt{L_r \cdot C_r}} \tag{4-128}$$

$$L_r\text{-}L_m\text{-}C_r\text{에 의한 공진 주파수 } f_m = \frac{1}{2\pi\sqrt{(L_r + L_m) \cdot C_r}} \tag{4-129}$$

- 스위칭 주파수 f_s에 따른 입출력 전압 이득을 알 수 있는 주파수 이득 특성이 그림 4.69에 보인다.
- 이로부터 스위칭 주파수 f_s에 따라 출력 전압이 변동한다는 것을 알 수 있다.
- 스위칭 주파수 f_s가 공진 주파수 f_r과 같으면 입출력 전압 이득이 1이 되며 즉, 출력 전압은 입력 전압과 같으며, 효율이 가장 높다.
- 스위칭 주파수 f_s를 f_r보다 낮게 하면 출력 전압을 입력 전압보다 크게 할 수 있다.

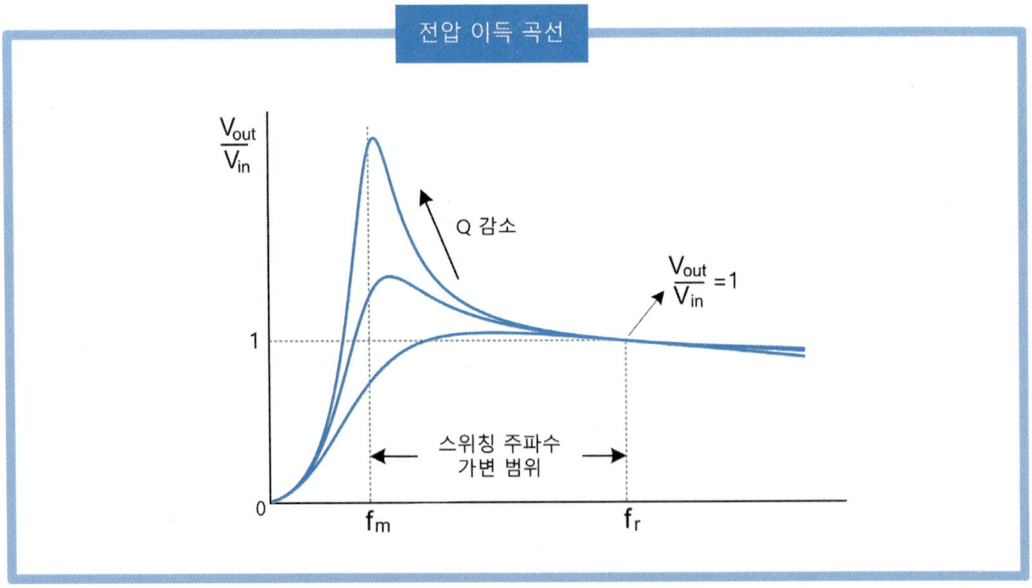

그림 4.69 LLC 공진형 컨버터의 출력 전압 특성

- 이처럼 스위칭 주파수 f_s로 LLC 컨버터의 출력 전압을 조절할 수 있다.
- 이러한 전류 공진 회로에서 스위치를 ZVS로 동작시키기 위한 스위칭 주파수 f_s의 제어 범위가 있는데, $f_m < f_s < f_r$의 범위 내에서만 가능하다.
- 이것은 LC 직렬 회로에서 스위칭 주파수 f_s가 공진 주파수 f_m보다 높아야만 인덕턴스 성분이 커패시터 성분($\omega L > 1/\omega C$) 보다 커지게 되는데, 인덕턴스 특성이 커져야 전류가 전압보다 뒤지게 되어 앞에서 보인 동작으로 ZVS가 가능하기 때문이다.
- 스위칭 주파수 f_s가 f_m에 가까울수록 출력 전압이 커진다.
- 공진 주파수 f_m은 부하 감소에 따라 커지기 때문에, 스위칭 주파수 f_s의 제어 범위는 부하 감소에 따라 줄어든다.
- 부하 전류가 변동하면 이득 특성이 달라지므로, 출력 전압 조절을 위한 스위칭 주파수도 변동해야 한다.

- LLC 회로의 장점은 전류 공진 동작으로 인해 턴-온 시 손실이 거의 영이고, 턴-오프 손실도 작으므로 고효율을 실현할 수 있다는 것이다.
- 또한, ZVS와 ZCS로 스위칭 잡음을 줄일 수 있다.

요약

- 안정되고 정밀한 직류 전압을 얻는 방법으로는 선형 레귤레이터 방식과 스위칭 레귤레이터 방식이 있다.
- DC-DC 컨버터는 통상 입출력 전압 관계에 따라 분류되며, 또한 절연형과 비절연형으로 구분된다.
- 기본적인 3가지 DC-DC 컨버터는 입출력 전압 관계에 따라 강압형인 벅 컨버터, 승압형인 부스트 컨버터, 강압-승압형인 벅-부스트 컨버터가 있다.
- DC-DC 컨버터에서는 평균 출력 전압을 제어하기 위해 PWM 스위칭을 사용한다.
- DC-DC 컨버터에서 스위칭에 따른 평균 출력 전압을 구하기 위해 인덕터 Volt- Second 평형 원리를 이용한다.
- DC-DC 컨버터에서 PWM 스위칭에 따른 평균 출력 전압은 시비율 $D(=t_{on}/T_s)$를 이용하여 표현한다.
- 벅 컨버터의 입출력 전압 관계는 $V_o = DV_i$이다.
- 벅 컨버터 회로의 효율을 높이기 위해서 다이오드 대신 MOSFET를 사용한 회로가 동기 정류 방식의 벅 컨버터이다.
- 부스트 컨버터의 입출력 전압 관계는 $V_o = V_i/(1-D)$이다.
- 벅-부스트 컨버터의 입출력 전압 관계는 $V_o = V_i \cdot D/(1-D)$이다.
- 3가지 기본 컨버터 이외에도 비절연 컨버터에는 Cuk 컨버터, Sepic 컨버터, Zeta 컨버터가 있다.
- 절연형 컨버터로는 벅-부스트 컨버터의 절연형인 플라이백 컨버터와 벅-부스트 컨버터의 절연형인 포워드 컨버터가 있으며, 그 외에도 푸시 풀 컨버터, 하프 브리지 컨버터와 풀 브리지 컨버터가 있다.
- 포워드 컨버터에는 절연 변압기의 자속 포화를 방지하는 회로가 있어야 한다.
- 모든 DC-DC 컨버터는 스위칭 주파수가 높을수록 인덕터와 커패시터 등의 부품 크기가 작아지지만, 스위칭 횟수가 많아지므로 스위칭 손실은 커진다.
- PWM 스위칭 방식에는 통상적인 하드 스위칭 방식과 스위칭 시 전압 또는 전류 중 하나가 영이 되는 소프트 스위칭 방식이 있다.
- LLC 컨버터는 스위칭 손실과 노이즈를 줄이기 위해 자체 회로 부품의 공진을 통해 소프트 스위칭을 구현한 효율적인 컨버터이다.

연습 문제

4.1 입력 전압이 50V인 벅 컨버터가 20Ω 부하에 2A 전류를 흐르게 하고 있다. 정상상태에서 다음을 구하시오. 단, 인덕터 전류는 연속이고, 스위칭 주파수는 100kHz이다.

① 시비율 D
② 인덕터의 전류 변동이 0.5A 이하가 되는데 필요한 최소 인덕턴스 값[H]
③ ②에서 구한 인덕턴스 값으로 동작하며 출력 커패시턴스가 500uF일 때 출력 전압 변동값
④ 스위치와 다이오드의 전압과 전류

4.2 벅 컨버터에서 인덕터 전류가 불연속 시에 입출력 관계를 구하시오.

4.3 입력 전압이 40V인 부스트 컨버터가 20Ω 부하에 4A 전류를 흐르게 하고 있다. 정상상태에서 다음을 구하시오. 단, 인덕터 전류는 연속이고, 스위칭 주파수는 100kHz이다.
① 시비율
② 입력 전류의 평균값과 인덕터 전류 변동이 1.5A 미만이 되기 위한 최소 인덕턴스
③ ②에서 구한 최소 인덕턴스 값으로 동작하는 경우 스위치의 최대 전압 및 최대 전류
④ 출력 전압 변동이 100mV 이하로 유지하기 위한 커패시턴스 값

4.4 부스트 컨버터에서 인덕터 전류가 불연속 시에 입출력 관계를 구하시오.

4.5 입력 전압 24V인 벅-부스트 컨버터에서 다음을 구하시오. 단, 인덕터의 전류는 연속이며, 시비율 0.6, 출력 전력 360W, 스위칭 주파수 100kHz이다.

① 출력 전압
② 인덕터 전류가 연속이 되도록 하는 최소의 인덕턴스 값[H]
③ 0.2V 이하로 출력 전압 리플을 제한하는데 필요한 커패시터 값
④ ②에서 구한 최소 인덕턴스 값으로 동작하는 경우 스위치의 최대 전압 및 최대 전류

4.6 벅-부스트 컨버터에서 인덕터 전류가 불연속 시에 입출력 관계를 구하시오.

4.7 플라이백 컨버터에서 다음을 구하시오. 단, 입력 전압 100V, 출력 전압 75V, 출력 전력 150W, 스위칭 주파수 100kHz, 자화 인덕터 L_M=200uH, 권선비 N_2/N_1=0.5이다.

① 통류율 D
② 자화 인덕터의 평균 전류
③ 출력전압 변동 Δv_o가 120mV인 경우 커패시턴스 C
④ 스위치와 다이오드의 전압과 전류

05

인버터

가변 교류 전원의 필요 분야

- 로봇 등의 산업기기, 전기 자동차나 전기 철도, 엘리베이터 등의 수송 장치, 에어컨, 세탁기 등의 가전기기, 펌프, 팬, 송풍기 등의 공조기기를 동작시키는 데에는 교류 전동기가 사용된다.
- 이러한 응용 분야에서 사용되는 교류 전동기의 회전 속도를 조절하기 위해서는, 60Hz AC 220V의 상용 전압과는 다른 크기와 주파수를 갖는 교류 전압을 전동기에 공급해 주어야 한다.
- 이 경우 전압과 주파수를 가변해주기 위해 **인버터(Inverter)**가 사용되고 있으며, 가변 전압·가변 주파수로 동작한다는 의미에서 이러한 인버터를 **VVVF(Variable Voltage Variable Frequency) 인버터**라고 부른다.
- 통신 설비나 서버, 컴퓨터 등에는 정전이나 전압 강하 또는 주파수 변동이 없는 안정된 교류 전원이 필요한데, 이를 위해 통상적으로 인버터 회로를 사용한 무정전 전원 장치(Uninterruptible Power Supply, UPS)가 사용된다.
- 배터리, 태양전지, 연료전지 등에서 출력되는 직류 형태의 전력을 일상적인 교류 부하에서 사용하기 위해서는 60Hz AC 220V의 상용 교류 전원의 형태로 바꾸어 주어야 하는데, 이 경우에도 인버터 회로를 사용한 PCS(Power Conditioning System)가 사용되고 있다.
- 이러한 교류 전원 공급 장치로 사용되는 인버터는 일정 전압·일정 주파수로 동작하므로, **CVCF(Constant Voltage Constant Frequency) 인버터**라고 한다.
- 이처럼 **교류 전동기 구동 분야**와 **교류 전원 장치 분야**에서 가변 교류 전압이나 안정된 교류 전원 전압을 생성해주기 위해 인버터가 이용되고 있다. (그림 5.1)
- 이외에, 유도 가열 조리기, 형광등에서는 발열이나 밝기를 조정하기 위해 인가하는 교류 전압의 주파수를 바꾸어 줄 필요가 있다.
- 이 경우에도 인버터 회로가 활용되고 있는데, 주파수만을 바꾸어 주므로 일정 전압·가변 주파수로 동작한다는 의미에서 **CVVF(Constant Voltage Variable Frequency) 인버터**라고 부른다.

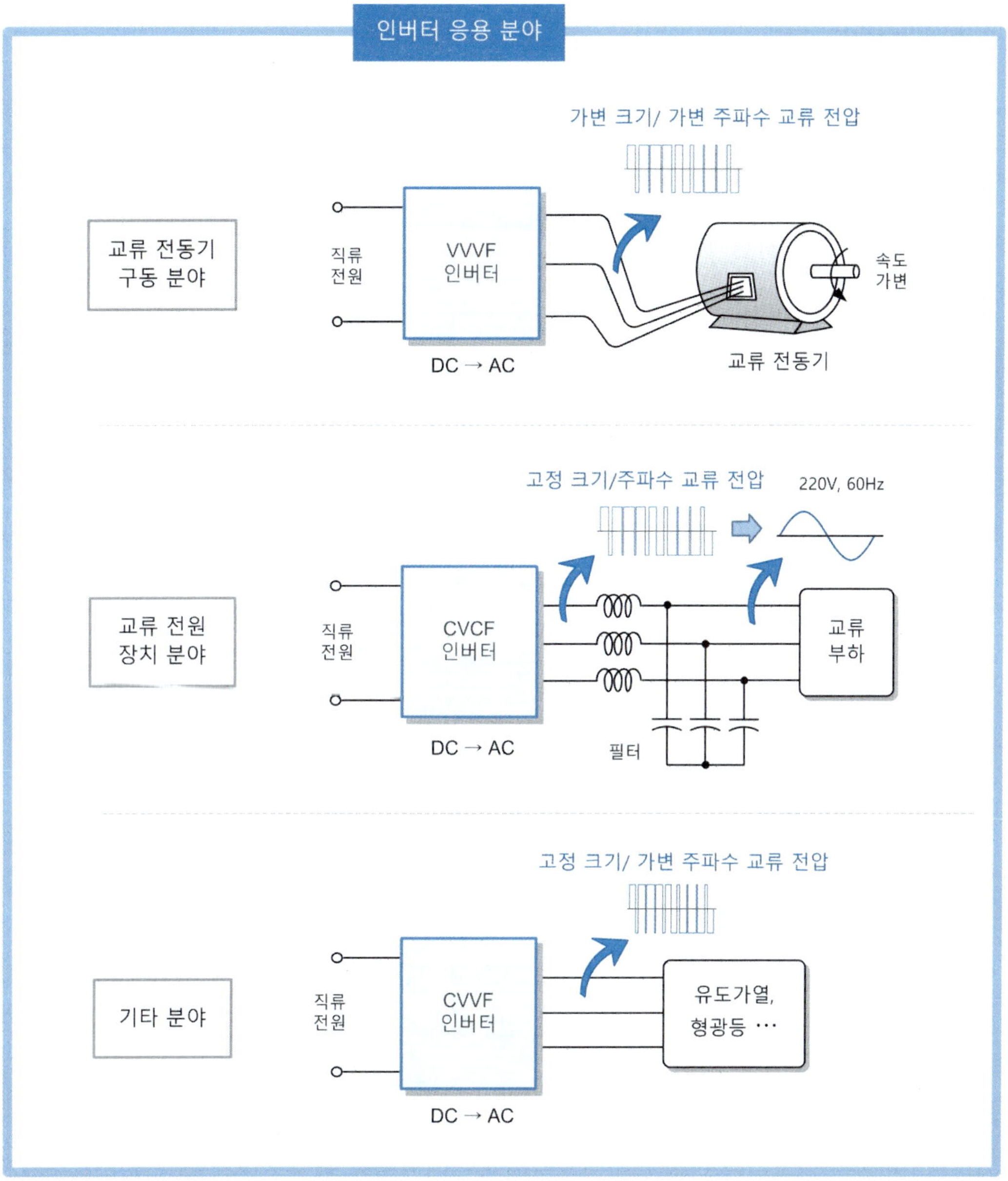

그림 5.1 인버터의 응용 분야

5.1 인버터

• **인버터(Inverter)**는 직류 전원으로부터 교류 전원을 만드는 전력 변환 장치로서, 이때 발생하는 교류 전압의 크기와 주파수는 가변될 수 있다. (그림 5.2)

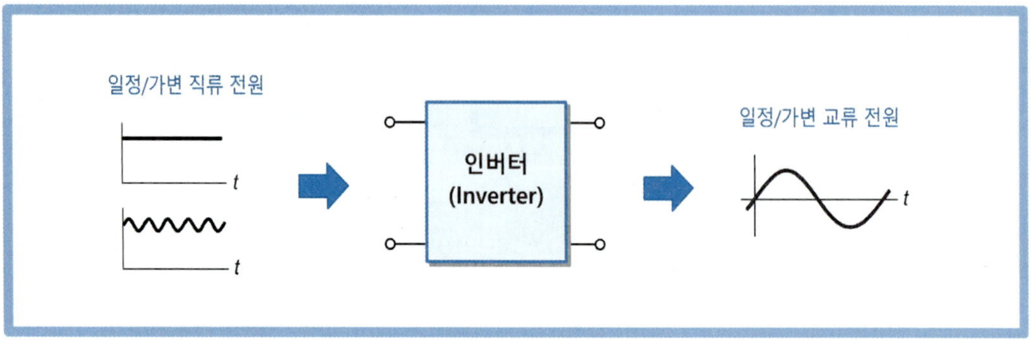

그림 5.2 인버터

• 인버터의 입력 직류 전원으로는 정류기를 사용하여 상용 교류 전원을 직류 전원으로 바꾸어 사용하는 것이 통상적이지만, 배터리나 태양전지, 연료전지 등의 직류 전원을 직접 공급받기도 한다.

5.1.1 인버터의 종류

• 인버터는 입력 직류 전원의 종류에 따라 전압원을 사용하는 **전압형 인버터**와 전류원을 사용하는 **전류형 인버터**로 나눌 수 있다. (그림 5.3)

• 여기서, 전압원은 공급되는 전압의 크기가 일정하고 전류는 부하에 따라 달라지는 전원인 반면, 전류원은 공급되는 전류의 크기가 일정하고 전압이 부하에 따라 변하는 전원이다.

① 전압형 인버터(Voltage Source Inverter, VSI)

- 전압원 형태의 직류 전원으로부터 전력을 공급받아, 전압원 형태의 교류 전압을 출력하는데, 통상 그 파형은 구형파 펄스 형태이다.
- 통상적으로 입력 직류 전압은 단상 또는 3상 상용 교류 전압을 다이오드 정류기를 사용하여 얻는다.
- 안정된 일정 직류 입력 전압을 인버터에 공급하기 위해, 직류 전원과 인버터 입력 사이의 DC 링크(Link) 단에는 큰 용량의 필터 커패시터를 병렬로 배치하여 사용한다.
- 이러한 커패시터는 직류 입력 전압에 포함된 맥동 성분을 제거하는 저역 통과 필터의 주된 역할 외에도, 노이즈도 제거하며, 인버터의 입력 전원과 출력 부하 간에 발생하는 순시 전력

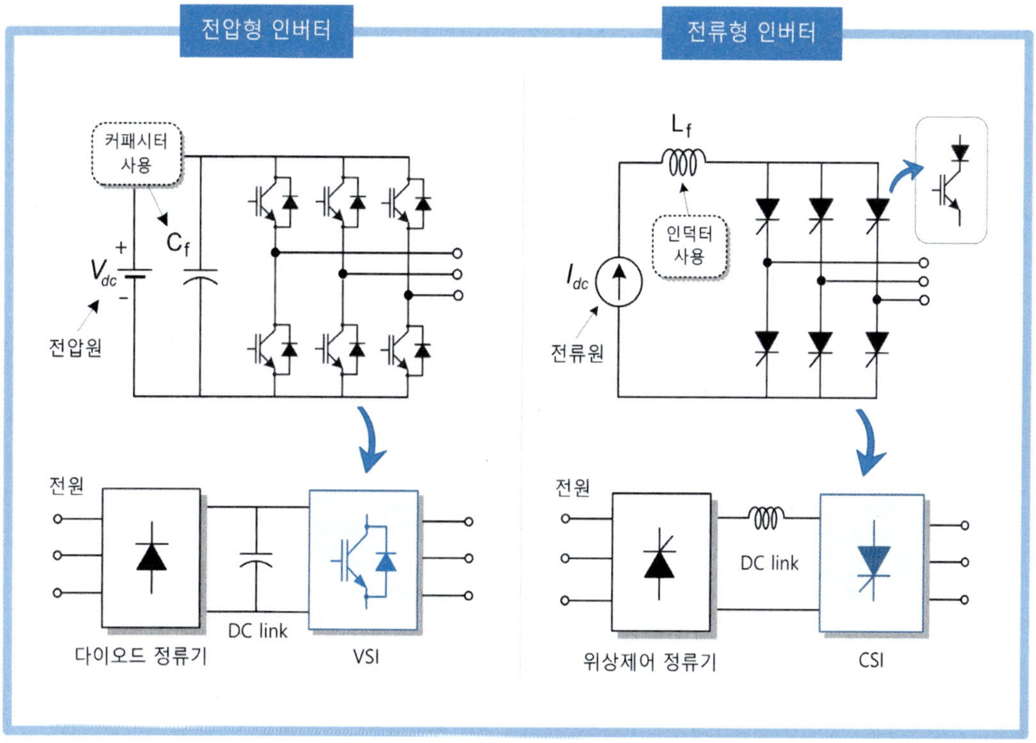

그림 5.3 인버터의 종류

의 차이를 흡수하는 역할도 한다.

- 전압원이므로, 인버터 내부 회로(소자)나 출력 단자가 단락되면 큰 전류가 흐를 수 있으므로 매우 위험하다.

② **전류형 인버터(Current Source Inverter, CSI)**

- 전류원 형태의 직류 전원으로부터 전력을 공급받아, 전류원 형태의 교류를 출력하는데, 통상 그 파형은 구형파 펄스 형태이다.
- 상용 전류원은 없으므로, 통상 상용 전압원에 연결된 위상제어 정류기와 큰 용량의 인덕터를 사용하여 직류 전류원을 만드는데, 위상제어 정류기의 출력 전압을 제어하여 전류를 일정하게 만든다.
- 이러한 회로 구성은 위상제어 정류기를 사용하므로, 전원 측으로 부하 전력의 회생이 가능하다는 장점이 있다.
- 전류원을 사용하므로, 인버터 내부 회로(소자)나 출력 단자가 개방되면 회로의 인덕턴스 성분에서 큰 전압이 발생할 수 있어 위험하다.
- 인버터의 스위칭 소자로는 역전류가 차단되는 역저지형 사이리스터를 사용하거나, 역저지가 안되는 IGBT를 사용할 때는 직렬로 다이오드를 연결하여 사용한다.

- 인버터 개발 초기에는 사이리스터 소자를 사용한 전류형 인버터가 사용되기도 하였으나, 현재는 큰 용량의 인덕터가 필요한 전류형 인버터보다는 제어 성능이 좋은 전압형 인버터가 주로 사용된다. 따라서 여기서는 전압형 인버터에 대해서만 알아보기로 한다.
- 가장 보편적으로 사용되는 인버터 회로가 그림 5.4에 보인다.

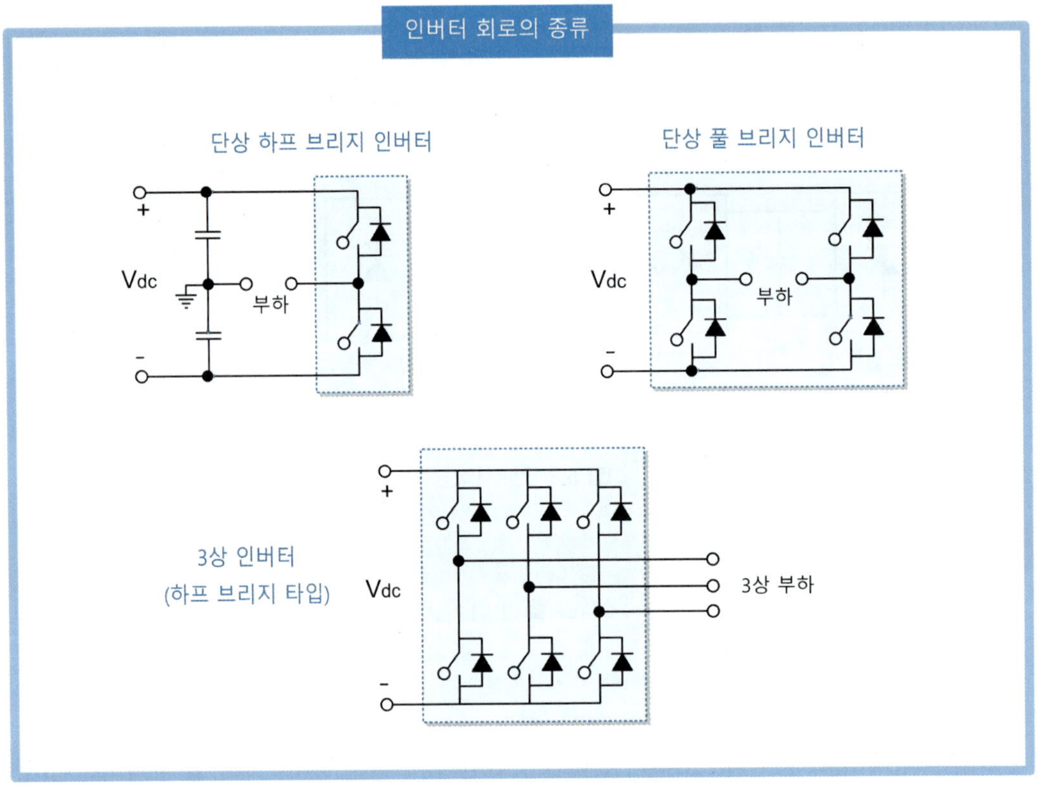

그림 5.4 인버터 회로

5.2 인버터의 기본 회로

- 인버터는 그림 5.5에 보이는 기본 회로로 구성된다.
- 인버터에서는 필요에 따라 이 기본 회로 여러 개를 병렬로 연결하여 교류 출력을 발생한다.
- 기본 회로
  - 기본 회로는 스위칭 소자 2개로 구성되며, 이를 극(Pole)이라 부른다.
  - 두 스위치는 서로의 상태가 반전 관계인 상보 스위칭을 한다.
  - 스위치의 온/오프 상태에 따라 기본 회로의 출력 전압이 결정되는데, 이 출력 전압을 극전압(Pole Voltage)이라 한다.

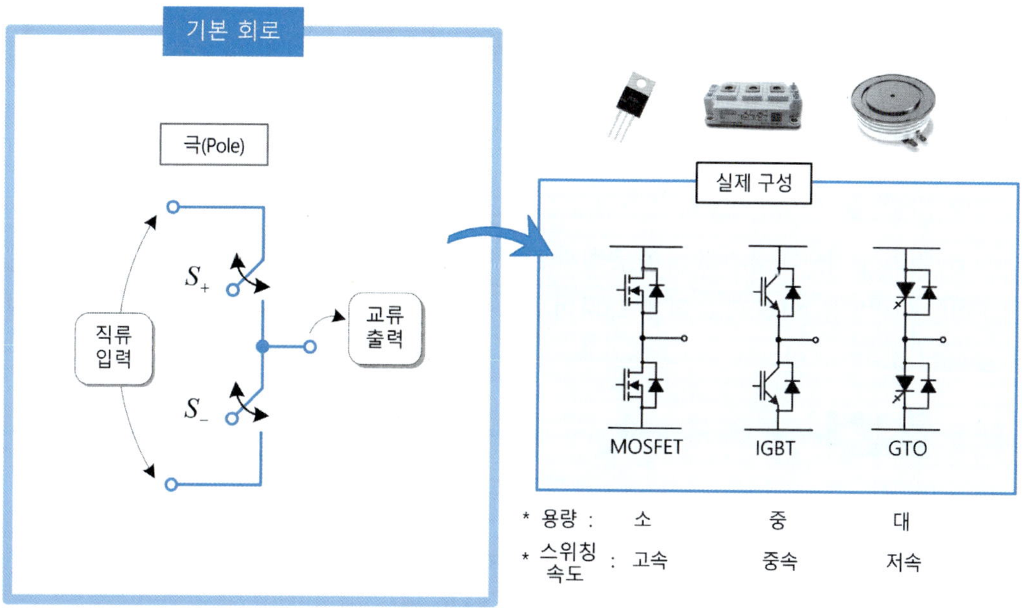

그림 5.5 인버터의 기본 회로

- 스위칭 소자
  - 기본 회로에 사용되는 전력용 반도체 소자는 처리 가능한 전력 용량과 요구되는 스위칭 속도에 따라 선택된다.
  - MOSFET는 소용량 고속 스위칭 분야, IGBT는 중용량 중속 스위칭 분야, GTO 사이리스터는 대용량 저속 스위칭 분야에 사용된다.(현재 GTO 사이리스터는 잘 사용되지 않음.)
- 다이오드
  - 유도성 부하를 구동할 때에는 지연된 부하 전류의 경로를 제공하기 위해 반드시 스위치에 역 병렬로 다이오드가 필요하다.

기본 회로의 토폴러지 : 2-레벨과 3-레벨 전압

① 2-레벨 인버터

- 기본 회로에서 출력 전압은 양 또는 음의 두 단계(+, -)로 발생한다. (그림 5.6)
- 이러한 회로로 구성한 인버터를 **2-레벨(Level) 인버터**라고 부른다.

② 3-레벨 인버터

- 높은 직류 입력 전압을 사용하는 인버터에서는, 스위칭 소자가 가지는 내압의 한계 때문에 종종 소자 여러 개를 직렬로 연결하여 사용하기도 한다.
- 이 경우 소자를 단순히 직렬로 할 수도 있지만, 효과적인 성능을 위해 그림 5.6에 보이듯이 멀티 레벨(Multi-Level) 회로로 구성을 하기도 한다.
- 3-레벨 회로로 구성한 대표적인 예가 **NPC(Neutral-Point-Clamped) 인버터**이다.
- NPC 회로의 출력 전압은 양 또는 음뿐만 아니라 중성점 전압까지 세 단계(+, 0, -)로 발생시킬 수 있으므로, 이 회로로 구성한 인버터를 **3-레벨 인버터**라고 부른다.
- 3-레벨 인버터는 2-레벨 인버터보다 좀 더 정현파에 가까운 출력 전압을 발생시킬 수 있어 출력 전류의 고조파가 감소하며 스위칭 손실도 줄어든다는 장점이 있다.
- 반면에, 소자 개수의 증가로 도통 손실과 가격이 증가하며 제어가 복잡해진다.
- 3-레벨 인버터는 NPC 회로 외에도, 다이오드 수가 적고 도통 손실이 작은 **T-타입(Type)** 회로로 구성되기도 있다.

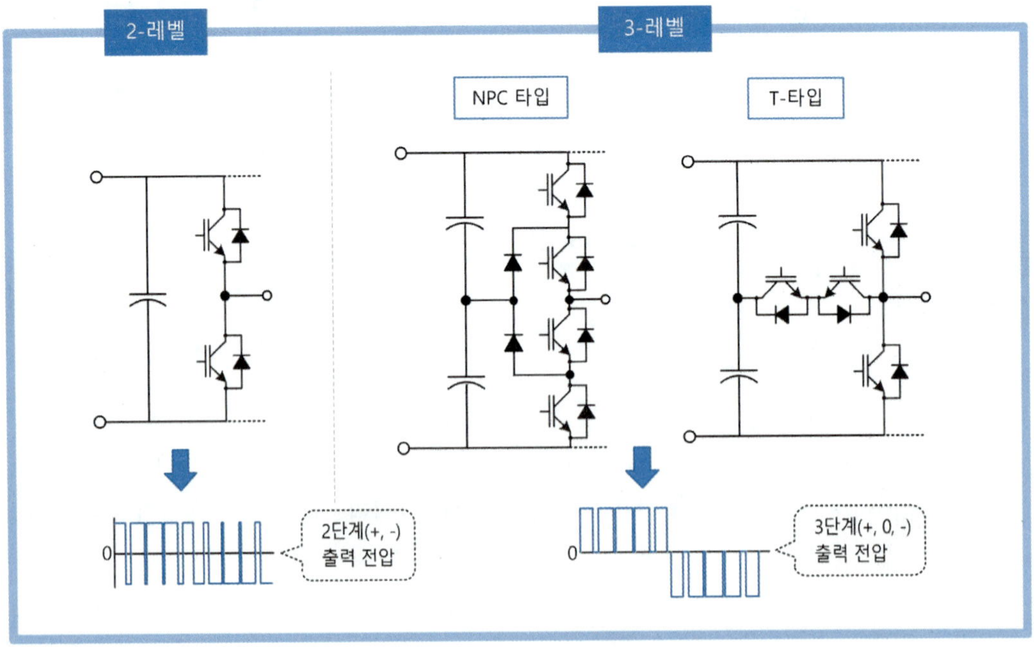

그림 5.6 기본 회로의 토폴러지

• 인버터는 대용량이나 고전압 구성 등 필요에 따라 3-레벨보다 더 많은 레벨로 구성되기도 한다.

5.2.1 기본 회로의 출력 전압

• 인버터 기본 회로의 출력 전압인 극전압 v_p는 두 스위치의 스위칭 상태에 따라 표 5.1에 보이는 4가지 경우가 존재한다.

표 5.1 기본 회로의 출력 전압 (극전압)

스위치 상태		극전압
① 위, 아래 스위치 모두 On	(사용금지)	소자 파괴
② 위 스위치 On (아래 스위치 Off)		$v_p = \frac{V_{dc}}{2}$
③ 위 스위치 Off (아래 스위치 On)		$v_p = -\frac{V_{dc}}{2}$
④ 위, 아래 스위치 모두 Off	전류 $i_o=0$	0
	전류 $i_o>0$	$v_p = -\frac{V_{dc}}{2}$
	전류 $i_o<0$	$v_p = \frac{V_{dc}}{2}$

① 두 스위치 동시 도통 → 회로 단락

두 스위치가 동시에 도통하면, 직류 전원이 단락되어 큰 전류가 흐르게 되므로 소자가 파괴될 수 있어 절대 사용되어서는 안 된다. (그림 5.7)

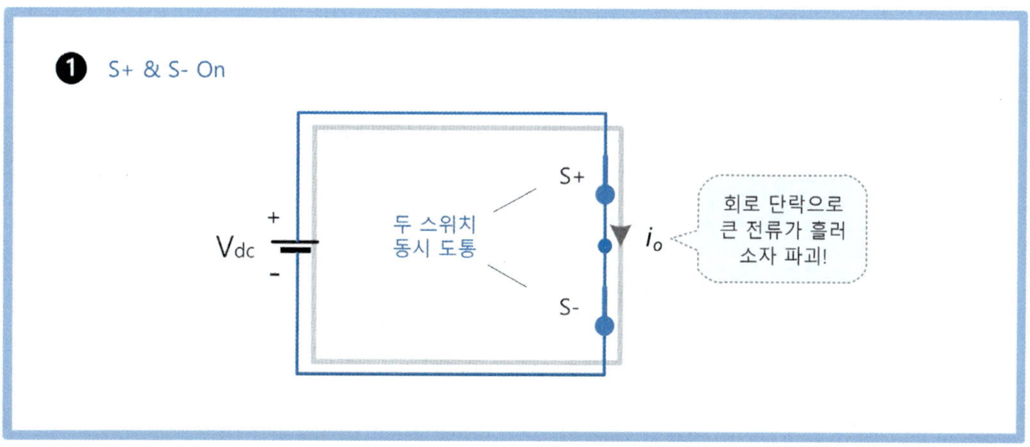

그림 5.7 두 스위칭 동시 도통 : 인버터 회로 단락

• 인버터가 부하에 유효한 전압을 출력하도록 하는 스위칭 상태는 그림 5.8에 보이듯이 두 경우가 존재한다.(해석의 편리함을 위해 직류 입력 전압을 $V_{dc}/2$의 두 전압으로 나누어 분석함.)

② 위 스위치 $S+$ 온 & 아래 스위치 $S-$ 오프

위 스위치 $S+$를 켜고 아래 스위치 $S-$를 끈 경우에 극전압은 다음과 같이 양(+)의 전압이 된다.

$$v_p = \frac{V_{dc}}{2} \tag{5-1}$$

③ 위 스위치 $S+$ 오프 & 아래 스위치 $S-$ 온

위 스위치 $S+$는 끄고 아래 스위치 $S-$를 켠 경우에 극전압은 다음과 같이 음(-)의 전압이 된다.

$$v_p = -\frac{V_{dc}}{2} \tag{5-2}$$

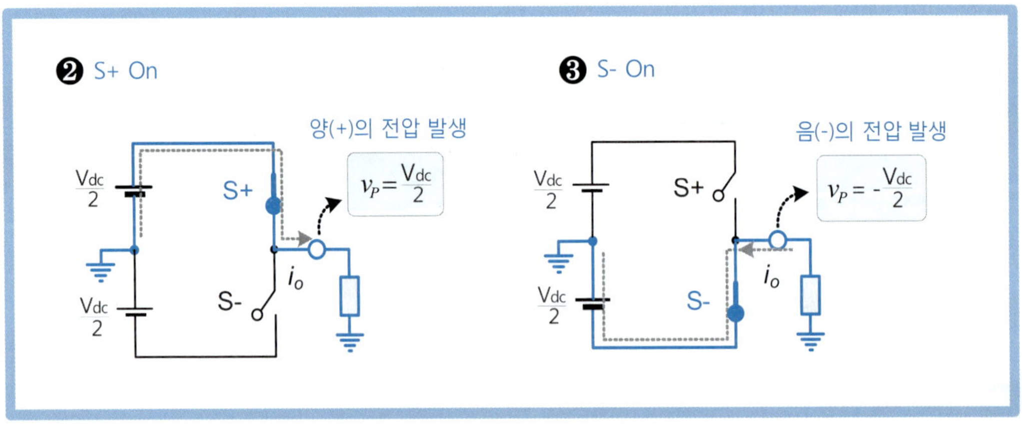

그림 5.8 유효 전압이 발생하는 스위칭 상태

④ 두 스위치 모두 오프

- 두 스위치가 모두 오프된 상태일 때, 부하 전류가 흐르지 않으면 극전압은 영이다.
- 그러나 유도성 부하에서는 저장된 에너지가 모두 방출될 때까지 전류가 흘러야 하므로, 두 스위치가 모두 오프 상태일 때 이 전류는 다이오드를 통해 흐른다.
- 이 경우 전원과 부하가 연결되어 극전압이 발생하는데, 전류 방향에 따라 도통 다이오드가 달라지므로, 다음과 같이 극전압이 달라진다. (그림 5.9)

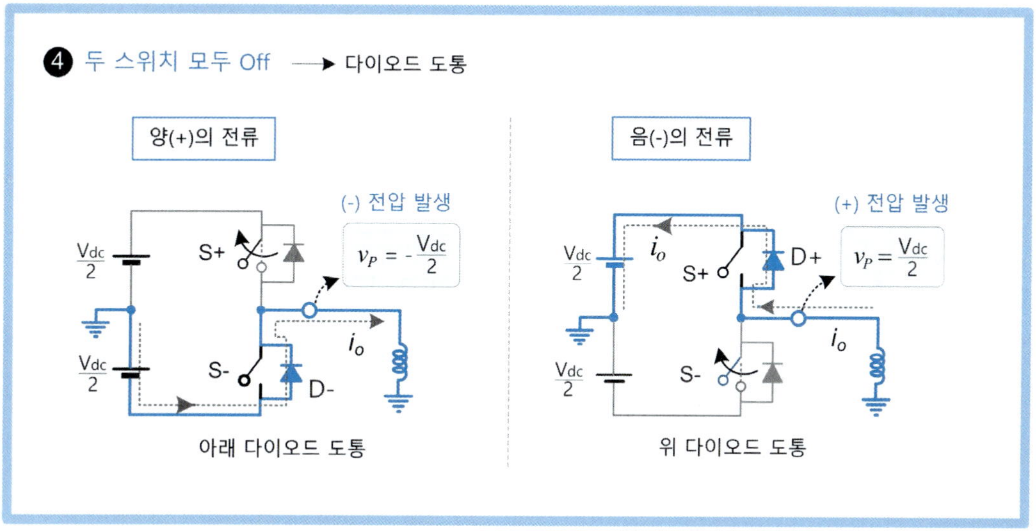

그림 5.9 두 스위치 오프시 전류 상태에 따른 회로 구성

- 출력 전류 $i_o > 0$의 경우 : 아래 다이오드 $D-$가 도통하여, 극전압은 다음과 같이 음(-)의 전압이 된다.

$$v_p = -\frac{V_{dc}}{2} \tag{5-3}$$

- 출력 전류 $i_o < 0$의 경우 : 위 다이오드 $D+$가 도통하여, 극전압은 다음과 같이 양(+)의 전압이 된다.

$$v_p = \frac{V_{dc}}{2} \tag{5-4}$$

인버터의 동작 모드

• 인버터의 동작은 전력공급 모드(Powering Mode)와 회생 모드(Regeneration Mode)로 구분되는데, 어떤 반도체 소자에 전류가 흐르는가에 의존한다.

- **전력공급 모드** : 스위치를 통해 부하 전류가 흐르는 경우(그림 5.8), 전력 $v_p i_o > 0$으로 직류 전원에서 교류 부하로 에너지가 공급된다.
- **회생 모드** : 다이오드를 통해 부하 전류가 흐르는 경우(그림 5.9), 전력 $v_p i_o < 0$으로 부하 에너지가 직류 전원 측으로 반환된다.
  이러한 회생 모드는 유도성 부하에서만 가능하다.

이제 인버터의 기본 회로를 수학적으로 표현(모델)해 보도록 하자. 이러한 인버터의 수학적 표현식은 시뮬레이션과 회로 해석에 유용하게 사용된다.

5.2.2 기본 회로의 수학적 모델

- 기본 회로의 수학적 모델에서 입력은 스위치의 상태이며, 출력은 극전압이다.
- 스위칭 상태를 나타내기 위해, 다음과 같이 정의된 스위칭 함수 S를 사용한다.
- **스위칭 함수 S**

  → 위 스위치를 기준으로 위 스위치가 켜진 경우에 스위칭 함수 $S=1$, 꺼진 경우에는 $S=0$으로 정의한다. (두 스위치는 상보 스위칭하므로, 아래 스위치의 상태는 위 스위치 상태와 반전 관계이다.)
- **기본 회로의 모델식**

  위 스위치가 켜진 경우인 $S=1$일 때 출력 $v_p = V_{dc}/2$이며, 꺼진 경우인 $S=0$일 때 $v_p = -V_{dc}/2$이므로, 기본 회로의 출력인 극전압 v_p는 다음과 같이 스위칭 함수로 표현할 수 있다.

$$v_p = V_{dc}\left(S - \frac{1}{2}\right) \tag{5-5}$$

- 인버터의 기본 회로에 대한 수학적 표현이 표 5.2에 보인다.

표 5.2 기본 회로의 모델식

극의 스위치 상태	스위칭 함수 S 값	출력 극전압 v_o	
위 스위치 On (아래 스위치 Off)	$S=1$	$\frac{V_{dc}}{2}$	수학적 모델식 $v_p = V_{dc}\left(S - \frac{1}{2}\right)$
위 스위치 Off (아래 스위치 On)	$S=0$	$-\frac{V_{dc}}{2}$	

- 이제 이러한 기본 회로로 구성된 인버터에 대해 알아보도록 하자.

- 교류 전압을 출력하는 인버터 회로는 출력 상(Phase)의 개수에 따라 분류될 수 있다.
- 상용 교류 전압에는 단상과 3상 전압이 있으므로, 인버터 회로도 기본적으로 **단상 인버터**와 **3상 인버터**가 있다.
- 이들 각각의 인버터에는 출력 전압의 크기는 최대로 고정되며 단지 그 출력 주파수만 제어하는 **구형파 인버터**와 출력 전압의 크기와 주파수를 동시에 제어 가능한 **PWM 인버터**가 있다. (그림

5.10)

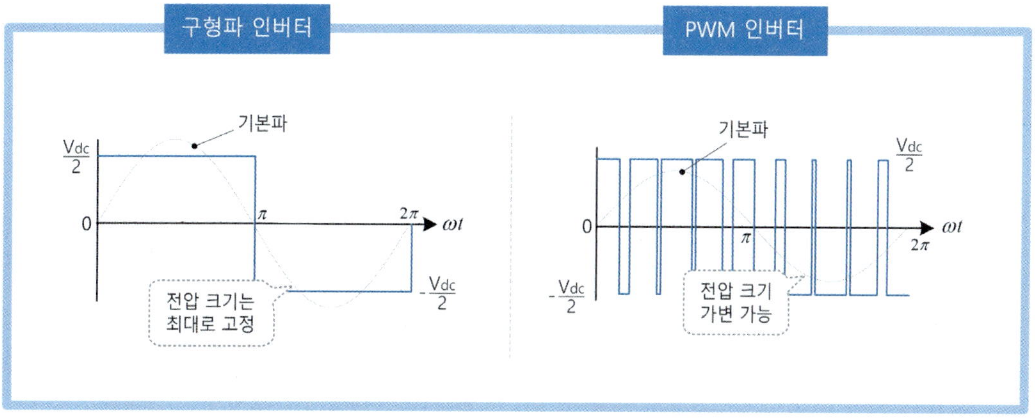

그림 5.10 구형파 인버터와 PWM 인버터

먼저 인버터의 기본 동작을 알 수 있는 구형파 인버터에 대해 알아보고, 다음으로 PWM 인버터에서 출력 전압을 가변하는 방법에 대해 살펴보도록 한다.

5.3 구형파 인버터

• 단상 교류 전압을 생성하는 단상 인버터로는, 기본 회로 한 개로 구성된 단상 하프 브리지 인버터와 기본 회로 두 개가 병렬 구성된 단상 풀 브리지 인버터가 있다. (그림 5.11)

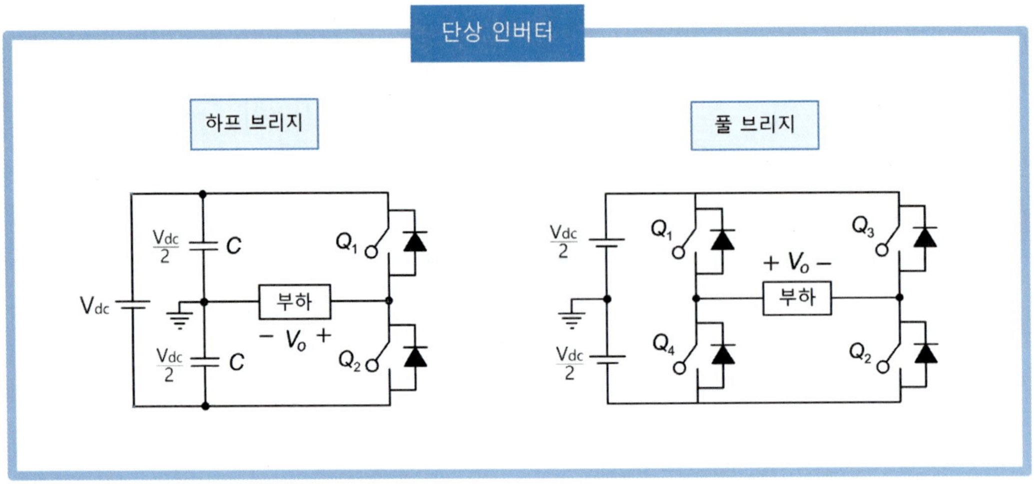

그림 5.11 단상 하프 브리지와 단상 풀 브리지 인버터

이제 인버터에서 가장 큰 교류 전압을 출력하는 구형파 방식의 동작을 살펴보도록 하자.

5.3.1 단상 하프 브리지 인버터

• 단상 하프 브리지 인버터(Single-Phase Half-Bridge Inverter)에서는 직류 입력 전압 V_{dc}를 두 개의 커패시터를 사용하여 반으로 나누어 사용한다. (그림 5.12)

• 단상 하프 브리지 인버터에서 출력 부하 전압 v_o는 극전압 v_p와 같다.

구형파 방식의 회로 동작

• 단상 하프 브리지 인버터에서 구형파 구동 방식은 출력하려는 교류 전압의 운전 주파수에 맞추어, 반주기마다 위와 아래 스위치를 번갈아 온/오프하는 방식이다.

• 예로서 60Hz의 교류 전압을 출력하려면, 한 주기의 반인 8.33ms(=1/60Hz/2)마다 위와 아래 두 스위치를 번갈아 온/오프하면 된다.

• 이때 출력 전압은 $\pm V_{dc}/2$ 크기를 갖는 구형파 형태의 교류로서, 인버터가 출력할 수 있는 가장 큰 교류 전압이다.

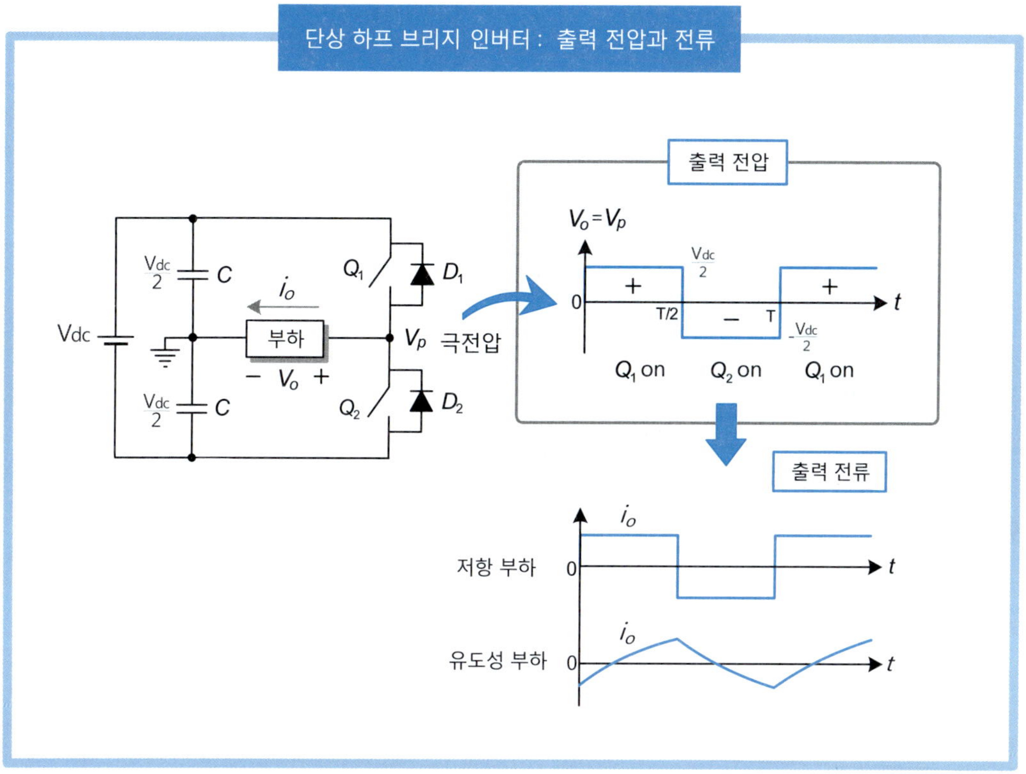

그림 5.12 단상 하프 브리지 인버터에서 출력 전압과 전류 : 구형파 모드

- 이 출력 전압에 대해, 부하가 순수 저항일 경우 출력 전류는 출력 전압과 동일하게 구형파 형태가 된다.
- 반면, 유도성 부하에서는 인덕턴스 성분으로 인해 출력 전류가 구형파보다 부드러운 파형을 가지며, 출력 전압에 대해 위상 지연이 발생한다. (그림 5.12)

- **동작 모드**
  - 유도성 부하의 경우 인버터의 정상상태 동작이 그림 5.13에 보이는데, 4개의 동작 모드가 있다.
  - 두 스위치를 반 주기마다 교대로 켜서 교류 전압을 발생시키지만, 유도성 부하의 전류는 인가전압에 지연되어 흐르므로, 전류의 방향에 따라 실제로 전류가 흐르는 소자는 스위치 또는 다이오드가 된다.
  - 스위치를 통해 부하 전류가 흐를 때는 전원에서 부하로 전력이 공급되는 모드로 동작하며, 다이오드를 통해 부하 전류가 흐를 때는 부하 에너지가 전원으로 반환되는 회생 모드로 동작한다.
  - 순수 저항 부하의 경우에는 이러한 회생 모드는 없다.

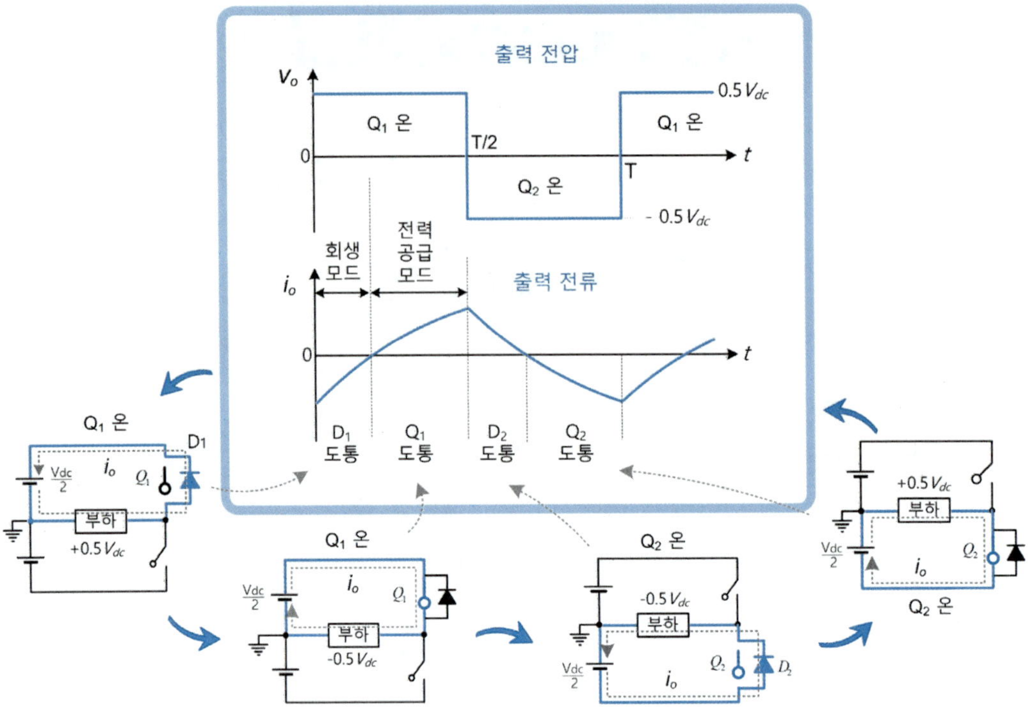

그림 5.13 유도성 부하에서 인버터의 회로 동작 : 정상상태

▌단상 인버터 회로의 설계 : 스위칭 소자의 정격

- 이 단상 인버터 회로에 필요한 스위치와 다이오드의 전압 정격을 알아보도록 하자.
- 스위치가 꺼져있는 경우 그림 5.14에 보이듯이 스위치와 다이오드에는 동일하게 직류 전압 V_{dc}가 인가되므로, 이들 소자의 전압 정격은 최소한 직류 전원 전압보다 커야 한다.

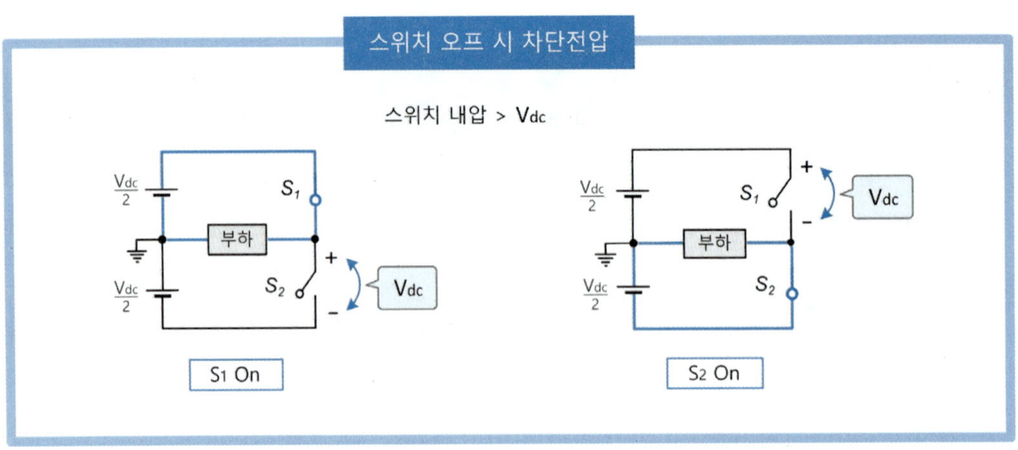

그림 5.14 스위치의 전압

• 통상적으로 소자의 내압은 직류 전원 전압의 2배 이상으로 선정하여 사용하는데, 이것은 전원 전압의 변동과 스위칭 시 회로의 부유 인덕턴스에서 발생하는 스파이크성 전압 성분도 고려해야 하기 때문이다(7장 참조).

• 예를 들어 단상 AC 220V를 정류하여 인버터의 입력 직류 전압으로 사용한다면, 이 경우 얻어지는 정류 전압은 약 DC 200V 정도가 되므로(2장 참조), 400V(= 2×200V) 이상의 정격 내압을 가진 스위치와 다이오드를 사용해야 한다.

• 이들 소자의 전류 정격은 인버터의 최대 출력 부하 전류를 기준으로, 다이오드의 역회복 전류나 부유 캐패시터의 충방전 전류 성분도 고려해서, 최대 부하 전류의 1.5~2배 이상으로 선정하는 것이 통상적이다(7장 참조).

구형파 출력 전압의 분석

• 구형파 출력 전압의 크기인 $\pm V_{dc}/2$는 교류 부하가 실제 사용하는 전압의 크기가 아닌데, 부하가 유효하게 사용하는 교류 전압은 정현파 형태이어야 하기 때문이다.

• 따라서 구형파 출력 전압에서 부하가 유효하게 사용하는 정현파 성분 전압의 크기를 알아볼 필요가 있는데, 그 값은 푸리에 급수로 구할 수 있다. (그림 5.15)

• $\pm V_{dc}/2$ 크기의 구형파 전압을 **푸리에 급수(Fourier Series)**로 전개해보면, 이 전압에 포함된 주파수 성분들이 다음과 같이 주어짐을 알 수 있다. (고조파 분석은 2.5절 참조)

$$v_o = \frac{2V_{dc}}{\pi}\sum_{n=1,3,5\ldots}^{\infty}\frac{\sin n\omega t}{n} \quad (n=1,3,5,\ldots) \tag{5-5}$$

$$= \underbrace{\frac{2V_{dc}}{\pi}\sin\omega t}_{\text{기본파 성분 } V_1} + \underbrace{\frac{2V_{dc}}{n\pi}\sum_{n=3,5,7..}^{\infty}\sin n\omega t}_{\text{고조파 성분 } V_n}$$

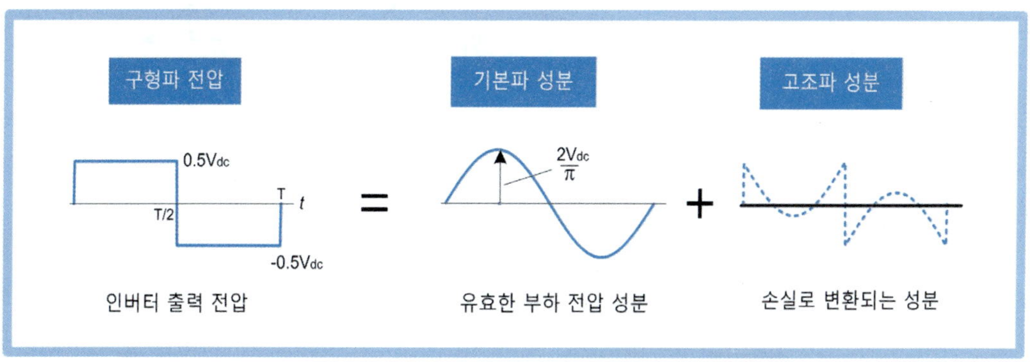

그림 5.15 극전압에 포함된 기본파 성분과 고조파 성분

- 이러한 주파수 성분 중에 구형파와 동일한 주파수를 갖는 기본파 성분만이 부하에 유효한 전력을 공급하는 전압 성분이다.
- 식(5-5)에서 $n=1$로 하여 **기본파 전압** V_1의 실효값[V]을 구해보면 다음과 같다.

$$V_{o1-rms} = \frac{1}{\sqrt{2}}\frac{2V_{dc}}{\pi} = 0.45\ V_{dc} \tag{5-6}$$

- 이로부터 단상 하프 브리지 인버터가 부하에 공급할 수 있는 최대 교류 전압(실효값)은 직류 입력 전압 V_{dc}의 45%에 해당함을 알 수 있다.

> **문제**
>
> **배터리를 입력으로 사용하여 단상 하프 브리지 인버터로 AC 220V(실효값) 교류 전압을 부하에 공급하려 한다. 필요한 배터리의 직류 전압 크기는 얼마인가?**
>
> **답**
>
> 220V의 실효 전압을 단상 하프 브리지 인버터가 출력하기 위해서는 $V_{o1} = 0.45\,V_{dc} = 220\text{V}$에서 약 489V 정도의 직류 전압이 필요함을 알 수 있다.

- **출력 전압에 포함된 고조파 성분**
  - 식(5-5)로부터 구형파 출력 전압(극전압)에는 기본파 성분 이외에 많은 고조파를 포함하고 있다는 것을 알 수 있는데, 이들의 주파수 성분과 크기가 그림 5.16에 보인다.

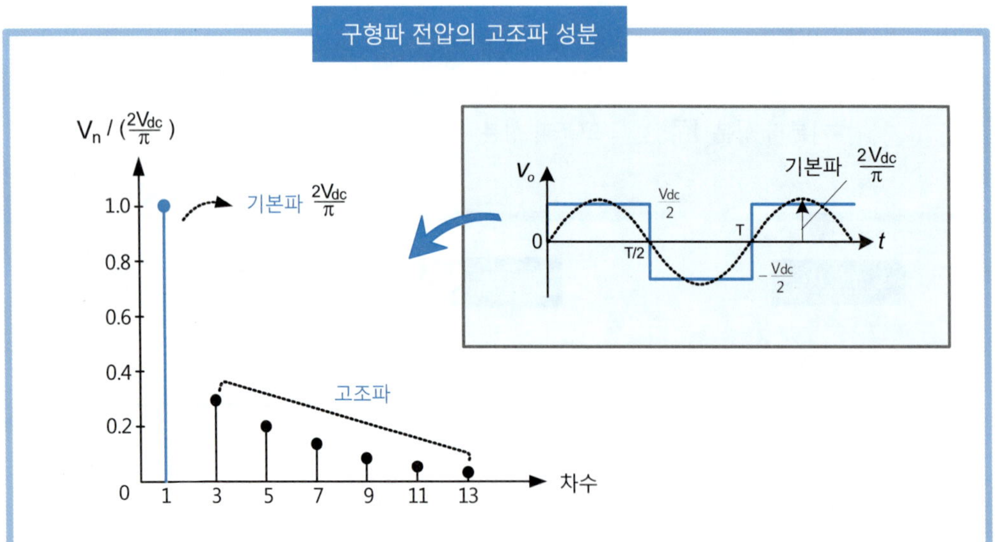

그림 5.16 극전압에 포함된 주파수 성분

- 출력 전압은 반파 대칭 파형이므로 홀수 차수의 고조파 성분만 존재하고, 그 크기는 차수에 반비례한다.
- 고조파 성분들은 열, 소음, 진동 등의 불필요한 손실로 변환되므로, 전압에 포함된 고조파가 적을수록 구동 효율도 좋아진다.
- 이들 고조파 성분은 정현파 전압 파형을 왜곡시키기 때문에, 고조파가 적을수록 전압은 순수 정현파 즉, 이상적인 교류 전원 파형에 가까워진다.
- 고조파 중에서도 3, 5, 7차 등의 저차 고조파 성분들이 문제가 되는데, 이들 고조파는 그 크기도 크고 주파수도 낮아서 전압 왜곡의 주원인이 되기 때문이다.
- 이러한 고조파를 제거하기 위해 저역 통과 필터를 사용한다.

• 이제 단상 하프 브리지 인버터를 수학적으로 표현(모델링)해 보도록 하자.

단상 하프 브리지 인버터의 수학적 모델

• 단상 하프 브리지 인버터는 기본 회로 하나를 사용하므로, 출력 부하 전압 v_o는 바로 인버터의 극전압 v_p와 동일하며, 그 수학적 모델은 기본 회로 모델과 동일하다.

• 따라서 단상 하프 브리지 인버터의 수학적 모델 식은 다음과 같다.

$$v_o = V_{dc}\left(S - \frac{1}{2}\right) \tag{5-7}$$

• 이 식과 구형파 동작 시의 스위칭 함수로부터 구한 출력 부하 전압이 그림 5.17에 보인다.

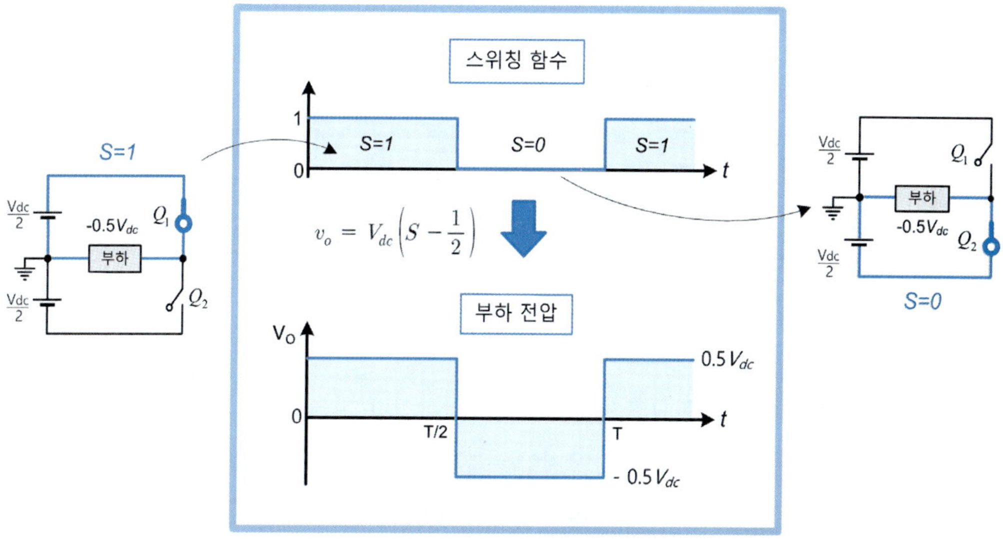

그림 5.17 스위칭 함수와 출력 극전압

5.3.2 단상 풀 브리지 인버터

- 앞에서 살펴본 단상 하프 브리지 인버터에서 기본파 출력 전압의 크기는 $0.45\,V_{dc}$로서 입력 직류 전압의 이용률이 높지 않다.
- 이렇게 직류 전압의 이용률이 낮으면 직류 입력 전압을 높여야 하므로, 사용할 스위칭 소자와 커패시터의 정격 전압도 높아진다.
- 따라서 통상적으로 사용되는 단상 인버터 회로는 두 개의 기본 회로로 이루어진 **단상 풀 브리지 인버터(Single-Phase Full-Bridge Inverter)**이다. (그림 5.18)
- 풀 브리지 인버터는 직류 전압의 이용률이 높아 동일한 직류 전압 하에서 하프 브리지 인버터보다 두 배 큰 교류 전압을 출력할 수 있다.
- 이에 따라, 풀 브리지 인버터에는 하프 브리지보다 두 배 많은 4개의 스위칭 소자가 필요하지만, 동일한 교류 출력 전압을 기준으로 할 때 풀 브리지에서 사용된 소자의 내압은 하프 브리지에서 사용된 소자의 내압의 절반으로 감소한다.

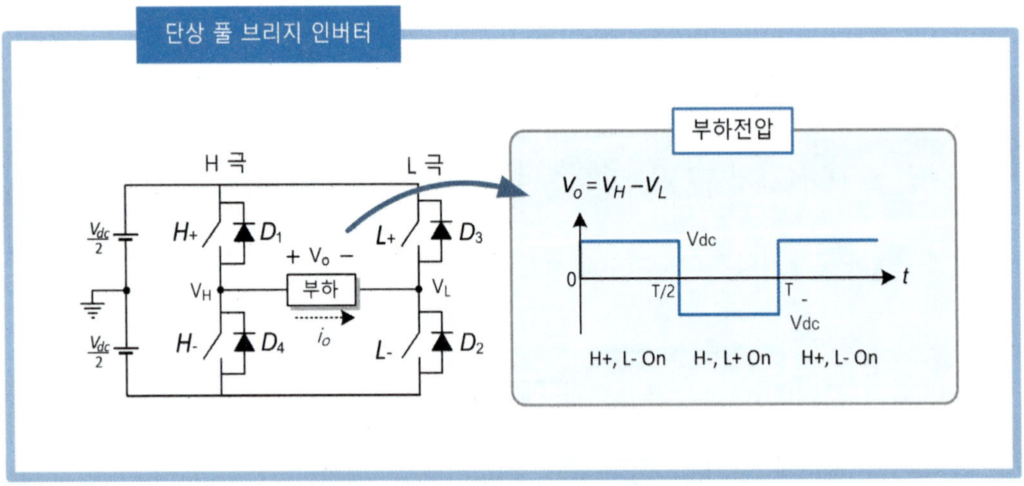

그림 5.18 단상 풀 브리지 인버터의 구형파 구동

- 단상 풀 브리지 인버터에서 구형파 구동 방법은 다음과 같이 하프 브리지의 경우와 유사하다.

구형파 모드의 회로 동작

- 풀 브리지 인버터에서 가장 큰 교류 전압을 발생하는 구형파 구동 방법은 단순히 처음 반 주기 동안은 $H+$과 $L-$를 동시에 켜서 양(+)의 전압을 출력하고, 나머지 반 주기 동안은 $H-$와 $L+$를 동시에 켜서 음(-)의 전압을 출력하면 된다. (그림 5.19)
- 이러한 구형파 구동 방법을 좀 더 체계적으로 분석해 보자.

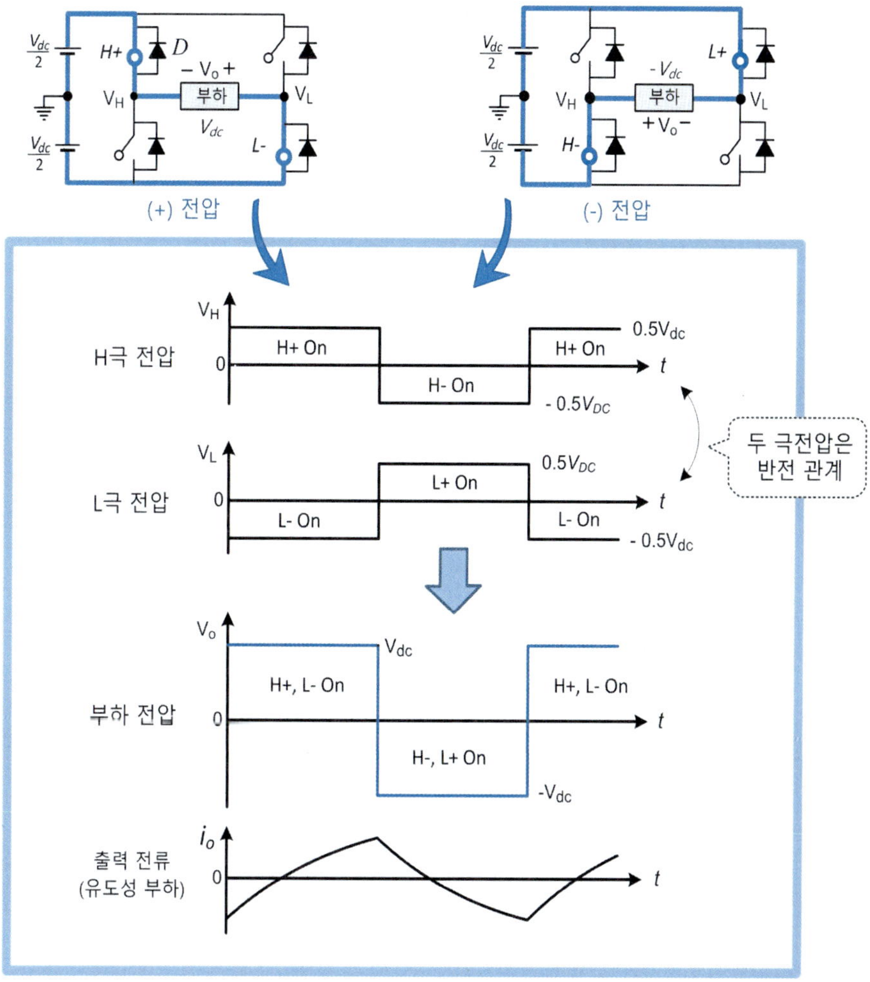

그림 5.19 풀 브리지 인버터에서 구형파 스위칭 방법

- 풀 브리지 인버터에서 출력 전압 v_o는 두 극전압 v_H와 v_L의 차이로 주어진다.

$$v_o = v_H - v_L \tag{5-8}$$

- 그러므로 풀 브리지 인버터가 양이나 음의 유효한 전압을 출력하기 위해서는, 두 극전압 v_H와 v_L가 π(=180°)의 위상차 즉, 서로 반전되도록 스위칭 동작을 해야 한다.

① 양(+)의 전압 출력

$H+$를 켜서 $v_H = V_{dc}/2$를 출력하고, $L-$를 켜서 $v_L = -V_{dc}/2$가 출력하도록 하면, 다음과 같이 출력 부하 전압 $v_o = +V_{dc}$가 된다.

$$v_o = v_H - v_L = \frac{V_{dc}}{2} + (-\frac{V_{dc}}{2}) = V_{dc} \tag{5-9}$$

② 음(−)의 전압 출력

$H-$를 켜서 $v_H = -V_{dc}/2$를 출력하고, $L+$를 켜서 $v_L = V_{dc}/2$가 출력되도록 하면, 다음과 같이 출력 부하 전압 $v_o = -V_{dc}$가 된다.

$$v_o = v_H - v_L = (-\frac{V_{dc}}{2}) + \frac{V_{dc}}{2} = -V_{dc} \tag{5-10}$$

- 이에 따르면, 결국 처음 반 주기 동안은 $H+$와 $L-$를 동시에 켜서 양(+)의 전압을 출력하고, 나머지 반 주기 동안은 $H-$와 $L+$를 동시에 켜서 음(-)의 전압을 출력한다.
- 이처럼 반 주기마다 두 스위치를 쌍으로 교대로 켜서 교류 전압을 생성하지만, 유도성 부하의 경우 실제 전류가 흐르는 소자는 전류의 방향에 따라 스위치 또는 다이오드가 될 수 있다. (그림 5.20)
- 이에 따라 하프 브리지 인버터에서처럼 전력공급 모드와 회생 모드가 반복된다.

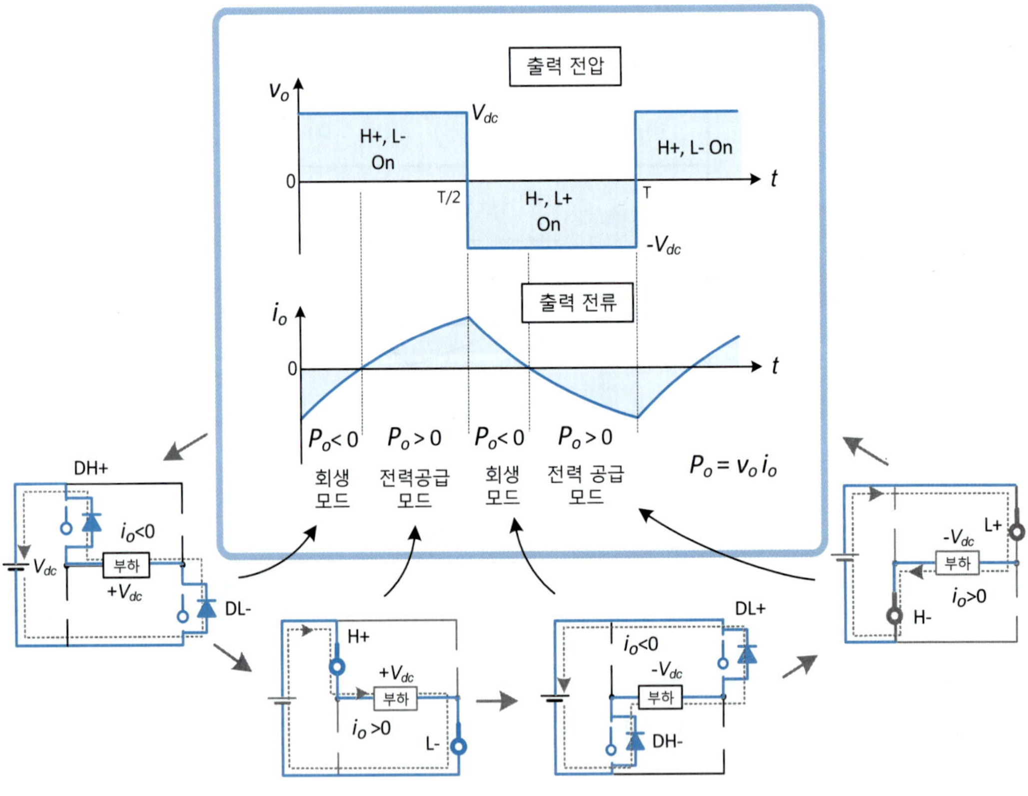

그림 5.20 단상 풀 브리지 인버터 (유도성 부하)

- **스위칭 소자의 내압** : 풀 브리지 인버터에서 스위치나 다이오드가 꺼져있는 경우 소자에는 직류 전압이 인가되므로, 이들 소자의 전압 정격은 하프 브리지 인버터와 동일하게 직류 전원 전압보다는 커야 한다.

출력 전압의 분석

- 하프 브리지 인버터에서도 언급한 바와 같이, 풀 브리지 인버터의 구형파 출력 전압의 크기 $\pm V_{dc}$는 교류 부하에 유효한 전압의 크기가 아니다.
- 풀 브리지 인버터의 출력 전압 크기는 하프 브리지의 두 배이므로, 풀 브리지 인버터에서 부하에서 유효하게 사용 가능한 기본파 실효 전압 V_{o1-rms}[V]도 하프 브리지 인버터의 두 배이다.

$$V_{o1-rms} = \frac{1}{\sqrt{2}}\frac{4\,V_{dc}}{\pi} = 0.9\,V_{dc} \tag{5-11}$$

- 따라서, 풀 브리지 인버터는 직류 입력 전압 V_{dc}의 90%에 해당하는 기본파 실효값을 갖는 교류 전압을 부하에 공급할 수 있음을 알 수 있다.

문제

단상 풀 브리지 인버터로 220V(실효값)의 교류 전압을 부하에 공급하려 한다. 이때 필요한 인버터의 직류 전압은 얼마인가?

답

식(5-11)로부터 $V_{o1-rms} = 0.9\,V_{dc} =$ 220V에서 필요한 직류 전압은 약 244.4V이다.

준 구형파 구동

- 앞에서 살펴본 구형파 구동 방법에서는 두 극전압 v_H와 v_L이 π(=180°)의 위상차를 갖도록 소자를 스위칭한다.
- 이와 달리 두 극전압의 위상차가 π보다 작은 $\beta(<\pi)$로 스위칭하면, 출력 전압의 크기는 구형파 구동시보다는 작아지는데, 이러한 스위칭 방법을 **준 구형파 구동**이라고 한다.
- 그림 5.21에 준 구형파 스위칭 방법이 보인다.
- 이런 준 구형파 구동에서는 두 극전압의 크기가 같아져 출력 전압 $v_o = 0$이 되는 $\pi - \beta$ 구간이 생기는데, 이 구간의 간격을 조절하여 출력 전압의 크기를 조절한다.
- 두 극전압의 크기가 같은 구간에서는 위 두 스위치 $H+$와 $L+$가 동시에 켜지거나, 두 아래 스위치 $H-$와 $L-$가 동시에 켜지는데, 이때 부하는 전원과 분리되며 인버터 회로 내에서 부하 전류가 순환하는 환류 동작을 하며, 출력 전압 $v_o = 0$이 된다.
- 이렇듯이 준 구형파 제어에서 인버터의 동작은 전력공급 모드, 회생 모드 이외에 **환류 모드(Freewheeling Mode)**가 있다.

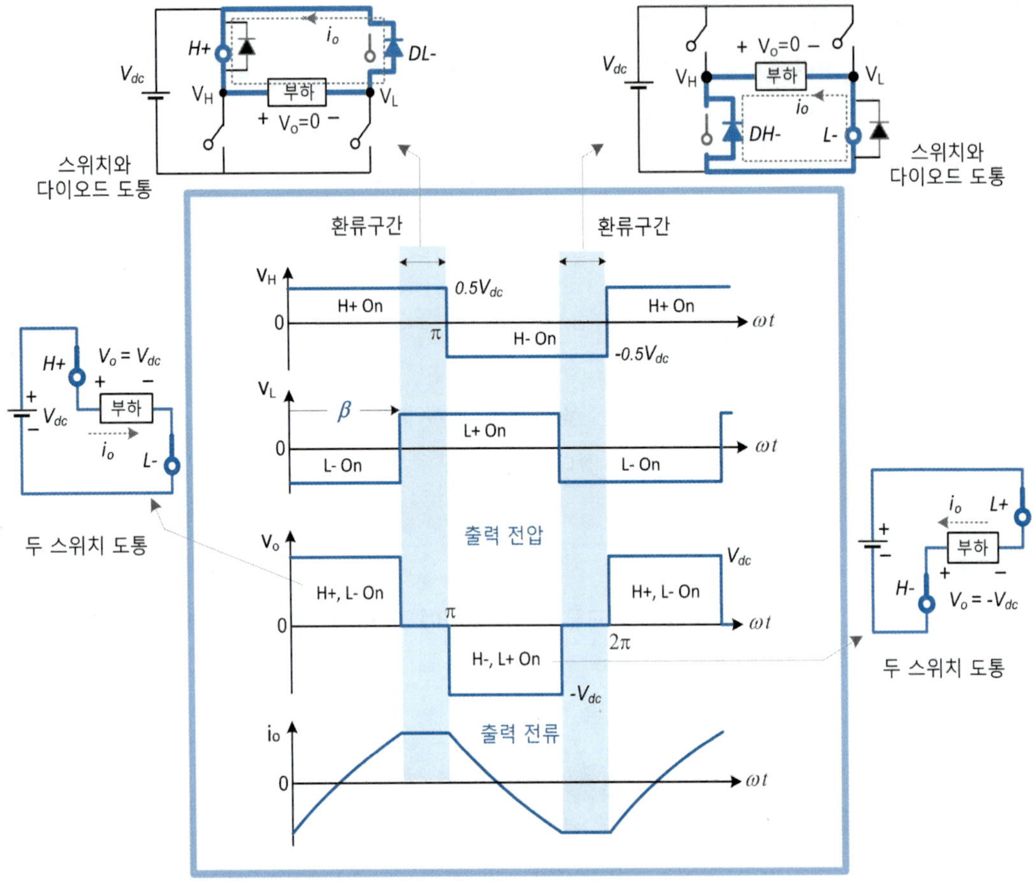

그림 5.21 단상 풀 브리지 인버터의 준 구형파 제어

- 준 구형파 제어에서 출력 전압 v_o는 다음과 같이 위상차 β의 함수로 주어진다.

$$
\begin{aligned}
v_o &= v_H - v_L \\
&= \frac{2V_{dc}}{\pi}\sum_{n=1,3,5\ldots}^{\infty}\frac{\sin n\omega t}{n} - \frac{2V_{dc}}{\pi}\sum_{n=1,3,5\ldots}^{\infty}\frac{\sin[n(\omega t-\beta)]}{n} \\
&= \frac{4V_{dc}}{\pi}\sum_{n=1,3,5\ldots}^{\infty}\frac{\sin(n\beta/2)}{n}cos[n(\omega t-\beta/2)]
\end{aligned}
\tag{5-12}
$$

- 여기서 출력 전압의 기본파 실효값은 위 식에서 $n=1$로 하여 다음과 같이 얻을 수 있는데, β를 가변하면 그 크기를 조절할 수 있다.

$$V_{o1-rms} = \frac{1}{\sqrt{2}}\frac{4V_{dc}}{\pi}\sin\frac{\beta}{2} \tag{5-13}$$

- 다음으로, 단상 풀 브리지 인버터의 출력 전압과 입력 전류를 수학적으로 모델링해 보도록 하자.

단상 풀 브리지 인버터의 수학적 모델

- 이 수학적 모델에서 입력은 H극과 L극의 스위치 상태이며, 출력은 부하 전압 v_o이다.
- H극과 L극의 스위칭 함수를 각각 S_H와 S_L이라 하면, 두 극전압 v_H와 v_L은 각각 다음과 같이 표현된다.

$$v_H = V_{dc}\left(S_H - \frac{1}{2}\right) \tag{5-14}$$

$$v_L = V_{dc}\left(S_L - \frac{1}{2}\right) \tag{5-15}$$

- 풀 브리지 인버터의 출력 부하 전압은 H극 전압과 L극 전압의 차이므로, 이들 두 식으로부터 출력 전압 v_o는 다음과 같이 표현된다.

$$v_o = v_H - v_L = V_{dc}(S_H - S_L) \tag{5-16}$$

- 다음으로 인버터의 입력 전류를 스위칭 함수와 부하 전류로 표현해보자.
- 인버터의 입력 전류 i_{dc}는 부하 전류 i_o와 그 크기는 같고, 방향만 동작 스위치에 따라 달라지는데, $S_H = 1$의 경우 $i_{dc} = i_o$이며, $S_H = 0$의 경우 $i_{dc} = -i_o$이다.
- 따라서, 인버터의 입력 전류는 다음과 같이 표현된다.

$$i_{dc} = i_o(S_H - S_L) \tag{5-17}$$

- 단상 풀 브리지 인버터의 모델이 그림 5.22에 보인다.

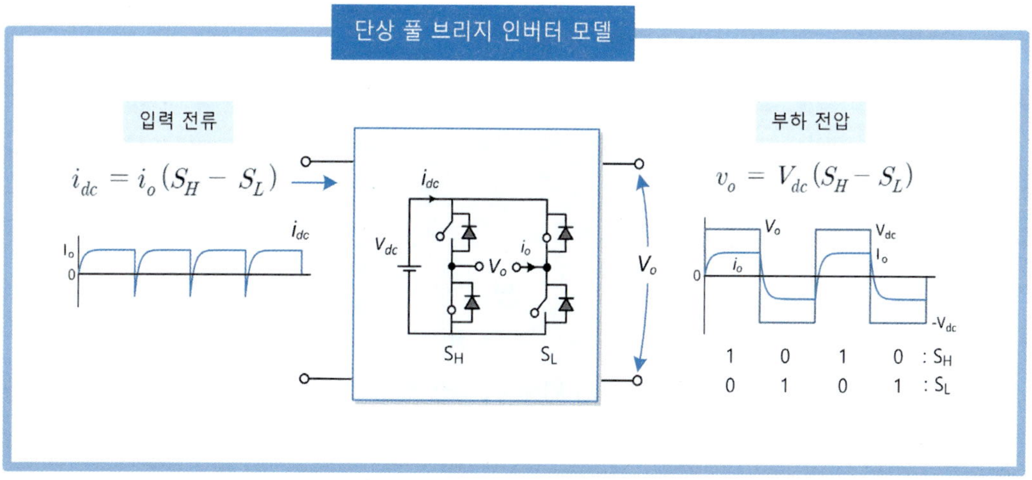

그림 5.22 단상 풀 브리지 인버터의 구형파 제어

5.3.3 3상 인버터

- 3상 인버터는 서로 120° 위상차를 갖는 동일 크기의 3상 교류 전압을 발생한다.
- 3상 인버터 회로는 그림 5.23에 보이듯이, 각각 한 상의 전압 생성을 담당하는 3개의 극(6개 스위치)로 이루어져 있다.
- 스위치의 번호는 통상적으로 위 3개 스위치는 1, 3, 5로, 아래 3개 스위치는 4, 6, 2로 호칭한다.
- Y-결선의 3상 부하를 구동하는 3상 인버터에서는 극전압, 선간전압, 상전압의 세 가지 전압이 있다.
  - **극전압** v_{an}, v_{bn}, v_{cn} : 인버터 각 극의 출력 전압으로 스위칭에 의해 결정된다.
  - **선간전압** v_{ab}, v_{bc}, v_{ca} : 선간전압은 두 극전압의 차로 주어진다.
  - **상전압** v_{as}, v_{bs}, v_{cs} : 각 상 부하에 인가되는 전압이다.

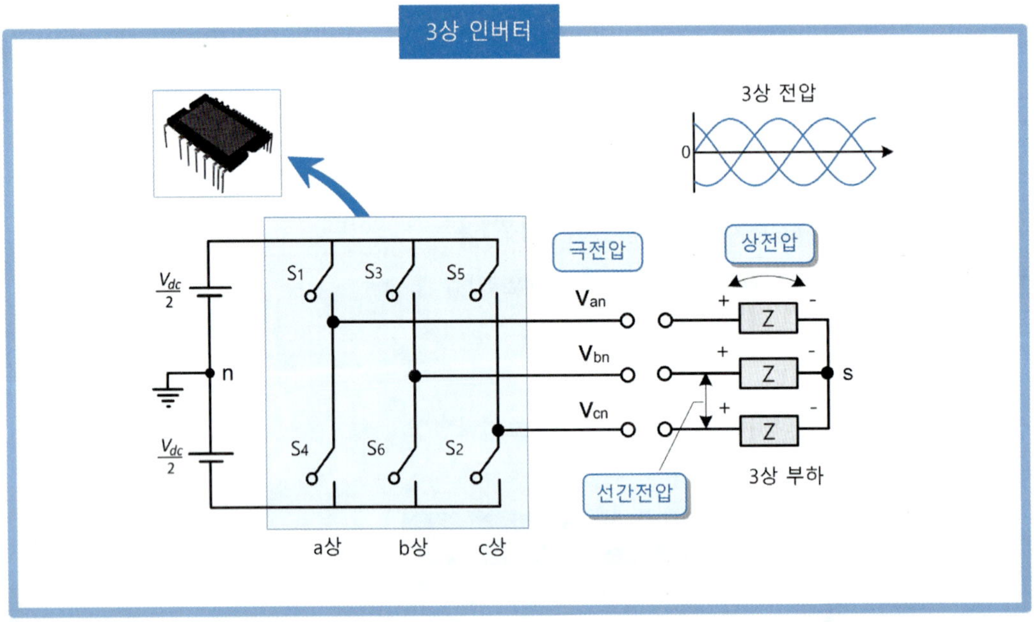

그림 5.23 3상 인버터 회로 (Y-결선 3상 부하)

구형파 구동 시의 회로 동작

- 3상 인버터에서 구형파 구동 방식은 단상 인버터와 동일하게 각 극의 두 스위치를 요구되는 주파수의 반주기(180° 도통)마다 번갈아 동작시키면 된다.
- 그런데 대칭 3상 전압을 생성하도록 하기 위해서는, 각 극의 출력 전압이 서로 120°의 위상차를 갖도록 스위칭할 필요가 있다.
- 이러한 동작에서는 항상 3개의 스위치가 켜지며, 그 스위치들의 도통 순서는 … 123, 234, 345,

456, 561, 612 … 로서 스위치의 번호 순서가 된다.

- 이 경우 한주기에 3상 전압이 서로 다르게 출력되는 6개 구간이 존재하는데, 이것은 3상 인버터에서 3상 전압을 서로 다르게 생성하는 방법은 6가지가 있다는 것을 의미한다.
- 3상 인버터에서 발생하는 극전압, 선간전압, 상전압이 그림 5.24에 보인다.

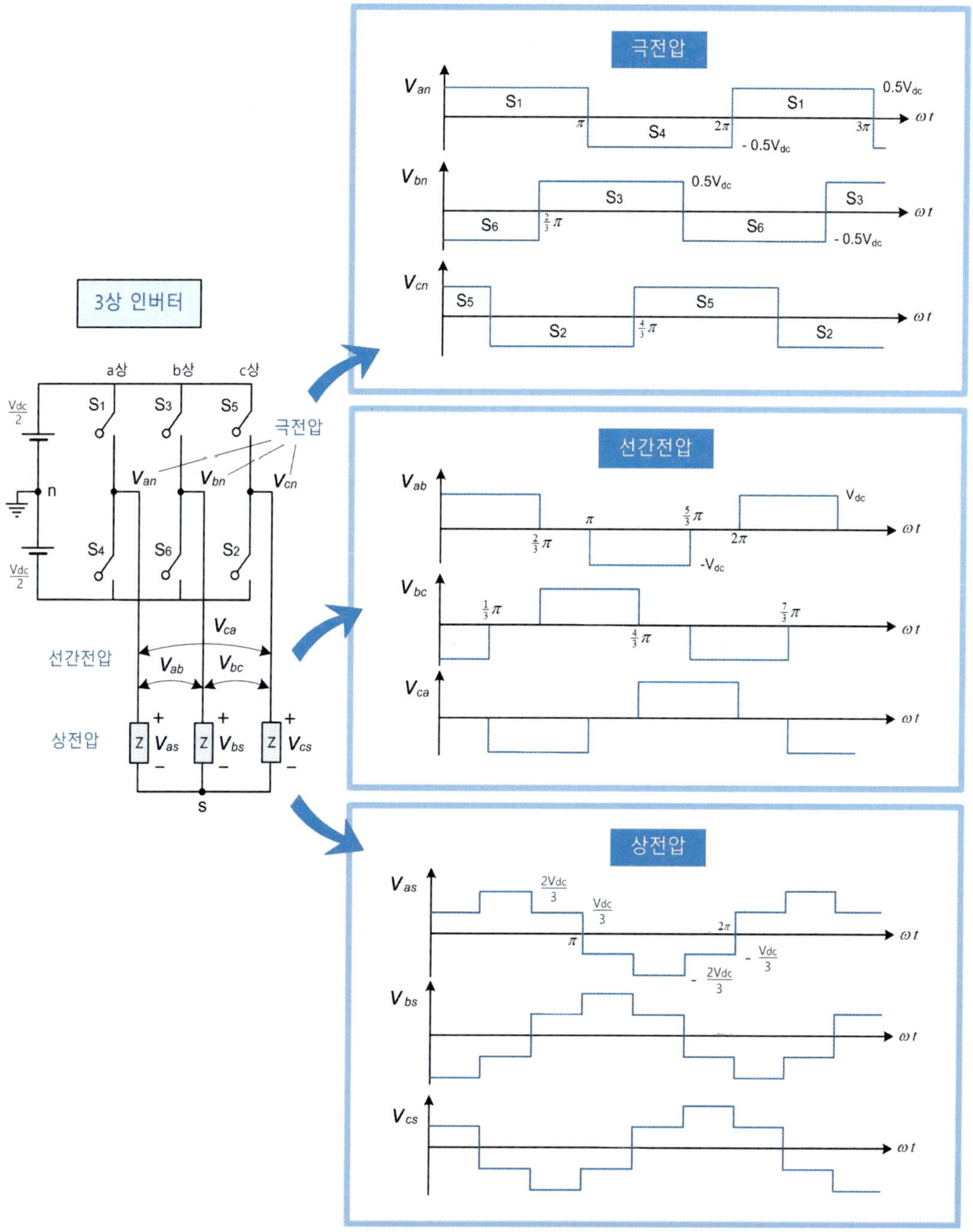

그림 5.24 3상 인버터의 전압 (Y-결선 3상 부하)

- **극전압** : 스위칭에 따른 각 상의 극전압 v_{an}, v_{bn}, v_{cn}은 3상이나 단상 인버터나 동일하다.
- **선간전압** : 선간전압은 두 극전압의 차(예를 들어 $v_{ab} = v_{an} - v_{bn}$)이므로, 3상 극전압으로부터 선간전압을 구해보면 직류 입력 전압 V_{dc}의 크기를 가지며 120°의 도통 구간을 갖는 구형파가 된다.

- 3상 부하를 해석할 때에는 통상적으로 상전압을 사용하므로, 상전압을 알아야 한다.
- Y-결선의 평형 3상 부하에서 상전압은 다음과 같이 구할 수 있다.

- **상전압**
  - 상전압은 해당 극전압과 중성점 전압 차이로 주어지므로, 상전압은 6개 모든 스위치 상태에 의해 결정된다.
  - 예를 들어 S_5, S_6, S_1의 3개 스위치가 도통하는 첫 구간을 살펴보면, 3상 인버터는 그림 5.25의 왼쪽과 같은 회로가 되며, 이로부터 상전압은 다음과 같이 된다.

$$v_{as} = \frac{1}{3}V_{dc},\ v_{bs} = -\frac{2}{3}V_{dc},\ v_{cs} = \frac{1}{3}V_{dc} \tag{5-18}$$

  - 다음 모드인 스위치 S_6, S_1, S_2가 켜져 있는 경우에 인버터는 그림 5.25의 오른쪽과 같은 회로가 되어 상전압은 다음과 같이 된다.

$$v_{as} = \frac{2}{3}V_{dc},\ v_{bs} = -\frac{1}{3}V_{dc},\ v_{cs} = -\frac{1}{3}V_{dc} \tag{5-19}$$

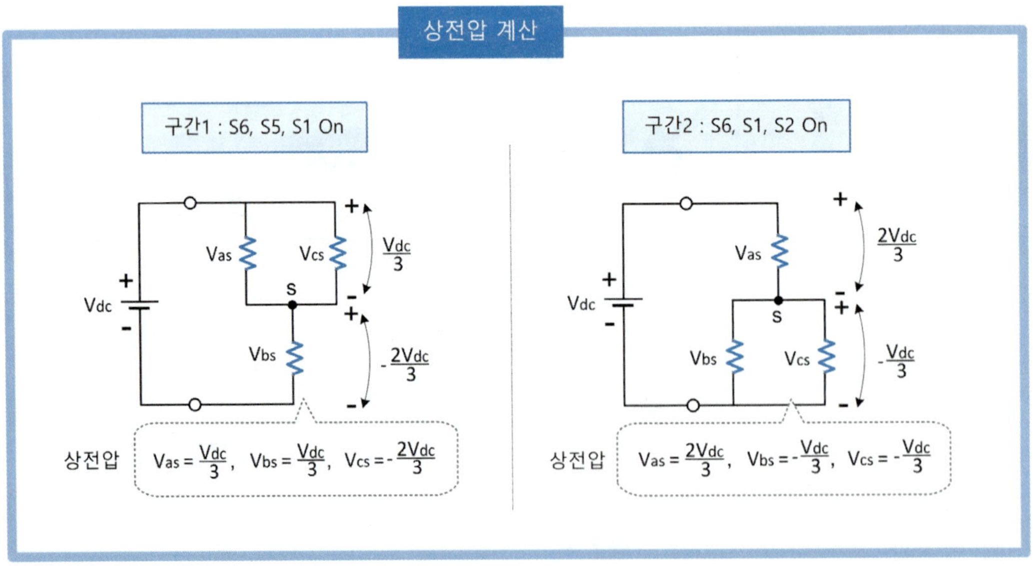

그림 5.25 구간별 상전압

- 이와 같은 과정으로 모든 6개 구간에서의 스위칭 상태에 대한 상전압을 구해보면 그림 5.24에 보이는 파형을 얻게 된다.
- 6-스텝(Step) 인버터

  구형파 모드 운전 시에 상전압은 한 주기에 60° 구간씩 6차례에 걸쳐 그 값이 $V_{dc}/3$씩 단계적으로 변하는데, 이렇게 운전하는 3상 인버터를 6-스텝 인버터라고 부른다.

- 3상 인버터에서 가능한 스위치의 상태에 따른 극전압과 상전압(부하 전압)이 표 5.3에 보인다.
- 3상 인버터에서는 앞에서 언급한 6개의 스위칭 상태뿐만 아니라, 위 또는 아래쪽 스위치들이 모두 켜지는 두 상태를 포함하여 총 8개의 스위칭 상태가 존재한다.

표 5.3 스위칭 상태에 따른 극전압과 상전압

스위치 상태			극전압			상전압(부하 전압)			비교
S_a	S_b	S_c	v_{an}	v_{bn}	v_{cn}	v_{as}	v_{bs}	v_{cs}	
0	0	0	$-V_{dc}/2$	$-V_{dc}/2$	$-V_{dc}/2$	0	0	0	영전압
0	0	1	$-V_{dc}/2$	$-V_{dc}/2$	$V_{dc}/2$	$-V_{dc}/3$	$-V_{dc}/3$	$2V_{dc}/3$	유효 전압
0	1	0	$-V_{dc}/2$	$V_{dc}/2$	$-V_{dc}/2$	$-V_{dc}/3$	$2V_{dc}/3$	$-V_{dc}/3$	
0	1	1	$-V_{dc}/2$	$V_{dc}/2$	$V_{dc}/2$	$-2V_{dc}/3$	$V_{dc}/3$	$V_{dc}/3$	
1	0	0	$V_{dc}/2$	$-V_{dc}/2$	$-V_{dc}/2$	$2V_{dc}/3$	$-V_{dc}/3$	$-V_{dc}/3$	
1	0	1	$V_{dc}/2$	$-V_{dc}/2$	$V_{dc}/2$	$V_{dc}/3$	$-2V_{dc}/3$	$V_{dc}/3$	
1	1	0	$V_{dc}/2$	$V_{dc}/2$	$-V_{dc}/2$	$V_{dc}/3$	$V_{dc}/3$	$-2V_{dc}/3$	
1	1	1	$V_{dc}/2$	$V_{dc}/2$	$V_{dc}/2$	0	0	0	영전압

- 중성점 전압
  - 3상 인버터에서 Y-결선된 3상 부하의 중성점 전위 v_{sn}은 3상 극전압의 평균으로 주어진다. (뒤 절에서 설명함)
  - 구형파 운전 시 중성점 전위는 출력 주파수의 3배 주파수를 가지며 그 크기가 $\pm V_{dc}/6$인 구형파 전압이 된다. (그림 5.26)
  - 이처럼 영이 아닌 인버터의 중성점 전위는 부하 시스템에서 공통 모드 전압(Common Mode Voltage)을 발생시켜 문제를 일으킬 수 있다.

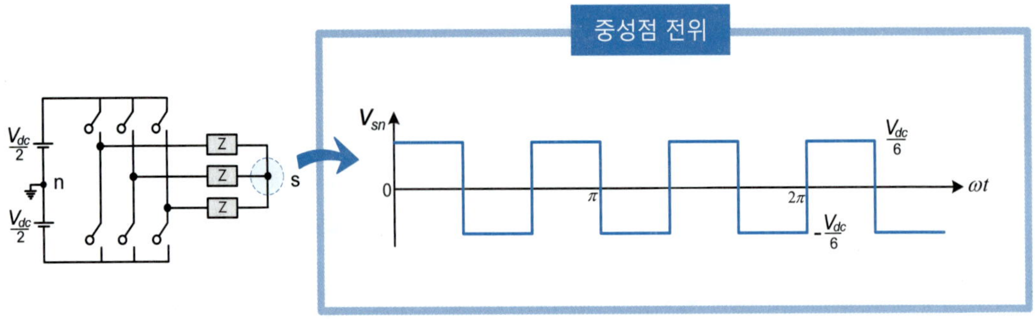

그림 5.26 3상 구형파 인버터에서 3상 부하의 중성점 전위

이제 3상 인버터 회로에 필요한 스위치와 다이오드의 전압 정격을 알아보도록 하자.

스위칭 소자의 전압 정격

- 스위치가 꺼져있는 경우 이들 소자에 직류 전압 V_{dc}가 인가되므로(다이오드도 같음), 소자의 전압 정격은 최소한 직류 전원 전압보다 커야 한다. (그림 5.27)
- 통상적으로 소자의 내압으로는 차단 전압인 직류 전압의 2배 이상으로 선정하여 사용한다.

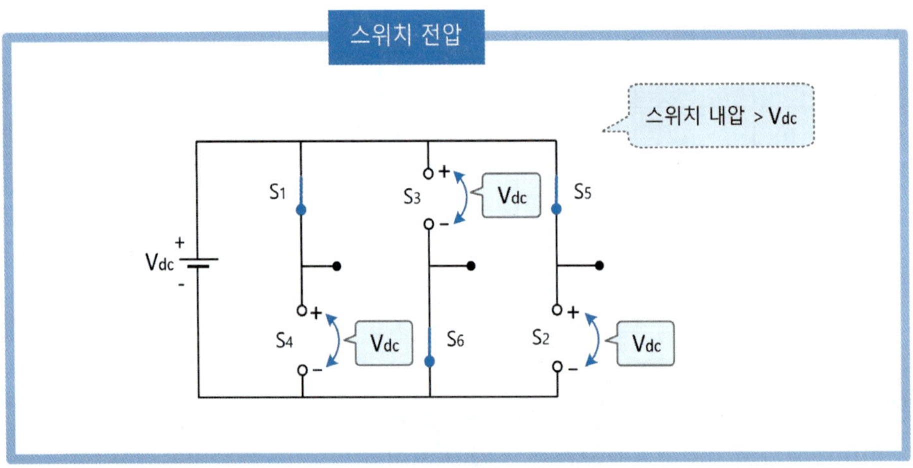

그림 5.27 스위치 오프 시의 전압

문제

300Vdc의 직류 전압을 사용하는 3상 인버터에 사용되는 스위치와 다이오드에 필요한 내압[V]은 얼마인가?

답

스위치와 다이오드가 꺼져있는 경우 직류 입력 전압이 모두 소자에 인가되므로, 최소 300V 이상의 내압을 가진 스위치와 다이오드가 필요하다.

다음으로 앞에서 살펴본 3상 인버터의 출력 전압을 푸리에 급수로 전개해서, 부하에 유용한 기본파 전압과 고조파 성분에 대해 알아보도록 하자.

출력 전압의 분석

① 극전압

- 극전압의 형태는 단상이든 3상이든 관계없이 모두 동일한 파형이므로, 3상 극전압의 푸리에 급수는 식(5-4)와 동일하게 표현되며, 다음과 같이 서로 120° 위상차만 있다.

$$v_{an} = \frac{2V_{dc}}{\pi}\sum_{n=1,3,5\ldots}^{\infty}\frac{\sin n\omega t}{n} \tag{5-20}$$

$$v_{bn} = \frac{2V_{dc}}{\pi}\sum_{n=1,3,5\ldots}^{\infty}\frac{\sin[n(\omega t-120^{\circ})]}{n} \tag{5-21}$$

$$v_{cn} = \frac{2V_{dc}}{\pi}\sum_{n=1,3,5\ldots}^{\infty}\frac{\sin[n(\omega t+120^{\circ})]}{n} \tag{5-22}$$

- 이 식으로부터 3상 극전압의 기본파 크기는 $2V_{dc}/\pi$[Vpk]이며, 실효값으로는 다음과 같다.

$$V_{abcn1-rms} = \frac{1}{\sqrt{2}}\frac{2V_{dc}}{\pi} = 0.45\,V_{dc}\,[\mathrm{V}] \tag{5-23}$$

② 선간전압

- 선간전압은 두 극전압의 차이이므로 위 식들로부터 얻을 수 있다.
- 예를 들어 v_{ab}는 다음과 같다.

$$\begin{aligned} v_{ab} &= v_{an} - v_{bn} \\ &= \frac{4V_{dc}}{n\pi}\sum_{n=1,3,5\ldots}^{\infty}\cos\frac{n\pi}{6}\sin n\left(\omega t+\frac{\pi}{6}\right) \\ &= \frac{2\sqrt{3}\,V_{dc}}{\pi}\Big[\sin(\omega t+\frac{\pi}{6})-\frac{1}{5}\sin 5(\omega t+\frac{\pi}{6})-\frac{1}{7}\sin 7(\omega t+\frac{\pi}{6}) \\ &\qquad +\frac{1}{11}\sin 11(\omega t+\frac{\pi}{6})+\frac{1}{13}\sin 13(\omega t+\frac{\pi}{6})-\cdots\Big] \end{aligned} \tag{5-24}$$

- 이 식으로부터 선간전압의 기본파 실효값은 극전압보다 $\sqrt{3}$배 크며, 직류 전압 크기의 78%에 해당한다는 것을 알 수 있다.

$$V_{ab1-rms} = \frac{1}{\sqrt{2}}\frac{2\sqrt{3}\,V_{dc}}{\pi} = 0.78\,V_{dc}\,[\mathrm{V}] \tag{5-25}$$

- 선간전압의 고조파 성분을 살펴보면, 극전압에 존재하던 3의 배수 고조파 성분들은 제거되어 5, 7, 11, 13차 등의 **6n±1 차수**(n은 양의 정수)의 고조파 성분만 남는다.
- 이러한 이유는 극전압들이 서로 120° 위상차가 있으므로, 극전압에 포함된 3의 배수 고조파 성분들이 서로 3×120°= 360°의 배수인 위상차를 갖게 되어 동상이 되므로, 두 극전압의 차로 주어지는 선간전압에서는 제거되기 때문이다.
- 이렇게 3차 고조파가 없으므로, 선간전압에서 5차 성분이 가장 큰 고조파가 된다.

③ 상전압

- 상전압은 선간전압과는 그 크기가 $\sqrt{3}$ 배 작으며 위상은 $\pi/6$만큼 뒤지지만, 고조파 성분은 선간전압의 고조파 성분과 동일하다.
- 예로서 a상 전압 v_{as}는 다음과 같이 선간전압 v_{ab}보다 $\sqrt{3}$ 배 작고 위상은 $\pi/6$만큼 뒤진다.

$$v_{as} = \frac{2\,V_{dc}}{\pi}\left[\,\sin\omega t - \frac{1}{5}\sin 5\omega t - \frac{1}{7}\sin 7\omega t + \cdots\,\right] \tag{5-26}$$

- 이로부터 상전압의 기본파 크기는 실효값으로 다음과 같이 된다.(상전압과 극전압의 실효값은 같음)

$$V_{as1-rms} = \frac{1}{\sqrt{2}}\frac{2\,V_{dc}}{\pi} = 0.45\,V_{dc}\ [\mathrm{V}] \tag{5-27}$$

- b상과 c상 전압은 a상 전압과 각각 120°와 240°의 위상차만 있을 뿐 크기는 동일하다.

문제

300Vdc의 직류 전압을 사용하여 구형파 구동하고 있는 3상 인버터에서 극전압, 선간전압, 상전압의 기본파 크기[V]를 구하시오.

답

극전압의 기본파 크기 $2\,V_{dc}/\pi = 0.6366\,V_{dc} = 0.6366 \times 300 = 191\mathrm{V}$,
선간전압의 기본파 크기 $2\sqrt{3}\,V_{dc}/\pi = 1.1 \times 300 = 330.8\mathrm{V}$ (234Vrms)이며,
상전압의 기본파 크기는 극전압과 동일하며 191V이다.

- 3상 인버터에서 출력 전압의 기본파 전압의 비교가 그림 5.28에 보인다.

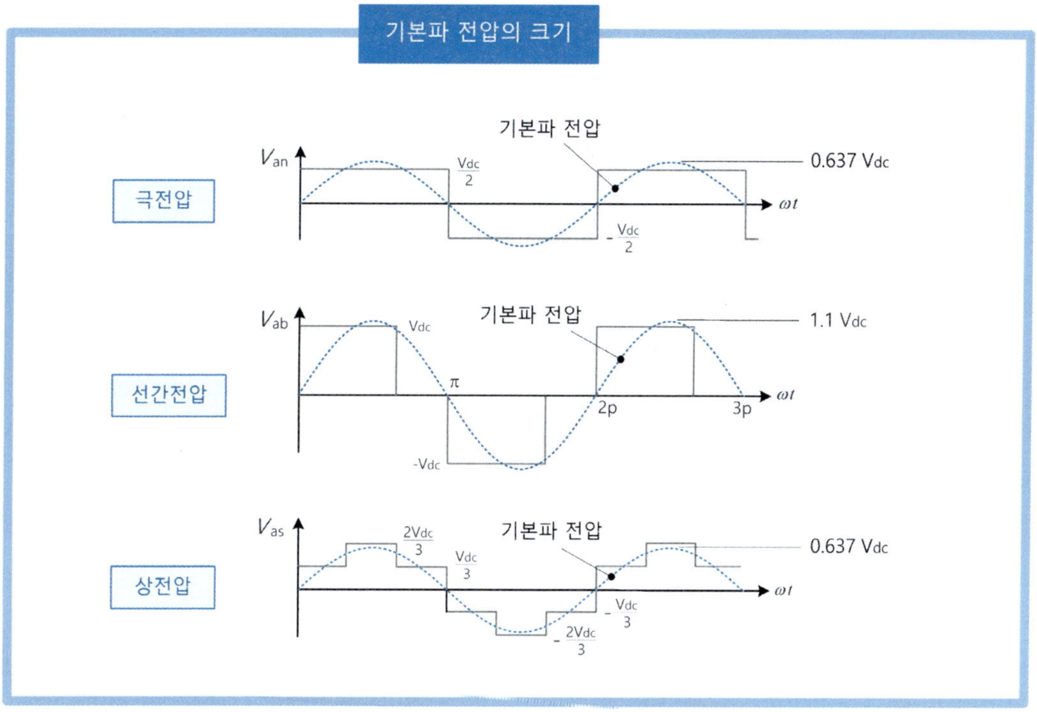

그림 5.28 3상 인버터의 기본파 전압 비교

• 다음으로, 3상 인버터를 수학적으로 모델링해보자.

3상 인버터의 수학적 모델

• 우선 3상 부하 Z는 그림 5.29에 보이는 것처럼 3상 평형으로 Y-결선이며, 중성점 s는 외부 회로와의 연결이 없다고 가정한다.

① 출력 전압 모델

- 출력 모델에서 입력은 3상의 스위칭 상태(즉, 스위칭 함수)이고 출력은 상전압이며, 각각의 스위칭 함수 S는 위 스위치가 켜져있는 경우는 1, 꺼져있는 경우는 0이다.
- 그림 5.29에 보이는 a상의 폐루프 회로에 대한 전압 방정식은 다음과 같다.

$$v_{an} = v_{as} + v_{sn} \tag{5-28}$$

- 이와 비슷하게 다른 두 상에 대한 전압 방정식도 다음과 같이 표현된다.

$$v_{bn} = v_{bs} + v_{sn} \tag{5-29}$$

$$v_{cn} = v_{cs} + v_{sn} \tag{5-30}$$

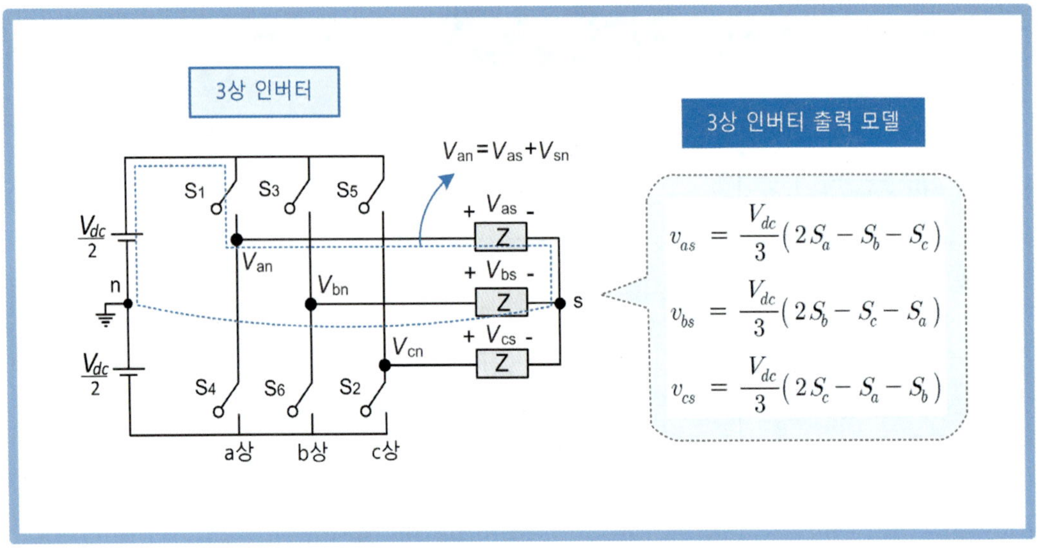

그림 5.29 3상 인버터 출력 전압의 스위칭 함수로의 표현

- 이들 식에서 극전압은 스위칭 상태에 따라 주어지므로, 상전압을 구하기 위해서는 부하의 중성점 전압 v_{sn}을 알아야 한다.
- 이를 위해 이들 3상 극전압 식들을 변끼리 더하면 다음과 같은 식이 얻어진다.

$$v_{an} + v_{bn} + v_{cn} = v_{as} + v_{bs} + v_{cs} + 3v_{sn} \tag{5-31}$$

- 여기서, 3상 전류의 합은 영이므로 $v_{as} + v_{bs} + v_{cs} = Z(i_{as} + i_{bs} + i_{cs}) = 0$이다.
- 따라서, 식(5-31)에서 중성점 전압 v_{sn}은 다음과 같이 3상 극전압의 평균이 된다.

$$v_{sn} = \frac{1}{3}(v_{an} + v_{bn} + v_{cn}) \tag{5-32}$$

- 여기서, a, b, c상의 스위칭 함수를 각각 S_a, S_b, S_c이라 하면, 스위칭 함수로 표현된 3상 극전압은 다음과 같다.

$$v_{an} = V_{dc}(S_a - \frac{1}{2}) \tag{5-33}$$

$$v_{bn} = V_{dc}(S_b - \frac{1}{2}) \tag{5-34}$$

$$v_{cn} = V_{dc}(S_c - \frac{1}{2}) \tag{5-35}$$

- 이들 극전압을 식(5-32)에 대입하면 다음과 같은 중성점 전압을 얻을 수 있다.

$$
\begin{aligned}
v_{sn} &= \frac{1}{3}(\, v_{an} + v_{bn} + v_{cn}\,) \\
&= \frac{V_{dc}}{3}\left(S_a + S_b + S_c - \frac{3}{2} \right)
\end{aligned}
\tag{5-36}
$$

- 이 중성점 전압과 극전압으로부터 상전압을 구할 수 있는데, 예를 들어 a상의 상전압은 다음과 같이 얻어진다.

$$
\begin{aligned}
v_{as} &= v_{an} - v_{sn} \\
&= V_{dc}\left(S_a - \frac{1}{2} \right) - \frac{V_{dc}}{3}\left(S_a + S_b + S_c - \frac{3}{2} \right) \\
&= \frac{V_{dc}}{3}(2\,S_a - S_b - S_c)
\end{aligned}
\tag{5-37}
$$

- 동일한 방법으로 b와 c상의 상전압을 구할 수 있다.

■ **스위칭 함수로 표현된 3상 인버터의 출력 상전압**

$$
v_{as} = \frac{V_{dc}}{3}(\,2\,S_a - S_b - S_c\,) \tag{5-38}
$$

$$
v_{bs} = \frac{V_{dc}}{3}(\,2\,S_b - S_c - S_a\,) \tag{5-39}
$$

$$
v_{cs} = \frac{V_{dc}}{3}(\,2\,S_c - S_a - S_b\,) \tag{5-40}
$$

- 이 출력 모델 식을 통해 3상의 스위치 상태로부터 상전압을 바로 알 수 있다.
- 예를 들어, 그림 5.30에 보이듯이 구형파 동작에 대한 3상 스위치의 상태 S_a, S_b, S_c로부터 위의 모델 식을 이용하여 3상 부하의 상전압을 바로 구할 수 있다.

다음으로 3상 인버터의 입력 전류를 스위칭 함수와 3상 출력 전류로 표현해 보자.

② 입력 전류 모델

- 3상 인버터의 입력 전류 i_{dc}는 항상 한 상의 출력 부하 전류에 대응된다.

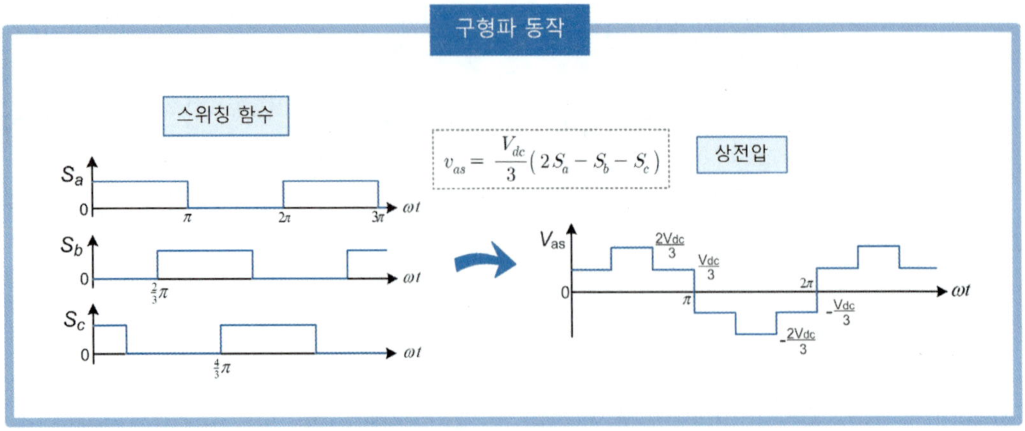

그림 5.30 스위치 상태와 상전압

- 예를 들어 그림 5.31에 3상 구형파 인버터에서 스위칭 소자 S_5, S_6, S_1이 도통하는 첫 번째 구간($0^\circ \leq \omega t \leq 60^\circ$)의 회로를 보이는데, 이 경우 입력 전류는 b상 출력의 반전 전류 즉, $-i_b$ $(= i_a + i_c)$가 되는 것을 알 수 있다.

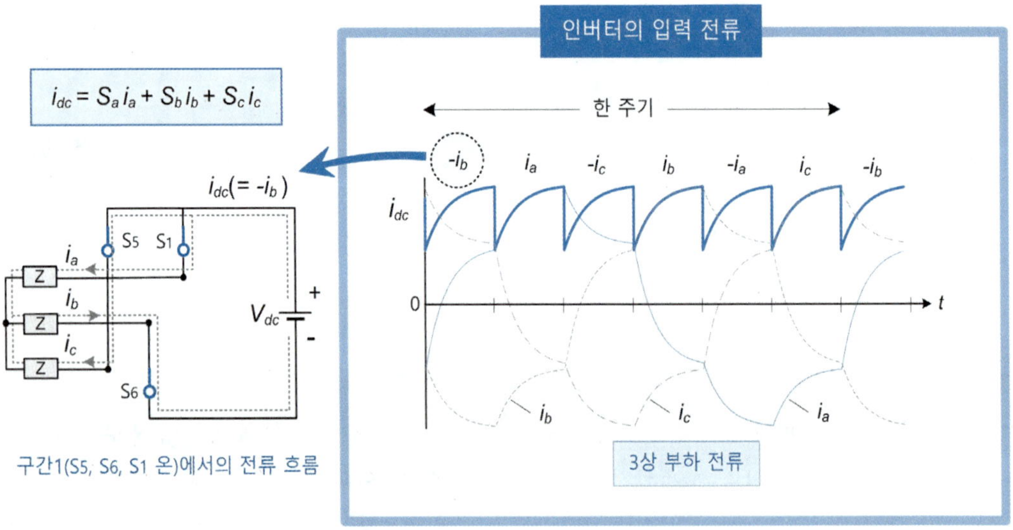

그림 5.31 인버터의 입력 전류와 상전류

- 이처럼 3상 구형파 인버터의 6개 동작 구간에 대해 입력 전류를 한 상의 출력 전류로 대응해 보면 다음과 같이 된다.

$$i_{dc} = -i_b \ (0^\circ \leq \omega t \leq 60^\circ) \qquad \leftarrow S_5, S_6, S_1 \text{ 도통}$$

$$i_a \ (60^\circ \leq \omega t \leq 120^\circ) \qquad \leftarrow S_6, S_1, S_2 \text{ 도통}$$

$$
\begin{aligned}
&-i_c\ (120^\circ \le \omega t \le 180^\circ) && \leftarrow S_1,\ S_2,\ S_3 \text{ 도통} \\
&i_b\ (180^\circ \le \omega t \le 240^\circ) && \leftarrow S_2,\ S_3,\ S_4 \text{ 도통} \\
&-i_a\ (240^\circ \le \omega t \le 300^\circ) && \leftarrow S_3,\ S_4,\ S_5 \text{ 도통} \\
&i_c\ (300^\circ \le \omega t \le 360^\circ) && \leftarrow S_4,\ S_5,\ S_6 \text{ 도통}
\end{aligned} \tag{5-41}
$$

- 식(5-41)로부터 유도성 부하에 대해 한 주기 동안의 입력 전류가 그림 5.31에 나타나 있다.
- 3상 구형파 인버터의 입력 전류에는 6개 구간의 동작에 따른 출력 주파수의 6배에 해당하는 리플 성분이 존재함을 알 수 있다.
- 따라서, 인버터의 출력 주파수가 60Hz인 경우 360Hz 주파수의 리플 성분이 입력 전류에 존재한다.
- 이처럼 인버터의 입력 전류와 3상 출력 부하 전류와의 관계는 스위칭 상태에 따라 결정되는데, 다음과 같이 스위칭 함수와 출력 부하 전류로 **입력 전류 식**을 표현할 수 있다.

- **입력 전류 식 :** $i_{dc} = S_a i_a + S_b i_b + S_c i_c$ (5-42)

5.4 PWM 인버터

- 앞 절에서는 인버터에서 출력 전압의 크기가 최대인 구형파 구동 방식에 대해 살펴보았는데, 이번에는 출력 전압의 크기를 가변하는 변조 방식에 대해 살펴보도록 한다.
- 출력 전압 크기의 가변 방법으로는 **펄스 진폭 변조(Pulse Amplitude Modulation, PAM) 방식**과 **펄스 폭 변조(Pulse Width Modulation, PWM) 방식**이 있다. (그림 5.32)
- **PAM 방식**은 직류 입력 전압의 크기를 직접 조절하여 출력 전압의 크기를 제어하는 반면, **PWM 방식**은 직류 입력 전압의 크기를 일정하게 유지한 채 펄스 폭을 조절함으로써 출력 전압의 크기를 제어한다.
- PWM 방식은 그 펄스 폭에 따른 평균 전압이 정현파가 되도록 제어하고 있어 고조파가 적고, 전압을 빠르게 변동시킬 수 있으므로 통상적으로 사용된다.
  여기서는 PWM 기법에 대해서만 알아본다.

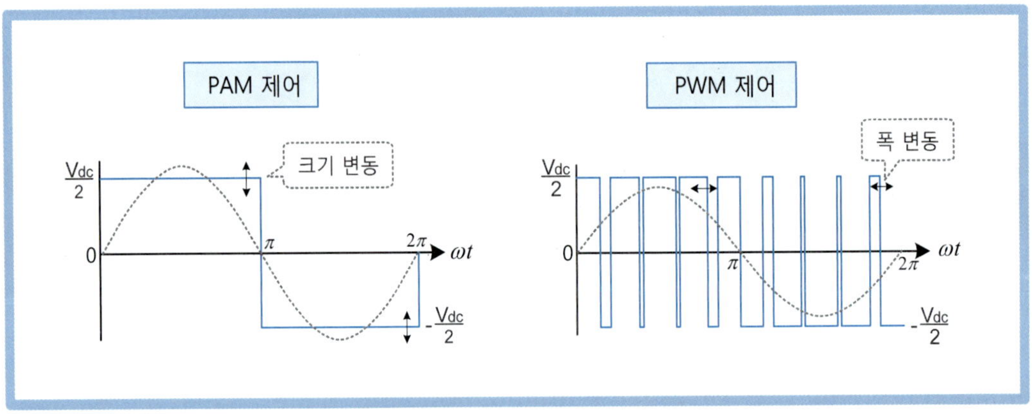

그림 5.32 인버터의 출력 전압 제어 방법

- PWM 기법을 사용한 인버터에서는 다음과 같은 제어를 한다.

○ 출력 전압에 포함된 **기본파 크기**의 선형적인 제어 ○ 출력 전압에 포함된 기본파 성분의 **주파수** 제어 ○ 출력 전압에 포함된 **고조파 성분** 제어

- PWM 기법에서는 지령 전압과 동일한 크기 및 주파수의 기본파 전압을 발생하도록 하는 과정에서, 직류 전압의 이용률을 높이거나 불필요한 고조파 제거, 스위칭 횟수나 손실 등을 최소화하도록 스위칭 패턴을 결정할 수 있다.

• PWM 기법에 대한 성능은 다음의 세 가지 항목들로 평가된다.
  - 동일한 직류 입력 전압 하에서 선형적으로 출력 가능한 기본파 전압의 크기
  - 생성된 출력 전압에 포함된 고조파의 양
  - 스위칭 손실

PWM 기법의 종류

• 여러 성능을 향상시키기 위해 1964년에 처음으로 도입된 정현파(Sinusoidal) PWM 기법을 시작으로, 다양한 PWM 기법들이 개발되었으며, 이는 크게 다음의 세 가지 방식으로 분류된다.

> ○ 프로그램 변조 방식(Programmed PWM)
> ○ 삼각파 비교 변조 방식(Carrier Based PWM)
> ○ 공간 벡터 변조 방식(Space Vector PWM)

• 여러 기법 중 공간 벡터 전압 변조 방식이 가장 우수한 것으로 평가되어 현재 대부분 사용되고 있다.
• PWM 기법을 살펴보기에 앞서, 출력 전압의 크기를 정규화하여 표현하는 전압 변조 지수(Modulation Index)를 다음과 같이 정의한다.

■ **전압 변조 지수(Modulation Index, MI)**: $$MI = \frac{V_{1peak}}{\left(\frac{V_{dc}}{2}\right)} \quad (5\text{-}43)$$

• 이처럼, 전압 변조 지수 MI는 직류 입력 전압 $V_{dc}/2$와 출력 상전압에 포함된 기본파의 크기 V_{1peak}와의 비를 나타낸다.

문제

구형파 구동 방식으로 운전하고 있는 3상 인버터에서 전압 변조 지수 MI는 얼마인가?

답

구형파 구동 시에 출력 상전압에 포함된 기본파 성분의 크기는 $2V_{dc}/\pi$이므로, 전압 변조 지수 $MI = V_{1peak}/(V_{dc}/2) = 1.273$이 된다. 이 값이 3상 인버터로부터 얻을 수 있는 최대 전압 변조 지수이다.

5.4.1 프로그램 PWM 방식

- 이 기법은 PWM 스위칭 패턴(스위칭 각)을 미리 계산하여 테이블에 저장한 뒤, 운전 중 전압 지령이 주어지면 해당 패턴으로 스위치를 온/오프하는 방식의 PWM 기법이다.
- 이 경우 PWM 스위칭 패턴은 원하는 크기의 기본파 전압이 출력함과 동시에 또 다른 목적을 달성하도록 만들 수 있는데, 그중 대표적인 예가 특정 고조파 성분을 제거하도록 하는 **고조파 소거(Selective Harmonic Elimination, SHE) PWM 기법**이다.

이러한 고조파 소거 PWM 기법에서 스위칭 패턴을 계산하는 방법에 대해 알아보도록 하자.

스위칭 패턴 계산 방법

- PWM 인버터의 출력 전압 $v(t)$는 통상적으로 그림 5.33에 보이듯이 1/4 대칭 구형파 전압으로 주어진다.
- 이 경우 1/4 주기 내에서의 스위칭 각을 구하면 전 주기의 스위칭 패턴을 구할 수 있다.

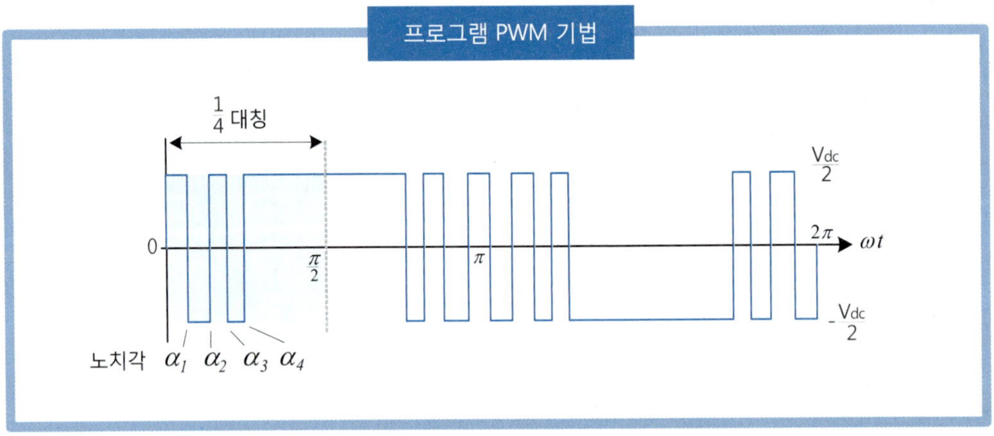

그림 5.33 프로그램 PWM 기법

- 이러한 주기성 구형파 전압을 푸리에 급수로 전개해보면 다음과 같다.

$$v(t) = \sum_{n=1}^{\infty}(a_n \cos n\omega t + b_n \sin n\omega t)$$

$$= \sum_{n=1}^{\infty} b_n \sin n\omega t \qquad (\leftarrow \text{기함수이므로 } a_n=0\text{이다.}) \tag{5-44}$$

- 1/4 대칭 구형파 전압은 기함수이므로 $\cos n\omega t$ 의 푸리에 계수 $a_n = 0$이며, $\sin n\omega t$ 의 푸리에 계수 b_n 중에 짝수 차수의 주파수 성분은 영이다.

• 따라서 홀수 차수의 계수 b_n $(n=1,3,5,\ \cdots\ )$만 구하면 된다. (계수 b_n은 n차 주파수 성분 전압의 크기를 의미함.)

• 그림 5.33의 출력 전압 $v(t)$에 대해 1/4 주기에서 스위칭 각, 즉 노치(Notch) 각을 k개로 하는 경우, b_n은 다음과 같이 계산된다.

$$b_n = \frac{1}{4\pi}\int_0^{\frac{\pi}{2}} v(t)\sin n\omega t\, d\omega t \tag{5-45}$$

$$= \frac{1}{4\pi}\left[\int_0^{\alpha_1}(\frac{V_{dc}}{2})\sin n\omega t\, d(\omega t) + \int_{\alpha_1}^{\alpha_2}(-\frac{V_{dc}}{2})\sin n\omega t\, d(\omega t) + \cdots \right.$$

$$\left. + \int_{\alpha_{k-1}}^{\alpha_k}(\frac{V_{dc}}{2})\sin n\omega t\, d(\omega t) + \int_{\alpha_k}^{\frac{\pi}{2}}(-\frac{V_{dc}}{2})\sin n\omega t\, d(\omega t)\right]$$

참고 $(\int_B^A(\frac{V_{dc}}{2})\sin n\omega t\, d(\omega t) = \frac{V_{dc}}{2n}(\cos nB - \cos nA))$

$$= \frac{2V_{dc}}{n\pi}[1 + 2(-\cos n\alpha_1 + \cos n\alpha_2 - \cdots + \cos n\alpha_k)]$$

$$= \frac{2V_{dc}}{n\pi}[1 + 2\sum_{k=1}^{k}(-1)^k \cos n\alpha_k] \tag{5-46}$$

• 최대 상전압의 크기가 $2V_{dc}/\pi$이므로, 이 값으로 식(5-46)을 정규화하면, n차 주파수 성분의 전압 크기는 다음과 같이 된다.

$$\% V_n = \frac{1}{n}[1 + 2\sum_{k=1}^{k}(-1)^k \cos n\alpha_k] \tag{5-47}$$

• 이로부터 노치 각 α_k를 구하기 위해서는 노치 각의 개수만큼의 연립 방정식이 필요한데, 이로부터 $v(t)$에 포함된 k개 주파수 성분의 크기를 정해주면 노치 각 α_k를 결정할 수 있다.

• k개의 방정식 중 하나는 원하는 기본파 출력 전압의 크기 b_1의 제어에, 나머지 k-1개는 원하는 차수의 고조파 전압 성분을 제거하는 데 사용하면 된다.

• 그림 5.33의 예에서 노치 각은 4개이며, 이를 계산하기 위해 4개의 연립 방정식이 필요한데, 이들 식을 통해 기본파 전압의 크기를 제어하고, 원하는 차수의 고조파 전압 3개를 제거할 수 있는 노치 각을 구할 수 있다.

• 이 PWM 기법에서 스위칭 패턴은 고조파 제거 이외에 고조파 손실이나 고조파 토크저감 등 원하는 성능이 나오도록 설정할 수 있어서 이 기법을 Optimal PWM으로도 부른다.

문제

고조파 소거 PWM 기법에서 노치 각이 2개인 경우, 기본파 전압의 크기는 100V이고 5차 고조파 전압은 영이 되도록 하는 노치 각을 구하시오. 단, 직류 전압은 150V이다.

답

식(5-46)으로부터 푸리에 계수 $b_n = \frac{2V_{dc}}{n\pi}[1+2(-\cos n\alpha_1 + \cos n\alpha_2)]$이다.

이로부터 기본파 전압 크기 $b_1 = \frac{2V_{dc}}{\pi}[1-2\cos\alpha_1 + 2\cos\alpha_2]$, 5차 고조파 크기 $b_5 = \frac{2V_{dc}}{5\pi}[1-2\cos5\alpha_1 + 2\cos5\alpha_2] = 0\,V$로 방정식을 세운다. 이로부터 노치 각을 구하면 $\alpha_1 = 24^\circ$, $\alpha_2 = 36.27^\circ$가 된다.

5.4.2 정현파 PWM 방식

- 주어진 정현파의 전압 지령을 삼각 반송파와 비교하여, 지령 전압이 출력되도록 하는 PWM 펄스 패턴을 발생시키는 방식이 **정현파 변조(Sinusoidal PWM, SPWM) 방식**이다.

정현파 PWM의 동작 원리

- 교류 전압 지령 v_{ref}를 지령 전압의 주파수보다 충분히 높은 주파수의 삼각 반송파(Triangular Carrier Wave) v_c와 실시간으로 그 크기를 비교하여, 다음과 같은 원리로 스위치의 온/오프 상태를 결정한다. (그림 5.34)
  - 지령 전압 v_{ref} > 삼각파 v_c의 경우 : 위쪽 스위치 켬, $S=1$ (극전압 : + $V_{dc}/2$)
  - 지령 전압 v_{ref} < 삼각파 v_c의 경우 : 아래쪽 스위치 켬, $S=0$ (극전압 : - $V_{dc}/2$)

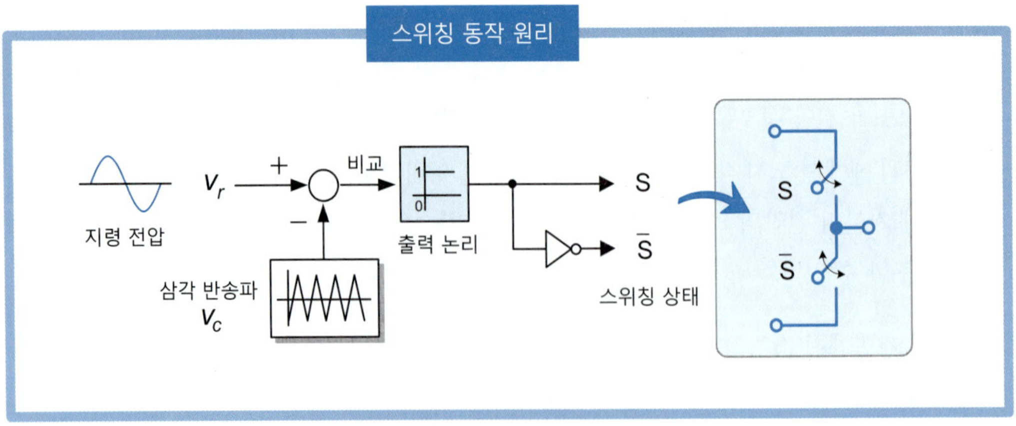

그림 5.34 정현파 PWM의 동작 원리

- 여기서 삼각 반송파 v_c의 피크-피크 값은 직류 입력 전압의 크기 V_{dc}로 설정되며, 선형 변조를 위해서는 지령 전압 v_{ref}의 크기가 삼각 반송파를 초과해서는 안 된다.
- 또한, 삼각 반송파의 주파수는 지령 전압의 주파수보다 충분히 커야 한다.
- 정현파 PWM 방식에서는 삼각 반송파 한 주기에 한 번씩 스위치가 온/오프되기 때문에, 인버터의 스위칭 주파수가 삼각 반송파의 주파수와 같다.
- 이 기법에서는 스위칭 주파수를 알 수 있어 스위칭 손실의 계산이 용이하며, 이를 바탕으로 스위칭 반도체 소자에서 발생하는 열을 계산하고, 이에 따른 방열 설계도 수월하게 할 수 있다.
- 또한, 스위칭 주파수에 의존된 출력 전압의 고조파 성분도 알 수 있으므로, 이를 제거하기 위한 저역 통과 필터의 설계가 수월해진다.

이제 이러한 정현파 PWM 방식을 단상 하프 및 풀 브리지 인버터와 3상 인버터에 적용하는 방법과 출력 전압의 고조파 특성을 알아보도록 하자.

(1) 단상 하프 브리지 인버터

- 단상 하프 브리지 인버터에 적용된 정현파 PWM 방식이 그림 5.35에 보인다.

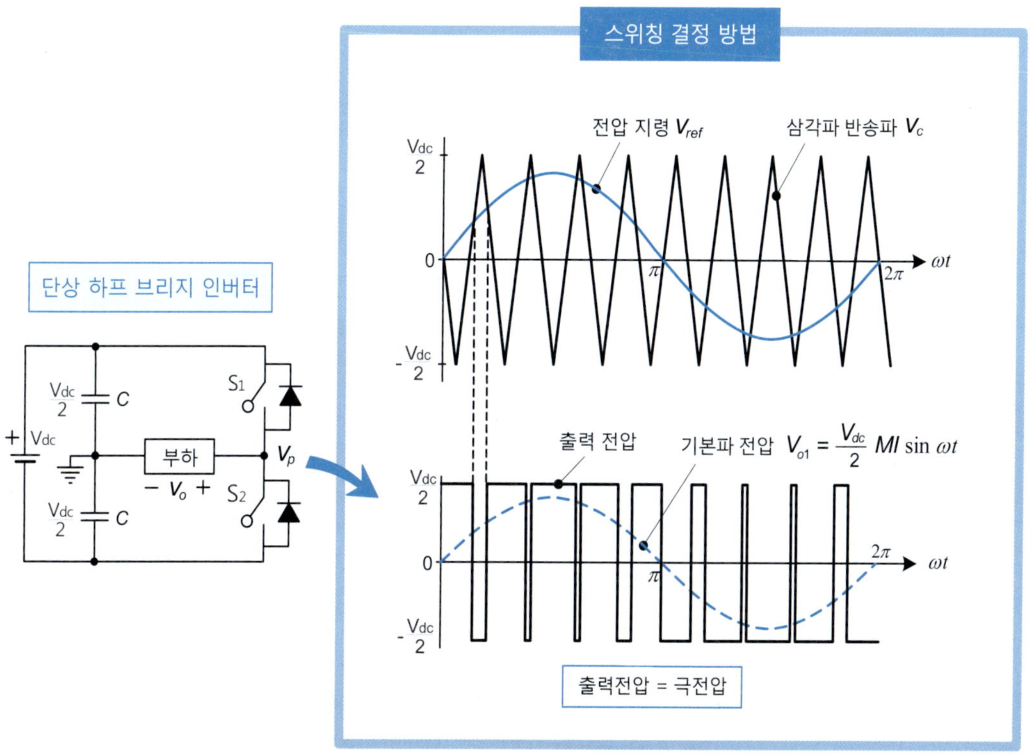

그림 5.35 단상 하프 브리지 인버터에서 정현파 PWM 방식

PWM 출력 전압

- 정현파 PWM 방식으로 스위칭하는 경우, 출력 전압의 기본파 크기 v_{o1}은 다음과 같이 지령 전압 v_{ref}의 크기에 비례하여 발생된다.

$$v_{o1} = v_{ref} \sin \omega t \tag{5-48}$$

- 이러한 출력 전압은 통상적으로 다음과 같이 전압 변조 지수 MI로 표현한다.

  - **출력 전압(기본파) :** $$v_{o1} = \frac{V_{dc}}{2} \cdot MI \cdot \sin \omega t \qquad \left(MI = \frac{v_{ref}}{V_{dc}/2}\right) \tag{5-49}$$

- 지령 전압 v_{ref}의 크기는 삼각 반송파의 크기 $\pm V_{dc}/2$보다 크지 않아야 하므로, 출력 가능한 최대 기본파 전압의 크기는 $V_{dc}/2$이다.
- 이에 따라 전압 변조 지수의 범위는 $0 \le MI \le 1$이다.
- 정현파 PWM 기법에서의 최대 기본파 전압의 크기는 인버터의 최대 기본파 전압(구형파 동작 시)인 $2V_{dc}/\pi$의 78.5% 정도로 별로 크지 않다.
- 전압 변조 영역은 변조 지수를 기준으로 크게 **선형 변조 영역, 과변조 영역, 구형파 운전 영역**의 세 영역으로 나뉜다. (그림 5.36)

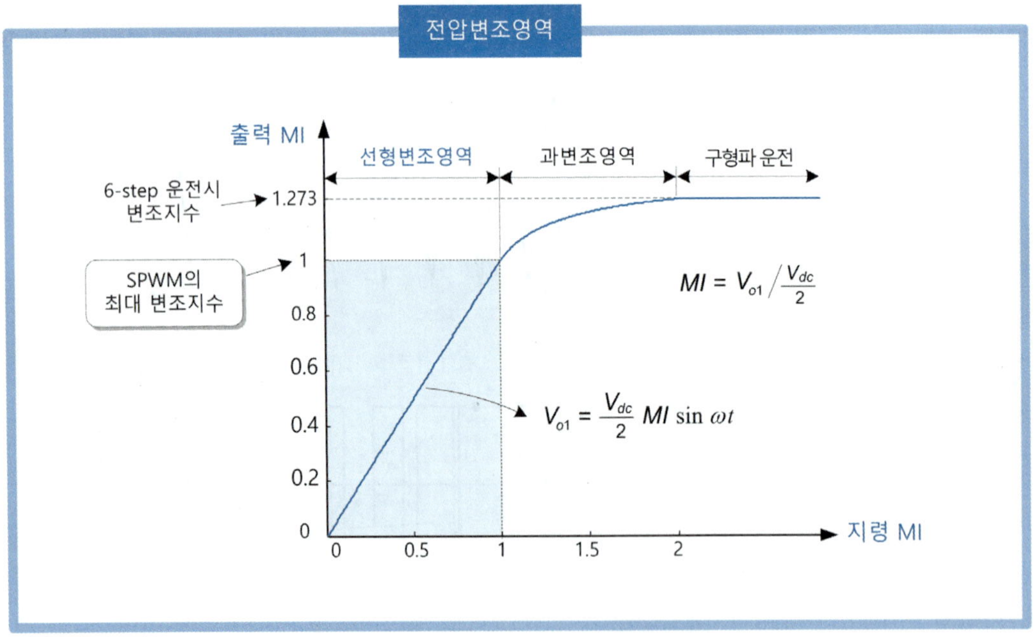

그림 5.36 SPWM 기법에서의 전압 변조 영역

① **선형 변조 영역 :** $0 \le MI \le 1$

인버터에서 생성된 출력 전압의 기본파 v_{o1}이 전압 지령 v_{ref}의 크기에 정비례하여 출력되는 (즉, 인버터의 전압 이득 1) 영역이다.

② **과변조(Overmodulation) 영역 :** $1 < MI < 1.273$

선형 변조 영역을 벗어난 변조 범위를 과변조 영역이라고 하며, 이 영역에서는 전압 지령에 따라 생성된 출력 전압의 기본파 크기가 지령 크기에 비례하지 않는다.

③ **구형파 동작 영역 :** $MI = 1.273$

인버터가 최대 전압을 출력하는 운전 영역으로, 이때 최대 변조 지수 $MI = (2V_{dc}/\pi)/(V_{dc}/2) = 1.273$이다.

문제

200V의 배터리를 직류 전압으로 사용하여 SPWM 제어를 하고 있는 단상 하프 브리지 인버터에서 선형적으로 제어 가능한 최대 출력 전압의 기본파 크기는 실효값[Vrms]으로 얼마인가?

팁

SPWM 기법을 사용한 단상 하프 브리지 인버터에서 선형적으로 제어 가능한 최대 출력 전압의 기본파 $V_{dc}/2 = 200/2 = 100$V이며, 실효값으로는 $100/\sqrt{2} = 70.71$Vrms이다.

PWM 출력 전압(=극전압)의 고조파 분석

- 교류 전압은 정현파인 것이 가장 이상적인데, PWM 스위칭으로 발생된 인버터의 교류 전압은 정현파가 아니고 고조파가 포함된 펄스 형태의 전압이다.
- 이러한 PWM 전압에 어떠한 고조파 성분이 포함되어 있는지 알아보아야 하는데, 인버터 손실 계산이나 출력 필터를 설계할 때 이들 고조파 성분이 필요하기 때문이다.
- PWM 출력 전압(즉, PWM 극전압)에 포함된 고조파 전압 v_{p-h}는 일반화된 식으로 다음과 같이 표현할 수 있다.

$$v_{p-h} = V_h \sin(2\pi h f_o t + \phi_h) \tag{5-50}$$

여기서 f_o는 지령 전압(즉, 기본파 전압)의 주파수이며, h는 고조파 성분의 차수, V_h는 h차 고조파 성분의 크기, ϕ_h는 h차 고조파 성분의 위상이다.

- PWM 전압에는 삼각파의 주파수인 스위칭 주파수 f_c와 그 배수 M의 주파수 성분, 그리고 이들 스위칭 고조파 성분을 중심으로 한 측파대 N에 고조파가 존재한다고 알려져 있다.

- 이러한 고조파 성분의 차수 h를 식으로 표현하면 다음과 같이 된다. 여기서, M과 N은 양의 정수이며, $M+N$은 홀수로 주어진다.

■ **고조파 성분의 차수** : $h = M\left(\frac{f_c}{f_o}\right) \pm N = Mm_f \pm N$ (5-51)

- 여기서 m_f는 기본파 주파수와 삼각파 주파수의 비를 나타내는 주파수 변조 지수(Frequency Modulation Ratio)로, 다음과 같이 정의된다.

■ **주파수 변조 지수** : $m_f = \frac{f_c}{f_o}$ (5-52)

문제

그림 5.35에 보인 SPWM 기법에서 지령 전압의 주파수가 50Hz인 경우, 주파수 변조 지수 m_f와 스위칭 주파수는 얼마인가?

답

지령 전압의 한 주기가 삼각파 9주기에 해당하므로, 주파수 변조 지수 m_f =9이며, 스위칭 주파수 $f_c = m_f \times f_o$ = 540Hz이다.

- **PWM 극전압의 고조파 분포** : 식(5-51)의 고조파 성분의 차수 h를 나열하면 다음과 같다.

$$
\begin{array}{llll}
m_f, & m_f \pm 2, & m_f \pm 4, & m_f \pm 6, \cdots \\
2m_f \pm 1, & 2m_f \pm 3, & 2m_f \pm 5, & 2m_f \pm 7, \cdots \\
3m_f & 3m_f \pm 2, & 3m_f \pm 4, & 3m_f \pm 6, \cdots \\
4m_f \pm 1, & 4m_f \pm 3, & 4m_f \pm 5, & 4m_f \pm 7, \cdots
\end{array} \quad (5\text{-}53)
$$

- **고조파의 크기**
  - 이들 고조파 성분의 크기는 차수(또는 M)나 N이 증가할수록 작아진다.
  - 따라서 차수 $h = m_f$의 고조파 성분의 크기가 가장 크게 되며, 이는 스위칭 주파수 f_c에 해당하는 고조파 주파수 성분이 가장 크다는 것을 의미한다.
  - 예로서 f_o =50Hz, m_f =21인 PWM 전압에 대한 고조파 분포가 그림 5.37에 보인다.
  - 이 경우 크기가 가장 큰 m_f =21차 고조파 성분의 주파수는 스위칭 주파수 f_c인 1050Hz(= $m_f \times f_o$ =21×50Hz)가 된다.

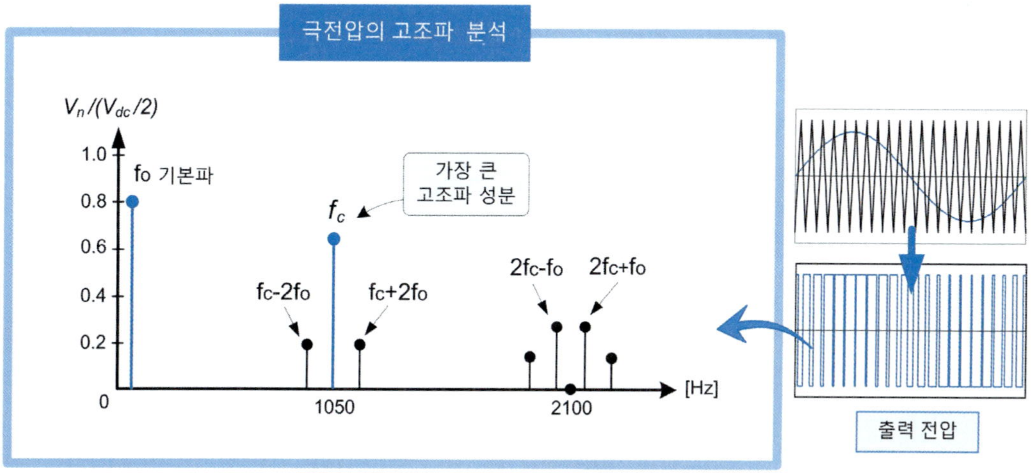

그림 5.37 SPWM 기법에서 극전압의 고조파 분포

- 스위칭 주파수가 높으면 크기가 가장 큰 고조파의 주파수도 커지는데, 이런 높은 주파수의 고조파는 부하 인덕턴스 성분에 의해 필터링 되기 쉬워, 부하 전류 파형의 질이 향상된다.
- 그렇지만 스위칭 주파수가 높을수록 스위칭 손실이 커지므로, 시스템의 전체 성능을 고려해서 스위칭 주파수를 선정해야 한다.

(2) 단상 풀 브리지 인버터

- 단상 풀 브리지 인버터의 정현파 PWM 방법으로는 양극성과 단극성 스위칭의 두 가지 방식이 있다. (그림 5.38)
- 양극성 스위칭 방식에서 순시 출력 전압은 $\pm V_{dc}$의 양극성으로 변동하는 데 비해, 단극성 스위칭 방식에서는 0 또는 $+V_{dc}$ 및 0 또는 $-V_{dc}$의 단극성으로 변동한다.

① 양극성 스위칭(Bipolar Switching) 방식

- 이 방식에서는 전압 지령 v_{ref}를 삼각 반송파와 비교하여 H극의 스위칭 상태를 결정하며, L극 스위치의 온/오프 상태는 H극의 스위칭 상태를 반전하여 사용한다.
- 이 경우 출력 전압의 형태는 극전압과 동일하다.

② 단극성 스위칭(Unipolar Switching) 방식

- 이 방식에서는 H극과 L극의 스위칭 상태를 독립적으로 결정하며, 이를 위해 전압 지령을 각각 v_{refL}과 v_{refH}로 따로 설정하고 삼각 반송파와 이들을 각각 비교한다.
- 두 극전압의 위상차가 180°이어야 유효한 출력 전압이 발생하므로, H극 지령은 주어진 전압 지령으로 설정하고 L극 지령은 그 전압 지령을 반전하여 사용한다.
- 이 경우 출력 전압은 두 극전압의 차이(즉, H극 전압 - L극 전압)로 주어진다.

- 양극성 스위칭과 단극성 스위칭 방식의 구현이 그림 5.38에 보인다.
- 단극성 스위칭 방식에서 순시 출력 전압의 리플 주파수는 양극성 스위칭 방식에 2배로 커지므로, 고조파 특성이 스위칭 방식에 따라 달라진다.

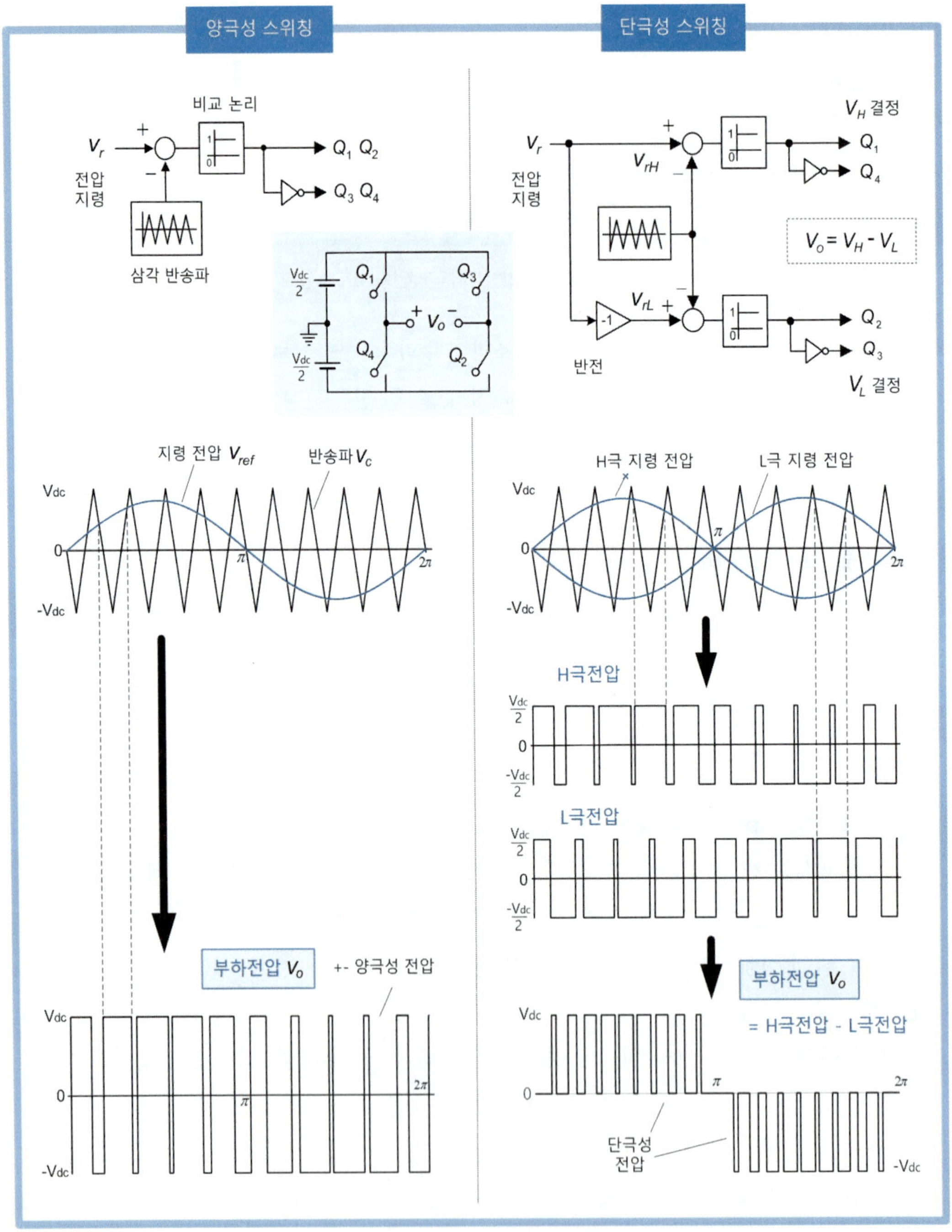

그림 5.38 풀 하프 브리지 인버터에서의 삼각파 비교 변조 방식 (MI=0.8, m_f=10)

• 단상 브리지 인버터에서 스위칭 방식에 따른 출력 전압의 비교가 그림 5.39에 보인다.

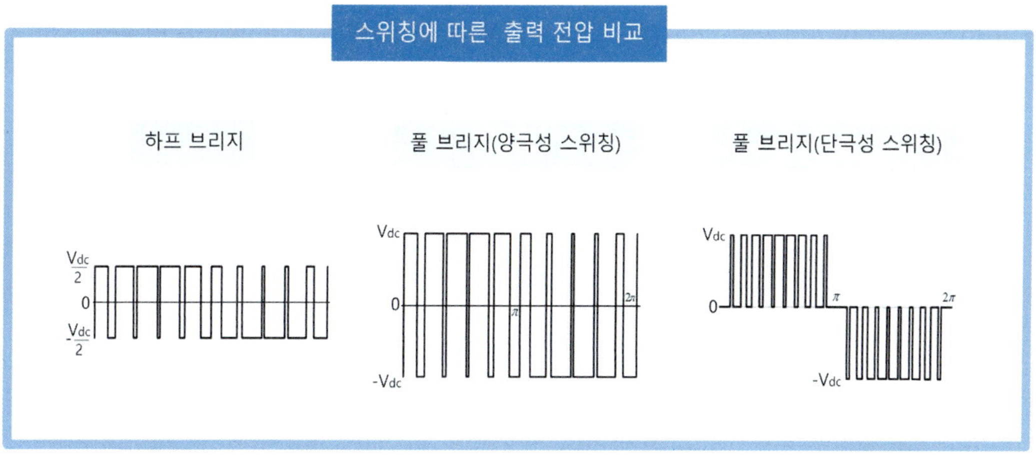

그림 5.39 단상 인버터에서의 삼각파 비교 변조 방식 비교

PWM 출력 전압

• 단상 풀 브리지 인버터의 출력 전압은 스위칭 방식과는 상관없이 나음과 같이 주어지며, 단상 하프 브리지 인버터의 2배이다.

$$v_{o1} = V_{dc} \cdot MI \cdot \sin\omega t \qquad (\text{단, } 0 \le MI \le 1 : \text{선형 변조 범위}) \tag{5-54}$$

• 최대 선형 변조 지수 $MI = 1$이므로, 선형적으로 얻을 수 있는 최대 기본파 전압은 V_{dc}이다.

• 이 기본파 전압의 크기는 단상 풀 브리지 인버터에서 얻을 수 있는 최대 기본파 전압(구형파 동작 시)인 $4V_{dc}/\pi$의 78.5%이다.

문제

300V의 배터리를 직류 전압으로 사용하여 SPWM 제어를 하고 있는 단상 풀 브리지 인버터에서 선형적으로 제어 가능한 최대 출력 전압의 기본파 크기는 실효값[Vrms]으로 얼마인가?

답

SPWM 기법을 사용한 단상 풀 브리지 인버터에서 선형적으로 제어 가능한 최대 출력 전압의 기본파 V_{dc}=300V이며, 실효값으로는 $300/\sqrt{2}$=212.1Vrms이다.

단상 풀 브리지 인버터에서는 스위칭 방식에 따라 출력 전압의 고조파 특성이 달라진다. 이에 대해 알아보도록 하자.

PWM 출력 전압의 고조파 분석

- PWM 인버터에서 극전압에 포함된 고조파 성분의 차수 $h = Mm_f \pm N$으로 동일하다.
- 그러나 스위칭 방식에 따라 출력 전압 v_o의 형태가 다르므로 고조파 특성은 달라진다.

① 양극성 스위칭의 경우

- 양극성 스위칭에서 출력 전압 v_o는 극전압보다 크기가 2배일 뿐 파형은 동일하므로, 출력 전압에 포함된 고조파 차수는 극전압과 동일하게 $h = Mm_f \pm N$이다.

② 단극성 스위칭의 경우

- 단극성 스위칭의 출력 전압은 두 극전압의 차이 즉, $v_o = v_H - v_L$이므로, 출력 전압에 포함된 고조파 성분은 극전압과는 달라질 수 있다.
- m_f가 홀수인 경우 출력 전압과 극전압의 고조파 성분은 동일하지만, m_f가 짝수인 경우에는 다음과 같은 이유로 고조파가 줄어든다.
- 극전압 v_H와 v_L은 180°위상차가 있으므로, 두 극전압에 포함된 동일 차수의 고조파들은 서로 $(180 \times h)°$ 만큼의 위상차를 갖는다.
- 따라서 h가 짝수인 v_H와 v_L의 고조파 성분은 서로 위상차가 360°로서 동상이 되므로, 출력 전압 $v_o(= v_H - v_L)$에서는 상쇄된다.
- m_f를 짝수로 선정하는 경우 h가 짝수가 되는 성분이 발생하는데, 그 짝수 성분은 출력 전압 v_o에서 제거되므로 다음과 같이 홀수 고조파만 남는다.

$$\begin{array}{llll} \cancel{m_f,} & \cancel{m_f \pm 2,} & \cancel{m_f \pm 4,} & \cancel{m_f \pm 6, \cdots} \\ 2m_f \pm 1, & 2m_f \pm 3, & 2m_f \pm 5, & 2m_f \pm 7, \cdots \\ \cancel{3m_f} & \cancel{3m_f \pm 2,} & \cancel{3m_f \pm 4,} & \cancel{3m_f \pm 6, \cdots} \\ 4m_f \pm 1, & 4m_f \pm 3, & 4m_f \pm 5, & 4m_f \pm 7, \cdots \end{array} \tag{5-55}$$

- 이 경우 $2m_f \pm 1$ 차수의 고조파 성분이 가장 크기가 크다.

(3) 3상 풀 브리지 인버터

- 3상 인버터에서의 정현파 PWM 기법은 120° 위상차를 가진 3상 전압 지령 v_{an}^*, v_{bn}^*, v_{cn}^*을 각각 동일한 삼각 반송파와 비교하여 변조한다.
- 예로서, SPWM 방식을 적용한 3상 인버터에서의 a와 b상 극전압 v_{an}, v_{bn}, 선간전압 v_{ab}, a상 상전압 v_{as}이 그림 5.40에 보인다. (여기서 3상 부하는 Y-결선으로 가정하며, $MI = 0.8$, $m_f = 21$이다.)

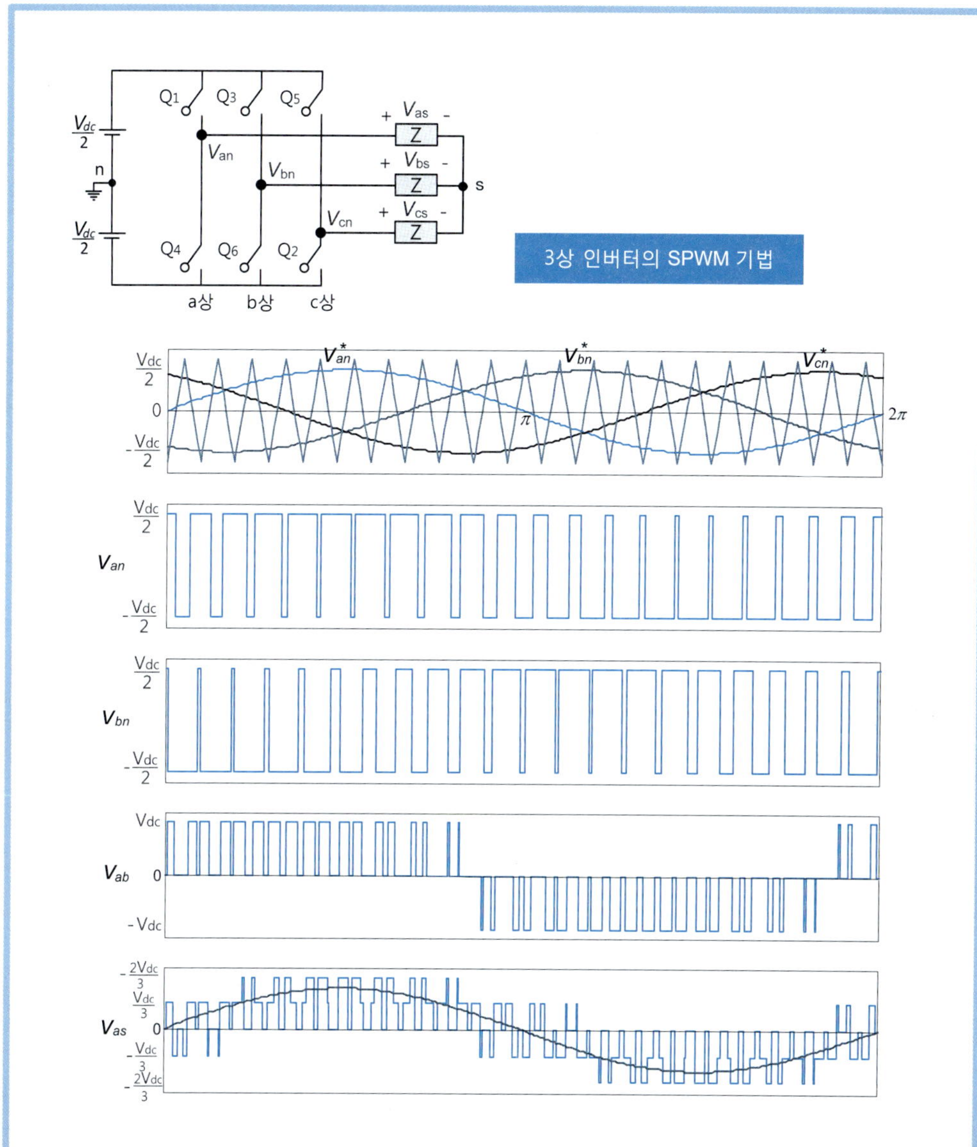

그림 5.40 3상 인버터에서 SPWM 기법 (MI=0.8, m_f=21)

• 이 경우 출력 극전압과 상전압의 기본파 성분은 선형 변조 범위 내(즉, $0 \leq MI \leq 1$)에서 다음과 같이 된다.

$$v_{o1} = \frac{V_{dc}}{2} \cdot MI \cdot \sin \omega t \tag{5-56}$$

• 선형적으로 얻을 수 있는 최대 기본파 극전압(또한 상전압)은 3상 인버터에서 얻을 수 있는 최대 기본파 전압(구형파 동작 시)인 $2V_{dc}/\pi$의 78.5%이다.

문제

300V의 직류 전압을 사용하여 SPWM 제어를 하고 있는 3상 인버터에서 선형적으로 제어 가능한 최대 선간전압의 기본파 크기는 실효값[V]으로 얼마인가?

답

3상 인버터에서 SPWM 기법을 사용하여 선형적으로 제어 가능한 최대 선간전압의 기본파 실효값 $(\sqrt{3}\,V_{dc}/2)/\sqrt{2} = \sqrt{3}\cdot 150/\sqrt{2} = 183.7$Vrms이다.

- 3상 인버터에서는 극전압, 선간전압, 상전압이 있으므로, 이들의 고조파 성분을 알아보도록 하자.

3상 PMW 출력 전압의 고조파 분석

① 극전압

- 단상 인버터에서의 극전압과 동일하게, 3상 극전압의 고조파 차수 $h = Mm_f \pm N$이며, m_f 차수 성분의 크기가 가장 크다.

② 선간전압과 상전압

- Y-결선된 3상 부하에서 선간전압과 상전압에 포함된 고조파 크기는 다르지만, 그 차수(즉, 주파수)는 동일하므로, 여기서는 선간전압에 대해서만 알아본다.
- 3상 극전압은 서로 120° 위상차를 가지므로, 3상 극전압에 포함된 동일 차수의 고조파 성분들의 위상은 서로 $(h \times 120)°$ 의 차이가 있다.
- 고조파 차수 h가 3의 배수인 경우, 극전압 간의 위상은 $360° = (3 \times 120)°$로 동상이 된다.
- 따라서 극전압들의 차로 주어지는 선간전압(예로서, $v_{ab} = v_{an} - v_{bn}$)에서는 3의 배수 차수의 고조파 성분은 제거된다.

- 이처럼, 극전압에는 3의 배수 차수의 고조파 성분이 있더라도, Y-결선된 3상 부하의 선간전압과 상전압에는 3의 배수 차수의 고조파 성분은 없다.
- 그러므로 m_f(즉, 스위칭 주파수)를 3의 배수로 선택한다면, 다음과 같이 3의 배수 차수의 고조파 성분은 제거되어 선간전압과 상전압에서 고조파의 양을 줄일 수 있다.

$$
\begin{array}{llll}
\cancel{m_f}, & m_f \pm 2, & m_f \pm 4, & \cancel{m_f \pm 6}, \cdots \\
2m_f \pm 1, & \cancel{2m_f \pm 3}, & 2m_f \pm 5, & 2m_f \pm 7, \cdots \\
\cancel{3m_f}, & 3m_f \pm 2, & 3m_f \pm 4, & \cancel{3m_f \pm 6}, \cdots \\
4m_f \pm 1, & \cancel{4m_f \pm 3}, & 4m_f \pm 5, & 4m_f \pm 7, \cdots
\end{array}
\quad (5\text{-}57)
$$

• 이 경우 가장 크기가 큰 고조파인 m_f 성분이 제거되므로, m_f±2 또는 $2m_f$±1의 성분이 가장 큰 고조파 성분이 된다.

• 그림 5.40에서 기본파 주파수 f_o=50Hz인 경우의 고조파 분포가 그림 5.41에 보인다.

• m_f가 21로서 3의 배수이므로 선간전압에서 m_f 성분은 제거되며, 따라서 가장 크기가 큰 고조파는 $2m_f$±1(=2050Hz 또는 2150Hz) 성분이 된다.

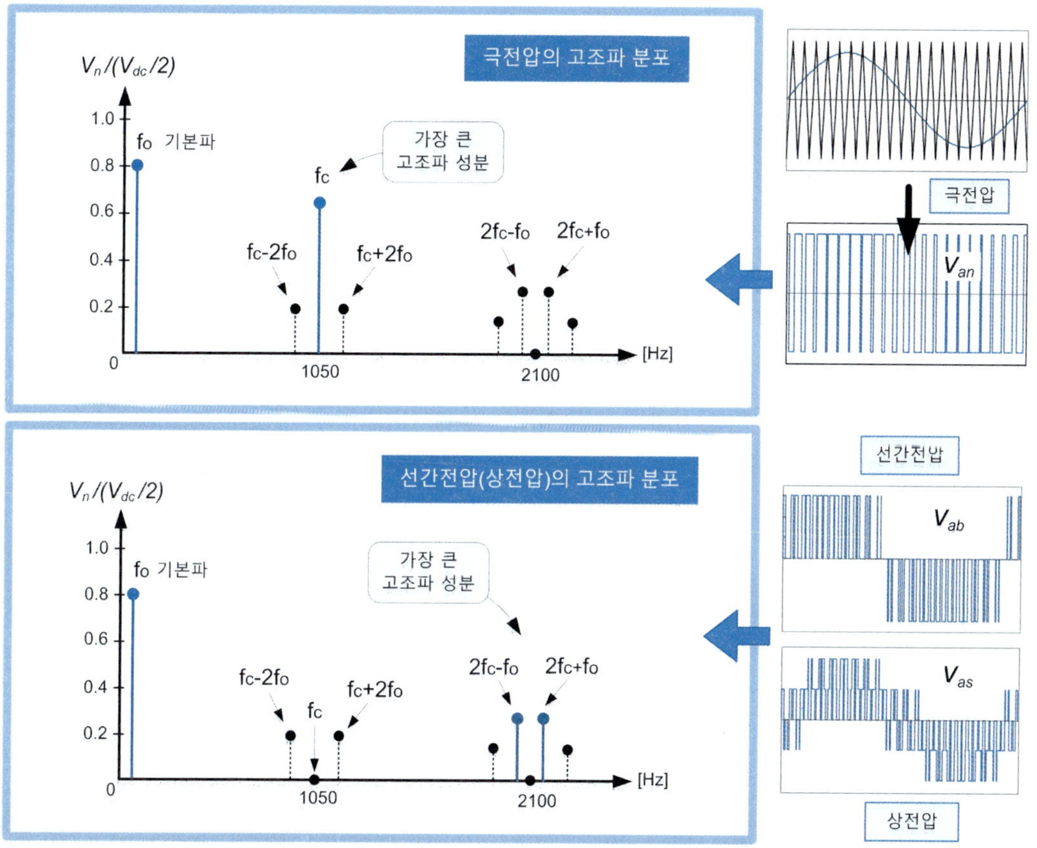

그림 5.41 SPWM에서 극전압과 선간전압의 고조파 분포

문제

그림 5.40에 보이는 3상 인버터의 SPWM 제어 시 상전압에 포함된 가장 큰 고조파의 차수와 주파수는 얼마인가?

답

m_f=21, 기본파 주파수 f_o=50Hz이므로 상전압에 포함된 가장 크기가 큰 고조파의 주파수 $(2m_f \pm 1) \cdot f_o = (2 \times 21 \pm 1) \cdot 50 = 2050$Hz 또는 2150Hz가 된다.

- 이처럼 3상 인버터에서는 통상 m_f를 3의 배수로 선정하고, 그중에서도 홀수로 선정함으로써 불필요한 고조파도 줄이며 3상 출력 전압들이 동일한 PWM 펄스 형태를 가지도록 한다.

SPWM 기법의 장단점

- SPWM 기법은 원리가 간단하고 아날로그 구현이 수월하여, PWM 기법의 사용 초기부터 널리 적용되어 왔다.
- 그러나 선형적으로 변조할 수 있는 최대 전압이 작아 직류 입력 전압의 이용률이 낮으며, 전압 변조 지수가 큰 경우에 고조파 특성이 나쁘다는 단점이 있다.

3상 인버터에서 SPWM 기법의 단점을 개선하기 위해 여러 PWM 기법들이 제안되었는데, 그 중 대표적인 3차 고조파 주입 전압 변조 방식과 공간 벡터 전압 변조 방식에 대해 살펴보도록 하자.

5.4.3 3차 고조파 주입 전압 변조 방식(Third Harmonic Injection PWM)

- SPWM 방식에서 선형적으로 얻을 수 있는 출력 전압의 크기는 $V_{dc}/2$로 제한된다.
- 이러한 제한은 전압 지령이 삼각파의 크기 이내로 주어져야만 하기 때문으로, 전압 지령이 삼각파보다 커지면 전압 지령과 삼각파 간에 교차점이 생기지 않아, 더 이상 선형적인 펄스 폭 변조가 가능하지 않다. (그림 5.42)

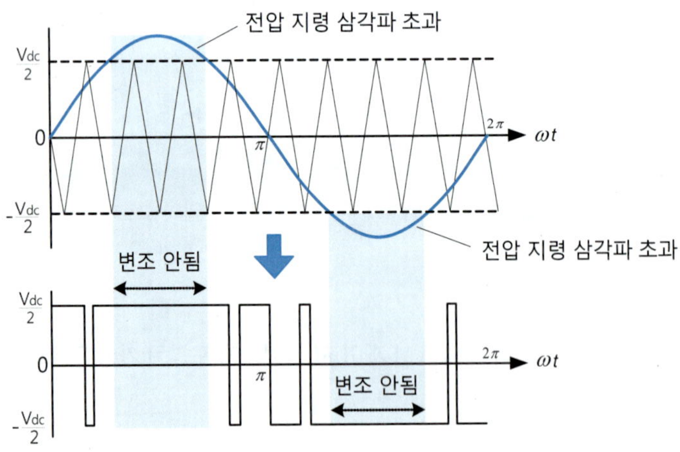

그림 5.42 지령 전압이 삼각 반송파보다 큰 경우

- 그런데, 그림 5.43에 보이듯이 전압 지령에 3차 고조파 성분을 추가하면, 결과적인 전압 지령의 최대치는 원래값보다는 작아지므로 선형 제어 영역을 확장할 수 있다.
- 이러한 원리를 이용한 기법이 **'3차 고조파 주입 전압 변조 방식(Third Harmonic Injection PWM, THIPWM)'**이다.

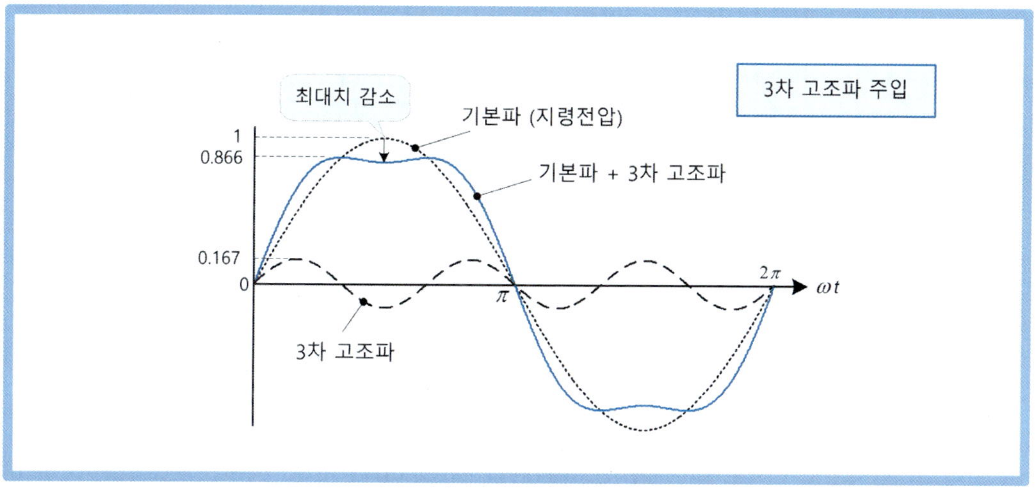

그림 5.43 3차 고조파 주입의 원리

- 3상 Y-결선 부하에서 그 중성점이 외부 회로와 연결되지 않은 경우, 전압 지령에 더해준 3차 고조파 성분은 선간전압과 상전압에는 나타나지 않으므로, 이러한 원리를 이용하여 더 큰 전압을 변조할 수 있는 것이다.
- 3차 고조파 주입의 예를 들어보면, a상 전압 지령 v_{as}^*가 주어지면 실제 삼각파와 비교되는 극전압 지령 v_{an}^*은 다음과 같이 3차 고조파 성분과 더해져서 만들어진다.

$$\begin{aligned} v_{an}^* &= v_{as}^* + aV_1 \sin(3\omega t) \\ &= V_1 \sin \omega t + \frac{1}{6} V_1 \sin(3\omega t) \qquad (V_1 : \text{기본파 지령 전압의 크기}) \end{aligned} \tag{5-58}$$

- 여기서 극전압 지령이 삼각 반송파보다 크지 않으면서 상전압 지령이 가장 크게 되도록 하는 3차 고조파 성분의 크기는 $V_1/6$이다.
- 이러한 크기의 3차 고조파 전압을 더해주면 상전압 지령을 원래값보다 0.866배로 줄일 수 있다.
- 이것은 상전압 지령을 삼각파의 최대치보다 1.155배 크게 줄 수 있다는 것으로, SPWM 방식보다 15.5% 더 큰 기본파 전압을 출력할 수 있게 된다. (그림 5.44)
- 이 값은 6-스텝 운전으로 얻을 수 있는 상전압 크기의 90.7%에 해당한다.

3차 고조파 주입 PWM

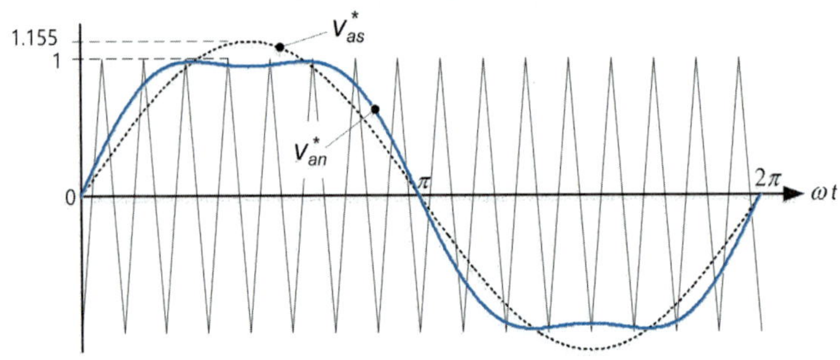

그림 5.44 3차 고조파 주입 전압 변조 방식

문제

3차 고조파 주입 전압 변조 방식을 사용하는 3상 인버터에서 선형적으로 제어 가능한 최대 선간전압의 기본파 크기는 실효값[V]으로 얼마인가? 단, 직류 전압 300V이다.

답

3차 고조파 주입 전압 변조 방식을 사용하여 선형적인 제어가 가능한 최대 선간전압의 기본파 실효값 $\sqrt{3}(1.15V_{dc}/2)/\sqrt{2}=\sqrt{3}\cdot172.5/\sqrt{2}=211.3$V이다.

5.4.4 공간 벡터 전압 변조 방식(Space Vector PWM)

- 앞에 설명한 3상 PWM 기법에서는 3상 전압 지령을 각각 개별적으로 변조한다.
- 이와는 달리 3상 전압 지령을 복소수 공간에서 하나의 공간 벡터로 표현하여, 이 전압 벡터를 변조하는 기법이 **공간 벡터 전압 변조(Space Vector PWM, SVPWM) 방식**이다.
- 먼저 이 방식 구현에 필요한 공간 벡터는 다음과 같이 정의된다.

■ **공간 전압 벡터** : $$\boldsymbol{f}_{abc} \equiv \frac{2}{3}[f_a + af_b + a^2 f_c] \tag{5-59}$$

여기서 $a=e^{j\frac{2\pi}{3}}$, $a^2=e^{-j\frac{2\pi}{3}}$로서 위상차를 나타낸다.

- 이 정의식을 사용하여 3상 전압 $v_{as}=V_m\cos\omega_e t$, $v_{bs}=V_m\cos(\omega_e t-2\pi/3)$, $v_{cs}=V_m$

$\cos(\omega_e t + 2\pi/3)$를 공간 벡터로 변환해보면 $\boldsymbol{V} = V_m e^{j\omega_e t}$가 된다.

- 이러한 3상 전압 지령에 대한 복소수 공간 전압 벡터 V^*가 그림 5.45에 보인다.

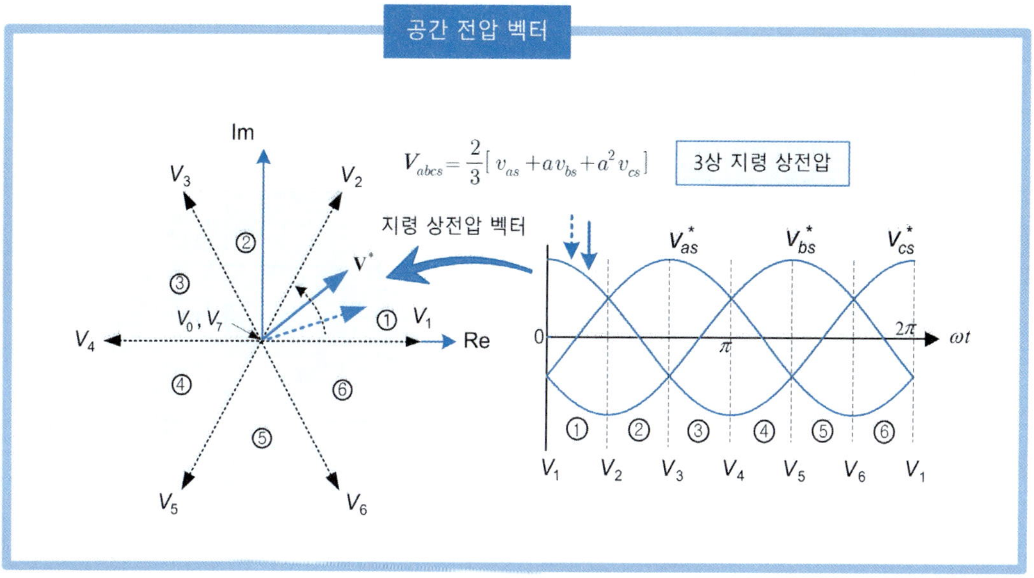

그림 5.45 3상 전압 지령과 지령 전압 벡터

- 공간 전압 벡터의 크기는 3상 교류 전압의 최댓값이 되며, 시간에 따라 3상 전압의 각 주파수 ω_e의 속도로 복소수 공간 상을 반시계방향으로 회전한다.
- 예로서 60Hz, AC 220V 3상 교류 전압에 대한 공간 전압 벡터의 크기는 $\sqrt{2} \cdot 220/\sqrt{3} = 180\text{V}$이며, 1/60Hz=16.67ms에 복소수 공간 상을 한 바퀴 회전한다.

3상 인버터의 출력 전압 벡터

- 공간 벡터 전압 변조 방식에서는 전압 지령이 공간 벡터로 주어지므로, 이를 생성시켜줄 3상 인버터의 출력 가능한 전압 역시 공간 전압 벡터로 표현할 필요가 있다.
- 3상 인버터에서 출력 가능한 3상 전압의 개수는 8개인데, 이에 대응하는 공간 전압 벡터가 표 5.4에 보인다.
- 이들 중 한 예로서, 스위칭 상태 $S_a = 1,\ S_b = 1,\ S_c = 0$에 대한 상전압은 다음과 같다.

$$v_{as} = \frac{1}{3} V_{dc},\ \ v_{bs} = \frac{1}{3} V_{dc},\ \ v_{cs} = -\frac{2}{3} V_{dc} \tag{5-60}$$

- 공간 벡터의 정의로부터 이 3상 전압에 대한 공간 전압 벡터 V_2는 다음과 같이 구할 수 있다.

표 5.4 스위칭 상태에 따른 인버터의 공간 전압 벡터

스위치의 상태 S_a S_b S_c	상전압 v_{as} v_{bs} v_{cs}	공간 전압 벡터 V_n
0 0 0	0 0 0	$V_0 = 0\ /0°$
1 0 0	$\frac{2}{3}V_{dc}$ $-\frac{1}{3}V_{dc}$ $-\frac{1}{3}V_{dc}$	$V_1 = \frac{2}{3}V_{dc}\ /0°$
1 1 0	$\frac{1}{3}V_{dc}$ $\frac{1}{3}V_{dc}$ $-\frac{2}{3}V_{dc}$	$V_2 = \frac{2}{3}V_{dc}\ /60°$
0 1 0	$-\frac{1}{3}V_{dc}$ $\frac{2}{3}V_{dc}$ $-\frac{1}{3}V_{dc}$	$V_3 = \frac{2}{3}V_{dc}\ /120°$
0 1 1	$-\frac{2}{3}V_{dc}$ $\frac{1}{3}V_{dc}$ $\frac{1}{3}V_{dc}$	$V_4 = \frac{2}{3}V_{dc}\ /180°$
0 0 1	$-\frac{1}{3}V_{dc}$ $-\frac{1}{3}V_{dc}$ $\frac{2}{3}V_{dc}$	$V_5 = \frac{2}{3}V_{dc}\ /240°$
1 0 1	$\frac{1}{3}V_{dc}$ $-\frac{2}{3}V_{dc}$ $\frac{1}{3}V_{dc}$	$V_6 = \frac{2}{3}V_{dc}\ /300°$
1 1 1	0 0 0	$V_7 = 0\ /0°$

$$V_2 = \frac{2}{3}(v_{as} + a \cdot v_{bs} + a^2 \cdot v_{cs})$$

(여기서, $a = e^{j\frac{2\pi}{3}} = -\frac{1}{2} + j\frac{\sqrt{3}}{2}$, $a^2 = e^{-j\frac{2\pi}{3}} = -\frac{1}{2} - j\frac{\sqrt{3}}{2}$)

$$\begin{aligned} V_2 &= v_{as} + j\frac{1}{\sqrt{3}}(v_{bs} - v_{cs}) \\ &= \frac{V_{dc}}{3} + j\frac{V_{dc}}{\sqrt{3}} \\ &= \frac{2}{3}V_{dc} \angle 60° \end{aligned} \tag{5-61}$$

- 이들 중 6개의 전압 벡터 $V_1 \sim V_6$은 부하에 유효한 전압을 인가하는 **유효 전압 벡터**로서, 그 크기는 모두 $2V_{dc}/3$로 동일하고 단지 위상만 60°씩 차이가 있다.
- 이 외에 두 전압 벡터 V_0과 V_7은 부하에 유효한 전압을 인가해주지 못하기 때문에 **영 전압 벡터**라고 한다.
- 이러한 인버터의 8개 출력 전압 벡터를 복소수 공간상에서 표현하면 그림 5.46과 같다.
- 3상 인버터가 변조 가능한 출력 전압의 범위는 6개의 유효 전압 벡터로 이루어진 육각형의 내부 영역이 된다.

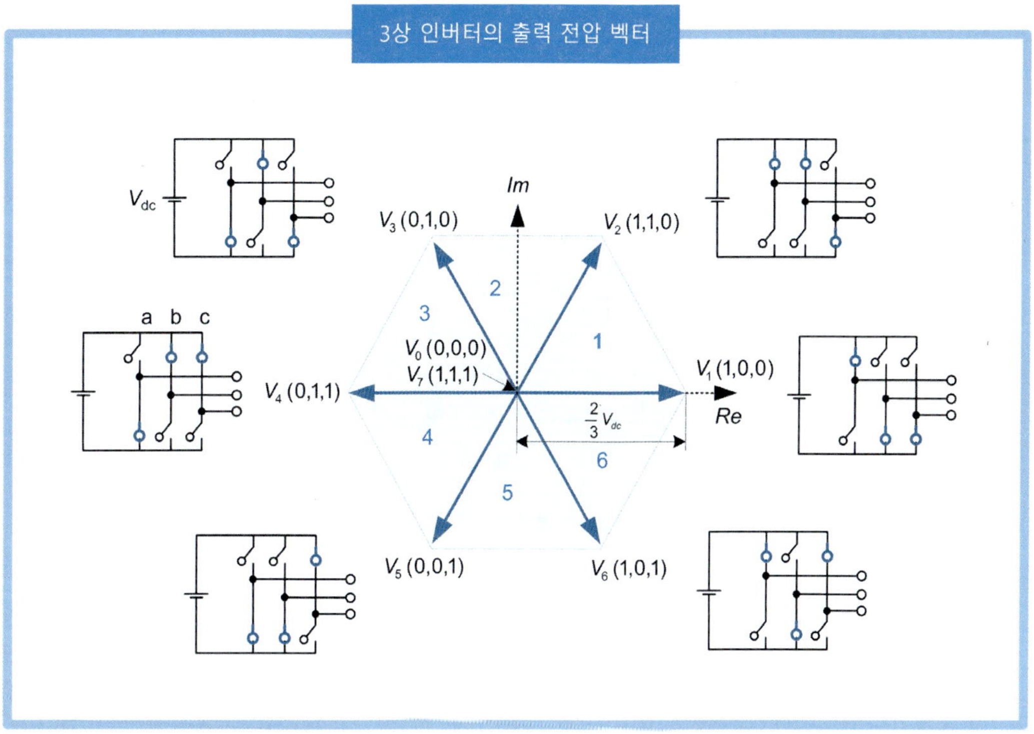

그림 5.46 복소수 공간에서 표현된 인버터 출력 전압 벡터

이제 공간 전압 벡터를 사용한 전압 변조 방식의 원리에 대해 알아보도록 하자.

공간 벡터 전압 변조 기법의 원리

- 3상 상전압 지령이 시간에 따라 변동하면 지령 전압 벡터 V^*는 그림 5.45에 보이듯이 복소수 공간상에서 반시계 방향으로 회전한다.
- 전압 지령의 한주기 동안 지령 전압 벡터는 한 바퀴 회전한다.
- 이렇게 벡터로 주어진 전압 지령을 공간 벡터 변조 방식에서는 3상 인버터에서 발생시킬 수 있는 8개의 전압 벡터들을 이용하여 생성하는데, 지령 전압 벡터 V^*에 인접한 두 유효 전압 벡터와 영 전압 벡터를 이용하여 일정 변조 주기 T_s 동안 지령 전압 벡터와 평균적으로 동일한 전압을 만든다.
- 우선, 지령 전압 벡터는 변조 가능한 영역인 6개의 전압 벡터로 이루어진 육각형 내부로 주어진다고 가정한다.
- 예로서 지령 전압 벡터 V^*가 육각형의 내부 영역 1($0 \le \theta \le 60°$)에 위치한 경우를 살펴보도록 하자.
- 이 경우 유효 전압 벡터 중에 지령 전압 벡터 V^*와 가장 가까운 두 개의 유효 전압 벡터인 V_1과

V_2를 가지고 이들을 적절한 시간 동안 인가하여 지령 전압 벡터와 크기와 위상이 평균적으로 동일한 전압 벡터를 다음과 같은 과정으로 생성한다.

- **전압 변조 방법**
  - 전압을 합성하는 과정은 그림 5.47에 보이는 바와 같이 총 세 단계로 이루어지는데, 스위칭 주파수에 의해 결정된 전압 변조 주기 T_s 마다 반복된다.
  - 우선 변조 주기 동안에 지령 전압 벡터 V^*의 크기 및 위상은 일정하다고 가정한다.

① 첫 단계

먼저 지령 전압 벡터 V^*와 인접한 두 유효 전압 벡터 중에 한 벡터 V_1을 전압 변조 주기 T_s 중 T_1 시간 동안 인가한다.

그러면 3상 인버터는 V_1의 방향으로 $V_1 \cdot (T_1/T_s)$ 크기의 전압 벡터를 출력한다.

② 두 번째 단계

두 번째 유효 전압 벡터 V_2는 출력 전압 벡터의 크기와 위상이 지령 전압 벡터 V^*와 일치할 수 있도록 T_2 시간 동안 인가한다.

이에 따라 3상 인버터는 V_2의 방향으로 $V_2 \cdot (T_2/T_s)$ 크기의 전압 벡터를 출력한다.

③ 세 번째 단계

나머지 $T_0(=T_s - T_1 - T_2)$ 시간 동안에는 영 전압 벡터 V_0 또는 V_7을 인가하여 더 이상의 전압이 발생하지 않도록 한다.

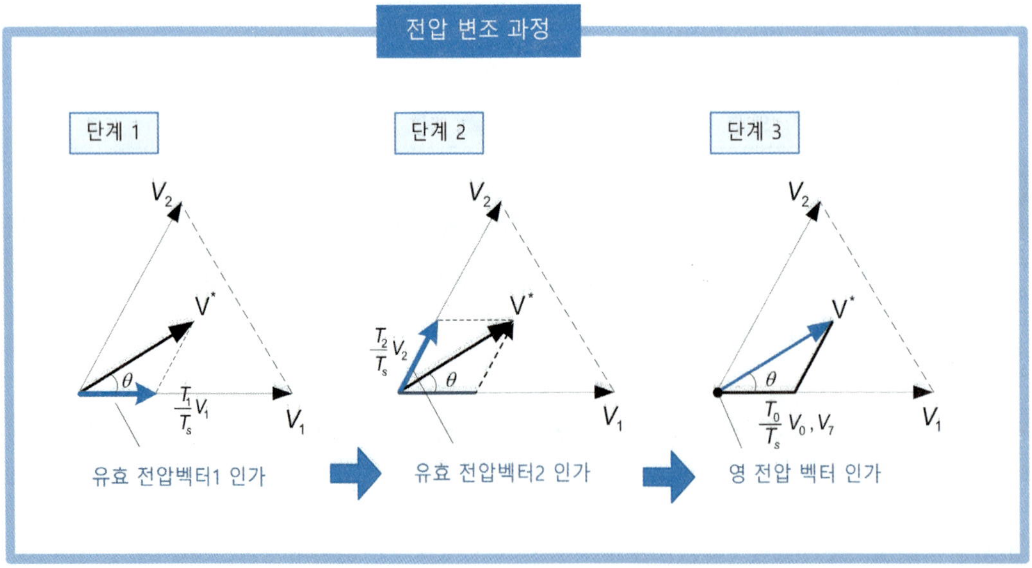

그림 5.47 공간 전압 벡터를 사용한 전압 변조 과정

- **벡터 인가 시간의 계산**
  - 이러한 전압 변조에 필요한 두 유효 전압 벡터와 영 전압 벡터의 인가 시간 T_1, T_2, T_0은 다음과 같이 구할 수 있다.
  - 방금 설명한 전압 벡터의 합성 과정을 식으로 표현하면 다음과 같다.

$$V^* \cdot T_s = V_n \cdot T_1 + V_{n+1} \cdot T_2 \tag{5-62}$$

  - 지령 전압 벡터 V^*가 영역 1에 위치한 경우, 이 식을 두 복소수 축성분으로 나누어 표현하면 다음과 같이 된다.

$$\begin{cases} T_s \cdot |V^*| \cdot \cos\theta = T_1 \cdot \left(\frac{2}{3} V_{dc}\right) + T_2 \cdot \left(\frac{2}{3} V_{dc}\right)\cos 60° \\ T_s \cdot |V^*| \cdot \sin\theta = T_2 \cdot \left(\frac{2}{3} V_{dc}\right)\sin 60° \end{cases} \tag{5-63}$$

  - 여기서 $|V^*|$와 θ는 각각 지령 전압 벡터의 크기와 위상이다.
  - 이 식으로부터 유효 전압 벡터 및 영 전압 벡터의 인가 시간을 계산하면 다음과 같다.

$$T_1 = T_s \cdot a \cdot \frac{\sin(60° - \theta)}{\sin 60°} \qquad \left(a = |V^*| / \left(\frac{2}{3} V_{dc}\right)\right) \tag{5-64}$$

$$T_2 = T_s \cdot a \cdot \frac{\sin\theta}{\sin 60°} \tag{5-65}$$

$$T_0 = T_s - (T_1 + T_2) \tag{5-66}$$

  - 이처럼 나머지 5개 영역에서의 유효 전압 벡터와 영 전압 벡터의 인가 시간도 구할 수 있다.
- 이러한 공간 벡터 전압 변조 기법으로 선형적으로 출력 가능한 상전압의 최대 크기는 그림 5.48에 보이는 육각형의 내접원의 반지름 $V_{dc}/\sqrt{3}$ 로서, 6-스텝 운전 시 전압의 90.7%에 해당한다.
- 또한, 선형적으로 출력 가능한 선간전압의 실효값은 $V_{dc}/\sqrt{2}$ 으로, 3상 인버터의 직류 링크 전압 V_{dc}=300Vdc인 경우 3상 부하에 선형적으로 인가 가능한 선간전압의 실효값은 $300\,V/\sqrt{2}$ =212.13Vrms 이다.
- 공간 벡터 전압 변조 방식은 SPWM 기법보다 15.5% 더 큰 기본파 전압을 선형적으로 생성할 수 있으며, 이 방식으로 변조된 전압의 고조파 성분은 다른 기법보다 적다는 장점으로 인해 현재 가장 널리 사용되고 있다.

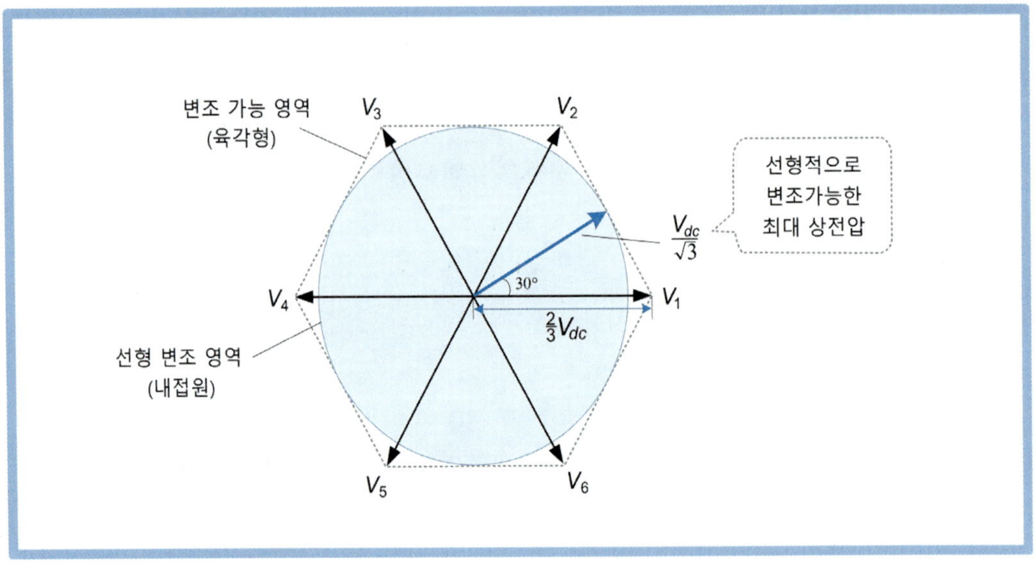

그림 5.48 공간 벡터 전압 변조 기법에서 제어 가능한 전압 영역

- 이러한 공간 벡터 전압 변조 방식을 앞에서 설명한 원리대로 실제로 구현하려면 계산량이 많은 복잡한 연산이 필요하다.
- 따라서 통상적으로는 옵셋(Offset) 전압을 이용한 변조 기법을 사용하여, 그림 5.49와 같이 삼각파 비교 PWM 기법으로 이를 등가적으로 간단하게 구현해서 사용한다.

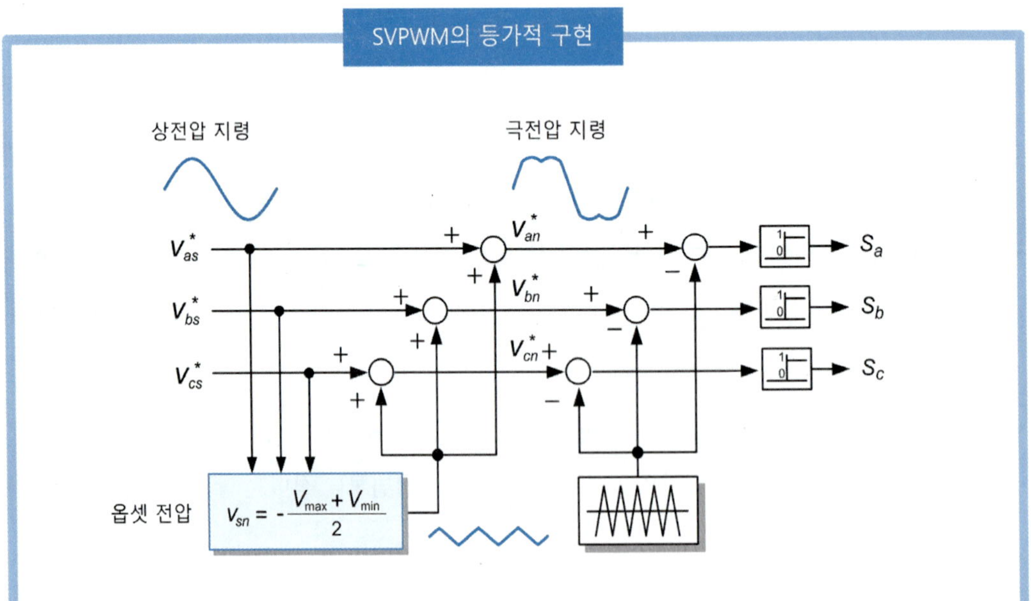

그림 5.49 옵셋 전압을 이용한 변조 방식

5.5 데드 타임

- 인버터에서는 직류 전원과 직렬 연결된 두 스위칭 소자를 사용하여 교류 전압을 출력한다.
- 이들 두 스위칭 소자가 동시에 켜지는 경우, 직류 전원이 단락되어 큰 전류가 흘러 소자가 파괴될 수 있으므로, 절대로 동시에 턴-온시키지는 않는다. (그림 5.50)

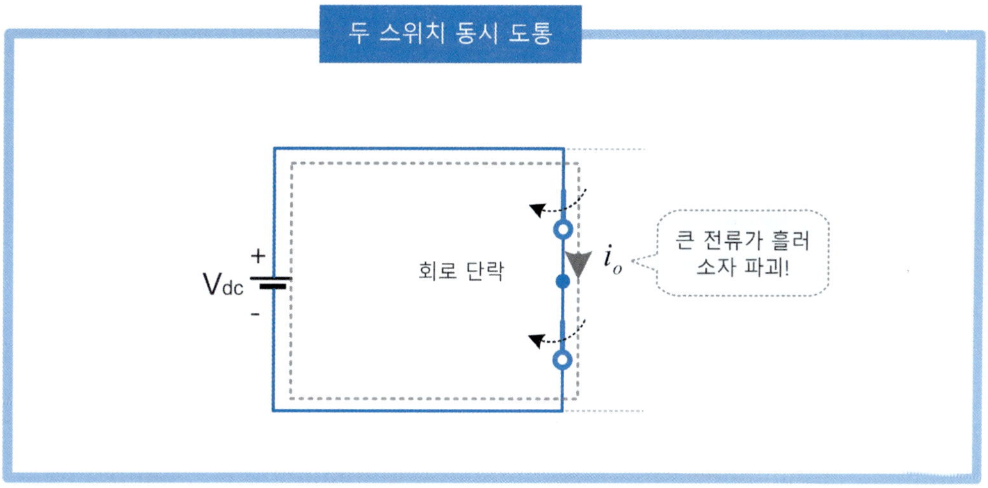

그림 5.50 두 스위칭 동시 도통 : 회로 단락

- 그럼에도 불구하고 두 소자가 서로 스위칭 상태를 전환할 때는, 예기치 않게 두 소자가 동시에 도통될 가능성이 존재한다.
- 이것은 반도체 소자가 이상적이지 않기 때문으로, 스위칭 소자의 턴-오프 시간이 턴-온 시간보다 길다는 것이 그 원인이다.
- 예로서, 그림 5.51에 보이는 On Semiconductor사의 1200V, 40A급 IGBT의 턴-온과 턴-오프 특성을 살펴보도록 하자.
  - 턴-온 시간은 턴-온 지연 시간(Turn-On Delay Time) $t_{d(on)}$과 상승 시간 t_r의 합이며, 턴-오프 시간은 턴-오프 지연 시간(Turn-Off Delay Time) $t_{d(off)}$와 하강 시간 t_f의 합이다.
  - 이 경우, 턴-온 시간은 87ns인데 비해, 턴-오프 시간은 485ns로 턴-오프 시간이 5.5배 이상 길다는 것을 알 수 있다.
- 이렇듯 스위칭 소자의 턴-오프 시간이 항상 턴-온 시간보다 길어서, 동일 극의 두 소자에 스위칭 상태 전환을 위한 게이팅 신호 V_g를 동시에 주는 경우, 일시적으로 두 소자가 모두 도통하여 회로가 단락될 수 있다.

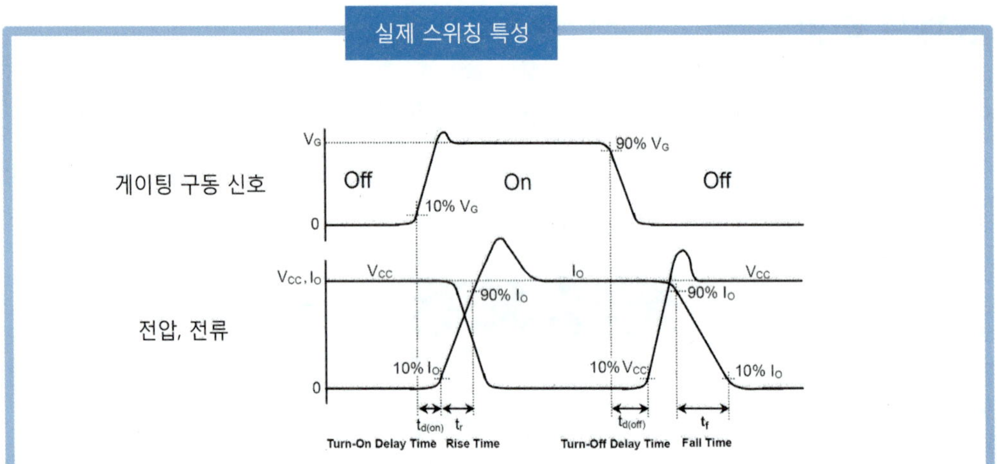

$t_{d(on)}$	Turn-On Delay Time	V_{CC} = 600 V, I_C = 40 A, R_G = 10 Ω, V_{GE} = 15 V, Inductive Load, T_C = 25°C	40 ns
t_r	Rise Time		47 ns
$t_{d(off)}$	Turn-Off Delay Time		475 ns
t_f	Fall Time		10 ns

그림 5.51 스위칭 반도체 소자의 온과 오프 동작 특성

- 스위칭 전환 시 이러한 단락 사고를 방지하기 위해 꺼지는 스위치의 턴-오프 시간을 고려해 켜는 스위치의 턴-온 신호를 일정 시간 늦게 주는 방법이 사용된다. (그림 5.52)
- 이러한 턴-온 신호의 지연 시간을 단락 방지 시간 또는 데드 타임(Dead Time)이라 한다.

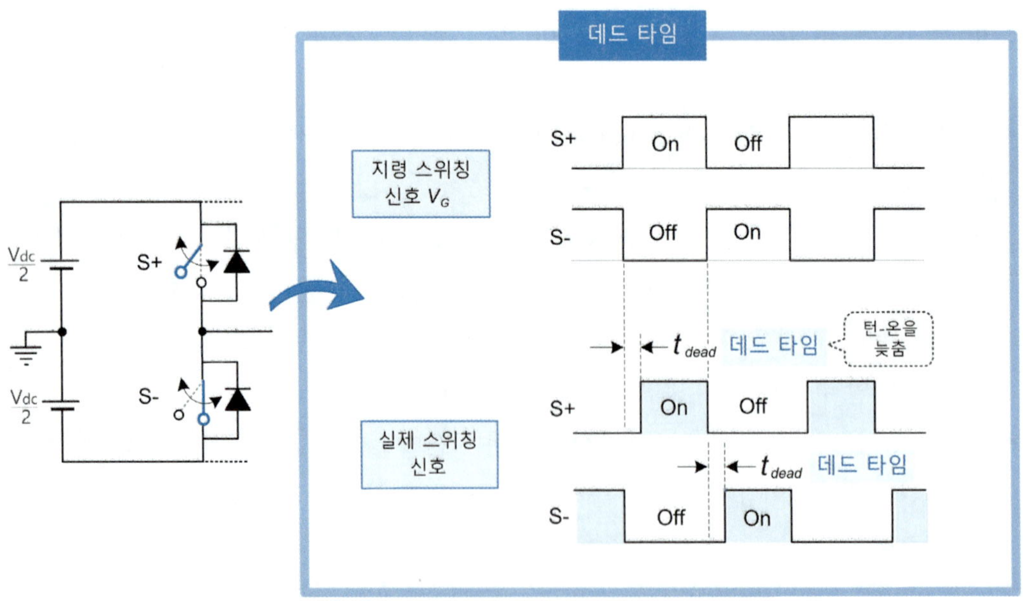

그림 5.52 단락 방지를 위한 데드 타임을 삽입한 스위칭 신호

- 실제 요구되는 데드 타임은 스위칭 소자의 종류와 용량에 따라 다른데, 중용량급 IGBT의 경우에는 통상 1~3 us 정도가 사용된다.
- 데드 타임 동안은 두 스위칭 소자가 모두 오프 상태이므로, 출력 전압을 제어할 수 없게 된다.
- 이로 인해 경우에 따라서는 인버터의 출력 전압이 원하는 전압 지령과 달라지는 문제가 발생할 수 있다.

이제 인버터의 부하가 유도성인 경우, 데드 타임 동안 출력 전압이 어떻게 되는지 살펴보도록 하자.

5.5.1 데드 타임에 의한 전압 왜곡

- 두 스위칭 소자는 모두 꺼져있는 데드 타임 동안, 부하 전류는 다이오드를 통해 흐른다.
- 이 경우 출력 전압은 그림 5.53에 보이듯이 출력 전류의 방향에 따라 달라진다.
- 만약 전류가 부하에서 흘러나온다면($i_o < 0$), 위쪽 다이오드 $D+$가 도통하므로 출력 전압은 $+V_{dc}/2$가 된다.
- 반면에 전류가 부하로 흘러 들어간다면($i_o > 0$), 아래쪽 다이오드 $D-$가 도통하므로 출력 전압은 $-V_{dc}/2$가 된다.

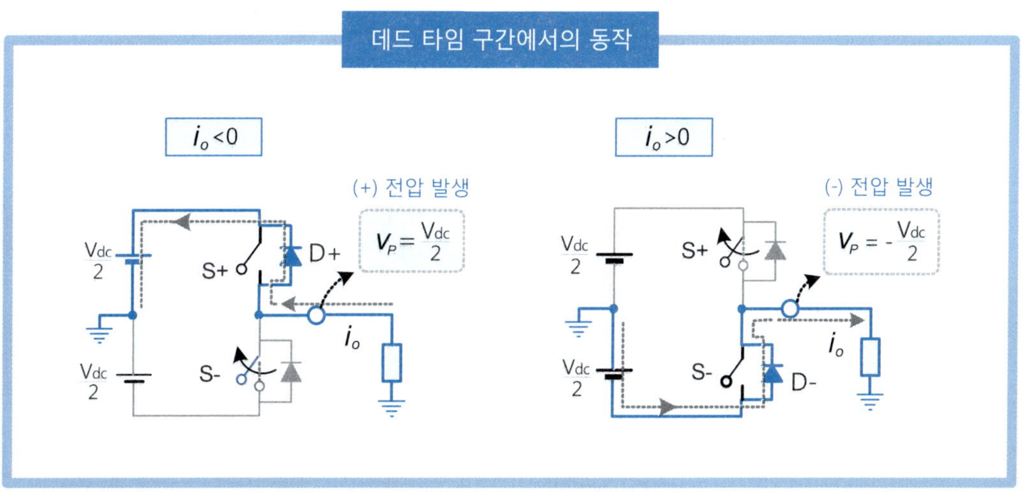

그림 5.53 데드 타임 동안의 회로 동작

이와 같은 데드 타임 동안의 출력 전압을 바탕으로, 스위칭 시의 오차 전압 발생 문제를 살펴보도록 하자. (그림 5.54)

- 먼저 $S+$의 온 신호가 데드 타임 t_{dead}만큼 지연된 구간 Ⓐ를 살펴보자.
- 이 구간에서의 올바른 출력 전압은 $+V_{dc}/2$인데, $i_o < 0$의 경우 출력 전압은 $+V_{dc}/2$이므로 전압 오차가 발생하지 않지만, $i_o > 0$의 경우에는 $-V_{dc}/2$이므로 $-V_{dc}$ 만큼의 전압 오차가 발생한다.
- 다음으로 $S-$의 온 신호가 데드 타임 t_{dead}만큼 지연된 구간 Ⓑ를 살펴보자.
- 이 구간에서의 올바른 출력 전압은 $-V_{dc}/2$인데, $i_o > 0$의 경우 출력 전압은 $-V_{dc}/2$이므로 전압 오차가 발생하지 않지만, $i_o < 0$의 경우 출력 전압은 $+V_{dc}/2$이므로 $+V_{dc}$ 만큼의 전압 오차가 발생한다.
- 이렇듯이 데드 타임 동안 출력 전압이 전압 지령과는 달라질 수 있으며, 그 오차 전압의 크기는 V_{dc}, 폭은 데드 타임 t_{dead}이고 그 극성은 전류 방향에 따른다.

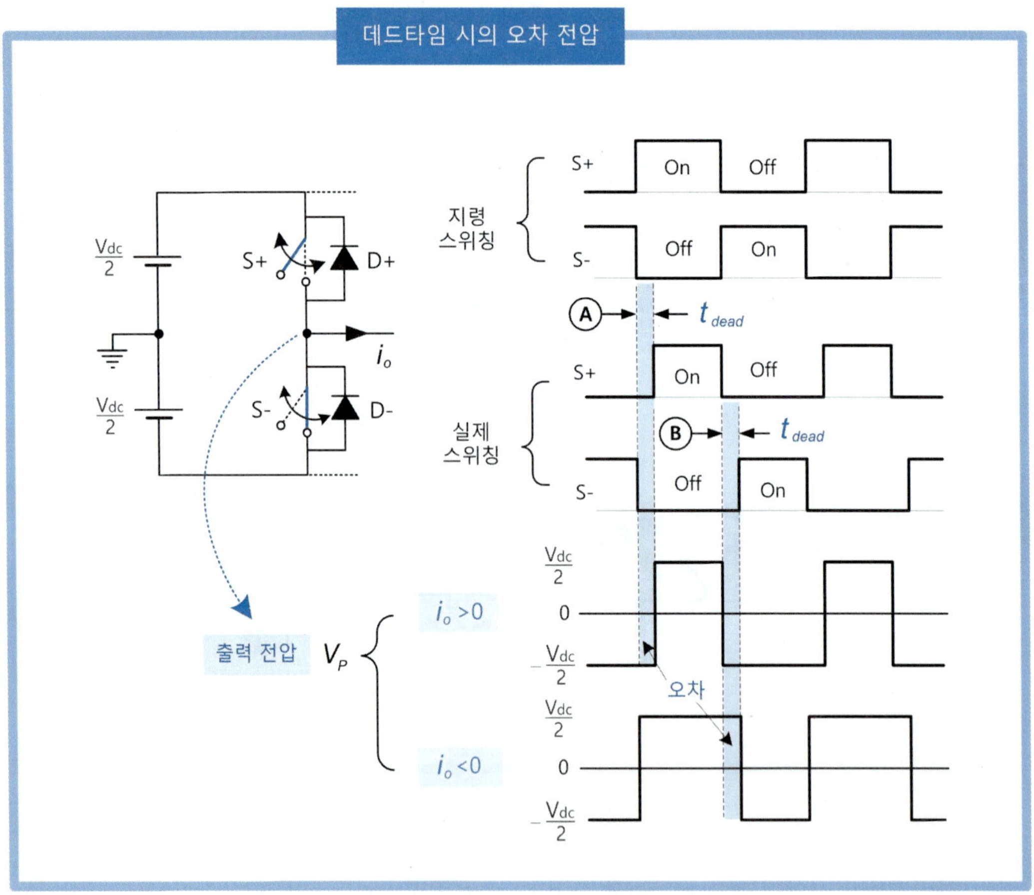

그림 5.54 데드 타임 동안의 회로 동작

- 그림 5.55에 출력 전압 한 주기 동안 발생하는 데드 타임에 의한 오차 전압을 보여준다.

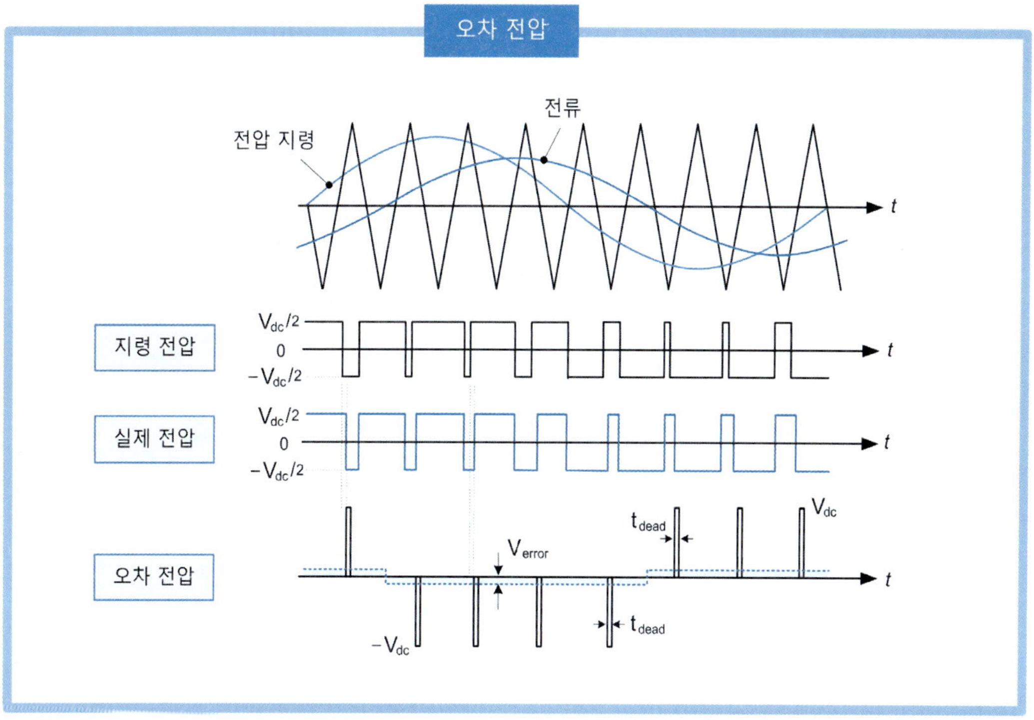

그림 5.55 실제 출력 전압과 데드 타임에 의한 오차 전압

- 비록 각각의 오차 전압은 작지만 반주기 $1/2f_o$동안 누적되므로 충분히 출력 전압을 왜곡시킬 수 있는데, 그 평균 오차 전압 V_{error} 의 크기는 다음과 같이 계산된다.

$$\begin{aligned} V_{error} &= (t_{dead} \cdot V_{dc} \cdot \frac{f_{sw}}{2f_o})/(\frac{1}{2f_o}) \\ &= t_{dead} \cdot V_{dc} \cdot f_{sw} \end{aligned} \tag{5-67}$$

- 데드 타임으로 인한 오차 전압은 스위칭 주파수 f_{sw}에 따라 증가함을 알 수 있다.
- 이러한 오차 전압 V_{error} 은 기본파 출력 전압의 감소를 초래할 뿐만 아니라 출력 전압을 왜곡시킨다.
- 이 왜곡 전압은 그림 5.56에 보이듯이 부하 전류에 5차와 7차 등의 저차 고조파 성분들을 발생시켜 그 파형을 왜곡시키므로, 데드 타임으로 인한 전압 왜곡을 보상해 줄 필요가 있다.
- 인버터의 전압 왜곡을 보상해 주는 방법에는 전류의 방향에 따라 스위칭 시점을 조절하여 전압 오차를 보상하는 **게이팅 펄스 기반의 보상 방법**과 전압 오차를 전압 지령에 보상해 주는 **전향 보상 방법**이 있다.

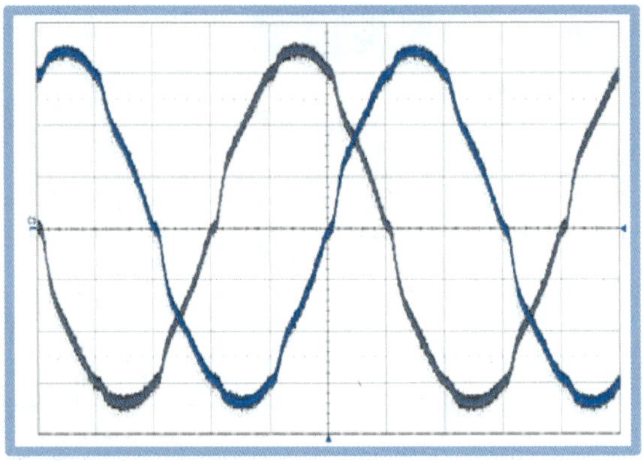

그림 5.56 데드 타임의 상전류에 미치는 영향

- 이러한 데드 타임 이외에도 그림 5.57에 보이듯이 인버터의 비이상적인 특성 즉, 소자의 전압 강하, 턴-온과 턴-오프 시간의 차이, 기생 커패시터의 충방전, 영전류 클램핑(Clamping) 현상 등으로 인해 출력 전압이 추가적으로 왜곡되어 전압 지령에 대한 인버터 출력 전압의 관계가 비선형적(Nonlinearity)으로 될 수 있다.

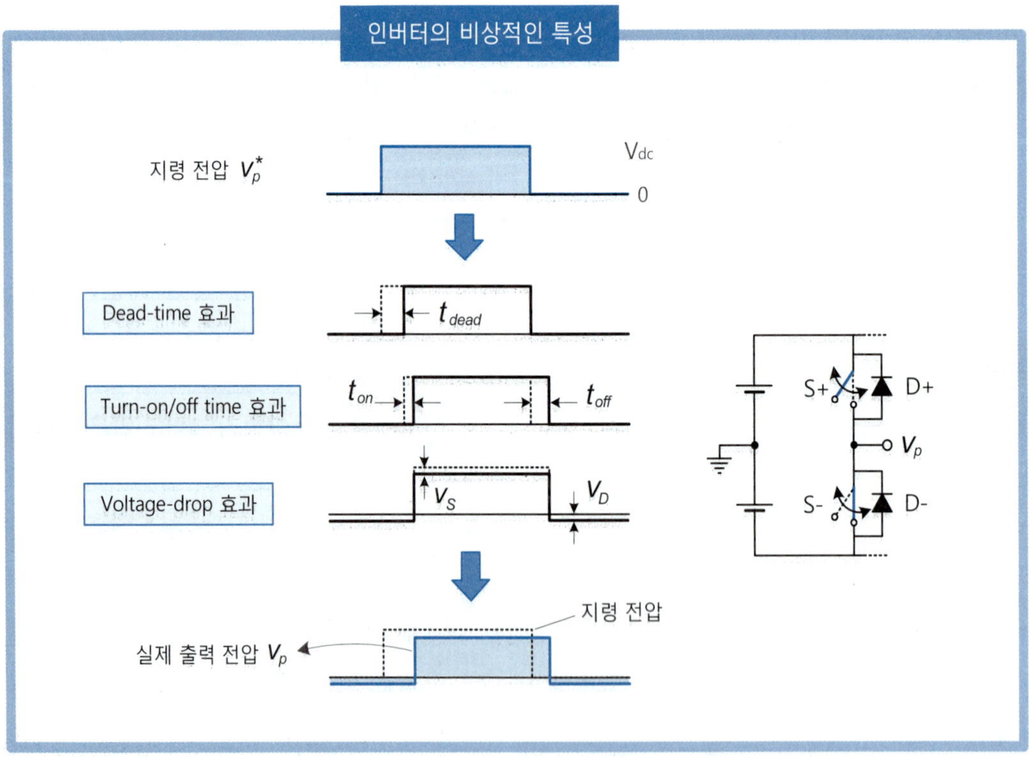

그림 5.57 인버터의 비이상적 특성에 의한 출력 전압 왜곡

요약

- 인버터는 직류 전원으로부터 다양한 크기와 주파수의 교류 전원을 만드는 전력 변환 장치이다.
- 인버터는 입력 직류 전원의 종류에 따라 전압형 인버터와 전류형 인버터로 나눌 수 있는데, 전압형 인버터가 주로 사용된다.
- 인버터는 극(Pole)이라 불리는 기본 회로로 구성된다.
- 인버터의 동작은 스위치를 통해 전류가 흐르는 전력공급 모드와 다이오드를 통해 전류가 흐르는 회생 모드로 구분된다.
- 인버터는 단상 인버터와 3상 인버터가 있으며, 각각 하프 브리지와 풀 브리지 회로 형태가 있다.
- 인버터에는 출력 전압의 크기는 최대로 고정하고 출력 주파수만 제어하는 구형파 인버터와 출력 전압의 크기와 주파수를 동시에 제어하는 PWM 인버터가 있다.
- 단상 하프 브리지와 풀 브리지 인버터가 부하에 공급할 수 있는 최대 교류 실효 전압은 각각 직류 입력 전압의 45%와 90%이다.
- 구형파 모드로 운전하는 3상 인버터를 6-스텝 인버터라 하며, 이 경우 부하에 공급할 수 있는 최대 실효 상전압은 직류 입력 전압의 45%이다.
- 인버터의 모델은 스위칭 함수를 이용하여 표현한다.
- 인버터에서 출력 전압의 크기를 가변하기위해 PWM 방식을 사용한다.
- PWM 인버터에서는 출력 전압의 크기, 주파수, 고조파 성분의 제어가 가능하다.
- PWM 기법으로는 크게 프로그램 변조 방식, 삼각파 비교 변조 방식, 공간 벡터 변조 방식이 있다.
- PWM 인버터에서 극전압에 포함된 고조파 성분의 차수 $h = Mm_f \pm N$이다.
- 전압 지령에 3차 고조파 성분을 추가하여 선형 제어 영역을 확장한 삼각파 비교 변조 방식이 3차 고조파 주입 전압 변조 방식이다.
- 공간 벡터 전압 변조 방식은 3상 전압 지령을 하나의 복소수 벡터로 표현하여 변조하는 방식으로 성능이 우수하여 가장 널리 사용된다.
- 스위칭 전환 시 단락 사고를 방지하기 위해 턴-온 신호를 일정 시간 늦게 주는 데드 타임이 필요하다.
- 데드 타임으로 인하여 출력 전압이 왜곡될 수 있다.

연습 문제

5.1 인버터에서 스위치에 역병렬로 다이오드를 연결하여 사용해야 하는 이유를 설명하시오.

5.2 단상 하프 브리지 인버터에서 구형파 동작 시 출력 전압의 전고조파 왜율을 구하시오.

5.3 배터리에 연결된 단상 풀 브리지 인버터를 이용하여 구형파 동작으로 AC 220V 교류 전압을 생성하려 한다. 다음에 답하시오.

① 필요한 배터리 전압의 크기

② 스위칭 소자에 인가되는 최대 전압

③ 극전압과 부하 전압에 포함된 가장 큰 고조파의 크기 및 그 주파수

5.4 단상 풀 브리지 인버터를 단극성 방식의 정현파 PWM 기법으로 160V, 50Hz의 전압을 생성하고 있다. 다음에 답하시오. 단, 직류 입력 전압은 200V, 주파수 변조 지수는 8이다.

① 전압 변조 지수

② 스위칭 주파수

③ 극전압과 부하 전압에 포함된 크기가 가장 큰 고조파의 차수와 그 주파수

④ 스위칭 소자의 전압

5.5 3상 인버터를 50Hz의 주파수로 6-스텝 모드로 운전한다. 다음에 답하시오. 단, 직류 입력 전압은 300V이다.

① 선간전압과 상전압의 기본파 크기

② 상전압에 포함된 가장 큰 고조파 성분의 크기 및 그 주파수

5.6 Y-결선 3상 부하에 연결된 3상 인버터에서 SPWM 기법으로 출력 전압을 같이 제어하고 있다. 다음에 답하시오. 단, 직류 입력 전압은 300V, 전압 변조 지수가 0.9, 전압 지령의 주파수가 100Hz이다.

① 다음 그림의 점선 부분에서 극전압 V_{an}, V_{bn}, V_{cn}, 선간전압 V_{ab}, 상전압 V_{as}, 중성점 전압 V_{sn}을 그리시오.

② 스위칭 주파수

③ 극전압과 상전압에 포함된 크기가 가장 큰 고조파의 주파수

④ 선간전압의 실효값

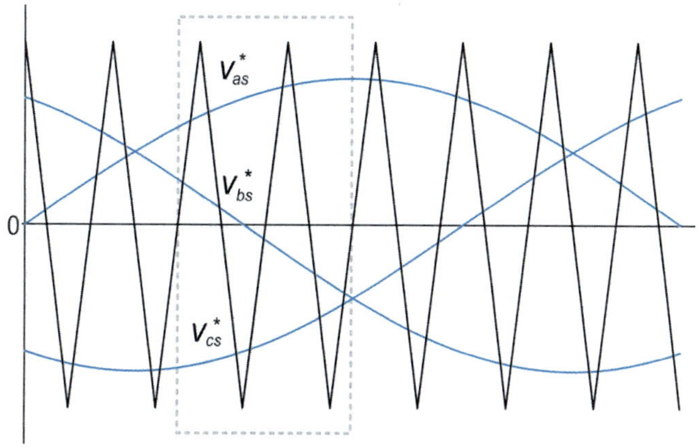

5.7 다음의 평형 3상 abc 전압에 대한 복소수 벡터를 구하시오.

$$v_{as} = V_m \cos\omega_e t\ ,\ v_{bs} = V_m \cos(\omega_e t - 120°),\ v_{cs} = V_m \cos(\omega_e t + 120°)$$

5.8 3상 인버터에서 스위칭 상태 $S_a = 0$, $S_b = 1$, $S_c = 1$에 대한 공간 전압 벡터를 구하시오.

06

AC-AC 컨버터

6.1 가변 교류 전원 장치

- AC-AC 컨버터는 상용 전원의 교류 전압을 그 크기와 주파수가 다른 교류 전압으로 직접 변환하는 가변 교류 전원 장치이다. (그림 6.1)
- 예를 들어, 상용 전원인 60Hz, 220V의 교류 전압을 AC-AC 컨버터를 이용하여 20Hz, 100V의 교류 전압으로 직접 변환할 수 있다.
- AC-AC 컨버터는 출력 전압을 가변하여 부하에 공급하는 교류 전력을 조절하는 장치라고도 볼 수 있다.

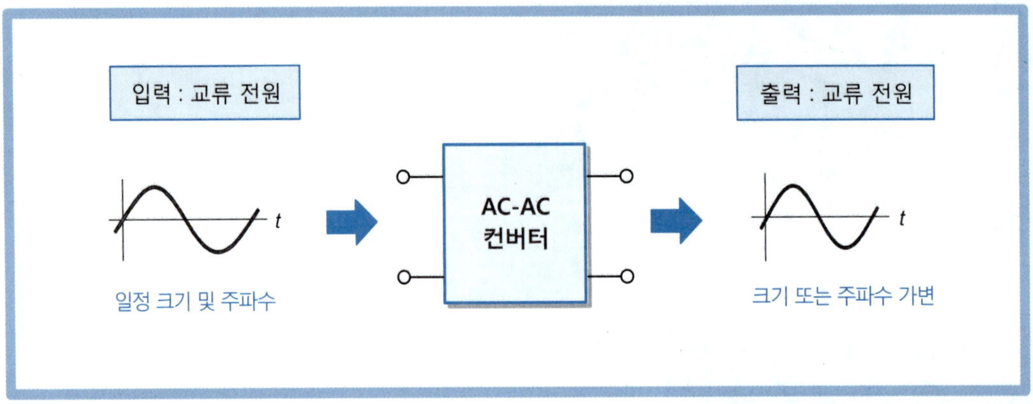

그림 6.1 AC-AC 컨버터

6.1.1 AC-AC 컨버터의 종류

- AC-AC 컨버터는 기본적으로 출력 전압을 입력 전압과는 다르게 가변할 수 있는데, 통상 출력 전압의 크기는 입력 전압보다 작은 범위에서 제어된다.
- 이렇듯이 출력 전압의 크기를 가변할 수 있는 AC-AC 컨버터는, 출력 주파수의 제어 가능 여부에 따라 다음과 같은 3가지 종류가 있다.

  ① AC-AC 위상제어 컨버터(교류 전압 컨트롤러), 교류 초퍼

  → 가장 간단한 유형으로 출력 주파수는 조절할 수는 없다.

  ② 사이클로 컨버터(Cycloconverters)

  → 출력 주파수의 제어가 가능하지만, 항상 입력 주파수보다 낮다.

  ③ 매트릭스 컨버터(Matrix Converters)

  → 제어 가능한 출력 주파수의 범위에 제한이 없다.

- 이들 AC-AC 컨버터 중에 AC-AC 위상제어 컨버터가 가장 널리 사용된다.

AC-AC 컨버터의 회로 구성

- AC-AC 컨버터는 교류 전력을 변환하므로, **단상** 회로와 **3상** 회로로 분류된다.
- 통상적으로 활용되는 AC-AC 컨버터 회로가 그림 6.2에 보인다.

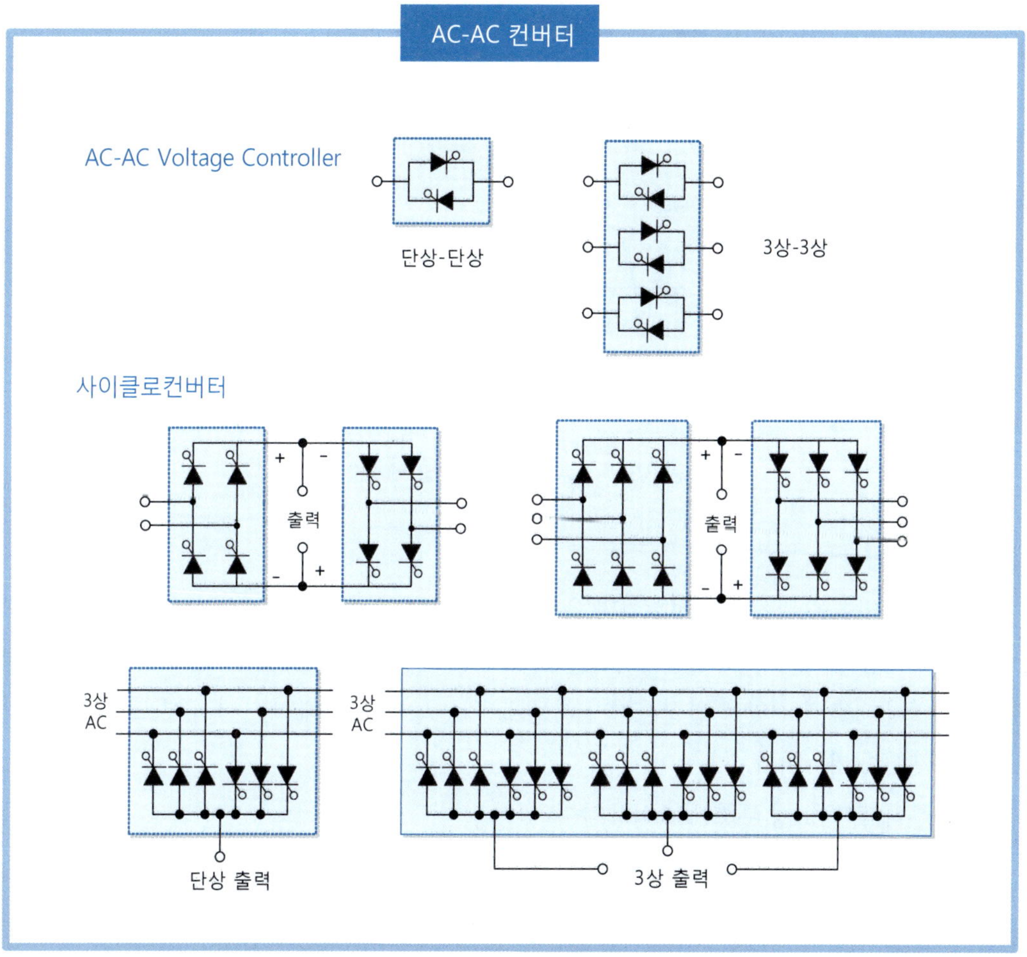

그림 6.2 AC-AC 컨버터의 회로

- AC-AC 위상제어 컨버터는 교류 전압을 제어하므로, 양방향의 전류 흐름이 가능한 반도체 스위치가 필요하다.
  - 이러한 양방향 스위칭 소자로 AC-AC 위상제어 컨버터와 사이클로 컨버터에서는 역 병렬로 연결된 한 쌍의 사이리스터가 사용된다. (그림 6.2)
  - 교류 초퍼나 매트릭스 컨버터에서는 온/오프 제어와 고속 스위칭이 가능한 IGBT와 다이오드로 구성된 양방향 스위치가 사용된다.

6.1.2 AC-AC 컨버터에서의 전압 제어 방식

• AC-AC 컨버터에서 출력 전압의 크기를 제어하는 방식에는 **위상 제어 방식, 주기 제어 방식, PWM 제어 방식**이 있다. (그림 6.3)

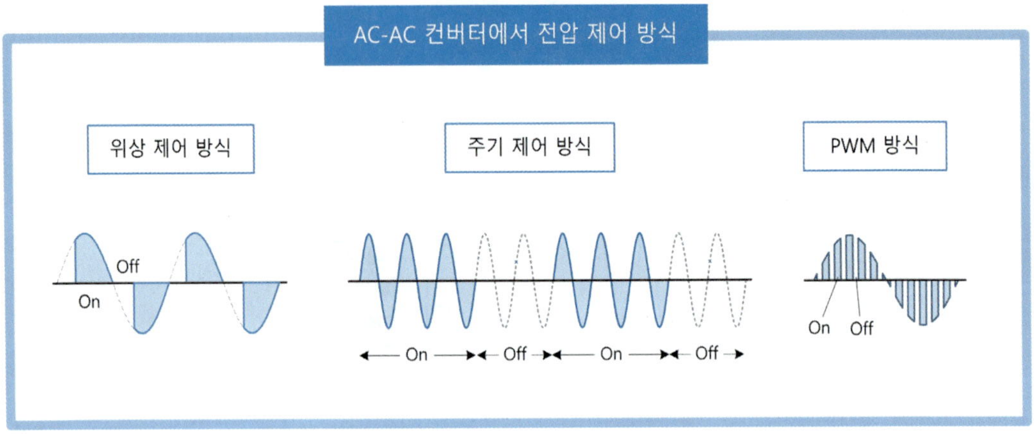

그림 6.3 AC–AC 컨버터의 전압 제어 방식

① 위상 제어 방식

- 위상 제어 방식은 위상제어 정류기와 유사하게 전원 전압의 반 주기마다 사이리스터의 점호각을 제어함으로써, 부하에 인가하는 출력 전압을 제어하는 방식이다.
- 반 주기마다 출력 전압을 변화시키기 때문에, 다른 방식에 비해 빠르면서 부드럽고 세밀한 전압 제어가 가능하다.
- 저항 부하 및 유도성 부하에서 사용할 수 있다.
- 위상 제어로 불연속적인 전압이 출력되므로, 전압이 순간적으로 크게 변동하여 노이즈가 쉽게 발생하고, 이로 인해 전류에 저차 고조파를 발생시키며 전원 측의 역률이 저하된다.

② 주기(Integral Cycle) 제어 방식

- 주기 제어 방식은 전원 전압의 몇 주기는 부하와 연결하고 몇 주기는 차단하는 방식으로, 주기 단위로 전원 전압을 제어함으로써, 부하에 인가하는 출력 전압을 제어하는 방식이다.
- 전원 전압이 0V일 때 온/오프 제어(Zero Cross Control)를 하므로, 노이즈가 발생하지 않으며, 위상 제어 방식보다 역률이 높다.
- 반 주기 단위로 제어하는 반주기 제어(Half-Integral Cycle Control) 방식도 있다.
- 이 방식은 전류가 전압과 동상인 저항 부하에서만 사용할 수 있다.
- 주기 단위로 온/오프 되므로, 부하 전압의 공급이 불연속적으로 되어 깜빡임(Flicker)이 발생

할 수 있다.

- 이 문제로 인해 주기 제어 방식은 기계적 시정수 또는 열 시정수가 몇 초 이상으로 상당히 큰 응용 분야에 주로 사용된다.
- 예를 들어, 관성이 큰 부하를 구동하는 교류 전동기의 속도 제어 시에 기계적 시정수나 가열 부하의 온도 제어 시에 열적 시정수는 통상적으로 전원 주기보다 매우 크므로, 이러한 응용 분야에서 주기 제어 방식을 적용하는 경우 속도나 온도 변화가 거의 나타나지 않는다.

③ PWM 제어 방식

- PWM(펄스 폭 변조) 제어는 고속 스위칭으로 부하에 인가하는 출력 전압을 세밀하게 제어하는 방식이다.
- 출력 전압을 정현파에 가깝게 만들어 줄 수 있으므로, 부하 전류의 고조파를 크게 줄일 수 있다.
- PWM 제어를 위해 고속으로 온, 오프가 가능한 양방향 스위치가 필요하다.

AC-AC 컨버터에서 제어 방식의 사용

- 위상 제어 방식 또는 주기 제어 방식을 사용하여 출력 교류 진압이나 전력을 제어하는 AC-AC 컨버터를 **교류 전압 조정기(AC Voltage Regulator)** 또는 **교류 전력 조정기(AC Power Regulator)**라고 부른다.
- 특히, 위상 제어 방식을 이용하는 경우 **AC-AC 위상제어 컨버터**라고 한다.
- 사이클로 컨버터는 위상 제어 방식과 주기 제어 방식을 혼합해서 사용하여 출력 전압과 출력 주파수를 가변한다.
- PWM 제어 방식을 사용하는 AC-AC 컨버터를 **AC 초퍼(Chopper)**라고 부른다.

AC-AC 컨버터의 응용 분야

- AC-AC 컨버터를 이용한 교류 출력 전압 또는 교류 전력의 제어는 주로 전기로·히터 등의 온도 제어, 조명의 조광 제어, 단상 또는 3상 유도 전동기의 속도 제어, 전력 설비의 정지형 조상설비의 무효전력 제어 등에 이용되고 있다.

이제 AC-AC 컨버터 중에 가장 기본이 되는 교류 전압 조정기라고 부르는 AC-AC 위상제어 컨버터에 대해 알아보기로 하자.

6.2 AC-AC 위상제어 컨버터(교류 전압 조절기)

- AC-AC 위상제어 컨버터와 사이클로 컨버터 등의 전형적인 AC-AC 컨버터에서는 스위칭 소자로 사이리스터가 사용된다.
- 교류 전원에서 사용되므로, 이들 사이리스터는 전원 전압에 의해 자연적으로 턴-오프된다.
- AC-AC 위상제어 컨버터는 출력 교류 전원의 종류에 따라 단상과 3상 컨버터가 있다.

6.2.1 단상 AC-AC 위상제어 컨버터

- 단상 AC-AC 위상제어 컨버터는 교류 전력을 제어하므로, 사이리스터(SCR) 2개가 역 병렬로 연결된 스위치 구조를 가진다. (그림 6.4)
- 대전력용 컨버터에서는 사이리스터가 사용되지만, 중·소전력용 컨버터에서는 양방향 사이리스터 스위치인 트라이악이 사용된다.
- 단상 AC-AC 위상제어 컨버터에서는 출력 교류 전압의 주파수는 입력 주파수와 동일하고, 단지 출력 전압의 크기만 가변할 수 있다.
- 교류 출력 전압의 크기 제어를 위해 전원 전압의 반 주기마다 사이리스터의 도통 시점을 제어하는데, 이때 출력 가능한 최대 출력 전압은 입력 전압보다는 약간 낮다.

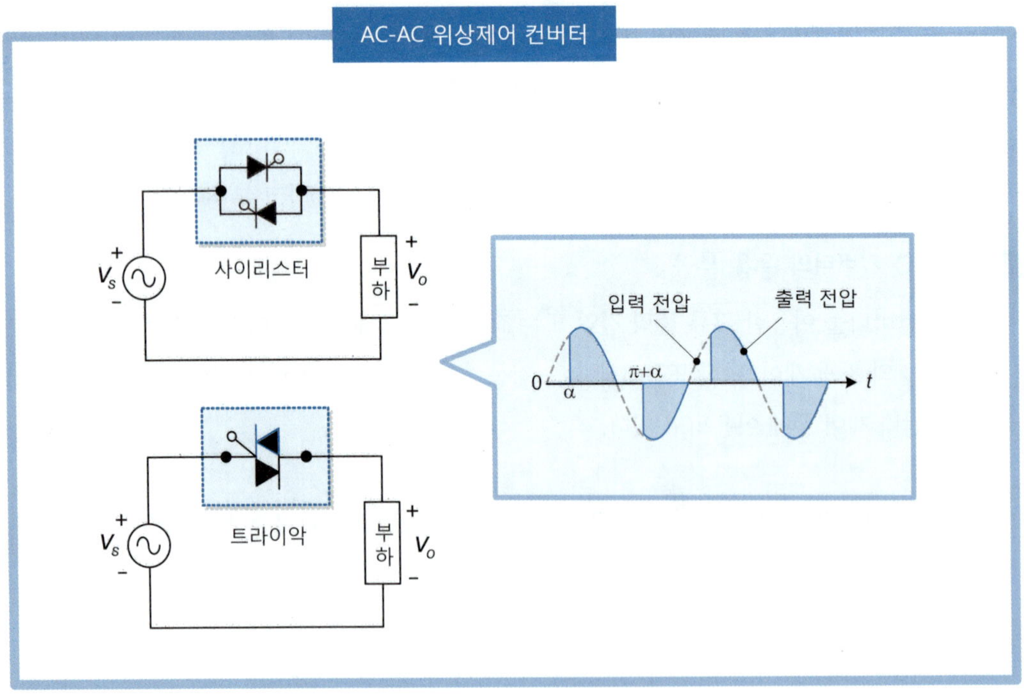

그림 6.4 단상 AC-AC 위상제어 컨버터

- 이렇듯이 교류 회로를 개폐하는 장치인 사이리스터를 **교류 스위치** 또는 **반도체 스위치**라고도 부른다.
- AC-AC 위상제어 컨버터의 동작은 출력에 연결된 부하의 종류에 따라 달라지므로, 회로 해석 시에는 부하에 따라 그 동작 특성을 따로 살펴볼 필요가 있다.
- 먼저 기본 동작을 쉽게 알 수 있는 저항 부하에 대해 회로 동작을 알아보고, 다음으로 유도성 부하에 대해 알아보도록 한다.

(1) 순수 저항 부하

회로 동작

- AC-AC 위상제어 컨버터의 회로 동작은 전원 전압 v_s의 극성에 따라 달라진다.
- 전원 전압 $v_s > 0$이면 사이리스터 T_1이 순방향 바이어스이므로 게이트 전류 펄스가 인가되면 도통할 수 있으며, 반대로 $v_s < 0$에서는 사이리스터 T_2가 도통할 수 있다. (그림 6.5)
- 사이리스터 T_1은 위상각 $\omega t = \alpha$에서, T_2는 $\omega t = \pi + \alpha$에서 게이트 펄스를 인가한다고 가정하고 동작을 살펴보자.

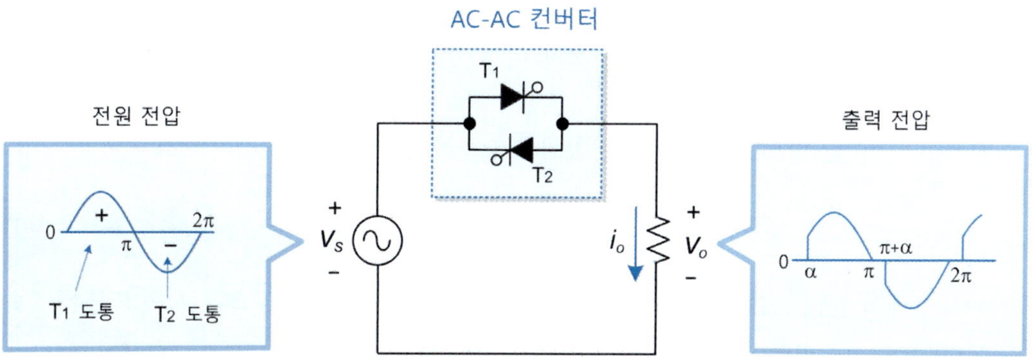

그림 6.5 AC–AC 컨버터 : 저항 부하

① 양(+)의 전원 전압 : $0 \le \omega t < \alpha$ → 차단 구간

- 전원 전압 $v_s > 0$이므로 사이리스터 T_1은 순방향 바이어스이지만, 게이트 전류 펄스 i_{g1}을 인가하지 않았으므로 오프 상태이다. (그림 6.6)
- 따라서 부하는 전원과 분리되며, 출력 부하 전압 $v_o = 0$이다.
- 사이리스터 T_2는 역방향 바이어스이므로 차단 상태이며, 전원 전압이 역으로 인가된다.

회로 동작

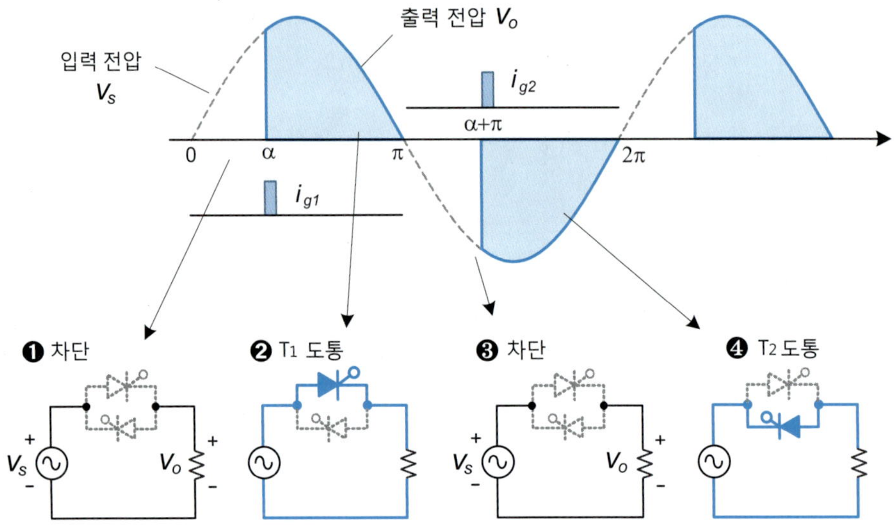

그림 6.6 저항 부하에서의 회로 동작

② 양(+)의 전원 전압 : $\alpha \leqq \omega t < \pi$ → 전원 전압 인가 구간

- 위상각 $\omega t = \alpha$에서 순방향 바이어스 상태인 사이리스터 T_1의 게이트 단자에 전류 펄스 i_{g1}을 인가하면 턴-온 된다.
- 부하가 사이리스터를 통해 전원과 연결되므로 출력 전압은 다음과 같이 된다.

$$v_o = v_s = \sqrt{2}\,V_s \sin\omega t \tag{6-1}$$

- $\omega t = \pi$에서 전원 전압이 영으로 되어 전류가 영이 될 때까지 사이리스터 T_1의 도통은 지속된다.
- 전원 전압이 음이 되면, 사이리스터 T_1은 역방향 바이어스로 자동으로 턴-오프된다.

③ 음(−)의 전원 전압 : $\pi \leqq \omega t < \pi + \alpha$ → 차단 구간

- 전원 전압 $v_s < 0$이므로 사이리스터 T_2는 순방향 바이어스이지만, 게이트 전류 펄스 i_{g2}가 인가되지 않았으므로 오프 상태이다. (그림 6.6)
- 따라서 출력 부하 전압 $v_o = 0$이다.
- 사이리스터 T_1은 역방향 바이어스이므로 차단 상태이며, 음의 전원 전압이 인가된다.

④ **음(−)의 전원 전압 : $\pi+\alpha \le \omega t < 2\pi$ → 전원 전압 인가 구간**

- 위상각 $\omega t = \pi + \alpha$에서 순방향 바이어스 상태인 사이리스터 T_2의 게이트 단자에 전류 펄스 i_{g2}를 인가하면 턴-온 된다.
- 부하가 사이리스터를 통해 전원에 연결되므로, 출력 전압은 다음과 같이 된다.

$$v_o = v_s = \sqrt{2}\,V_s \sin \omega t \tag{6-2}$$

- $\omega t \ge 2\pi$에서 전원 전압이 다시 양이 되어, 역방향 바이어스로 턴-오프 될 때까지 사이리스터 T_2의 도통은 지속된다.

• 이와 같은 동작을 하는 AC-AC 위상제어 컨버터에서 여러 점호 각 α에 따른 출력 전압 파형이 그림 6.7에 보인다.

• 사이리스터의 점호 각 α가 커짐에 따라 출력 전압(실효값)이 작아진다.

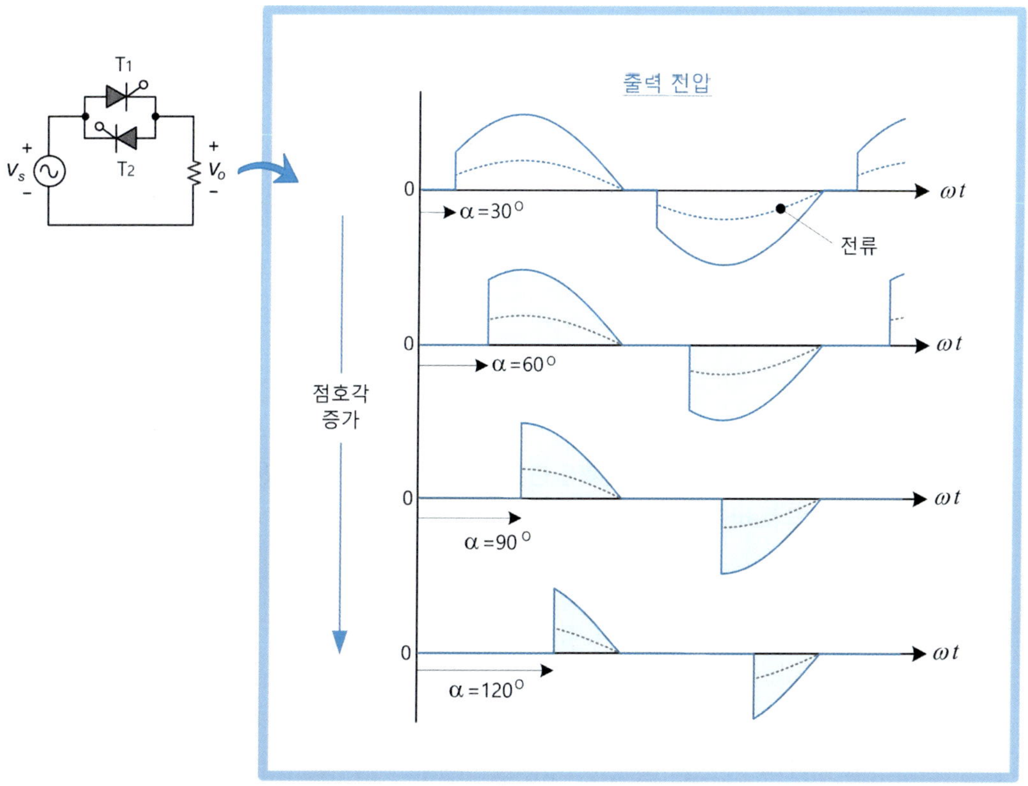

그림 6.7 저항 부하에서 점호 각에 따른 회로 동작

• 이제 점호 각 α에 따른 교류 출력 전압(실효값)을 구해 보도록 하자.

교류 출력 전압(저항 부하)

- 저항 부하를 구동하는 AC-AC 위상제어 컨버터에서는 전원 전압의 $0 \sim \pi(=180°)$의 반 주기 중에 $\alpha \sim \pi$의 구간만이 부하로 출력되므로, 교류 출력 전압의 실효값은 다음과 같이 구할 수 있다.
- **교류 출력 전압의 실효값 V_o**

$$
\begin{aligned}
V_o &= \sqrt{\frac{1}{\pi}\int_0^{\pi} v_o^2\, d(\omega t)} \\
&= \sqrt{\frac{1}{\pi}\int_{\alpha}^{\pi} (\sqrt{2}\, V_s \sin\omega t)^2\, d(\omega t)} \\
&= V_s\sqrt{\frac{2}{\pi}\int_{\alpha}^{\pi} \left(\frac{1-\cos 2\omega t}{2}\right) d(\omega t)} \qquad \text{참고} \left(\sin^2\omega t = \frac{1-\cos 2\omega t}{2}\right) \\
&= V_s\sqrt{\frac{1}{\pi}\left[\omega t - \frac{\sin 2\omega t}{2}\right]_{\alpha}^{\pi}} \qquad \text{참고} \left(\int \cos x\, dx = \sin x\right) \\
&= V_s\sqrt{\frac{1}{\pi}\left(\pi - \alpha + \frac{\sin 2\alpha}{2}\right)} \\
&= V_s\sqrt{1 - \frac{\alpha}{\pi} + \frac{\sin 2\alpha}{2\pi}}
\end{aligned} \qquad (6\text{-}3)
$$

- 사이리스터의 점호 각 α를 $0° \sim 180°$까지 가변시킴에 따라, 출력 전압의 실효값 V_o를 입력 전압의 실효값 V_s [V]에서 0V까지 연속적으로 가변시킬 수 있다.

문제

단상 AC-AC 위상제어 컨버터로 히터에 전력을 공급하여 온도 제어를 하고 있다. 사이리스터의 점호 각 $\alpha_1 = 90°$에서 $\alpha_2 = 45°$로 바꾸어 전력을 공급하는 경우 교류 전력은 몇 배가 증가하는가?

답

공급 전력은 공급 전압의 제곱에 비례한다. 따라서

$$
\frac{P_2}{P_1} = \frac{V_2^2/R}{V_1^2/R} = \frac{V_2^2}{V_1^2} = \frac{\left(1-\frac{\alpha_2}{\pi}+\frac{\sin 2\alpha_2}{2\pi}\right)}{\left(1-\frac{\alpha_1}{\pi}+\frac{\sin 2\alpha_1}{2\pi}\right)} = \frac{\left(1-\frac{1}{4}+\frac{1}{2\pi}\right)}{\left(1-\frac{1}{2}+0\right)} = 1.82
$$

이므로, 점호각 $\alpha_1 = 90°$에서 $\alpha_2 = 45°$로 변경하면 공급 전력은 1.82배 증가한다.

(2) 유도성 부하

회로 동작

- 유도성 부하에 대한 컨버터 동작도 전원 전압 v_s의 극성에 따라 달라진다.
- 전원 전압 $v_s > 0$이면 사이리스터 T_1이 순방향 바이어스이므로 게이트 신호를 인가하면 도통시킬 수 있으며, $v_s < 0$에서는 사이리스터 T_2를 도통시킬 수 있다.
- 그런데 유도성 부하에서는 저항 부화와는 달리 출력 전압 크기의 제어가 가능한 점호 각 α의 범위에 제한이 있다.

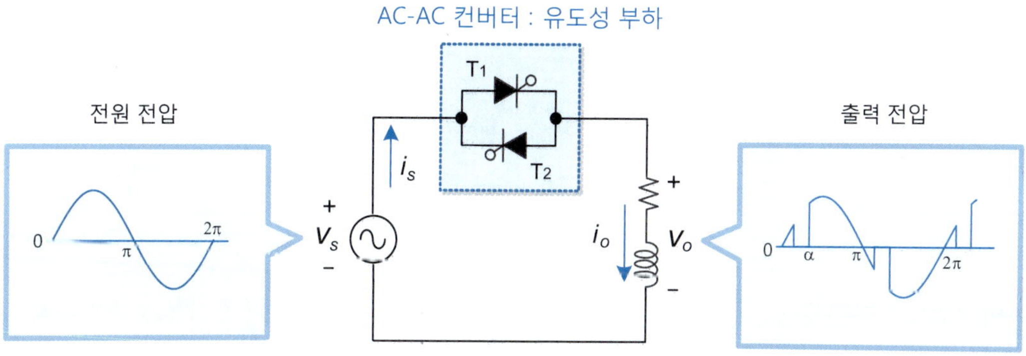

그림 6.8 유도성 부하에서의 회로 동작

- 저항 부하에서는 점호 각 $\alpha > 0$의 경우 항상 출력 전류는 불연속이 되므로, 출력 전압의 크기 제어를 위한 점호 각 α 범위에는 아무런 제한이 없다.
- 이에 비해, 유도성 부하에서는 점호 각과 부하 조건에 따라 출력 전류는 연속 또는 불연속이 되는데, 전류가 불연속인 경우에만 출력 전압의 제어가 가능하다.
- 전류가 불연속인 경우 출력 전압이 영이 되는 구간이 발생하므로, 출력 전압 크기의 제어가 가능하기 때문이다. (드림 6.8)
- 유도성 부하에서 전류는 전압에 비해 부하 임피던스 각(또는 역률 각) $\theta(=\tan^{-1}\frac{\omega L}{R})$만큼 뒤지므로, 점호 각 α가 부하 임피던스 각 θ 보다 큰 경우 출력 전류가 불연속이 된다.
- 따라서 유도성 부하에서 출력 전압의 크기 제어가 가능한 점호 각 α의 범위는 다음과 같다.

■ **전압 제어 가능한 점호 각 범위** : $\theta(=\tan^{-1}\frac{\omega L}{R}) < \alpha < \pi$ (6-4)

문제

60Hz 상용 전원에 연결된 단상 AC-AC 위상제어 컨버터에서 L=20mH, R=15Ω인 유도성 부하에서 출력 전압 크기의 제어가 가능한 점호 각 α의 범위는?

답

먼저 임피던스 각을 구해보면, 임피던스 각 $\theta = \tan^{-1}\omega L/R = \tan^{-1}(2\pi 60 \cdot 20 \times 10^{-3})/15 = 26.7^\circ$가 된다.

따라서 출력 전압의 크기가 제어 가능한 점호 각의 범위는 $26.7^\circ < \alpha < \pi$이다.

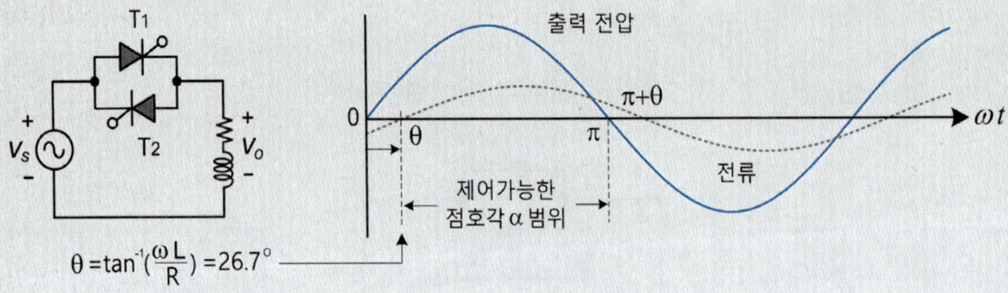

- 이제 유도성 부하에서 점호 각과 부하 임피던스 각에 따른 출력 전압의 제어 가능 상황에 대해 좀 더 살펴보도록 하자.

① 점호 각 $\alpha >$ 부하 임피던스 각 θ의 경우

- 전원 전압 v_s의 양의 반주기 내의 어떤 점호 각 α에서 사이리스터 T_1을 턴-온시키면 전류가 흐르기 시작하는데, 부하 인덕턴스 L에 에너지가 축적되면서 전류는 서서히 상승한다. (그림 6.9)
- 전원 전압이 감소하면 인덕턴스에 축적된 에너지가 방출되면서 부하 전류가 감소하기 시작한다. (이러한 회로 동작은 단상 반파 다이오드 정류기와 동일하다.)
- 이때 부하 전류 i_o는 다음과 같은 회로 방정식으로부터 구할 수 있다. (2장 풀이 참조)

$$v_s = L\frac{di_o}{dt} + Ri_o$$

$$\rightarrow \quad \sqrt{2}\,V_s \sin\omega t = L\frac{di_o}{dt} + Ri_o$$

$$\rightarrow \quad i_o(t) = \frac{\sqrt{2}\,V_s}{Z}\left[\sin(\omega - \theta) - \sin(\alpha - \theta)e^{-(t+\alpha/\omega)/\tau}\right]$$

$$(\text{회로 시정수}: \tau = \frac{L}{R},\ \text{임피던스 각}: \theta = \tan^{-1}\frac{\omega L}{R}) \qquad (6\text{-}5)$$

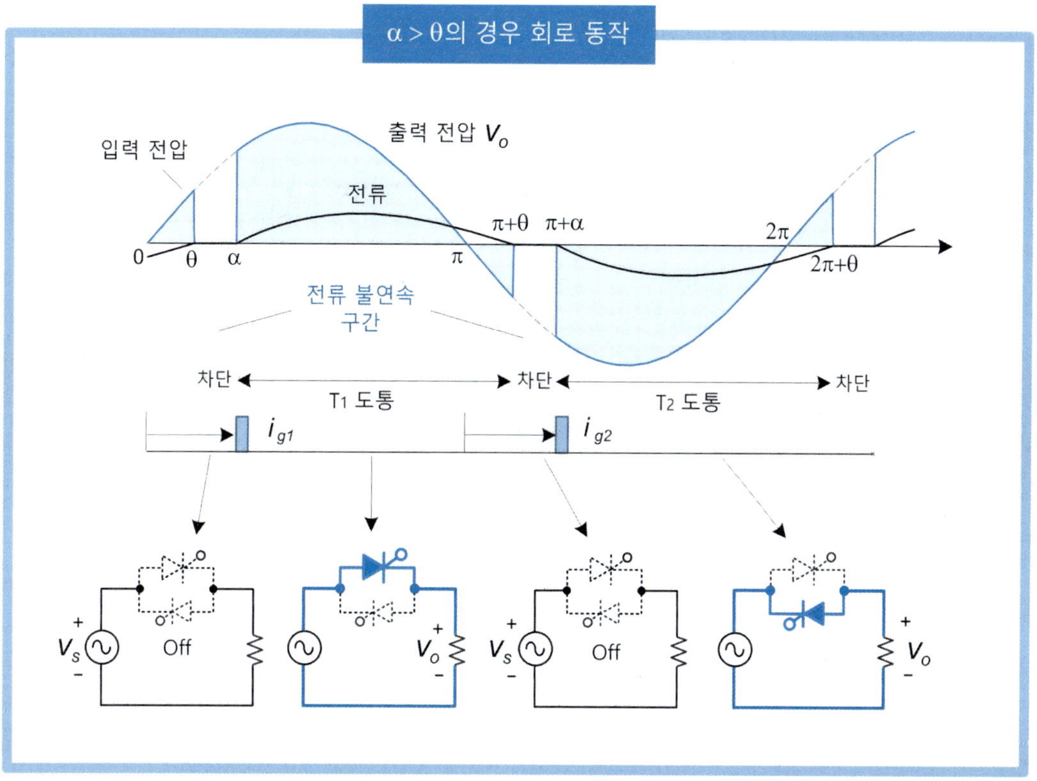

그림 6.9 유도성 부하에서의 회로 동작

- 부하 전류는 $\omega t = \pi$를 지나 부하 임피던스 각 θ만큼 뒤진 $\omega t = \pi + \theta$ 시점에서 영이 되며, 이에 따라 T_1은 턴-오프 되므로, 부하는 전원과 분리되어 출력 전압은 영이 된다.
- 이후 점호 각 $\omega t = \pi + \alpha$에서 순방향 바이어스인 T_2를 켜면 음의 전원 전압이 부하에 인가되고 부하 전류가 반대 방향으로 흐르며, $\omega t = 2\pi + \theta$에서 영이 된다.
- 이처럼 4개의 동작 구간이 발생하며, 각 구간에서의 출력 전압은 다음과 같다.
- 이 경우 출력 전압이 영이 되는 구간이 있으므로, 출력 전압 크기의 제어가 가능하다.

구간	소자 상태	출력 전압
$\alpha \sim \pi + \theta$	T_1 도통	$v_o = v_s = \sqrt{2}\,V_s \sin\omega t$
$\pi + \theta \sim \pi + \alpha$	T_1 오프	$v_o = 0$
$\pi + \alpha \sim 2\pi + \theta$	T_2 도통	$v_o = v_s = \sqrt{2}\,V_s \sin\omega t$
$2\pi + \theta \sim 2\pi + \alpha$	T_2 도통	$v_o = 0$

② **점호 각 $\alpha <$ 부하 임피던스 각 θ의 경우**

- 앞에서 설명했듯이 T_1을 통해 흐르고 있는 부하 전류는 부하 임피던스 각 θ만큼 뒤진 $\omega t = \pi + \theta$ 시점에서 영이 되는데, 이 부하 전류가 영이 되기 전에 T_2를 켜게 되면, 감소 중인 부하 전류는 영을 지나 바로 음으로 흐르게 되어 연속으로 흐르게 된다. (그림 6.10)
- 이 경우 전류가 영이 되는 불연속 구간이 없으므로, 전원 전압이 모두 출력되어 출력 전압의 제어가 안 된다.
- 이처럼 점호 각 α를 부하 임피던스 각 θ보다 작게 선정하면, α를 가변해도 출력 전압의 제어가 되지 않는다.

• 유도성 부하를 가진 AC-AC 위상제어 컨버터에서 점호 각 α에 따른 출력 전압 파형이 그림 6.10에 보인다(이 경우 임피던스 각 $\theta = 26.7°$임).

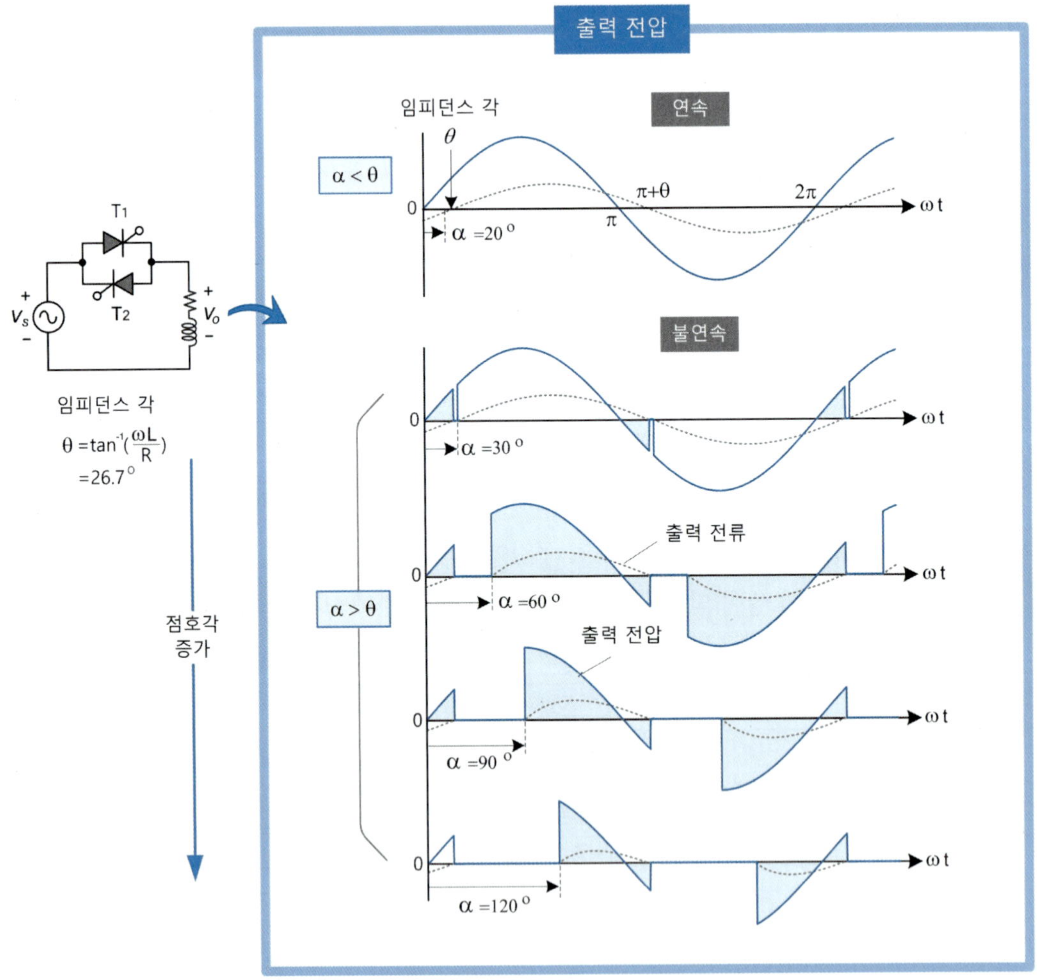

그림 6.10 유도성 부하에서의 회로 동작

이제 유도성 부하에서 점호 각 α에 따라 교류 출력 전압이 어떻게 가변 되는지 알아보도록 하자. (단, $\alpha > \theta$이다.)

▌교류 출력 전압(유도성 부하)

- 전원 전압은 전류 도통 구간인 $\alpha \sim \pi+\theta$에서만 부하로 출력되므로, 교류 출력 전압(실효값)은 다음과 같이 구하면 된다.
- **교류 출력 전압의 실효값 V_o**

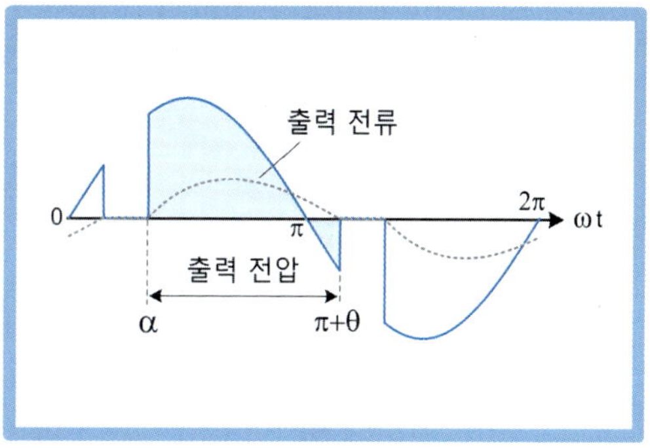

그림 6.11 출력 전압

$$V_o = \sqrt{\frac{1}{\pi}\int_{\alpha}^{\pi+\theta} v_o^2 \, d(\omega t)}$$

$$= \sqrt{\frac{1}{\pi}\int_{\alpha}^{\pi+\theta} (\sqrt{2}\, V_s \sin\omega t)^2 d(\omega t)}$$

$$= V_s\sqrt{\frac{2}{\pi}\int_{\alpha}^{\pi+\theta} (\frac{1-\cos 2\omega t}{2}) \, d(\omega t)}$$

참고 $\left(\sin^2\omega t = \frac{1-\cos 2\omega t}{2}\right)$

$$= V_s\sqrt{\frac{1}{\pi}\left[\omega t - \frac{\sin 2\omega t}{2}\right]_{\alpha}^{\pi+\theta}}$$

참고 $\left(\int \cos x\, dx = \sin x\right)$

$$= V_s\sqrt{1+\frac{\theta}{\pi} - \frac{\sin 2(\pi+\theta)}{2\pi} - \frac{\alpha}{\pi} + \frac{\sin 2\alpha}{2\pi}} \tag{6-6}$$

문제

단상 AC-AC 위상제어 컨버터로 유도성 부하(임피던스 각 $\theta = 20°$)에 전력을 공급하고 있다. 사이리스터의 점호 각 $\alpha = 60°$의 경우 교류 부하 전압의 실효값은 얼마나 감소하는가?

답

$V_o/V_s = \sqrt{1+(\theta/\pi) - (\sin 2(\pi+\theta)/2\pi) - (\alpha/\pi) + (\sin 2\alpha/2\pi)} = 0.9$이므로, 부하의 공급 전압은 교류 전원 전압의 실효값에 비해 10% 감소한다.

- 저항 부하와 유도성 부하를 가진 AC-AC 위상제어 컨버터에서 제어 범위와 출력 전압에 대한 비교가 표 6.2에 보인다.

표 6.2 부하에 따른 출력 전압 비교

부하 조건	점호각의 제어 범위	출력 전압 V_o
저항 부하	$0 < \alpha < \pi$	$V_s\sqrt{\frac{1}{\pi}(\pi - \alpha + \frac{\sin 2\alpha}{2})}$
유도성 부하	$\theta\,(=\tan^{-1}\frac{\omega L}{R}) < \alpha < \pi$	$\sqrt{\frac{1}{\pi}(\pi + \theta - \alpha + \frac{\sin 2\alpha}{2} - \frac{\sin 2(\pi+\theta)}{2})}$

• 저항 부하와 유도성 부하를 가진 AC-AC 위상제어 컨버터의 동작 비교가 그림 6.11에 보인다.

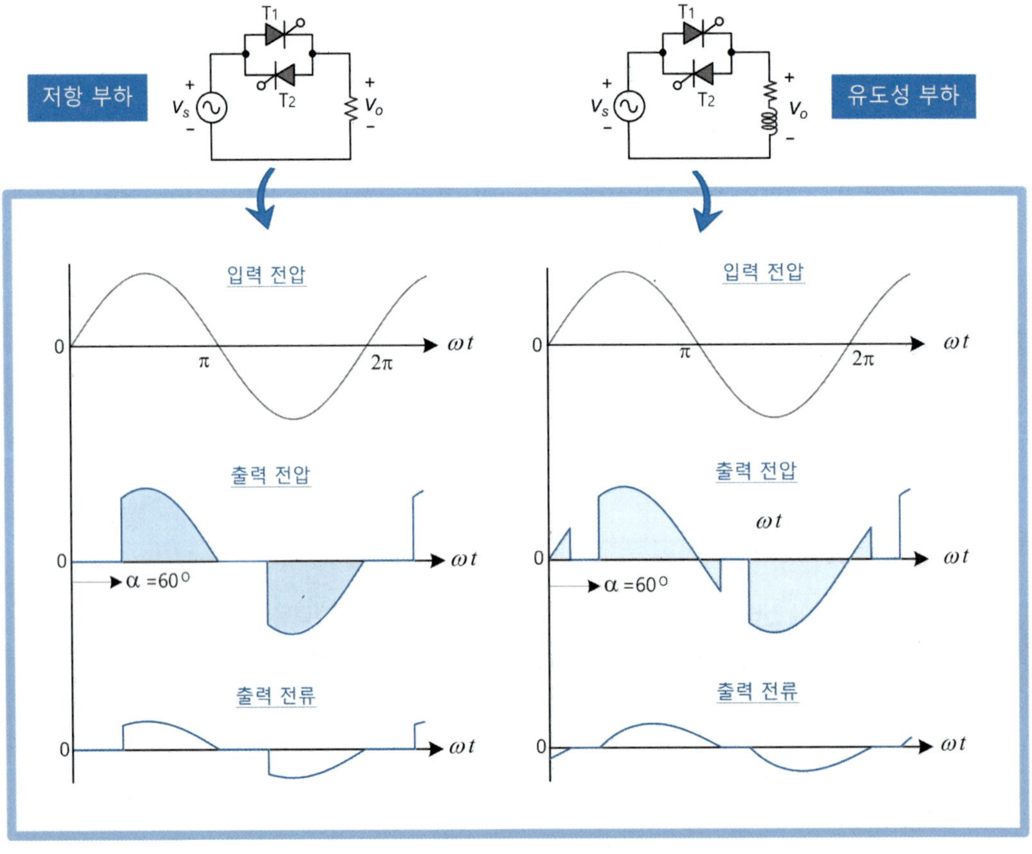

그림 6.12 저항 부하와 유도성 부하에서의 회로 동작 비교

6.2.2 3상 AC-AC 위상제어 컨버터

- AC-AC 위상제어 컨버터는 단상뿐만 아니라 3상 전력을 가변해 주는 데 사용할 수 있다.
- 3상 전원으로부터 3상 평형 대칭 부하의 공급 전력을 가변해 주는 3상 AC-AC 위상제어 컨버터가 그림 6.13에 보인다.
- 3상 부하는 컨버터 출력에 Y-결선 또는 Δ-결선으로 연결하여 사용할 수 있다.
- 통상적으로 Y-결선은 상전압을 $1/\sqrt{3}$ 만큼 줄여 줄 수 있으므로 고압의 3상 AC 전원에서 사용되며, Δ-결선은 저압의 3상 AC 전원에서 사용된다.
- 예로서 Y-결선은 3상 380V, Δ-결선은 220V에서 사용된다.

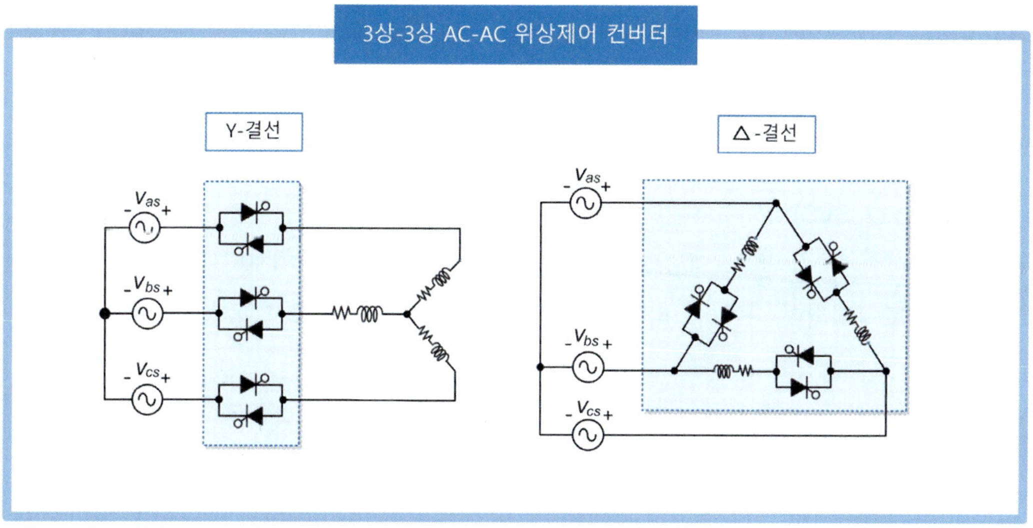

그림 6.13 저항 부하와 유도성에서의 회로 동작 비교

3상 AC-AC 위상제어 컨버터의 적용 분야

- 3상 AC-AC 위상제어 컨버터를 이용한 교류 전력의 제어는 3상 유도 전동기의 속도 제어, 전력 시스템에서 정지형 조상설비의 무효전력 제어 등에 이용되고 있다.
- 3상 유도 전동기의 속도 제어의 예로서, 3상 유도 전동기의 토크는 인가전압의 제곱에 비례하므로, 3상 유도 전동기에 인가하는 전압을 AC-AC 위상제어 컨버터에서 사이리스터의 점호 각으로 조절하여 전동기의 속도를 가변할 수 있다. (그림 6.14)
- 그러나, 3상 유도 전동기의 속도 제어에 있어서 AC-AC 위상제어 컨버터보다 3상 인버터를 사용하여 전압과 주파수를 동시에 제어하는 방식이 더 효율적이므로 일반적으로 더 많이 사용된다.

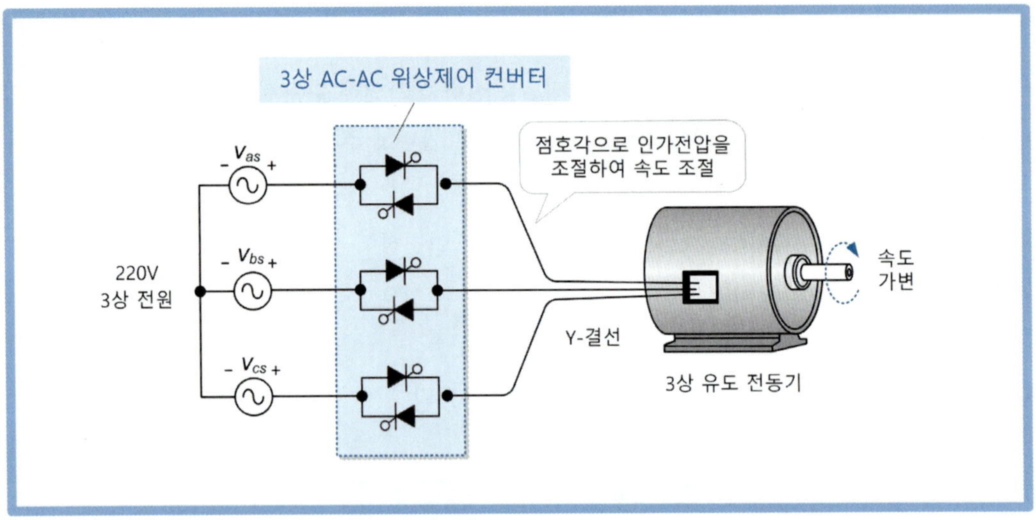

그림 6.14 3상 AC-AC 위상제어 컨버터를 이용한 3상 유도 전동기의 속도 제어 시스템

- AC-AC 위상제어 컨버터는 전력 계통의 무효전력 보상을 위한 **정지형 조상설비(Static Var Compensator, SVC)**로서 사용된다.
- 정지형 조상설비는 일반적으로 강압용 변압기, 직렬 리액터, 진상 커패시터, 고압 대용량 사이리스터 장치로 구성되며, 사이리스터를 이용해 무효전력을 연속적으로 변화시켜 무효전력 보상을 빠르게 수행할 수 있다.
- 이러한 무효전력 **보상 장치**는 다음과 같은 두 가지 방식이 있다. (그림 6.15)

㉮ 사이리스터 제어 리액터 방식 (Thyristor Controlled Reactor, TCR)

이 방식의 무효전력 보상 장치는 역병렬 사이리스터와 리액터의 직렬 회로를 커패시터와 병렬 연결한 회로로 구성된다.

역병렬 사이리스터와 리액터의 직렬 회로에서는 사이리스터를 위상 제어하여 가변 지상 전류를 흘릴 수 있으며, 커패시터에서는 고정된 진상 전류가 흐른다.

이를 통해 무효전력을 진상에서 지상까지 연속적으로 변동시킬 수 있다.

TCR 방식의 3상 회로는 Y-결선 또는 Δ-결선으로 사용될 수 있다.

㉯ 사이리스터 개폐 커패시터 방식 (Thyristor Switched Capacitor, TSC)

이 방식에서는 병렬로 연결된 여러 개의 커패시터를 사이리스터를 이용하여 개별적으로 개폐시켜 용량성 무효전력을 단계적으로 제어한다.

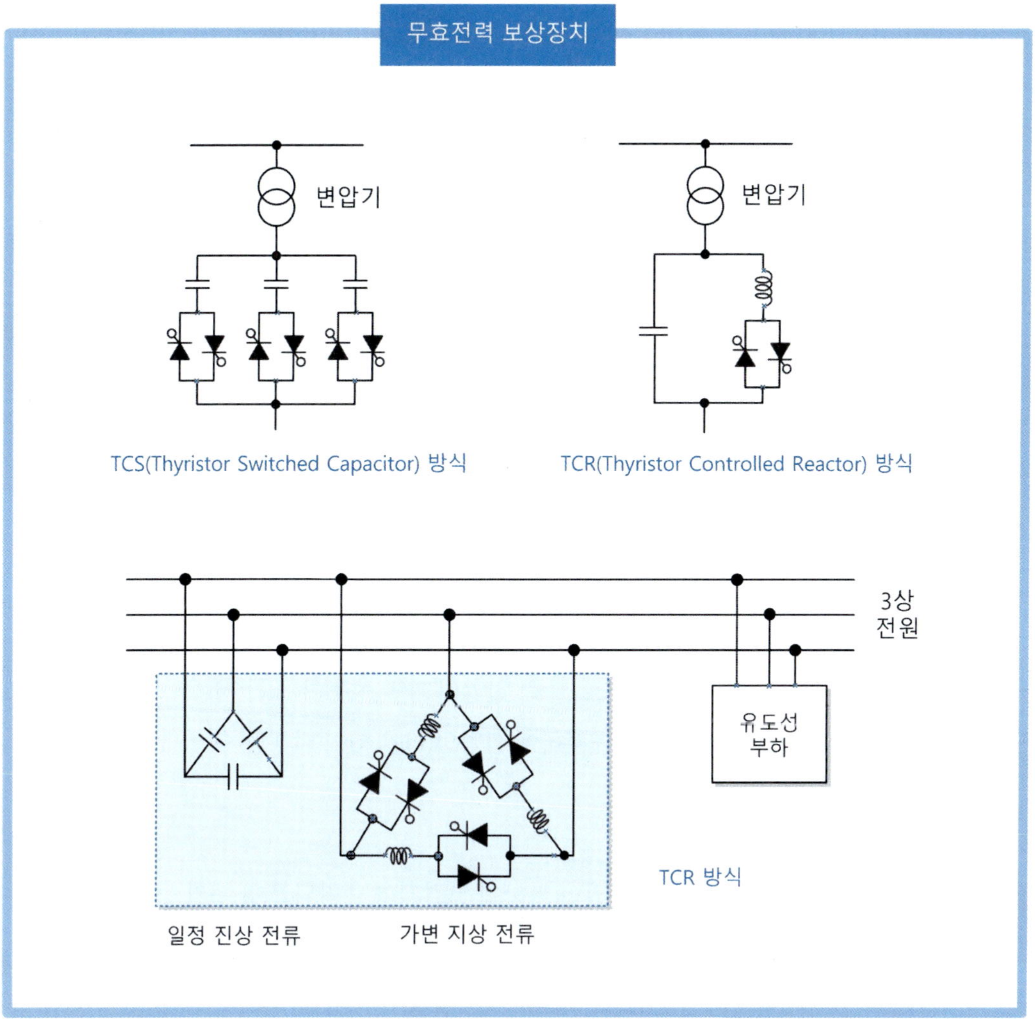

그림 6.15 저항 부하와 유도성에서의 회로 동작 비교

6.2.3 주기 제어 방식의 AC-AC 컨버터

- 주기 제어(Integral Cycle) 방식은 전원 전압을 주기 단위로 온/오프 제어하여, 부하에 인가하는 출력 전압을 제어하는 방식이다.
- 사이리스터를 사용하여 전원 전압과 부하를 몇 주기 동안은 연결하고, 몇 주기 동안은 차단한다. (그림 6.16)
- 전원 전압이 영을 통과할 때 온/오프 제어를 하므로, 불연속 전압으로 인한 노이즈가 발생하지 않으며, 역률이 높다.
- 반 주기 단위로 제어하는 반 주기 제어(Half-Integral Cycle Control) 방식도 있다.
- 전원 전압과 전류 모두 영을 통과할 때 온/오프 제어를 해야 하므로, 저항 부하에서만 사용할 수 있다.

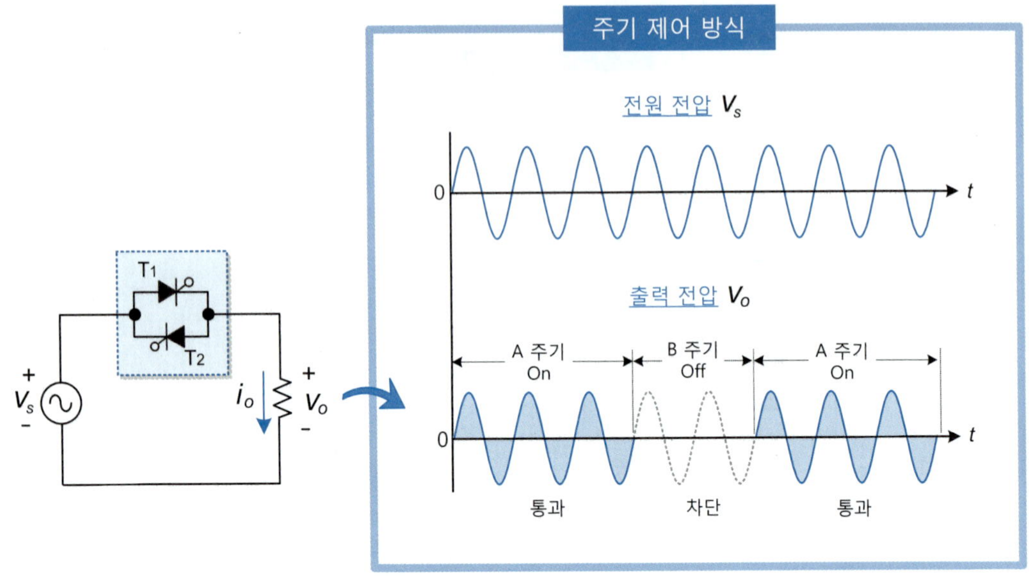

그림 6.16 주기 제어 방식

- 전원 전압이 주기 단위로 온/오프 되므로, 출력 전압의 가변 성능이 느리다.
- 전원 전압의 불연속적인 공급으로 인해 부하에 깜빡임(Flicker)이 발생할 수 있다.

교류 출력 전압

- 전원 전압 v_s의 A 주기 동안은 전원 전압이 부하에 연결되어 출력되고, B 주기 동안은 차단되는 경우, 교류 출력 전압은 다음과 같이 된다.
- **교류 출력 전압의 실효값** V_o

$$V_o = \sqrt{\left(\frac{A}{A+B}\right)\frac{1}{2\pi}\int_0^{2\pi} v_s^2\, d(\omega t)} \qquad (v_s = \sqrt{2}\, V_s \sin\omega t)$$

$$= V_s\sqrt{\left(\frac{A}{A+B}\right)} \tag{6-7}$$

문제

220V 상용 전원에 연결된 단상 AC-AC 위상제어 컨버터를 주기 제어 방식으로 출력 전압을 제어한다. 10주기 중 8주기만을 부하에 연결하는 경우 교류 출력 전압은 얼마인가?

답

교류 출력 전압(실효값)은 $v_o = V_s\sqrt{A/(A+B)} = 220\sqrt{8/10} = 196.7$V이다.

6.3 AC 초퍼

- 위상제어 정류기와 마찬가지로 AC-AC 위상제어 컨버터는 전압을 가변할 때 불연속적인 동작으로 전원 측의 전류를 왜곡시키며 입력 역률도 좋지 않다.
- 교류 전압의 가변을 위해 인버터 마찬가지로 펄스 폭 변조(PWM) 방식을 사용하면 이러한 특성을 크게 개선할 수 있다.
- PWM 방식의 AC-AC 컨버터를 통상적으로 AC 초퍼(Chopper)라고 부르며, 단상 AC 초퍼 회로가 그림 6.16에 보인다.
- AC 초퍼에서는 양쪽 극성의 전압을 차단할 수 있으며, 양방향으로 전류를 흘릴 수 있고, 온/오프 제어가 가능한 스위치(Bidirectional Fully Controlled Switch)가 필요하다.
- 이러한 양방향 스위치는 통상적으로 IGBT 또는 MOSFET 등의 스위치와 다이오드의 조합으로 구성한다. (그림 6.17)
- AC 초퍼에서는 이러한 양방향 스위치를 이용하여 고속의 PWM 스위칭을 통해 정현파 형태로 전압을 부하로 공급하거나 차단함으로써, 부하의 출력 전압 크기를 가변한다.

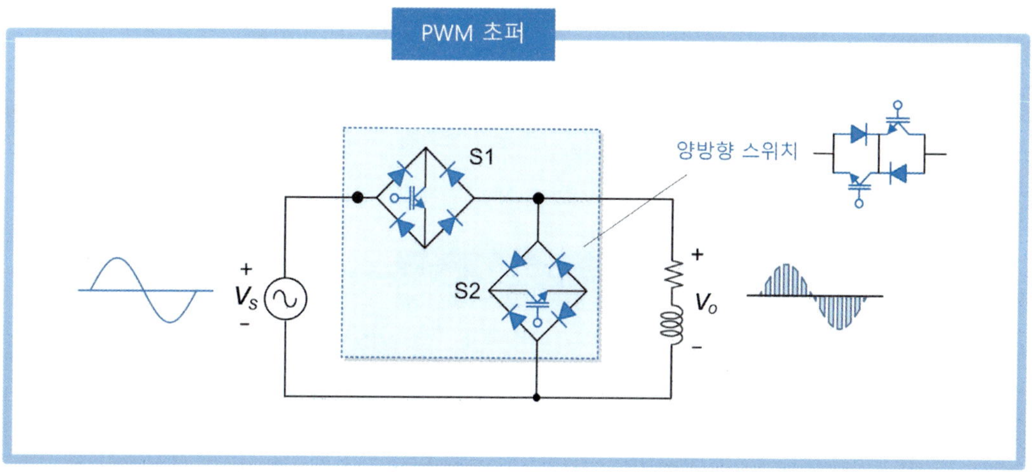

그림 6.17 단상 AC 초퍼

- AC 초퍼는 출력 전압의 크기를 가변할 수 있으나, 출력 주파수는 입력과 동일하다.
- **전압 크기 제어 방법**
  - DC-DC 컨버터나 인버터에서 사용하는 PWM 방식 즉, 스위칭 한 주기에서 턴-온 시간의 비율인 시비율을 변경하여 제어한다.
  - AC 초퍼 회로에서 두 스위치 S_1과 S_2는 상보적으로 동작하는데, S_1이 켜지면 S_2가 꺼지고 그 반대의 경우도 마찬가지이다.

6.4 사이클로 컨버터

- 사이클로 컨버터(Cyclo-Converter)는 교류 출력 전압의 크기와 주파수를 동시에 가변할 수 있는 AC-AC 컨버터이다.
- 사이클로 컨버터에서는 출력 전압의 주파수를 제어할 수 있지만, 그 주파수는 입력 주파수보다 낮다.
- 통상 상용 주파수 60Hz보다 낮은 운전 주파수가 필요한 대용량 저속 교류 전동기 구동에 이러한 사이클로 컨버터가 사용된다.
- 사이클로 컨버터는 입력 전압 기준으로 단상과 3상이 있으며, 출력 전압 기준으로도 단상과 3상이 있다.

6.4.1 단상 사이클로 컨버터

- 단상 사이클로 컨버터는 단상 또는 3상 교류를 입력받아 단상 교류로 직접 변환하면서 출력 전압의 크기와 주파수를 동시에 가변할 수 있다.
- 단상 사이클로 컨버터는 그림 6.18에 보이듯이 단상 또는 3상 컨버터 두 개가 역병렬로 연결된 구성된 듀얼 컨버터(Dual Converter)이다.
- 듀얼 컨버터 회로에서, 각각의 컨버터는 위상제어 정류기로서, (+) 컨버터는 양의 전압이 출력되며, (-) 컨버터는 음의 전압이 출력된다.

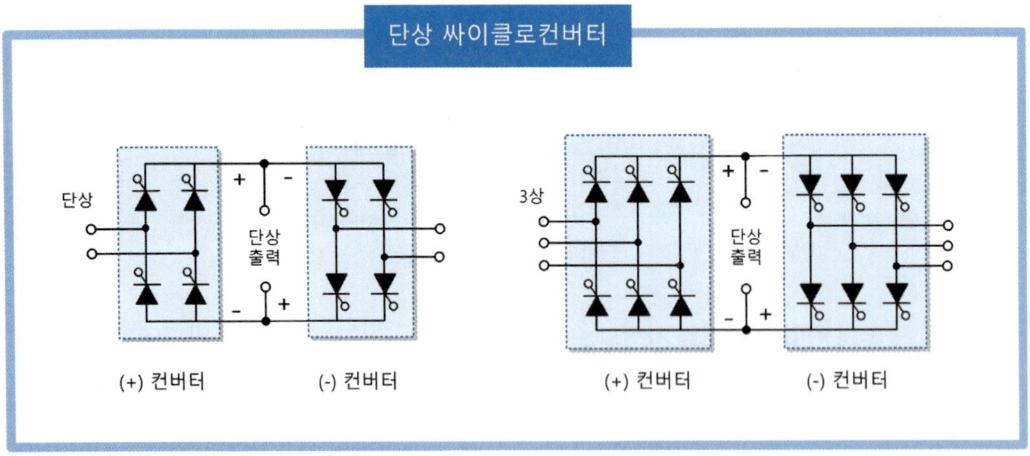

그림 6.18 단상 사이클로 컨버터의 회로

▌출력 전압 제어 방법

• 단상 사이클로 컨버터에서 교류 출력 전압과 주파수의 제어 예가 그림 6.19에 보인다.

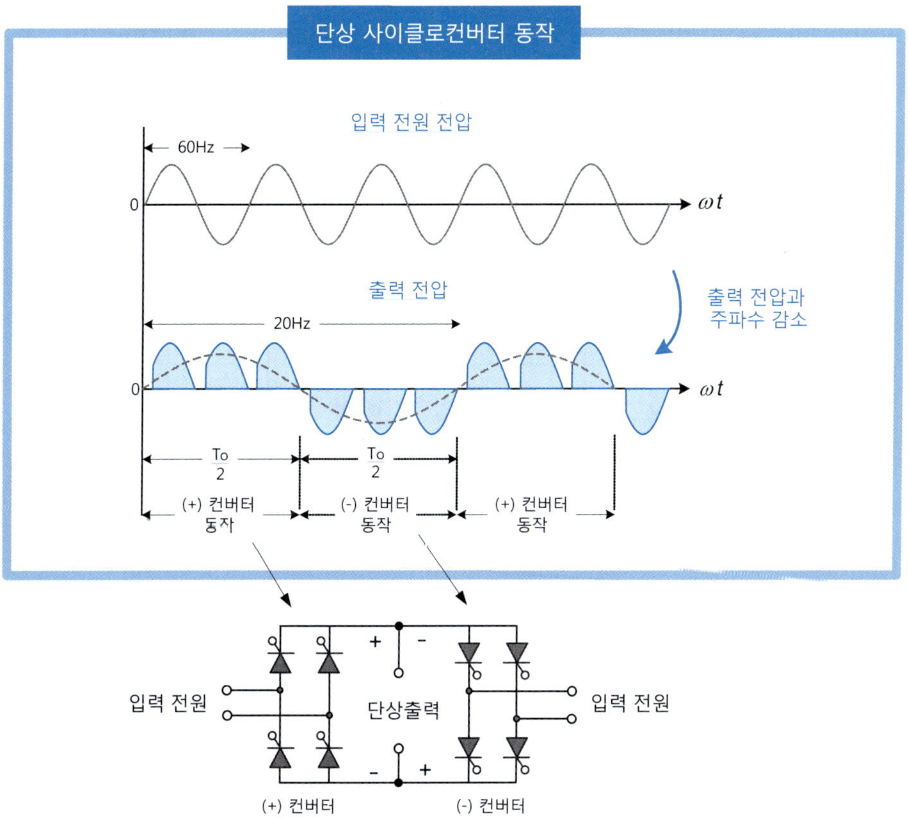

그림 6.19 단상 사이클로 컨버터의 교류 출력 전압 제어

• (+) 와 (-)의 두 컨버터가 각각 필요한 출력 반주기 $T_o/2$씩 동작하여, 요구되는 교류 출력 전압의 주파수를 발생시킨다.

• 그림 6.19에 보인 예에서 입력 전압의 주파수가 60Hz라면 출력 주파수는 20Hz가 된다.

• 교류 출력 전압의 크기 제어는 사이리스터의 점호 각을 조절함으로써 이루어진다.

• 점호 각이 일정하게 주어지는 그림 6.19와는 달리, 사이리스터의 점호 각을 가변하여 정현적인 전압이 출력되도록 하면 출력 전압의 고조파를 줄일 수 있다.

6.4.2 3상 사이클로 컨버터

• 3상 교류를 입력받아 단상 또는 3상 가변 전압을 출력하는 3상 사이클로컨버터가 그림 6.20에 보인다.

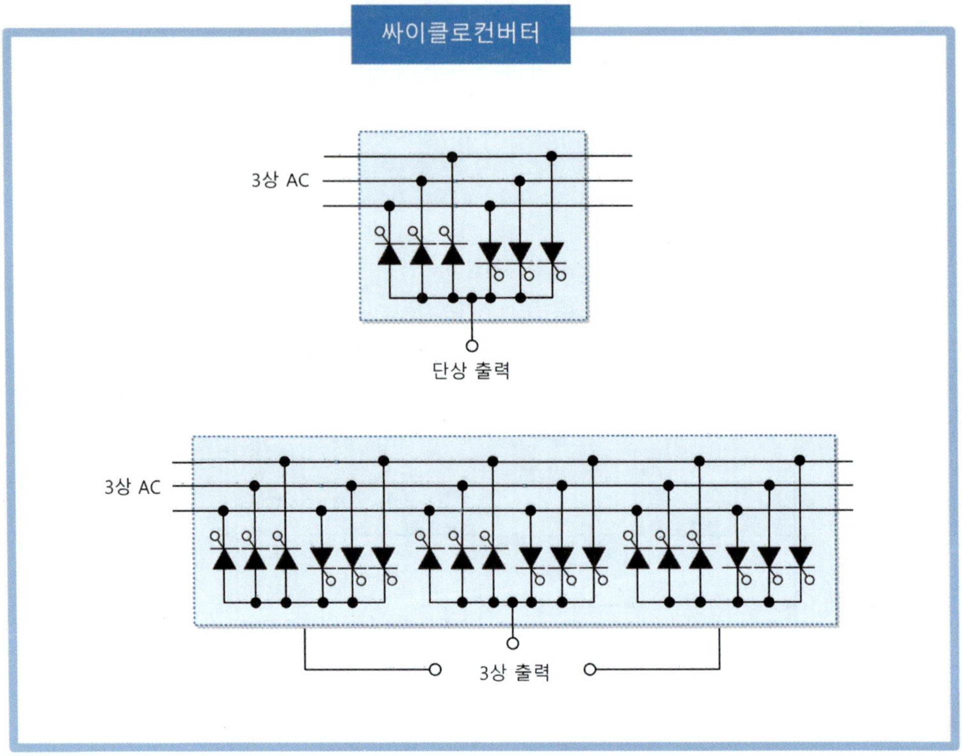

그림 6.20 3상 사이클로 컨버터

6.5 매트릭스 컨버터

- 매트릭스 컨버터는 출력 교류 전압의 크기를 제어할 수 있을 뿐만 아니라, 출력 주파수를 입력 주파수보다 높거나 낮게 변동시킬 수 있는 고성능 AC-AC 컨버터이다.
- 매트릭스 컨버터의 회로 구성은 앞 절에서 살펴본 사이클로 컨버터와 거의 동일하다.
- 매트릭스 컨버터와 사이클로 컨버터의 차이는 사용하는 스위칭 소자에 있다.
- 사이클로 컨버터에서는 스위칭 소자로 단방향성의 사이리스터를 사용하므로, 제어가 빠르지 않으며 낮은 주파수의 전력 변환만 가능하다.
- 이에 비해, 매트릭스 컨버터는 고속 스위칭이 가능한 양방향 스위치를 사용하여 전력을 변환하므로, 정현파의 출력 전압 발생과 양방향으로의 전력 전달 및 입력 측의 역률 제어 등 다양한 제어가 가능하다.

회로 구성

- 매트릭스 컨버터의 회로 구성이 그림 6.21에 보인다.
- 매트릭스 컨버터의 기본 구성은 입력 필터, 출력 필터, 각 입력과 출력 단자들을 연결하는 9개의 양방향 스위치들의 네트워크 블록으로 이루어진다.
- 3상 입력 교류 전원과 3상 출력 부하를 연결할 때, 출력 부하의 각 상이 입력 전원의 어느 상과도 접속이 가능한 구조로 하기 위해, 9개(3×3=9)의 스위치를 매트릭스 형태로 배열하였기 때문에, 이 컨버터를 **매트릭스 컨버터(Matrix Converter)**라고 불린다.

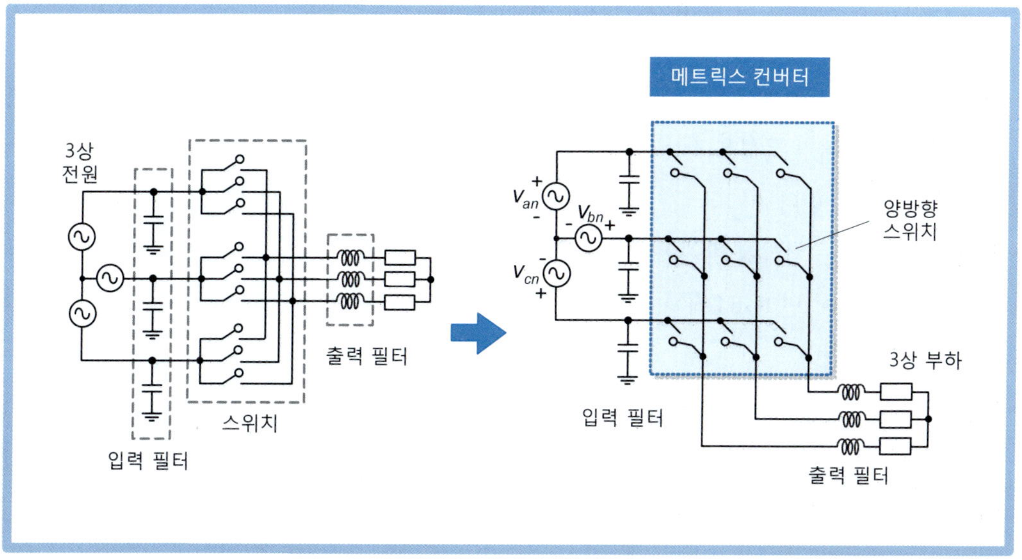

그림 6.21 매트릭스 회로 구성

- 매트릭스 컨버터에서 스위치는 매우 중요한 역할을 한다.
- 매트릭스 컨버터를 구성하는 스위치는 양방향으로 전류를 흘릴 수 있으며, 고속 스위칭이 가능해야 한다.
- 또한, 스위치에는 교류 전압이 인가되므로, 양과 음의 극성에 모두에 대해 내전압을 가진 교류 스위치가 필요하다.
- 앞서 AC 초퍼 회로에서 이러한 양방향 스위치의 한 가지 예를 보였지만, 다른 방식으로 양방향 스위치를 구현한 세 가지 예가 그림 6.21에 보인다.

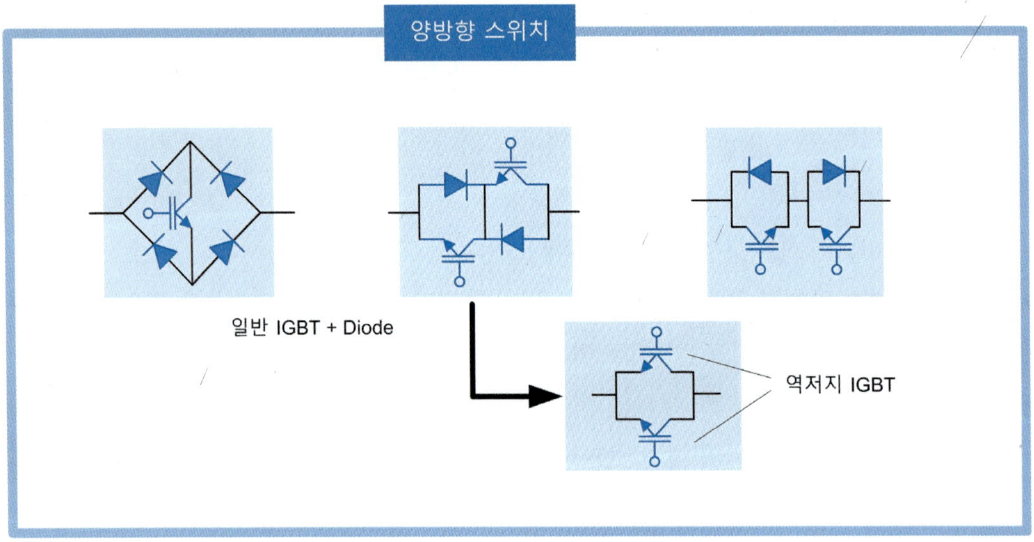

그림 6.22 매트릭스 컨버터용 교류 스위치의 구성

- 양방향 스위칭 소자로 IGBT와 다이오드가 직렬로 접속된 조합 두 개를 역방향 결합으로 사용하거나, 간단히 역저지 특성을 갖는 역차단 IGBT(Reverse Blocking IGBT, RB- IGBT)를 역방향으로 접속하여 사용한다.
- 일반적인 IGBT는 역방향 바이어스에는 취약하므로, 일반적인 IGBT를 사용하여 양방향 교류 스위치를 구현하려면 IGBT에 직접 역 바이어스가 걸리지 않도록 IGBT와 직렬로 다이오드를 삽입할 필요가 있다.
- 그렇지만 역방향 바이어스에도 충분한 내압을 갖는 역차단 IGBT(RB-IGBT)를 사용하면, 다이오드를 사용할 필요가 없어 전압 강하를 줄일 수 있어서 효율이 향상될 수 있으므로, RB-IGBT가 매트릭스 컨버터의 표준 양방향 스위칭 소자가 되고 있다.

제어 방식

- 매트릭스 컨버터에서는 9개의 스위칭 소자 각각의 온/오프 타이밍과 시비율을 제어함으로 입력 전류와 출력 전압을 제어한다. 이 때문에 제어가 매우 복잡하다.
- 매트릭스 컨버터에서 출력 전압 지령과 입력 전류 지령으로부터 각 소자의 스위칭 펄스 신호를 생성하는 방법으로는 AC 직접 방식과 가상 간접 방식의 두 가지가 있다.

① AC 직접 방식

직접 방식은 3상 교류 입력의 각 상과 3상 교류 출력의 각 상을 직접 연결하는 것을 전제 조건으로, 출력 전압이나 주파수가 원하는 값이 되도록 9개의 스위칭 소자의 펄스 신호를 일괄하여 구하는 방법으로 가장 전통적인 방법이다.

② 가상 간접 방식

가상 간접 방식은 매트릭스 컨버터를 입력 정류기와 출력 인버터의 가상적인 2개 회로로 나누고 가상의 직류 전압을 통해 두 회로를 접속하며, 각각의 회로에서 스위칭 소자의 시비율을 구한 후, 매트릭스 컨버터를 구성하는 9개의 스위칭 소자의 시비율로 변환하여 스위칭 펄스 신호를 생성하는 방법이다.

매트릭스 컨버터의 특성과 응용

- 매트릭스 컨버터는 정현파의 출력 전압을 발생시킬 수 있고, 양방향으로 전력 전달이 가능하며, 입력 측의 역률 제어가 가능하다는 우수한 성능을 가지고 있지만, 아직은 널리 적용되지 않고 있다.
- 그 이유는 매트릭스 컨버터의 전압 이득이 0.866으로 낮아 사용 가능한 최대 출력 전압이 입력 전압보다 낮으며, 완전히 제어가 가능한 양방향 반도체 스위치를 실용적인 가격으로 사용하기 어렵고, 제어가 복잡하기 때문이다.
- 최근 들어 RB-IGBT가 개발되고, 마이크로프로세서나 DSP를 사용하여 복잡한 제어의 고성능 수행이 가능해져, 매트릭스 컨버터의 구현이 한층 수월해졌다.
- 현재 일본의 야스카와 전기와 후지 전기에서 매트릭스 컨버터를 제품화하고 있는데, 공조용 팬이나 급수 펌프, 엘리베이터, 크레인, 원심분리기 등에 사용하는 교류 전동기의 가변속 구동을 적용 대상으로 하고 있다.

요약

- AC-AC 컨버터는 상용 전원의 교류 전압을 그 크기나 주파수가 다른 교류 전압으로 직접 변환하는 장치이다.
- AC-AC 컨버터는 AC-AC 위상제어 컨버터, 사이클로 컨버터, 매트릭스 컨버터의 3가지 기본 유형이 있다.
- AC-AC 컨버터에서는 출력 전압의 크기 제어만 가능하며, 그 제어 방식에는 위상 제어 방식, 주기 제어 방식, PWM 제어 방식이 있다.
- 위상 제어 방식 또는 주기 제어 방식을 사용하여 출력 교류 전압이나 전력을 제어하는 AC-AC 컨버터를 교류 전압 조정기 또는 교류 전력 조정기라 한다.
- 유도성 부하를 구동하는 단상 AC-AC 컨버터에서 출력 전압 크기의 제어 가능한 점호 각의 범위는 $\theta < \alpha < \pi$이다.
- PWM 방식을 사용하여 출력 전압을 제어하는 AC-AC 컨버터를 AC 초퍼라 한다.
- 사이클로 컨버터는 교류 출력 전압의 크기와 주파수를 동시에 가변할 수 있지만, 가능한 출력 주파수는 입력 주파수보다 낮다.
- 고속 스위칭이 가능한 양방향 스위치를 사용하는 매트릭스 컨버터는 교류 출력 전압의 크기 제어뿐만 아니라, 출력 주파수를 입력 주파수보다 높거나 낮게 변동시킬 수 있으며, 정현파의 출력 전압 발생과 양방향으로 전력전달 및 입력 측의 역률 제어가 가능하다.

연습 문제

6.1 부하 임피던스 각이 α=30°인 유도성 부하를 구동하는 단상 AC-AC 위상제어 컨버터가 있다. 사이리스터의 점호각 α=40°의 경우 출력 전압의 제어 가능 여부를 설명하고, 이 경우의 출력 전압과 전류를 그리시오.

6.2 사이리스터의 점호 각 α=0°으로 순수 저항 부하를 구동하는 단상 AC-AC 위상제어 컨버터가 있다. 부하의 발열량을 1/2로 감소시키기 위한 점호 각은 얼마인가?

6.3 AC 220V 전원에 연결된 단상 교류 전력 조정장치에서 다음에 답하시오. 단, 부하는 순수이며 저항값은 20Ω이다.

① 사이리스터에 인가될 수 있는 최대 전압
② 한 사이리스터에 흐르는 전류의 평균값과 실효값
③ 부하가 순수 유도성인 경우 가능한 제어 지연각 α의 범위는 얼마인가?

6.4 단상 AC-AC 위상제어 컨버터에서 다음에 답하시오. 단, 부하의 저항값은 15Ω이며, 부하의 소비전력은 500W이다.

① 점호 각
② 부하 전류의 평균값과 실효값
③ 입력 전류의 평균값과 실효값
④ 사이리스터 전류의 평균값과 실효값
⑤ 역률

07

전력 변환 장치의 설계

7.1 전력 변환 장치 설계

- 앞 장에서는 정류기, DC-DC 컨버터, 인버터, AC-AC 컨버터 등 여러 전력 변환 장치들의 회로 동작에 대해 살펴보았다.
- 이 경우 회로 동작을 분석하기 위해, 회로에 사용되는 스위칭 소자를 포함한 모든 부품을 이상적이라 가정하였다.
- 그러나 전력 변환 장치를 실제 동작시키기 위해서는, 여러 가지 고려해야 할 부품의 실질적 특성들이 있다.
- 이번 장에서는 실제 전력 변환 장치의 활용시 필요한 스위칭 소자의 선정 및 구동 방법, 회로의 보호, 스위칭 소자의 방열 등에 대해 알아보도록 한다.

- 다이오드 정류기를 가진 3상 전압형 인버터 시스템을 예로서, 전력 변환 장치를 활용할 때 고려해야 할 실용적인 내용에 대해 살펴보도록 한다. (그림 7.1)

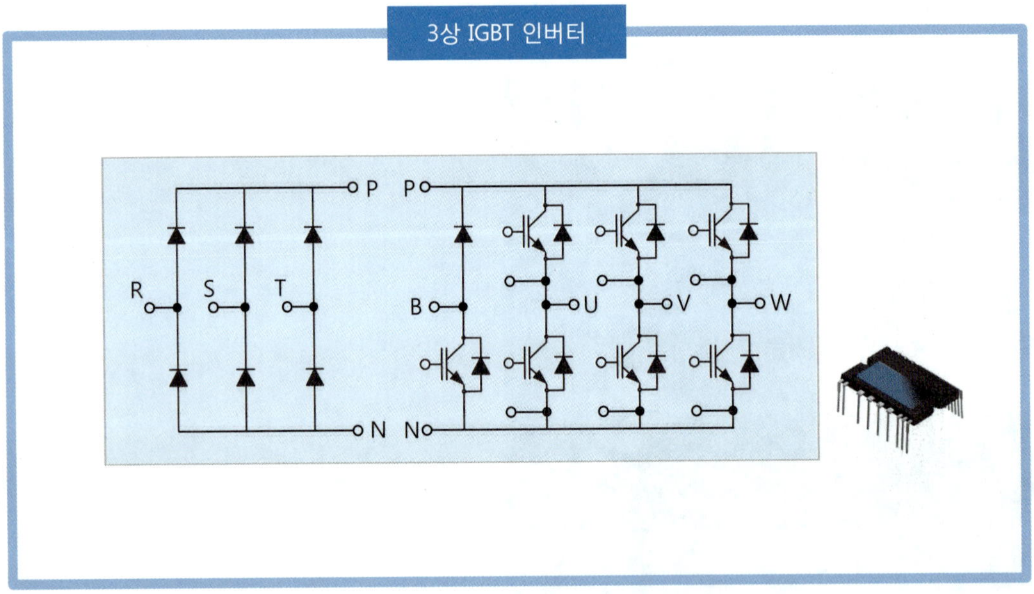

그림 7.1 3상 IGBT 인버터

7.2 3상 인버터 설계

7.2.1 3상 전압형 인버터 시스템의 회로 구성

- 교류 전동기와 같은 3상 부하를 구동하기 위한 3상 인버터 시스템이 그림 7.2에 보인다.
- 이러한 3상 인버터 시스템은 통상적으로 다이오드 정류 회로, 초기 충전 회로, 제동 회로, 직류 링크(커패시터), 3상 인버터 회로로 구성된다.

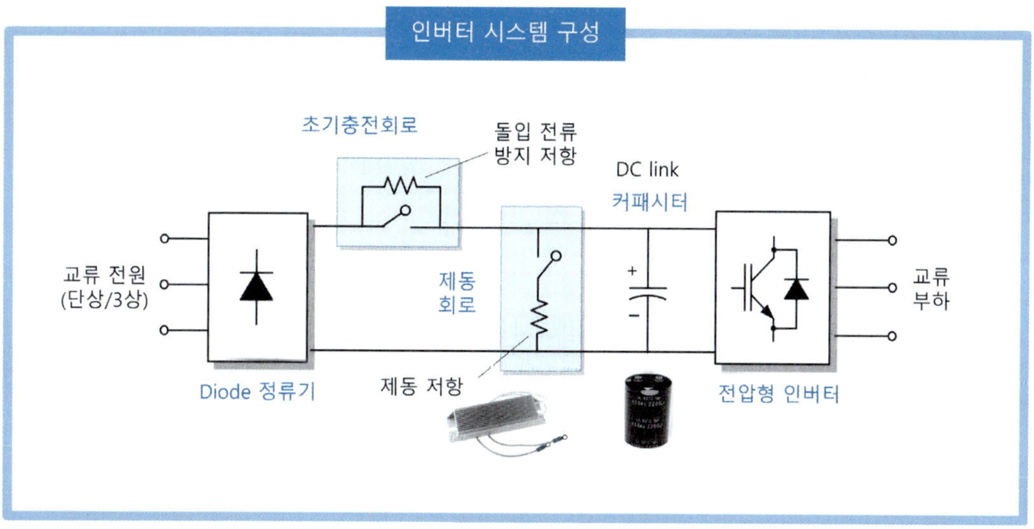

그림 7.2 3상 인버터 시스템 구성

① 다이오드 정류 회로

- 단상이나 3상 교류 전원을 입력받아 인버터에 공급할 직류 전원을 만든다.

② 초기 충전 회로 : 돌입 전류 방지 회로

- 정류한 전압의 평활을 위해 직류 링크 단에 필터 커패시터를 사용하는데, 교류 전원의 투입 순간 커패시터로 매우 큰 충전 전류가 흐를 수 있어 정류 다이오드를 파괴시킬 수 있다.
- 또한, 이러한 큰 전류는 전압 강하를 초래하여 전원 전압을 순간적으로 감소시킬 수 있다.
- 이러한 돌입 전류를 제한하기 위해 돌입 전류 방지 저항을 사용한다.
- 소용량에서는 온도가 올라가면 저항값이 작아지는 NTC(Negative Temperature Coefficient) 서미스터를 사용하기도 한다.
- 커패시터로 충전이 완료되면 돌입 저항을 우회하여 전류가 흐르도록 스위치를 배치해서, 저항에서의 계속된 전력 소비를 차단할 필요가 있다.

③ **제동 회로(Braking Circuit)**

- 교류 전동기와 같은 능동 부하를 제동하는 경우, 부하 측의 운동 에너지가 인버터를 통해 회생된다.
- 이 에너지는 다이오드 정류기로 인해 전원 측으로는 전달될 수는 없으므로, 직류 링크 단의 필터 커패시터로 충전된다.
- 커패시터에 충전 가능한 에너지는 한계가 있으므로, 과충전이 되면 위험할 수 있다.
- 이러한 커패시터의 과충전 방지를 위해 **제동 저항(Dynamic Braking Resistor)**을 사용하여 이 에너지를 소비시키는 **제동 회로(Braking Circuit)**가 사용된다.
- 제동 회로에서는 커패시터의 과전압을 검출하면 스위치를 턴-온 시켜, 제동 저항으로 회생 에너지를 소비시킨다.

• PWM 컨버터를 사용하는 경우에는 이와 같은 초기 충전 회로나 제동 회로는 필요 없다.

문제

단상 AC 220V 입력 전원을 가진 인버터 시스템에서 전원 투입 시에 흐르는 최대 돌입 전류를 구해보자.

답

전원 전압의 최대값(= $\sqrt{2}\,V_s$)에서 전원이 투입되는 경우에 돌입 전류는 최대가 된다.

여기서 정류 다이오드의 순방향 전압 강하를 1V, 배선 저항 R_{line}은 0.1Ω, 전해 커패시터의 등가 직렬 저항(ESR) R_{ESR}은 0.9Ω이라 하면 돌입 전류는 다음과 같다.

$$I_{st} = \frac{\sqrt{2}\,V_s - 2V_F}{R_{line} + R_{ESR}} = \frac{311-2}{0.1+0.9} = 309\text{A}$$

이 전류는 정류 다이오드가 파괴될 수 있을 만큼 매우 크므로, 돌입 전류 방지 회로가 필요하다.

7.2.2 3상 전압형 인버터 회로 설계

• 가장 널리 사용되는 IGBT 소자로 3상 인버터 회로를 구성하는 경우를 생각해보자.

• 3상 인버터 회로는 개별 스위칭 소자(1-Pack 모듈) 6개로 구성하거나, 두 개 소자로 구성된 2-Pack 모듈(또는 Half-Bridge Module) 3개로 구성할 수 있다. (그림 7.3)

• 또한, 6개 스위치를 하나의 모듈로 구성한 6-Pack 모듈을 활용하여, 3상 인버터를 간단하게 구성할 수도 있다.

• 6-Pack 스위치뿐만 아니라, 3상 교류 전원을 정류하는 다이오드와 제동 회로용 IGBT를 함께 내장한 것도 있다.

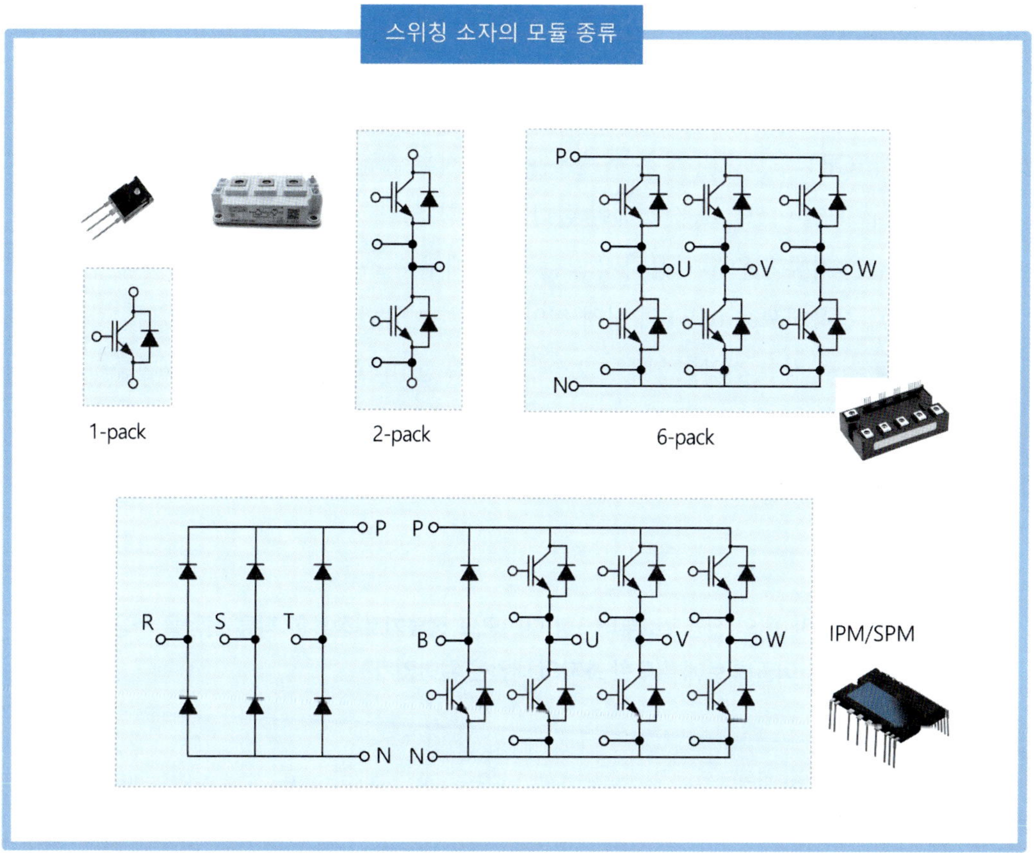

그림 7.3 IGBT 소자의 모듈 종류

- 특별히 IGBT나 전력용 MOSFET 등의 스위치와 구동회로, 과전류 보호회로, 온도 검출회로 등을 하나의 모듈로 패키징한 **지능형 전력 모듈(Intelligent Power Module, IPM)** 또는 **스마트 전력 모듈(Smart Power Module, SPM)**도 있는데, 직류-링크 단에 필터 커패시터를 접속하면 이 모듈을 하나로 3상 인버터를 간단히 구성할 수 있다.

이제 3상 인버터에 사용할 스위칭 소자의 전압과 전류 정격의 선정 방법에 대해 살펴보도록 하자.

스위칭 소자의 선정 : 전압 및 전류 정격

- IGBT와 같은 스위칭 반도체 소자는 데이터 시트에 주어진 절대 최대 정격, 전기적 특성, 방열 특성, 기계적 특성 등을 바탕으로 선정한다.
- **절대 최대 정격(Absolute Maximum Rating)**

  소자 동작 시에 전압, 전류, 온도 등 어떤 경우에도 절대 넘어서는 안 되는 중요한 특성값을 의미한다.

• IGBT 소자의 전압과 전류 정격에서, 전압은 컬렉터-이미터 전압 V_{CE}, 전류는 컬렉터 전류 i_c를 말한다.

① **전압 정격**

- 인버터에서 IGBT가 오프된 경우 소자에는 입력 직류 전압이 인가되므로, IGBT의 정격 전압은 이 직류 전압 이상으로 선정해야 한다. (5장 참조)
- 배터리와 같은 직류 전원을 사용하지 않는 경우, 대부분 교류 전원 전압을 정류해서 입력 직류 전원으로 사용하므로 IGBT의 정격 전압은 전원 전압의 크기와 관련이 있다.
- 통상적으로 입력 직류 전압의 2배 ~ 2.5배 정도로 선정하는데, 전원 전압의 변동과 스위칭 시 회로의 부유 인덕턴스(Stray Inductance)에서 발생하는 스파이크(Spike)성 전압 성분도 고려해서 여유를 가지기 위함이다. (뒤 절에서 추가 설명함)

문제

3상 AC 220V 또는 380V의 전원으로부터 3상 다이오드 정류기로 정류한 직류 전압을 사용하는 3상 IGBT 인버터가 있다. 이들 회로에 필요한 소자의 내압은 얼마인가?

답

3상 AC 220V를 정류한 직류 전압은 DC 300V 정도이므로, IGBT의 내압으로는 직류 전압의 2배인 600V 이상으로 선정하는 것이 바람직하다.
비슷하게 AC 380V의 전원 전압에서는 1200V 내압인 소자를 선정하는 것이 바람직하다.
3상 정류기의 다이오드에는 선간전압이 인가되므로, 220V에서 다이오드의 내압으로는 최대 선간전압 311V의 2배 정도인 600V 이상으로 선정할 필요가 있다. (2장 참조)

② **전류 정격**

- IGBT의 전류 정격은 우선 출력 부하 전류를 기준으로 선정한다.
- 그러나, 스위칭 소자에는 부하 전류 외에도 다이오드의 역회복 전류나 회로 부품에 존재하는 기생 커패시터에 대한 충방전 전류 등이 흐를 수 있으므로, 통상적으로 최대 부하 전류의 1.5배 이상의 정격을 가진 제품을 선택한다.
- 이렇듯이 소자에서 흘려야 할 전류를 기준으로 전류 정격을 선정하지만, 추가적으로 시스템의 냉각 성능을 검토해야 한다.
- 시스템의 냉각 성능이 부족하면 IGBT 칩이 과열되어 파괴되거나, 파괴되지 않더라도 IGBT가 처리 가능한 전력 용량이 저하하며(Derating), 신뢰성 역시 낮아진다.

• 다음으로, 스위칭 소자를 구동하는 회로에 대해 알아보도록 하자.

7.2.3 스위칭 소자의 구동 회로

게이트 구동 회로

- 전력 변환 장치에 사용되는 IGBT나 MOSFET 소자를 온/오프하기 위한 게이트 구동 신호는 통상적으로 MCU(Micro Controller Unit)나 FPGA(Field Programmable Gate Array)에서 발생시켜 준다.
- 이러한 게이트 구동 신호는 전자 회로에 다루는 신호 레벨인 +3.3V나 +5V의 전압과 수십 mA 정도의 전류 수준이므로, 이 신호로 직접 전력용 스위칭 소자를 온/오프하기는 어렵다.
- IGBT나 전력용 MOSFET 등의 스위칭 소자를 구동하기 위해서는 +10 ~ +15V 수준의 전압이 요구되기 때문이다.
- 또한 MOSFET와 IGBT는 전압 구동 소자이지만, 단자 사이에 부유 용량이 존재하므로 게이트 전압을 확보하기 위해서는 이 정전 용량을 충전해 주어야 한다. (턴-오프 시에는 방전 전류가 흘러야 함.)
- MCU나 FPGA와 같은 장치들은 전류 공급 능력이 제한적이므로, 게이트 구동 회로에서 필요한 충전 전류를 제공해야 한다.
- 이처럼 소자 구동에 적합한 전압과 전류 수준으로, 게이트 신호를 증폭하여 공급하기 위해 통상적으로 게이트 구동 회로(Gate Driver)를 사용한다. (그림 7.4)

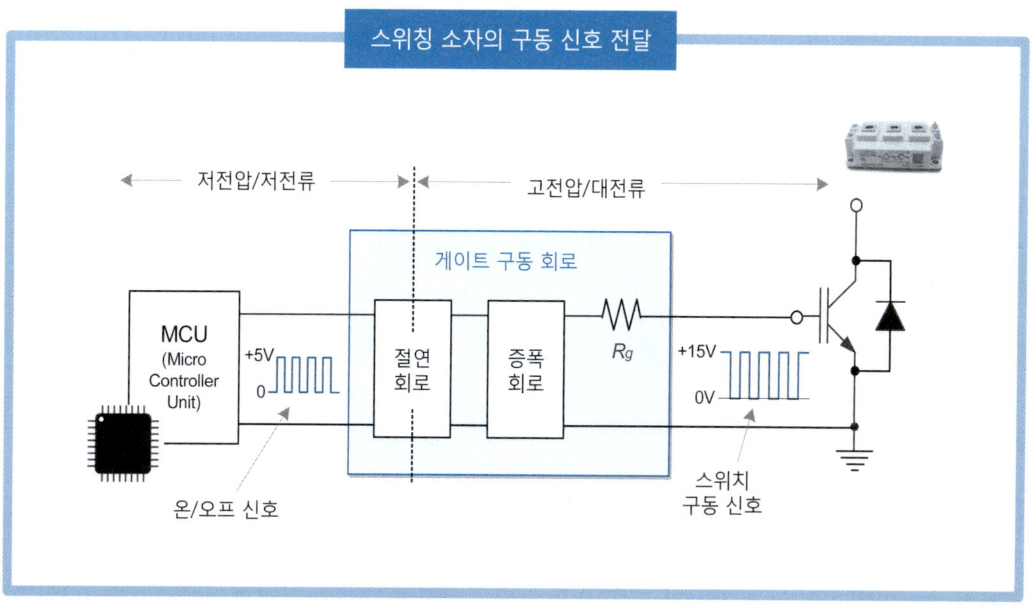

그림 7.4 게이트 구동 회로

- 저전압 및 저전류 신호를 다루는 MCU나 FPGA를 고전압 및 대전류를 처리하는 전력용 반도체 소자와 분리하기 위해, 게이트 신호는 먼저 절연 회로를 통해 전달한다.
- 신호의 절연 방법으로는 포토 커플러(Photo Coupler) IC를 이용한 광적 결합(Optical Coupling) 또는 펄스 변압기를 이용한 자기적 결합(Magnetic Coupling), 레벨 시프터(Level Shifter) 등이 이용된다.
- 절연 회로를 거친 게이트 신호는 증폭 회로에서 소자 구동에 적합한 전압과 전류 수준으로 바꾸어준다.
- 예로서 포토 커플러를 사용한 절연 회로와 푸시-풀 회로(토템 폴 회로)를 이용한 증폭 회로가 그림 7.5에 보인다.

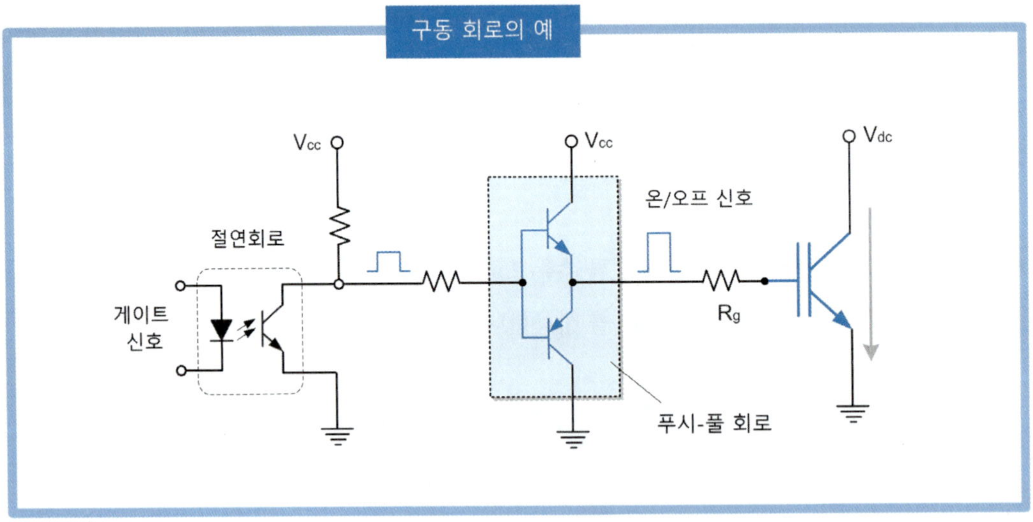

그림 7.5 IGBT 구동 회로

- 이러한 절연 회로와 증폭 회로를 내장하여 소용량 MOSFET나 IGBT를 직접 구동할 수 있는 게이트 드라이버 IC(TLP350)도 있다.
- 최종적으로 게이트 구동 신호는 게이트 저항 R_g를 거쳐 소자의 게이트 단자에 전달된다.

게이트 구동 전압

- 스위칭 소자 구동 시 스위칭 속도와 손실은 게이트 전압과 전류의 크기에 의해 결정된다.
- 따라서 이들 값은 소자의 스위칭 특성 및 시스템 안정성을 결정하는 매우 중요한 요소이다.
- 통상 소자의 게이트 구동 전압과 전류 값은 데이터 시트에 명시된 표준값을 기준으로 선정하지만, 스위칭 손실과 노이즈가 최소화되도록 시스템의 최적값을 결정해 사용한다.

① 턴-온 전압

- IGBT는 이미터 단자 기준 게이트 단자에, MOSFET는 소스 단자 기준 게이트 단자에 게이트 임계 전압보다 충분히 크면서 소자 전류가 충분히 흐를 수 있도록 하는 전압을 인가해서 턴-온 시킨다.
- 스위칭 소자의 턴-온을 위한 게이트 전압은 일반적으로 +20V 정도이지만, IGBT는 +15V가 통상적이며, MOSFET는 +10~+12V로도 충분하다.
- 턴-온 전압이 클수록 턴-온 속도가 빨라져 턴-온 손실이 작아지며, 온 전압이 작아져 도통 손실은 작아지지만(단, MOSFET의 경우 온 전압은 구동 전압과 관계없음), 스위칭 노이즈가 증가하고 단락 내량[1)]이 감소하며, 오동작으로 턴-온 될 수 있다.

② 턴-오프 전압

- 스위칭 소자를 턴-오프하기 위한 게이트 전압으로는 0V를 인가하면 되지만, 전류 용량이 큰 소자에서는 노이즈에 의한 오동작을 방지하기 위해, -5V~-15V 정도로 역 바이어스 전압을 인가한다.
- 역 바이어스 전압이 클수록 턴-오프 속도가 빨라져 턴-오프 손실이 작아지지만, 스위칭 노이즈가 증가한다.

1) 단락 내량

- IGBT가 단락된 경우 소자에 흐르는 전류의 크기는 턴-온 전압의 크기에 비례한다.
- 예를 들어, 게이트 전압이 +15V인 경우 단락 전류는 정격 전류의 약 10배 정도이지만, +20V인 경우 약 15배 정도로 커진다.
- 따라서 게이트 전압이 큰 경우, 단락 시에 IGBT가 파괴될 때까지 견딜 수 있는 시간이 짧아진다.
- 통상 단락 시 IGBT가 과전류에 견딜 수 있는 시간은 10 us 정도 내외이다.

게이트 저항 R_g

- 게이트 저항 R_g의 크기는 스위칭 속도와 스위칭 손실에 큰 영향을 미친다.
- 게이트 저항의 크기 선정
  - IGBT 또는 MOSFET를 턴-온/오프하기 위해 필요한 전압을 확보해 주기 위해서는, 게이트의 입력 커패시턴스(부유 용량)를 데이터 시트에 주어진 필요 전하량으로 충전 또는 방전해 주어야 한다.
  - 따라서 스위칭 시에 피크성 충방전 게이트 전류 i_g가 순시적으로 흐른다. (그림 7.6)

- 이때, 게이트 저항의 값 R_g는 충방전 게이트 전류 i_g의 크기를 결정하는데, 따라서 스위칭 속도를 결정한다고 볼 수 있다.

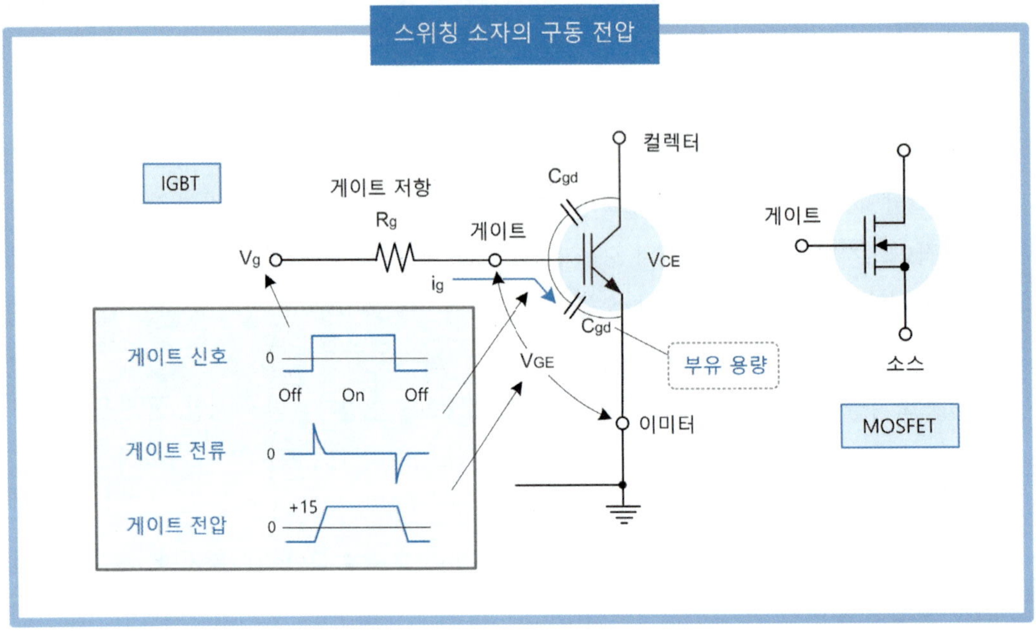

그림 7.6 IGBT의 온/오프 스위칭 시 특성

- 게이트 저항의 크기가 작으면 게이트 전류가 커져 빠르게 턴-온/오프할 수 있다.
- 통상 게이트 저항의 크기는 필요한 스위칭 속도와 게이트 전류로부터 구한다.
- 데이터 시트에 표준 게이트 저항값이 기재되어 있지만, 스위칭 손실과 스위칭 노이즈가 최소화되도록 시스템의 최적값을 결정해 사용하는 것이 바람직하다.
- 게이트 저항이 작을수록 턴-온/오프 시 전류와 전압의 변화가 커져 스위칭 속도가 빨라지고, 이로 인해 스위칭 손실이 줄어들지만, 스위칭 시 피크 전류와 서지 전압이 증가하고, 스위칭 노이즈도 커지게 된다.
- 스위칭 주파수가 5kHz 이하인 시스템에서는 스위칭 손실보다 도통 손실이 더 큰 비중을 차지하므로, 게이트 저항을 크게 하여 스위칭 속도를 느리게 함으로써 노이즈 발생을 줄이는 것이 바람직하나, 수십 kHz 이상이면 스위칭 손실의 더 큰 비중을 차지하므로 게이트 저항을 작게 하여 스위칭 속도를 빠르게 하는 것이 효과적이다.
- 턴-온과 턴-오프 속도를 다르게 설정하기 위해, 턴-온과 턴-오프 시에 각각 다른 저항값을 사용하는 경우도 있다.

구동 회로의 전원

- 게이트 구동 회로에서는 외부의 직류 공급 전원을 사용하여 소자를 턴-온 하기에 적당한 +15V나 +10V의 게이트 전압을 발생시킨다.
- 3상 인버터에 사용되는 스위칭 소자는 6개이므로 6개의 게이트 구동 회로가 필요하다.
- 그런데 이 경우, 다음과 같은 이유로 하나의 직류 전원을 이들 6개 구동 회로의 전원으로 공유하여 사용할 수는 없다.
- 하단 3개 스위치용 게이트 구동 회로의 전원 접지(GND 핀)는 회로의 공통 접지를 사용할 수 있어, 같은 전원을 공통으로 이들 구동 회로에 사용할 수 있다. (그림 7.7)
- 그러나, 상단 3개 스위치용 게이트 구동 회로의 접지는 회로의 공통 접지와는 다르다.
- 상단 구동 회로의 접지는 하단 IGBT의 컬렉터에 연결되어 있어, 하단 IGBT가 도통하면 회로 접지와 연결되지만, 오프되면 회로 접지와 분리되는 플로팅(Floating) 전위이다.
- 이렇게 상단 구동 회로용 전원 접지의 전위는 회로 접지와 다르므로, 만일 직류 전원 Vcc = +12V를 구동 전원 단자에 입력해도 실제 인가전압이 +12V가 되지 않아 구동 회로를 제대로 동작시킬 수 없다.
- 이렇듯이 상단 스위치를 구동하는 전원의 접지는 공통 접지를 사용할 수 없으므로, 상단 스위치 3개 각각을 위한 별도의 절연된 전원이 필요하다.
- 따라서 3상 인버터에서는 독립된(절연된) 직류 공급 전원이 총 4개가 필요하다.

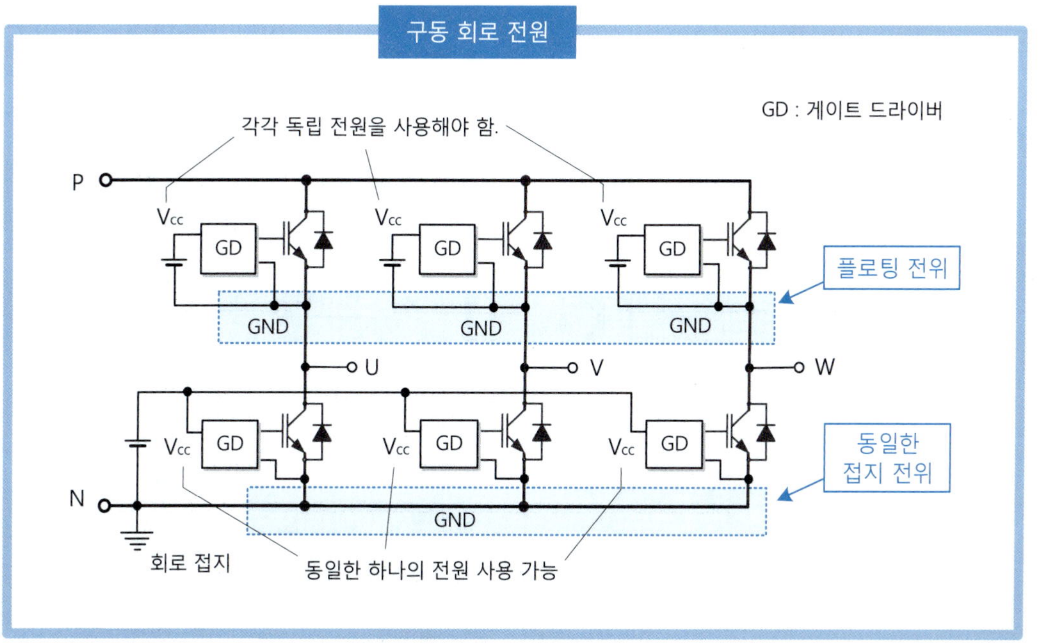

그림 7.7 스위칭 소자의 구동 회로

- 이를 위해 절연된 DC-DC 컨버터를 사용한 독립된 전원 장치 4개를 사용하기도 하지만, 비용과 크기가 커져 주로 대용량에서 사용된다.
- 중소용량의 경우, 통상적으로 외부 공급 전원 장치 하나를 하단 스위치 측에만 사용하고, 이 전원과 부가 회로로 생성한 전원을 상단 스위치 전원으로 활용하는 다음과 같은 **부트 스트랩 회로**를 사용한다.
- 이제 이러한 부트 스트랩 회로와 이 회로에서 상단 스위치 구동을 위한 전원 전압을 만들어내는 과정을 알아보도록 하자.

부트 스트랩(Bootstrap) 전원

- 부트 스트랩 회로는 MOSFET나 IGBT로 하프 브리지 회로를 구성하는 경우, 상단(High Side) 스위치를 위한 게이트 구동 회로의 전원을 생성하기 위한 회로이다.
- 부트 스트랩 전원 회로는 그림 7.8에 보이듯이 커패시터와 다이오드로 구성되며, 하단(Low Side) 소자가 도통하고 있을 때 상단 스위치 구동용 전압을 만들어낸다.

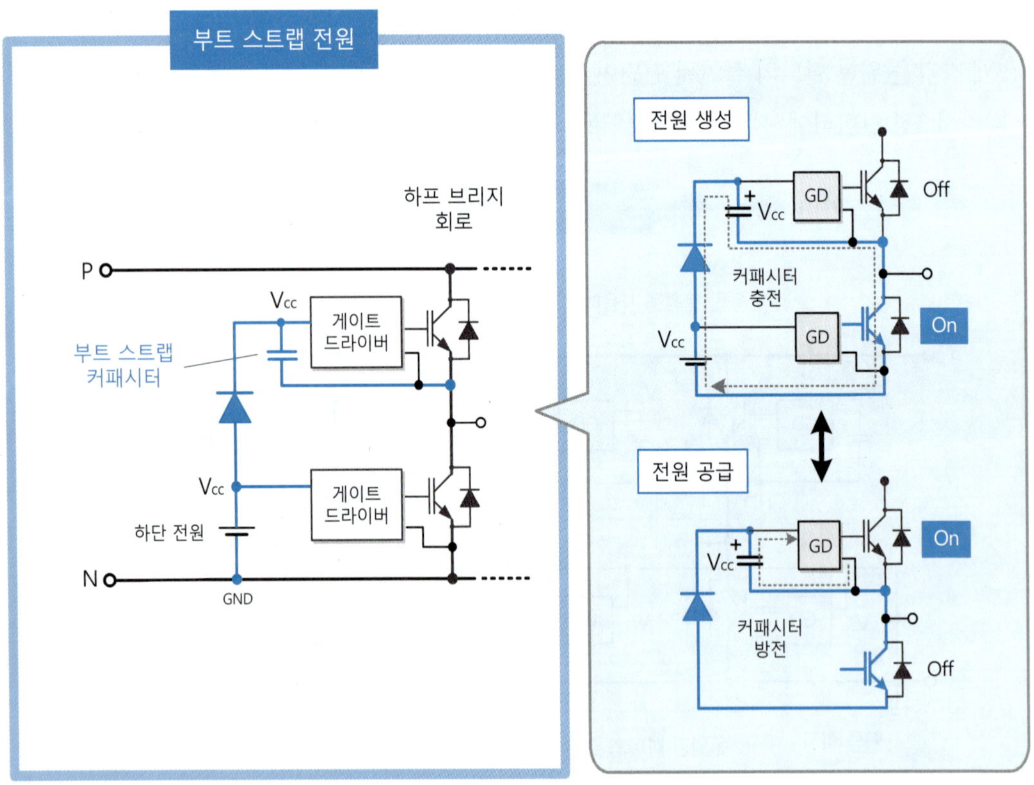

그림 7.8 부트 스트랩 전원 회로

- **부트 스트랩 전압의 생성과 사용**
  - 우선 하단 스위치가 도통하면 하단 전원 V_{cc}에 의해 부트 스트랩 다이오드와 커패시터를 통해 그림 7.8의 오른쪽에 보이는 경로로 전류가 흐른다.
  - 부트 스트랩 커패시터가 하단 전원 전압값 V_{cc}까지 충전되면 다이오드는 오프된다.
  - 이때 충전 전류의 크기를 제한하기 위해 다이오드와 커패시터 사이에 저항을 사용하기도 하며, 과전압 보호용으로 커패시터에 병렬로 제너 다이오드를 사용하기도 한다.
  - 이 상황에서 하단 스위치가 오프되면, 충전된 부트 스트랩 커패시터의 전압을 사용하여 상단 스위치를 구동한다.
- 이 경우, 부트 스트랩 커패시터가 전원 전압 V_{cc}까지 충전될 수 있도록 하단 스위치의 오프 시간이 충분히 확보되어야 하므로, 스위칭 동작에 제한이 발생한다.
- 또한, 실제 부트 스트랩 전압은 전원 전압 V_{cc}보다는 다이오드의 전압 강하만큼 작아진다.

7.2.4 전력 회로 부품의 배치와 배선

- 전력 변환 장치가 제대로 동작하기 위해서는, 스위칭 소자나 수동 부품들의 배치나 배선 패턴에 대해 충분한 주의를 기울여야 한다.
- 앞 장에서 전력 변환 장치의 동작을 해석할 때 모든 부품을 이상적인 것으로 가정했으나, 실제 부품에는 전력 변환 장치의 동작 성능에 영향을 미치는 다양한 기생 특성을 갖고 있다. (그림 7.9)

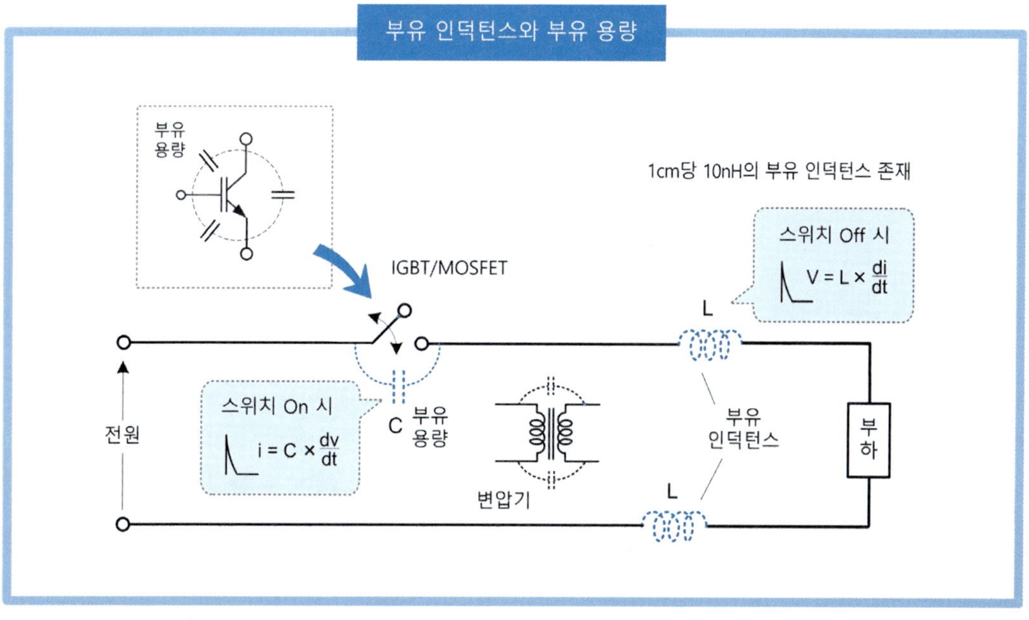

그림 7.9 부유 인덕턴스과 부유 용량

- 특히, 실제 부품이나 회로의 물리적 구조로 인해 설계자가 의도하지 않은 무시할 수 없을 정도의 **부유 인덕턴스**와 **부유 용량**이 반드시 존재한다.
- 예를 들어, IGBT나 MOSFET에는 각 단자 사이에 수백 ~ 수천 pF 정도, 포토커플러나 전원 변압기의 1차와 2차 측 사이에는 수 pF 정도의 정전 용량 성분이 존재하며, 회로의 배선 길이 1cm 당 10nH 정도의 부유 인덕턴스가 존재한다.
- **부유 인덕턴스의 문제**

  스위칭 소자가 턴-오프 될 때 급격한 전류 변동이 발생하는데, 이로 인해 부유 인덕턴스에는 스파이크 형태로 파형이 진동하는 전압 $v_L(=Ldi/dt)$이 발생한다(이를 **스위칭 노이즈**라고 함).
- **부유 정전 용량의 문제**

  스위칭 소자가 턴-온 될 때 빠른 전압 변동이 발생하는데, 이로 인해 부유 용량에 충방전 전류 $i_c(=Cdv/dt)$가 스파이크 형태로 흐른다.

- 이러한 의도하지 않은 과전압과 과전류는 스위칭 소자의 파손이나 오동작을 일으키는 원인이 된다.
- 부유 인덕턴스를 줄이기 위해서는, 전체 회로의 배선을 기본적으로 짧고 굵게 연결해야 한다.
- 전력 회로의 배선으로 동선이 아닌 **부스 바(Bus Bar)** 또는 **부스 플래이트(Bus Plate)**를 사용하면 부유 인덕턴스를 크게 줄일 수 있다.
- 특히, 게이트 구동 회로는 스위칭 소자의 게이트 단자와 최대한 가깝게 위치하도록 배치하여 짧게 연결하고, 게이트 선과 이미터 선을 꼬아서 사용하면(트위스트 페어 배선) 배선의 부유 인덕턴스를 줄일 수 있어 노이즈의 영향을 덜 받을 수 있다.

7.3 스위칭 소자의 보호

- 스위칭 소자는 정격을 초과하는 전압과 전류에 매우 민감하며 이것이 소자 고장의 주요 원인이기 때문에, 이러한 과전압과 과전류로부터 소자를 보호해야 한다.
- 과전압은 서지(Surge) 전압과 같은 과도한 입력 전원 전압이나 시스템 내의 다른 부하에서의 회생 전압 등이 원인이 될 수 있다.
- 과전류는 회로 단락이나 과부하 등이 원인이 될 수 있다.
- 또한, 소자가 스위칭할 때 회로의 부유 인덕턴스, 부유 용량, 역 회복 특성, 유도성 부하의 특성 등 여러 가지 요인으로 과도적인 과전압과 과전류가 발생할 수 있다.
- 이러한 과도한 전압이나 전류로부터 스위칭 소자를 보호하기 위해, 다음과 같은 소자/회로를 사용한다.

① 전압 클램핑 소자	서지 전압과 같은 과도한 입력 전압으로부터 소자를 보호하기 위해서 통상 전압 클램핑 소자가 이용된다.
② 스너버 회로	스위칭 시 발생하는 과도한 전압과 전류로부터 소자를 보호하기 위해 통상 스너버 회로가 이용된다.

7.3.1 전압 클램핑 소자

- 전압 클램프(Clamp)란 과도적으로 과전압이 발생했을 때, 미리 설정된 수준을 초과하지 않도록 차단시켜 전압을 일정하게 유지하는 것을 말한다.
- 전압 클램핑에 널리 사용되는 두 가지 소자로는 **과도 전압 억제기(Transient Voltage Suppressors, TVS) 다이오드**와 **금속 산화물 배리스터(MOV)**가 있다.
- TVS 다이오드는 외부에서 발생한 정전기 등 비교적 낮은 에너지를 가진 서지 전압으로부터 부품을 보호하거나 오동작을 방지하는 소자로, 회로 전압이 낮은 시스템에서 주로 사용된다.
- 반면, 배리스터는 허용 전류가 크기 때문에 대용량 시스템에서도 사용된다.
- 이제 전력 변환 장치에 주로 사용되는 배리스터에 대해 알아보도록 하자.

금속 산화물 배리스터

- 서지와 같은 과도 전압을 차단하기 위한 전압 클램핑 소자로는 **배리스터(Voltage Variable Resistor, Varistor)** 또는 **금속 산화물 배리스터**가 대표적이다.

- 금속 산화물 배리스터(Metal Oxide Varistor, MOV)
  - MOV는 전압 변화에 따라 저항값이 크게 바뀌는 소자로서, 많은 에너지를 흡수할 수 있어 과도 전압을 제한하는 데 있어 비용대비 효율성이 좋다.
  - MOV는 클램핑 전압이라 불리는 임계 전압값 이하에서는 높은 저항을 가져 매우 작은 누설 전류만 흐른다.
  - 그러나, 임계 전압을 초과하면 저항이 낮아져 큰 전류가 흐르게 되고, 그 결과 전압이 임계 전압으로 클램핑된다. (그림 7.10)
  - 이러한 MOV를 전력용 반도체 소자나 보호가 필요한 회로에 병렬로 배치하면, 과전압을 방지할 수 있다.
- MOV는 수십[V]에서 천 볼트[V] 이상의 정격 전압으로 제공된다.

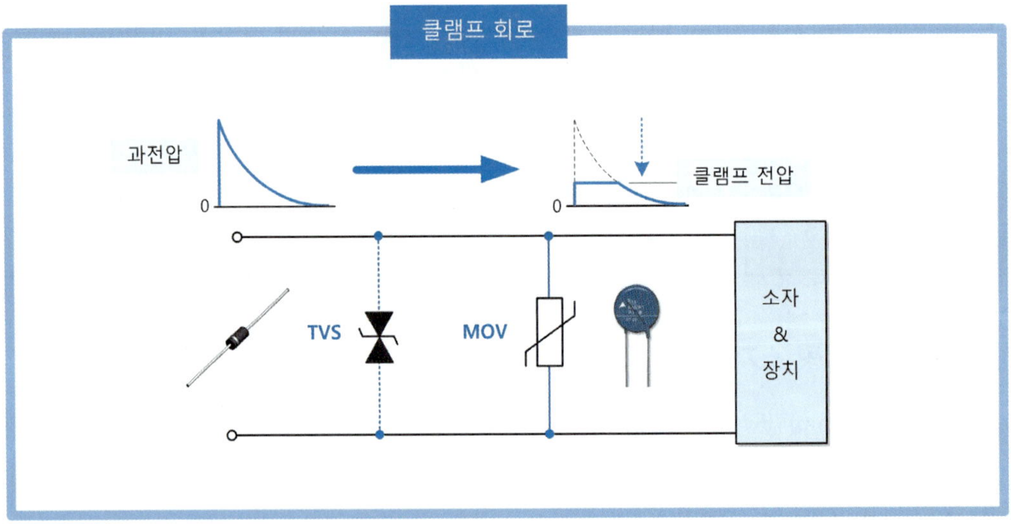

그림 7.10 과전압 보호 소자 (STMicroelectronics, TDK 제공)

- 이러한 TVS나 배리스터 이외에 과전압을 보호하기 위한 회로로 Crowbar 회로가 있다.

크로우 바(Crowbar) 회로

- 크로우 바 회로는 전압(또는 전류)이 설정된 제한 값을 넘으면 전원선을 바로 접지로 단락시켜, 부하 회로 측으로 과전압이 인가되는 것을 방지한다.

- 예로서, SCR 크로우 바 방식의 과전압 보호회로가 그림 7.11에 보인다.
- 이 SCR 크로우 바 회로는 SCR 사이리스터, 제너 다이오드, 퓨즈(Fuse), 저항, 커패시터로 구성된다.

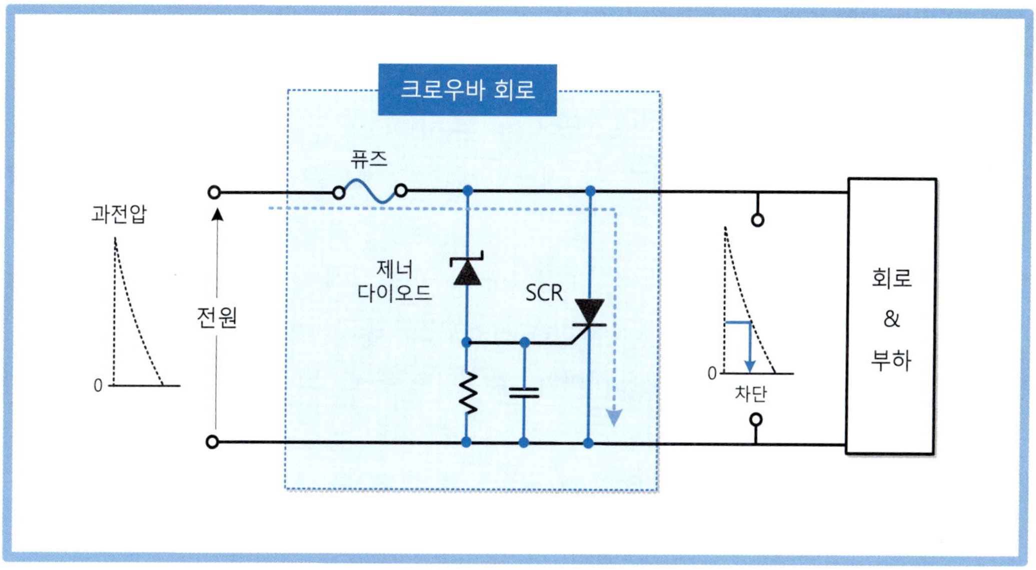

그림 7.11 크로우 바 방식의 과전압 보호회로

- **크로우 바 회로에서의 과전압 보호 동작**
  - 입력 전원 측에 과전압이 발생하여 제너 다이오드의 제너 전압을 초과하면, 제너 다이오드에 전류가 흐르고, 저항 양단에 전압이 증가한다.
  - 저항의 전압이 SCR 사이리스터의 트리거 전압에 도달하여 게이트 전류가 흐르면 SCR이 턴-온되고, 이로 인해 전원이 접지와 단락되어 큰 전류가 흐르기 때문에, 퓨즈가 녹아 끊어진다.
  - 그 결과 부하는 전원과 차단되어 과전압이 전달되지 않는다.
- 크로우 바 회로는 이와는 다른 회로 방식도 있다.

7.3.2 스너버 회로(Snubber)

- 스너버 회로는 전력용 반도체 소자를 보호하고 성능을 향상시키기 위해 소자 옆에 설치하여 사용하는 보조 회로로서, 다음과 같은 여러 기능을 수행한다.

  ㉮ 스위칭 시에 발생하는 과도한 스파이크 전압 또는 전류를 감소시켜, 소자의 전압과 전류가 안전 동작 영역 내에 있도록 한다.

  ㉯ 사이리스터의 경우 안전한 동작에 필요한 스위칭 시의 전압 변화율 dv/dt와 전류 변화율 di/dt를 제한시킨다. (1장 참조)

  ㉰ 스위칭 손실을 제한하여 소자가 열적으로 파괴되는 것을 방지한다.

  ㉱ 다이오드나 사이리스터에서 역회복 전류로 인해 발생하는 과전류와 과전압을 억제한다.

• 먼저 스위칭 소자를 안전하게 사용할 수 있는 안전 동작 영역에 대해 알아보도록 하자.

안전 동작 영역(Safe Operating Area)

• 전력용 반도체 소자는 열적 손상이나 성능 저하 없이 안전하게 동작할 수 있는 범위인 **안전 동작 영역(SOA)**을 가진다.

• 안전 동작 영역은 전압을 가로축에, 전류를 세로축으로 하는 그래프에 소자에서 허용 가능한 최대 전압, 전류, 전력(열), 2차 파괴(Second Breakdown), 온도 등의 제한 조건을 표시한 것이다.

• 안전 동작 영역은 다음과 같이 순방향 바이어스와 역방향 바이어스에 대해 다른 영역을 가진다. (그림 7.12)

① 순방향 바이어스 안전 동작 영역(Forward Bias SOA, FBSOA)

- 턴-온 시 스위칭 소자가 안전하게 처리할 수 있는 전류 및 전압의 범위를 정의한다.
- FBSOA는 소자에 따라 차이가 있지만, 다음의 4개 제한 범위로 구성된다.

→ 전류의 제한 범위, 소비 전력(열)의 제한 범위, 2차 파괴에 의한 제한 범위, 전압의 제한 범위

② 역방향 바이어스 안전 동작 영역(Reverse Bias SOA, RBSOA)

- 턴-오프 시 스위칭 소자가 안전하게 처리할 수 있는 전류 및 전압의 범위를 정의한다.
- RBSOA는 다음의 3개 제한 범위로 구성된다.

→ 전류의 제한 범위, 소자의 고유 특성에 의한 제한 범위, 전압의 제한 범위

• 스위칭 시 주어진 FBSOA와 RBSOA를 벗어날 경우 소자는 손상될 수 있다.

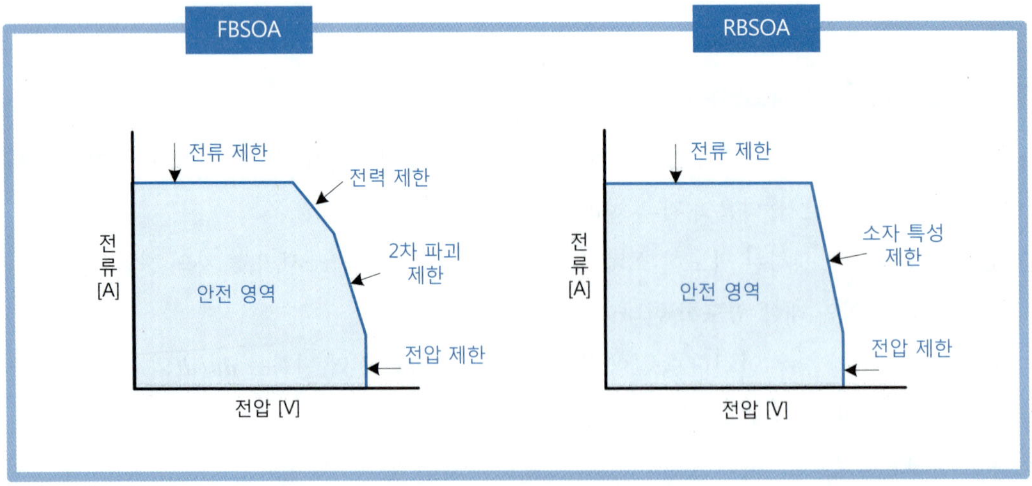

그림 7.12 안전 동작 영역

• 다음으로 전력용 반도체 소자의 스위칭 시에 발생하는 문제점에 대해 살펴보도록 하자.

스위칭 시의 문제점

• 유도성 부하를 구동하는 전력 변환 장치에서 IGBT 소자가 턴-온 및 턴-오프 시 전압과 전류의 변동 특성이 그림 7.13에 보인다.

• 우선, 기본 스위칭 특성을 보면 유도성 부하의 특성으로 인해 IGBT의 전압과 전류의 상태가 동시에 변동하지 않는다는 것을 알 수 있다.

• IGBT 소자가 턴-온 될 때는, 턴-온 신호가 주어진 후 소자 전류 i_c가 I_o에 도달해야, 다이오드 전류가 영으로 감소하여 오프되어 다이오드 전압이 전원 전압이 되며, 그제야 비로소 IGBT 전압 V_{CE}가 영으로 된다.

• IGBT 소자가 턴-오프 될 때는, 턴-오프 신호가 주어지고 IGBT의 전압 v_{CE}가 전원 전압 V_{dc}에 도달해야 비로소 다이오드가 도통하여 부하 전류를 감당하고, 그제야 IGBT 전류 i_c가 영으로 감소한다.

• 이와 같은 턴-온 및 턴-오프 동작의 궤적은 안전 동작 영역(SOA)을 벗어나며, 큰 스위칭 손실을 초래할 수 있다.

• 이러한 기본 스위칭 특성의 문제 이외에도 실제 특성에서는 과전압과 과전류가 추가적으로 나타난다.

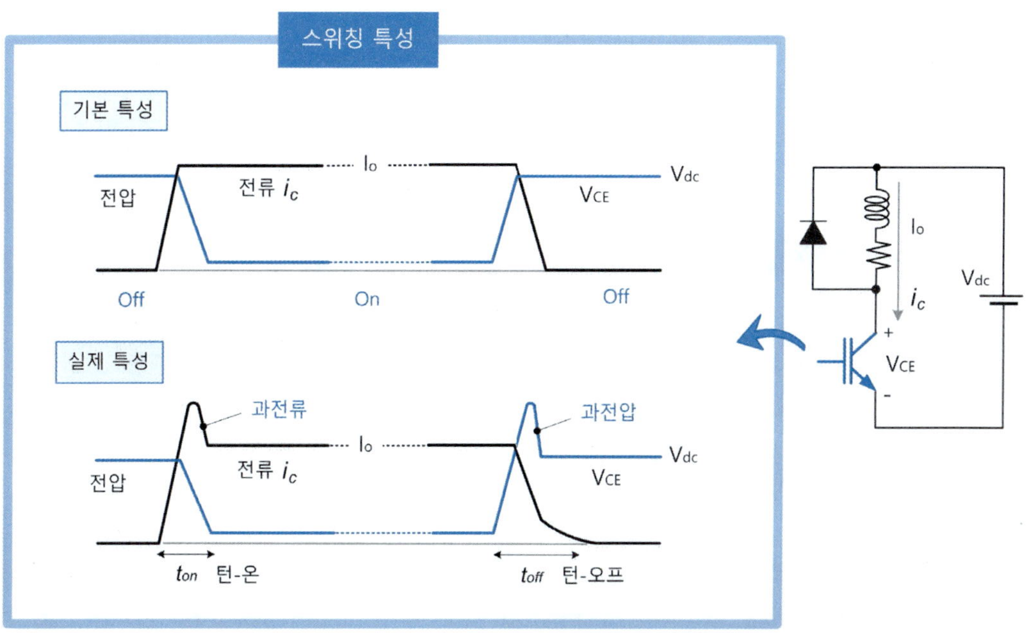

그림 7.13 턴-오프 시 소자의 전압과 전류 파형 (유도성 부하)

- **턴–오프 시의 과전압 발생**
  - IGBT나 MOSFET 등의 스위칭 소자가 턴-오프 할 때는 소자의 전류 i_c가 영으로 급격하게 감소하여 큰 전류 변화(di_c/dt)가 발생하는데, 소자와 회로 배선에 존재하는 부유 인덕턴스 L_s 성분으로 인하여 $v_{Ls} = L_s di_c/dt$ 의 스파이크 전압이 발생한다. (그림 7.14)
  - 이 스파이크 전압 v_{Ls}가 전원 전압 V_{dc}에 더해져서 소자에 인가되는데, 이 전압이 소자의 정격 전압을 초과하면 소자가 파괴될 수 있다.
  - 이러한 과전압을 줄이기 위해서는 근원적으로 회로의 부유 인덕턴스 L_s 또는 전류 변화율(di_c/dt)를 줄여야 한다.
  - 부유 인덕턴스 L_s를 줄이기 위해서는 굵은 전선을 사용하거나 배선 길이를 최소화하고, 부스 바 또는 부스 플레이트로 배선한다.
  - 전류 변화율을 줄이기 위해서는 게이트 저항 R_g 값을 크게 해서 턴-오프 속도를 늦추면 되지만, 이 경우 스위칭 손실이 증가한다.

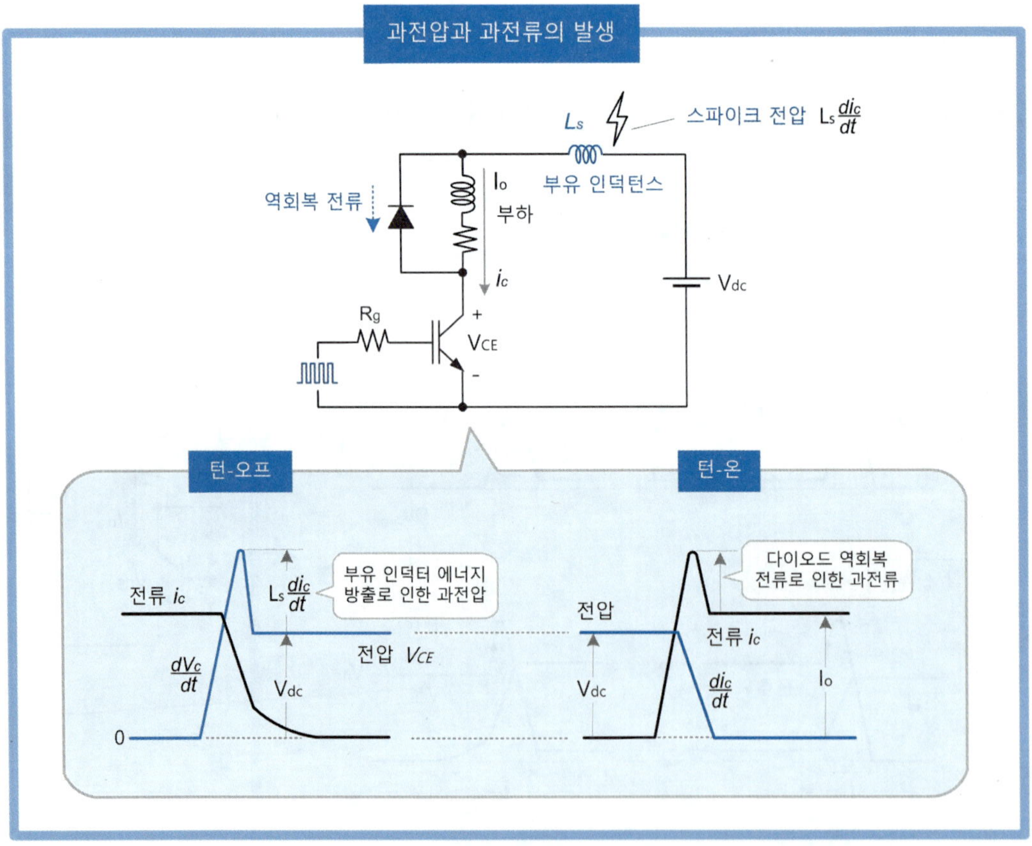

그림 7.14 스위칭 시 IGBT의 전압과 전류

문제

50A가 흐르는 총 배선 길이 30cm의 인버터 회로에서 100ns 만에 스위치가 턴-오프된다고 가정하자. 이 경우 발생하는 스파이크 전압과 소자의 인가전압은 얼마인가? 단, 인버터의 직류 입력 전압은 300V이다.

답

배선 길이가 30cm이므로, 부유 인덕턴스 L_s = 30cm×10nH = 300nH 정도이다.

따라서 50A의 전류가 100ns 만에 턴-오프 하면 $\Delta V = L_s di/dt$ = 300nH x 50A/100ns = 150V의 스파이크 전압이 발생한다.

턴-오프 시 이러한 스파이크 전압이 직류 입력 전압과 더해져서 소자에 인가되는데, 그 크기는 300V + 150V = 450V가 된다.

이 전압이 선정된 소자의 내압보다 크면 소자가 파괴될 수 있다.

- 사이리스터의 경우 턴-오프 시의 빠른 전압 상승률 dv_{Ak}/dt는 변위 전류를 발생시켜, 게이트 전류 없이도 사이리스터를 다시 턴-온시키는 문제를 발생한다.(1장 참조)

- **턴–온 시의 과전류 발생**
  - IGBT 소자가 턴-온 되고 다이오드가 턴-오프 될 때, 다이오드의 전류가 영으로 감소하면서 역 회복 전류가 발생한다.(1장 참조)
  - 이 역 회복 전류가 부하 전류 I_c와 더해져 IGBT 소자에 전류가 흐르는데, 이 전류가 소자의 정격 전류를 초과하면 소자가 파괴될 수 있다.
  - 이러한 과전류를 줄이기 위해서는 역 회복 전류가 작은 고속 회복 다이오드를 사용할 필요가 있다.
- 사이리스터의 경우 턴-온 시에 애노드 전류 증가율 di_A/dt가 게이트 전류의 확산 속도보다 빠르면, 게이트 일부 영역에 전류 흐름이 집중되어 열적으로 파괴될 수 있으므로 전류의 증가율을 제한할 필요가 있다.(1장 참조)

- 이러한 스위칭 시에 발생하는 문제들을 해결하고자 통상 **스너버 회로**를 사용한다.
- 스너버 회로를 사용하면 스위칭 시에
  1) 발생하는 과전압과 과전류의 크기를 제한할 수 있고,
  2) 전압과 전류의 변화율을 제한할 수 있으며,
  3) 전압과 전류를 안전 동작 영역 내로 유지할 수 있고,
  4) 손실을 줄일 수 있다.
- 턴-오프 시에는 과전압과 빠른 전압 상승률이 문제이므로 커패시터를 이용한 **턴–오프 스너버**로

이를 제한시키며, 턴-온 시에는 과전류와 빠른 전류 상승률이 문제이므로 인덕턴스를 이용한 **턴-온 스너버**로 이를 제한시킨다.

- 이제 이러한 스너버 회로에 대해 알아보도록 하자.

턴-오프 스너버(Turn-off Snubber)

- 턴-오프 시 발생하는 스파이크성 전압으로부터 스위칭 소자를 보호하기 위해, 소자에 병렬로 커패시터 C_s를 배치하는 가장 간단한 턴-오프 스너버 회로가 그림 7.15에 보인다.
- 턴-오프 시에 스너버 커패시터 C_s는 부유 인덕턴스 L_s의 에너지를 흡수하여, 전압 증가량 Δv를 다음과 같이 억제한다.

부유 인덕턴스의 방출에너지 : $\frac{1}{2}L_s i_c^2 = \frac{1}{2}C_s\,\Delta v^2$: 스너버 커패시터의 흡수에너지

$$(\text{전압 증가량} \rightarrow \quad \Delta v = i_c\sqrt{\frac{L_s}{C_s}}\,) \qquad (7\text{-}1)$$

- 스너버 커패시턴스 C_s가 클수록 과전압의 크기가 감소한다.

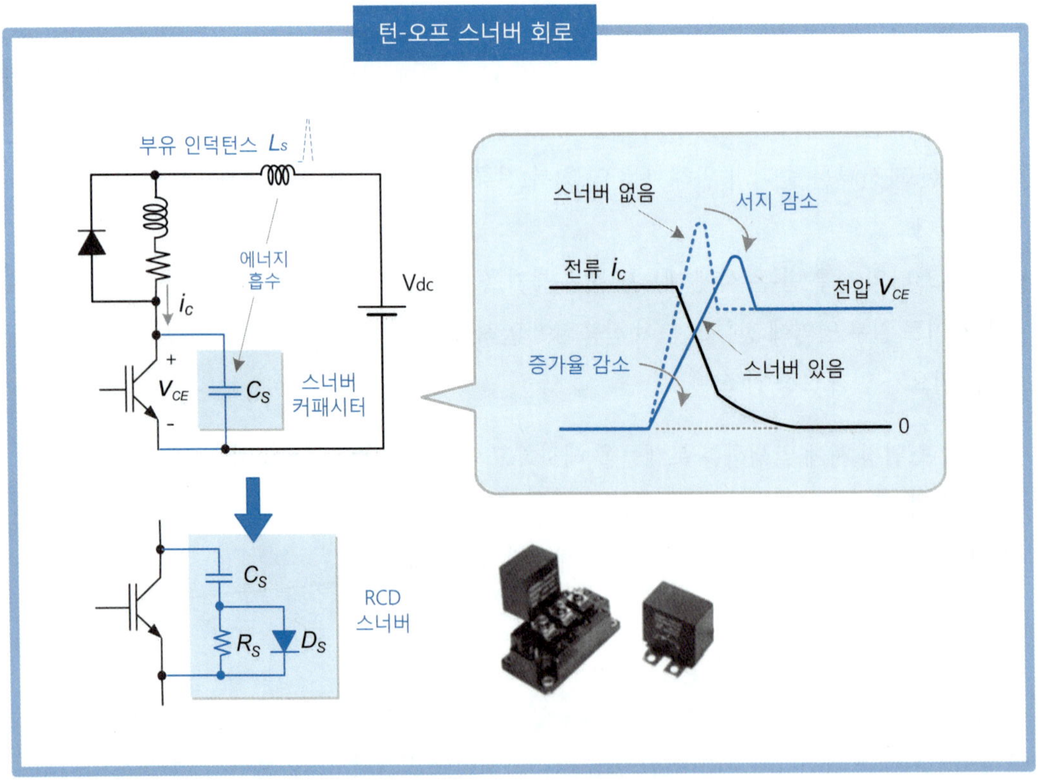

그림 7.15 턴-오프 스너버 회로

- 실제 턴-오프 스너버 회로에는 다음과 같은 이유로 저항과 다이오드가 추가된다.
  - 턴-오프 과정이 끝나면 스너버 커패시터는 회로의 전원 전압 값으로 충전된다.
  - 이 상태에서 소자가 다시 턴-온 될 경우, 충전된 스너버 커패시터 전압이 소자를 통해 방전되는데, 이때 방전 전류의 크기를 적절히 제한하고 소비하기 위해 스너버 저항 R_s를 스너버 커패시터에 직렬로 추가하여 사용해야 한다.
  - 스너버 저항 R_s 값은 방전 시정수 $\tau(= R_s C_s)$가 도통 시간 t_{on}의 약 1/5 정도가 되도록 선택하면 다음 턴-오프 전까지 커패시터의 전하를 거의 모두 방전할 수 있다.

$$R_s \leqq \frac{t_{on}}{5C_s} \tag{7-2}$$

  - 통상 스너버 저항 R_s 값은 10∼40Ω 범위이다.
  - 여기에 추가적으로 턴-오프 시 스너버 저항 R_s를 우회하여 커패시터에 충전하는 경로를 제공하기 위해 다이오드 D_s가 필요하다.
  - 이런 부품들로 이루어진 턴-오프 스너버 회로를 **RCD 스너버**라고 한다.
  - RCD 스너버를 사용하면 스위칭 시마다 커패시터에 저장된 에너지가 저항에서 소비되므로 손실이 증가한다.
- 스너버 커패시터는 스파이크 전압 제한뿐만 아니라, 턴-오프 시 소자 전압 v_{CE}의 상승률을 제한시킬 수 있다.
- 스위칭 소자에 병렬로 커패시터가 있으므로, 턴-오프 시에 커패시터 C_s로의 새로운 전류 경로가 발생하여, 소자 전압이 전원 전압에 도달하기 전에 소자 전류가 감소할 수 있기 때문이다.
- 그 결과, 턴-오프 시 전압과 전류가 동시에 변동하므로 동작 궤적이 안전 동작 영역 내로 제한되며, 스위칭 손실도 줄어든다.
- 이때, 스너버 커패시턴스 C_s의 크기가 전압의 증가율을 결정하는데, 커패시턴스가 클수록 전압 상승률이 억제된다.
- 전류 I_A가 흐르고 있는 사이리스터를 턴-오프 할 때, 전압 상승률 dv_{AK}/dt를 원하는 값으로 제한시키는 데 필요한 커패시턴스 C_s의 값은 다음과 같이 계산된다.

$$i = C\frac{dv}{dt}$$

$$\rightarrow \quad C_s = \frac{I_A}{dv_{AK}/dt} \ [\text{F}] \tag{7-3}$$

문제

100A 전류가 흐르는 사이리스터를 턴-오프할 때, 전압 변동률을 2000V/us로 제한하는데 필요한 스너버 커패시턴스[uF]는 얼마인가?

답

이 경우 필요한 커패시턴스 $C_s = I_A/dv_{AK}/dt = 100A/(2000V/us) = 0.05$ uF이다.

- 스너버 커패시터는 높은 dv/dt 및 큰 실효 전류를 견딜 수 있어야 하므로, 주로 폴리프로필렌 필름 커패시터가 사용된다.
- 스너버 회로는 각 IGBT에 개별적으로 사용되기도 하지만, 그림 7.16에 보이듯이 하프-브리지 회로에서는 두 개의 IGBT를 동시에 보호하기 위해 중앙 집중식으로 사용되기도 한다.

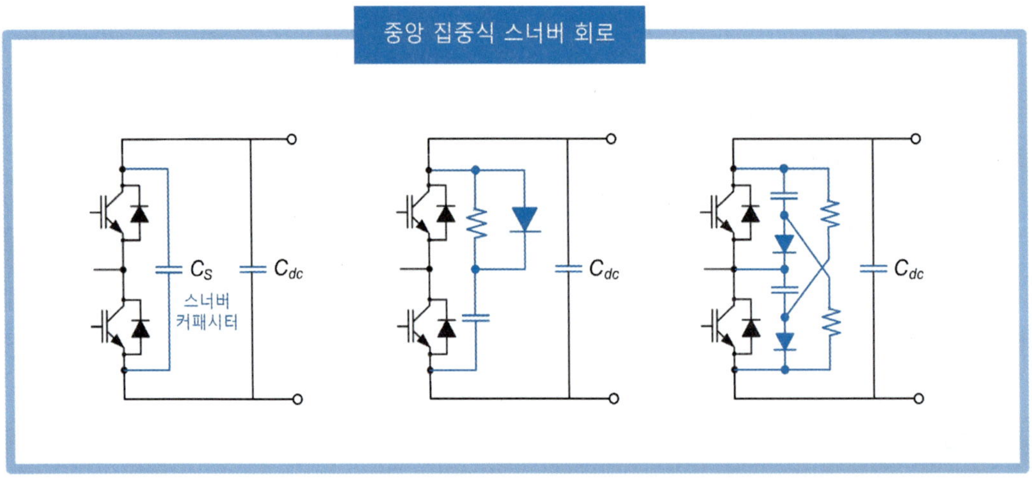

그림 7.16 중앙 집중 보호식 스너버 회로

턴-온 스너버(Turn-on Snubber)

- 인덕터를 이용하여 턴-온 시 발생하는 문제를 해결하는 회로가 턴-온 스너버이다. (그림 7.17)
- 스위칭 소자에 인덕터 L_s를 직렬로 사용하면, 턴-온 시 소자 전류의 상승률을 제한할 수 있다.
- 또한, 턴-온 시에 전원 전압 V_{dc}는 스위칭 소자와 인덕터 L_s로 분배되어, 소자 전류가 부하 전류 I_o에 도달하기 전에 소자 전압이 감소한다.
- 그 결과, 전압과 전류가 동시에 변동하게 되어 동작 궤적이 안전 동작 영역 내로 제한되고, 스위칭 손실도 감소한다.
- 실제 턴-오프 스너버 회로에는 저항 R_s와 다이오드 D_s가 추가로 필요하다.

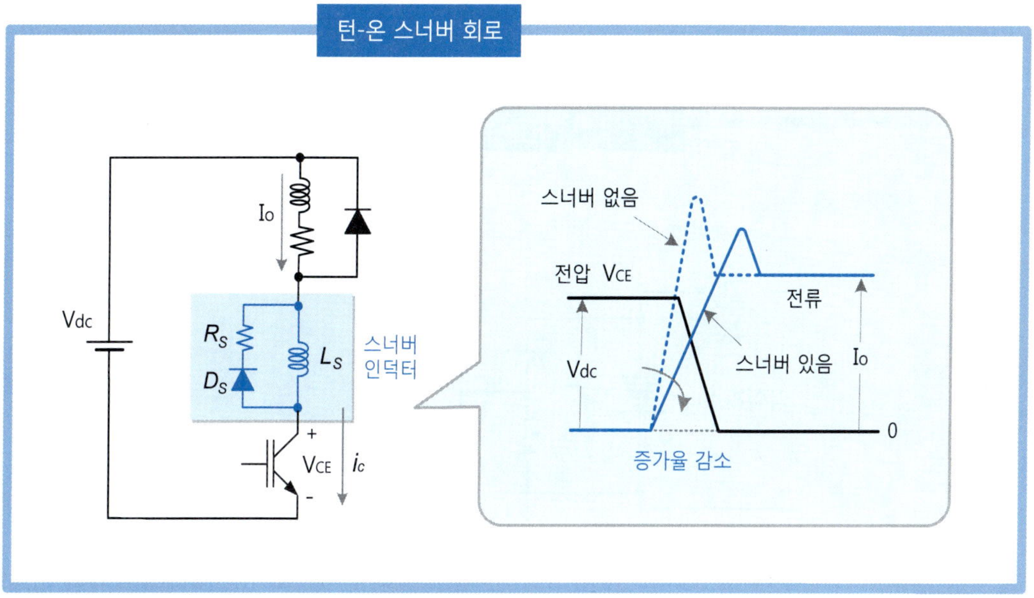

그림 7.17 턴-온 스너버 회로

- 저항 R_s는 소자가 다시 턴-오프 될 때 스너버 인덕터 L_s에 저장된 에너지가 방출되어 발생하는 스파이크 전압을 방지하기 위해 인덕터의 에너지를 소모하기 위함이며, 다이오드 D_s는 이 에너지 방출 경로를 제공하는 역할을 한다.
- 턴-온 스너버에서 인덕턴스 L_s의 값은 소자 전류의 증가율을 결정하며, 인덕턴스가 클수록 전류 상승률이 억제된다.
- 인가전압 V_{dc}인 사이리스터를 턴-온 할 때, 애노드 전류 상승률 di_A/dt를 원하는 값으로 제한시키는 데 필요한 스너버 인덕턴스 L_s의 값은 다음과 같이 계산된다.

$$v = L\frac{di}{dt}$$

$$\rightarrow \quad L_s = \frac{V_{dc}}{di_A/dt} \text{ [H]} \tag{7-4}$$

문제

V_{dc} =1500V**의 전원에서 동작하는 사이리스터가 턴-온할 때 전류 변동률을** 500A/us**로 제한하려는 경우 필요한 스너버 인덕턴스는 얼마인가?**

답

이 경우 식(7-4)로부터 필요한 스너버 인덕턴스 $L_s = V_{dc}/(di_A/dt) = 3uH$이다.

• 턴-오프와 턴-온 스너버를 동시에 사용하는 사이리스터 회로가 그림 7.18에 보인다.

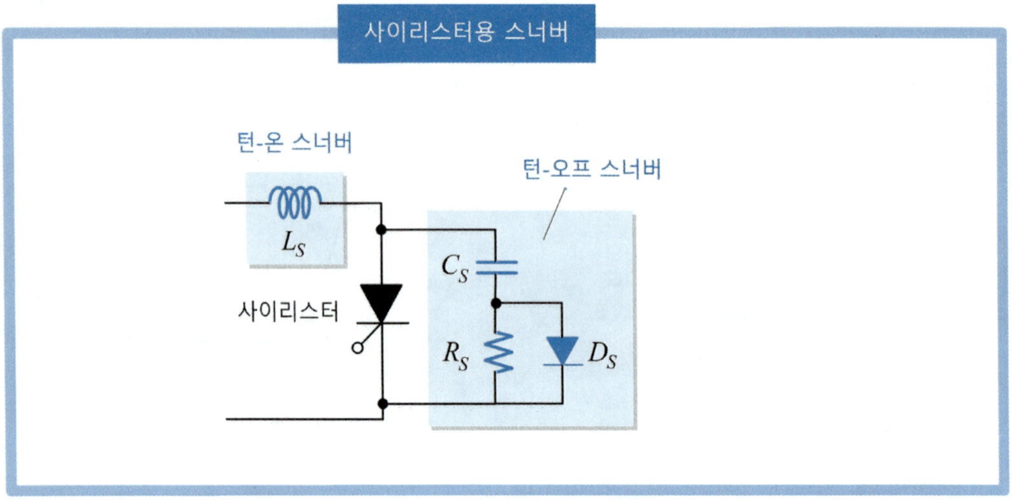

그림 7.18 사이리스터의 보호를 위한 턴-오프 및 턴-온 스너버

• 스너버 회로의 단점은 스너버 커패시터 C_s와 인덕터 L_s의 에너지가 저항에서 소비되어 부가적인 손실이 발생한다는 것인데, 이러한 에너지를 전원 측으로 반환하도록 하는 방식의 스너버 회로도 있다.

7.3.2 소자의 과전류 보호

• 전력 변환 시스템에서는 회로 단락 등 여러 가지 고장으로 인해 과전류가 흐를 수 있다.

• 이 경우 과전류로 인한 열로 소자나 부품이 파괴되는 것을 방지해야 한다.

• 과전류에 대한 주요 대책으로는 다음과 같은 방법이 있으며, 적용 가능 여부는 스위칭 소자의 종류에 따라 달라진다.

① 퓨즈(Fuse)

② 회로 차단기(Circuit Breaker)

③ 과전류 상태 판단에 의한 소자 턴-오프

④ 크로우 바 회로

• SCR 사이리스터, GTO 사이리스터, 전력용 다이오드

이들 사이리스터 계열의 소자는 과전류 용량과 서지 용량이 크므로, 퓨즈나 회로 차단기로 보호할 수 있다.

• BJT, IGBT, MOSFET

- 이들 트랜지스터 계열의 소자는 과전류 용량이 작아, 단시간 내에 빠른 보호가 필요하므로 퓨즈로는 보호하기 어렵다.
- 따라서 전류 센서로 직접 과전류를 빠르게 검출하거나, IGBT 소자의 온 전압 $V_{CE(sat)}$의 측정을 통해 과전류 상태를 판단하여 소자를 빠르게 턴-오프 시켜야 한다.
- IGBT의 전류가 증가하여 어떤 정해진 값을 초과하면 소자의 온 전압 $V_{CE(sat)}$가 급격하게 증가하므로 $V_{CE(sat)}$의 측정을 통해 과전류 상태를 판단할 수 있다.
- IGBT 소자는 단락 상태가 되어 대전류가 흐르면 바로 파괴되지 않고, 통상 수 us ~ 10 us 정도의 시간을 견딜 수 있는데, 이를 단락 내량 또는 단락 허용 시간이라고 부른다.
- 따라서 단락 발생으로 IGBT에 과전류가 흐르면, 규정된 단락 허용 시간 내에 차단해야 소자의 파괴를 막을 수 있다.
- 단락 내량은 인가전압, 게이트 전압, 접합 온도 등의 조건에 따라 달라지는데, 인가전압이 높을수록, 접합 온도가 높을수록 단락 내량은 작아진다.

• 크로우 바 회로는 과전류를 방지하는 데에도 사용할 수 있다.

7.4 스위칭 소자의 손실 및 방열 설계

- 전력용 반도체 소자는 동작 중 소비 전력(손실)으로 인해 열이 발생하고, 이로 인해 소자의 내부 온도가 상승한다. (그림 7.19)
- 반도체 소자에는 칩의 내부 접합부(Junction) 온도 T_J[℃]에 대한 절대 최대 정격값 $T_{J\max}$가 규정되어 있다. (데이터 시트에 기재되어 있음)
- 실리콘 반도체의 경우 **최고 접합부 온도** $T_{J\max}$는 일반적으로 125℃~150℃ 정도이다.
- 이에 따라 전력 변환 장치에서 스위칭 소자를 사용할 때, 동작 온도에는 상한이 존재한다.
- 또한, 최고 접합부 온도 이하에서도 50℃ 이상에서는 접합부 온도가 10℃씩 상승할 때마다 소자의 수명은 거의 절반으로 줄어들고, 고장률은 약 2배 증가한다.
- 이처럼 최고 접합부 온도 부근에서 소자를 사용하면 신뢰성과 전력 용량이 저하되기 때문에, 실제 접합부 온도 T_J가 최고 접합부 온도 $T_{J\max}$의 80%를 초과하지 않도록 하거나 20℃~40℃ 이하가 되도록 전력 변환 장치를 설계하는 경우가 많다.
- 이를 위해, 먼저 동작 상황과 주변 온도에서 스위칭 소자에서 발생하는 열을 계산하여, 내부 접합부 온도가 $T_{J\max}$를 초과하는지 확인할 필요가 있다.
- 만약 내부 접합부 온도가 $T_{J\max}$를 초과한다면, 손실을 줄이거나 방열 대책을 마련하여, 소자의 온도를 허용 범위 내로 유지시켜야 하는데, 이것이 바로 **열 설계**이다.

그림 7.19 스위칭 소자의 열 발생

- 이제 이러한 열 설계 방법에 대해 알아보도록 하자.

열 설계

- 데이터 시트에는 전력용 반도체 소자의 내부 접합부 온도 T_J가 최대 온도에 도달하는 소자의 허용 손실 P_D [W]가 기재되어 있다.
- 회로 동작 중 소자의 손실이 이러한 허용 손실 값 P_D를 초과하면, 소자가 자체적으로 열을 충분히 방출하지 못해 파괴될 수 있다.
- 내부 접합부 온도를 허용치 내로 제한시키기 위해서는, 손실을 줄이거나 내부의 발생 열을 냉각 매체를 통하여 외부로 방출할 필요가 있다.
- 냉각 매체로는 주로 **방열판(Heat Sink)**이 사용되는데, 통상적으로 열 전도성이 우수하고 가볍고 저렴한 알루미늄이 사용된다.
- **소자의 열 설계 순서**는 다음과 같다.
  ㉮ 회로 동작 상황에 따른 스위칭 소자의 손실을 구한다.
  ㉯ 이 손실과 주변 온도로부터 소자 내부의 접합부 온도를 산출해서, 이 온도가 최고 접합부 온도를 초과하지 않는지 확인하여 방열 대책의 필요 여부를 결정한다.
  ㉰ 방열 대책이 필요하다면, 주변 온도에 대해 접합부 온도를 특정 범위 내로 유지하는 데 필요한 방열 장치의 열저항 값을 계산하고, 방열을 위한 냉각 방식을 선정한다.

- 먼저 열 설계에 필요한 스위칭 소자에서 발생하는 손실 계산 방법에 대해 알아보도록 하자.

7.4.1 스위칭 소자의 손실

- 이상적인 스위칭 소자는 도통 전압, 누설 전류, 스위칭 시간이 모두 영이므로, 스위칭 소자에서 소비되는 전력, 즉 손실은 없다.
- 그러나 실제 스위칭 소자에서는 도통 시 소자의 전압 강하로 인해 **도통 손실**이 발생한다.
- 차단 상태에서 누설 전류로 인한 오프 상태 손실은 매우 작아 무시할 수 있다.
- 또한, 스위치가 온/오프 상태를 전환하는 데 일정 시간이 소요되므로, 턴-온과 턴-오프 시에 **스위칭 손실**이 발생한다.
- 따라서 스위칭 소자의 총 손실은 도통 손실과 스위칭 손실의 합이 된다.

스위칭 소자의 손실	도통 손실 : 도통 시 소자의 전압과 전류에 의한 손실
	스위칭 손실 : 턴-온 시 손실, 턴-오프 시 손실

- 다이오드의 손실은 도통 손실과 역회복 특성으로 인한 스위칭 손실로 구성된다.

손실 계산(저항 부하)

- 이제 저항 부하를 구동하는 스위칭 동작에 대해 소자의 손실을 구해보도록 하자.
- 저항 부하의 경우 그림 7.20에 보이듯이 스위칭 시 소자의 전압과 전류는 동시에 선형적으로 변동한다고 가정할 수 있다.

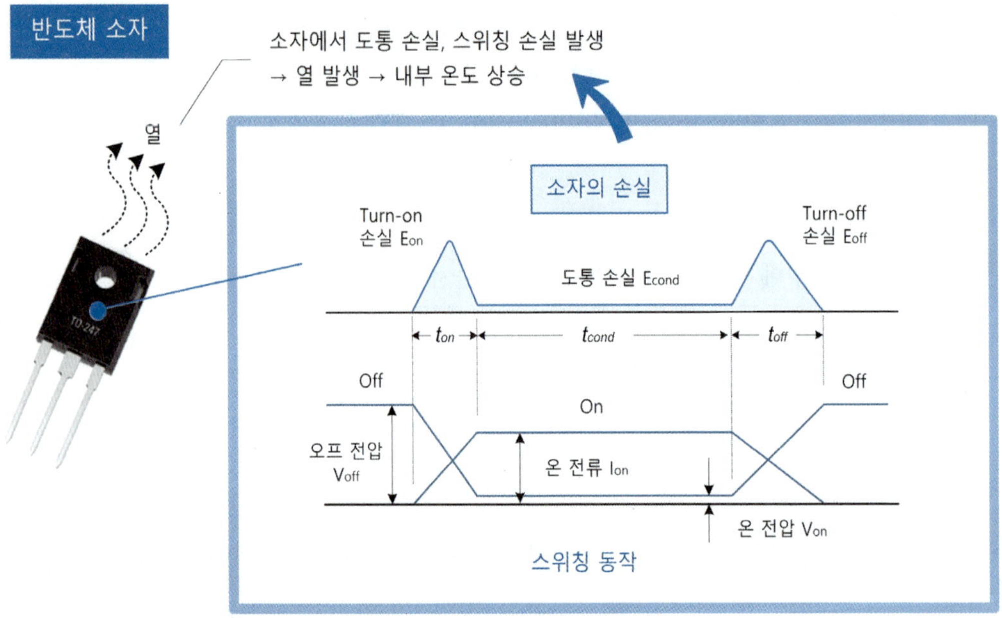

그림 7.20 스위칭 소자의 스위칭 동작과 손실 : 저항 부하 시

① 도통 손실

도통 시 소자의 전압 강하 V_{on}, 도통 전류 I_{on}, 도통 시간 t_{cond}에 대해, 도통 시의 손실 E_{cond}는 다음과 같다.

$$E_{cond} = V_{on} \cdot I_{on} \cdot t_{cond} \quad [\mathrm{J}] \tag{7-5}$$

② 스위칭 손실

스위칭 손실은 턴-온 시 손실과 턴-오프 시 손실의 합이다.

먼저 턴-온 시의 에너지 손실 E_{on}은 다음과 같이 구할 수 있다.

$$E_{on} = \int_0^{t_{on}} v(t) \cdot i(t)\, d \quad [\mathrm{J}] \qquad (t_{on} : \text{턴-온 시간}) \tag{7-6}$$

여기서, 그림 7.20과 같이 턴-온 시 선형적으로 변동하는 소자의 전압 $v(t)$와 전류 $i(t)$는 다음과 같이 표현된다.

$$i(t) = I_{on} \cdot \frac{t}{t_{on}} \quad [A] \tag{7-7}$$

$$v(t) = -\frac{V_{off}}{t_{on}} t + V_{off} \qquad (V_{off}: \text{오프 시 소자의 차단 전압})$$

$$= -V_{off}(\frac{1}{t_{on}} t - 1) \, [V \tag{7-8}$$

이러한 소자 전압과 전류로부터 턴-온 시의 에너지 손실 E_{on}은 다음과 같다.

$$E_{on} = \int_0^{t_{on}} v(t) \cdot i(t) \, dt$$

$$= \int_0^{t_{on}} [-\frac{V_{off} \cdot I_{on}}{t_{on}} \cdot (\frac{t^2}{t_{on}} - t)] \, dt$$

$$= \frac{1}{6} V_{off} \cdot I_{on} \cdot t_{on} \quad [J] \tag{7-9}$$

턴-오프 시의 에너지 손실 E_{off}는 식(7-9)에서 t_{on}을 턴-오프 시간 t_{off}로 바꿔서 다음과 같이 동일하게 구할 수 있다.

$$E_{off} = \int_0^{t_{off}} v(t) \cdot i(t) \, dt$$

$$= \frac{1}{6} V_{off} \cdot I_{on} \cdot t_{off} \quad [J] \tag{7-10}$$

IGBT의 경우 턴-오프 시에 전압의 오버슈트 현상과 테일(Tail) 전류의 특성으로 인해, 실제 턴-오프 손실 E_{off}는 식(7-10)으로 계산된 값보다는 커진다.

- 스위칭 소자의 총 손실은 도통 손실과 스위칭 손실의 합이다.

$$E_{loss} = E_{cond} + E_{on} + E_{off} \, [J] \tag{7-11}$$

- 매 스위칭마다 이러한 손실이 발생하므로, 스위칭 주파수가 f_{sw}일 때 평균 전력 손실 P_{loss}는 다음과 같이 계산된다.

$$P_{loss} = (E_{cond} + E_{on} + E_{off}) \cdot f_{sw}$$

$$= [\, V_{on} \cdot I_{on} \cdot t_{cond} + \frac{V_{off} \cdot I_{on} \cdot (t_{on} + t_{off})}{6} \,] \cdot f_{sw} \, [W] \tag{7-12}$$

문제

전압 강하 V_{on} = 1.6V, **오프 시 소자의 차단 전압** V_{off} = 300V, **도통 전류** I_{on} =50A, **턴-온 시간** t_{on} = 1.4us, **턴-오프 시간** t_{off} = 2us**인**, IGBT**가** 5kHz **스위칭 주파수로 동작할 때 평균 전력 손실**[W]**은 얼마 인가**?

답

도통 시간 $t_{cond} = (1/f_{sw}) - t_{on} - t_{off}$ = 200 us - 1.4 us - 2 us = 197.6 us이므로,

평균 도통 손실 $P_{cond} = V_{on} \cdot I_{on}$ = 1.6V×50A×197.6 us/200 us = 78.64W이다.

평균 스위칭 손실 $P_{sw} = V_{off} \cdot I_{on} \cdot (t_{on} + t_{off}) \cdot f_{sw}/6$ = 300V×50A×(1.4us+2us) ×5kHz/6 = 30W이다.

따라서 총 평균 전력 손실은 $P_{loss} = P_{cond} + P_{sw}$ = 108.64W이다.

- 유도성 부하 시에는 그림 7.13에 보이듯이, 앞서 설명한 저항 부하 시의 동작과는 다르게 전압과 전류가 변동하므로 이에 맞춰 손실을 계산해야 한다.
- 인버터용 스위치는 스위칭 소자와 역 병렬 다이오드가 한 패키지로 구성되므로, 이들 두 소자에서의 손실을 한꺼번에 고려해야 한다.

- 다음으로 이렇게 구한 손실과 주변 동작 온도로부터 소자 내부의 접합부 온도를 산출하는 방법에 대해 알아보도록 하자.

7.4.2 열전달 모델

열전달 특성

- 소자 내부의 접합부 온도 T_J는 소비 전력과 주변 온도로부터 **열전달 모델**을 사용하여 계산할 수 있다.
- 열전달 모델은 열 회로를 전기 회로로 유추하여 해석하는 모델이다. (그림 7.21)
- 열전달 모델에서는

  1) 온도 T[℃]는 전압 V[V]로,

  2) 소자의 손실 P[W]는 전류 I[A]로,

  3) 열 저항 R_θ[℃/W]는 전기 저항 R[Ω]로 대응하여 열전달 과정을 해석한다.

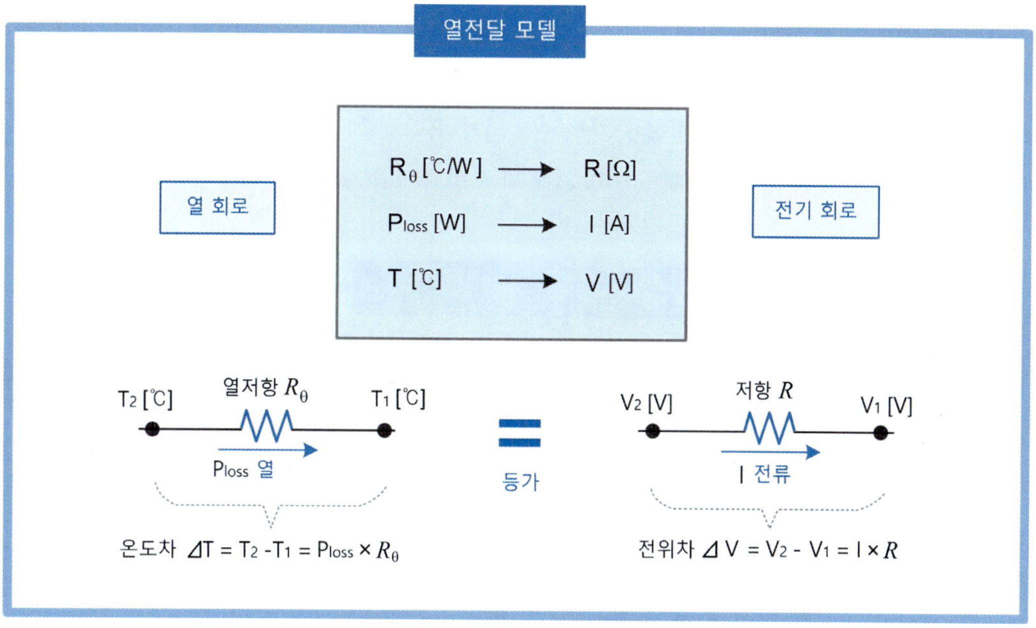

그림 7.21 스위칭 소자의 열전달 모델

- 열전달 모델에서 **열저항**이란 열의 전달을 방해하는 성질을 수치화한 것이다.
- 어떤 소재를 통해 열 전달이 어려운 경우, 해당 소재의 열저항이 크다고 할 수 있으며, 열 전달이 쉬운 경우에는 열저항이 작다고 할 수 있다.
- 이러한 열저항 R_θ는 다음과 같이 전력 손실(발열) P에 대한 온도 변화량 ΔT로 주어진다.

■ **열저항** : $R_\theta = \dfrac{\Delta T}{P}$ [℃/W] (7-13)

- 이러한 정의로부터 열저항 R_θ는 1W당 온도 상승량[℃]을 의미한다는 것을 알 수 있으며, 열저항의 단위는 ℃/W 또는 K(켈빈)/W이다.
- 전기 회로에서 두 지점의 전위차 ΔV를 구하듯이, 열 회로에서 두 지점의 온도차 ΔT를 다음과 같이 구할 수 있다.

$$\text{전위차} : \Delta V = RI \quad \Leftrightarrow \quad \text{온도차} : \Delta T = R_\theta P \tag{7-14}$$

- 어떤 소재의 열저항이 작으면, 열이 외부로 쉽게 전달되므로 열 방출 능력이 우수하며, 그 결과 온도가 잘 상승하지 않는다.

반도체 소자의 열저항

- 그림 7.22에 반도체 소자 내부에서 발생한 열이 방출되는 경로를 보여주고 있다.
- 소자 내부에서 발생한 열은 1) 직접 공기로 배출되거나,
  2) 케이스(Case)를 거쳐 방출될 수 있다.

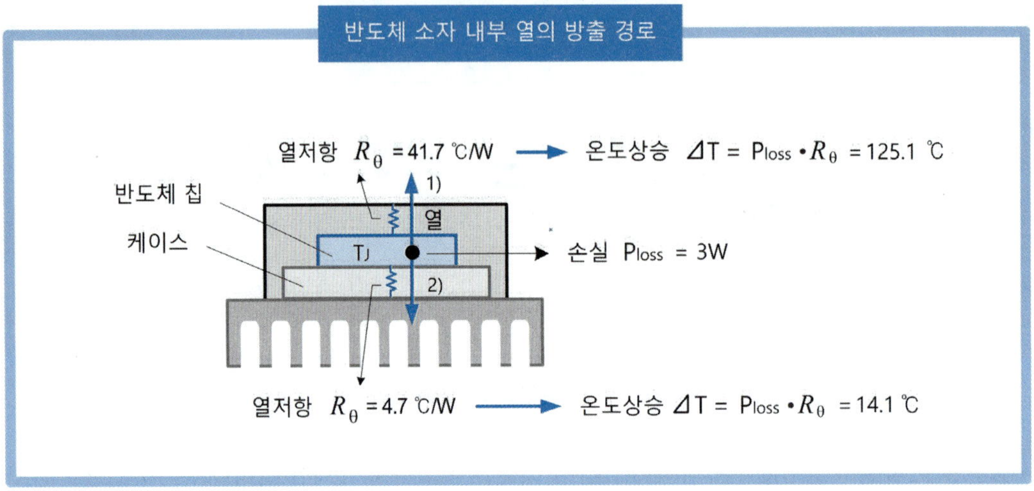

그림 7.22 소자의 열 방출

- 통상적으로 소자 칩 내부에서 주변 공기로의 열저항 $R_{\theta-JA}$는 칩 내부에서 케이스 표면으로의 열저항 $R_{\theta-JC}$보다 매우 크다. (예로서 $R_{\theta-JA}$ = 41.7℃/W인데 비해 $R_{\theta-JC}$ = 4.7℃/W이다.)
- 따라서 소자 내부에서 발생하는 열은 케이스와 방열판을 통해 방출하는 것이 훨씬 유리하다.

문제

주위 온도 $T_A = 25$℃에서 동작하는 MOSFET의 전력 손실이 3W인 경우 소자의 내부 온도는 얼마인가? 단, 소자 칩 내부와 주변 공기 사이의 열 저항 $R_{\theta-JA}$ =41.7℃/W이다.

답

전력 손실로 인한 온도차 $\Delta T = R_{\theta-JA} \cdot P =$ 41.7×3 = 125.1℃이다.
따라서 주위 온도 T_A =25℃에서 소자의 내부 접합부 온도는 150.1℃까지 상승한다.
이 온도는 내부 최고 접합부 온도보다 높기 때문에 케이스와 방열판을 통한 방열 대책이 필요하다.

이제 반도체 소자의 내부 온도 상승을 억제하기 위한 방열 방법에 대해 살펴보도록 하자.

7.4.3 방열 설계

냉각 매체를 사용한 경우 소자의 열 모델

- 방열판을 이용한 스위칭 반도체 소자에 대한 방열 구조의 예가 그림 7.23에 보인다.
- 이러한 방열 구조에서 반도체 소자에서 발생한 열은 외부로 방출되기까지 여러 재질을 거치게 된다.

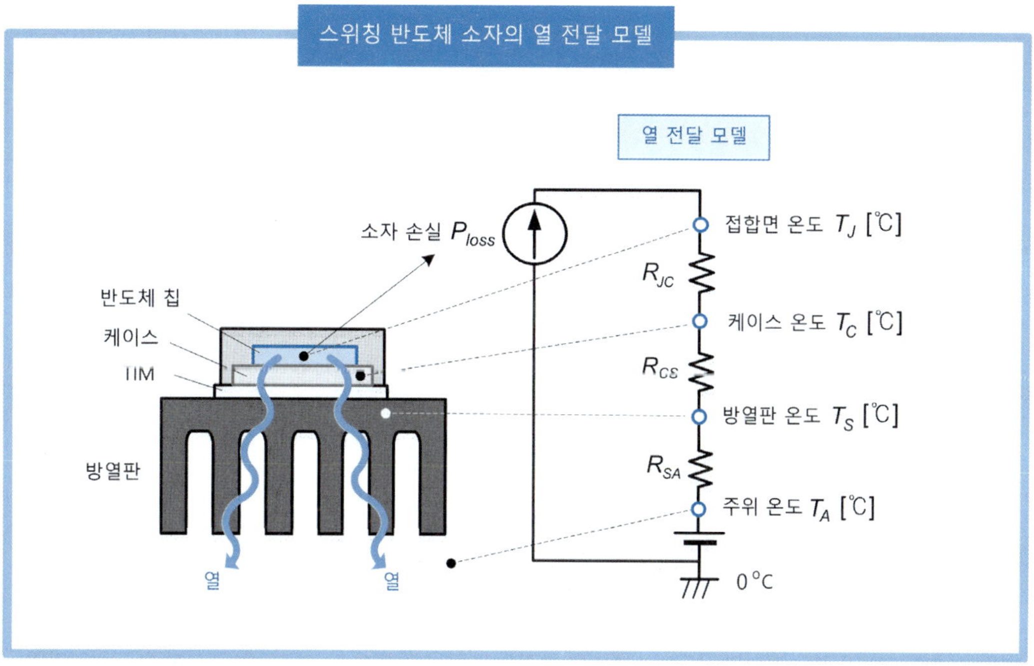

그림 7.23 스위칭 소자의 열 발생

- 열을 방출하는 실리콘 웨이퍼(Silicon Wafer)는 케이스에 부착되어 있고, 케이스는 절연판을 거쳐 방열판에 부착된다.
- 케이스와 방열판의 접합 면에 빈틈이 있으면 접촉 열저항이 높아져 효율적인 냉각을 할 수 없으므로, 이러한 빈틈을 열저항이 낮은 **열 인터페이스 재료(Thermal Interface Material, TIM)**로 채우면 열 전도성을 높일 수 있다.
- 가장 일반적인 TIM 재료로는 접합 면에 발라 사용하는 **서멀 그리스(Thermal Grease)** 또는 **서멀 컴파운드(Thermal Compound)**가 있다.
- 서멀 그리스를 대체 가능한 소재로 접합 면 사이에 끼워 사용하는 열 전도성과 전기 절연이 뛰어난 **열전도 시트**가 있다.

- 그림 7.23의 반도체 소자 방열 구조에 대한 열전달 모델이 그림 오른쪽에 보인다.
  - 여기서, R_{JC}는 접합부와 케이스 사이의 열저항[℃/W],
    R_{CS}는 케이스와 방열판 사이의 열저항[℃/W],
    R_{SA}는 방열판과 외부 공기와의 열저항[℃/W]이다.
  - 또한, T_J는 접합부 온도[℃], T_C는 케이스 온도[℃],
    T_S는 방열판 온도[℃], T_A는 주위 온도[℃],
    P_{loss}는 소자의 접합부에서의 평균 소비 전력[W]이다.
- 이 경우 열전달 모델의 방정식은 다음과 같고, 이로부터 전력 손실과 주위 온도에 대한 접합부 온도를 구할 수 있다.

$$T_J = T_A + P_{loss} \cdot (R_{JC} + R_{CS} + R_{SA}) \ [℃] \tag{7-15}$$

- 여기서 R_{JC}와 R_{CS}는 데이터 시트에 주어지므로, 이 식으로부터 소자 손실 P_{loss}와 주변 온도 T_A에 대해 접합부 온도 T_J를 특정 범위 이내로 유지하는 데 필요한 방열판의 열저항 R_{SA}를 다음과 같이 구할 수 있다.

$$R_{SA} = \left(\frac{T_J - T_A}{P_{loss}}\right) - R_{JC} - R_{CS} \quad [℃/W] \tag{7-16}$$

> **문제**
>
> **20W의 전력을 소비하는 IGBT가 방열판에 부착되어 있다. 주위 온도 T_A=45℃이고, R_{JC}= 0.83℃/W, R_{CS}=0.2℃/W인 경우 접합부 온도가 125℃를 초과하지 않은 데 필요한 방열판의 열저항 R_{SA}는 얼마인가?**
>
> **답**
>
> 식(7-16)으로부터 $R_{SA} = (T_J - T_A)/P_{loss} - (R_{JC} + R_{CS})$ = (125-45)/20 - (0.83+0.2) = 2.97℃/W의 열저항을 가진 방열판이 필요함을 알 수 있다.

냉각 방식의 종류

- 방열판은 열을 흡수하여 방출하는 목적으로 발열체에 부착하는 부품이다.
- 방열판의 재료로 열 전도성이 좋고 가볍고 저렴한 알루미늄이 주로 이용되고, 방열 면적의 확대를 위해 다수의 핀을 갖는 구조가 일반적이다.
- 소자를 냉각하는 여러 방식이 표 7.1에 보인다.

표 7.1 냉각 방식의 종류

냉각 방식	냉매 및 특성	
공랭식	자연 공랭 : 공기 이용 → 가장 간단	
	강제 공랭 : 팬 이용 → 일반 산업용	
수랭식	냉매로 물 이용 → 대용량 산업용	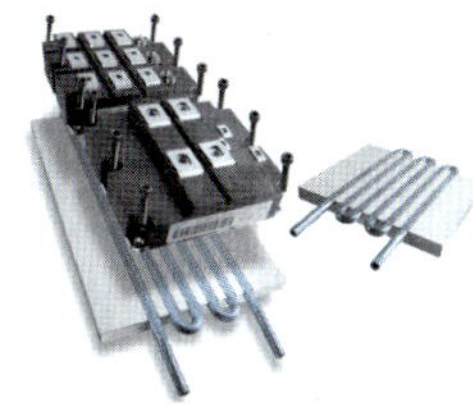
유냉식	냉매로 절연유 이용 → 고전압 대용량 기기	
비등 냉각 방식	비등 냉매의 증발 잠열 이용	
히트 파이프 (Heat Pipe) 방식	비등 냉매 또는 물 사용하며 모세관 현상 이용 → 소형이며 가장 우수	

- 이런 냉각 방식에 따른 방열 능력을 나타내는 열저항의 비교가 그림 7.24에 보인다.
- 냉각 방식의 열저항이 작을수록 방열 능력이 높아지는데, 자연 공랭, 강제 공랭, 수랭, 비등 냉각 및 히트 파이프의 순서로 열저항이 작아진다.

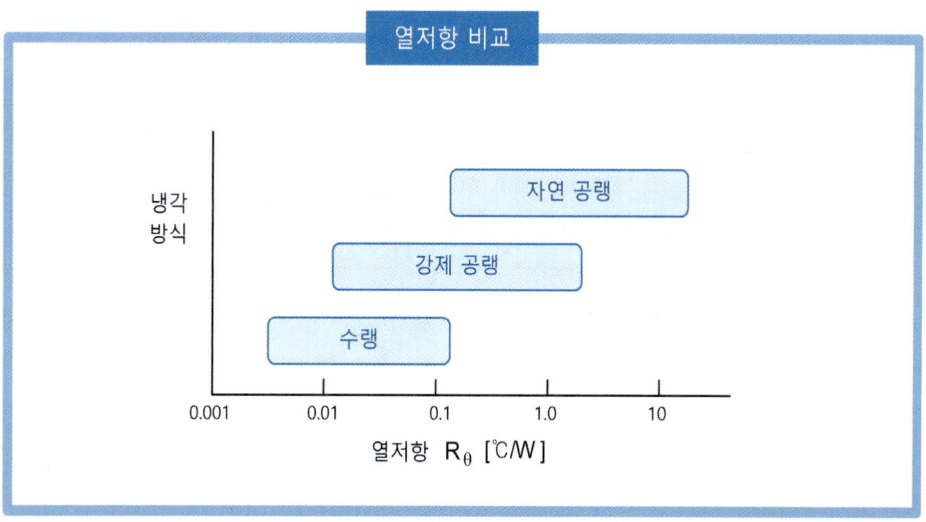

그림 7.24 냉각 방식에 따른 열저항 비교

- 자연 공랭에서 열저항의 범위는 0.1~10℃/W 정도이며, 강제 공랭에서는 0.01~0.2℃/W 정도이다.
- 소자의 전력 손실이 크다면, 강제 공랭 방식이 필수적으로 요구된다.

과도 열저항

- 앞에서는 소자의 전력 손실이 연속적으로 발생하는 경우에 대한 열저항 값으로 접합부 온도를 계산하였는데, 이는 정상상태의 열 해석으로 볼 수 있다.
- 그러나 스위칭을 반복하는 경우 손실은 펄스 형태로 발생하기 때문에 온도 변동이 순시적으로 발생하게 된다.
- 이러듯이 전력 손실이 일시적으로 발생할 때, 온도 계산은 정상상태의 열 해석과는 달리 **과도 열저항**을 이용해야 한다.
- 그 이유는 열 시정수가 비교적 크기 때문에, 순시적인 전력 손실로 인한 온도 변동이 과도적으로 발생하며, 이로 인해 소자의 열저항이 정상상태의 값과는 달라지기 때문이다.
- 예로서, 그림 7.25에 0.63 ℃/W의 정상상태 열저항을 가진 650V, 40A급 IGBT 소자에서의 과도 열저항 Z_{thjc}를 보여주고 있다.

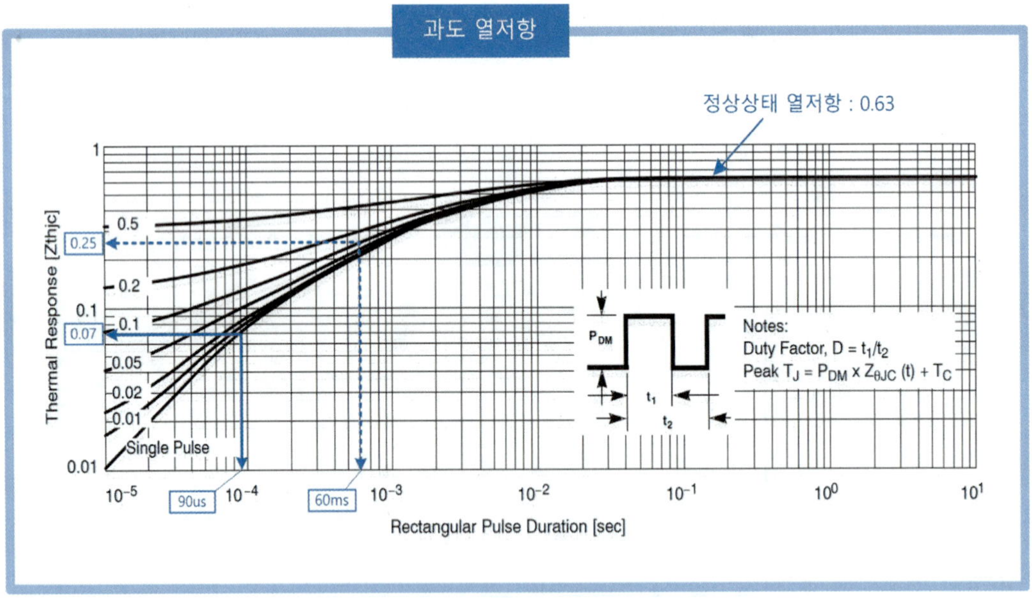

그림 7.25 과도 열저항

- 과도 열저항은 과도 시간인 펄스 폭이 길어지거나 시비율이 커짐에 따라 커지는데, 펄스 폭이 충분히 커지면 정상상태의 열저항 값으로 된다.
- 그림 7.25에서 90 us의 단발 펄스에 대한 과도 열저항은 0.07 ℃/W이지만, 펄스 폭 60ms의 시비율 0.1의 펄스에 대한 과도 열저항은 0.25 ℃/W이다.
- 펄스 폭이 대략 0.1초가 지나면 일정하게 정상상태의 열저항 값으로 되는 것을 알 수 있다.

문제

그림 7.25의 IGBT가 펄스 폭 60ms의 듀티비 0.1로 동작하면서 200W의 손실이 발생된다. 주위 온도 $T_A = 45$℃인 경우 접합부 온도는 얼마인가?

답

그림 7.25로부터 이 경우의 과도 열저항 Z_{thjc} =0.25 [℃/W]이다.

이로부터 접합부 온도 $T_J = T_A + P_{loss} \cdot Z_{thjc} = 45 + 200 \times 0.25$ =95℃ 이다.

7.5 커패시터

- 전력 변환 장치에서 커패시터는 매우 중요한 부품이다.
- 예를 들어, 입력 전원 측의 EMI 필터, 직류 전압 평활, 스너버, 저역 통과 필터, 회로 공진, 사이리스터의 소호 등 여러 용도로 사용된다.
- 이러한 경우 커패시터는 에너지 저장 및 공급, 버퍼링, 필터링, 디커플링, EMI 감소, 리플 전압 감소 등의 다양한 역할을 한다.
- 각종 역할을 위해 커패시터를 선택할 때는 정전용량, 리플 전류, 신뢰성, 크기, 비용 등 여러 요소를 고려해야 한다.
- 커패시터는 여러 종류가 있으나, 전력 변환 장치에는 주로 전해 커패시터나 필름 커패시터가 사용된다.

① 전해 커패시터

- 정류기와 인버터 사이의 DC 링크에 사용되는 커패시터는 전압 리플을 감소시켜 직류 전압을 평활화하고, 순시적인 전력 공급 중단 시 인버터의 입력 전압을 안정적으로 유지하는 역할을 한다.
- 또한, DC 링크 커패시터는 순시적인 전압 스파이크, 서지 및 EMI로부터 소자를 보호하는 역할도 한다.
- 이러한 역할을 하기 위해서는 정전 용량이 크고 대용량이어야 하므로, 통상적으로 알루미늄 전해 커패시터가 사용된다.
- 전해 커패시터는 대용량이며, 단위 부피당 정전 용량이 높고 가격이 저렴하고, 정전 용량 대비 크기가 작다는 등 여러 장점이 있다.
- 그러나 온도나 주파수 변화에 따라 정전 용량이 달라지고, 등가 직렬 저항(ESR)이 높으며, 수명이 짧아 EMI 필터나 고주파 응용에는 적합하지 않다.
- 전해 커패시터는 DC-DC 컨버터에서도 직류 전압을 안정적으로 유지하는 데 사용된다.

② 필름 커패시터

- EMI 필터, 스너버, 출력 필터 등의 용도에 사용되는 커패시터는 리플 전류를 제거하고, EMI의 원인이 되는 높은 전압 변동율(dv/dt)을 줄이는 역할을 한다.
- 이러한 용도를 위해 주로 주파수 특성이 우수한 필름 커패시터가 사용되는데, 필름 커패시터는 온도 및 주파수에 대한 안정적인 정전 용량, 수 kV의 높은 내전압, 작은 등가 직렬 저항(ESR) 및 등가 직렬 인덕턴스(ESL)를 가지기 때문이다.
- 또한, 필름 커패시터는 다른 커패시터보다 수명이 길고 신뢰성이 높으며, 무극성이므로 교류 회로에도 사용할 수 있다.

• 이제 전력 변환 장치에서 사용 시 필요한 커패시터의 기본 특성에 대해 살펴보도록 하자.

7.5.1 커패시터의 기본 특성

• 이상적인 캐패시터는 전하를 저장할 수 있는 능력을 나타내는 정전 용량(Capacitance, C)으로 표현된다.

■ 정전 용량 : $C = \frac{Q}{V}$ [F] (7-17)

• 이상적인 캐패시터에서 전류 i 와 전압 v 와의 관계는 다음과 같다.

■ 전압과 전류 관계 : $i = \frac{dQ}{dt} = C\frac{dv}{dt}$ [A] (7-18)

• 커패시터의 인가전압이 빠르게 변할수록, 커패시터에 흐르는 전류는 더 커진다.

• 따라서, 커패시터의 전류 흐름을 방해하는 성질을 나타내는 리액턴스(용량성)는 주파수 증가에 따라 다음과 같이 감소한다.

■ 리액턴스 : $X_c = \frac{1}{\omega C} = \frac{1}{2\pi f C}$ [Ω] (7-19)

• 이처럼 주파수가 높을수록 전류를 더 쉽게 통과시키는 특성을 활용하여 불필요한 고주파 노이즈를 제거하는 데 커패시터가 사용된다.

• 실제 커패시터의 리드선, 전극, 유전체 등에는 저항과 인덕턴스 성분을 가지고 있다.

• 이러한 비이상적 요소들을 포함하여, 실제 커패시터는 그림 7.26과 같이 정전 용량에 저항과 인덕터를 직렬로 접속한 등가회로로 표현한다.

• 여기서 저항 성분을 등가 직렬 저항(Equivalent Series Resistance, ESR), 인덕턴스 성분을 등가 직렬 인덕턴스(Equivalent Series Inductance, ESL)라고 한다.

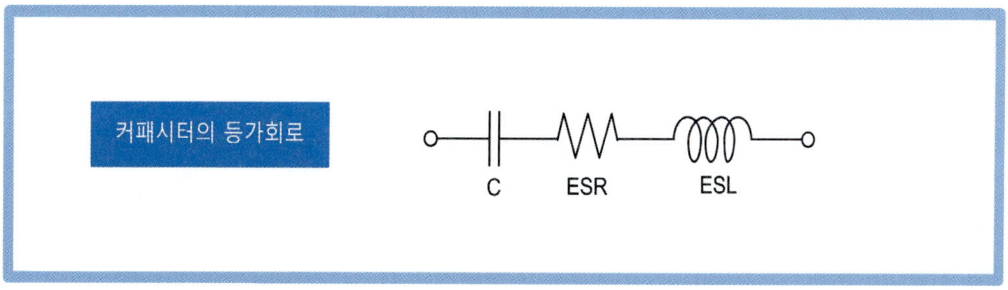

그림 7.26 커패시터의 등가회로

• **동작 주파수에 따른 커패시터의 임피던스 특성**

- 비이상적 요소로 인해 커패시터의 실제 임피던스는 식(7-19)와는 달리 V자형의 주파수 특성을 보인다. (그림 7.27)
- 공진 주파수 $f_R(=1/2\pi\sqrt{L_{ESL}C})$ 이하에서 커패시터의 임피던스는 주파수에 따라 감소하는 순수 용량성 특성을 보이지만, 공진 주파수 이상에서는 ESL의 영향으로 임피던스가 유도성으로 변하여, 주파수가 증가할수록 도리어 커진다.

• 커패시터는 이러한 주파수 특성을 가지므로, 공진 주파수 이하에서 사용해야 한다.

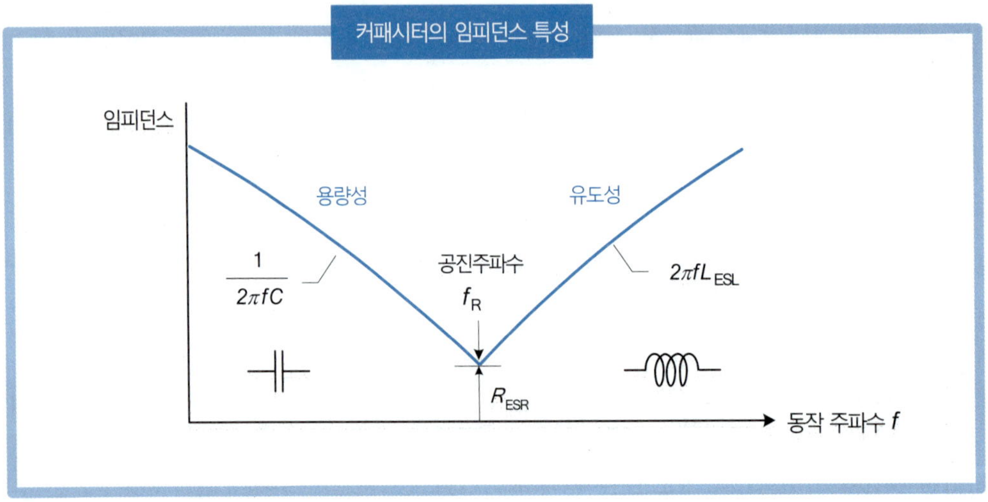

그림 7.27 커패시터의 주파수 특성

7.5.2 커패시터의 선정 방법

• 커패시터를 선정할 때 고려해야 할 사양에는 정전 용량(및 정전 용량 오차), 정격 전압, 허용 리플 전류, 손실 계수, ESR, 임피던스 등이 있다.

• **정격 전압**

- 커패시터의 정격 전압은 커패시터에 인가할 수 있는 최대 연속 전압을 의미하며, 일반적으로 커패시터 측면에 동작 전압이 직류 값으로 표시되어 있다.
- 동작 전압의 단위는 통상 WV(Working Voltage)를 사용한다.
- 이 동작 전압의 70%～80%에서 사용하는 것이 바람직하다.
- AC 220V 3상 전원을 정류하는 3상 다이오드 정류기에서 출력 직류 전압의 평활을 위해 사용하는 알루미늄 전해 커패시터의 정격 전압으로는 통상 DC 450WV가 사용된다.

• **리플 전류**

- 커패시터의 충방전 전류라고 볼 수 있는 리플 전류에는 허용 값[A]이 있다.

- 리플 전류는 커패시터 내부의 ESR에 발열을 일으켜 유전체 온도를 상승시키는데, 리플 전류가 이 허용 값을 초과하면 지정된 온도 범위를 벗어나게 되어 고장을 일으킬 수 있다.
- 따라서 리플 전류는 커패시터의 수명 및 신뢰성에 큰 영향을 미친다.

• 다음으로, 다양한 용도에서 커패시터가 사용될 때 필요한 정전 용량을 구하는 방법에 대해 알아보도록 하자.

정전 용량(Capacitance)의 선정

• 과전압 억제나 전압 증가율 제한 등에 사용되는 스너버 회로에 필요한 커패시터의 정전 용량은 앞에서 구해보았다.

• 여기서는 직류 전압을 일정하게 유지하는 용도에 필요한 전해 커패시터의 정전 용량을 구하는 방법에 대해 알아보도록 하자.

① 전압 맥동을 감소시켜 직류 전압을 평활화하는 역할을 할 때 필요한 커패시터의 정전 용량을 구해보자.

- 커패시터에 주파수 f로 맥동하는 전류 I_{ripple}가 흐르는 경우, 맥동 전압 V_{ripple}과 리액턴스 X_C로부터 필요한 정전 용량 C_f는 다음과 같이 구할 수 있다.

$$I_{ripple} = \frac{V_{ripple}}{X_C} = \frac{V_{ripple}}{1/\omega C_f} = \frac{V_{ripple}}{1/(2\pi f C_f)}$$

$$\rightarrow \quad C_f = \frac{I_{ripple}}{2\pi f \times V_{ripple}} \text{ [F]} \tag{7-20}$$

- 이 계산 값을 기준으로 정전 용량의 허용 오차와 온도에 따른 용량 변화로부터 최종적인 값을 구한다.

문제

주파수 360Hz로 맥동하는 전류 10Arms에 대해 최대 맥동 전압이 20Vrms 이하로 제한하기에 필요한 3상 전파 정류기의 필터 커패시터의 정전 용량은 얼마인가? 단, 정전 용량의 허용 오차는 ±20%이며, 온도 변동에 따라 최대 5%가 변동한다.

답

식(7-20)으로부터 이 경우 요구되는 정전 용량 $C_f = I_{ripple}/(2\pi f \times V_{ripple}) = 10//(2\pi 360 \times 20) =$약 221 uF가 된다.

여기에 정전 용량의 허용 오차와 온도 변동을 고려하면 최종적인 정전 용량으로 221 uF ÷ (0.8×0.95) = 약 291 uF가 필요하다.

② 순시적인 전력 공급 중단 또는 급격한 입력 전압 저하 시, 출력 전압을 계속 안정적으로 유지하는 데에 필요한 커패시터의 정전 용량을 구해보자.

- 전력 공급이 중단되면 커패시터가 저장된 에너지 E_C를 방출하여 부하에 필요한 전력 P_o를 공급함으로써, 전압 저하를 방지한다.
- 전력 공급 중단 시간 t [s] 동안, 전압이 V_1[V]에서 V_2[V] 이하로 저하되지 않도록 하는데 필요한 정전 용량은 다음과 같이 구할 수 있다.

$$E_C = \frac{1}{2} C_f V_{dc}^2 \text{ : 캐패시터에서 방출해야 할 에너지}$$

$$\rightarrow \quad P_o \cdot t = E_{C_{V2}} - E_{C_{V1}} = \frac{1}{2} C_f V_2^2 - \frac{1}{2} C_f V_1^2$$

$$\rightarrow \quad C_f = \frac{2 P_o \cdot t}{(V_2^2 - V_1^2)} \text{ [F]} \tag{7-21}$$

문제

부하 전력 1kW, **순간 정전 시간** 5ms, **평활 전압** 290V**에서** 85% **이하로 저하되지 않도록 하는데 필요한 정전 용량**[F]**은 얼마인가**?

답

이 경우 요구되는 정전 용량 $C = (2P_o \cdot t)/(V_2^2 - V_1^2) = (2 \cdot 1000 \cdot 5 \times 10^{-3})/(290^2 - 246.5^2) =$ 약 463 uF가 된다.

③ 전압을 계속 안정적으로 유지하는데 필요한 정전 용량은 부하 전류 I_o(즉, 캐패시터의 방전 전류 i_c)와 방전 시간 t 로부터 다음과 같이 구할 수 있다.

$$i_c = C\frac{dv}{dt} \quad \rightarrow \quad C_f > \frac{I_o \times t}{(V_1 - V_2)} \text{ [F]} \tag{7-22}$$

문제

부하 전류 4A, **순간 정전 시간** 5ms, **평활 전압** 290V**에서** 85% **이하로 저하되지 않도록 하는데 필요한 정전 용량**[F]**은 얼마인가**?

답

이 경우 요구되는 정전 용량 $C_f > I_o \times t/(V_1 - V_2) = (4 \cdot 5 \times 10^{-3})/(290 - 246.5) =$ 약 460 uF가 된다.

요약

- 전력 변환 장치를 실제 활용하기 위해서는 스위칭 소자의 선정 및 구동 방법, 회로의 보호, 스위칭 소자의 방열 방법 등에 대해 알아야 한다.
- MOSFET나 IGBT로 구성된 하프 브리지 회로에서 상단 스위치용 게이트 구동 회로의 전원을 생성하기 위해 부트 스트랩 회로가 널리 사용된다.
- 실제 부품이나 회로에서는 무시할 수 없을 정도의 부유 인덕턴스와 부유 용량이 존재한다.
- 스위칭 시 부유 인덕턴스와 부유 용량으로 인해 스위칭 소자의 파손이나 오동작을 일으키는 과전압과 과전류가 발생한다.
- 과전압이나 과전류로부터 스위칭 소자를 보호하기 위해 스너버 회로가 이용되는데, 턴-오프 스너버와 턴-온 시 스너버가 있다.
- 전력용 반도체 소자에는 접합부 온도에 대한 절대 최대 정격값이 있어, 전력 변환 장치에서 스위칭 소자를 사용할 때 동작 온도에 상한이 존재한다.
- 열 설계를 통해 소자의 온도를 허용 범위 내로 유지시킨다.
- 스위칭 소자의 손실에는 도통 손실과 스위칭 손실이 있다.
- 소자 내부의 접합부 온도는 열 회로를 전기 회로로 유수한 열전달 모델을 사용하여 계산한다.
- 열전달 모델에서는 열의 전달을 방해하는 성질을 수치화한 열저항을 사용한다.
- 냉각 방식에는 자연 공랭, 강제 공랭, 수랭, 비등 냉각 및 히트 파이프 방식이 있다.
- 전력 변환 장치에서 커패시터는 입력 전원 측의 EMI 필터, 전압 평활, 스너버, 출력 측의 저역 통과 필터, 회로 공진, 사이리스터의 소호 등 여러 용도로 사용된다.
- 이를 위해 전해 커패시터나 필름 커패시터가 주로 사용된다.

연습 문제

7.1 그림 7.15의 RCD 스너버에서 IGBT의 전류가 영에 도달하는 순간과 동시에 IGBT의 전압이 최종값에 도달하도록 하는 조건을 만족하는 스너버 커패시터와 저항값을 구하시오. 단, 전원 전압은 100V이고 부하 전류는 5A이다. 또한 IGBT의 턴-오프 시간은 0.5us, 최소 도통 시간은 5us이다.

7.2 스위칭 주파수는 10kHz로 동작하는 IGBT 소자가 꺼질 때 발생하는 과전압을 제한하기 위해 사용할 RCD 스너버 커패시터와 저항값을 구하시오. 단, 전원 전압은 300V이고 부하 전류는 20A이며, 회로의 부유 인덕턴스는 500nH이다.

7.3 25W의 전력을 소비하는 IGBT가 있다. 주위 온도 25℃에서 접합부 온도가 90℃를 초과하지 않도록 하는데 필요한 방열판의 열저항을 구하시오. 단, R_{JC} = 1℃/W, R_{CS} =0.1℃/W이다.